本书第一版荣获

第七届全国高校出版社优秀畅销书一等奖

2007年上海市普通高校优秀教材一等奖

第四届全国教育科学研究优秀成果三等奖

国家精品课程实验心理学教材
普通高等教育国家级规划教材

实验心理学

郭秀艳　著
杨治良　审订

人民教育出版社
·北京·

图书在版编目(CIP)数据

实验心理学 / 郭秀艳著. —2 版. — 北京：人民教育出版社，2019.7（2023.6 重印）

ISBN 978-7-107-33521-1

Ⅰ. ①实… Ⅱ. ①郭… Ⅲ. ①实验心理学 Ⅳ. ①B841.4

中国版本图书馆 CIP 数据核字（2019）第 134960 号

实验心理学

出版发行	人民教育出版社
	（北京市海淀区中关村南大街 17 号院 1 号楼　邮编：100081）
网　　址	http://www.pep.com.cn
经　　销	全国新华书店
印　　刷	保定市中画美凯印刷有限公司
版　　次	2019 年 7 月第 2 版
印　　次	2023 年 6 月第 8 次印刷
开　　本	787 毫米×1 092 毫米　1/16
印　　张	42.75
字　　数	661 千字
印　　数	95 001～105 000 册
定　　价	69.80 元

第二版前言

自从2004年第一版《实验心理学》教材付梓以来，时光倏忽而过，不觉已有15年了。对于所有人来说，15年都是一段不短的时间，足以经历许多体验、学习许多新知、反思许多往事、收获许多启迪。在过去的15年间，我见到越来越多对心理学真正感兴趣的学生进入这个专业来学习。能有机会亲自引导他们体验心理学实验研究的严谨精妙，一直是我作为一名实验心理学任课教师的快乐源泉。每当看到学生们有章法地对学术问题做出探究和贡献，我总会一次次感慨“万丈高楼平地起”——任何心理学前沿学术研究，其实都或多或少地需要牢牢扎根于心理学实证研究方法的基础之上。著名心理学史家波林（E. G. Boring）曾说：一部心理学史，便是一部实验心理学史。当代心理学研究的进展，处处闪耀着实验心理学研究的智慧之光；而心理科学的未来道路，也很大程度上取决于实验范式、实验技术和实验思路的创新。

于是，过去15年让我更明白了实验心理学教材所承担的重要任务：它不仅要把几个经典实验的来龙去脉介绍清楚，而且应该为学生展现实验研究在解决当代心理学科学问题中发挥的关键作用，更应该为未来心理学研究者的千里之行准备好踏实的第一步。在写作本书第一版书稿时，我曾在前言中表示整个撰写的过程处在“紧张、苛求而又忘我”的状态中。15年过去了，随着我对实验心理学的意义和责任有了越发深刻的体会，提笔撰写第二版时的心态，比起15年前紧张更甚、思虑更甚，恐怕要用“诚惶诚恐、殚精竭虑”方能形容。

本书第一版面世后，承蒙国内广大实验心理学一线教师的青睐，先后被不少院校列为推荐教材，也成为许多有志于实验心理学研究的青年学子的自学参考书，多次重印，至今已累计印刷20次，印数达21.8万册。现在推出的第二版教材，一方面全面继承了第一版教材“注重基本实验方法、兼顾经典与当代研究、结合实验实践训练”的特色，另一方面则对第一版教材的部分局限之处实现了突破。

首先，第二版教材在内容编排的逻辑上，更注重凸显以基本实验操纵、经典实验范式为核心的主线。其次，第二版教材根据当代心理学实验研究的最新进展，在内容上有所扩展。例如，对社会认知的实验研究以及认知神经科学实验技术的介绍并没有在第一版教材中重点涉及，但近年来，越来越多的心理学研究开始应用功能性磁共振成像（functional magnetic resonance imaging，fMRI）等脑成像技术，对人类社会行为及其认知和脑功能机制的探讨也越发深入，于是第二版教材与时俱进地反映了上述最新的研究趋势。在编写过程中，我参考并引用了国内外许多同行的研究成果，在此向所有的研究者表示诚挚的感谢。

今年是本书首版 15 周年。无论是 15 年前准备第一版教材时，还是 15 年后的今天，我都深知人力有时而穷，疏漏之处在所难免。唯独可以保证的，就是在 15 年后的今天，我依然对第二版教材的编写投入了全部的热情，竭尽所能将这 15 年间我对实验心理学教学及课程建设的心得体会融入第二版教材的文字之中。时间可以改变很多，但实验心理学对心理科学的重要性没有改变，我们对实验心理学教材精益求精的态度没有改变，我们对所有从第一版开始就支持、帮助我们的师长、专家、同行、编辑、读者们的感谢也没有改变。感谢你们的鼓励、建议和批评，是你们推动了这本教材第二版的诞生！

郭秀艳

2019 年 5 月

第一版前言

如果要为现代科学心理学追溯血统的话，实验心理学无疑是心理学研究科学性的最大来源，著名心理学史家波林曾一语道破天机：一部心理学史，便是一部实验心理学史。可以毫不夸张地说，现代心理学的每一次重大发现，都离不开实验心理学研究方法的突破；心理学家的每一个科学论断，也都离不开实验心理学研究成果的支撑。

能成为实验心理学队伍中的一员，对于芸芸众生中的我们而言，何其幸哉！自 2002 年受命撰写此书以来，便一直处于紧张、苛求而又忘我的工作状态中。经过长时间不懈的努力，《实验心理学》终于脱稿了。在本书的编写过程中，我得到了国内外多方面人士的支持和帮助。尤其荣幸的是，本书经教育部批准列为普通高等教育“十五”国家级规划教材，供综合性大学和师范院校本科生和研究生使用。

今天，当所有的付出和辛劳终于凝结为这本教材时，首先映入我脑海的是此前实验心理学的许多经典教材：从早期国内对伍德沃思（R. S. Woodworth）《实验心理学》的翻译引进，到后来赫葆源、张厚粲、陈舒永等心理学家对实验心理学的全面介绍，以及杨治良、朱滢等对实验心理学的重新诠释……。正是这些心理学家的努力，为国内实验心理学的基础工作和人才培养提供了源源动力。每当我审阅、校对这本《实验心理学》手稿时，都能于字里行间感受到各位前辈润物无声的指导；景仰之余，反复推敲、字斟句酌，不敢稍有懈怠而愧对各位前辈。

基于此，在构建这本《实验心理学》时，我也力图像师长们那样，做到让求新、求真的优良传统得以在自己编写的教材中延续：(1) 将经典研究和前沿进展交织铺陈，勾勒实验心理学各领域中的历史脉络和传承关系；(2) 把具体实验和逻辑方法有机整合，凸显科学思维在实验心理学中的核心价值；(3) 注重实验程序、方法和仪器的介绍，让这本教材成为心理学研究实践的有效指南。

实验心理学中最为核心与精髓的部分乃是心理学实验研究的逻辑和科学思维的方法，它应该直指心理学的科学本质与研究特色，使经典研究和前沿热点相结合，将心理学实验研究的基本思想贯彻始终，并能真正教会学生掌握心理学研究的方法，而不仅仅是记忆前人的研究结论。本着这样的愿望，我对本书的编写投入了极大的热情，但同时也深感个人能力有限，唯有以审慎的工作作风和十倍百倍的努力来弥补。

综观这本《实验心理学》，我竭力将自己对理想的实验心理学教材的要求尽可能多地融会于其中。首先从体例上，本书开篇即三章之多的内容，详细介绍了实验心理学的基本思想、方法，随后才进入按照实验研究对象分类的不同章节。我期盼着使用本书作为教科书的学生，能够从一开始就领略到实验心理学作为一门方法学的独特魅力，进而能以高屋建瓴的态势随同本书概览心理学研究的众多领域；我也期望着所有选择本书作为教学参考书的高校教师，可以凭借这本《实验心理学》，更容易地将学生引入心理学科学研究的大门。正是基于这种热切的愿望，本书还专门准备了“如何读和写心理学实验报告”一章。诸如此类的技能素养，虽然不是直接阐述某个心理学研究前沿，却能让初涉心理学研究领域的人受益良多。如果有更多的学生能因为本书专门为他们增加的这一章而有兴趣打开心理学学术刊物细细阅读，那将是我最大的欣慰！

除了秉承传统的科学精神，本书还力求向学生展现实验心理学的现代风貌。为此我多方搜集最新的学术前沿动态，并将一些十分关键的重要信息补充进来。以往鲜有将“注意”单列为一章的做法，然而鉴于近年来注意研究热点不断，大量理论假设和实验发现都与此领域相关，故本书专门列出“注意”一章以示重视。事实上，从第四章开始的每一章节，我们都能看到实验心理学的新进展和新思路。富有求知欲的学生将能发现：心理学家正通过反应时测量人们潜藏的社会态度，信号检测论的前提如何得到论证，无意识的信息加工怎样被研究……。凡此种种，都旨在打开更多的窗口，让学生看到一个充满着活力、理性和灵感的实验心理学世界。

实验心理学是有关研究方法的学问，因此它最终是要回归到切切实实的实验设计和操作上来的。学生不仅仅要学习别人实验研究的内容和逻辑，也不仅仅要看懂和评论别人的研究报告，更重要的是他们应该有进行属于自己的实验研究的能力。“纸上得来终觉浅，绝知此事要躬行”，本书特意在每一章的正文之后，都安排至少两个相关实验，并伴有精心设计的思考问题。我希望这样的安排能让学生在理论学习之余不忘实践操作，又在实践操作之中锻炼理论分析能力。更值得一提的是，在本书每一章的实验中，基本上都是一个侧重于实验室任务，而另一个接近生活情景。这样做的意图是：我衷心希望学生理解，实验心理学的方法和思想完全可以在实验室之外的生活中灵活而有趣地运用。当有一天，曾经使用本书的学生能够并且习惯使用回归假象、操作性定义等这些原本和“正统”实验室研究捆绑在一起的概念，去洞察和解释生活中的问题时，那么本书的任务可以说是圆满完成了。

我深知个人的所学所知终究有限，因而这本书很难尽善尽美。想到此处，便不免有些忐忑；然而再想到我已竭尽所能去推动实验心理学教材和课程的发展，也就随即坦然了。

最后，在本书终于完稿付梓之际，我要由衷地向所有关心和支持《实验心理学》编写工作的老师和朋友，致以深深的谢意！感谢杨治良教授的悉心指导，感谢黄希庭教授的谆谆教诲，感谢我的师弟、师妹和我的研究生们的具体帮助，感谢人民教育出版社的大力支持！总之，没有他们的帮助，这本书是不可能问世的。

本书适合作为全国高等院校心理学或其他专业本科生和研究生的教材，也能够成为所有乐意探究科学心理学领域者的得力引导。在使用过程中，如果本书能对实验心理学的学习和教学略有改观，我将深感荣幸；书中如有疏漏偏差之处，请广大读者批评斧正，我在此深表感谢！

郭秀艳

2004 年 3 月

目　录

第一章

绪　论

心理学将成为一门最重要的科学。它的重要性日益显露出来。心理学有很广泛的和其他学科的联系。

——潘菽

本章提要

本章首先介绍了实验心理学的缘起，费希纳、冯特和艾宾浩斯三位心理学巨匠为实验心理学的诞生和发展奠定了坚实的基础；然后探讨了实验心理学的科学属性，并重点阐述了实验心理学的方法，包括观察法、相关研究法和实验法；最后讲述了怎样进行心理学科学研究。

本章学习指导

通过本章的学习，读者能达成以下目标：了解实验心理学的缘起及科学属性；理解心理学研究的方法和伦理原则；掌握心理学研究的一般程序。通过本章的学习，读者能够回答以下问题：

(1)“一个和尚挑水吃，两个和尚抬水吃，三个和尚没水吃。”该故事说明了什么心理现象？请参照实验心理学的研究程序，概述科学分析的步骤。

(2) 假设有一个研究计划：去图书馆占座，并且通过非言语、非暴力的手段尽可能地让你身边的座位留空的时间多一些。按照这个计划，你去图书馆将书、衣服以及其他东西摊在桌子上，希望这样可以让你旁边的座位尽量留空。15 分钟之后，有人坐到了你的旁边，这时你的研究结束了。请判断这是不是一项实验，为什么？

众所周知，实验心理学是心理学教学和科研必不可少的支柱学科。它为什么如此重要呢？这也是众多心理学专业的初学者常常会提出的一个问题。因此，本书便以此为切入点，从实验心理学的由来、科学属性、方法学地位以及研究程序四个基本方面逐一剖析，以期为读者留下一个全面而深刻的第一印象。

第一节 实验心理学的由来

“心理学有一长期的过去，但仅有一短期的历史。”这句话或许最能概括心理学——尤其是以实验心理学为标志的科学心理学——的肇始和发展。直到19世纪以前，真正的科学心理学还没有开始。这一时期的心理学研究者是由哲学家、医生或生理学家兼任的，心理学的研究方法主要是思辨。

正如人们所知道的，现代意义上科学心理学的诞生是在1879年，以冯特（W. M. Wundt）在莱比锡大学建立第一个心理学实验室为标志。冯特的心理学第一次确立了实验法在科学心理学研究中的核心地位，实验心理学由此成为科学心理学的先锋。这种进步不仅大大扩展了心理学研究的内容，也使其研究方法发生了深刻的变革，在方法和研究范式上给予其他心理学分支大力的支持和辅助。并且，借助实验心理学的基本方法和思想，当代心理学还获得了前所未有的荣誉和成果。例如，将心理学融入经济学研究的心理学家卡内曼（D. Kahneman）荣获2002年度的诺贝尔奖。其核心工作就是将心理学的实验分析方法引入经济学领域，研究人类的判断和决策行为，使传统经济学受到了有力的冲击，丰富了经济学理论。

今天，实验心理学已经成为科学心理学研究的代表和主力，这一地位的取得离不开实验心理学诞生初期众多研究者的工作和贡献。其中又尤以三位学者的工作最具里程碑意义，他们是费希纳（G. T. Fechner）、冯特和艾宾浩斯（H. Ebbinghaus）。冯特首次提出心理学必须用实验的方法进行研究，从而搭建了实验心理学的框架。费希纳和艾宾浩斯则分别是冯特之前和同时期承前启后式的关键人物。费希纳开创性地提出了量化研究“心灵”的思想，以及具体可操作的量化方法，即影响深远的心理物理学方法，从而为实验心理学指明了方向。艾宾浩斯开创了用实证方法研究记忆等高级心理过程的先河，从而铸造了实验心理学的雏形。正是这三位心理学家卓有成效的贡献和非凡的创造力为实验心理学甚至整个科学心理学大厦的建立奠定了基石。

一、费希纳

在 1879 年实验心理学正式诞生之前，必须解决的一个关键问题是实验心理学何以成为可能。实验心理学遵循科学实验的方法来研究心理学问题，而任何实验都要求对研究客体进行定量的测量。为此，有史以来第一次，人们必须找到一种方法对心理进行客观的描述而非主观的诠释。如果心理现象无法被定量地描述，那么实验心理学将只能是空中楼阁。然而，幸运的是，费希纳找到了量化人类心理现象的钥匙，并以此使实验心理学的诞生成为可能。

（一）生平

费希纳，1801 年 4 月 19 日出生于德国东南部一个小村落的牧师家庭，5 岁丧父，由母亲及兄长抚养长大。1817 年到莱比锡大学开始学医，1822 年获得学位，但此后的 10 年间费希纳的兴趣转向物理学，1834 年被莱比锡大学聘为物理学教授。1887 年 11 月 18 日费希纳病逝于莱比锡。

费希纳是一位有着多种学术背景的学者。他做了 7 年的生理学家、15 年的物理学家、14 年的心理物理学家和 11 年的实验美学家，而他同时又是一名哲学家（Boring，1950）。在教授物理学的同时，他开始从事感觉研究，率先采用心理物理学方法研究色觉与后像。之后，受 19 世纪荷兰理性主义哲学家斯宾诺莎（Spinoza）的身心合一二元论的影响，他相信身体和心理是一个共同体的两个方面，开始采用科学方法对此进行深入的研究，进而走向用心理物理学方法研究物理刺激变化和感觉变化之间关系的道路。他的《心理物理学纲要》于 1860 年出版。

（二）对心理学的贡献

受当时德国科学思想的影响，费希纳认为自然科学中行之有效的实验法也可用于研究感觉生理学。这种信念最终导致他创立了影响深远的心理物理学，并成为实验心理学的开拓者和奠基人。归纳起来，费希纳对实验心理学的贡献主要有以下两个方面。

1. 为联系人的内部世界和外部世界提供了规律

费希纳采用物理学方法研究感觉生理，以探讨哲学心理学中身心关系的问题。1860 年，他在韦伯定律（Weber's law）的基础上，提出了用以了解人们对刺激量的心理经验（即知觉大小）的费希纳定律（Fechner's law）。其公式为：$S=K\lg R$。其中，S 为感觉到的刺激强度，R 为实际刺激强度，K 为常数。

费希纳定律表明：由刺激所引起的知觉大小是该感觉系统的 K 值与刺激强度的对数之积。当刺激量越大时，产生一个最小可觉差所需要的变化量也越大，即物理量增大时，为了感知到同样的差异，需要更大的刺激变化。

对实验心理学而言，费希纳定律深刻地反映了某些本质规律。首先，这一定律证明了内部世界（心理和经验的世界）和外部世界（物理和环境刺激）之间存在联系，而且这种联系可以进行简单的数学表达。人类心理能够以数学形式加以预测，正是费希纳这方面的工作成果激励着无数后世的实验心理学家。其次，费希纳定律还表明内部世界和外部世界存在差异，刺激强度增加的效果不是绝对的，而是相对于已有感觉的强度。例如，一百支烛光再加上一支烛光，不会使我们觉得更亮一些，但是一支烛光再加上一支烛光就会使我们觉得更亮了。这反映了人类心理必定具有某些独特的、不同于物理学和生理学的规则。

2. 为心理现象的定量研究创造了科学的方法

费希纳在心理物理学研究中创造了三种感觉测量方法，它们分别是最小变化法（又叫最小可觉差法）、恒定刺激法（又叫正误法）和平均差误法。这三种方法虽然关注的只是最简单的心理过程——感觉，但它们第一次将人类的心理现象量化地表达出来，使人们有可能对人类心理进行实验研究。迄今为止，这些方法以及它们的变式仍被运用于心理学研究中。

费希纳提出的三种方法，使心理现象得以被精确量化地描述。从此，实验心理学家将有能力以科学的方式确定人的心理状态，正如实验物理学家用精密的仪器确定物质的状态一样。由此，实验心理学成立的前提得到了满足。

（三）对现代实验心理学的影响

费希纳对现代实验心理学的贡献是毋庸置疑的，我们可以借用波林下面的这段话来评价其对现代心理学的影响：“没有费希纳或类似于费希纳的人物，固仍可以有实验心理学；仍可以有冯特——和亥姆霍兹。但在实验里头，可决没有科学的气息，因为一个科学，若没有测量以为其工具之一，则必不能成为科学的。费希纳因为他的研究及其为此研究的时间，使他建立了数量的实验心理学，而离开其原来所遵循的轨道。我们称费希纳或冯特为实验心理学的‘创始者’，这是毫无问题的。费希纳有一种丰富的思想，这种思想日趋成熟，并结出了丰硕的果实。”（波林，1950/1981，第 333 页）

费希纳的思想及方法深刻地影响了随后的实验心理学研究。一方面，他关于感觉测量的思想被后人进一步深化：对各种心理现象都试图进行科学量化的研究，并用数字形式表现出来。人们在这方面走得越远，实验心理学研究所能涉及的变量就越多。这种不断量化心理现象的趋势，最终还奠定了心理学中的一个新兴分支——心理测量学——的基础。另一方面，从费希纳阈限思想的不足和缺陷出发，后人发展出了新的心理物理学方法——信号检测论。信号检测论是现代实验心理学最有力的研究工具之一。需要指出的是，虽然信号检测论反对费希纳的阈限观念，但从量化研究人类心理这个大方向而言，依然与费希纳的工作一脉相承。

因此，虽然费希纳没有像冯特那样有意识地收集资料，建立心理学实验室，编写心理学教材，整合心理学的学科体系，使其成为一门真正的科学，但是他直接地影响了这种变革，影响了促成这种变革发生的重要历史人物，甚至在某种意义上决定了这种变革能否发生。

二、冯特

费希纳提出了心理学是关于心理现象与物理现象之间有规律的相互关系的科学的构想，且做了大量的实质性工作，比如，其名著《心理物理学纲要》奠定了实验心理学的基础。但遗憾的是，费希纳在主观上并没有建立科学心理学的愿望和明确意识，以致他失去了心理学开创者这一历史地位。与之不同，冯特是公认的把心理学转变成一门正式独立学科的开创者，也是心理学史上第一位真正的心理学家。冯特一开始就有意要创建一种“新心理学”——实验心理学。

（一）生平

冯特，1832 年 8 月 16 日出生于德国海德堡附近的一个牧师家庭。他的童年生活与其他儿童迥然不同，几乎没有什么娱乐活动，基本上都是在读书中度过的。也许这造就了冯特日后严谨务实的风格。他 19 岁进入杜宾根大学学习医学与哲学，后转入海德堡大学就读，在那里他广泛涉猎了解剖学、生理学、医学、物理学和化学等，并对生理学兴趣浓厚。在海德堡做生理学研究时，冯特关于心理学是独立的实验科学的概念开始出现。在《对感官知觉学说的贡献》一书中，他阐述了关于新心理科学的思考和建议。在这本书里，冯特第一次提到“实验心理学”。这本著作与费希纳的《心理物理学纲要》（1860）一起常被看作新心理学著作诞生的标志。冯特的《人与动物的心理讲义》于 1863 年出版，该书所探讨的许多问题都是实验心理学家们多年来一直关注的问题。冯特的《生理心理学原理》（1873—1874）被心理学界誉为科学心理学史上最伟大的著作。到了晚年，冯特的兴趣发生了转变，在其最后的 20 年间完成了 10 卷巨著《民族心理学》。1920 年 8 月 31 日，这位伟大的心理学家病逝于莱比锡，享年 88 岁。

（二）对心理学的贡献

冯特所开创的现代意义上的科学心理学，其核心正是以实验法研究心理现象，其本质也就是实验心理学。由于其在心理学史上已有定论的地位，下面的介绍不可避免地时常提及冯特对整个心理学的贡献。然而需要牢记的是，这些所谓对心理学的开创性贡献，若从冯特心理学的实质和大部分内容来看，也同样催生了实验心理学。归纳起来，冯特对心理学的贡献主要有几下几点。

（1）冯特倡导把心理现实作为心理学的研究内容，反对把神学和哲学上的灵魂作为自己的研究对象，为心理学的独立开辟了道路。

（2）冯特提出必须用实验方法研究心理学，并于 1879 年在莱比锡建立了第一个心理学实验室，对心理现象进行量化的科学研究，从而创立了实验心理学这门新学科，使心理学真正地走入科学的殿堂。

（3）冯特的伟大之处还在于运用莱比锡实验室培养了一大批学生，遍撒心理学国际性发展的种子。据统计，冯特的学生中有116人研究心理学课题，其中34人成为心理学界的知名学者，如霍尔（G. S. Hall）、卡特尔（J. M. Cattell）、铁钦纳（E. B. Tichener）等等。这些学者回国后相继建立了自己的实验室，创办心理学杂志，设立心理学课程，编写本土的心理学教材，为本国培养自己的专业人才，从而推动了整个世界心理学学科的繁荣和发展。

这种影响也远至亚洲。例如，我国著名的教育家蔡元培先生于1907—1913年两度留学德国期间，曾在莱比锡大学聆听冯特的心理学实验课程，并把它作为自己的主修课。学成回国后，蔡元培一方面重视把心理学的实验法应用于教育学中，另一方面强调心理学在建立中国新文化科学体系中的重要作用。在倡导建立中国新文化科学体系中，他积极引导心理科学沿着冯特的科学心理学的新方向发展。在蔡元培的领导下，北京大学在1917年建立了中国第一个心理学实验室，并于1926年设立了心理学系。

（三）对现代实验心理学的影响

如前所述，作为现代心理学的创始人，冯特开创的心理学是以实验方法研究现实生活中的人类心理。因此冯特也就同时成为实验心理学的开山人物，这无疑是他对现代实验心理学的最大影响。

虽然早在1834年韦伯（E. H. Weber）进行了关于两点阈和质量差别阈限的测定，1860年费希纳在《心理物理学纲要》中已经提出了心理现象的量化研究方法——心理物理学方法，1875年詹姆斯（W. James）在美国哈佛大学建立了为演示用的心理学实验室；但冯特对用实验方法研究心理学做了组织和提倡的工作，1879年他在德国莱比锡大学建立的实验室才是真正意义上用于研究而非用于演示的实验室，因此1879年也就成了心理科学真正历史的开始。同时，冯特作为实验心理学的创始人，开创了一项具有伟大历史意义的事业。如果说费希纳让心理量化成为可能，从而为实验心理学打下地基；那么冯特的研究实践和大量著述则宣告了实验心理学的诞生，搭建起了实验心理学这座大厦的框架。

三、艾宾浩斯

费希纳的量化思想让实验心理学的诞生成为可能，冯特的勤奋工作建立了实验心理学的体系。但是直到艾宾浩斯之前，实验心理学的疆土还只停留在感知觉过程的实验研究上，至于记忆、思维、想象之类的高级心理过程，从冯特提出的体系中找不到进行实验研究的办法。是艾宾浩斯证明了实验法不仅仅局限于冯特的实验心理学所关注的领域，还能够广泛应用于冯特认为无法进行实验的那些心理过程，从而大大拓展了实验心理学的领地，最终确立了实验心理学在心理学研究中的核心地位。

（一）生平

艾宾浩斯，1850 年 2 月 24 日出生于德国波恩附近的一个富商之家。17 岁进入波恩大学学习历史与哲学，1873 年获得波恩大学哲学博士学位。此后的 7 年中遍游英法等国从事独立研究。大约于 1876 年，艾宾浩斯在巴黎的一家旧书店里买到了一本费希纳著的《心理物理学纲要》。这个偶然的机会深深地影响了他，也影响了当时新心理学的发展。艾宾浩斯深受费希纳用于研究心理现象的数学方法的启发，决定运用严格、系统的数学方法研究被冯特认为无法研究的高级心理过程——记忆。此后，他放弃了哲学，转而探索用心理物理学方法研究记忆，正是这一工作发掘了实验心理学的无穷潜力。1880 年，艾宾浩斯成为柏林大学讲师，他的著作《记忆》于 1885 年出版。1894 年，他晋升为柏林大学教授，不久转任波兰的布雷斯劳大学教授。他撰写的《心理学概论》于 1908 年出版，本节开篇引用的“心理学有一长期的过去，但仅有一短期的历史”这句话即出于该书，这已经成为概括心理学特点的经典名言。1909 年 2 月 26 日，这位虽然著作不多，却对心理学的发展产生了深远影响的心理学家病逝。

（二）对心理学的贡献

艾宾浩斯在实验心理学起步阶段所做的重要贡献，可以用一句话简单概括：他发现并证明了实验法在整个心理学研究中都是有效的工具。在艾宾浩斯将实验法应用于记忆研究之前，心理实验的客观性前提已经解决，且实验法已经用于感知觉的研究。但是摆在实验心理学发展道路上的最后挑战尚未克服，那就是：实验法可以应用于所有或者至少是大部分的心理现象吗？对这个问题的回答直接关系到实验心理学的最终地位。艾宾浩斯的工作证明了实验法的普适性，具体来说，可以从以下几方面来理解。

1. 证明了实验方法可以用来研究高级心理过程

赫尔巴特（J. F. Herbart）曾指出，虽然心理学是一门科学，但我们只能把心理学看作经验科学，不能看作实验科学。虽然冯特开启了用实验方法研究心理过程的新起点，但冯特认为实验心理学只能研究意识的基本元素——感觉——这个基本的心理过程，并指出只能用观察法研究高级心理过程。艾宾浩斯突破了这种框定，采用实验法研究学习、记忆及遗忘等高级心理过程。而且其中一些研究方法直到现在仍被采用。后人沿着他的足迹攀登了用实验法研究高级心理过程的高峰，并使心理学的研究范围拓宽至前所未有的境界。

2. 从根本上变革了实验心理学的研究范式

艾宾浩斯创造性地使用无意义音节作为记忆的研究材料，将实验心理学的研究范式从此导向了人工实验情境，其意义不亚于物理学实验中“理想条件”概念的引入所带来的变革。艾宾浩斯认为人对文字已形成大量的联想，用既有的文字研究记忆，干扰很大。因此，他采用德文字母的一个元音和两个辅音制造出2 300个无意义音节，如gij、dax、nov等等。受此影响，其他的研究者认识到不仅可以使用自然材料进行研究，还可以创设人工材料。可以说，此后实验心理学中出现的各种人工概念、人工语法以及各种错觉材料，正是实践了艾宾浩斯对心理学实验进行人工的规范控制的思想。

3. 为实验心理学提供新的变量测量方法，解决了高级心理过程的量化问题

艾宾浩斯发明节省法来测量学习和记忆的效果。不同于以往研究中使用的背诵法，节省法是个体在识记或学习了一行音节后，经过一定的时间间隔，再次识记或学习，研究者对两次识记或学习的次数进行比较，从而推断记忆的保存量。节省法的问世，意味着高级心理过程也能够被精确地量化，正如感觉大小能被费希纳的心理物理方法量化一样。这种方法隐含着现今实验心理学对高级心理过程进行量化把握的基本原则：找到某些行为指标的变化来反映心理过程的特性。从这个意义上讲，节省法不仅仅提供了记忆测量的新方法，更为所有高级心理过程的量化开创了全新的时代。

4. 通过实验研究，建立了第一个和高级心理过程有关的函数关系——遗忘曲线

如果说费希纳的功绩在于建立感觉心理物理函数，那么艾宾浩斯就是试图建

立高级心理过程函数的第一人。时间和记忆之间的关系作为常识人人皆知，记忆之后的时间间隔越长，记得越少，但艾宾浩斯正式采用科学手段对时间和遗忘之间的函数关系做了确切研究。他自己既为主试又为被试，采用节省法测量学习无意义音节之后在不同时段的遗忘情况。他以极大的热情进行研究，并承担了无法想象的辛劳。结果表明，学后 20 分钟只记得 58%，1 小时后只记得 44%，24 小时后只记得 30%。一天之后遗忘速度则趋向缓慢，最后所剩的 20%可一直维持到一个月之后。这个最初急剧下降，而后趋于平缓的遗忘曲线代表了机械式记忆遗忘的典型模式。

（三）对现代实验心理学的影响

毫不夸张地说，整个现代实验心理学的辉煌成就都应该部分地归功于艾宾浩斯。如果没有他对高级心理过程应用实验法的探索研究，记忆、思维、想象、情绪情感等领域或许至今仍是现代实验心理学的禁足之地——而今它们恰恰是现代实验心理学取得丰硕成果的领域。艾宾浩斯对记忆规律深入而成功的研究，诱使后辈心理学家们不断尝试将实验法应用于各种心理现象；而他所采用的人工条件下实验研究的方法和思路，则成为此后所有实验室心理研究的金科玉律，保证了实验心理学结论的客观性。

即使仅从对记忆研究这一点来说，艾宾浩斯对现代实验心理学的影响也是巨大的：自从艾宾浩斯提出用节省法研究记忆的储存量以来，就引发了持续百年的记忆研究热潮。艾宾浩斯将记忆分成三大类，其中第三类涉及无意识记忆。艾宾浩斯认为这类记忆会在当前的思想和行为上有所反映，但此过程没有意识参与的痕迹。虽然因为当时实验技术的不足，他没有深入研究这类记忆，但是他指出了这类记忆不能用内省法研究，而只能以节省法这种关注行为反应的方法进行量化研究。今天的实验心理学正在把艾宾浩斯的预言变成现实：艾宾浩斯所说的无意识记忆，在今天看来完全符合内隐记忆的特点；而艾宾浩斯所提出的用节省法或者说通过行为指标来研究无法内省觉察的无意识记忆的观点，正是当今内隐记忆研究所奉行的准则。艾宾浩斯虽然没有深入地研究内隐记忆，却为研究无意识记忆找到一种途径，这种方法至今仍被记忆研究者采用，或者说当今关于记忆的科学研究方法仍旧带有艾宾浩斯的风格。

从实验心理学的发展史来看，艾宾浩斯作为使实验心理学走向一切心理现象研究的第一人，为现代实验心理学带来今日所享有的牢固地位，扫清了心理学走向科学、客观的最后障碍，因而能够当之无愧地与费希纳、冯特二人并列为实验心理学的重要先驱。

从某种意义上讲，心理学的历史就是实验心理学的历史。从 1879 年开始，实验心理学迅速成为心理学的重要支柱，实验法的应用促使整个心理学界出现了前所未有的学术探讨局面。费希纳首先论证了内部感觉经验也可以用数字进行量化表达；这一发现让冯特的实验心理理论体系成为可能，在冯特那里，心理学的实验研究第一次成为系统的学科；最后，艾宾浩斯使初生的实验心理学迎来了自己最伟大的突破，心理过程的量化方法和基本实验范式都在此时成形。此后，心理学中大大小小的学派不断涌现，这百余年内心理学的研究成果远远超过了人类历史上心理研究的成果的总和。尽管这些学派的观点各异，兴趣不同，却有一点始终不变：它们都要用客观实证的方法来支持自身的观点。正是因为费希纳等人，以及其他前辈学者的杰出贡献，实验心理学已俨然成为心理学科学属性的最佳标志。

第二节　实验心理学的科学属性

心理学在经历了漫长、艰辛的孕育阶段之后，终于成为一门年轻、独立的科学。综观心理学厚积薄发的形成和发展过程，无不与实验心理学息息相关，正是实验心理学的建立使心理学真正成为一门独立的学科。实验心理学的诞生不仅使心理学获得了收集材料的新手段，而且使心理学建立在精确可靠的实验基础上，这一切都迅速改变了心理学的面貌。可以说，实验心理学的建立为科学心理学的诞生立下了汗马功劳。

在上一节，我们以三位学者（费希纳、冯特、艾宾浩斯）为代表，回顾了 19 世纪中叶以来的心理学研究者对实验心理学的奠基、创立和走向成熟所做出的不可磨灭的贡献。同样是在上一节，我们也曾经提到实验心理学让心理学真正走向了科学，但并未就此深入讨论。在接下来的这一节中，我们要回答以下疑问：实验心理学为什么是科学的？科学的实验心理学又能够做些什么？

一、为什么说实验心理学是科学的

实验心理学为什么是科学的？要回答这个问题，首先需要理解“什么是科学”，明确科学研究的基本特征。接下来，就是将我们所了解的实验心理学与这些科学方法的特征进行一一比对，用事实来说明实验心理学是否具备将心理学打上科学标记的资格。

（一）科学方法的特征

毫无疑问，科学方法是我们获取知识的有效途径，它能借由严谨的实验研究获得一般结论，并将之上升到普遍理论的高度。然而，什么是科学方法？它有哪些特征？这些问题的答案只能通过科学方法与非科学方法的比较得来。美国哲学家皮尔斯（Peirce，1877）指出，除科学方法外，还有另外三种确立信念的方法：权威、注意凝聚和先验（authority，tenacity and a priori）。究竟是哪些特征使得科学方法从诸多确立信念的方法中脱颖而出，成为一种独特而得心应手的途径，令我们洞穿事物的现象而直取本质并确立信念呢？皮尔斯曾将科学方法与权威、注意凝聚、先验这三种确立信念的方法进行了比较。

1. 非科学方法的特点

第一种确立信念的方法是听信权威之言，此方法最简单、便捷，因为人们不必事事亲历就能获得知识。比如，孩提时代人们习惯于接受、信赖父母的观念。的确，听信权威之言是确立信念的捷径，唯有此儿童才不会在撞得头破血流后方明白“鸡蛋碰石头”的下场，而是轻松自如地避免灾难。但是随着年龄的增长，儿童通常会转而寻找其他更可靠的权威，如书本、某个偶像等。可见，听信权威是一种冒险行为，其前提假设是“权威必然正确”，如若个体所坚信的权威并非完全可靠，那么这种确立信念的方法就是空中楼阁了。

第二种确立信念的方法是注意凝聚，即人们不顾已知的相反事实，仍然固守自身已有的知识而拒绝改正。种族偏见者或其他观点的固守者就对注意凝聚这种确立信念的方法情有独钟，他们刻板地固守着诸如“唯有本族人才是优等人”的观念或某种社会定型，即使一位智慧超群、举止大方的别族绅士近在眼前，他们也会对这种强有力的反证不屑一顾，而且注意凝聚者还试图寻找、说服某些人与之共鸣。

第三种确立信念的方法是先验，即人们不经过研究或考证就相信那些看来似乎合理的预存信念。先验这种确立信念的方法实际上是权威影响的延伸，不同之处仅在于不存在盲从的特定权威罢了。先验者根本不去验证自己的信念，例如人们曾坚决否认地球是圆形的，而且认定自己居住的地球是万物的核心，连太阳也像月亮那样围绕地球转，亚里士多德（Aristotle）、托勒密（C. Ptolemaeus）的地心说也因此长期居于统治地位。

可见，权威、注意凝聚、先验这三种确立信念的方法均存在弊端。听信权威的方法存在盲目性，此种方法固然是确立信念的捷径，它无须个人直接经验，但其正确性基础值得怀疑；注意凝聚和先验则存在主观性、刻板性，它们都避免受不同观点的影响，前者即使注意到不同意见也不予考虑，而后者则根本不去注意相反意见，它们都无法完成自我校正的过程。

2. 科学方法的特点

确立信念的科学方法，是在经验观察的基础上寻求现象解释的可重复性，并进行自我校正。不难看出，与上面三种确立信念的方法相比，科学方法独具长处。概括地说，科学方法具有两个重要标志：经验观察和自我校正。正是这两种特征使得科学方法优于其他方法，成为确立信念的唯一途径。

科学方法的第一个特征是强调系统的经验观察。“经验”一词显现了信念来源的客观性。与权威的信条或个体固有的观念相比，经验是最可靠的知识来源。然而，任何一种信念确立方法都不曾像科学方法那样，依靠对现实世界的系统观察所获得的资料来确立信念。科学方法不能因为偶然遭遇或道听途说而提出任何意见，相反，它要求研究者通过大量现象观察、认真查阅文献、系统的科学实验研究之后，才谨慎地得出结论。与此对照，权威、注意凝聚、先验这三种确立信念的方法相形见绌：人们无法保证权威信念本身是以经验观察而获得的事实为依据的，所以受权威影响而确立的信念不能百分之百正确；而注意凝聚和先验均拒绝考虑事实，尤其是反面事实，这使得信念来源极不客观，退一步讲，即使注意凝聚或先验考虑了部分事实，也是建立在片面或非系统的事实基础上，由此得出的信念也缺乏可靠性。因此，科学方法的系统经验观察特征令信念确立过程独具客观性、可靠性。

科学方法的第二个特征是能够自我校正。与注意凝聚和先验相反，科学方法并不固守某个信念，而是提供可据以判断信念正误、优劣的程序。事实上，任何人都能够进行经验观察，而不同的观察结果令人们坚持不同的信念，如何克服、调和这些各异的观点是信念确立的难关。科学方法恰恰克服了这个难关。由科学系统的经验观察所得出的科学事实具备两个特点：可公开、可反复获得。正是这两个特点使得科学拥有了自我校正的属性：经由公开的观察，人们可以清楚地知晓备选信念，从而在新旧信念之间不断比较并决定取舍，一旦旧的信念不符合经验事实，就自然被淘汰；经由反复的观察，人们接受或排除信念的过程就更加慎重，只有多次验证后再确立信念才可保证信念的可靠性，同时多次否定后再排除信念才可避免轻率地抛弃某信念。但是，信念的改变并非轻而易举，这是一个缓慢的过程，只有在长期的、循环交替的“公开—反复验证—公开—反复验证……”的过程后，我们才能达到错误信念的清除和科学信念的确立。因此，可公开、可反复获得的经验观察是科学方法的基石，正是它使得科学拥有了自我校正的属性。

综合而言，正是经验观察和自我校正这两个特征使得科学方法独具魅力，成为最可靠的信念确立方法。拥有了科学的研究方法，人类便从混沌纷杂的现象中解脱出来，并能够客观、系统地审视和分析周遭的世界，一切因此清晰、有条不紊。那么实验心理学是科学的方法吗？它是否具备经验观察和自我校正这两个特征呢？

3. 实验心理学和科学方法

先从经验观察的角度评价实验心理学：要达到科学方法的标准，实验心理学必须回答“观察什么”和“怎样观察”这两大课题。前者要求心理学实验具有明确的研究对象，这并不成问题，诸如感觉、记忆、情绪等都可以成为观察的对象。而后者——“怎样观察”——则是主要问题：心理学研究本身所具有的复杂性与不确定性超出了物理学等其他科学研究，这无疑使实验心理学的经验观察变得相当困难。心理学的研究对象是具有主观意志和复杂情感的人。试想，在一项物理学实验或者酸碱中和的化学实验中，实验中的瓶瓶罐罐永远不可能提出诸如“我烦了，需要暂停一会”等要求，而在心理学实验中，我们的实验对象——人，却极有可能提出自己的要求，做出自己的选择，甚至其微妙的情感变化都会影响心理学实验。实验心理学在经验观察方面要达到科学方法的标准，就必须发展出一套有效且稳定的观察方法，其观察结果必须尽可能地避免各种其他因素的影响。

再看自我校正方面，实验心理学能否自我校正？这个问题的答案取决于：实验心理学的结论是否以一种可证伪的形式提出？或者说，实验心理学的任何理论观点，其本身的正确与否是不是也能通过一个或多个心理学实验来加以检验？如果从实验法得来的结论同样可以通过实验法（也即通过其他实验）来进一步巩固证实，或反驳质疑，那么我们就有理由相信实验心理学具备了自我校正的能力。

幸运的是，实验心理学完全满足了上述要求，因而也就具备了科学方法所必需的属性。我们可以从一个具体实例来分析实验心理学是如何从一个假设出发，进行精巧、有控制的观察，最终得到阶段性的结论，并留待后继实验的继续检验的。

（二）实验心理学研究举例

实验心理学的经验观察以一般的现象观察为起点。1979 年，社会心理学家拉塔内（B. Latané）通过观察注意到生活中存在一种非常普遍的现象：人们似乎不愿意在集体工作中倾尽全力，而是有所保留。换言之，在集体工作中大家都有放松努力的倾向。“两个和尚挑水喝，三个和尚没水喝”就是对该现象最形象的概括。然而直到这里，所有的工作都只是一般意义上的观察和猜测，与实验心理学真正的经验观察相去甚远。拉塔内与普通人的差异在于，他不满足于仅将好奇心停留在观察阶段，而是决定对这种他称为“社会浪费”的现象进行实验研究，从而开始着手将一般的观察接触升级为科学方法的经验观察——心理学实验。进行心理学实验的前期准备是查阅文献，以了解是否有人曾研究过该课题，并借此掌握此方面研究的进程。回想一下科学方法所要求的自我校正特征，就可以理解为什么心理学实验正式开始之前还需要文献准备——正是这种查阅工作使得当前研究者的实验不仅仅作为经验观察的手段，还成为对前人观察结果的检验。拉塔内经由文献查阅过程了解到：有关社会浪费的最早研究是由一名法国农业工程师林格尔曼（Ringelmann，1913）进行的。林格尔曼用拉绳实验证实了社会浪费现象的存在，他将被试分为一人组、二人组、三人组和八人组，然后要求每组被试都竭尽全力拉绳，其中每个被试拉绳的力量可以用灵敏的测力器来测量。从理论上讲，若被试单独拉绳时所发出的力量与集体拉绳时发出的力量相同，那么集体拉绳的合力就应等于每个人单独拉绳的力量总和。然而林格尔曼发现了有趣的结果：二人组拉绳的合力只是两人单独拉绳力量总和的95%，三人组拉绳的合力只是三人单独拉绳力量总和的85%，而八人组拉绳的合力则下降为八人单独拉绳力量总和的49%。可见，随着集体人数的增加，个体所贡献的力量越来越少。林格尔曼的实验结果证实了人们的观察，事实的确如人们所注意到的那样：集体中的个体并非倾尽全力，他们都放松了自己的努力。

实验心理学经验观察的中心环节自然是实验研究，实验研究是科学研究的重要环节，任何严谨的实验研究都应当包含提出假设—安排实验以检验假设—收集实验数据并进行分析、整合的过程，拉塔内的研究亦是如此。拉塔内及其同事（Latané，1981；Latané，Williams，& Harkins，1979）开始进行一系列社会浪费现象的实验研究。为了确定经验观察的普遍性程度，实验研究往往要在不同情境下反复多次，在实验中就体现为选择更多的实验变量。与林格尔曼相比，拉塔内的研究领域更广阔。按照他的系列实验研究结果，社会浪费现象不仅出现在拉绳实验中，还存在于其他诸多集体工作中；社会浪费现象也存在于各种不同文化背景中（Gabrenya，Latané，& Wang，1983）；他还发现社会浪费现象也同样存在于儿童中间。所有这些反复进行的实验观察，将最初的假设逐步确认为具有一定普遍意义的事实。

然而实验研究的观察并不以确认事实为最终目的，经验观察的目的在于做出解释和预测。拉塔内（Latané，1981）在查阅大量文献及证实社会浪费现象普遍存在之后，开始尝试解释社会浪费现象，试图由社会浪费现象提炼出某种更为普遍、能说明人类社会行为的理论。是什么引起了社会浪费现象的出现？拉塔内认为，社会浪费现象是集体工作中的“责任扩散”（diffusion of responsibility）引起的。具体而言，当人们独立从事工作时，工作责任非常明确地指向自己，因此个体理所当然地认为自己应当对所从事的工作负责；然而集体工作时，工作责任没有明确地指向自己，因此人们不会认为工作责任应当由自己承担，而是倾向于将责任感扩散到其他人身上。简言之，责任所涉及的人数越多，分担到每个人的责任就越少，而正是责任感的多寡决定着个体的努力程度。紧急危难中若只有自己能帮忙，就会觉得义不容辞；若还有其他许多人可以助一臂之力，自己就有截然不同的感受了。

从一般生活现象提出假设，到设计不同情境控制条件下的观察，将假设确认为事实，再到尝试提出能够解释普遍事实的理论，看来就社会浪费现象而言，实验心理学的经验观察部分已经完成了自己的工作。然而拉塔内最终提出的理论又是否正确呢？这就是科学的自我校正功能所要负责的部分了。

诚然，就拉塔内此前在各种情境下的观察结果看，由社会浪费实验所总结出的责任扩散理论非常有效，它可以很好地解释社会浪费现象，并解释人们的社会行为。但是科学方法对理论的态度往往是谨慎的，研究者总是能找到更多更新的角度，不断考验理论的完整性和正确性。因此对于社会浪费的实验心理学研究而言，责任扩散理论的形成并非意味着研究的结束，恰恰相反，它只是更深入研究的开始。深入的研究有两种结果：其一，在新的情境下原先的理论仍然具有效力，这种结果将加强理论的说服力；其二，发现了原先理论失去预测力的情境，这将有助于人们理解理论的局限性。上述两种结果都可能在对责任扩散理论的实验检验中出现，它们合在一起，为这一来自实验心理学的理论提供自我校正的依据。

从支持理论的方面来看，美国曾面临“工作动力衰退”这个重大的社会问题，它极大地阻碍了社会生产的发展。尽管工作动力衰退有诸多复杂的原因，但社会浪费就是这种复杂社会问题中不可忽视的一个因素。马里奥特（Marriott，1949）发现，工厂中人数较多的大组工人的劳动生产率低于人数较少的小组，这是典型的社会浪费现象。因此，关于社会浪费问题的科学研究，尤其是消除社会浪费的科学研究都对该社会问题的解决有重要作用。

从确定理论局限性的方面来看，威廉斯、哈金斯和拉塔内（Williams，Harkins，& Latané，1981）在责任扩散理论的基础上进行了更加深入的研究，结果发现社会浪费现象并不是绝对的普遍现象，也就是说社会责任并不一定随着群体人数的增加而扩散。如果在集体工作中不仅对集体作业绩效进行监测，还对其中每个个体作业绩效进行监测，如此一来个体就会竭尽全力。这种集体作业绩效与个体作业绩效同时监测的条件有效地唤起了个体的责任感，在一定程度上防止社会浪费的出现。更有趣的是，心理学家甚至还发现了与社会浪费截然相反的现象——社会促进（social facilitation），即指个体在群体中的工作绩效会显著高于单独工作时的绩效。我们很难简单地说社会浪费和社会促进究竟孰对孰错，最有可能的解释是它们全都反映了人类复杂的社会心理的一个侧面，而实验心理学的自我校正就是在这样的理论争鸣中获得持续的动力。

从上面的例子我们看到，实验心理学的研究经历了观察、查阅文献、实验研究、形成理论、深入研究、实际应用及理论校正的过程，而这就是科学工作的过程。毋庸置疑，实验心理学的方法完全符合科学方法所要求的特征。通过系统的经验观察，实验心理学能将人们对一般生活事件的简单兴趣转化为成熟的理论体系；而后继研究的不断深入，使起初尚不完备的理论得以自我校正而愈加周密严谨。

二、对实验心理学的认识误区

实验心理学的方法是科学方法，因而实验心理学具备科学的属性。这一事实为实验心理学，乃至以实验心理学为基础与核心的整个科学心理学研究，带来了持续发展的动力和不断取得的荣誉。但是同时，实验心理学也因为自身的科学属性遭遇到所有自然科学面临的一些认识误区。一方面，正如街谈巷议往往将“科学”当作终极真理的代名词，科学的实验心理学的功能时常被过分夸大，以至于人们觉得它应当能够解决一切难题；而在另一方面，正如总有人质疑艰深的相对论物理究竟对人类的生活有何助益一样，实验心理学的工具价值也常常被人怀疑。

（一）实验心理学是万能的吗

实验心理学让心理学迈入了科学的门槛，可以说，没有实验心理学提供系统、科学的研究方法，就没有心理学的今天。然而“科学”两字的桂冠有时伴随着过高的期望。尤其当心理学经历漫长的孕育终于凭借实验心理学走进科学的殿堂之时，人们很容易期盼实验心理学能够扮演救世主的角色，有意无意地扩大实验心理学的功用，期望实验心理学解决所有问题。这种实验心理学万能的思想，其实就是科学主义认识误区的翻版；虽然实验心理学效力无边的设想听上去很诱人，但这种观点是失之偏颇的。如同其他自然科学一样，实验心理学在任何一个特定时间所能起到的作用都是有限的。实验心理学科学属性的深层价值，更多地体现在它能够在不断的发展中扩充自身有限的功能，而这种发展才是真正持续不断的。事实上，人们不可能指望任何一门科学达到一劳永逸的效果，也不可能期待任何一门科学能提供放之四海而皆准的永恒真理。这不仅与变化无常的真实世界不符，也有悖于科学自我校正的属性。

首先，科学方法本身都是有限的，因此实验心理学不可能是万能的。从物理学、化学、生物学到社会学、管理学、历史学，没有任何一门科学能够独立于真实的世界之外，拥有好奇心的人类在漫长的进化过程中无时无刻不在探索、研究着周遭的一切，然而，任何科学的进展似乎都未达到止境，更无法超越世界本身。自然界总有一些悬而未决的问题，例如神农架的未解之谜、神秘的 UFO（不明飞行物）等等始终是人们面临的难题。再如人们对自身所处的宇宙的了解：从地心说到日心说的演化，再由万有引力说到爱因斯坦（A. Einstein）的相对论的发展……这些过程表明，每当人类自负地以为终于有一种可以穷尽的理论时，现实就会给出当头棒喝。其实，这正是科学不断自我校正的过程，也是科学有限性的证明。

其次，心理学的学科特殊性更强调了实验心理学不可能是万能的。心理学以人为研究对象，试图观察、解释人的所思所行，而作为其研究对象的人不仅各有所思，而且每时每刻都会产生出不同的思想或行为。从研究对象而言，心理学似乎比生物学、物理学等科学面临更加巨大的考验。例如当拉塔内对社会浪费现象进行研究时，他就面临诸多潜在的料想不到的问题：被试是否会出于意外情况而猜测并知晓了实验目的以致故意制造尽力而为的假象？被试的情绪变化或者环境的微妙改变是否会造成某次实验的异常结果？诸如此类的问题是实验心理学力图控制、解决，然而又不可能完全消除的。此外，现实中有许多牵绊使得某些领域的心理学研究举步维艰。例如在有关人类伦理、道德、人际交互等方面的研究中，人类独有的私密感、自尊心、情绪变化等社会属性都会为此方面研究带来很大阻力，试想，有谁愿意在实验研究中暴露自己的不良思想或丑陋行为？当然，实验心理学一直致力于消除这些影响实验有效性的不良因素，但是，面对千变万化、拥有复杂情感的人类，科学方法并不能完全得心应手。

因此，实验心理学的科学属性并不意味着实验心理学可以解决一切有关人类心理的问题。与其陷入实验心理学万能的认识误区，毋宁说科学的实验心理学为我们提供了一条不断接近真理的道路，尽管这条道路上的每个点都仅仅反映了真理的一部分，但毕竟这种科学方法保证了人们能够越来越逼近而非远离事实的真相。

（二）实验心理学背离真实生活吗

虽然我们强调了实验心理学潜在的工具价值，但是实验心理学往往还是受到指摘：人们认为实验心理学总是在实验室中研究问题，以至于逐渐蜕变成为背离真实生活的学院心理学。这个观点的前半部分的确符合事实——实验心理学的大部分工作确实离不开实验室情境，而实验室总是和真实生活有着很大的不同——这多半会与人们对心理学的期望相悖。例如心理学专业的学生比其他任何专业的学生都更强烈地渴望课程能与日常生活相贴近：一个刚入门的机械工程专业学生并未学会修理汽车，但他不会感到沮丧；然而一个刚刚入门的心理学专业学生如果没能立刻解决自己人际交往能力欠缺的问题，或者尽快消除自己的不良情绪，他就会大失所望，怨天尤人。当实验心理学似乎更多地局限于实验室研究的事实与这种愿望恰恰相反的时候，就会有人对心理学研究者躲在实验室里反复观察鸽子按压杠杆的现象而大为不解，更不明白为何研究者将大量物力、财力花在被试的简单反应时和选择反应时任务上，这与丰富多彩的人类生活有何关系？实验心理学为何离实际生活这么远？

但是从实验心理学离不开实验室这一事实，并不能推出实验心理学背离真实生活的结论，所以上述观点的后半部分是错误的。实验室情境虽然在表面上与真实生活迥然相异，但在本质上为科学家提供了理想的、可控制的模拟现实。归根结底，人们之所以抱怨实验心理学背离生活，问题并不在于实验心理学本身，而是人们对它的期望不恰当。人们不仅期望研究能够带来立即投入使用的结果，还如西德曼（Sidman，1960）所说的那样，期望实验室研究情境与真实的情况尽量相似。然而实际情况是：实验心理学的研究情境不可能，也不必要与真实世界类似。

首先，实验室环境可以与真实生活不尽相同。心理学家所要研究的是行为的内在过程，而非外部环境，因此只要能够引发相同的内在过程，实验室的外部环境不必与真实生活相同。例如，心理学家想要调查空难发生的原因，是否就必须制造一次真实的空难？大可不必。心理学家旨在调查空难发生的内在原因，即飞行员或其他控制人员的注意失误，若能对他们的注意失误进行调查，就完全不必在意实验室的外部环境是否与真实空难相同。于是，心理学家让一些大学生坐在一组快速闪亮的灯前，要求他们只要看到灯亮就立即按下相应键，而按键快慢就是衡量个体注意状况的指标。心理学家通过操纵灯光闪亮的速度来制造与引发空难类似的内在心理过程，例如当灯光闪亮超过操作者的反应时，就产生了超负荷情况，此时研究的内在过程与空难发生情境非常相似，然而两者的外部物理情境全然不同。正由于不同的外部环境可以包含相同的内在过程，心理学家才得以在安全、简单的物理环境下精心地控制注意失误。而且，这种注意失误的实验结果还可以迁移到一些工业情境，从而避免经济和生命损失。

以上是外部物理环境不同但内在过程相似的例子，然而这并不意味着外部环境类似，内在过程就一定相同。例如经过训练的鹦鹉会说话了，然而这种鹦鹉学舌行为的内在过程与人们言语交流的内在过程完全不同。因此，心理学研究者必须弄清楚每次实验的真实内在过程，才能够得到准确的实验结果。

其次，实验室研究有其优势。实验室研究可以与实际生活具有共同的心理过程，这是实验室情境可以与实际生活不尽相同的第一个原因，除此之外，实验室情境下的研究比真实生活中的研究更具优势（Mook，1983）则是第二个原因。

实验室研究的优势之一：实验室情境比真实生活更可控。以拉塔内的社会浪费研究为例，如果该研究在真实情境中进行，它必然面临更多不可控因素，工资水平、工作安全等都可能意外地影响社会浪费效应，从而干扰实验的正常进行，或者影响实验结果的准确性；相反，如果研究在实验室情境下进行，研究者就能更好地控制实验条件，避免其他无关变量对社会浪费现象的影响。可见，实验室情境的可控性不仅易化了实验操作，使其成为可能，而且使得实验结果更精确可靠。

实验室研究的优势之二：实验室情境得出的结果更具说服力。相对于简单的推理猜测，直观的数字、客观的结果显得更有说服力。例如一项实验结果表明，普通被试即使在完成相对轻松的亮灯按键任务时，也显得注意负担过重。如此，人们立刻就能想象当飞行员驾驶着大型客机穿梭往来于拥挤的航道时，他们必然处于极强的应激状态，注意强度异常之高。一个简单的实验结果所具有的说服力胜过任何形象生动的描述，这就是实验室研究的优势。

最后，实验心理学家并不会直接将实验室结论无限推广到真实生活中去。尽管实验室情境通常很好地模拟了真实生活中的心理过程，但是心理学家依然采取谨慎小心的态度，以避免万一。因此，实验室研究结果一般会在真实生活中加以验证，这一步骤杜绝了实验心理学背离真实生活的危险。事实上，如果研究目标是验证某一理论假设，或者是用实验室结果去解决实际问题，那么实验结果就必须在真实生活中验证。以社会浪费研究为例，为了减少、解决实际工作中的社会浪费现象，拉塔内等研究者在实验室条件下得出的结果，即集体作业绩效与个体作业绩效同时监测的条件可以有效减少社会浪费，就必须预先在真实生活中进行小规模的验证。否则，直接将实验室结果大批量应用于整个社会生产就太过草率了。

实验心理学的特点确保它成为心理学研究的科学方法。通过简单的实例，我们可以看到实验心理学能够从系统的经验观察中发现事实、提出假设、验证理论。同时，我们不能因为实验心理学的科学属性而对它提出过高的要求，或以“无用”为由对其肆意批评。实验心理学和所有其他自然科学一样，首先是探索并逐步逼近真理的工具，其次才是为现实生活的应用提供基础。

第三节 实验心理学的方法学地位

实验心理学是用科学实验的方法，对心理过程，如感觉、知觉、注意、记忆、思维、想象以及言语等，进行客观和量化分析研究。实验心理学，并不像心理学其他分支如生理心理学、认知心理学、临床心理学等那样，它不是以其专门的研究领域来命名的，而是通过其研究方法——实验法——而得名。可见，实验心理学本身就是一门相当重视科学研究的方法论的学科。而实验心理学之所以成为整个科学心理学的基础，也要归功于它对科学方法的重视。

实验心理学的方法有广义和狭义之分。狭义的主要是指实验法。在心理学研究中，实验法并不是唯一的科学方法，但它的确位于所有应用于心理学研究的科学方法的序列顶端。也就是说，实验法代表了心理学研究方法的最高级别；正因如此，以实验法为主要方法的实验心理学才能理所应当地以科学心理学的代表自居。为了准确说明实验法在心理学研究中最顶端的方法学地位，我们有必要对心理学研究所采用的各种科学方法做一番介绍和比较，它们包括观察法、相关研究法和实验法。

一、观察法

观察法是较为原始的一种心理学研究方法。顾名思义，观察法就是通过一定程序收集资料，以期获得描述性的数据来简化复杂现象的过程。深入细致的观察往往能收集到系统而重要的信息。观察法既是获取客观世界最初的原始信息和感知材料的基本方法，也是发现一些重大科学现象的重要方法。这种方法主要是通过观察者直接感知的方式，按照一定的科学程序和规则，来获得由研究目的所确定的正在发生的心理现象和行为的资料。简言之，它是人们收集、获取、记录和描述感性材料的常用方法之一。一般来说，观察法最为简单、直接，通常情况下也颇为有效；但其缺点也恰恰在于它过于直接和简单。因此在实验心理学中，研究者通常不会以观察法为主要研究方法，而是在资料准备阶段应用它。

（一）观察法的类型

在心理学研究中，常用的观察法主要有三种：自然观察法、个案研究法和调查研究法。自然观察法是其中最受推崇的一种方法，其他的两种方法都可以理解为自然观察法的特例或者变式。例如，养宠物狗的人对于狗的观察就属于自然观察法。个案研究是指掌握某一个体的详细资料。比如，研究者运用个案研究法收集了一个问题少年的行为资料，通过观察发现：他平均每天与同伴吵架 5 次以上，动手打架 0.5 次，等等。调查研究法与个案研究法类似，但不同之处在于调查研究法是通过观察来获取大量个体的详细资料。比如，洛夫莱斯和图伊格（Lovelace & Twohig，1990）利用调查研究法进行观察发现，老年人一般认为，现实生活中最使他们苦恼的记忆问题是无法记住他人的名字。

自然观察法是指对自然情境下的现象进行深入观察的一种方法。例如：对自然灾害中人们行为反应的观察，就是一种自然观察；皮亚杰（J. Piaget）、陈鹤琴对于儿童发展的研究，也属于自然条件下的观察。

观察法能为随后进行的控制更严格的研究提供重要资料。上面提到的两种自然观察，就分别为危机干预理论和皮亚杰发生认识论的提出提供了资料上的依据。自然观察的结果描述了有机体的思想和行为，这往往是实验心理学研究中必要的第一步。

那么，如何进行科学的自然观察，使之有别于日常生活中的观察呢？通常，在研究之前研究者事先设计一系列的观察程序，然后再依据已有的资料来界定研究的范围。下面举例说明。

巴克及其同事（Barker & Wright，1951；Barker，1968）所做的新生儿测验研究，就是自然观察法应用于不同背景下人类行为研究的一次尝试。这个例子可以用来说明在观察之前如何界定观察范围的问题。自然观察的范围一般都是从一个小范围开始，并在反复观察的过程中进行调整。布雷泽尔坦及其同事（Lester & Brazelton，1982）的研究就是一个范例。他们用多年时间精心编制了一个量表，以评价新生儿在各种行为中的最佳表现。最初，该量表只能评价几种反射和行为（如抓握、眨眼等）。后来，经过对不同文化和背景下新生儿的反复观察，他们把量表修订得更全面了，所评价的反射和行为数量也多起来了。同时，量表的这种变化又促成了更多的研究成果。最后，布雷泽尔坦新生儿行为评价量表（Brazelton Neonatal Behavioral Assessment Scale）能够对16种反射和26种行为进行测量。如果布雷泽尔坦及其同事事先不做一系列的详尽观察，就不可能建立评价量表，也不可能进一步就他们非常关心的行为发展中的个体和文化差异进行深入的研究。

个案研究法是指深入地研究单个或少数几个被试的观察法。众所周知，弗洛伊德（S. Freud）的精神分析理论来自他对个案的临床观察与研究。再如，对于割裂脑、失语症的研究进展也得益于个案研究这种方法。严格来说，个案研究法也是一种自然观察法。与自然观察法相比较，个案研究法除了能够提供描述性的资料之外，还能进行初步的比较，研究人员可以据此做出因果关系的猜测。当然，受限于观察法的描述性本质，对这些猜测的完整检验已经超出了观察法的范围，而要留待后继的、更高层级的研究方法来完成。

个案研究法虽然能够做出一些推论，但是被试数量极其有限，因此据此做出的推论范围也是极其有限的。某些研究，诸如管理心理学、教育心理学、社会心理学的研究，需要获得大量随机样本的信息，这时候，研究者往往选用自然观察法的另外一种变式——调查研究法。调查研究可以利用准确的取样技术，不会像个案研究那样易受到各种其他因素的影响；因此在进行因果推论的猜测时，调查研究往往比个案研究更为可靠，这是调查研究的一个长处。

同样，作为观察法的一种形式，调查研究法得到的结果也必然是描述性的，不能明确地确定事物间的因果关系。但是就观察法本身的各种形式而言，调查研究法确实具有自然观察法和个案研究法无法比拟的优点。它能为进一步进行的严格控制的实验研究提供基本理论框架。这是自然观察法和个案研究法难以做到的。

（二）观察法的要点

使用观察法的时候，应该注意以下两个问题。

第一个问题：研究者首先要明确观察的目标，也就是“观察什么”的问题。观察时研究者的注意范围和思考能力有限，不可能同时注意多种现象，因此，这种特点要求研究者必须计划和安排好要观察的事物，必须事先选择跟研究课题密切相关的行为进行研究。遗憾的是，解决这一问题并没有什么秘诀，事实上大多数研究者往往是从前人经验或自身直觉出发界定一个自认为合适的观察界限。不过作为一种科学方法，观察法所具有的自我校正的特性最终还是能从长时间上保证我们既不会始终遗漏什么应该观察的，也不至于总是将无关的因素纳入视野。

第二个问题：我们如何保证观察本身不会对观察结果产生影响？这涉及观察过程中被观察对象的反应（反应性）问题。举例来说，如果我们希望观察学生在课堂学习时的行为特征，那么乍看起来进入随机抽取的教室中用摄像机记录下学生的一举一动是个不错的主意；但问题是学生的正常课堂行为一定会受到突然闯入的观察者的影响，他们会知道自己正被人观察，并很有可能因此表现出一些“好”的课堂行为。这样，整个观察得到的结果就被“污染”了，研究者很可能无法正确描述学生的真实课堂行为。

解决的办法也十分简单：只要让被试不知道自己正在被观察就可以了，或者说不要让被试在观察过程中受到观察者的干扰。预防被试反应性的技术被称为无干扰观察（unobtrusive observation）和无干扰测量（unobtrusive measure）（Webb，Campbess，Schwartz，& Sechrest，1966）。

无干扰观察主要是指研究者为了避免被研究者（被试）由于知晓正在被观察，产生非自然状态下的行为，而采取的一种无干扰观察技术。这种技术被广泛地应用在观察研究中，其中著名的是艾布尔-艾贝斯费尔德等人（Eibl-Eibesfeldt et al.，1988）关于不同文化背景下人们表情的研究。为了避免被试的反应性问题，艾布尔-艾贝斯费尔德在研究中使用了一种带特殊镜头的照相机。该照相机能够拍摄与它成90°的被试，以至于被试以为正在被拍摄的是别人。如此，被试不会由于观察者和照相机的出现而行为失常。

与无干扰观察相对的一种观察技术是参与性观察，这种观察技术往往应用于野外观察场所的研究，其实也是由于研究者不能打扰被研究者（被试）的生存状态而采取的一种方法，即研究者参与到被试的生活中，对之进行研究的一种观察方法。福西（Fossey，1972）采用自然观察法对山地大猩猩的观测研究为此提供了一个很好的例子。我们知道山地大猩猩一般都生活在中非地区的热带雨林中，福西要了解大猩猩自然状态下的行为举止，她不得不采取参与性观察的方法。为了取得大猩猩的信任，福西尽量模仿大猩猩的行为举止，比如吃食、修饰、神秘地喊叫等。福西花费了几个月的时间终于赢得了大猩猩的信任，后来她始终与山地大猩猩生活在一起，使用参与性观察技术做研究，直至1986年去世。

无干扰测量和无干扰观察之间的关键区别在于被试与研究者是否在同一时间处在同一地点。若处在同一地点，研究者就试图无干扰地观察被试的反应；若不处在同一地点，则研究者间接测量被试的行为产物或结果。如果说无干扰观察是一种直接测量，那么无干扰测量则是一种间接测量，因为它测量的是行为结果，而不是所要研究的行为本身。

对于某些研究来说，选择无干扰测量比直接测量的效果更明显。例如，最近西方心理学和人类学的研究者进行了一项广为人知的无干扰测量，研究被人们抛弃的垃圾和废物，试图从废弃物的特征上判断其行为背后的问题（如废弃的酒瓶或情书很可能会暴露一些行为信息）。

由上可见，反应性是在观察过程中应该尽量避免的问题。如果一种研究可能造成被试不自然的反应，那么就要采取措施阻止反应性的发生，因为观察自然状态下的行为才是研究者使用自然观察法的初衷。

（三）对观察法的评价

观察法是科学研究方法的第一步，其特点是直接和描述性。毫无疑问，观察法在心理学研究的早期阶段非常实用，它可以帮助研究者选择和限定研究的范围，为进一步的研究尤其是实验研究提供资料和课题。

然而，因为观察法是描述性的，这种特性必定为其带来如下限制。

其一，观察法无法让研究者对各因素间的关系做出推论。例如，研究者也许会观察到青春期男女青年修饰行为的次数，以及发生在修饰行为之前的一些重要条件。但如果研究者想明确到底哪一个先行条件对修饰行为起决定性作用，就不能依靠观察法做进一步的研究，因为它无法操纵这些先行条件。

其二，有时，观察法所提供的资料并不充分。从理论上讲，如果有人怀疑或者想重复验证某些观察结果的话，只有希望通过运用标准程序来再现原先的观察结果。然而许多观察（比如个案研究）根本无法再现，所以难以重复验证。

其三，观察法的描述性限制常常被忽略。观察法的效力仅仅到客观描述水平为止，但是实际使用观察法的研究者往往超出了描述水平上的研究范围，或多或少对观察结果趋向主观化的解释。例如有批评者认为，弗洛伊德的理论就来自他对观察事实进行了主观解释的个案研究。他们认为弗洛伊德只是从案例和患者的回答中挑选自己需要的信息，然后，再把这些“事实”编制到自己事先设计好的概念体系中去。批评家们还指出，如果这种做法被允许，那么个案研究可以用来证明任何理论。

其四，观察法本身并不一定客观无偏。如科学哲学家所言，我们的观察活动总是极大地受着各自世界观的影响。因此，来自研究者的期望等主观因素往往会干扰观察结果，这种干扰比被试的反应性更难排除。例如，汉森和汉弗莱斯（Hanson & Humphrey，1969，p. 150）曾举过这样一个实例：两个训练有素的微生物学家在观察显微镜的彩色承物片时“看到”了不同的现象（而新手通常报告在显微镜下首先看到的是他自己的眼球）。再如，在 X 射线被发现后不久，法国物理学家布隆德洛（R. Blondlot）宣布发现了子虚乌有的“N 射线”事件更是主观期望干扰观察结果的好例子。

二、相关研究法

相关研究法位于心理学研究方法的第二层次。相关研究法和观察法一样，也是一种基于描述的科学研究方法，因此相关研究法从理论上说也是无法确定因果关系的。但是，相关研究法比起简单的观察法毕竟前进了一步：它能够描述事物间共同变化的关系，虽然还是不能确定相互关联的事物孰为因果，但在此基础上做出的猜测通常更容易贴近事实真相一些。

相关研究法探索两个或多个变量之间的相互关系。在实验心理学中，任何能够被量化表达的事物都能构成变量，比如人们的智商、完成任务的速度等都能成为相关研究法中的变量。一般情况下，相关研究法为研究者提供一个量化指标，用以评估并详细说明两个或多个变量之间的关联程度，这个指标就叫作相关系数（r）。

相关研究法不同于观察法的简单描述，相关系数揭示了变量间的联系紧密程度。可以想象，如果变量间的联系（相关）足够高，那么我们理应能从一个变量的值推断出另一个变量的大小。这正是相关研究法提供的一项功能：预测。例如，从20世纪50年代到60年代初进行的一系列研究都发现，吸烟与肺癌之间存在某种程度的正相关：一个人吸烟量越大，那么他患肺癌的可能性也就越大。这种相关方面的知识可以使人们做出某种预测。根据某人吸烟量的大小，我们就可以预测这个人患肺癌的可能性，反之亦然。美国公共卫生局1964年的年度报告总结道：吸烟危害健康。这一结论基本上是根据相关研究的成果做出的。可以看到，建立在相关研究之上的结论，不但比观察法得来的结论看上去更可靠一些，还能借由其预测功能带来应用价值，比如通过吸烟量来提供罹患肺癌的危险指数。

（一）相关研究法的指标及其意义

如前所述，相关研究法通过相关系数这一指标来描述变量间的关联程度。相关系数的类型众多，而其共同特性是相关系数的变化范围从－1.00至＋1.00。相关系数中的数字大小表示两个变量之间相互关联的程度，数字越大，相关越高。而符号则表示相互关联的方向，或呈正相关，或呈负相关。正相关即指一个变量增加时，伴随另一个变量的增加；而负相关则是一个变量增加时，伴随另一个变量的减少。

研究者可根据研究的需要，选用不同类型的相关系数，其中最常使用的一种叫皮尔逊积差相关系数（Pearson's product-moment correlation coefficient，用 r 表示），它适用于两个连续变量的线性相关描述。所谓连续变量，就是说变量的所有可能取值是连续的量变而不是跳跃式的质变。例如，心理学研究中常常涉及的被试年龄就是一个连续变量，而被试的种族、性别等就不是连续变量。所谓线性相关，就是指两个变量间的联系基本符合线性模型，或者说变量间的函数关系一定是一次函数。

相关系数的计算公式在各种心理统计教材上都能找到，这里不赘述。从实验心理学的角度，我们更关心相关研究法的方法论：从相关研究的结果中，可以得到什么结论？应该如何解释相关系数？从某种意义上说，这比如何使用相关研究来说更加重要。

相关研究中，尤其引人注意的典型结果有高相关和低相关。一般前者说明两个变量间的关系紧密，而后者说明变量之间没有什么关系。但是，问题往往并非如此简单。

1. 高相关

永远都要牢记，相关研究法虽然比观察法进了一步，但它仍然是描述性的，无法直接确定因果推论。因此，高相关并不一定意味着正在研究的两个变量间存在着因果关系。如果一定要从高相关做出因果关系猜测，研究者就至少面临三种可能：因素 X 作用于因素 Y，因素 Y 作用于因素 X，某种潜在的第三个因素同时作用于因素 X 和因素 Y。

假设我们在对儿童的研究中发现了一种类型的相关，头颅大小与词汇回忆量之间的相关为＋0.70。这一结果看起来支持“头颅越大，保存的信息量越多”这一假设，但这种相关一定还有其他的理论来解释。比方说我们都知道，儿童的头颅是随其年龄的增长而增大的，同样，回忆量也随着年龄的增长而增加。因此，头颅大小与词汇回忆量之间高度的正相关，归根结底，完全有可能是年龄（或与年龄相关的因素）造成的。由此可知，中等程度的相关，甚至高相关，都不能推出因果关系的结论。

2. 低相关

当相关系数很低（几乎接近于零）时，人们往往喜欢断言两个变量间没有关系。但实际上要做出这种无关性判断，还必须考虑几个额外的问题。

首先是全距限制（restriction of range）问题。为了能够计算出真正有意义的相关系数，变量内各个分数之间必须要有一定的差异。例如，研究者在计算成年大学生的头颅大小与词汇回忆量之间的相关时，发现相关系数相当低，这可能是成年大学生之间在头颅大小与词汇回忆量上的差异不够大所致，因为成年大学生有很大可能会是同质性群体，他们之间在头颅大小和词汇回忆量方面差异不大，存在全距限制。可见，尽管变量之间存在着真正的相关，但全距限制问题仍会导致低相关现象。

另一个常见的问题是研究者常常想当然地认为所用相关系数的前提假设已经被满足了。例如，皮尔逊相关的前提假设是，两个变量之间必须呈线性关系（可以用一条直线来描述)，而不是曲线关系。因此，虽然人们可以根据年龄相当准确地预测出词汇回忆量，皮尔逊相关系数却很低，这主要是因为两个变量之间的关系不是线性的。因此，低相关并不是不存在相关，而仅仅是反映了其相关系数所依据的前提假设没有被满足。

（二）对相关研究法的评价

1. 相关研究法的缺点

相关研究法是比观察法更为进步的描述性研究方法，它位于科学心理学研究方法的第二层次。相关研究法的优点在于可以显示变量间的共变关系，从而提示研究者注意到各种现象间可能存在的因果关系。相关研究法的方法学特性决定了它有以下几个缺点。

（1）相关研究的结果往往取决于相关研究法的前提条件是否得到了满足。例如，我们已经知道动机水平和任务绩效之间的确存在非常明显的相互关系，但是用相关研究法很可能得到一个极低的相关系数，并不能真实反映二者间的紧密联系——因为这种联系事实上是倒U形曲线关系，而不是直线关系。

（2）相关研究法无法确定因果关系的方向。埃伦及其同事（Eron et al., 1972）曾经测量了儿童对暴力性电视节目的爱好及其被同伴评价的攻击性，发现二者存在中等程度的正相关（$r=+0.21$）。然而到底是观看暴力性电视节目导致了更多的攻击性，还是更多的攻击性导致了对暴力性电视节目更大的喜好？或者很可能第三个变量才是真正的原因？例如，也许是家庭环境导致了攻击行为的倾向和对暴力性电视节目的喜好。相关研究法难以对上述各种假设做出取舍。

2. 对相关研究法的改进

针对以上缺点，研究者可以采取几种方法加以改进。

（1）将相关研究建立在观察研究基础上。也就是说，研究者不能因为相关研究法是比观察法更好的描述性研究方法而完全舍弃观察法。起码通过简单的观察法研究，研究者可以大致地描绘出自己所关心的变量散点图。这样就能大致看出散点图形态是否符合相关研究的假设，从而选用合适的相关研究方法。

（2）利用交叉—滞后法（cross-lagged method）来逼近因果关系解释。交叉—滞后法的一般策略是，首先获得随时间变化的若干相关系数，然后依据这些相关系数的大小和方向，确定是什么因素导致了什么结果。尽管交叉—滞后法非常耗费时间，但这种方法在确定许多领域的因果关系问题上还是取得了某些进展。埃伦及其同事（Eron et al.，1972）在一项对同一组儿童进行的为期十年的追踪研究中使用了该方法。图 1-1 简要地说明了他们的研究结果。在十三年级的学生中，对暴力性电视节目的爱好与攻击性之间的相关系数基本接近于零（$r=-0.05$）。同样，他们也发现，学生在三年级与十三年级对暴力性电视节目的爱好之间的相关（$r=+0.05$）可忽略不计。但学生在两个年级的攻击性上获得了中等程度的相关（$r=+0.38$），这说明攻击性是一种相对稳定的特质。在评估因果关系的方向时，最有趣的发现就是交叉—滞后相关（即图中沿对角线所表示的两个变量间的相关）。到底是有攻击性特质的人喜欢观看暴力性电视节目，还是观看暴力性电视节目导致了攻击性呢？在这种方法中，只要通过检查对角线相关，就可以确定哪一种假设更适宜。三年级的攻击性与十三年级对暴力性电视节目的爱好之间基本上没有关系（$r=+0.01$）。然而，三年级对暴力性电视节目的爱好与十三年级的攻击性之间存在着相当显著的相关（$r=+0.31$）。事实上，与被试三年级时同样两个变量的相关系数相比，这一相关系数要大得多。因此，因果关系的方向看起来似乎是，被试三年级时喜欢看暴力性电视节目导致了后来的攻击行为。

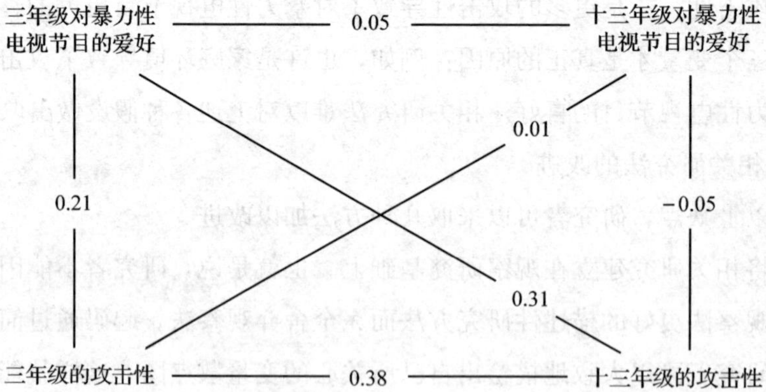

图 1-1　对暴力性电视节目的爱好与攻击行为之间的相关系数

（采自 Eron et al.，1972）

然而不管怎样，在相关研究中，我们必须记住一个普遍的原则，即不能根据单一的相关，甚至是交叉—滞后这样复杂相关的研究结果就做出确切的因果判断。尽管交叉—滞后法能够有效地逼近因果解释，但这一方法还是在首先假设两个变量间存在因果关系的情况下，来进一步断定因果关系的方向；如果这两个变量其实没有因果关系，比如它们同时受第三个变量影响，那么交叉—滞后法所确定的影响方向是没有实际意义的。总的来说，相关研究法的价值在于揭示出复杂的心理现象中某些令人感兴趣的相互联系，而对这些联系的深入研究往往是由狭义的实验心理学所专门讨论的方法，也就是实验法来完成的。

三、实验法

实验法是科学心理学研究的最高级方法，也是实验心理学系统发展、讨论、应用的科学方法。实验法脱离了观察法和相关研究法的描述性层次，而真正具备了完整的解释、检验和预测功能。正是因为实验法这一最高层级的科学方法，实验心理学才具有今天这样在心理学各分支中的基础和核心地位。

（一）什么是实验

实验，是指通过人为地、系统地操作环境，导致某些行为发生变化，并对之进行观察、记录和解释的科学方法。更具体地说，心理学实验一般有以下几个要素。

1. 实验假设和推论

实验法不同于描述性的研究方法，如观察法和相关研究法，其最大特点就在于它能够对因果关系进行真正意义上的确定。和相关研究法比起来，实验法能够对各种可能的因果关系进行一一检验，做出选择。所以，实验法首先需要一个或几个有待检验的假设。假设指用来说明某种现象的未经证实的论题。比如，“看暴力性电视节目会导致攻击性”“记忆广度受材料性质影响”“人际共情会受到事件当事人是否公正这一情境因素的调节”等都是假设。

单单有假设本身还不能直接进入实验操作，研究者必须从假设出发做出某些适合于实验检验的推论。也就是说，实验法其实是通过对基于假设的推论的检验，来判断最初的假设是否正确。

为了适于实验检验，推论必须是客观的、可具体测量的，这直接影响到实验变量的选择。推论中关于实验者试图控制、变化，认为和原因有关的那部分内容决定了实验的自变量；而推论中关于实验者希望研究、必须测量，认为和结果有关的那部分内容则决定了实验的因变量。例如，从“看暴力性电视节目会导致攻击性”这个假设可以进行推论：儿童平均每周观看暴力性电视节目的时间越长，则学校内对同伴的攻击行为频率将越高。这里就决定了实验的自变量将是观看暴力性电视节目的时间，而因变量将是攻击行为频率。由此可见，合适的推论能将原本较为抽象的概念转化为实验直接可以采用的指标，为实验法的运用提供保障。

2. 实验变量

变量的概念此前在相关研究法的介绍中提到过，在实验法中，各种需要操纵、控制和测量的因素或条件都是变量。实验中主要涉及三种变量，即自变量、因变量和控制变量，其中前二者又统称为实验变量。自变量就是在实验中由实验者操作和控制的变量。因变量是指实验中被试对自变量操作的反应指标，即实验者观察和记录的随着自变量的变化而变化的被试行为。控制变量，亦称额外相关变量，指实验中除实验变量以外的影响实验变化和结果的潜在因素或条件。

一般来说，实验法要求实验变量必须是明确、客观的。自变量必须能够被很好地操纵，而因变量必须能被客观地测量。例如，记忆材料的性质就是一个很好的自变量，因为我们能够很容易地区分出对文字、图片、无意义字符等材料的记忆任务；而记忆保持量是一个很好的因变量，因为它能够被精确地测量、把握。

自变量和因变量的选择，既要满足检验实验假设所做的推论的任务要求，又要尽可能地达到上述客观、可控的条件，这在很大程度上关系到实验研究的成败。

3. 实验控制

实验控制泛指对实验精度的一切保障工作，以保证因变量的变化确实是由自变量的变化而引起的。实验控制的主要工作：一是尽量地消除无关变量；二是在无关变量难以消除的情况下，尽可能地加以平衡。不管怎样，实验控制的总目的，都是消除额外变量和实验误差，以取得较为精确的实验结果。

完全消灭无关变量通常十分困难，一般研究者总是采用第二种控制方法来平衡无关变量，使其对实验各部分产生的影响相互抵消。最常见的做法是在整个实验中保持无关变量的恒定，这样无关变量就不至于和自变量产生混淆，影响因果解释的结论。这也是心理学实验室一般都要保持恒定温度、照度，并让被试适应实验室环境后才开始实验的道理所在。

（二）实验法的结果

实验法离不开对自变量的操纵和对因变量的观察。一般来说，人们所做的实验推论可以预测，因变量的变化是因为自变量的变化而发生。而作为一种检验性质的研究方法，实验法的结果最终会赞成或否定此前的假设和推论。

1. 实验符合假设

实验结果符合原先假设所做的推论，往往被视为实验法对原假设的证明。如果实验控制没有出现问题，那么实验中的自变量就确实能够引起实验中因变量的变化。实验法对它们两者之间的因果关系，以及因果关系的方向都下了定论。

但是实际情况往往要更复杂一些，我们在面对理想的实验结果时，必须牢记几个问题：首先，实验所直接检验的与其说是实验假设，毋宁说是由假设衍生出的推论。因此，推论成立能否反推出假设成立，是需要谨慎的。只有在确定被实验检验的推论确实能够完整地代表实验假设时，实验结果才能应用于最初假设的检验上。其次，从严格意义上说，实验法说明了自变量和因变量在某种特定的实验条件下存在因果关系，而这种关系能否推广到所有场合尚未可知。实验法的严格控制为因果结论的做出提供了方便，但也正是这种控制使得实验法的因果结论可能忽略了某些前提条件，从而成为只适用于小范围的真理。因此，要通过实验法得到某一确定的结论，往往需要进行不同条件下的系列实验方能确保周密性。

2. 实验不符合假设

在实验结果不符合假设的情况下，我们也不能贸然做出实验假设错误的结论，同样也需要做进一步的确认。我们可以用一种心理学实验中常见的不符合实验假设的结果形式——零结果——为例来说明这一点。零结果是指自变量的操作没有引起因变量的变化，因而因变量的变动为零。

出现零结果可能有以下两种主要原因：（1）实验者所做出的猜测——自变量是导致某种行为发生的重要的因素，可能是错误的，而零结果是正确的。（2）实验者没有对自变量进行有效的操纵。例如，设想你正在实施一个以大学生为被试的实验，实验的自变量是被试学习汉语词汇的遍数，一些大学生学习一遍，另一些大学生学习两遍。结果你并没有发现词汇回忆量上的差异。但是设想一下，如果实验的自变量变化范围更大（比如，从一遍到十遍），也许你就会得到词汇回忆量上的差异。所以，情况的发生也许是因为你的操作不能充分地反映出自变量的效果。或者，还存在另外的影响因素，比如，一些被试在实验开始前刚经历了 2 000 米的长跑，他们已经非常疲劳了。那么，在这种情况下，学习两遍也不会产生效果。

当然，还有其他的影响因素会导致零结果现象，譬如因变量不够“好”，或者说不够稳定。当以相同被试及相同水平的自变量来重复某个实验时，还能得到以前因变量的分数，我们就说这个因变量是稳定的。但如果研究者测量因变量的方法有缺陷，不稳定现象就会发生。

此外，即使在因变量恒定的条件下，如果因变量的测量范围受到限制，使测量结果只能“停留”在量表的最顶端或最底端，则零结果也会发生。我们分别称之为天花板效应（ceiling effect）和地板效应（floor effect）。比如，我们要检验某种训练对减肥的效果，但是测定被试体重所用的秤最大量程只有 200 磅①，那么实验结果也许会显示训练并不能减轻体重——被试的体重仍是 200 磅，但其实很可能被试的体重已经从 230 磅减轻到了 210 磅，只不过这种变化不在我们的测量范围之内。

实验法作为最高级和功能最强大的科学研究方法，同时也是最精致和最复杂的。因此在解释实验法的研究结果时，我们必须考虑各种可能影响结论可靠性的因素，这样才能真正发挥出实验法高于描述性研究方法的因果解释能力。

（三）对实验法的评价

实验法具有观察法和相关研究法所无可比拟的优点，因而更受到实验心理学

① 1 磅＝0.453 6 千克。

的青睐。

与其他研究方法相比较而言，实验法的主要优点在于能更好地控制无关变量的影响，就是通过一定的方法和手段来控制其他因素，从而使自变量以外的其他因素都保持恒定。这样，在逻辑上我们就可以认为，所获得的任何结果都是由自变量引起的。换句话说，自变量的变化引起了所观察到的因变量的变化。设计实验（操纵自变量、控制无关变量）旨在得到一种结果解释，这也正是实验法的实质。一些非实验的研究方法只限于描述和相关预测，而实验法则可以做出因果的推断。但事实上，没有一个实验可以百分之百地消除其他变量或使其保持其恒定，从而只研究一个变量。但是，与其他研究方法相比较而言，实验法能消除更多的无关变量。

实验的另一个优点是经济。运用自然观察法时，观察者必须很耐心地等待所要观察的情况出现。如果你住在中国最北部的黑龙江漠河，想研究热对攻击行为的影响，那么只靠太阳产生高温就需要极大的耐心和极长的时间了。但如果研究者通过设置感兴趣的情境来控制环境，就可以迅速有效地获得数据。

但是，不能认为有了实验法就可以抛弃描述性研究方法。正像观察法能够为相关研究法提供必要的准备一样，实验法也离不开较低层次的描述性研究方法的支持。正是观察法和相关研究法，为实验法提供了最初的假设来源和因果猜测，离开了这些，实验法的假设检验和因果结论也就无从谈起。

综上，实验心理学所专门研究、应用和讨论的实验法是心理学科学研究的最高等级方法。比起其他科学方法——观察法和相关研究法，实验法在方法学上的地位显然更为突出，因而实验心理学在科学心理学中的地位也是核心和基础的。在实验心理学研究中，研究者用实验来证实或证伪理论，并提供解释心理现象及行为的数据。从这点来说，实验法比观察法和相关研究法更能提供确切的、令人信服的证据来解释各种心理现象和行为背后的因果关系。不过在另一方面，实验的来源和前期准备往往又离不开观察和相关研究。所以这三种方法并不是相互割裂的，而是能够形成一个整体，以最终的实验研究为核心与重点，应用于实验心理学之中。

第四节 如何进行实验心理学研究

经过前面的介绍，我们已经初步认识了实验心理学：它的诞生伴随着科学心理学的创立，它的方法位于心理学科学研究方法序列的顶端，正是对实验法的不断研究和应用，才为实验心理学注入源源不断的活力。那么，从实际操作的层面上，实验心理学的研究是如何进行的呢？一般而言，尽管心理学实验研究是充满创造性的活动，没有一定的成规，但总体上还是能找到一些基本程序。然而最为重要的是，每一个实验心理学研究者都必须遵循科学研究的伦理学原则。

一、实验心理学的研究伦理

实验心理学研究者所要遵守的伦理原则可以分为两部分：其一是作为一个研究者所必须遵循的实事求是、严谨审慎的一般原则；其二是作为以人类为研究对象的心理学研究者所必须遵守的道德原则。

（一）实验心理学研究的一般伦理

在进行心理学的实验研究中，研究者自始至终都应该奉行实事求是的科学精神和严谨审慎的工作作风。

大多数科学家都能够遵守实事求是的原则，在研究中采取诚实客观的态度，力图报告事实。然而，由于观察方法的局限或者科学家自身的期待心理，科学家可能无意地歪曲了事实。在多数情况下，这种歪曲其实是可以通过科学家严格谨慎的研究态度来消除的。

例如，自 1903 年发现 X 射线以后，法国物理学家布隆德洛就声称发现了“N 射线”，很快，法国的许多物理学家都重复确认了“N 射线”的存在。但是，美国、德国、意大利的物理学家都未能成功重复布隆德洛的研究。后来，美国物理学家伍德（R. W. Wood）拜访了布隆德洛。后者向伍德出示了一张绘有光环的卡片，调低灯光后布隆德洛说卡片上光环的亮度增加，那就是“N 射线”的作用。然而伍德并未看到任何亮度变化，于是他被指责为“眼睛不太敏感”。后来，伍德要求使用其他简单测试来观察“N 射线”，他把一个薄铅版插在“N 射线”与卡片之间做反复移动状（铅版是用来阻止“N 射线”通过的）。此时布隆德洛报告说卡片上光环的亮度发生了相应的变化。但是实际上伍德并没有真正移动铅版，仅仅是装作移动的样子而已。这表明，“N 射线”的存在没有任何证据！

由于在研究中未能做到本应达到的审慎程度，布隆德洛最后声名狼藉，为此付出了沉痛代价。这一戏剧性事件给实验研究者留下了深刻教训：在研究过程中必须力求精细、严格，容不得半点儿马虎；在得出结论时务必仔细核对、小心谨慎，容不得半点儿大意。唯有此，科学才能真正客观、准确。

（二）研究人类被试的伦理原则

实验心理学以人的心理为研究对象，其实验研究往往以人为被试，这为实验心理学研究带来诸多道德问题。实验心理学一方面需要尽可能有效地进行实验，另一方面也必须保障人类被试的权利，承担道德责任。于是，涉及人类被试的实验心理学研究必须遵循以下伦理原则。

1. 保障被试的知情同意权

这一原则规定，心理学实验的被试有权利了解实验目的和内容，并仅在自愿同意的情况下参与实验。研究者在实验进行之前必须如实告知被试研究的目的、程序以及研究所具有的特点，包括那些可能导致有害影响的内容。即使这种告知可能影响被试乐意参与研究的程度，研究者也要如实履行这项义务。

例如，在一项关于抑郁情绪影响人们自我服务偏差（self-service bias）的研究中，研究者必须通过特定程序诱导被试产生抑郁情绪。诱导抑郁的方法可以选择由费尔滕（Velten，1968）发明的一个程序，实验时让被试大声朗读与情绪问题相关的句子，由相对轻微的表述到逐渐严重的“我感觉糟透了，真想睡过去永远不醒来”。这种方法能够有效地诱导出暂时的抑郁，通常许多被试都报告说，他们体验到了郁闷的情绪。

按照知情同意原则，研究者必须如实告知被试诱导程序可能会使其产生暂时的负面情绪体验，并让被试自己决定是否接受这样的实验安排。这样才能保证被试在进行实验之前就明确表明他们尽管知道实验过程中所做的一些事情可能令他们感到不快，却仍然同意进行实验。

然而有时候实验研究者为了控制被试的反应性，为了避免由于知晓实验的真正目的或真正过程而干扰实验效果的现象，不得不掩盖部分事实而欺瞒被试。例如，一个研究者试图研究“被试在异性团体中是否比在同性团体中更加努力”的课题，但是如果被试得知实验的真正目的，就可能会表现出不同于平常的行为，从而导致数据失真。因此，研究者告知被试，实验的目的是“了解小组合作时的工作绩效以及对任务难度进行评价”。

欺瞒技术违反了知情同意原则，事实上这种欺瞒手段往往使有道德的科学家都会面临两难境地。因此欺瞒技术必须慎用，研究者仅仅在欺瞒对被试无害，并保证实验的潜在利益远远超过被试可能遇到的任何危险时，才能考虑欺瞒；并且只有通过伦理委员会审查批准后才能真正实施该研究。但是，此种情况下，研究者仍应当尽量让被试了解事实，并在实验后完全告知被试真相。

2. 保障被试退出的自由

这一原则规定，研究者必须尊重被试的自由，允许被试在任何时候放弃或退出实验，被试应当被告知自己有权利随时选择放弃实验。

仍然以研究抑郁情绪对自我服务偏差影响的实验为例，伦理原则保证了在诱导抑郁的过程中，被试随时可以放弃实验以停止继续产生负面情绪体验，尽管此前他们已经充分了解并同意这样的实验程序。

3. 保护被试免遭伤害

这一原则要求研究者在实验进行中和完成后，都必须确保被试不会因为实验而产生任何不良反应。

在实验进行过程中，研究者必须对被试的状态保持密切注意。因为即使是最缜密、危险程度最小的研究计划都可能产生未曾预料的后果，所以研究者应当随时准备向被试提供帮助和建议。例如，在一个大家认为是标准的、无害的记忆实验中，研究者应当允许被试由于感受到挫折和不安而叫喊出来，并且允许那些感到愤恨的被试中途离开。

在实验完成后，研究者也要对被试的任何问题给予解决。仍然以采用诱导抑郁技术的实验为例，研究者在实验后可以询问被诱导抑郁情绪的被试，以确定被试是否有任何消极的后果。如果被试因为实验而产生情绪问题，研究者就有责任为被试消除有害后果。例如，可以让被试朗读一些可以诱导愉快情绪的句子，来对抗先前诱导出的消极情绪。之后，研究者还要询问被试当前的心情是否比实验开始时糟糕。在所有的被试做出良好的描述后，研究者才可以完全结束实验。如果被试感觉不好，那么研究者必须采取相应的措施消除抑郁情绪的不良后果，直到他们感觉好了为止。

4. 保密原则

所谓保密原则就是指在未经被试许可的条件下，研究者不应泄露被试在实验中的任何表现，尤其是被试的一些个人信息。保密原则看上去简单易行，但实际执行时有可能遇到道德的两难境地。比如，在实验研究中发现某个被试患有明显的抑郁症却从未得到治疗，研究者究竟应该遵守保密原则而忽视被试可能遭受的潜在伤害，还是应该打破保密原则而将情况告知专业临床心理专家以保护被试安全?

在这种两难境地下，研究者必须进行衡量：到底哪个道德准则更为重要？如果研究者坚持对该被试进行治疗，他可能会怀疑研究者侵犯了他的保密权利，因而会产生持久的愤怒和不信任；如果研究者选择遵循保密准则，那么该被试就会处于严重的抑郁状态而不接受任何治疗。如此看来，保护被试免遭伤害比坚守保密的原则更加重要。

因此，实验心理学的伦理行为必须建立在实效的基础上，即研究者必须首先做到最好地保护被试，然后才考虑如何完成一项有意义且有效的研究。这就是科学研究有效性与道德伦理的统一。

二、实验心理学研究的一般程序

实验心理学研究通常要遵循这样的基本程序：确定课题、选择被试、确定实验控制、分析数据和撰写研究报告。

（一）确定课题

进行科学研究必须确定课题，而正规的确定课题过程包括选择课题、确定实验类型、提出假设三个步骤。选择课题就是在众多的研究内容中做出一个选择；

确定实验类型就是明确所要研究的问题属于何种类型的过程；提出假设就是将问题变成可以检验的假设，以便进一步转变为可操作的实验。

1. 选择课题

选择课题就是根据各方面需要提出所要研究的问题。一项科学研究总是从发现问题开始的，选择课题是科学研究的第一步。研究者可以从不同的来源得到启发，从而提出自己的研究课题。一般而言，课题的选择通常有以下四个来源。

（1）实际需要。社会生活和实际工作中存在许多问题亟待实验研究来解决。例如，拉塔内发现人们都不愿在集体工作中倾尽全力，而是有所放松、保留，于是提出了这样的问题：人们在集体工作中是否真的有放松现象？他们为什么要放松努力？如何解决集体工作中的这些问题？这些问题就是拉塔内进行“社会浪费”研究的来源。再如，有的教育工作者在从事教学改革时发现小学生在学习过程中存在困难，也据此提出了一些问题：小学生能不能学外语？小学生的外语学习从哪儿入手效果更好？规则学习与实训操练怎样有机结合来促进小学生的外语学习？诸如此类来自实际的问题，都可以成为实验研究的课题，从而得到明确的回答。

（2）理论需要。除了实际生活中的问题，由理论或学说也可以推演出某个假设，研究者可以对这些假设是否符合实际进行检验。以我们都熟知的遗忘现象为例，学习以后不再复习，那么遗忘量就会随时间的增加而增加。而关于遗忘的原因，曾有研究者提出过“干扰说”，根据这个理论可知：学习某材料后之所以在回忆时发生遗忘，是因为回忆该材料之前或之后发生过对其他材料的学习，之前的学习经历对该学习材料的抑制称为前摄抑制，之后的学习经历对该学习材料的抑制称为倒摄抑制。据此，研究者就可设计一些关于“学习额外材料的时间对原来材料记忆影响的实验研究”等课题。

（3）个人经验。在学习、工作和日常生活中，每个人都会遇到一些心理学问题，例如，“同病相怜”“感同身受”“江山易改，禀性难移”等说法对吗？为什么人们会彼此共情？为什么有人在进行一些风险决策时会受到情绪因素的影响？为什么自我参照的记忆效果更好？针对这些个人经验中的实际问题，我们就能够设计出种种实验。

（4）前人研究与文献资料。尽管实验研究不一定要从文献出发，但是在确立课题前，研究者必须系统地查阅有关文献。经由阅读文献，研究者可以发现什么问题已经解决、什么问题尚待研究，从而得出可研究的课题。例如，我国心理学家许淑莲等人（1984）了解到国内三例有关先天性无痛症的案例，于是就检索国内外有关研究和文献，结果并未发现心理学上有这项研究。于是，他们便自然地想到了从心理学的角度研究无痛儿。在他们的研究中，有一个无痛女孩只有十岁，是小学三年级的学生。从表面上看，她模样端正、活泼可爱，与正常儿童无异。但是对其进行智力测验，结果发现属于正常偏低；对其情绪特点进行调查，发现她对一般恐惧的反应与正常的儿童一样，比如，怕看电影里的恐怖镜头，看见小狗、毛毛虫也会害怕，等等，但她对与身体损伤有关的恐惧与正常儿童不同。此研究就来源于文献资料，它进一步揭示了先天性无痛儿的心理特点。

2. 确定实验类型

尽管各种课题都有不同的来源，但它们都是从提出问题“为什么”开始的。关于这些“为什么”的科学探索，可分为两阶段或两个类型：第一阶段是探明规定某个行为的条件是什么；第二个阶段是探明某些条件与行为之间的函数关系如何。与这两个阶段相对应，实验可以分为两种类型：因素型实验和函数型实验。

第一种类型是因素型实验（factorial type experiment），是探求规定行为的条件“是什么”的实验类型，也即探明规定行为的要因的实验。在因素型实验中，研究者需要逐个地排除或变化那些被认为是规定行为要因的几个条件，然后根据行为有无相应变化，来判断这些条件是不是行为的规定要因。需要强调的是，此时研究者应当对被操作的条件之外的其他条件进行严密的控制。据此，伍德沃思和施洛斯贝格（H. Schlosberg）把因素型实验又称为定性实验。

第二种类型是函数型实验（functional type experiment），是探求各种条件是“怎样”规定行为的实验类型，也即探明条件和行为之间的函数关系的实验。在函数型实验中，研究者需要根据因素型实验的结果，系统地、分阶段地变化规定要因的条件，然后对条件和行为之间的函数关系进行确定，以找出行为的法则。按照伍德沃思和施洛斯贝格的分类方法，函数型实验就相当于定量实验。

可见，研究者在提出课题的同时，还应明确所探求的问题是属于这两个阶段中的哪个阶段，即是属于因素型实验，还是属于函数型实验。就两者的关系而言，因素型实验可以看作函数型实验的预备实验，或者是函数型实验的前一阶段。在实际研究中，许多研究者将因素型实验和函数型实验作为一个实验进行研究，但如果规定行为的要因已经明了，研究者可以直接进行函数型实验。

3. 提出假设

在课题及其所属的实验类型均明确之后，问题还需以假设的形式提出，这有利于进一步实验研究，更符合科学原则。所谓假设是关于条件和行为之间的关系的陈述。针对因素型、函数型两种实验类型，假设的陈述也包括因素型假设和函数型假设两种方式。

如果把对条件的叙述记为 a，把对行为的叙述记为 b，那么因素型假设就是“如果 a，那么 b”的形式。一切科学定律、法则虽然表面上不一定都符合这个形式，但实际上包含先行条件（自变量）和后继条件（因变量）这样的逻辑关系。以米勒-莱尔错觉（Müller-Lyer illusion）为例，“如果变化夹角的大小，那么视错觉就有变化”就是确定夹角是不是视错觉的要因的因素型假设。

假设的另一种陈述方式是用函数关系来表示，它用方程式 $b=f(a)$ 来表明自变量 a 与因变量 b 共变的函数关系，这个方程式表示 b 为 a 的函数，或 b 在数量上依存于 a 的数量。应用这个模型，就可将米勒-莱尔错觉中夹角与视错觉的关系改为“视错觉的量与夹角的余弦成正比”，这就是函数型假设。

（二）选择被试

选择被试是实验研究程序的第二步，涉及的问题有：应当使用人类被试还是非人类被试？被试应具备哪些机体特征？用哪一种取样方法才能使被试样本代表总体？等等。总体来讲，这些问题的解决主要取决于两个因素：课题的性质以及研究结果的概括程度。

课题的性质可以指导实验选择人类被试还是非人类被试。许多实验心理学研究课题涉及人类的心理和行为，因此往往首选人类作为被试。但是在以下两种情况下，研究者应该考虑选择非人类被试：第一，实验程序有可能对人类被试造成身心损害，如“噪声对情绪稳定性的影响”这样的实验课题就不能选择人类被试。第二，非人类被试有助于实验对无关变量的控制。例如，许多实验动物都是纯种的、在相同环境下培育成长的，因此动物被试的个体差异远远小于人类被试的个体差异，更有利于实验控制。

实验研究结果所要求的概括程度可以指导被试如何取样的问题。心理学研究的群体可能只是一个小群体，这个小群体仅具有某种特性，如某个国家的所有人、某个民族的所有人、某个学校的学生等等都可以作为心理学研究的总体。而选定什么样的被试样本，要依研究的问题和据此而推论的全体而定。

被试的取样如果出现偏差，就会影响实验效度，而要减少这种偏差，方法有两种。第一种是随机抽样法，这是最基本的方法，实验中的被试是随机抽选出来的，也就是说每个个体从总体中被抽选的机会是均等的，任何个体的选择与其他个体的选择都没有关系，彼此之间的选择都是独立的。第二种是分层随机取样法，当总体由不同大小的小组和层次组成时，分层方法最适用。例如，研究中国成人的听力与外国成人的听力是否有差异，研究者就必须在中国采用一定数量的被试，他们最好是不同年龄段、不同性别、不同职业、来自国内不同地区甚至不同民族的成人，只有这样才能得到代表中国成人听力的结果。

（三）确定实验控制

控制是实验的精髓所在，对实验进行有效控制的技术甚至已经发展出一门独立的学科——实验设计。关于实验设计的内容，我们将在下一章用专门的一节进行介绍。这里，我们着重解答初学者对实验控制的最大疑惑：实验控制究竟做到什么程度才算合适？它有没有止境或界限？

事实上，被这个问题困扰的不仅有初学者，还有老到的研究者。一方面，出于某些理论上的考虑，研究者总希望尽可能地将实验控制深入再深入；而另一方面，无限地沉迷于实验控制，又可能将过多的精力导向细枝末节而失去了对核心部分的关注。作为初学者，首先要明白的是：实验控制本身不可能有止境，因为实验所关注的自变量和因变量永远是有限的，而这世上所有可能的变量是无限的；在有限的实验变量之外，永远有着无数可能的额外变量存在。因此，想要将所有可能的额外变量一一控制，注定是不可能的任务，反而会使实验过于复杂臃肿，最终失去可操作性。从最根本上说，我们一方面不可能保证被试之间的差异为零——即使是同卵双生子同时参加实验，也还会有空间位置上的差别；另一方面我们也不可能保证被试在不同时间的任务丝毫不受时间流逝的影响——起码被试的新陈代谢不可能停止，任何时间的被试都和一秒钟之前不尽相同。

这些事实很容易使初涉实验心理学的人感到沮丧，从而觉得再怎样努力进行实验控制也是徒劳无功的，因为总还有一些变量可能混淆进来。但是他们忘记了：实验研究本身就隐含着这样的前提，即人们总能够以某种方式理解世界。而将诸如被试的空间位置和新陈代谢等都当作可能对感兴趣的现象产生不可预料影响的因素，无疑将使所有事物都变得无法理解，而这有悖于科学方法的初衷。

因此，只要我们仍然愿意采用科学实验的方法来理解问题，就要学会接受无法控制一切变量达到极致的现实。我们所要做的，是从课题确立阶段的资料准备开始，圈定最可能影响实验的那一部分变量进行控制。至于在此之外无数可能成为干扰的额外变量，一方面要理解其中许多会影响因变量的可能性基本上为零，因而不必为此花费心思，另一方面还可以有赖科学方法本身独有的自我完善特性，留待将来的理论构思把当前遗漏的某些变量重新纳入考虑。

（四）分析数据

实验的目的就是进行控制条件下的观察，观察的结果被系统记录下来，也就形成通常意义上的数据或资料。心理学研究所能收集到的资料大致分为计数资料、计量资料、等级资料、描述性资料四类。

计数资料（enumeration data），即按个体的某一属性或某一反应属性进行分类计数的资料。计数资料只反映个体间质的不同，而没有量的差别，如被试的性别、婚否、成年或未成年，反应的有或无、对或错，等等。

计量资料（measurement data），即用测量所得到的数值的大小来表示的资料，如被试的年龄（岁）、智商（IQ）、反应频率（次/秒）等等。

等级资料（ranked data），介于计数资料和计量资料之间，可称为半计量资料。例如，将被试的领导能力划分为强、中、弱三个等级，就能得到等级资料。

描述性资料（descriptive data），即非数量化的资料。描述性资料可以补充说明数据，使数据更有说服力。但是由于没有数量指标作为客观尺度，描述性资料在进行解释时容易产生主观片面的错误，因此对描述性资料的解释必须小心谨慎。

实验的因果结论往往依赖于对数据的整合分析，因此针对实验数据的特点选择合适的统计分析过程，就成为能否从数据中挖掘尽可能确切的实验结论的关键。在心理学研究中，等级资料有时可以升级转换为计量资料使用，比如通过量表将心理健康的等级评价变成计量资料；或者等级资料也可以直接降格作为计数资料使用。所以，下面主要介绍计数资料和计量资料在实验变量上的不同组合，各自适用怎样的数据处理方法。

1. 自变量为计数资料，因变量为计量资料

研究者试图了解男女之间的反应时差异，或者不同民族的记忆广度有无差别，就是此类研究的例子。在整合这一类数据时，最恰当有效的统计工具是方差分析（ANOVA）。方差分析技术将对应自变量每个水平的因变量数据叫作一个组，并告诉研究者各组数据之间是否存在差异。方差分析是十分强大且常用的统计分析技术，甚至在数据形态并不严格符合这一方法的前提假设时（比如因变量的分布并不很好地符合正态），它也能较好地完成实验数据的比较。

方差分析允许进行多自变量和多因变量的数据处理。多自变量的方差分析可以提供自变量间交互作用的信息；而多因变量的方差分析则构成所谓的多元方差分析，它能揭示所有因变量的线性组合是否随自变量的变化而呈现差异。方差分析技术的另一大优点在于，它能够通过引进协变量，构成协方差分析，从而对实验设计中无法直接排除或抵消的一些额外变量进行事后的统计控制。例如，研究者对某种训练策略能否增进被试的汉语普通话水平这一问题感兴趣，为此需要比较实验组和控制组在运用该训练策略前后的汉语普通话水平。研究者担心被试原先的普通话水平会是一个重要的额外变量，却又很难将实验组和控制组被试在普通话水平上严格匹配。方差分析允许研究者将被试原本的普通话水平作为协变量引入统计分析，这样就能计算出排除了这一效应以外的、纯粹由自变量操作引起的因变量变化是否具有统计显著性。

在一些结构最简单的实验中，如果自变量和因变量都只有一个，并且自变量只有两个水平，那么也可以选用 t 检验作为评价因变量均数差异的方法。而有关 t 检验、方差分析和协方差分析的具体操作过程，可以参考各类心理统计教材，在本书的附录中也能查到相应的说明。

2. 自变量和因变量都为计量资料

当自变量和因变量都为计量资料时，比如研究个体的记忆保持量如何随着学习次数增多而增加，研究者可以考虑以下数据分析技术。

如果研究者愿意，当然可以将计量资料的自变量降级为计数资料使用。这样，上面所介绍的诸如方差分析和 t 检验等技术也都适用于此类情况。例如，研究者完全可以将学习次数分成少、较少、较多三个水平，并进行方差分析，考察三种水平下记忆保持量是否存在不同。

如果我们不希望将自变量降级使用，就应该选择一些基于相关的统计技术。需要指出的是，基于相关的统计分析，和此前我们所说的科学研究方法中的相关研究法，是不一样的概念。前者是实验数据的整合分析技术，实验设计本身已经保证了因果结论的可靠性；而后者则并非实验研究，不能做出明确的因果结论。

心理学家常见的情况是：需要用多个计量资料的自变量来解释单个计量资料的因变量。这种情况下，多元回归是最合适的选择，它能够提供因变量对多个自变量的函数关系。一般来说，多元回归过程能同时提供多个备择的函数关系式，并提供每个关系式对实验数据的解释能力，研究者可以结合自己的理论预期，据此做出选择。

3. 自变量为计量资料，因变量为计数资料

此类情况在心理学实验中并不常见。一般情况下，心理学家总是喜欢尽量选择等级较高的因变量，这是因为计数资料的因变量过于简单，不易显示出自变量操纵的影响。心理学实验中以计量资料为自变量，以计数资料为因变量的典型，有心理物理学的阈限测量实验。在这些实验中，自变量是可以量化表示并连续变化的物理刺激强度，而因变量即被试的反应则只有两种：感受到和未感受到。

通常对于这类实验，研究者往往只是找到因变量变化的转折点，在阈限实验中就是求出阈限的值。不过，如果研究者仍然希望进行更深入的统计处理，那么可以选用的方法就是 logistic（逻辑斯谛）回归。这一方法十分复杂，在心理学实验中的应用并不多见。读者若想学习关于 logistic 回归的详细内容，可以查阅一些介绍高级统计方法的教材。

4. 自变量和因变量都为计数资料

这类实验是心理学实验中最为简单的类型，也是从数据解释潜力来看最薄弱的实验。比如，研究者仅仅想知道学业成就动机高低不同的两组人在特定情境下产生某一行为的概率是否存在差别，就构成此类实验的例子。这种情况下，自变量是计数资料——高成就动机组和低成就动机组，因变量也是计数资料——产生行为或不产生。

由于此类实验的所有数据都没有达到计量等级，因此在数据统计技术上留给研究者的选择余地较为狭窄，研究者只能从所谓的非参数检验中寻找自己需要的方法。对于上面的例子，较好的选择是进行卡方检验，这一方法能告诉研究者数据的频数分布（两组在产生特定行为上的比例）是否符合某一假定的分布（比如 1 比 1，即两组的行为发生概率没有差异）。在此例中，如果卡方检验推翻了我们关于成就动机水平高低不同的两组被试产生特定行为的概率 1 比 1 的虚无假设，也就意味着两组被试在这一行为的发生率上确实是存在差异的。

（五）撰写研究报告

撰写研究报告是心理学实验研究程序的最终步骤。关于怎样读和写实验报告，在本书的第三章会用整章篇幅专门进行介绍，在这里不赘述，仅列举实验研究报告撰写时必须注意的一些要点。（1）研究者需要回顾与研究有关的前人工作，无论前人的研究结果是否符合研究者本人的理论观点。（2）研究者应该清晰明确地描述实验设计和研究过程，并报告实验所涉及的重要信息，如对自变量的操作性定义等。（3）实验报告应能做到使专业领域的同行可以据此重复研究者的工作，以保证必要情况下研究结论能够得到科学的反复检验。（4）实验报告中的客观描述和研究者本身的主观解释应当能清晰地区分开来，这将有助于阅读者理解报告中哪些部分属于实验结果，又有哪些是研究者对结果所做的解释。

总之，心理学的实验研究必须同时遵循科学原则和道德准则。熟知心理学研究的伦理原则，能使研究者谨慎确定实验方案，不至于损害被试的权益。而按照心理学研究的一般程序开展研究计划，则能使研究者的工作更好地保持科学性，并方便同行之间的交流和相互论证检验。

课后思考题

1. 简述冯特对实验心理学的贡献。
2. 为什么说实验心理学是科学的?
3. 请评价实验心理学的相关研究法。
4. 心理学实验一般应具备的要素是什么?
5. 试述实验心理学研究的一般程序。

本章实验

实验一 储存负荷量对短时记忆效果的影响

1 引言

记忆是实验心理学的重要课题。短时记忆是指在刺激作用终止后，对信息保持十几秒至一分钟的记忆。短时记忆储存的信息，在进行复述、组织、重新编码和与过去的经验相联系时，乃是暂时的。如果停止复述，则信息一般在一分钟内消失。记忆的关键在于信息的储存。储存负荷量一般是指人在一定时间内保存在脑中并能及时提取的信息量。

那么，在短时记忆中，是不是储存负荷量越多越好?短时记忆中有没有“固定能量”?储存负荷量对短时记忆有无影响?无疑，这些课题不仅涉及记忆理论，而且涉及各行各业的实践活动。

据此，为探究一个人的短时记忆有赖于他的储存负荷量，本实验将检验一个假设：个体的储存负荷量大时，回忆的错误量将随之增长。换句话说，增加储存负荷量导致短时记忆正确性下降。

具体来说，本实验旨在通过对储存负荷量对短时记忆效果影响的测量来了解记忆和记忆实验的特点。

2 方法

2.1 被试

被试若干。

2.2 仪器和材料

词表（见表1）、录音机和空白磁带（6盘）。

表1 实验前被试阅读的材料

汽车：	红旗	解放	福特	皇冠
树木：	松树	樟树	枣树	槐树
城市：	巴黎	罗马	伦敦	纽约
金属：	铜块	铁块	锡块	银块
运动：	滑冰	体操	排球	网球
衣着：	大衣	手套	鞋子	裙子
颜色：	黄色	红色	蓝色	绿色
动物：	公牛	黄鱼	青蛙	鸽子

注：词表中的事物有八类，这八类事物分别是汽车、树木、城市、金属、运动、衣着、颜色和动物，每一类又有四个不同的词目变量，如城市类有巴黎、罗马、伦敦和纽约。实验前让被试熟悉词表，然后开始实验。

（采自杨治良，1986a）

2.3 程序

(1) 将实验材料依本实验自变量——储存负荷量的不同而分为六个组，分别灌制成六盘磁带。这六组的储存负荷量分别是3、4、5、6、7和8（见表2）。储存负荷量3表示被试要记住单条词目，提问一次，不管答对与否，储存负荷量就减去1。本实验在提问一次后，追加一个词目，则储存负荷量又变为3，即每提问一次后，为维持原储存负荷量，补充一个新词目。

表2 主试宣读用的实验材料（用录音机播放）

负荷量3	负荷量4	负荷量5	负荷量6	负荷量7	负荷量8
红旗	铜块	福特	纽约	解放	樟树
樟树	绿色	枣树	铜块	松树	福特
纽约	枣树	巴黎	体操	伦敦	罗马
1. 什么汽车？	皇冠	锡块	手套	红色	锡块
滑冰	1. 什么金属？	手套	绿色	铁块	滑冰
2. 什么树？	体操	1. 什么树？	公牛	排球	帽子

续表

负荷量 3	负荷量 4	负荷量 5	负荷量 6	负荷量 7	负荷量 8
铁块	2. 什么颜色?	槐树	1. 什么颜色?	帽子	黄色
3. 什么城市?	手套	2. 什么汽车?	红旗	1. 什么城市?	青蛙
枣树	3. 什么运动?	体操	2. 什么城市?	鸽子	1. 什么树?
4. 什么运动?	巴黎	3. 什么树?	松树	2. 什么运动?	枣树
帽子	4. 什么汽车?	皇冠	3. 什么穿戴?	巴黎	2. 什么金属?
5. 什么树?	公牛	4. 什么城市?	黄色	3. 什么动物?	铁块
红色	5. 什么树?	红色	4. 什么汽车?	滑冰	3. 什么颜色?
6. 什么金属?	银块	5. 什么运动?	罗马	4. 什么颜色?	红色
黄鱼	6. 什么动物?	排球	5. 什么树?	公牛	4. 什么运动?
7. 什么穿戴?	槐树	6. 什么金属?	帽子	5. 什么穿戴?	网球
铜块	7. 什么穿戴?	银块	6. 什么运动?	绿色	5. 什么汽车?
8. 什么颜色?	排球	7. 什么穿戴?	皇冠	6. 什么金属?	解放
伦敦	8. 什么城市?	公牛	7. 什么金属?	鞋子	6. 什么动物?
9. 什么金属?	解放	8. 什么金属?	樟树	7. 什么运动?	鸽子
网球	9. 什么树?	铁块	8. 什么动物?	银块	7. 什么穿戴?
10. 什么动物?	黄色	9. 什么颜色?	网球	8. 什么城市?	手套
蓝色	10. 什么运动?	罗马	9. 什么城市?	体操	8. 什么城市?
11. 什么运动?	青蛙	10. 什么动物?	黄鱼	9. 什么金属?	伦敦
手套	11. 什么金属?	松树	10. 什么穿戴?	罗马	9. 什么树?
12. 什么城市?	帽子	11. 什么运动?	银块	10. 什么树?	松树
	12. 什么动物?	蓝色	11. 什么动物?	锡块	10. 什么运动?
		12. 什么城市?	大衣	11. 什么汽车?	体操
			12. 什么汽车?	樟树	11. 什么金属?
				12. 什么颜色?	铜块
					12. 什么动物?

(采自杨治良，1986a)

(2) 把六盘磁带的次序打乱，用掷骰子的办法随机确定六组材料中哪组材料先播放。在每盘磁带中，开头主试逐个朗读需要被试记忆的词目，接下来主试间隔地向被试提问，要求回答出属于该类刚读过的项目。例如，主试向被试朗读“红旗、松树、巴黎”，然后提问：“什么树?”这时被试的正确回答是“松树”。被试必须在4秒内完成一项回答，并做到有问必答，答不出可以猜。每组材料共有12次提问。每做完一组实验，被试休息1分钟。六组实验条件（即负荷量3、4、5、6、7、8等六种）一次做完。

3 结果

收集上述实验获得的所有数据，并进行汇总。

3.1 将结果记入表3。

表3 不同储存负荷量下实验结果的均数（±标准差）

储存负荷量/项	3	4	5	6	7	8
12次提问的正确回忆量/项						
保持百分比/%						

3.2 对实验结果进行重复测量方差分析，所得结果记入表4。

表4 重复测量方差分析结果

变异来源	离均差平方和	自由度	均方	F	p
总的			—	—	—
组间					
组内				—	—

3.3 以储存负荷量和保持百分比为坐标轴将表3的结果制成图。

4 讨论

4.1 本实验的自变量是什么？有哪几个水平？是如何操纵的？因变量又是什么？

4.2 本实验中为什么要用掷骰子的办法随机确定六组材料的播放顺序？

4.3 试结合实验结果中的三个图表讨论：储存负荷量的大小对短时记忆效果的影响有什么规律？结果是否证实了实验的假设？

5 参考文献

杨治良. (1986a). 储存负荷量对短时记忆效果的影响——一个心理学工作者的自身实

验. 心理科学通讯，44(6)，29-33.

实验二 相关研究中的因果判断

相关分析可以提供变量间的相关系数，但一般来说，研究者无法仅由此来确定两个变量间是否存在因果关系，以及因果关系的方向。在一般的相关研究中，轻易地做出一个因素导致另一个因素的结论是十分草率的，因为相关系数能告诉我们的仅是两个变量间的关联程度。

但在另一些相关研究中，研究者也试图通过一些逻辑推论来加强相关研究的解释力，使其具有部分程度上的因果推断能力。此前介绍过的交叉—滞后法便是这样的一种复相关程序，这一技术依据随时间变化的若干相关系数的大小和方向，来确定是什么因素导致了什么结果。其潜在假设是：既然任何因果效应的发生都需要占用一定的时间，那么如果一个变量引起了另一个变量，则第一个变量与时间上滞后的第二个变量之间的相关应该较大，而它和同期的第二个变量之间的相关则相对较小。本章正文中介绍的埃伦及其同事关于儿童对暴力性电视节目的爱好和其攻击性的相关研究，就反映了交叉—滞后法的这一潜在逻辑。

你可以在一个新的例子中运用类似的逻辑推论，从相关研究中找到因果线索吗？下表是 11 个国家/地区相隔 10 年的儿童饮食中每天糖摄入量与肥胖症患病人数：

表 1　11 个国家/地区中 10 年前的儿童糖摄入量与 10 年后的肥胖症患者人数

国家/地区	1980 年糖摄入量/g	1990 年肥胖症人数/百万
A	60	180
B	45	112
C	38	70
D	20	54
E	65	165
F	100	240
G	80	95
H	70	94

续表

国家/地区	1980年糖摄入量/g	1990年肥胖症人数/百万
I	30	73
J	60	150
K	120	300

想一想，这两组数据将会说明什么问题？请根据皮尔逊积差相关系数的计算公式

$$r=\frac{n\sum XY-(\sum X)(\sum Y)}{\sqrt{[n\sum X^2-(\sum X)^2][n\sum Y^2-(\sum Y)^2]}}$$

计算这两个变量的相关系数。你得到的相关系数是怎样的，其大小与符号各是什么？根据这个相关系数，你会得出较高的糖摄入量导致肥胖症的结论吗？如果相关系数比较大，比如说+0.95，你是否会更加坚信其间存在着因果关系？如果你认为这些数据并不能证明糖摄入量较多会导致肥胖症，那么你怎样解释这些结果？请结合前面的例子，对这项研究的结果做出恰当的解释。

第二章

实验研究的基本问题

自己动手，自己动脚，用自己的眼睛观察，这是我们实验工作的最高原则。

——伊凡·彼德罗维奇·巴甫洛夫

本章提要

本章首先详细讲述了心理学实验研究的基本特征——变量，包括自变量、因变量和控制变量；然后介绍了心理学实验中的实验设计，包括被试间设计和被试内设计、多变量设计、小样本设计、准实验设计；最后简要介绍了对心理学实验的评价标准——实验研究的效度和信度。

本章学习指导

通过本章的学习，读者能达成以下目标：了解实验的变量；掌握实验设计的思路和方法；掌握如何评价以及提高实验研究的信度和效度。通过本章的学习，读者能够回答以下问题：

（1）有个名叫比尔的儿童特别能哭闹，父母亲想了一切办法都无济于事，最后只得带他去见心理医生。经过一段时间的心理治疗后，比尔不再哭闹了。有研究者猜测是成人的注意强化了比尔哭的行为，心理医生在治疗期间可能只是采取不理会比尔哭声的做法。如果你是研究者，你会采用怎样的实验设计来验证这一假设？

（2）假设你想确定无范画教学和范画教学这两种教学方式中哪种对培养学前儿童的想象力效果更好。请思考：研究中的自变量和因变量分别是什么？可能会有哪些额外变量？你打算采用哪些方法和步骤保证这些额外变量不会与教学方式的影响产生混淆？你怎样选择被试？

曾有这样一个故事，讲的是一位旅行者和一位哲人之间关于世界本质的讨论。哲人认为世界是海龟驮着的一个球。旅行者追问海龟在哪儿立足。哲人说，当然是站在更大的海龟背上，而且下面全是越来越大的海龟（Sagan，1979）。

用无数的海龟驮起世界之所以荒谬，不是因为它的论证过程存在问题，问题出在论证结构本身。因为，逻辑上每次都加上一只更大的海龟是完全可行的，但即使有无数的海龟也不能解决根本问题，总是需要更多更大的海龟。

同样，对于实验心理学来说，单有精致的研究过程不一定能保证实验本身的根基扎实可靠。因此，在上一章所介绍的实验基本程序之外，本章将深入探讨心理学实验中的几个基本问题——正是它们将科学实验的解释过程和无数海龟那样的论证体系区分开来。

第一节　实验研究的变量

变量（variable）是指在数量上或质量上可变的事物的属性。变量可以分为量的变量（连续变量）和质的变量（非连续变量）。实际上，我们可以把实验中的变量分为两类，一类是实验条件（即自变量），另一类是在这些实验条件下产生的结果（即因变量）。在实验条件中，一类是对因变量不产生影响的实验条件，称为无关变量（irrelevant variable）；另一类是对因变量产生影响的实验条件，称为相关变量（relevant variable）。相关变量中实验者用以研究的变量就是自变量，而实验者不用于研究的相关变量称为额外相关变量（extraneous relevant variable）或简称为额外变量（extraneous variable），也称为控制变量（controlled variable）。

一、变量：实验的基本特征

在上一章，我们曾经提到构成实验的三大要素：假设、变量、控制。显然，一个合格的心理学实验必定具备以上三个要素；但是，究竟这三者中的哪一个才是心理学实验的基本特征呢？我们说，变量是实验的核心，实验假设归根到底就是确定实验变量的选择，而实验控制也无非就是对实验变量的操纵。变量作为心理学实验的基本特征，决定了到底符合什么条件的研究才可以称为实验，即实验必须操纵环境以产生变化。

我们来看这样一个例子。假设你对学生抢占图书馆位子的事件发生兴趣并想对其进行研究。这项研究的开展有助于揭示有关占座、抢占空间等问题的心理本质和行为规律，进而希望能为减少和消除一些公共场所中此类不文明现象的发生起到作用。这时你的研究计划是：去图书馆占一张桌子，并且占到空桌子后还要通过非言语、非暴力的手段尽可能使你身边的座位持续留空。按照这个研究计划，你去图书馆将你的书、衣服以及其他东西都摊在桌子上，你希望这种杂乱无章的样子可以有助于保持你身边的座位留空，坚持了一段时间，比如 15 分钟，最终有人坐在了你的旁边，这时你的研究结束了。那么，这项研究是一项实验吗?

显然，这项研究还不构成实验。因为，概括地说，当研究者系统地操纵环境，然后观察对环境的操纵导致的行为变化时，实验才产生。但遗憾的是，这项研究并没有系统地操纵环境，而只是创造了一个单一水平的环境并记录下了被试的相应行为，而这样的研究能够说明的问题是很有限的。

实验要求对环境的操纵必须是有变化的，就是实验中对环境的操纵至少要有两个值或两个水平。通过对两个环境水平下被试反应的比较，我们就可以判断环境的改变是否导致了行为的变化。比如，我们可以在这项研究中增加一个操纵水平：让被试再次占个位置，但这次不将东西摊在桌子上；或者让被试做出微笑和冷漠两种表情；或者让被试在开学初、期中和期末三个时间段来完成占位置这件事；等等。这样对环境的操纵就有了两个或两个以上的水平：东西摊在桌子上和桌子上不放东西，被试微笑和冷漠两种表情，被试在开学初、期中和期末三个时间段来完成这件事情。此时，我们就可以对这几类的不同情况进行比较了。至此，这项研究就可称作实验了。

可见，“改变”（包括对环境的改变和可能由它导致的行为改变），然后“比较”，是实验研究的基本逻辑和基本特征。显然，实验研究从某种意义上来说就是对各种变量进行操纵、控制、观察和比较的过程。变量是使实验运转的齿轮。好实验与差实验的区别就在于对变量的有效选择和操纵。因此，变量是实验研究最基本的问题，是实验研究的根基。

本节的讨论重点是：心理学实验涉及的各种变量都有哪些特点？我们如何选择、操纵或控制、观察记录它们？在对各种变量的操作过程中需要注意什么？由于额外无关变量是不影响结果的，因此这里我们主要关注自变量、因变量和控制变量。下面我们详细讨论这三种变量。

二、自变量

实验的本质，无外乎是在控制情境下的观察比较，而控制的关键就在于自变量。

（一）自变量的分类

在一个实验中，研究者总是首先操纵一个或几个变量的变化，然后才能观察这个操作对被试反应的影响。这个在实验中研究者所操纵的、对被试的反应产生影响的变量就是自变量（independent variable）。比如，在抢占图书馆位置的那个实验中，是否把东西摊在桌子上，微笑或冷漠的面部表情，以及开学初、期中和期末的不同时间段就是自变量。研究者通过改变这些自变量来影响被试的反应并观察反应的改变。

心理学实验涉及的自变量很多，大致可以分为三类。

1. 作业变量

作业就是指实验中被试的任务，或者实验中所呈现的和被试任务有关的某种刺激，如迅速呈现的字母串、记忆词表、错觉图形等（呈现这些刺激时要求被试做出特定的反应）。如果把这些任务的任何特性作为自变量来操纵，则这种自变量就是一种作业变量（task variable）。

2. 环境变量

当被试进行某种作业时，如果研究者改变实验环境的任何特性，那么改变了的环境特性就是环境自变量（environmental independent variable）。例如，实验室的照明情况或噪声强度都可以作为环境自变量加以研究。

3. 被试变量

可能影响对某种刺激反应的被试的特性因素称为被试变量（subject variable）。这些因素包括被试的性别、年龄、健康状况、智力、受教育水平、人格特征、动机、态度、内驱力等。在这些因素中，一部分可以被研究者主动加以操纵、改变，从而成为真正的自变量。例如，内驱力强度就可以用禁食或禁饮的时间加以操纵。而另一些因素尽管也存在多种水平，但它们是被试本身固有的属性，只能进行测量而无法真正操纵（如智力、受教育水平、性别等）。对此类因素，有必要指出的是，尽管在很多实验中研究者会将它们“比照”真正的自变量进行统计分析，但它们并非严格标准下真正的自变量，因此对它们进行任何因果解释都必须十分小心。

（二）对自变量的操纵

在一个具体的实验中，研究者是根据实验目的来选择自变量的。在抢占图书馆桌子的例子中，要研究桌面的整洁程度对抢占位置时间的影响，研究者就要选择桌面整洁程度作为自变量；要研究表情对抢占位置时间的影响，研究者就要选择占位者表情作为自变量。但是正如此前提及的，变量的精髓在于“变化”，也就是说研究者不但要选择合适的自变量，还要对这些自变量进行操纵改变，即对自变量进行控制。对自变量控制得好或不好，直接影响实验的成败。它主要经历以下两个步骤。

1. 对自变量下操作性定义

许多时候，研究者无法从实验目的直接得到合适的自变量，因为直接得来的自变量往往不够明确。比如，我们要研究“个体的热感对识记的影响”，在这个实验中热感程度就是自变量，问题是虽然“热感”这个概念在实际生活中是一个非常形象的概念，但是在实验中我们对它进行量化操作并非易事，因为它没有一个共同的起点和尺度。在实验中，像“热感”这样的概念是非常含糊的。如果不对它进行更明确的定义，那么不但这个实验本身难以进行，而且这个实验的结果与其他研究者的实验结果也难以比较，因为不同的研究者对“热感”这个概念的理解可能是不同的。

解决这一问题的办法是采用明确、统一、可以量化的术语对自变量进行严格的规定，这就是对自变量下操作性定义的过程。操作性定义（operational definition）是由美国物理学家布里奇曼（Bridgman，1972）提出的，他主张一个概念应由测定其程序来下定义。那么在心理学上，对一个心理现象根据测定它的程序下的定义就叫作操作性定义。在前面的例子中，如果我们把热感定义为“在 36 摄氏度室温下停留的时间量”，那么研究者就可据此操纵这个变量了。不同的研究者如果都采用此操作性定义，那么他们的结果也就有可比性了。又如，研究者想探讨动机对小白鼠觅食行为的影响，那么就可以把动机定义为“小白鼠的挨饿时间”。另外，一些以智商、人格等为自变量的实验同样也需要下操作性定义（实验中不仅需要对自变量下操作性定义，对其他变量也可能需要下操作性定义，这在后面会提到）。

操作性定义明确了自变量的内涵，同时也往往指出了自变量操纵的方法。例如，研究者把热感定义为“在 36 摄氏度室温下停留的时间量”，这就意味着对热感这一自变量的操纵就是通过改变被试在高温下的停留时间量来完成的。

2. 确定自变量的各个水平

如上所述，研究者可以从自变量的操作性定义得知操纵自变量的基本方法，也即“如何”变化自变量；接下来的工作便是操纵自变量到“什么程度”的问题，即确定自变量的各个水平。所谓自变量的水平，即指自变量的取值（或操纵结果）。例如，以热感为自变量的研究中设定了“高室温下的暴露时间”这一操作性定义，那么接下来研究者就可以确定两个水平的热感程度了，如 1 小时、2 小时，也可以设定更多的水平，如 15 分钟、30 分钟、45 分钟、60 分钟。回想一下此前关于图书馆占位实验的讨论，即可知自变量的水平数至少为 2（这是因为自变量必须有变化）。

在上一章，我们讲过实验可以分为因素型实验和函数型实验。因素型实验的自变量一般不超过 4 个水平，并应尽量使自变量变化范围（全距）较大，各个水平在全距上分布平均。而函数型实验的自变量水平需要更多些：如果预期实验考察的是线性函数关系，可以取 3～5 个水平；如果是关于更复杂函数关系的，则至少需要 5 个水平。同样，自变量的变化范围不宜过小，研究者一般通过文献工作确定合适的全距大小。至于自变量各个水平在全距范围上的分布，则可以根据实际情况而定。若预期自变量和因变量的关系接近于线性函数，则各水平平均分布即可；如果预期自变量和因变量符合对数函数关系，则各水平间的间距应按对数单位变化。

三、因变量

因变量是因为自变量的变化而产生的现象变化或结果。自变量和因变量相互依存，没有自变量就无所谓因变量，没有因变量也无所谓自变量。在实验中，由操纵自变量而引起的被试的某种特定反应称为因变量（dependent variable）。

（一）因变量的分类

在实验中，研究者操纵自变量，并观察被试的某种特定反应的改变。

对于实验研究来说，因变量的种类很多，也很复杂。一般来说，对因变量的测量有客观指标，也有主观指标。客观指标主要有：（1）反应速度，如反应时、走完一个迷津所需要的时间、在一定时间内完成某项作业的数量等。（2）反应速度的差异。在现代认知心理学实验中，研究者经常以反应速度的差异作为考察被试各种高级认知机能的指标。例如，在内隐学习的研究中，被试对随机组字母和规则组字母的反应时之差就可以作为内隐学习量的指标。（3）反应的正确性，如选择反应的正确次数、走迷宫入盲巷的次数、跟踪盘离靶的次数或距离等。（4）反应标准。随着信号检测论的广泛使用，诸如似然比 β、报告标准 C 等就常被用来作为一种客观因变量指标。（5）反应的难度。有些作业可以定出一个难易等级，看被试或动物能达到什么水平，如斯金纳箱就有三个难度等级。

因变量的主观指标主要是指被试的口语记录。口语记录（protocol）是指被试在实验时对自己心理活动进程所做叙述的记录，或在实验之后，被试对主试提出问题所做回答的记录。在心理学实验中，口语记录是很重要的参考资料，有助于我们分析被试的内部心理活动。例如，在认知心理学的研究中，口语记录分析被用于问题解决的实验中，借以了解被试解决问题时所使用的思维策略。

（二）对因变量的控制

因变量是研究者在心理学实验中试图客观观察和记录的对象。不同于以“准确操纵”为目的的自变量控制技术，因变量的控制主要着眼于如何精确客观地记录下它的变化。一般而言，有几种主要方法可以用于因变量的控制。

1. 反应控制

反应控制的目的，是让被试的反应确实发生在研究者感兴趣的因变量维度上。一般而言，在不加控制的情况下，被试对刺激的反应总是千差万别，而且很难保证所有的反应都恰如其分地表现了研究者感兴趣的因变量变化。比如，被试在注视错觉图形时，有时把这一刺激作为整体而观察，但有时只注视特定的一部分，这显然就会导致不同的实验结果。因此，研究者就有必要把实验中被试的反应控制在主试所设想的方向上，这就是对反应的控制。

在人作为被试的实验中，对反应的控制往往是通过指导语实现的。指导语（instruction）是心理学实验中主试给被试交代任务时说的话。指导语能够为被试设定课题，也就是控制被试的反应。例如，内隐学习的创始人雷伯（Reber，1967）及其同事们进行了这样的研究：在内隐学习实验的学习阶段，向被试呈现一系列由一套特殊规则产生的字母串，这些规则构成了指定各字母顺序的一种人工语法。给被试的指导语，或是“学习并记住这些字串……”（内隐学习），或是“发现这些字串的内在规则……”（外显学习）。换句话说，记忆指导语引发内隐学习条件，而规则发现指导语引发外显学习条件。

在心理学实验中，规范的指导语应符合以下要求。（1）内容确定，即主试要严格确定给被试什么样的指导语。不同的实验会有不同的要求，有的要求被试尽量做得准确，有的要求被试尽量做得快，还有的要求被试又准又快。此外，是让被试按特殊的方式完成某任务还是让被试随便用什么方法去完成任务，类似这样的问题，主试都要事先确定，写到指导语中。（2）完全，即在指导语中，要把被试应当知道的事交代完全。主试要求被试所做的事，可能是他从未做过的，要说明将要呈现什么，要他怎样做，等等。（3）简单明确，即指导语要写得简单明确，要保证被试确实理解了指导语。切忌模棱两可，也不要用专门术语。为防止被试误解指导语，主试可以让被试用自己的话重述让他做什么、怎么做等等。（4）标准化，即指导语中所用的词语以及主试说指导语时的表情、语气、声调等方面都要进行标准化，即对所有的被试，指导语都应一样。对有些实验最好能用录音机给出一致的指导语。

在指导语不能充分控制反应时，研究者就要很好地考虑刺激条件和实验装置，使刺激条件、实验装置与指导语配合起来，使被试只能做出主试所要求的反应。

2. 选择恰当的因变量指标

和自变量一样，因变量的控制同样有赖于一个操作性定义，这有助于明确某些原本含混不清的行为变化。例如，哈特及其同事（Hart et al., 1964）曾在20世纪60年代进行过一个关于儿童行为问题的实验，被试是托儿所一个过分能哭的4岁儿童比尔，而实验中一个很棘手的问题就是对因变量——哭——做出准确的测量。解决此问题只需一个合适的操作性定义，即一次哭就是：（1）哭的声音大到在50英尺①以外都可以听见；（2）哭声持续5秒或更长时间。这就是因变量“哭”的操作性定义。通过这个操作性定义，研究者可以对比尔每天哭的次数进行统计，以做进一步的研究。

正如这个实验中研究者所做的那样，为使实验中被试的反应能够具体度量，就要规定一定的标准。这其实就是为使反应能够具体度量而规定一系列标准或具体指标的过程，简单地说，也即选择恰当的因变量指标的过程。

在心理学实验中，一般常用的反应指标有绝对阈限、差别阈限、反应时、反应持续时间、反应程度、完成量、错误率、完成一定的作业所需要的时间、达到一定基准所需要的次数以及口头报告等等。但是不管怎样，一个恰当的因变量指标必须满足以下标准：（1）有效性，即指标充分代表当时的现象或过程的程度，也称为效度（validity）。哪一个指标最能充分代表当时的现象或过程，那么这个指标的有效性最高。选择任何指标首先要考虑其有效性，如果效度不高，指标就无用。反应指标的效度直接关系到实验的效度。（2）客观性，即指标是客观存在的，可通过一定的方法观察到。反应时、反应频率、完成量等都是客观存在的指标，可用客观的方法测量和记录下来。一个客观的指标一定能在一定的条件下重现。这样的指标经得起检验，并能够重复进行实验，验证结果。（3）数量化，即

① 1英尺=0.3048米。

指标便于记录、统计，并且量化的指标能进行比较。

3. 避免量程限制

在以上几个选择指标的条件中，有效性是最重要的。为了使所用的指标具有较高的效度，我们应了解指标本身的意义是什么，指标的变化意味着什么，以及利用指标对所研究的现象最多能了解到什么程度，等等。只有这样，我们才能全面考虑，也才能选择出好指标。

在影响指标有效性的各种因素里，天花板效应和地板效应尤其典型。这两种效应是指反应指标的量程不够大，而造成反应停留在指标量表的最顶端或最底端，从而使指标的有效性遭受损失。

先来看一个天花板效应的例子。假设有一个研究者想要比较跑步和快走的减肥效果。他找来两个较为肥胖的志愿者作被试，首先用一个台秤称他们的体重，发现两个被试的体重正好都是 100 千克。然后，这两个被试开始减肥计划，一个通过跑步减肥，另一个快走。几个月后，两个人又一次用同一架台秤称体重，结果发现两个人的体重都是 90 千克。研究者认为两个人都减重 10 千克，因此断定跑步和快走的减肥效果一样好。但是研究者忽视了一个严重的问题，那就是他所用台秤的量程是 0～100 千克。如果这两个人最初的体重一个人为 110 千克，另一个人为 100 千克，那么这样的台秤就不能准确称出这两个人的初始体重。由于两个被试的体重都已经到达了反应指标量程的最顶端，因而他们各自的减肥效果没有真正地体现出来，继而得到了两种减肥方法一样好的错误结论。这就是天花板效应的问题。

再来看一个地板效应的例子。假如你教一个动作不太协调的朋友投篮，你认为奖赏可以提高作业水平，因此每当他投中一个你就为他买一杯啤酒。然而你的朋友将球都扔到篮筐外面去了。这样，你不能提供奖赏了，而且你还预期他的作业水平会随着练习次数的增加而提高。但由于再没有比篮外球更低的水平了，所以你观察不到成绩的任何提高，此时你朋友的作业水平已经到了反应指标量程的最底端。这就是地板效应。

天花板效应和地板效应都阻碍了因变量对自变量效果的准确反映，在选择反应指标时应努力避免。通常的方法是：尝试着先通过实验设计去避免极端的反应，然后通过预实验测试少量被试来考察他们对任务操作的反应情况。如果被试的反应接近指标量程的顶端或底端，那么实验任务就需要修正。例如，在一个问题解决实验中如果被试成绩太好，研究者就可以增加问题难度和任务完成的时间限制以降低作业水平。与此相似，如果被试完成得太糟糕，那么研究者就要通过降低问题难度和延长任务完成的时间等方法使任务变得容易些。设计实验任务和反应指标的指导思想是应使被试的反应情况分布在指标量程的中等范围内，这样操作自变量时，被试反应水平的提高或降低都能被观察到。谨慎的研究者在实施可能被天花板效应或地板效应污染的实验前，常花力气去做预实验。预实验能使研究者了解实验中存在的有关设计或实验程序方面的问题。

四、控制变量

正如前面提到过的，实验中并不只有自变量与因变量有关，在自变量之外往往存在着额外相关变量，这类变量也称为额外变量。由于研究者必须想办法控制额外变量对因变量的影响，所以额外变量也常被叫作控制变量。额外变量和控制变量其实是对同一事物不同角度的描述。

一般来说，实验过程中的温度、环境噪声、照明情况、被试身体状况等都能成为额外变量的来源。不过对于心理学实验而言，有一部分额外变量是其特有的，那就是来源于主试和被试相互作用的额外变量。

（一）心理学实验中典型的额外变量

在实验中，主试和被试之间可能存在着某种干扰实验、使实验结果发生混淆的相互作用。这种相互作用可能带来一些额外变量。这种作用主要表现为两个方面。

1. 实验者效应

主试在实验中可能以某种方式（如表情、手势、语气等）有意无意地影响被试，使他们的反应符合主试的期望。这种现象称为实验者效应（experimenter effect）。

实验者效应即由于主试不经意地向被试提供一些暗示，告诉他们自己所期望的反应，以至于对实验结果产生了细微影响。许多研究都证明了这种影响的存在。一不留神，这种更为隐蔽的偏差就会以多种方式介入进来：在不同条件下，主试和被试之间互动的方式可能略有不同；主试读指导语时的声调和着重点可能有所变化；同样，面部表情、姿势等等都可能存在差异。例如，主试可能并没意识到自己在被试出现正确反应时点了点头以示肯定，或对错误则皱了皱眉以示否定。此外，主试的性别、种族和伦理观念也是潜在的实验者效应。主试本人可能从来没有意识到这种效应，但他们对被试在不同条件下的行为方式有所期待，这可能会使他们的行为发生细微的变化，帮助产生预期的效果。而被试通常也会顺应这些微妙的需要，并给出主试所寻求的数据和结果。

这种现象甚至在用动物做实验时也有可能出现。在罗森塔尔和福德（Rosenthal & Fode，1963）的一个研究中，让学生做老鼠走迷津的实验。他们告诉学生主试，用来进行迷津实验的老鼠是来自不同种系的聪明鼠和笨拙鼠。然而实际上它们来自同一种群。结果，学生主试发现聪明鼠比笨拙鼠犯的错误要少，而且这种差异具有统计显著性。对学生主试训练老鼠时的行为进行观察，并没发现他们故意欺骗或歪曲实验结果的事情。由此似乎可以推断，训练聪明鼠的学生主试更能鼓励老鼠去通过迷津。这样，主试本身的信念经过无意的暗示和鼓励，作用于被试，使得实验结果朝向主试所期望的方向。这种效应就是一种心理学实验典型的额外变量。

2. 要求特征

在心理学实验中，被试并不是消极被动的，他们总是以某种动机、态度来对待实验，因而实验结果在很大程度上也依赖于被试对实验的态度。那么很有可能，被试会自发地对主试的实验目的产生一个假设或猜想，然后再以一种自以为能满足这一假想实验目的的方式进行反应。我们把这种现象称为要求特征（demand characteristics）。

要求特征是一个潜在的、强有力的，也是社会科学所独有的偏差来源，与被试及他们对实验的设想有关。美国心理学家奥恩（Orne，1962）首次在实验中让心理学家意识到了这个问题。在他的一个实验中，主试发给被试每人 2 000 张纸，被试的任务是在每一张纸上做 224 个随机数字的加法。主试把被试的手表拿走，并且宣布他们要持续工作，直到让他们停为止。五个半小时之后，主试放弃了，因为他发现那些被脱去手表的被试毫不懈劲地坚持下去。在后期研究中，主试要求被试每完成一张纸上的计算，就把自己的答题纸撕成至少 32 片。结果，被试再次倾向于持续做这项完全无意义的任务长达数小时。当被问及原因时，他们说：既然是在参加一项实验，那么想必主试的要求自然有其道理。这个服从的例子是令人惊愕的，而服从的原因仅仅是他们正在参与一个实验。

奥恩指出，人们愿意在一个实验里做这些通常在别的地方不会做的事情，是因为参加实验的被试都有一些普遍的预期，他们可能试图理解实验的特定目的。他们可能相信自己的良好表现理所当然会受到注意，相信主试对自己行为的任何指令也都有其用意。一般来说，被试都会想帮助主试做好一个实验，因此他们很想知道实验的假设和目的是什么。如果被试知道了实验的假设，那么他们的行动将倾向于支持这个假设。而为了找到实验的假设，被试将自动地使用实验情境中可得到的一切线索。被试倾向于理解他们所参与的实验，并且他们的行为将受到他们所理解的任何内容的影响。这就是要求特征的最简单描述。

要求特征的典型例子是霍桑效应（Hawthorne effect）和安慰剂效应（placebo effect）。可以这样说，凡是在以人为被试的任何研究中都可能出现要求特征。被试对指导语的理解、参与实验的动机、焦虑水平、有关经验以及当时的心理、生理状态等，都会影响他们完成任务的质量和数量。而被试的反应成绩又会影响主试的行为。这种相互作用有时是不知不觉进行着的，被试往往没有觉察到。可见，因变量的变化并不一定是主试施于被试的某种处理所引起的。

总之，在心理学实验中主试和（人类）被试都是具有主观能动性的。主试与被试可能以某些干扰实验的方式不知不觉地相互作用，使额外变量与实验中的自变量发生混淆，从而干扰了实验结果。

（二）额外变量的控制

在心理学实验中，对额外变量的控制技术主要有以下几种。

1. 排除法

排除法（elimination method）是把额外变量从实验中排除出去。例如，如果外界的噪声和光线影响实验，最好的办法就是进入隔音室或暗室。在有效消除源自实验者效应和被试效应的额外变量的干扰方面，双盲实验（double-blind experiment）是很好的选择。简单地说，双盲控制让实验的操作者和实验被试都不知道实验的内容和目的。主试和被试都不知道哪些被试接受哪种实验条件，从而避免了主试、被试双方因为主观期望所引发的额外变量。从控制变量的观点来看，排除法确实有效，但用排除法所得到的研究结果常常难于推广。例如，研究者如果顾虑主试与被试的接触会影响实验结果，而采取用自动呈现刺激及自动记录实验结果的方法，那么所得结果通常很难推广到人们日常生活中的同类行为中。

2. 恒定法

恒定法（constant method）旨在使额外变量在实验过程中保持恒定不变。这主要体现在保持实验条件恒定的方面。实验时，不同实验场所、不同主试以及不同的实验时间等都是额外变量。有效的控制方法是在同一实验室，由同一主试在同一个时间对实验组和控制组使用同样的程序进行实验。例如，当实验时强度变化的噪声无法消除时，研究者通常采用噪声发生器发出恒定的噪声来加以掩蔽。此外，除上述实验条件保持恒定外，主试和控制组被试的特性（如年龄、性别、自我强度、成就、动机）也是实验结果发生混淆的主要根源，也应保持恒定。只有这样，两组在作业上的差异才可归于自变量的效果。

用恒定法控制额外变量也有缺点：（1）实验结果不能推广到额外变量的其他水平上。例如，如果只用男性成人作为被试进行实验，其结果不能推广到女性成人中。（2）操纵的自变量和保持恒定的额外变量可能产生交互作用。例如，如果被试是男性，主试是富有魅力的女性，实验时，主试可能会使被试分心。这时它是使交互作用发生的额外变量。

3. 匹配法

匹配法（matching method）是使实验组和控制组中的被试属性相等的一种方法。使用匹配法时，研究者先要测量所有被试身上与实验任务呈高相关的属性，然后根据测得结果将被试分成属性相等的实验组和控制组。例如，研究者进行“不同训练策略对普通话水平提高的影响”的实验研究时，先测试一下被试普通话的水平，然后把前测成绩相等（普通话水平相等）的被试分别分到实验组和控制组，进而一一匹配成条件相等的两组被试。这种方法在理论上是可取的，但在实际操作上很难行得通。因为，如果要对一个以上的特性（或因素）进行匹配，研究者就会感到顾此失彼，甚至无法进行。例如，研究者要同时考虑年龄、性别、起始成绩、智力等因素，力图使所有因素均匹配相等后再编为两组就很困难了。即使能解决此困难，也将使很多被试不能参加这个实验。更何况，一些中介变量诸如动机、态度等，是无法找到可靠依据进行匹配的。因此，在实际应用中，匹配法常常配合其他技术共同使用。

4. 随机化法和抵消平衡法

随机化法（randomization method）是把被试随机地分派到各处理组中去的技术。从理论上讲，随机化法是控制额外变量的最佳方法，因为如果总体中的任一成员都有同等机会被抽取到任一处理组，那么可以期望随机分派形成的各处理组的各种条件和机会是均等的，也即在额外变量上做到了匹配。随机化法不会导致系统性偏差，能够控制难以观察的中介变量（如动机、情感、疲劳、注意等）。

随机化法不仅能应用于被试，也能应用于刺激呈现和实验顺序的安排。例如，在我国心理学家林仲贤等人（1986）进行的深度距离判断的研究中，每个被试都要经历单眼观察和双眼观察、正视和斜视两类实验条件，其中单眼又涉及左右眼，斜视又涉及左右侧斜视。研究者对每个被试的实验条件和顺序的安排采用了随机化法，做到了较完备的控制。

在上例中，随机化法被用于平衡实验条件的序列效应（sequence effect），这种思想和抵消平衡法（counterbalancing method）又是相通的：采用某些综合平衡的方法，使额外变量的效果互相抵消，达到控制额外变量的目的。常见的抵消平衡法有 ABBA 法和拉丁方设计法，这两种方法将在下一节详细说明。

5. 统计控制法

以上讨论的情况，都是在实验正式开始前先行着手控制额外变量的方法，这类技术被称为实验前控制。另一种技术是实验后控制，就是在实验完成后通过一定的统计技术来事后排除实验中额外变量的干扰，因而也被称为统计控制法（statistical control method）。统计控制法主要用于实验前难以完全控制额外变量影响的情况。比如，在研究两种不同的教学方法对提升学生普通话水平的作用时，研究者通过匹配平衡，控制了学生年龄、教师、基线普通话能力等额外变量，却发现无法就学生的智商做到完全匹配。这时，统计控制法就提供了补救办法：研究者可以通过协方差分析（analysis of covariance），在数据统计过程中排除智商对阅读能力提高的效应，以达到控制的目的。

除了协方差分析以外，常用的统计控制法还包括剔除极端数据、分别加权等事后控制技术。如果研究者要研究学习次数对学习效果的影响，但事先未考虑到被试的智力水平对学习效果有影响，便可以在事后对智商高的被试加权较低，以消除智力对实验结果的污染。

但是需要牢记，统计控制是在实验前控制难以起到完全效果时的补充手段，而不可能取代实验前控制的重要地位。离开了严格完整的实验前控制工作，再高明的统计技术也无法于事后控制所有的额外变量。

在讨论了实验中的各种变量的特点之后，我们可以试着回到本节一开始提出的论点，即变量是实验研究的基本特征。这不但是因为实验法是唯一通过自变量的操纵和因变量的观察来达到因果解释的科学方法，也不仅仅是因为实验法涉及自变量和因变量的精确定义与巧妙控制，还在于实验法能更好地控制额外变量。所以说，实验研究的不断精致化，就是对自变量、因变量和额外变量的控制不断精确、细致的过程。

如果这种关于变量控制的过程走到极致，实验研究就会成为理想实验，也就是做到了除自变量以外其他因素都保持恒定，那么从逻辑上我们就完全可以推断，正是也仅仅是自变量的改变导致了因变量的改变。然而，和所有自然科学中的理想状态一样，实验心理学中的理想实验也是不可能达到的。我们所能做的只是尽量地对各种变量做出行之有效的操纵和控制，从而得出令人信服的结果。这一工作的基础仍然是实验中的变量，但是其内容已经超越了任何单独的实验变量所能涵盖的范围，这项工作就是所谓的实验设计，我们将在下一节详细讨论。

第二节　实验研究的设计

我们已经知道，实验法通过对变量的有效控制来实现因果判断的功能。上一节我们从变量的角度介绍了实验控制的技术，这是相对微观的视角；这一节我们将更宏观地阐述实验法如何充分发挥自身在精巧控制方面的优势，这就是所谓的实验设计（experimental design）。

实验设计是进行科学实验前做的具体计划，主要用来控制实验条件和安排实验程序。实验设计的目的在于尽可能减少额外的或未控制的变量，从而增加实验产生有效的一致结果的可能性。实验设计是实验成功的关键。一个理想的实验设计能够用最少的人力、物力获得最多和最有效的实验数据，以达到实验的最佳状态。如果实验设计不当，对非实验条件控制不严，实验方法和程序安排不合理，即使实验的规模较大，实验次数较多，所得到的实验数据也仍有可能无法对最初提出的问题给出合理的回答，达不到原来的实验目的。

我们可以通过被试分配来对实验进行控制，也就是被试间设计和被试内设计。

一、被试间设计和被试内设计

上节我们讲到变量的概念，变量有不同的水平，在一个实验设计中，如果把一些被试分到一种水平（每种水平采用不同的被试），这种情况称为被试间设计（between-subjects design），是指要求每个被试（组）只接受一个自变量水平的处理，对另一被试（组）进行另一种自变量水平处理的情况。另一种情况称为被试内设计（within-subjects design），是指每个被试接受自变量的所有水平处理的情况。

当然，在有些多自变量的实验中可以既包含被试内设计，又包含被试间设计。我们把这种在一项实验中有些自变量是被试内的而有些自变量是被试间的实验设计称为混合设计（mixed design）。例如，在一个有甲、乙两个自变量的实验中，一个被试接受甲变量的所有水平，但只接受乙变量的一种水平。根据被试内设计和被试间设计的特征，这时的甲变量是被试内自变量，乙变量则是被试间自变量。这个实验设计就是混合设计。

（一）被试间设计

被试间设计的特点是每个被试只接受一个自变量水平的处理（简称一种实验

处理或一个实验条件）。由于每个人只接受一种处理方式，因此一种处理方式不可能影响或污染另一种处理方式。这是被试间设计的一个优点。被试间设计的主要问题在于：由于接受自变量不同水平处理的被试各不相同，我们就很难分辨出因变量的变化是被试间的差异所致，还是自变量的变化所致。举个例子来说，要在一个实验中通过教学训练提升 50 个学生的普通话能力。自变量是两种不同的教学训练策略：策略 A 和策略 B。被试间设计要求将被试分成两组，每组 25 个学生，一组采用策略 A 训练，另一组采用策略 B 训练。很明显，如果把 8 个普通话能力特别好的人有意放在采用策略 A 的组中，而将 8 个普通话能力特别差的放在采用策略 B 的组中，那么研究者就有可能得到误导的结果。因此在被试间设计中，研究者必须尽量减少两个或多个组别中的被试差异，以保证两组被试在实验开始时各方面都相等，这就是被试间设计的等组问题。被试间设计采用两类分组技术来解决等组问题：匹配和随机化。

1. 匹配

匹配（matching）是指将被试按某一个或几个特征上水平的相同或相似加以配对，然后再把每对中的每个被试随机分配到各个组别。这样可以保证各组被试在这个或这几个特征上是同质的，因为各组中每个被试都是来自在这个或这几个特征上相同或相似的被试对。

匹配的步骤是：先对所有被试进行前测（pretest），然后根据前测的作业分数进行匹配。匹配时，前测的内容必须是和实验作业高度相关的。前测作业一般有两种：一种是和实验作业有高度相关的其他作业；另一种是利用被试实验作业的初期表现（通常，同一作业两个阶段的行为表现是相关的）。得到前测分数后，就可以根据这个成绩进行匹配分组。举一例说明之：在某项研究中要将 30 个被试分配到三个自变量水平 A、B、C 中，则研究者需要先将被试按前测作业分数的高低排列，然后将前三个被试随机分配到 A、B、C 三组，接着将接下来的三个被试如法分配，直到分配完毕。按这种方法分配的各组在平均数和标准差上都很接近。

对动物进行被试间设计的实验研究时，一项重要的匹配技术是拆窝技术（split-litter technique），即把同胎生的动物随机地分配到不同的组中。因为这些分配到不同组中的动物有类似的遗传素质，这有助于减少被试个体差异的影响。

在理想情况下，如果不同组的被试真正能够在各个方面得到完全的匹配，那么运用匹配技术进行的被试间设计能达到良好的实验控制。但是实际上，匹配技术的实施总会遇到一些问题：(1) 研究者不可能在每个特征上都对被试进行匹配，常常是只在一些特征上对被试进行匹配。因此，匹配往往不完全。(2) 匹配技术往往耗费大量的工作量。因为一些相关变量很难测量，即使研究者进行了必要的额外测量，也不太可能对被试进行匹配。(3) 在研究者同时匹配多个特征时，这些特征如果存在交互作用，就可能混淆实验结果。(4) 匹配技术需要防止回归假象的介入。回归假象是指在许多测量情形中，第一次测量时的高分组和低分组这两个极端组的分数在第二次测量时向平均数回归了：高分组的得分比第一次低些，低分组的则高些。

回归假象如何影响匹配的效果？来看一个例子，假设有研究者希望了解一个专门的帮助提高中国南方偏远地区儿童普通话水平的训练是否有效，于是他们将一组来自中国南方偏远地区的儿童（简称 NP 组）和一组来自中国北方偏远地区的儿童（简称 BP 组）在诸如年龄、性别以及最重要的最初普通话水平等几个维度上进行匹配，实施教育计划后再次测查儿童的普通话水平。结果发现，NP 组在接受训练之后比以往更差，而 BP 组则有所提高。这一奇怪的结果很大可能是由于回归假象的干扰——由于中国南方偏远地区儿童的总体普通话水平就要比中国北方偏远地区儿童的总体普通话水平低，因此当研究者按照绝对普通话水平进行匹配的时候，可能出现了这样一种情况，即实际上选择了中国南方偏远地区儿童中的高分人群和中国北方偏远地区儿童中的低分人群。在第二次测验时，回归假象的存在使 NP 组的分数从高分向下回归，而 BP 组的分数则从低分向上回归。最终，即使实验本身应当揭示出该项训练对南方偏远地区儿童普通话的帮助效果，也因为回归效应而被抹杀了。

2. 随机化

匹配需要大量的准备工作，耗费精力，因此被试间设计中较为常用的分组方法是随机化，就是把被试随机地分配到不同的组内接受不同的自变量处理。随机化的统计学前提是：各随机被试组在接受不同处理之前是相等的，即使有差异也是在统计允许的限度以内的随机误差。

总的来说，被试间设计的优点是每个被试只接受一种处理方式，而一种处理方式不可能影响或污染另一种处理方式，因此避免了练习效应和疲劳效应等由实验顺序造成的误差。但它也有两个基本的缺点：一是所需要的被试数量巨大。由于每个自变量的每个水平都需要不同的被试，当实验因素增加时，实验所需要的被试数量就会迅速增加。二是由于接受不同处理的总是不同的个体，因此被试间设计无法从根本上排除个体差异对实验结果的混淆，而匹配和随机化技术也只是尽可能地缓解而不是根治这一问题。

（二）被试内设计

被试内设计的特点是所有的被试都接受每个自变量水平的处理。这样，不但节省了被试人数，而且不同组被试的个体差异也得到了最好的控制。被试内设计比被试间设计更有力，能更好地考察实验组和控制组之间的差异，这个优点使得许多研究者更倾向于使用被试内设计。

和被试间设计相反，被试内设计不会受到来自被试个体差异的困扰，却必须面对实验处理之间相互污染的问题：其一，被试接受不同的自变量水平的处理之间总会存在时间间隔，因此研究者需要努力防止在此间隔内偶然发生的事件对实验结果的影响；其二，由于被试先后接受不同处理，一些和时间顺序有关的误差就可能混淆进来，比如被试的表现是否会因为逐渐熟悉实验情境而有系统地提升，又或者其表现是否会因为连续作业的疲劳而系统地下降。前者称为练习效应（practice effect），后者称为疲劳效应（fatigue effect）。

1. 平衡设计技术

正如被试间设计利用匹配和随机化技术来部分解决个体差异问题一样，被试内设计也有专门解决顺序误差的应对方法，即平衡设计技术。平衡是指在实验中为了消除或减少实验顺序效应而采用系统地改变实验处理顺序呈现技术的设计，简单说就是对实验处理顺序的平衡。既然处理顺序会导致顺序效用和处理（自变量的不同水平）效用相混淆，那么我们就尽量让被试在所有顺序下接受处理，这样各处理下结果的不同就只能归因于自变量而非顺序了。这就是平衡的逻辑。下面我们介绍两种常用的平衡设计技术：ABBA 设计和拉丁方设计。

(1) ABBA设计。适用于自变量的水平为两个（分别用A和B表示）的情况，被试要按照ABBA的顺序接受四次实验处理，两次A条件，两次B条件。这样，A在B之前和之后各一次，反之亦然。假设被试内设计的顺序误差按照时间顺序系统地变化，那么在ABBA设计中，被试接受A、B两种处理的平均顺序是一样的（A处理的总顺序是1+4，而B处理则是2+3）。因此，ABBA设计在理论上能有效平衡呈线性系统变化的时间顺序误差。

举个例子，在一个实验中，研究者要求失忆症患者和健康控制组记忆特定词表并对记忆效果进行检测（Baddeley & Warrington，1970）。词表共20个，每个含有10个名词，被试被要求大声朗读每个词。其中一半词表在呈现完第10个词之后，研究者要求被试立即开始自由回忆；另一半词表在呈现完第10个词之后，研究者要求被试延迟30秒（并进行分心任务）再开始自由回忆。问题是，如果研究者先进行所有的立即回忆任务，然后进行所有延迟回忆任务，或者反过来，都会导致测验方式和实验顺序本身发生混淆。那么如何安排被试接受这两种实验处理的顺序呢？答案是以ABBA的顺序接受实验处理，即在第1—5个词表和第16—20个词表呈现完之后进行立即回忆任务，在第6—15个词表呈现完之后进行延迟回忆任务，这样顺序效应就被平衡了。

值得注意的是，当时间顺序误差不是线性系统变化的时候，ABBA设计就会遇到问题。比如，有些实验会出现初期练习效应：一个很强的练习效应在实验一开始就产生了，因此这种练习效应对条件A有影响，但对条件B就不会有影响。试举一例，被试对实验室照明的适应可能对初始的实验处理有影响，但是由于适应过程迅速，后继的任务并不会继续受影响。这样，ABBA设计就难以抵消此类初期练习效应，研究者必须考虑以下两种改进方案。

一种是在实验正式开始之前，让被试按实验要求做一些练习，这样，由于被试接受了一些练习，在实验处理引进之前，因变量一直保持稳定。另一种解决办法是使用几种平衡设计。例如，一半被试按一种设计进行，而另一半被试则按相反的设计进行。也就是说，一半被试按ABBA设计进行实验，而另一半被试则按BAAB设计进行实验。这样，即使存在初期练习效应（在ABBA设计中，A受初期练习效应影响，而在BAAB设计中，B受初期练习效应影响），这种效应也抵消了。

(2) 拉丁方设计。当自变量的水平有两个以上时，平衡的拉丁方设计（balanced Latin square design）是较为常见的设计。一个平衡的拉丁方是一个两维矩阵，其中列表示自变量水平，行表示被试。

假设现在自变量水平有六个或五个，而不是两个，如何安排实验顺序呢？首先，把被试尽量分成数量相等的六组或五组，使被试的组数和自变量水平数相等。接下来，建立拉丁方的步骤将取决于自变量的水平是奇数还是偶数，我们分别用六个水平（偶数）和五个水平（奇数）来加以说明。

图 2-1 是一个六个水平的平衡拉丁方设计，我们用数字代表自变量水平。例如，被试甲就按 1、2、6、3、5、4 这个顺序进行实验，建立平衡的拉丁方的第一行公式为 1、2、n、3、$n-1$、4、$n-2$，如此类推。在这里，n 代表实验条件的总数。当第一行明确以后，对于每一列，只要按顺序从小到大写出既可，当遇到 n 时，再按字母顺序重新从 1 开始。

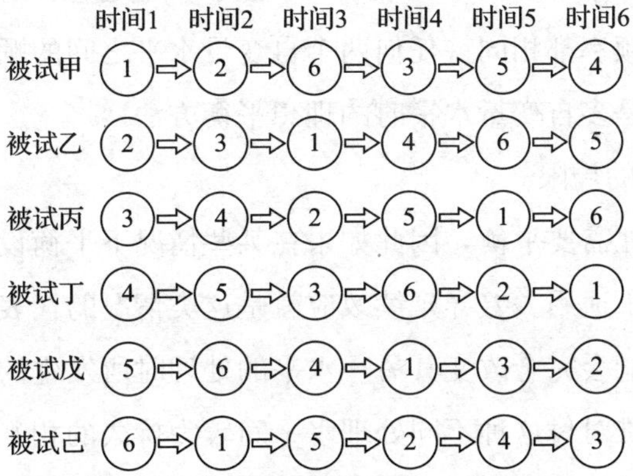

图 2-1　六个自变量水平的平衡拉丁方设计

注：横行指出了被试甲至己接受实验条件的顺序。

当有五个自变量水平时，我们必须使用两个方阵，第二个方阵与第一个方阵正好相反（如图 2-2 所示）。使用拉丁方设计时，每个被试必须在每个自变量水平上测验两次。图 2-2 这个例子中有五个自变量水平。一般来说，第一个方阵是以在偶数个自变量水平的情况下构建方阵的方法建起来的。在奇数个自变量水平的情况下，第二个方阵则与第一个方阵正相反。每个被试首先按照方阵一的顺序进行测验，然后接受方阵二测验顺序的处理。

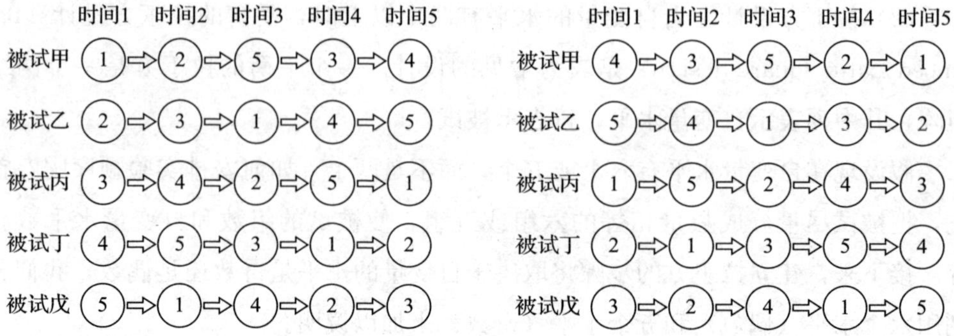

（1）拉丁方1　　（1）拉丁方2

图 2-2　五个自变量水平的平衡拉丁方设计

注：横行指出了被试甲至戊接受实验处理的顺序。当自变量水平为奇数时，每个被试必须在每个自变量水平下进行两个试次（trial）的实验。

仔细观察图 2-1 和图 2-2 可以发现，每种实验处理都是在练习的同一阶段出现（即一个自变量水平在每列都出现），而且每个自变量水平在其他自变量水平之前和之后出现的频率都相同（任何两个自变量水平之间的顺序误差都被抵消）。因此，拉丁方设计是多自变量水平时的理想平衡方法。

2. 被试内设计的局限

被试内设计往往需要平衡，因此如果在某些情况下平衡设计难以应用，那就意味着被试内设计不适用。差异延续效应就是这类情况的代表，它是指自变量中一个水平的处理可能会完全改变其另一水平的处理时所发生的情况，那么这时以往的平衡技术已很难对付这种不同处理水平间较为持久的相互作用了。例如，对某种记忆术效果的研究，实验时如果采用被试内设计，研究者将很难避免最初使用“笨方法”的被试在接受记忆术训练后仍使用“笨办法”记忆的情况，这就是先接受“笨方法”处理后所引发的差异延续效应的缘故。此外，在有些条件下，被试内设计是根本行不通的。比如，研究者想了解有无海马脑回对老鼠解决迷宫问题的影响有何差异。如果实验时采用被试内设计，那么研究者别无选择，只有先做有海马回的试次，再做没有海马回的试次，因为一旦海马回被摘除以后将无法恢复。对于以上两个例子，还是以被试间设计为宜。

必须指出，尽管被试内设计存在这样的难题，但是如果被试内和被试间两种设计都适用时，研究者更倾向于使用被试内设计而不是被试间设计。因为被试内设计的最大优点是：它更有力或更敏感，其由被试变异性而导致误差的可能性比被试间设计小。

下面，我们从实验中采用自变量和因变量多少的角度学习实验设计。

二、多变量设计

最简单的实验包括一个自变量，以及一个受其影响的因变量，这种实验设计的典型范例包括经典心理物理学方法的实验研究。然而，一个自变量和一个因变量的设计毕竟过于简单，难以适用于有着许多影响因素复杂多变的心理现象。这样，多变量设计——在一个实验中包含两个或两个以上的自变量或因变量的实验设计——便是有效的解决之道。多变量设计包括多自变量和多因变量两种情况。

（一）多自变量实验设计

多自变量实验设计是指在一个实验中包含两个或两个以上自变量的实验设计。这种设计在实际的心理学研究中应用广泛，事实上典型的心理学实验往往同时操纵二到四个自变量。

当自变量数量超过一个的时候，实验中就出现了新的现象：交互作用。所谓交互作用，即自变量之间的相互关系。当一个自变量产生的效果在第二个自变量的每一水平上不一样时，交互作用就发生了。

这里，我们举个例子来说明交互作用。杨治良等人（2002）探究了飞行员和普通人在视觉空间数量关系识别能力上的差异。在实验中，研究者要求被试判断目标是否在矩形棒上下 1.27 厘米范围内出现。研究者操纵了两个自变量：一个是组别因素，分别选取了飞行员和普通人；另一个是任务难度，根据测验中目标出现的位置离上下限（距棒 1.27 厘米）的远近分为难、易两个水平。因变量以正确反应数作指标。实验结果发现了两个自变量的交互作用。

如图 2-3 所示，在较难的测试水平上，飞行员的判断能力优于普通人，而在较易测试时则两者一样。也就是说，当判断目标出现的位置距离矩形棒 1.27 厘米左右时，飞行员和普通人在视觉空间数量关系识别能力上的差异便凸显出来了。可见，此实验中一个自变量（组别）的效果随着另一个自变量（任务难度）的水平而发生变化。这即是同一实验中两个变量间交互作用的例子。

	较易测试	较难测试
飞行员	23.67	22.63
普通人	23.89	18.85

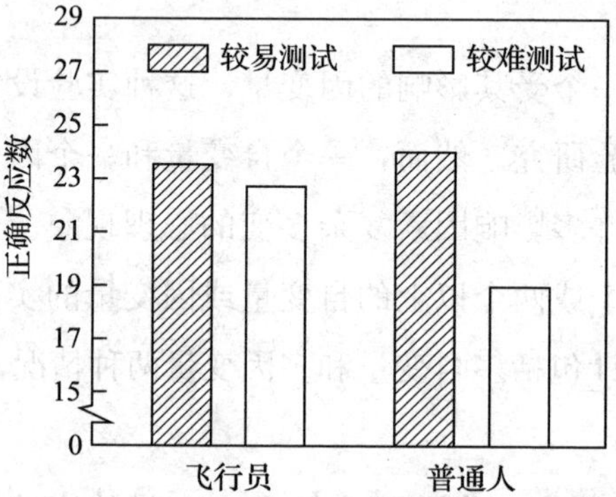

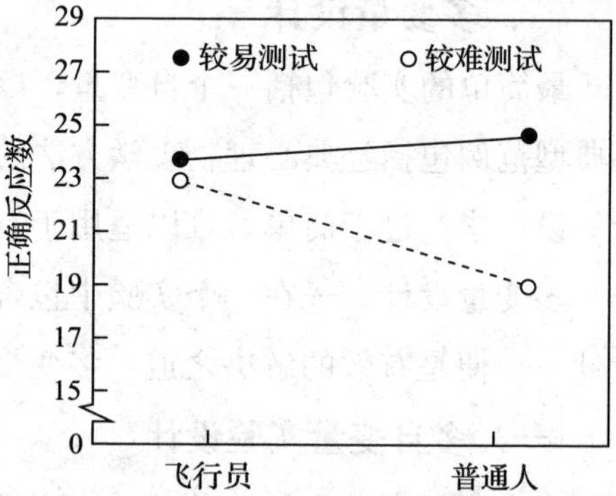

图 2-3 组别（飞行员对普通人）与任务难度（较易测试对较难测试）之间交互作用

注：柱形图一般用来阐释分类变量（如这里的组别变量），线形图一般用来阐释顺序量表、等距量表和比例量表中的变量。这里同时使用了柱形图和线形图来呈现结果，是为了向读者展示不同的数据呈现模式。

多自变量的交互作用能比单个自变量提供哪些更多的信息呢？从图 2-3 中不难推断出，如果上述实验改成两个单自变量实验，无非可以得到这样的结果：飞行员的视觉空间数量关系识别能力比正常被试更强（混合了不同任务难度）；在此实验情境中较难测试比较易测试敏感性更高（混合了飞行员和普通人）。一般情况下，从单自变量实验中很难得出特别有价值的结论。而一旦实验是多自变量的，两个自变量间的交互作用便强烈地暗示出：当完成较难测试时，飞行员的视觉空间数量关系识别能力优于普通人，但是对于较易测试，两组没有显著性差异。

图 2-4 所显示的是一组假想数据，该图展示的是组别和任务难度之间不存在交互作用的一种情况，此图中一个自变量的效果在另一个自变量的每个水平上都是相同的。图中的两条线是否平行，这是检验是否存在交互作用的简单方法。

	较易测试	较难测试
飞行员	24.25	21.01
普通人	22.35	19.11

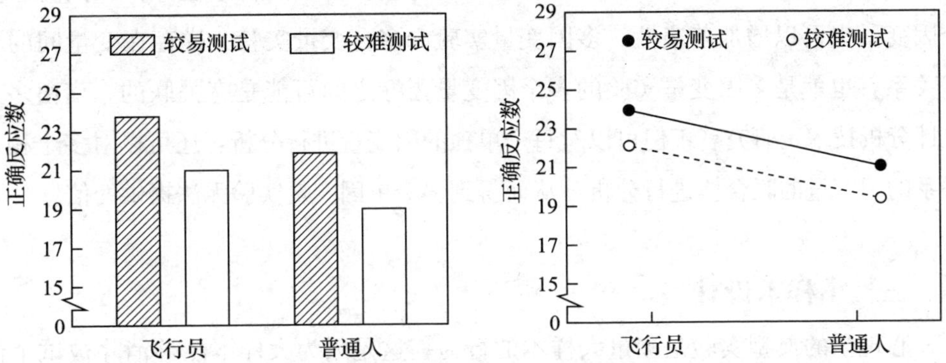

图 2-4 组别（飞行员对普通人）与任务难度（较易测试对较难测试）之间无交互作用

总的来说，多自变量实验具有以下几个明显的优点：(1) 效率高。有两个自变量的实验要比分别做两个只有单一自变量的实验效率要高，也就是说事半功倍，花同样的时间，做了一倍、二倍甚至三倍的工作。(2) 实验控制较好。与做两个实验相比，做一个实验时某些控制变量更易于控制和保持恒定。这就在很大程度上排除了许多实验误差，减少了实验污染。(3) 可以获得交互作用。如前所述，多自变量实验能够揭示自变量间的相互作用，提供新的信息。

（二）多因变量实验设计

多因变量实验设计是指在一个实验中包含两个或两个以上因变量的实验设计。在心理学实验中，因变量通常以行为指标来表示，因而研究者必须决定行为的哪些方面与实验有关，并从这些方面挑选因变量。虽然传统上常使用一些因变量指标，但这并不意味着它们是行为的唯一指标或最好指标。比如，在动物学习的研究中，研究者常把动物压杆的行为或鸽子啄键的行为作为反应。最常见的因变量是压杆或啄键的次数，但对啄键的力量以及潜伏期（反应时间）的研究也会得出一些有趣的发现。因此，研究者常要提供多个适当的因变量。假设我们要研究问题解决中的功能固着问题，那我们要观察的因变量可以是问题解决的总体时间、问题解决的成功率（即已解决问题数与全部需解决问题数的比率）、解决单一问题所需的平均时间、问题解决方案中的错误比率（错误解决的问题数与已提供解决方案的问题数的比率）、问题解决的速度（即单位时间内所解决的问题数）等等。当然，可以研究的因变量还远不止这些。

另外，正如同时使用多个自变量可以增加实验结果的普遍性一样，同时用多个因变量也可以增加普遍性。多因变量实验和多自变量实验一样存在变量间的相互关系，也就是多因变量实验的多个因变量指标之间可能是有关联的。借由多元统计分析技术，研究者不但可以对每个单独的因变量进行分析，还可以对多个相互联系的因变量的联合体进行分析，从而得到多个单因变量实验无法提供的信息。

三、小样本设计

心理学的典型实验是测量大样本的行为，这是因为大样本能够消除被试个体差异对因变量产生的影响。然而在特殊情况下，比如当临床心理学家希望确定某种疗法的效果而患者只有一两个时，或像心理物理学实验那样极端费时且个体差异几无影响时，心理学家也会采用与之相反的实验模式——小样本设计（small-sample design）。

小样本设计是被试内设计的一种变式，实验时主试向人数较少的被试或单个被试呈现自变量的不同水平或处理方式。由于测验的被试人数很少，因此主试需要在相当经济和高度控制的实验中对每个被试进行大量观察，并进行记录。下面我们介绍小样本实验中的两种独特设计。

（一）ABA 设计

小样本的 ABA 设计可以较好地区分实验自变量（比如一种疗法）的效果和时间顺序等其他因素的效果，从而进一步解决了以往 AB 设计中常常会发生的混淆问题。

在前文中曾提到，哈特及其同事（Hart et al.，1964）对托儿所一个 4 岁儿童比尔进行了研究。该儿童看上去很健康、很正常，却过分能哭。研究者认为是成人的注意强化了比尔哭的行为，于是他们设计了实验来以检验这种假设。这里，被试仅仅是比尔一个，显然是一个小样本设计。

研究者采用了 ABA 设计，A 表示治疗（矫正）前的基准状态（哭的次数很多)，B 表示治疗（矫正）后的状态（矫正后哭的次数减少）。老师对哭行为的治疗（矫正）是自变量。

在 A 阶段开始时，老师对比尔的哭声表现出了正常的注意。在第一个基线期（第一个 A 阶段），比尔每天哭 5～10 次。在第一个 B 阶段，老师试图通过不理他的哭声、用注意来奖赏比尔的适应反应（如不再躺在地上等）来逐步矫正他的行为。结果，比尔哭的次数明显减少（如图 2-5 所示）。至此，该研究已经完成了 AB 设计的两个阶段。但是我们还不能确定比尔的行为改善是不是操纵自变量而导致的，也许是因为那时他和全班同学能友好相处，或者恰好那几天心情不错。

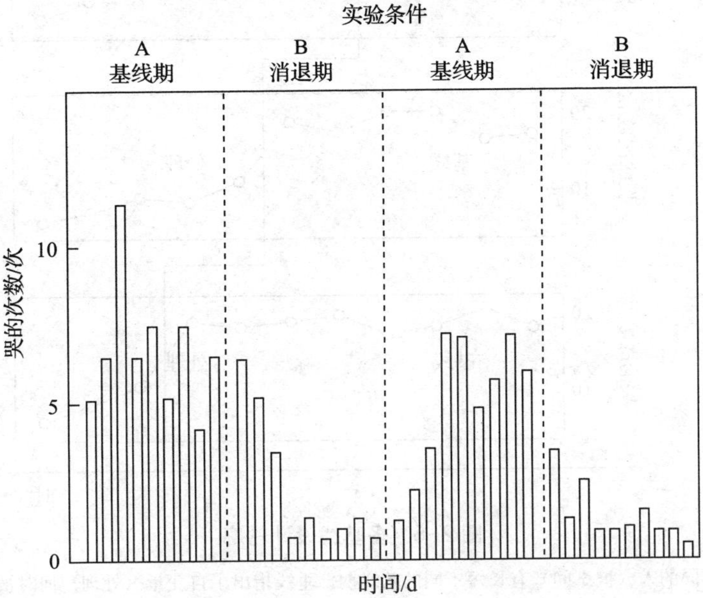

图 2-5　比尔在四个阶段哭的次数

为了获得更充分的证据，研究者又使其行为返回到基线水平，即第二个 A 阶段。由于再次强化哭的行为，比尔开始退回到原来的状态。如图 2-5 所示，仅用了四天就恢复到了原来的水平。那么，此时研究者可以推断，正是强化而不是其他一些因素导致了第一个 B 阶段中哭的行为的终止。到这里，研究者就完成了 ABA 设计的程序。最后，因为这是一个治疗，研究者又通过强化适宜行为而重新使比尔的问题行为得到了改善（这是第二个 B 阶段，与第一个相同），在这个阶段比尔的哭声又一次终止了。

（二）多基线设计

ABA 设计得以顺利进行的前提是 B 阶段的治疗效果是不持久的，因为只有这样，当治疗结束后，被试的行为才能回到治疗前的基线状态。然而，事实上，这一前提经常无法满足，即治疗的痕迹很难完全消除，被试的行为很难回到基线状态。基于此，研究者提出了多基线设计（如图 2-6 所示）。

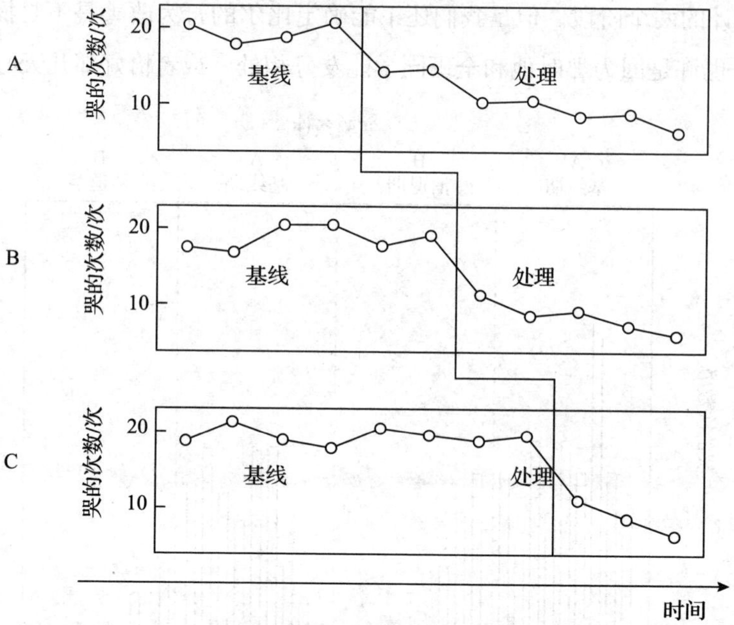

图 2-6　多基线设计轮廓

注：不同的人（被试间）有长短不同的基线期，垂线指出了自变量（处理）何时被引进。

多基线设计的程序是：找到一个或若干个与所要研究的被试（或行为）接近的被试（或行为），在不同时间内对其引入同一自变量的处理（治疗），也就是不同的被试（或不同的行为）在引入自变量之前有长短不等的基线期（图 2-6 中基线期在垂线的左边，处理期——引进自变量的时期——在垂线的右边），从而可以将自变量的影响和时间的因素逐阶段地演示出来，以便于研究者最终确定被试行为变化的真正原因和自变量处理的真实效果。多基线设计的内在逻辑是：当一个被试或一种行为（比如图 2-6 中的 A）正在接受处理时，另一个被试或另一种行为仍处于基线条件下（比如图 2-6 中的 B）。如果这种未受处理的被试在自变量引进之前（如图 2-6 中的 A 的垂线到 B 的垂线这段时间）保持稳定，然后随自变量的变化而变化，我们就可以认为，是自变量而不是一些碰巧在观察期内发生变化的其他因素导致了该行为的改变。

多基线设计有被试内多基线设计和被试间多基线设计之分。如果在几个不同的基线阶段比较不同被试的同一行为，那么就是被试间多基线设计（比如图 2-6 中 A、B、C 分别代表三个被试的哭泣行为）；如果在几个不同的基线阶段比较同一被试的不同行为，那么就是被试内多基线设计（比如将图 2-6 中 A、B、C 分别看成同一个被试的三种行为）。

如果在上述问题行为矫正的案例中使用被试内多基线设计，那么除了哭闹，研究者还要观察被试的另一个行为（如摔东西等）。研究者让这两种行为的基线期不等。比如先对哭闹进行矫治，过几天后再对摔东西行为进行矫治。如果摔东西行为在矫治之前保持稳定，然后随着矫治的开始而变化，研究者就可以认为，是自变量（矫治）而不是一些在观察期内发生变化的其他因素导致了这些行为的改变。但是我们可以想见，哭闹和摔东西一般总是连在一起的，因此，一种行为的处理会影响另一种行为的发生。结果也发现，对个体的哭闹行为开始矫治时，摔东西行为也随之相应减少，这样就不能把摔东西行为的变化归功于自变量的作用了。可见，当自变量有明显的迁移效应或行为之间会发生相互影响时，研究者应该采用被试间多基线设计。采用被试间多基线设计时，研究者先要找到一个和案例中个体在症状上十分类似的儿童，然后在某一时间开始对案例中个体的哭闹行为进行矫治，并且矫治后其发生频次出现明显下降；几天后再开始对另一儿童的摔东西行为进行矫治，如果该儿童摔东西行为的发生频次在矫治之前保持稳定，直到矫治之后才出现明显下降，那么研究者就可以认定个体的哭闹行为应该是被矫治改变的。

以上两种小样本设计中，研究者没有运用推断统计来证实所得出的结论，只是通过对自变量的良好控制和对因变量的反复测量，致使实验条件之间出现了明显差异，而使得统计推断略显多余。可见，小样本设计的使用本身就能够得出强有力的实验推论。

四、准实验设计

在本节最后，我们要介绍准实验（quasi-experiment）设计，即指未对自变量实施充分控制，但使用真正实验的某些方法收集、整理以及统计分析数据的研究方法。准实验设计能够在严格实验无法进行的时候取得结果。例如，研究者出于伦理考虑，不可能为考察大学生网络成瘾情况而创造一个网络成瘾组，然后对他们的行为与非网络成瘾组的行为进行比较。又比如，研究者也没有能力为了解自然灾害下人们的情绪反应而人为制造一场地震。在这些情况下，严格的实验研究是不可能的，研究者只能求助于准实验设计。

在准实验设计中，我们只能选择某个特征（自变量）不同的被试，然后将这些在该自变量不同水平的被试行为加以比较。典型的准实验常把被试变量作为自变量，因为对于大多数天生的被试变量（如年龄、性别、种群）、社会引起的被试属性（如社会阶层、居住区）、疾病以及与疾病有关的被试因素（如肢体残缺、智力残疾、脑外伤）而言，我们只能选择而不是改变。虽然我们选择了在某个被试变量上有差异的被试，却很难保证他们在其他相关变量上是相等的。也就是说，准实验中研究者的自由度是比较小的，对额外变量的控制也是较弱的。这使得被试变量的效用会和我们无法排除的额外变量的效用相混淆。这样，通过准实验得到的结果便不能像真正的实验结果那样可以安全地、毫无闪失地归因于自变量，而所得出的只能是自变量和结果变量之间的相关。因此，对于准实验研究，我们能够说，变量之间是相关的，但不能说一个变量的变化导致或引起了另一变量的变化。也就是说，准实验本质上是一种相关研究。

在条件允许的情况下，我们可以对准实验中自变量之外的其他相关变量进行匹配，这样就能更有效地控制额外变量了，我们也就能对从结果中得出的结论有更多的自信了。但我们应该记住我们有的仍仅仅是相关，即使已经非常小心地进行了控制。况且匹配实际上有很多困难（见本节“被试间设计”部分）。匹配有时是有用的，但我们永远不能绝对确认，事实上也不可能对所有相关变量进行匹配。

但是不管怎样，准实验设计弥补了严格意义上实验研究的不足，使研究者能够在道德和能力的限制范围内尽可能地关注感兴趣的问题。从这一点上看，准实验设计虽然效力不足，却具有广泛的应用空间。

最后，我们用下面的话来简单总结本节所讲述的主要内容：被试间设计或被试内设计的选择各有利弊，要视情况进行选择；在力所能及的情况下利用多变量设计，可以揭示更多的信息；在被试极端缺乏的情况下，借助小样本设计，我们同样能够得到有说服力的结论；准实验设计保证了在实验无法进行时，我们仍然能借鉴实验研究的思想做一些有价值的工作。

第三节　实验研究的效度和信度

这一节我们要讨论的是：如何评价一个实验？对这个问题的回答总是牵涉到两方面的内容：其一，实验是否明确、有效、可操作；其二，实验是否可重复、可验证。这其实也就是实验研究的效度和信度问题。效度就是实验结果的准确性和有效性程度，信度就是实验结果的可靠性和前后一致性程度。效度和信度是实验研究成败的关键，也是对任何实验进行评价的指标。

一、实验研究的效度

实验效度是指实验方法能达到实验目的的程度，也就是实验结果的准确性和有效性程度。实验效度主要包括内部效度和外部效度，不过在介绍这两者之前，我们首先要提及的是实验的构思效度。构思效度是实验研究初期不可忽视的重要因素，也是研究者形成实验假设和进行实验设计时必须考虑的因素。它是指实验研究假设和测量指标的理论构思及其操作化问题，即理论构思及其转换的有效性。构思效度直接决定了研究者的设想能不能以实验的形式表现出来，具体来说：构思效度首先要求研究题目的来源具有合理性，在有关理论中占有一定的权重，也就是说具有一定的重要性，同时还要具有一定的独特性。其次要求研究的理论构思严谨、清晰、明确，有一定的层次性。最后根据理论构思的要求，研究者要对实验研究中的自变量和因变量给出严格的操作性定义，并对自变量的操作水平和因变量的测量指标做出明确的界定。一个研究者要提出合理的、独特的理论假设，并能将之有效地转换成可操作、可验证的形式，必须具备扎实的专业基础，对相关研究领域的已有理论和实验研究具有很好的把握，这也是一项研究具有良好构思效度的首要条件。此外，由于心理现象错综复杂，具有多维性特点，因此研究者也要选取多种指标，运用多种方法，从不同角度出发进行多维分析和构思，以提高研究的构思效度。

（一）内部效度

实验的内部效度是指实验中的自变量与因变量之间因果关系的明确程度。如果在实验中，当自变量发生变化时，因变量随之发生改变，而自变量恒定时，因变量则不发生变化，也就是说确实是自变量而不是其他因素引起了因变量的变化，那么这个实验就具有较高的内部效度。由此可知，内部效度与无关变量的控制有关。当实验中未得到控制的无关变量越多时，因变量的变化不是由自变量引起的可能性就越大，实验的内部效度就越低。当实验结果未受到任何其他变量的干扰，自变量与因变量的因果关系明确时，实验的内部效度就是高的。

例如，某研究者想考察汉字的笔画数与学习难易程度之间的关系。他在实验中选取了笔画数分别为 5、10 和 15（三个水平的自变量）的汉字让被试进行学习，并以正确回忆率作为因变量指标。结果发现，被试学习的汉字笔画数越多，正确回忆率越低。于是得出结论认为汉字的笔画数是导致学习难易程度的因素。在这个例子中，研究者忽略了重要的无关变量——笔画少的汉字使用的频率高，而汉字使用频率在实验中没有得到有效控制。因此，我们认为该实验的内部效度不高，其研究结果未必有效。

1. 内部效度的影响因素

内部效度问题其实就是实验变量控制的问题，在本章第一节中介绍的各种典型的无关变量都会影响到实验的内部效度，而对这些变量的控制技术也都能有效地提高实验的内部效度。

（1）主试和被试间的相互作用。如第一节所述，在心理学实验研究中，除了主试给出指导语及被试按指导语要求完成任务的相互作用之外，他们之间还可能存在着某种干扰实验、使实验结果发生混淆的相互作用。尽管研究者总要在研究中引入尽可能多的实验控制，但即使是在最谨慎的研究者那里，有两种来源的偏差仍可能受到忽视：要求特征和实验者效应。这两类效应已经在本章第一节中介绍过。

在心理学实验中，有效消除主试和被试间不恰当的相互作用，由此保证实验内部效度的通用手段是双盲实验。也就是说，主试和被试都不清楚实验的具体目的，这样可在最大程度上避免主试的暗示和被试的顺从。

（2）统计回归。此前我们已经提到过回归假象的概念：第一次测量平均值偏高者，第二次测量平均值有趋低的倾向（向常态分布的平均数回归）；第一次测量平均值偏低者，第二次测量平均值有趋高的倾向（也向常态分布的平均数回归）。

当实验分组涉及某些具有极端特性的个体（如高焦虑组和低焦虑组）时，统计回归将对实验的内部效度产生极大的影响，研究者将无法区分统计回归的效应和自变量本身的效应。为避免统计回归对实验效度的影响，我们通常建议研究者在匹配被试时必须考虑两组被试本身是否同质，如果不同质，即两组被试分别来自不同的总体，那么就必须以几组被试各自的相对水平进行匹配。比如，美国的非裔儿童和白人儿童在阅读能力上差异非常显著，若有人想研究某一专门提升非裔儿童阅读水平的教学方法是否切实有效，那么为了避免统计回归问题，此时就不宜人为地在阅读水平上对非裔儿童和白人儿童进行匹配。比较好的做法是，依据前测的阅读水平，通过匹配的办法，在非裔儿童中设立阅读水平相等的 A、B 两组，在白人儿童中设立阅读水平相等的 C、D 两组，然后用适宜提升非裔儿童阅读能力的教学方法训练 A 组和 C 组，B 组和 D 组则作为它们各自的对照组，再对 A、B、C、D 四组被试分别进行阅读水平的后测。若 A 组成绩显著好于 B 组，而 C 组和 D 组没有差异，表明该教学方法特异性地提升了非裔儿童的阅读能力，确实有效；否则，表明该特异性效用不成立。此外，利用统计控制进行协方差分析，在某种程度上也能降低统计回归对实验效度的影响。

（3）其他影响内部效度的因素。实验内部效度还与许多其他因素的控制有关。例如在实验中，被试的一些固有的和习得的差异，如性别、年龄、经历、个性等都对研究存在一定的影响。在对被试进行分组时，如果没有使用随机取样和随机分配的方法，即存在被试选择方面的偏差性的话，那么实验结果就会发生混淆，从而降低内部效度。另外在一些长期的追踪实验中，参加实验的人员的流失率会随着时间的延续而增加。即使开始参加实验的被试样本是经过随机取样和随机分配的，但由于被试的中途缺失，缺失后的被试样本常常难以代表原来的样本，这同样会降低实验的内部效度。

对于时间跨度较长的实验，我们必须考虑个体本身的生长和成熟因素对内部效度的影响。此外，增设控制组，同样能够解决由于实验程序本身、控制方式的不一致以及测量程度的变化对实验内部效度的影响。例如，在使用前测、后测的实验研究中，一般正常情况下，即使没有接受任何实验处理，后测的分数也将比前测的分数高一些。这中间可能包括练习因素、临场经验以及对实验目的敏感程度的效应。而这些影响实验效度的问题，可以通过增设一个无实验处理，仅有前测、后测的控制组加以解决。如果实验组的后测明显高于控制组的后测，那么实验组被试的前后变化就确实是由自变量引起的（至少是高于控制组的那部分）。

2. 零结果对内部效度问题的提示

如果在一项实验研究中，上述种种原因造成了严重的混淆，导致自变量的操纵和变化没有引起因变量相应的变化，那么实验就会出现零结果。因此，如果零结果不是真正意义上说明自变量和因变量毫无关系，那么就必然提示了实验的内部效度存在大问题。

一般来讲，零结果产生后，我们要在以下几方面寻找原因以改进实验的内部效度：一是自变量的操纵是否有效。如果自变量的操纵本身较失败，那么就不足以引起因变量的变化。二是因变量的测量是否充分。如果因变量的测量范围受到限制，出现天花板效应或地板效应，那么实验的内部效度也将大打折扣。三是额外变量是否得到有效控制。如果实验对额外变量的控制不够充分，自变量与因变量之间因果关系的明确程度就大大降低，那么实验就很有可能出现零结果。

无论何种情况，当一项研究出现零结果时，它可以告诉研究者很多信息。一方面，它提醒研究者实验操纵可能存在问题，实验的内部效度可能已经受到了较为严重的损害。研究者需要重新考虑该如何对待这种操纵的失误，并采取相应的措施来弥补，比如重新实验。另一方面，它告诉研究者实验假设可能存在偏颇。研究者需要重新谨慎地思考其假设背后的理论的正确性。虽然这种情况很难让每个研究者都接受，却可以真实地反映研究者的科学态度。

3. 内部效度的特例——统计结论效度

最后，需要补充说明的一点是统计结论效度，它是内部效度的一个特例。实验研究的统计结论效度是指有关决定实验处理效应的数据分析程序的有效性和准确性。它涉及的是研究误差的变异来源和如何恰当运用统计显著性检验的问题。例如，如果研究的样本较小时，采用统计显著性水平做出推论则是很危险的。因为在小样本的情况下，样本成分和测量都波动比较大，具有不稳定性。

研究的统计结论效度取决于两方面条件：一是数据的质量（包括数据的类型、分布和量表特征等），它决定着采用何种统计分析程序对数据进行分析。二是统计检验的假设。数据分析中所采用的各种统计方法都有其明确的统计检验假设。在一项实验研究中，如果所得到的数据特征不能满足某种统计分析程序所要求的统计检验假设，那么我们就不能运用该统计方法进行数据分析，否则会影响统计结论效度。

（二）外部效度

实验的外部效度是指实验结果能够普遍推论到样本的总体和其他同类现象中去的程度，即实验结果的普遍代表性和适用性，研究者也称之为生态效度。普遍性的问题在所有类型的研究中都存在，也是研究者感兴趣的问题。它涉及实验结果的概括力和外推力，也就是实验结果接近现实的程度。

1. 评价实验结果普遍性的维度

对于任何一个实验结果来说，最为关键的问题是在超出产生该结果的实验条件下，它是否具有普遍性。詹金斯（Jenkins，1979）的记忆实验四面体模型向我们提供了四个评价普遍性的维度：（1）用不同被试人群也能得到同样的结果吗？（2）用不同的实验材料也能得到同样的结果吗？（3）不同类型的测验会出现同样的结果吗？（4）在不同的定向任务与情境中也能出现同样的结果吗？概括地讲，也就是一个特定的结果能否从诸如被试人群、材料、情境以及因变量的测量等方面被推广出去。对所有这些问题的回答，其实就是研究的外部效度问题。

2. 外部效度的影响因素

以人的行为为对象所获得的实验结果，其推论往往具有相当的局限性。因此，实验的外部效度受到很多因素的制约，主要包括以下三个方面。

（1）实验环境的人为性。实验是在严格控制的条件下进行的，实验环境的人为性可能使某些实验结果难以用来解释日常生活中的行为现象。在特定的实验情境中，被试通常知道自己正在被观察，因此其行为可能会受到影响，表现为与他们不知道自己正在被观察或不参加实验时有很大的不同。而且实验室中的仪器设备也会影响被试的典型行为。此外，像我们在前面所提到的那样，被试参与实验时都存在一定的动机和对实验的预期，这些因素都会影响其行为表现。

要改变以上因素的影响，可以提高实验情境与现实情境的相似性。一般来说，这种相似性越高，实验结果的可推广性也就越高。而且研究中所使用的变量强度和范围，也应该尽可能地接近研究结果所要应用的实际情况。此外，在进行某些特定领域（如被试行为受实验情境影响较大）的研究时，我们还可以增加现场实验的数量，在非实验环境下对被试进行自然观察，或者采用间接观察或参与观察等，这样实验的外部效度就可大大提高。

（2）被试样本缺乏代表性。从理论上讲，参与实验的被试应该具有代表性，即必须从将来预期推论、解释同类行为现象的总体中进行随机取样。然而，实际上这很难做到。因为即使总体不算太大，而且我们也能够做到随机取样，但由于心理学实验的被试通常必须符合自愿参与原则，因此被随机选上的人并不等同于被随机选上并自愿来做实验的人。如果总体是无限的，例如“六岁儿童”就是一个无限的总体，包括过去的、现在的、将来的所有六岁儿童，随机取样实际上是行不通的。这样的结果自然会降低实验的外部效度。

同样，如果研究者选择一些具有独特心理特质的被试进行实验，这类实验所得到的结果不能随意推广到不具有这种心理特质的被试上去。例如，选择一些智力水平较高的学生参与问题导向式教学与传统教学的比较实验，实验结果发现前一种教学法优于后一种教学法。但是这一结果显然不能推论到实验以外的所有其他学生中去，因为参加实验的对象是具有高智力水平的学生，他们也许比低智力水平的学生更能从问题导向式教学法中获益。如果将这种结果随意推广到所有学生，很大可能会造成推论的错误。

这为我们回答前面詹金斯的第一个问题增加了难度。如果我们所选取的样本不能很好地代表所要研究的总体，就无法确定是否在变换了实验样本后还能得到同样的结果。

（3）测量工具的局限性。研究者对自变量和因变量的操作性定义往往根据所使用的测量工具的测量结果来加以考虑。例如，把创造力作为一个因变量，研究者常以某种创造力量表所测得的分数来界定并评价其强度。但创造力的测量工具有各种不同形式，所测量出的分数并不代表同一种创造力及其强度。如果在实验时采用的是某种创造力量表，那么所得出的实验结果便不能推论到采用其他创造力量表的情况中去。

测量工具的局限性直接影响到我们对前面詹金斯所提出的第二个和第三个问题的回答。实验材料和测验类型的差异可能会使多个研究者对同一个问题的研究结论无法统一，也就是说可能导致不同的结论。这直接影响到实验研究的外部效度，以及我们对某一研究对象的正确和深入的理解。

詹金斯向我们提供的评价研究外部效度或普遍性的维度是很有建设性的，它提示我们在选择合适被试样本的前提下，应进行系列实验研究。因为仅仅一项研究难以在被试、变量、情境等多方面保证其普遍性意义。只有进行多项系列研究后，我们才能得出比较精确的结论。但最值得我们关注的是，对外部效度的要求向我们提示了进行多因素实验的必要性。也就是在实验中引入多个自变量，尽可能多地控制额外变量，从而更精确地揭示自变量对因变量的效应以及多个自变量之间的交互作用。多因素实验不仅可以大大提高研究效率，更重要的是为有效提高研究的外部效度提供了可能。

综上，实验的内部效度越高，其结果就越能确认是由实验处理所造成的；而实验的外部效度越高，其结果的可推论范围就越大。而且，实验的内部效度和外部效度是相互联系、相互影响的。有时提高实验内部效度的措施可能会降低其外部效度，而提高实验外部效度的措施又可能会降低其内部效度。那么在一项实验研究中，如何平衡这两种效度的相对重要性呢？这主要取决于实验的目的和要求。一般情况下，实验中发生混淆的因素越少，在实验中控制额外变量的程度越大，也就是实验的内部效度越高，则对因果关系的测量就越有效。因此，研究者通常会在保证实验内部效度的前提下，采取适当措施以提高外部效度。

二、实验研究的信度

实验信度是指实验结论的可靠性和前后一致性程度。实验结果的可靠性可以简单归结为：如果重复实验，其结果会与第一次相同吗？这在心理学研究中是一个关系重大的问题，它涉及实验研究的可验证性。如果我们没有理由证明所得出的实验结果是可信的，那么研究将毫无价值。

（一）影响实验信度的因素

决定实验信度的关键之一是观察量。观察量越大，我们就越有理由相信样本统计值接近总体参数值，也就是样本更能够代表其所在的总体。例如，在我国随机抽取一个样本进行问卷调查，调查的内容是关于他们对即将实施的某项政策的态度，我们相信样本容量为 10 万人要比样本容量只有 100 人更能准确地反映出全国民众的意愿。同样，如果某研究者想对中国大学生的心理健康状况进行调查，其需要做的是在中国的各个地区随机选取所需要的大学生样本，而不是仅局限于他所在的城市。因此必须牢记，研究中某一特定结果的信度取决于产生这一结果的观察量。在实际研究中，我们一般尽量使观察量增加到最大限度。这样做不仅可以提高结果的信度，而且可以增强我们所使用的统计检验的效力。

样本量的大小影响了研究者犯Ⅰ型错误（又称 α 错误）和Ⅱ型错误（又称 β 错误）的可能性。样本量越大，统计分析的结论犯Ⅱ型错误的可能性越小，但这同时也会导致犯Ⅰ型错误的可能性增大。因此，为了避免采用过大的样本量，使一些由随机误差带来的变化在统计上显著，研究者会用事前计算来规划观察量大小。研究者一般使用的是事前检验力分析（priori power analysis），即通过事先估计效应量（effect size）并设定自己可以接受的统计检验力水平（例如，大于 0.9）和 α 值大小（例如，小于 0.05）来计算适宜的样本量。

（二）实验信度的验证

实验信度其实就是实验的可验证性问题。要保证实验信度，就应鼓励研究者进行验证性实验，这样即使推断统计显示仍存在犯错误的可能，但实验结果也是可信的。直接验证和系统验证是研究者经常遇到的两种实验验证。顾名思义，直接验证是指在尽可能保持原实验方法的情况下在实际中重复实验。运用系统验证时，研究者试图变化那种先前被认为与实验结果不相关的因素，也就是说，在实验中引入原来未加控制的变量。如果原始实验中发现的某种现象是真的，那么尽管重做时其中一些因素发生了变化，原来的实验结果应该仍然会出现。如果重做时原始实验的结果不再产生，那么研究者就在其实验中发现了重要的边界条件。

吉克和霍利约克（Gick & Holyoak，1980）的思维系列实验较好地诠释了实验信度的重要性。可以说，他们的研究是对东克尔（Dunker，1945）“辐射问题”研究的直接验证和系统验证。

（1）东克尔的“辐射问题”研究。研究中，他让医生面对一个不能开刀切除恶性肿瘤的胃癌患者，在当时还可以考虑采用一种辐射来摧毁肿瘤，但医生左右为难。因为如果辐射足够强，可立刻摧毁肿瘤，那么其他健康组织同时也会被摧毁；若辐射强度降低，射线对健康肌体无害，那么对肿瘤也不起作用。医生应该怎样做才能既摧毁肿瘤，又不会伤害健康的组织呢？

对此最具创造性和有效性的解决办法是从不同方向分别向肿瘤射几束弱射线，所有这些射线的强度聚集在一起则足够摧毁肿瘤。并且由于每束射线本身强度较弱，因此通过肌体时不致产生伤害。东克尔在对这一问题的最早研究中发现，45 个被试中只有 2 个（4%）给出了这个解决办法。

（2）吉克和霍利约克的实验验证。吉克和霍利约克进一步选择不同的被试，再次对辐射问题进行了探讨，试图准确地重复之前的实验，结果发现被试中仅有大约 10%的人使用了最有效的方法来解决问题。因此，从某种意义上说，这就是对实验的直接验证。

然而，吉克和霍利约克的研究不止于此。他们所感兴趣的是，当在辐射问题前先给出一个类似的问题及其解决办法时，被试能否从第一个问题中抽象出基本原则并运用到第二个问题中。基于这种想法，吉克和霍利约克设计了一些类比故事。这些类比故事中均蕴含着高效解决辐射问题的基本原则。例如，在指挥官的故事中，一支坦克部队的指挥官要向敌军司令部发起攻击，但他的部队必须经过一个又窄又不牢固且仅能通过少数坦克的桥。最后，指挥官让坦克分别通过每座小桥，这样所有坦克都能同时过桥并攻击和包围敌司令部，取得了胜利。显然，坦克袭击问题和辐射问题之间具有很高相似性。实验中被试是否能使用指挥官故事中的道理来帮助其解决辐射问题？实验结果发现，解决辐射问题之前阅读过类比故事的被试中有大约75%在时间限度内使用“汇聚法”（从不同方向发射射线）解决了辐射问题，说明人们在解决问题时能从类比中受益。吉克和霍利约克在多次的实验中都验证了这一观察。

在吉克和霍利约克的前三个实验中，被试或是先阅读类似于指挥官的故事并被提醒利用所读故事来解决辐射问题（实验条件），或是在解决辐射问题之前没读过任何其他的故事（控制条件）。结果表明：在控制条件下，10%的被试解决了辐射问题；在实验条件下，75%的被试解决了辐射问题。

在第四个实验中，吉克和霍利约克将被试分为提示组和无提示组。主试告诉提示组被试，在向他们呈现辐射问题前，他们先要阅读一个故事，这个故事有助于他们解决后面的问题。而在无提示组中，主试没有提示被试刚刚读过的故事与即将面临的问题解决任务之间存在联系。结果发现，92%的提示组被试解决了问题，而仅有20%的无提示组被试解决了问题。可见，只给出类比是不够的，提示才是解决类比推理问题的关键。吉克和霍利约克尝试变化的类比及其对类比的提示这一变量特征虽然看上去很小，却是对实验的系统验证。

从上面的讨论中可知：在直接验证中，研究者尽可能准确地重复原实验，看能否在第二次得到同样的实验结果；而在系统验证中，研究者的兴趣不在于精确地重复实验，在于描述某一心理现象的边界条件。

实验的验证问题与结果的普遍性问题其实是交织在一起的。系统验证实验同时也是为了说明结果的普遍性，那么，实验结果能在系统验证实验程序中比较轻微的变化的情况下得以推广吗？通常，当研究者发现某一现象不能被验证的条件时，我们对该现象的理解就更深入了。因为，如果这种边界条件被证实，研究者理解了什么因素影响某个心理现象的出现与否，就可以建构关于这一现象的更好的理论。

实验研究的效度和信度从来都不是相互割裂的：一个具有良好效度的实验，将得益于其对变量关系的明确把握，因而其结论往往也具备高度的可重复性；反过来，一个信度高的实验，则需要在保持其可重复验证优点的同时，设法提高其结论的推广价值。良好的效度和信度是评价实验设计成功与否的关键，而雄厚的理论基础、周密的思考和设计、谨慎科学的态度则是达到实验效度和信度要求的必备素质。

课后思考题

1. 实验中的自变量、因变量和控制变量各指的是什么？
2. 在心理学实验中，控制额外变量的方法有哪些？
3. 举例说明心理学实验中的多自变量实验设计。
4. 试述 ABA 实验设计。
5. 实验的内部效度指的是什么？影响实验内部效度的因素有哪些？

本章实验

实验一　心理学实验中各变量之间的关系

1　引言

变量是在性质上、数量上可以变化、操纵和测量的条件、现象和特性。通过实验，研究者直接改变某些因素，控制其他因素保持稳定，并观察系统变更的结果。所以，在心理学实验的情境中，研究者必须考虑三类基本变量：自变量、因变量和控制变量。

自变量是处于研究者操纵之下的因素，自变量的变化至少要有两个不同的水平。因变量是研究者观测到的、因自变量的改变而变化的行为。除自变量之外，对所有能够影响因变量的因素都要进行控制，这些变量称为控制变量（额外变量）。

一个研究者不只是在实验设计时要明确实验中的各种变量，在整个实验进行的过程中，也要时时处处考虑到它们。例如，在写实验报告时，在提出的问题中就要明确自变量和因变量的关系，在方法中要说明对额外变量的控制，在结果中列表画图时也要让读者容易看出自变量和因变量的关系，结论也要围绕自变量如何引起反应的变化来说明。因此，正确理解和处理实验中的各种变量是从事心理学实验研究的必要条件。

本实验旨在通过测定遮挡距离和运动速度对速度估计的影响，了解心理学实验中自变量、因变量和控制变量的关系。

2 方法

2.1 被试

被试两名。

2.2 仪器

EP509速度知觉测试仪（华东师范大学科教仪器厂生产）。

仪器的正面由知觉箱、被试反应键和活动挡板组成。

仪器的背面由控制操作面板、反应键插座和电源插座组成。控制操作面板上有许多开关和按钮：计时器开关、位置选择开关（远和近）、速度选择开关（快和慢）、启动按钮、复位按钮、电源开关和实验/演示切换开关。

2.3 程序

被试坐在仪器正前方，眼睛平视右面的光点，注意前面光点的变化，然后主试按下仪器操作面板左下方按键，使仪器处于演示状态。主试按下启动键后，灯光自右向左移动。主试告诉被试："要仔细观察光点移动速度，当光点进入挡板时，则灯光立刻被挡住，其移动速度仍按原速度，移动到外面标志的终点位置，灯光停止。"主试可以对"快、慢、远、近"一一演示，让被试加深理解。

主试按演示开关，使仪器处于实验状态。让被试端坐在速度知觉测试仪前，距离1.2米，被试双眼和光点保持同一水平，右手拿反应键。主试按下启动按钮，灯光自右向左移动。当灯光进入挡板时，灯光立刻被挡住了，被试应假设灯光以原速仍在挡板后面移动，进而猜测灯光到终点位置的时间（灯光又会亮）并用右手按下反应键。

本实验共有四种条件：2（快速/慢速）×2（远/近）＝4（远快、近快、远慢、近慢）。用ABBA法，被挡距离远时，先在快速运动条件下，速度估计10次，再在慢速运动条件下，速度估计20次，最后，再在快速运动条件下，速度估计10次。被挡距离近时，同上。共计80次。

主试记录每次的实验结果（被试判断灯光穿越挡板所需要的时间）。在实验过程中，主试不将结果告诉被试。换被试，重复上述实验。

3 结果

计算每次被试估计的时间与灯光通过挡板的实际时间之间的绝对误差，然后将每个实验条件下绝对误差的平均值汇总到表1。

表1 各条件下实际时间和绝对误差的平均值

	远快	近快	远慢	近慢
实际时间/s				
绝对误差/s				

用直方图表示上述结果（如图1所示）。

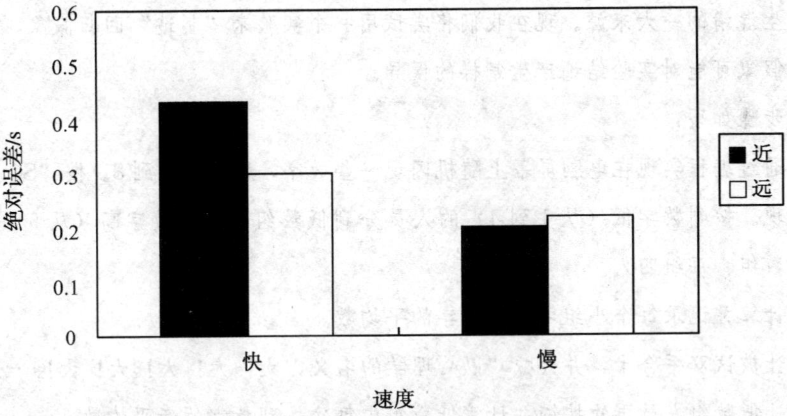

图1 速度和被挡距离的交互作用

注：图中数据为虚拟数据。

4 讨论

4.1 本实验的自变量是什么？它们有哪几个水平？本实验的因变量是什么？速度估计的准确性应如何量化？

4.2 本实验中控制了哪些变量？(可以从主客观两方面进行考虑，主观因素如被试的视力等，客观因素如实验室的亮度等）上文中加着重号处所控制的是主观因素还是客观因素，为什么？

4.3 根据本实验的结果，说明速度和被挡距离对速度估计的准确性是否有影响。如果有，那么影响是怎样的？速度和被挡距离的影响是否有交互？

4.4 你认为本实验中还有什么与速度估计有关的因素没有被控制？

5 参考文献

郭秀艳，贡晔，薛庆国，袁小芸. (2000). 遮挡范式下对碰撞时间的估计. *心理科学*, *23*(1), 34-37.

实验二 如何制造回归假象

我们已经介绍过回归假象——测量值向平均数靠近的趋势，这一趋势往往成为实验结果解释发生混淆的一大来源。现在我们将尝试用一个实验来“制造”回归假象，并由此来说明回归假象可能对实验结论产生怎样的误导。

实验步骤如下：

(1) 通过编程实现在电脑屏幕上随机闪现一些数字，数字从1到8。按“S”键，则数字停止闪现。按到数字低（从1到4）的人员分到低数组，按到数字高（从5到8）的人员分到高数组，每组四人。

(2) 计算并记录每个小组中按到数字的平均数。

(3) 让被试双手合十，并大喊“以心理学的名义，大！大！大！大！大！……”。

(4) 让低数组人员再次按键并计算低数组中每次按到数字的新平均数。

(5) 让高数组人员再次按键并计算高数组中每次按到数字的新平均数。

(6) 比较两组处理前和处理后的分数。如果可能，合并班上所有同学的数据。

一般而言，实验结果将显示：“以心理学的名义”对于低数组的成绩将有所助益，而对那些高数组却不怎么管用。我们如何解释这一结果呢？显然，我们试图根据实验结果得出任何结论的努力都是十分荒谬的，因为其中根本没有考虑到统计回归效应。我们知道，随机按键能产生从1到8的数字，但多次按键的平均数将接近4.5。四次按键的平均数接近4.5的可能性要大于接近1或8的可能性。因此，当四个低数组的人员再次按键时，将会产生更高的平均值（接近4.5的平均值）。同样，再次按键时，高数组应该产生更低的平均值。

现在我们明确了回归假象是如何迷惑人们的视线，制造出诸如此类的实验事实来显示本不存在的实验处理效应的。如何在上述实验中避免回归假象的干扰呢？我们可以对实验程序稍做修正：把第一次按键产生相同数字但没有接受“处理”的被试作为控制组，控制组也应该再次按键。只有当测试前后实验组的数字显著增大，并且大于控制组的数字时，才能得出实验处理产生该结果的结论。你不妨尝试一下新的实验程序，看看这次还会不会得出“按键之前念咒语会有所帮助”这样可笑的结论。

第三章

如何读和写心理学实验报告

写完后至少看两遍，竭力将可有可无的字、句、段删去，毫不可惜。

——鲁迅

本章提要

本章首先介绍了如何检索和阅读文献，这是学习做研究的入门功课；然后讲述了APA标准实验报告的格式及相应的写作技巧；最后简要地介绍了学生实验报告的写作。本章的内容对广大心理学专业学生有一定的指导意义。

本章学习指导

通过本章的学习，读者能达成以下目标：养成科学合理的文献检索习惯；掌握核对清单阅读法；明确标准实验报告的写作流程和规范；熟练掌握学生实验报告的写作方法和技巧。通过本章的学习和深入的思考，读者能够独立回答以下问题：

(1) 如果你对关于内隐学习的问题比较感兴趣，你将会从哪些途径获得有用的资料，做怎样的研究？

(2) 从心理学专业期刊中选择一篇自己感兴趣的实验报告，你将如何应用核对清单阅读法阅读文献，并整理出自己研读文献的记录，形成阅读文献的清晰思路？

心理学研究离不开对前人工作的系统把握，因而阅读他人的实验报告就成为每个心理学研究者的必修课，有效的阅读方式将对心理学工作者的研究生涯增益良多。阅读他人实验报告的目的，是为自己的研究提供坚实的基础，而我们自己的研究成果，最终也要通过发表实验报告供同行阅读参考。因此作为心理学专业的学生，还必须了解标准实验报告和学生实验报告的写作程序与规范，这是形成良好专业素养的基础。

第一节　文献检索

正确的文献检索习惯，能让我们快速找到与自己研究兴趣相关的专业资料，从浩如烟海的前人工作中遴选出最具价值的部分细细阅读。

在讲述文献检索方法之前，我们先来讲一个故事：艾宾浩斯出生于德国波恩附近，起初他学习的是历史，但在学术训练过程中兴趣转向了哲学，后来又转向了科学。约于 1867 年，一个偶然的机会，艾宾浩斯在巴黎一家旧书摊上发现了费希纳的《心理物理学纲要》。费希纳研究心理现象的数学方法，深深地吸引了年轻的艾宾浩斯，于是他决定通过严格的、系统的测量来研究高级心理过程——记忆，并得到了人类记忆的遗忘曲线。

从上述文字中可以看出，年轻时的艾宾浩斯是一个有志向、有追求的人。正当他踌躇满志的时候，他很幸运地碰到了费希纳的《心理物理学纲要》。于是，他确立了自己终生的研究方向，形成了科学严谨的研究思路，并最终带动了实验心理学的发展。凡是读过心理学史的人都知道，艾宾浩斯创造性灵感的火花是由费希纳点燃的，两人的思想一脉相承。这段历史告诉我们，科学总是在前人研究的基础上发展进步的，研究者在进行自己的独立研究之前，首先必须阅读别人的研究，尤其是那些有价值、有启发的研究。而查找相关文献正是阅读之前的必要准备工作，也是每个研究者从事科学研究的必由之路。鉴于此，在向大家介绍实验报告的阅读方法和技巧之前，我们有必要先介绍查找实验报告的程序，即文献检索的过程，旨在帮助更多的“艾宾浩斯”遇到“费希纳”。

一、心理学研究中的重要检索源

对于心理学专业文献检索的新手来说，最大的问题也许不在于难以确定自己感兴趣的具体方向，而是一个更技术化的问题——不知道就自己所感兴趣的领域而言，有哪些信息源是值得关注的。我们建议新手参考下面两个表中提供的一些重要信息源来开始自己的文献检索。表 3-1 列出了中国心理学的主要学术期刊，表 3-2 则给出了国际上心理学的一些综合性信息源和强调某一特殊主题的期刊。这些信息源中的大部分一般可以在学校图书馆中找到，许多图书馆都提供文献的计算机检索，只需键入一个主题，计算机就会开始对标准信息源进行搜索。

表 3-1 心理学研究中的重要信息源（中文主要期刊）

信息源的名称	主办单位	注释
中文社会科学引文索引（Chinese Social Sciences Citation Index，CSSCI）	南京大学中国社会科学研究评价中心	作者引用类。主要从来源文献和被引文献两个方面提供信息。
中国科学引文索引（Chinese Science Citation Index）		作者引用类。收录 1989 年以来中国出版的 582 种中英文重要科技核心期刊的论文及其引文数据。是我国目前收集被引文献最多的电子出版物。
心理学报（*Acta Psychologica Sinica*）	中国心理学会和中国科学院心理研究所主办	主要发表我国心理学工作者最新、最高水平的理论和实证文章。该刊摘要被美国心理学会主办的《心理学文摘》（*Psychological Abstracts*）和心理科学数据库（PsycINFO Database）所收录。
心理科学（*Psychological Science*）	中国心理学会主办，华东师范大学承办	全面反映国内外心理学的最新研究成果和最新进展，内容涉及理论、实证及应用文章。该刊摘要被美国心理学会主办的《心理学文摘》和心理科学数据库所收录。

续表

信息源的名称	主办单位	注释
心理科学进展（*Advances in Psychological Science*）	中国科学院心理研究所主办	主要发表能够反映国内外心理学研究新进展、新动向、新成果的理论性和综述性文章。
心理发展与教育（*Psychological Development and Education*）	教育部主管，北京师范大学主办	国内唯一的发展心理学与教育心理学专业学术刊物。主要发表儿童青少年心理学和教育心理学领域的高质量研究报告与论文。
心理与行为研究（*Studies of Psychology and Behavior*）	教育部人文社会科学重点研究基地和天津师范大学心理与行为研究院主办	主要刊登基础心理学、发展与教育心理学和应用心理学各领域的具有创新性的研究论文、报告、综述等。
应用心理学（*Chinese Journal of Applied Psychology*）	浙江省心理学会和浙江大学主办	主要刊登心理学应用研究和应用基础研究的论文、评述、研究报告等。
心理学探新（*Exploration of Psychology*）	江西师范大学主办，华南师范大学、中国心理学会心理测量专业委员会、中国心理学会理论心理学与心理学史专业委员会、中国心理学会学校心理学专业委员会协办	主要发表心理学理论研究、实证研究和方法研究的探索性文章。
中国心理卫生杂志（*Chinese Mental Health Journal*）	中国科学技术协会主管，中国心理卫生协会主办	跨学科学术期刊。全面反映我国心理卫生领域的研究现状和学术水平。该刊被美国《乌利希期刊指南》（*Ulrich's Periodicals Directory*）、英国皇家图书馆所收录。
中国临床心理学杂志（*Chinese Journal of Clinical Psychology*）	中国心理卫生协会主办，中南大学湘雅二医院承办	主要发表应用心理学的论文及相关的基础和理论研究成果。该刊英文摘要被美国心理学会主办的《心理学文摘》和心理科学数据库所收录。
中国健康心理学杂志（*China Journal of Health Psychology*）	中国科学技术协会主管，中国心理卫生协会主办	中国学术期刊光盘版全文收录期刊，中国学术期刊综合评价数据库来源期刊。

续表

信息源的名称	主办单位	注释
社会心理研究（*Journal of Social Psychology*）	中国社会心理学会主办	中国社会心理学会会刊，为内部准予发行的学术刊物。是全国唯一一份社会心理学专业理论刊物。内容涉及社会心理学理论及各研究领域理论、综述、研究报告等。
中国人民大学复印报刊资料·心理学	教育部主管，中国人民大学主办	集中反映心理学研究的热点问题，并介绍国外学术界的研究成果及最近发展动向。
中华心理学刊（*Chinese Journal of Psychology*）		中国台湾出版
华人心理学报（*Journal of Psychology in Chinese Society*）		中国香港出版

通常情况下，初学者可以通过两种途径开始文献查找工作。其一，可以从中文期刊开始，然后再顺藤摸瓜，对所需要的相关外文期刊进行查找。如果选择先查找中文期刊的话，可以打开学校图书馆的主页，进入相关数据库链接（如中国期刊网等），选中某个链接后点击登录。如果你选择的是中国期刊网，那么出现在面前的就将是中国期刊全文数据库。在左侧的栏目中可以选择检索范围。查询范围的总目录中包括多个学科领域，心理学通常在文史哲辑专栏目录下。左上方的检索项一栏中包括篇名、作者、关键词、机构、中文摘要、引文、基金、全文、中文刊名、ISSN（国际标准期刊号）、年、期和主题词等项目，你可以根据需要从中选择一个作为检索项。然后在下面的检索词一栏中键入查找的主题词，选择了年限范围后，就可以让计算机开始文献的查找工作，它将向你提供所需文献的全文。如果你想进一步了解相关领域的国际上的研究，则可以借助已经查得的中文文章后面的参考文献来顺藤摸瓜。当然，也可以采用第二种查找途径，即通过直接查阅外文主要期刊来寻找你所感兴趣主题的相关资料。

在众多的外文期刊资料中，最重要的综合性信息源是美国心理学会主办的

《心理学文摘》。它是一种期刊情报索引，几乎包括所有杂志上发表的心理学研究报告的简短摘要。该刊每月出一期，每年两卷，其编辑方针是“全世界心理学和有关学科文献不加评论的摘要”，内容包括十六个栏目（普通心理学，心理测量，实验心理学·人类，实验心理学·动物，生理心理学，生理干预，通信系统，发展心理学，社会过程和社会问题，实验社会心理学，人格，身心失调，治疗和预防，专业人员和专业问题，教育心理学，应用心理学）。查阅时，你可以利用作者索引或主题索引寻找有关的摘要，找到后略读它们以确定哪一类文章是自己所需要的。最后，可以到图书馆中的相应期刊上查找全文，或与作者联系索要文章复印件及额外信息。

表 3-2　心理学研究中的重要信息源（英文主要期刊）

主题范围	信息源的名称	注释
综述文章	自然评论：神经科学（*Nature Reviews*：*Neuroscience*）	
	认知科学发展趋势（*Trends in Cognitive Science*）	
	神经科学年鉴（*Annual Review of Neuroscience*）	
	心理学年鉴（*Annual Review of Psychology*）	
	临床心理学年鉴（*Annual Review of Clinical Psychology*）	
	心理学通报（*Psychological Bulletin*）	
	心理学评论（*Psychological Review*）	也包含原始研究
	神经心理学评论（*Neuropsychology Review*）	
	发展评论（*Developmental Review*）	
	美国心理学家（*American Psychologist*）	
	心理环境通报与评论（*Psychonomic Bulletin & Review*）	
实证文章	美国心理学杂志（*American Journal of Psychology*）	
	实验心理学杂志：总论（*Journal of Experimental Psychology*：*General*）	
	自然神经科学（*Nature Neuroscience*）	
	神经科学杂志（*Journal of Neuroscience*）	
	人类大脑图谱（*Human Brain Mapping*）	也包含方法类研究
	神经影像学（*Neuroimage*）	
	人格和社会心理学杂志（*Journal of Personality and Social Psychology*）	也包含综述文章
	社会认知与情感神经科学（*Social Cognitive and Affective Neuroscience*）	
	认知心理学（*Cognitive Psychology*）	
	认知科学（*Cognitive Science*）	

续表

主题范围	信息源的名称	注释
实证文章	认知（*Cognition*）	
	记忆与认知（*Memory & Cognition*）	也包含综述文章
	心理科学（*Psychological Science*）	也包含综述文章
	心理学前沿（*Frontiers in Psychology*）	
	实验的脑研究（*Experimental Brain Research*）	也包含方法类研究
	大脑皮质（*Cerebral Cortex*）	
	实验心理学季刊（*Quarterly Journal of Experimental Psychology*）	
	实验社会心理学杂志（*Journal of Experimental Social Psychology*）	
	发展心理学（*Developmental Psychology*）	
	儿童发展（*Child Development*）	
	实验儿童心理学杂志（*Journal of Experimental Child Psychology*）	
	教育心理学杂志（*Journal of Educational Psychology*）	
	学习与动机（*Learning and Motivation*）	
	行为治疗（*Behavior Therapy*）	
	精神生物学（*Psychobiology*）	
	应用行为分析杂志（*Journal of Applied Behavioral Analysis*）	
	应用心理学杂志（*Journal of Applied Psychology*）	
	比较心理学杂志（*Journal of Comparative Psychology*）	
	记忆和语言杂志（*Journal of Memory and Language*）	
各种研究方法	行为研究方法、仪器和计算机（*Behavior Research Methods, Instrumentation and Computers*）	对仪器和计算机的注释
	混合方法研究杂志（*Journal of Mixed Methods Research*）	
	心理方法（*Psychological Methods*）	
	神经科学方法杂志（*Journal of Neuroscience Methods*）	
	自然方法（*Nature Methods*）	
	神经信息学（*Neuroinformatics*）	

表 3-2 列出一部分收录全文的外文期刊，里面列举了一些收录综述性文章的期刊、一些收录实证性文章的期刊和一些收录研究方法类文章的期刊。尤其值得一提的是，由认知心理学和神经科学交叉形成的认知神经科学领域发展迅速，研究成果丰硕，相关实证研究内容经常收录在《自然神经科学》《神经科学杂志》《人类大脑图谱》《社会认知与情感神经科学》等期刊上。该领域内的一些期刊收

录范围较广，不仅包括实证类研究，还包括方法类研究和综述类文章，如《大脑皮质》《神经影像学》等。

文章找到后，如果你想进一步了解该文章所涉及的研究领域，则需要查阅《中文社会科学引文索引》①（中文）或《社会科学引文索引》（SSCI，外文）。键入关键的参考文献的标题，你就可以得到一个近期引用过该文献的所有文章的名单。由于这些文章都是围绕该参考文献展开讨论的，它们很可能会直接涉及你所感兴趣的主题。通过阅读名单上的文章，你就能够系统地认识该研究领域的历史、现状、成就及展望。这是个带你走进当前某个特殊领域的极其有效的方法。

目前几乎所有图书馆都会提供计算机检索，我们可以很快从资料库中找到相关文献。具体的检索方式可以参考相关网上数据库的使用指南，或咨询图书馆的工作人员。

下面我们将通过一个实例来具体阐述文献检索过程中用到的重要信息源和基本策略。

二、一个文献检索的实例

假设我们对“内隐记忆对语言学习的影响”感兴趣。我们知道，长期以来对于言语的获得一直存在两种观点：一种观点强调学习是言语获得的主要来源，并以经典条件反射学说或操作性条件反射学说为基础进行了分析；另一种观点则强调言语获得的先天生理机能，并以乔姆斯基（N. Chomsky）的语言转换一生成学说为基础进行了分析。后一种观点能解释许多言语现象，因此被大多数心理学家所认同。但是，这种观点本身有一个致命的弱点，即过于强调先天而忽视了学习的作用，以至于无法证实，因而被许多反对者批评为主观臆断。近年来内隐记

① 《中文社会科学引文索引》主要收录了 1998 年以来的文献信息。如果读者对中国早期心理学研究文献感兴趣，可以查找陈远焕主编的《中国心理学文献索引》（南京大学出版社 1986 年版），其中涵盖了 1949—1984 年所有中国心理学文献（包括著作和研究论文）。

忆研究的兴起，似乎给这场争论的解决带来了曙光。人们可以这样设想：言语本身确实存在着表层结构和深层结构，但它们并不像乔姆斯基所认为的那样是先天的，它们（尤其深层结构）很可能是内隐记忆、内隐学习的结果。由此，我们可以假设，言语的获得是语言学习的结果，其中内隐记忆的贡献很大。基于上述推测，我们准备对“内隐记忆对语言学习的影响”这一主题进行探讨。

如果我们感到对这个领域的目前研究状况还不太了解，不知道该领域内研究者的名字，更不知道已经进行过多少研究，那么最好先进行文献检索工作。检索时可以查找关键词。假设检索结果显示，自 1985 年以来包括“内隐记忆”一词的研究文章有千余篇，而包括“语言学习”一词的文章更多。这种情况下，就需要把两个关键词联合起来以缩小文章的数目。比如，我们可以把“内隐记忆”“语言学习”“影响”三个词联合起来键入计算机中。此外还可以规定计算机只查找在摘要中出现上述关键词的研究报告，这样又能大大缩小范围。最后我们可能会发现，在摘要部分同时包含上述三方面内容的文章有二十余篇。现在就可以浏览文章的题目和摘要，从中找出我们认为特别有价值的，之后再查看它们的原文。一般来说，综述性的文章最有用，因为它们概括和评价了许多实证文章，并且还包含这些文章的作者和出处等详细信息。这可以让研究者在最短的时间内掌握关于某个主题的大量信息，为进一步的检索提供有效的帮助，同时也为研究者了解该领域的研究现状、提炼自己的研究思想提供了依据。

假定我们已经找到了一篇探讨内隐记忆与语言学习方面的理论文章。如果我们还想知道该理论的意义以及它是否能被实验证实，一种方法是要弄清楚引用过此文的近期文章有哪些。此时，需要使用《中文社会科学引文索引》或《社会科学引文索引》。检索时，键入我们所找到的文章题目，就能了解谁引用过它。通过这种方法，就能知道该研究领域的近期发展状况。最后把检索到的文章拷贝或复印下来。至此，文献检索过程就全部结束。

一旦你已经做了文献检索，并得到了与你的研究兴趣有关的文章，接下来就该阅读它们了。

第二节　核对清单阅读法

这一节将介绍一种有效的阅读方法——核对清单阅读法（Kantowitz，Roediger，& Elmes，1997）。这一方法的首要原则是：在阅读任何论文时都不要匆匆浏览，而是应当提前列出一份问题清单，然后在阅读过程中逐一回答并核对有关清单上的问题及答案——包括作者给出的答案和读者自己思考的答案。核对清单阅读法要求读者带着自己的问题来阅读心理学论文，将自己的思考与作者的论述进行核对，以发现自己与作者之间的不同，并能够尽力解释这些不同。在一开始，我们运用这一方法或许显得费时费力；但是坚持一段时间后，核对清单阅读法将帮助我们成为心理学论文的好读者。

一、实验报告与核对清单

通常，清单上共有八个主要问题，它们是分别针对实验报告的不同部分提出的。我们将心理学实验报告的基本结构与标准核对清单的对应关系列出如下：

心理学实验报告的基本结构	善于发问的读者使用的核对清单（八个主要问题）
一　题目和作者 题目应该简洁明了，通常要点明自变量与因变量。 每篇文章的题目和作者均位于期刊中醒目的位置。 **二　摘　要** 摘要的长度一般不会超过300个字（如果是英文摘要，则长度为100～150个单词）。摘	

要是对整个研究报告的要点提炼，包含对所要研究的问题、探索问题的过程、研究的结果、得出的结论以及该研究的意义和启示的简要陈述。这些信息可以帮助读者判断是否有必要进一步通读全文。

三 引 言

引言要明确所研究的问题，并说明该研究的价值，即指出实验的意义。引言中要对相关的研究文献进行综述，给出问题的背景材料并明确所要验证的假设，还要给出该假设背后的理论基础，即指出所要研究问题的来龙去脉。

四 方 法

方法部分要详细介绍作者的操作过程。该部分必须包含足够的信息，以便其他的研究者能够重复该研究。

该部分通常包括以下内容。1. 被试：要说明被试的数目、选择方式、年龄、性别以及怎样分组等有关情况。2. 仪器和材料：介绍实验中所用仪器及材料的名称。必要时需注明仪器的型号，因为有时同类的仪器，型号不同，结果也可能不同。当使用量表、问卷等测量被试时，这部分就称为材料。如果材料太长或比较特殊，则可以放在附录中。3. 实验程序：介绍实验怎么进行，包括指导语、控制条件、实验步骤及统计设计等。这里特别需要指出的是，如果使用的统计技术比较特殊，则需

读完引言后，请回答：

1. 作者的研究目的是什么？

2. 作者所要验证的假设是什么？

3. 如果由你来验证这个假设，你是否会像作者这样设计实验？写下你的方法的主要思想。

读完方法后，请核对：

对问题 3 的回答，你与作者的异同。

核对后，请回答：

4 (a). 你提出的方法优于作者的吗？

4 (b). 作者的方法确实能验证假设吗？

4 (c). 该实验中的自变量、因变量和控制变量各是什么？

比较你与作者在回答上述问题时的差异后，回答下一个问题：

5. 使用作者所描述的被试、仪器或材料及程序，能得到怎样的预期结果？

要增加一个部分来介绍统计设计。

五 结 果

结果通常会以统计图表表示，即以某种统计手段对原始数据进行适当的整理汇总后，做成图表，而无须一一列出所有的原始数据和个案记录。

统计有两种：描述统计和推断统计。它们可以帮助心理学家理解实验结果。描述统计使用图表来概括数据，比较直观、鲜明。推断统计则是用来确定差异显著性的。这个信息有助于研究者和读者确定，自变量引起因变量的变化在多大程度上是可信的，也就是说，的确是自变量而不是其他因素引起了因变量的变化。用来判断差异显著性的标准是不固定的，在每个研究中，研究者可以根据结论的重要性自行确定。标准可以严格些（比如 0.001），也可以宽松些（比如 0.05 或 0.10）。

六 讨 论

在这部分，作者可以重新阐述所得数据的含义并得出理论上的结论。大多数编辑对方法和结果部分都有固定的要求，但对讨论部分给出了很大的自由度。讨论时，作者根据实验结果对所要解决的问题给予回答，并指出假设是否可靠。如果结果不能充分说明问题或各部分有矛盾，作者就要进行分析并找出原因。如果

读完结果后，请核对：

你的预测与作者的结果之间的异同。

如果不同，请从问题6开始回答。

如果相同，请回答问题 7 (a) 和 7 (b)。

核对后，请回答：

6. 实验结果如你所料吗？

如果和你的预期不同，可以从两个角度思考：或者你的预测错了，或者作者的研究结果不可信。可能其方法不当，不能充分验证假设。若果真如此，可以改进方法来重做研究。

7 (a). 你会怎样解释此实验结果？

7 (b). 从你对结果的解释中，能得出的意义和启发是什么？

读完讨论后，请核对：

在解释结果方面，你与作者的异同。

核对后，请回答：

8 (a). 你的解释与作者的解释，哪一个能更好地说明数据？

思考这个问题时，不要迷信作者的解释。他们也可能会出错，因为讨论时作者的自由度很

结果与别人的研究不一致，作者可以讨论并提出自己的见解。如果实验得出意外的结果，作者也要进行分析，不能弃之不管，因为意外的结果有时会带来意外的发现。此外，作者还可以对本实验的程序、所用的仪器以及进一步的研究提出修改和建议。

在阅读讨论部分时，读者应当注意：研究结果并非不可争辩的真理，实验发现也都是在特定情境中得出的。因此，读者必须谨慎对待作者在这部分的自由度和创造性。

七 参考文献

在撰写论文时，参考过的文献资料应列于实验报告的正文之后。参考文献中只能列出那些被引用过的文章，并写明作者、文献名称、出版单位、地点和时间以及页码等。心理学实验报告的参考文献与其他学科的不同，需要列出参考文章的全部题目。这样，既可以告诉读者本文探讨的内容，还可以作为相关信息的线索。

大，他们的结论可能夸大而不被数据支持。

8 (b). 你与作者的解释中，哪一个更有意义，更能启发其他研究者？

二、核对清单阅读法的原理

上面右侧所列的就是一份核对清单，它一共由八个主要问题构成。仔细分析这些问题，你会发现它们可以分为两类：描述性问题和核对性问题。描述性问题有三个：作者的研究目的是什么？作者所要验证的假设是什么？该实验中的自变量、因变量和控制变量各是什么？这三个问题的提出是为了让读者把该实验报告的一些关键性事实描述出来。后两个问题都是显而易见的，它们在实验报告中都会被直接列出来。而第一个问题在有些实验报告中可能不会明确地指出，但其答案通常会暗含在实验报告的引言部分。由于引言要解释该研究背后的原因，并要对前期的文献进行综述，因而，如果某些理论与该研究有关，那么作者通常会提供一个或更多的理论，以便随后对其实验的结果进行合理的解释。由于作者在引言中给出的理论可能不止一个，所以读者有必要弄清楚在这些理论中哪一个是作者赞同的，哪一个是作者批驳的。这样才能明确作者的研究目的。

其余的问题都是核对性的，它们是核对清单阅读法的关键所在，其提出是为了激发读者深层的思考。核对性问题的回答分三个阶段。(1) 作答阶段：读者在阅读实验报告前先思考问题，之后给出自己的答案（此时千万不能先偷看作者的回答）。(2) 核对阶段：读者阅读实验报告，寻找作者的答案并与自己的答案核对，找出两者的差异。(3) 解决差异阶段：读者回答为什么自己的答案与作者的答案存在差异。这个阶段有两个境界。起初，在发现差异后，读者会先找自身的漏洞。读者最初应该反思自己："是否我的想法错了？""我的思路有问题吗？""我的实验设计存在不严密之处吗？""我的预测不够准确吗？""我的分析不够全面吗？""我对问题的理解不够深刻、乐观吗？"……显然，这是读者在做自我批评，即批判性地思考自身存在的问题。也许你是心理学研究的初学者，也许你已经对心理学研究的某个领域知之甚深，但需要注意的是，不管你的水平怎样，这种思考本身总会让你不断地完善自己，并从所读的任何材料上学到东西，甚至在任何细枝末节上都能学到许多。而且，这种批判性的思维习惯即使对于生活而言也是无价的，会让人受益匪浅。当读者进行了多次自我批评之后，他们所积累的经验越来越多，思维也被磨炼得越来越纯熟。此时，再使用核对清单阅读法时，就会进入第二个境界——找作者的漏洞："作者的实验设计严密吗？""作者的实验结果意外吗？""作者的分析讨论是否过于大胆？"……此时，读者的科学研究素质已经很高了，可以说已经站在了科学研究的前沿。这种境界下的思考能让读者不断地发现现有研究的不足和空白，为他们今后创造性的研究奠定基础。

这就是核对清单阅读法。它可以避免匆匆略读一篇文章而所知甚少。当你第一次仔细阅读心理学实验报告时，应该尽量遵循这个方法，并努力写下所有八个主要问题的答案。一开始你可能会感觉比较吃力，甚至会觉得很浪费时间，但是别灰心，经过一段时间的坚持练习后，你就会发现这个方法可以帮助你高效率、高质量地读完每一篇实验报告。接下来，我们将使用核对清单阅读法来分析一篇典型的实验报告。

三、核对清单阅读法的实例

在这一部分，我们将以《心理学报》上的一篇文章为样例来进行批判性阅读，并回答核对清单上的八个主要问题。这篇文章的内容是关于汉字内隐记忆的实证研究。为了帮助读者理解下面的实验报告，在正式开始阅读实例前，我们将先提供一些背景知识。

内隐记忆是指人们不能够回忆其本身，却能够在行为中证明其事后效应的经验（Roediger & McDermot，1993）。自 20 世纪 80 年代开始，内隐记忆研究成为记忆研究的热点之一，国内外许多学者在这方面做了大量研究工作，并提出了内隐记忆的操作性定义：内隐记忆是在不需要对特定的过去经验进行有意识或外显回忆的测验中表现出来的对先前获得信息的无意识提取（Graf & Schacter，1985）。到目前为止，任务分离范式在内隐记忆的实验研究中应用得较多。任务分离是指内隐测验和外显测验的实验性分离，即操纵某一实验变量，使其在不同的测验任务中表现出不同的效应。罗迪格（H. L. Roediger）和麦克德莫特（K. B. McDermott）统计了常用的 13 种内隐记忆测验，归纳出内隐记忆测验应该具有两个条件：（1）第一阶段（学习阶段），被试要接触相关的信息；（2）第二阶段（测验阶段），要在强调迅速反应和无意识回忆的指导语下测验被试在第一阶段获得的经验的迁移。因此，研究内隐记忆的实验大都包括两个阶段：学习阶段和测验阶段。从所用的研究材料来看，当前内隐记忆研究主要可分为两类：一类是以语言材料为实验的刺激材料，主要形式有词干补笔、残词补全、词汇确定、词的确认以及偏好判断等；另一类是以非言语材料为刺激材料。鉴于以往研究中以语言材料为实验材料的很多，但以汉字作为语言材料的则很少，国内学者杨治良等人（1994）以汉字为实验材料与心理学同行一起率先进行了这方面的研究。

在介绍必要的背景知识后，下面我们将具体说明一个善于发问的读者将怎样阅读这篇研究报告①。下文中各个必要地方都已经注上了核对清单的项目。

汉字内隐记忆的实验研究（Ⅰ）

——内隐记忆存在的条件

杨治良　叶阁蔚　王新发

（华东师范大学心理学系，上海，200062）

摘　要　通过四个2×2×2方差设计实验，将直接测量（再认任务）和间接测量（偏好判断任务）在形式上进行匹配，考察了汉字的注意因素、测量任务因素和时程因素经过不同组合构成的10种情况，其中测量任务因素的间接测量根据汉字的局部加工（字形、字义、字音）和整体加工（整体特征）分为四种子任务，试图寻找汉字认知范畴里内隐记忆存在的条件。实验分学习和测验两个阶段。学习阶段的处理对所有被试都相同。测验阶段的不同指导语形成不同的测量任务。结果发现了内隐记忆存在的三个必要条件是非目标（注意）汉字、汉字的整体加工和偏好判断任务后阶段。匹配方法的使用是发现内隐记忆的保证。汉字的整体加工和局部加工具有不同的特点。

关键词　内隐记忆；汉字的整体加工和局部加工；匹配方法；偏好判断任务；直接测量和间接测量

1　前言

内隐记忆（implicit memory）的研究粗略地可分为五个领域，即重学时的节省、阈下刺激的影响、无意识学习和条件性作用（内隐学习）、重复启动效应、健忘症研究。从内涵上讲，在不同领域中，对内隐记忆的概念的理解有所不同。阈下刺激研究通过设立阈限替代测量时的间接测量任务，认为学习阶段的无意识事件若在测验中表现出启动效应或其他存在的迹象，就表明阈下刺激确实在人脑中留有痕迹，这种痕迹就是内隐记忆，它可以易化测量阶段对刺激或相关刺激的再加工。当前内隐记忆的研究多使用重复启动（repetition priming）方式，从而将内隐记忆理解为由于近期与某一刺激的接触而使对此刺

① 参考文献省略。

激的再加工得到易化。部分阈下刺激的内隐记忆就其含义讲也可以说是一种重复启动，只不过近期对刺激的接触是无意识的罢了。

实验性分离是指操纵某个变量，使不同的记忆任务表现出不同的结果。在此基础上，用任务比较方法（task comparison methodology）研究内隐记忆发现了一系列实验性分离现象，这些发现表明直接测量和间接测量在特征上是有差别的，从而推测可能存在另一个记忆系统——内隐记忆。但是，实验性分离可能仅是任务外部形式上或内部心理操作上的分离，而不是底层加工过程的分离。另外，对阈下知觉标准的争论影响着用阈下刺激研究内隐记忆的可靠性。因此，至今仍然较少有在正常被试身上发现内隐记忆的令人信服的证据。

一般而言，两种测量任务的差异越大，如再认和词干补笔，两者之间的联系就越有意义，两种测量任务越相似（如同为判断任务），两者之间的差异（分离）就越有意义。因此，将直接测量任务和间接测量任务在形式上和心理上匹配起来，使它们只存在指导语上的差别（两种测量任务均为分辨操作），若出现实验性分离，就有可能是底层加工过程不同，而不是任务的差别引起的。在匹配测量任务中，只要间接测量成绩高于直接测量成绩，内隐记忆就可以得到证明。可以想象：对于某一事件的再认记忆（外显记忆）能力低于另一种未知的记忆能力，而且这两种记忆本质不相同，这必定导致一种新的记忆形式的发现。与其他研究方法不同的是，匹配任务的方法可以直接证明内隐记忆的存在。

本研究运用以上逻辑，以汉字为实验材料，试图寻找汉字匹配任务中内隐记忆存在的条件。

问题 1，作者的研究目的是什么？作者对内隐记忆这种新的记忆类型很感兴趣，试图运用任务匹配比较法寻找汉字内隐记忆存在的条件。

问题 2，作者所要验证的假设是什么？在证实汉字内隐记忆确实存在之前，假设以问题的形式表述如下：（1）汉字内隐记忆真的存在吗？（2）任务匹配比较法能够证明其存在吗？（3）汉字内隐记忆存在的条件是否有别于外显记忆存在的条件？

问题 3，如果我们来验证这些假设，我们的实验设计是什么？对于第一和第二个假设，我们可以采用任务分离的逻辑，通过观察实验中间接测量和直接测量是否发生实验性分离而加以检验。当然，实验设计时要注意任务匹配的问题，也就是说对于间接测量任务形式要斟酌一番。尽管残字补笔、模糊字辨认、偏好判断等都可以作为间接测量任务，但由于其中只有偏好判断和直接再认测验具有相同的反应形式——二择一迫选任务，因此我们偏向于选用偏好测验为间接测量任务。具体实验过程符合标准的任务分离实验逻辑：考察直接测量和间接测量是否会让被试对某个变量的反应发生分离。这一变量可以借鉴前人关于内隐记忆的研究，比如选用“注意/非注意”变量。对于第三个假设。我们可以从汉字外显记忆的一些外显编码特征出发，如汉字的语音、语义、字形等，针对它们设计不同的偏好任务，观察被试的表现。

2 方法

2.1 **实验设计** 四个2×2×2方差设计。三个因素为：(1) A因素，即注意程度因素，分目标字和非目标字两个水平。(2) B因素，即测量任务因素，分直接测量和间接测量两个水平。直接测量为再认判断任务，间接测量为汉字偏好任务。(3) C因素，即时程因素，分前阶段和后阶段两种水平。在100个要测验的汉字中，前50个汉字称为前阶段或单元一，后50个汉字称为后阶段或单元二。间接测量任务有四个：(1) 字形偏好判断任务，问是否喜欢汉字的字形；(2) 字义偏好判断任务，问是否喜欢汉字的字义；(3) 字音偏好，问是否喜欢汉字的字音；(4) 字的整体偏好，问是否喜欢此汉字。间接测量任务与直接测量任务的差别只在于测量阶段使用的指导语不同。

2.2 **被试** 120名华东师大的本科生随机分成10组，实验完毕获得少量定额报酬。

2.3 **材料** 本实验以汉字为材料。汉字随机采自语文出版社1988年出版的《现代汉语常用字表》，五画字和六画字各100个字作为学习材料，五画字和六画字各50个字作为测验用的新字。在学习阶段用的100对双字材料，目标字一半在左，一半在右，以排除空间位置误差。五画字也是有一半是目标字，一半是非目标字，以排除笔画引起的误差。

2.4 **实验程序** 实验分两个阶段。学习阶段快速呈现100对双字材料，每对汉字中有一个目标字（下面标箭头）和一个非目标字（下面未标箭头）。呈现时间为500毫秒，用照相机快门控制幻灯机，要求被试尽力记住标有箭头的汉字。学习阶段的处理对所有的被试都相同。

测验阶段对不同条件的被试要求不同。(1) 目标字—直接测量条件下，呈现100张幻灯片，每张幻灯片上有一个汉字，呈现10秒。其中50个汉字是被试见过的目标字，称为旧字；50个汉字是被试未见过的新字，要求被试在记录纸上按序作答，判断汉字是旧字还是新字。(2) 目标字—间接测量条件下，汉字呈现方式与上述相同。根据指导语又分成四种情况：字形偏好间接测量时，要求被试回答是否喜欢汉字的字形；字义偏好间接测量时，要求被试回答是否喜欢汉字的字义；字音和整字的间接测量依此类推。(3) 非目标字—直接测量时，除告诉被试100个单个呈现的汉字一半是非目标字，一半是新字以外，其余都与 (1) 相同。(4) 非目标字—间接测量条件下，除告诉被试100个汉字中一半是非目标字（旧字），一半是新字以外，其余都与 (2) 相同。

2.5　**启动值指标**　再认记忆研究中有四个模型提供测量记忆的指标。它们是常态分布下的信号检测论、对数（logistic）分布下的信号检测论、双高阈限理论和自由分布（非参数）理论。后两个理论的辨别力指标 Pr 和 A' 常用作再认记忆的测量指标，亦可用来表示启动值。双高阈限理论中，Pr 是击中概率（H）与虚惊概率（FA）的差值（如图1所示）。

刺激		反应：是	反应：否
刺激	旧	击中（f_1）	漏报（f_2）
	新	虚惊（f_3）	正确拒斥（f_4）

图1　是—否判断矩阵

$$H=(f_1+0.5)/(f_1+f_2+1) \qquad FA=(f_3+0.5)/(f_3+f_4+1)$$

严格地说，正确率是击中率与正确拒斥率之和，错误率是虚惊率与漏报率之和。设 Pr' 是正确率和错误率之差，所以，$Pr'=(H+CR)-(MISS+FA)$。又因为 $CR=1-FA$，$MISS=1-H$，因此，$Pr'=(H+1-FA)-(1-H+FA)=2(H-FA)$。$Pr=(1/2)Pr'=H-FA$。$Pr$ 较完全地考察了各种情况，因而比用旧字正确率表示启动值前进了一步。

自由分布（非参数）理论由波拉克（I. Pollack）和诺曼（D. A. Norman）在1964年提出，它对数据分布的要求很低。计算公式为：

$A'=0.5+[(H-FA)(1+H-FA)]/4H(1-FA)$，$(H\geqslant FA)$

或 $A'=0.5-[(FA-H)(1+FA-H)]/4FA(1-H)$，$(H<FA)$

A' 是一个优良的测量记忆的指标，与信号检测论的 d' 高度相关，对 Pr 进行了一些修正。本实验以 A' 为再认记忆和启动值指标。

问题 4（a），我们的方法好于作者的吗？总的来说，是作者的方法略胜一筹。（1）我们提出的方法没有将学习阶段的时程因素考虑在实验变量之列。（2）作者的方法对于无关变量的控制做得比较好，这表现在测验材料的生成上；不过，如果能进一步控制汉字材料的褒贬义对后继偏好测验的影响，那就更好了。（3）作者提出把非参数信号检测论指标作为实验因变量指标，这一点上考虑得比我们刚才的设想周全。鉴于以上几点，我们在无关变量的控制上做得不如作者。不过这对于初学者来说是很难避免的，由于理论水平、背景知识以及实验设计方面的薄弱，我们很难考虑到所有关键的无关变量。所以，切实把握实验心理学中的每个知识点，尽可能多地进行实践操作，是我们每个初学者在上述各个方面提升自身修为的有效途径。

问题 4（b），作者的方法确实能验证假设吗？就实验的前两个假设来说，是完全可以的。任务分离逻辑加上匹配比较法来证实汉字内隐记忆的存在，是很有说服力的。而就实验的第三个假设来说，作者的方法其实体现了对于“内隐记忆发生条件”的理解，作者将这条件定义在“用怎样的间接测量可以反映”上面，因为间接测量所用的刺激材料的特点和任务要求与被试记忆的内隐性是很有关系的，所以作者采用这样的方法来揭示“内隐记忆发生条件”是有逻辑根据的。实验中的自变量和因变量都是经过严格控制的，并且也很科学。因此作者的方法是能够验证上述三个假设的。

问题 4（c），实验中的自变量、因变量和控制变量各是什么？自变量是注意程度因素（目标字/非目标字）、测量任务因素（直接测量/间接测量，其中间接测量包括四个方面：汉字的整体、字音、字形及字义）和时程因素（前阶段/后阶段）。因变量是再认记忆和启动值，它们的指标都是 A'。控制变量是汉字的选择和分配。汉字从语文出版社 1988 年出版的《现代汉语常用字表》中选出，汉字的笔画是五画或六画（各 100 个），五画和六画的汉字中各取 50 个汉字作为测验用的新字。这样做可以控制汉字的熟悉度和联想度。此外，控制变量还有学习阶段汉字呈现时的位置效应（目标字一半在左，一半在右）和笔画效应（五画字和六画字各有一半是目标字，一半是非目标字）。

问题5，依据作者的实验方法和程序，我们能得到怎样的预期结果？根据国内外学者对内隐记忆的研究，我们预测，汉字内隐记忆是存在的，匹配比较法能证明其存在。而且，汉字内隐记忆的存在条件将可能是汉字本身的特征（整字、字音、字义和字形）、时程因素以及测量任务因素中的一个、几个或它们之和。

3 结果与分析

本研究用汉字为实验材料，探索汉字匹配判断任务中内隐记忆存在的条件。对实验结果，使用社会科学统计软件包（SPSS）来进行四个2×2×2方差分析及均数比较。现将四种（字形、字义、字音和整字）间接测量任务所得的结果分述如下。

3.1 对字形、字义及字音的间接测量

字形偏好为间接测量任务时，各组平均数如图2所示。

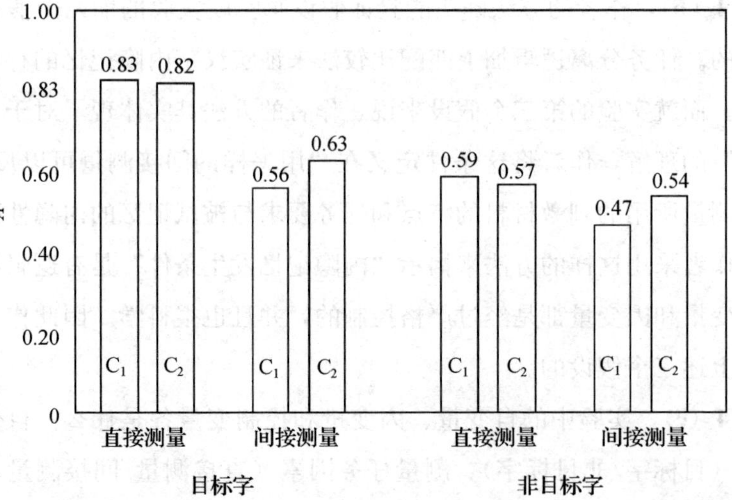

图2 字形偏好间接测量与再认记忆测量的均数比较

注：C_1表示单元一，C_2表示单元二，下同。

观察图2，目标字—间接测量单元二的A'值为0.63（$p<0.01$），表明A'不属于随机水平，字形偏好判断任务是一个敏感的间接测量方法。但在非目标字的测验中没有发现预期的现象。直接测量A'值分别为0.59和0.57，超出随机水平，表明再认记忆存在。间接测量的A'值分别为0.47和0.54，属于随机水平，因此内隐记忆不存在。间接测量成绩低

于直接测量成绩，只可能发生在纯粹的意识记忆状态下。

2×2×2 方差分析（ANOVA）结果表明：注意因素（A）和任务因素（B）主效应显著。A 因素，$F(1,74)=38.591$，$MSe=0.734$，$p<0.001$；B 因素，$F(1,74)=24.178$，$MSe=0.460$，$p<0.001$。时程因素（C）主效应不显著，$F(1,74)=0.453$，$MSe=0.009$，$p>0.05$。A 因素与 B 因素相互作用显著，$F(1,74)=6.149$，$MSe=0.117$，$p<0.05$。A 因素与 C 因素相互作用不显著，$F(1,74)=0.000$，$MSe=0.000$，$p>0.05$。B 因素与 C 因素相互作用也不显著，$F(1,74)=2.006$，$MSe=0.038$，$p>0.05$。

对字义和字音的间接测量表现出与对字形的间接测量类似的结果。

字义偏好判断为间接测量任务时，各组均数如图 3 所示。

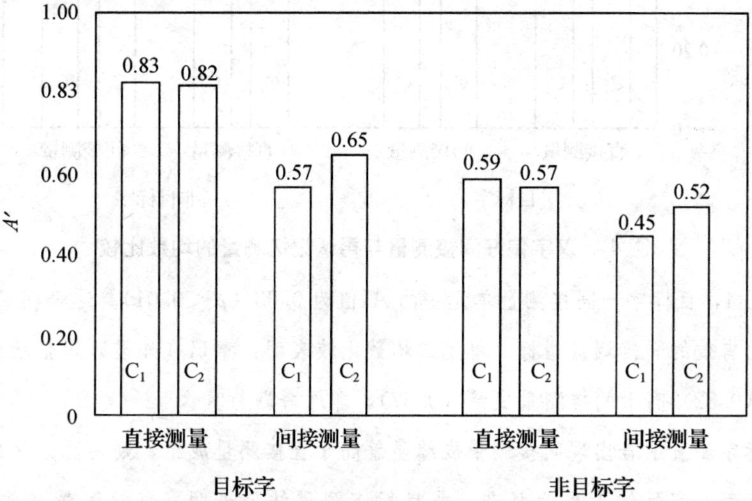

图 3　字义偏好间接测量与再认记忆测量的均数比较

观察图 3，目标字—间接测量单元二的 A' 值为 0.65，与随机水平（0.5）相比较，$p<0.01$。这表明字义偏好判断也可作为一个有效的间接测量任务。与字形偏好判断任务一样，对非目标字的直接测量成绩分别为 0.59 和 0.57，间接测量成绩分别为 0.45 和 0.52。直接测量成绩证实非目标字的再认记忆是存在的。直接测量成绩高于间接测量成绩及间接测量成绩为随机水平说明内隐记忆在此条件下不存在。

字音偏好判断为间接测量任务时的结果与以字形和字义偏好判断为间接测量任务的结果基本一致。目标字的测验表明，字音偏好判断也是一个敏感和有效的间接测量任务。非目标字的测量结果显示再认记忆的存在，内隐记忆不存在。

2×2×2 方差分析结果也与上两种测量任务的结果一致。

3.2 对整字的间接测量

汉字整体特征偏好判断（整体加工）作为间接测量任务时，各组均数如图 4 所示。

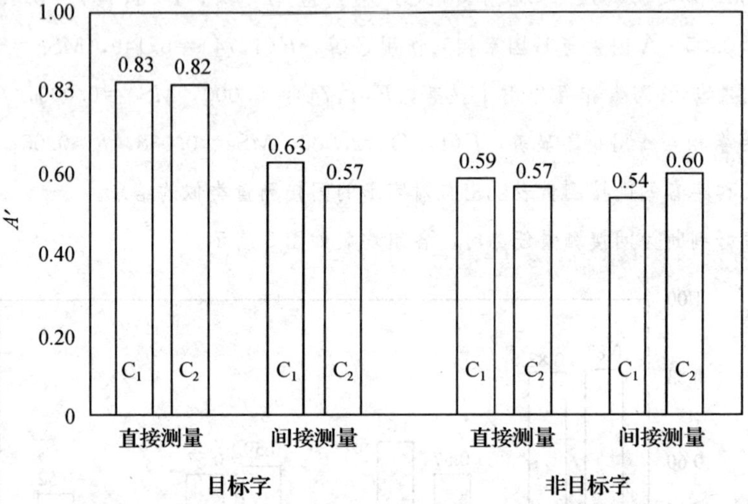

图 4 汉字偏好间接测量与再认记忆测量的均数比较

观察图 4，目标字—间接测量单元一的 A'值为 0.63 ($p<0.01$)。这表明 A'也可作为一个敏感的有效的间接测量指标。单元二均数比较表明：意识（外显）记忆状态下，直接测量成绩（0.82）高于间接测量成绩（0.57），即原命题为真。

非目标字测量中若出现间接测量成绩显著高于直接测量成绩，则内隐记忆的存在性得以证实。然而，实际结果更为复杂。非目标字测量结果表明：直接测量单元二 A'值为 0.57，$t=1.89$，$p>0.01$，表明与随机水平无统计差异；间接测量单元二 A'值为 0.60，$t=3.89$，$p<0.01$，与随机水平有显著性差异。但是，直接测量成绩（0.57）与间接测量成绩（0.60）在统计上无显著性差异（$t=0.67$，$p>0.05$）。基于概率逻辑的思想，我们不能引发驳论，而应根据两种成绩无差异的事实，考察它们的相关系数，算得 $r=0.63$。显著性检验表明，$t=2.29$，$p>0.05$，两种成绩相关不显著。因此可以这样推论，两种成绩的差别不是由一种因素而是由两种因素分别作用造成的。一种因素是已知的外显（再认）记忆，对应于直接测量（0.57）；另一种则是新发现的内隐记忆，由间接测量测得（0.60）。

换个角度来看，直接测量成绩为随机水平，表明再认记忆不存在。间接测量成绩显著高于随机水平，加上两种测量的作用因素是相互独立的，因此我们可以肯定地说，间接测量测得的是一种新的底层加工过程——内隐记忆。

除整字偏好判断单元二之外，按照匹配比较法的逻辑和标准，我们没有在其他条件下发现内隐记忆存在的迹象。

问题6，作者得到的结果出乎意料吗？基本上在意料之中。首先，用匹配比较法证实了汉字内隐记忆的存在。其次，发现了汉字内隐记忆存在的三个必要条件，即非目标（注意）汉字、偏好判断任务（间接测量）后阶段和以汉字整体特征为判断标准（整体加工）。但也有不尽如人意的地方，比如，整字判断后阶段间接测量的结果，并没达到匹配比较法最初所要求的标准，它与直接测量的结果之间差异不显著。出现一个新情况，即间接测量结果高于随机水平，而直接测量结果却与随机水平差异不显著。据此作者又做了进一步的处理，计算直接测量和间接测量结果间的相关系数，发现两者间不存在相关，说明两种测量所测的东西不同。由此我们有充分的理由相信，此种条件下间接测量所测的是内隐记忆。

问题7（a），我们如何解释这些结果？从结果中我们首先可以了解到，汉字内隐记忆是存在的。其次，关于汉字内隐记忆在怎样的条件下才能被间接测量，我们发现是在非目标、后阶段、整体偏好判断任务的情况下。

问题7（b），从我们对结果的解释中，能得出的意义和启发是什么？作者得出的结果暗示整体加工是汉字内隐记忆存在的条件之一，这个结果对我们很有启发。它让人想到了韦特海默（M. Wertheimer）、考夫卡（K. Koffka）、苛勒（W. Köhler）的格式塔学说以及纳冯（Navon，1977，1981）对总体特征和局部特征的研究。前者是关于思维的，后者是关于知觉的，而该研究的结果是关于记忆的。这些研究合起来，可能意味着在各个心理过程中，整体加工可能都是一种更基础的信息加工形式。在尝试利用汉字的内隐记忆时，该研究提出的整体加工条件提示我们，汉字的整体而非局部特征更可能利用内隐记忆机制；而研究提出的后期阶段条件，则提示我们要保持一定的刺激数量，才可能引发汉字内隐记忆。这两条提示我们，可以在以后的生活实践中，尽量使用具有整体性的学习材料，或者多学习几遍，来激发内隐记忆的产生。

4　讨论

4.1　关于内隐记忆存在的条件

非目标字单元二的测量成绩否定了纯粹的外显（意识）记忆是造成这种结果的原因。在匹配方法排除任务差异的影响后，两种记忆过程的存在是这种结果出现的唯一原因。一种是再认记忆，另一种是内隐记忆。被试在学习阶段非注意地知觉了汉字的整体特征，并将知觉痕迹表现在对汉字整体特征的偏好判断（整体加工）任务中，使重复启动效应明显。

匹配方法的使用避免了阈下知觉标准的争论以及任务形式和心理操作上的差异对实验性分离的干扰，简明地通过直接与间接测量的比较，证明了内隐记忆的存在。本研究使用匹配方法获得了成功。

综合考虑实验结果，对目标字的记忆中，只能存在再认（外显）记忆。内隐记忆不会因为间接测量法的使用而出现；非目标字的记忆中，不同的测量法可以发现不同的记忆形式。直接测量只能测得再认记忆，与内隐记忆无缘。间接测量若仅根据汉字的某一特征进行偏好判断，也测不到内隐记忆。只有在根据汉字的整体特征进行偏好判断时，在任务后期内隐记忆才表现出来。因此，本研究发现的内隐记忆存在的三个必要条件是非目标（注意）汉字、间接测量（偏好判断任务）后期和以汉字整体特征为标准（整体加工）。

4.2　关于任务分离法与匹配比较法的比较

自塔尔文（Tulving）提出了任务比较方法之后，多重记忆系统说和迁移适当加工理论的支持者们在此基础上于近期开展了大量的工作。前者认为：在满足提取意识性标准的前提下，实验结果若出现了任务分离，就能证明内隐记忆的存在。例如，用再认任务和物体决定任务进行比较，两种任务提供给被试的材料是相同的，结果出现了任务分离，这只能用底层加工的不同进行解释。后者赞同提取意识性标准的逻辑，并在研究中尽量满足此标准的要求，认为在除了指导语，内隐记忆测量（间接测量）和外显记忆测量（直接测量）的各种条件都保持一致的前提下，任务分离的事实是存在两种不同的提取模式的有力证据。这暗示着迁移适当加工理论在一定程度上接受了某些多重记忆说的观点。同样，多重记忆说的支持者在实验中也证实了迁移适当加工理论的某些重要假设，如启动特性（specificity of priming）原则。在物体决定任务中，整体编码能产生启动效应而局部编码不能，是启动特性原则作用的缘故。因此，把这两种观点融合起来是内隐记忆研究的一个新动向。

无论是多重记忆系统说还是迁移适当加工理论，都是运用任务比较方法学来考察实验性分离现象。两者的区别在于对分离现象的不同解释。任务分离的指导思想导致多重记忆系统说的支持者在正常被试身上只能间接地推证内隐记忆的存在。匹配比较法则不同，它的分离不是前面的任务分离的含义，而是指在直接测量表明不存在通常意义理解的记忆（外显记忆）的情况下，间接测量仍体现了先前经验的易化作用（出现重复启动效应）。推而广之，只要间接测量成绩优于直接测量成绩，内隐记忆就肯定存在。本实验发现了在非目标整字偏好判断任务第二单元中存在内隐记忆。这是对内隐记忆的直接证明。

从实验结果来看：匹配比较法的不足之处在于很难发现内隐记忆，在内隐记忆确实存在并为任务分离法证实时，间接测量成绩也并不一定优于直接测量成绩。因此，满足提取意识性标准的任务分离法似乎更利于发现内隐记忆，匹配比较法则提供了一个明确而直接的内隐记忆存在的证明逻辑。

5 结语

本研究运用匹配比较法，揭示了内隐记忆存在的三个必要条件，即非目标（注意）汉字、偏好判断任务（间接测量）后阶段和以汉字整体特征为判断标准（整体加工）。进一步的研究希望能揭示汉字的内隐记忆具有的特征。

问题 8（a），对数据的解释，是我们的好还是作者的好？我们与作者的解释基本一致。不过，作者的数据解释工作更为细致和深入。

问题 8（b），我们与作者的解释中，哪一个更有意义，更能启发其他研究者？这方面我们与作者不同。作者主要讨论了汉字内隐记忆的存在及其条件，以及匹配比较法的方法论。其中的第二点，我们没有考虑到，我们的讨论可能更多地集中在对实验结果的深入解释和对现实生活的意义方面。从对其他研究者的启发角度看，作者的讨论好在从方法角度进行了说明和总结，起点较高，而我们则关注对生活实践的意义，对指导一些应用性研究或许有些意义。

上面就是一个完整的核对清单阅读法的实例。从例子中可以看出，核对清单阅读法能帮助我们迅速、全面地了解作者论文中的全部信息——该领域的进展及实验的假设、方法、结果，也能帮助我们对自己和作者的观点进行有鉴别性的反思，吸收他们研究中的精华所在，弥补自己观点的缺陷。总之，核对清单阅读法是我们每个初学者都应该掌握的有效工具。

第三节　心理学实验报告的写作

讲完研究报告的阅读后，我们要介绍它的写作流程和规范。对于一个新手来说，在回顾了大量的期刊文献、产生想法并设计实验过程、获取数据并分析结果后，准备动手写自己的第一篇实验报告时，了解心理学实验报告所必须遵从的规范是很重要的。这些规范包括实验报告的基本格式和写作技巧两方面。前者指以统一的方式将实验报告的内容组织起来，方便公开发表并和同行交流；而对于后者的重要性，我们举一个生动的例子来说明。斯金纳（B. F. Skinner）曾经是心理学界最重要和最有影响的人物。有趣的是，在他的众多著述中，最有影响力的竟是 1948 年出版的小说《沃尔登第二》。在这本书里，斯金纳用优秀的写作技巧，阐述了他的操作性条件反射理论如何应用于社会生活的“控制”。今天，这本书是许多大学心理学的必读参考书，并且社会上还有不少人自愿阅读，这对斯金纳的理论观点传播起到了极大的作用。相反，英国著名物理学家法拉第（M. Faraday）的研究成果却是沉寂了多年之后才被接受的，原因在于他的文章晦涩难懂。由此可知，即使在写心理学实验报告这样的科研论文时，写作功底和技巧也是不可或缺的。良好的写作技巧可以使你的实验报告锦上添花、备受青睐。

下面，我们将详细介绍典型实验报告的格式（APA 格式，APA 为美国心理学会简称），以及报告中各部分的写作技巧。

一、APA 标准实验报告的格式

按照美国心理学会（American Psychology Association）2001 年的《APA 出

版手册》(*Publication Manual of APA*)(第五版)中的描述(这本出版手册已成为美国大学心理学及相关专业的教材),一份标准的实验报告的各个关键部分应该以固定的页码顺序排列。

封面包括文章的题目、作者姓名和工作单位以及行文标题。手稿中每页的右上角会有短标题(running head),它由题目中的几个词构成,主要用于编辑时确认手稿。当手稿被打印发表的时候,这种短标题就称为行文标题,它会被打印在手稿的封面上。

第二页包含短标题、摘要(abstract)及关键词(key words)。关键词一般是在摘要后,列出和文章内容息息相关的几个单词或短语。此外从第二页开始,除了最后的图片页外,每页顶端都要列出短标题和页码。

实验报告正文从第三页开始,首先是文章的完整题目,紧接着是引言(introduction)。通常来说,无须给引言加注小标题。引言之后,紧随的是方法部分(method),无须换页。在撰写方法部分时,应写上几个下一级子标题,如"被试"(subjects)、"仪器"(apparatus)和"程序"(procedure)等,以帮助读者快速明确相关信息。方法之后紧跟着结果部分、讨论部分,和此前一样,仍不必换页。需要注意的是:正文中不要直接出现图表,只需在相应位置标注出图表编号即可,所有图表的详细内容都放在正文之后。

在讨论部分之后,另起一页写参考文献。参考文献是整篇论文中写作格式最为复杂的一部分,因此写作时要小心准备。可以参考《APA 出版手册》和最近的期刊文章。如果实验报告包含作者注或脚注,则也分别需要另起一页写在参考文献后面。一般当研究者准备发表论文时,考虑受到过的各方援助,需要写作者注来表示感谢;而行文过程中若有些部分需要另行注释,就要按编号写脚注,但一般并不鼓励研究者写脚注。

最后需要另起一页,报告正文中涉及的图和表,先表后图。表格每页一个,前面要标上号码并设置简洁易懂的标题;图则首先集中报告所有图片的编号和说明,然后开始每页打印一张图,背面要写上作者的姓名(或短标题)以及图的号码。

以这种方式组织手稿方便期刊编辑的工作,是研究报告正式发表的条件之一。当然，一般对学生实验报告的要求可能并没有上面介绍的这么严格。例如，学生实验报告中的图表可以穿插在正文里。不过我们仍然建议学习 APA 标准格式，因为它为每个人未来的文章发表和交流提供了很好的锻炼。此外，中国心理学会参考美国心理学会的《APA 出版手册》，并结合我国有关科研论文写作的国家标准编的《心理学论文写作规范》（科学出版社 2016 年第二版），是目前我国心理学研究论文的撰写规范。该书可以帮助学生在论文格式上达到国内发表的统一规范。

二、写作技巧

标准的心理学实验报告或期刊论文由七个部分组成：题目和作者、摘要、引言、方法、结果、讨论以及参考文献。每一部分都有各自的写作技巧，现逐一介绍。

（一）题目和作者

题目是为了让读者了解一篇文章的基本内容，因此必须简洁明了。它应该是对论文的主要观点的概括性总结，包括所研究的变量（即自变量和因变量）以及它们之间的相互关系，如“汉字笔画多少对记忆速度的影响”，就是一个较好的题目，它表达了重要的信息。题目也可以是一个理论观点。题目中应避免使用含义笼统的词语，这只会增加题目的长度并误导索引者。诸如“方法”“研究”“实验”“研究结果”这样的文字，以及“一项……的研究”或“一项……的实验研究”之类的烦琐用词都不宜出现在题目中。而且，题目中还要避免使用缩略词，应给出术语的全名，以方便读者对论文进行正确而完整的检索。APA 格式所规定的题目长度为 10～12 个单词，中国心理学会规定的中文期刊论文的题目则一般不宜超过 20 个汉字。

论文的作者是那些对发表的文章具有主要贡献，并对数据、概念和结果解释负责的人。作者中既包括论文的撰写者，也包括对研究具有实质性贡献的人，如直接参加研究的全部工作或主要工作的人。

（二）摘要

摘要是对论文内容的简短而全面的概括，能够让读者迅速总览论文的内容。并且，与题目一样，摘要也是各种数据库中常见的检索对象。APA 告诫所有作者：一旦刊登在期刊上，你的摘要就将作为印刷版或电子版的摘要总集的一部分开始其活跃而长久的生涯。因此，一个好的摘要是整篇论文中最重要的组成部分。摘要既要具有高度的信息浓缩性，又要具有可读性，还要组织良好，篇幅简洁且独立成篇。一个好的摘要应该具备以下特点：（1）准确性。摘要应能准确反映论文的目的和内容，不应包含论文中没有出现的信息。（2）独立性。摘要应自成一体，独立成篇，对所有的缩写、省略语和特殊术语做出说明。（3）简练而具体。摘要中的每个句子都要能最大限度地提供信息，并尽可能地简洁。APA 格式规定的摘要长度不能超过 120 个单词；中国心理学会规定的中文期刊论文的摘要则一般不超过 300 个汉字，而且英文摘要应是中文摘要的转译，需要简洁、准确地将文意译出。摘要应以最重要的信息开头，可以是目的或主题，也可以是结果和结论。摘要中只需包含 4 个或 5 个最重要的观点、结果。

一篇实验报告的摘要应说明：要研究的问题，如果可能的话用一句话来表达；被试，详细说明相关特性，如数量、类型、年龄、性别等；实验方法，包括仪器、数据收集程序、完整的测验名称和方法等；结果，包括统计显著性水平；结论、意义或应用。而报告的主体应该是对摘要的扩展，所以大部分摘要都是放在最后写。

（三）引言

引言往往包括提出问题、说明研究背景、阐明研究目的和理论基础等三部分内容。

1. 提出问题

作者在正文的开始部分要用一段文字提出所要研究的具体问题，并描述研究策略。在开始着手写引言时，需要考虑：所要研究的问题重要性如何？假设和实验设计与该问题之间具有怎样的关系？该研究有何理论意义，与同领域的先前研究有何关系？所要检验的理论问题是什么，如何解决？好的引言会用一段或两段文字来回答这些问题，通过总结相关论点和数据，清楚地告诉读者做了什么以及为什么这么做。

2. 说明研究背景

在提出问题之后，作者要对以往的相关文献进行讨论，但并不是毫无遗漏地进行历史性回顾。要假定读者对该领域有一定了解，不需要向他们做完整而冗长的说明。也就是说，在对先前的研究工作进行学术性回顾时，应只引用和参考与具体问题相关的研究工作，而不要引用和参考无关或只具有一般性意义的研究工作。需要总结先前研究，但应避免无关紧要的细节描述，要强调相关的发现、相关的方法论问题和主要的结论。在介绍别人的研究时，要始终让读者觉得你正在形成自己的研究主题。同时，还应公平地对待尚有争议的问题。不管个人的观点如何，在陈述一个争议性问题时，应避免敌意和带有个人偏向的陈述。

3. 阐明目的和理论基础

提出了问题和说明了背景情况后，接下来就要说明具体的研究。在引言的最后一段，要定义变量并对研究的假设做一个正式的说明，这些有助于增加论文的清晰度。在写引言的结束部分时，要记住以下问题：我打算操纵什么变量？期望得到什么结果以及为什么我期望这样的结果？其中，“为什么我期望这样的结果”这个问题背后的逻辑应该是明确的。并且还要清楚地说明每个假设的理论基础。至此，应该使读者认为你的研究正在填补一个重要的空白。

（四）方法

方法部分要详细描述研究是如何进行的，说明你对变量的处理过程。这部分一定要写得清楚、完整，尽量告诉读者他们需要知道的每件事。这样的描述可以使读者对你的方法的适当性以及你的结果的可靠性和有效性（即信度和效度）进行评价，也可以使感兴趣的研究者能够重复这个研究。通常，方法部分被分成三个带标题的层次，这些层次包括被试、仪器（或材料）及程序。

1. 被试

就心理学的理论和实践而言，对被试做恰当的说明非常重要，特别是在评估研究结果、概括研究发现、比较重复研究、文献综述和分析二手数据时更是如此。作者对样本应做充分的描述，并且样本应具有代表性（如果不具代表性，应说明原因）。结论和解释都不应超出样本所能代表的总体的范围。对于动物被试，作者应报告它们的种类、变化或其他具体证明资料，如数量、性征、质量和生理状况等重要信息。当被试是人时，作者应报告抽样和分组程序、被试的性别和年龄、被试的总数目以及分派到每个具体实验条件下的具体数目。如果由于某种原因部分被试没有完成实验，中途退出或被淘汰，作者必须加以说明并解释他们没有继续实验的原因。以上所述内容也有助于他人成功地重复该研究。

2. 仪器（或材料）

该部分简短描述实验中所使用的仪器或材料以及它们在实验中的功用。像家具、秒表或屏幕等标准实验设备通常不需要详细描述，特殊设备的型号、供应商等通常需要做一定的说明。复杂设备可能需要使用图纸或照片加以说明，其细节则可在附录中进行详细描述。

3. 程序

该部分说明研究过程中的每个步骤，包括对被试的指导语、分组情况、具体实验操作，以及对实验设计中的随机化、平衡和其他控制特点的描述。除非指导语是非同寻常的或者其本身是实验操作的构成部分，才需要逐字写出，否则，作者只需对指导语进行简要解释即可。在此部分，作者通常先讲述实验设计，然后介绍指导语（被试是人），此外还要让读者了解实验的各个阶段。

概括而言，方法部分应该足够详细地告诉读者你做了什么以及是怎样做的，以便读者能够重复你所进行的研究。

（五）结果

对数据的收集过程及所使用的统计或数据分析处理进行总结，这是结果部分的任务。在该部分，你要向读者说明主要的结果或发现，尽量详细报告数据以验证结论。要报告所有相关的结果，包括那些与假设相矛盾的结果。除非是个案设计或单样本研究，一般不需要报告单个被试的数据或原始数据。在写作结果部分时需要注意的是，在这一部分讨论结果的潜在意义是不恰当的。

另外，应选择能够清楚而又经济地说明数据的报告形式。表格通常能提供精确的数值，如果组织得好的话，如方差分析表，还能够使复杂的数据和分析一目了然。插图能够吸引读者的目光，很好地解释复杂的关系和整体的比较。但插图没有表格精确，有时容易产生误导。例如，在一项关于个体对单独记忆和协作记忆的信息进行再认的研究中，研究者（Lu et al.，2017）利用隐藏信息测试，向被试呈现探测刺激（旧项目）和无关刺激（新项目），并比较探测刺激和无关刺激诱发的 P300 波幅的大小。结果发现，个体在单独记忆的条件下由探测刺激和无关刺激诱发的 P300 波幅的差异显著大于在协作记忆条件下由探测刺激和无关刺激诱发的 P300 波幅的差异。如果以不同的因变量数量级来对其研究结果作图的话，我们会得到如图 3-1 所示的结果。乍一看，左右两个图很不同，前者似乎显示单独记忆和协作记忆差异显著，而后者则没有差异。实际上两个图在视觉上的差别是不同的量级造成的，左侧使用的是个位数量级，而右侧使用的是十位数量级。很明显，以十位数量级为标准作图就会产生误导。可见，作图的方式可能突出或掩盖实验的结果。

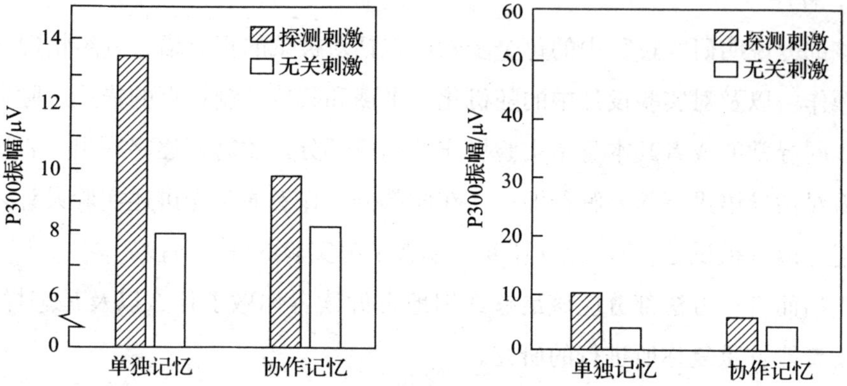

图 3-1　不同因变量数量级下同一个实验的结果

总的来说，采用表格或插图来说明数据比较直观，但它们都比文字书写要费时费事，因此它们主要被用来描述最重要的数据。需要注意的是，不要在多处重复使用同样的数据，能够简单用几句话说明的数据不要用表格来表示。当使用表格或插图时，要确定每个表格或插图都在正文中有所提示，如“见表 1”“见图 1”字样。而且，表格或插图是用来辅助文字说明的，它们本身不能完全传达信息，还应辅以足够的说明以便读者理解。

在结果部分里，作者的具体措辞也是重要的。文字说明必须恰如其分，不可夸大，也不可缩小，一定要以实验结果为依据做客观的说明。诸如，“尽管不同条件间的数据差异不显著，但之前所预测的趋势还是存在的”这类表述就应该避免使用。因为“趋势”一词一般只有经过统计检验后确定差异显著时方可使用；

况且即使统计差异显著，也仅仅表明了可能性（如 100 次中有 95 次），而不代表必然存在着什么“趋势”。

（六）讨论

讨论是一篇文章中最富创造性的部分。在这里可以对研究结果进行评价，并解释研究结果的意义，特别是与你的初始假设有关的结果。你可以自由地检验、解释和描述结果，并对结果进行推论。要强调对结果的理论分析以及所得结论的有效性，这一点很重要。当讨论相对简短时，可以将其与结果部分合并，于是就产生了“结果与讨论”“结果与结论”等形式。

在讨论的开始部分，应清楚地说明是否支持所提出的初始假设，还应说明你的研究结果与他人研究的异同，以及它们是如何证明你的结论的。但不要简单地重组或重复已经说明过的观点；每个新的陈述都应有利于说明你的立场，并有助于读者对问题的理解。应承认研究中存在的局限，接受而不是掩饰负面结果。

这部分最容易犯的毛病是缺乏组织，因此在开始写之前，你必须明确讨论的要点，并始终围绕它们进行讨论，切忌跑题。如有可能，还需在讨论的结束部分对你的研究发现的重要性做一个评价，指出研究有何理论意义和实践意义，有何改进，或提出新的研究问题，但这些论述要简略。一般来说，在该部分应考虑以下几个问题：我所研究的问题的重要性如何？我在研究中做出了什么贡献？从我的研究中可以得出什么结论和理论含义？我的研究对解释实际生活中的心理现象有何帮助？读者有权利得到清楚、明确而直接的答案。通过对讨论部分的阅读，读者应该可以用一两句话说出报告的主要结论。此外，你务必记住不要夸大结论，结论应是对结果的审慎的概括。

当一个研究中有多个实验时，你需要对每个实验的方法和结果进行分别描述。可以的话，应对每个实验结果做一个简短的讨论，或者也可以将讨论与结果结合起来（如结果与讨论）。通常要使读者清楚地了解每个实验的逻辑和理论基础，以及实验之间的联系。在最后一个实验介绍完之后，还应有一个总讨论。

（七）参考文献

参考文献写在文章的结尾处。文中凡是引用前人或他人的观点、数据和资料等，都要对它们在文中出现的地方予以注明，并列入参考文献中；而且，参考文献中的文章或著作也必须是在文中引用过的。参考文献应是简短的，并是对相关文献的准确引用。通常，参考文献中所列出的文章或著作中应该包括该领域最近发表的论文和一些重要的前期研究。这样的参考文献对读者是很有价值的，既可以使他们了解你的研究是关于什么的，又可以向他们提供相关信息的有用线索。

最后，注意通篇的报告要紧凑、前后连贯，不能松散，各部分虽然是相对独立的，但除第一部分外，每部分的论述都应建立在前一部分的基础上。你必须不止一次地告诉读者你所做的是什么，这样才能使他们从你的报告中获得最多的有用信息。

写出一篇说服力强、组织好的实验报告是需要长期努力和练习才能熟练的一种技能。实验报告的写作不仅仅是以固定格式表达信息这么简单，还要注意文风、措辞、表述等许多方面。好的实验报告符合规定的结构标准，每一部分都内容明确、思想简洁、数据引述合理充分。中文心理学期刊论文的写作应参照中国心理学会编的《心理学论文写作规范》中的要求。在将自己写出来的实验报告投到某期刊编辑部去之前，你必须先按照统一的标准格式修改或重写手稿。

第四节 学生实验报告的写作

至此，我们已经对如何写标准的心理学实验报告做了详细介绍。不过可能你的心里仍然会存在一个疑问：“为什么当我试图把这些写作标准应用在报告实验心理学课上所做的实验时，似乎困难重重，并没有想象中的那样容易呢？”不仅仅是你，很多大学生都会有这样的疑问。于是，你们可能会向老师提出各种各样的问题，例如：“本实验填补了哪些空白？”“前人的研究是什么？”“本实验的假设和预期是什么？”“参考文献该怎样写？”等等。需要指出的是，大学生为心理学课上做过的教学实验而写的报告是学生实验报告。由于教学实验的目的是让学生学习和掌握有关心理学的基础知识和基本的实验技能，因此，学生实验报告与我们前面所介绍的标准实验报告有些区别。这一点在《APA 出版手册》的一个特殊部分也专门有所提及。但是大家应该知道，学生实验报告并不是一种新的报告形式，它实际上是标准实验报告的衍生物和变式。本节将介绍学生实验报告的写法，从中你可以看出它与标准实验报告的区别和联系。

一、学生实验报告的各个部分

通常，学生实验报告可以分为以下几个主要部分。

（一）题目

严格来讲，题目应该包括自变量和因变量。但教学实验大多都是有关实验方法和实验技能的，因此，学生实验报告的题目很难符合这个标准。教学实验通常包括六个方面：（1）心理物理学方法，如极限法、平均差误法、恒定刺激法、信号检测论等；（2）心理特点的测定，如注意广度、瞬时记忆、警觉水平的测定等；（3）心理现象的演示，如盲点、色轮色盘的颜色混合、马赫带等现象的演示；（4）因素性实验，如听觉定向与时间差、情绪与皮肤电反应、不同材料的学习迁移等；（5）相关实验，如场依存性与辨别能力、唤醒水平与作业成绩、不同肢体的反应时等；（6）信息加工实验，如句子类型与理解的关系等。许多学校的实验心理学教学以前三个方面为主体。因此，学生实验报告的题目可以有两种：（1）直接以所学习的方法、所测定的心理特点、所演示的心理现象为题目，上述前三个方面的实验报告的题目大多如此；（2）使用标准的报告题目，即其中包括自变量和因变量，后三个方面的实验报告的题目能够符合此标准。

明确了学生实验报告可以有两种题目后，你的许多迷惑就可以避免了。例如，在写有关大小恒常性的实验报告时，为了符合 APA 标准格式，你可能最后苦思冥想出一个包含自变量和因变量的题目——“标准刺激的左右位置对大小恒常性的影响”。显然，在这个题目里你是把控制变量当成了自变量。实际上，你完全可以把“大小恒常性”作为你的实验报告的题目，这要比牵强附会地硬套 APA 标准格式好得多。

（二）引言

标准实验报告的引言应该包括所要研究的问题、该问题产生的经过、该问题提出的背景材料（别人的相关研究）、作者对该问题的理论假设以及本实验的意义等。为了写引言，研究者需要做大量的工作，如文献的检索和阅读等。研究者要有充分、翔实的资料证明自己所要研究问题的价值，这是进行研究的必要条件，也是得到编辑和读者认可的前提；研究的进行还要有相应的理论框架和研究者本人的思考来指导。因此，标准实验报告的引言是大有可写的。

虽然教学实验比较简单，但引言部分仍是实验报告的关键，方法、结果尤其讨论都是在它的引领下展开的。此外，标准引言的写作还能培养学生的文献检索能力、理论思维能力和假设预期的能力。因此，学生实验报告的引言也要遵循标准实验报告的引言格式。最好能够包括以下内容：（1）简单介绍实验中用到的方法、要测的心理特点或要演示的心理现象；（2）说明关于这方面的经典结论；（3）自己对实验的分析和假设；（4）本实验的理论意义和实践意义。

（三）方法

标准实验报告的方法部分需写明实验中主试对被试做了什么，即实验是怎样进行的，而且必须写得清楚、详细、完整，以便其他研究者能够重复该实验。学生实验报告的方法部分基本上也能达到这个标准，因为经典教学实验的方法都是经过千锤百炼的。

（四）结果

标准实验报告的结果部分的图表通常会放在报告的末尾处，在结果部分只需标出其位置就可以，这样做是为了编辑和打印的方便。而学生实验报告则不存在这个问题，因此，学生实验报告中的图表可能会穿插在正文里。

通常，学生在写这部分时出现的问题是最多的。要么只有文字叙述，没有任何图表；要么只画出图表，没有文字说明。前者常常导致语言啰唆，表现力不够，后者又喧宾夺主了。最佳的写法应该是先用文字叙述结果，然后辅以图表来加深印象。

（五）讨论

讨论部分要指出研究结果意味着什么。方法和结果部分都有固定的要求，但讨论部分有很大的自由度，所以这部分的写作无对错之分，只有好坏之别。学生实验报告的讨论基本上围绕着三个方面展开：（1）从实验的实施过程方面分析，如“被试疲劳了”“主试有点儿急躁”“仪器不灵敏”等；（2）从研究方法方面分析，如“平均差误法得出的只是近似值”“信号检测论的两个指标比较灵敏”等；（3）从理论的角度分析，这方面的论述一般比较少。大部分学生实验报告的讨论多集中于前两个方面，而期刊上发表的实验报告则主要讨论后两个方面。这是个值得注意的地方。虽然教学实验与科学研究不同，但二者还是有联系的。如果你能试着在讨论中深入到理论的水平，无疑对你未来的科学研究将大有益处。

（六）结论

APA 标准格式中没有结论部分。结论部分需说明本实验结果证实了或否定了什么问题，并用简短的文句表达出来。结论必须恰如其分，不可夸大，也不可缩小。一定要以本实验所得的结果为依据，确切地反映整个实验的收获。

（七）参考文献

学生实验报告所参考的文献很少，但是这部分仍要按照标准实验报告所要求的格式认真完成。

（八）附录

极少数情况下，标准实验报告会列出附录，如实验中使用了特别的材料或不同寻常的统计技术。而在学生实验报告中，通常会要求列出实验的全部原始记录。因为，即使是同一结果，不同的人或同一人在不同的时候都可以进行不同的分析和处理。这可以使你更好地应用并掌握所学的统计知识，也便于同学之间的交流。

二、学生实验报告举例

以上我们对比了标准实验报告的格式与学生实验报告的格式，阐释了学生实验报告的独特之处。下面是一篇学生实验报告。

平均差误法

1 引言

平均差误法是测量感觉阈限的一种方法。这个方法有三个特点：(1) 在测定差别阈限时所呈现的变异刺激，如光的明暗、声音的强弱高低、线条的长短等，是连续变化的，不像最小变化法那样是以等距离间断变化的，也不像恒定刺激法那样是几个固定刺激按随机的顺序呈现的。(2) 平均差误法的变异刺激大都是由被试操作或调整而产生的连续的量的变化。由于这个特点，这个方法又叫调整法。由于被试参与操作，因此也容易产生动作误差。例如，从小于标准刺激调整到与标准刺激相等和从大于标准刺激调整到与标准刺激相等，其结果就可能不同。(3) 被试经过调整得到在感觉上相等的两个刺激值，其物理强度之差的绝对值的平均数（即平均误差，用 AE 表示）就是所求的阈限值。其计算公式如下：

$$AE=\sum|X-S|/N$$

式中，X 为每次测定所得数据，S 为标准刺激，N 为测定总次数。平均差误法就是因此而得名的。用这个方法测得的阈限值比用其他两种方法测得的值要小一些，因为其差别阈限处于上下限之间的主观相等地带之内，而绝对阈限则为50%次感觉到的强度。平均差误法获得数据的标准和计算的方法与其他方法不同，它所测得的结果可以说只是一个阈限的近似值。因此，用此法测得的阈限不能直接与用其他方法测得的阈限进行比较。本实验通过长度差别阈限的测定，让学生学习如何用平均差误法测量差别阈限。

2 方法

2.1 被试

本实验的被试为某大学本科学生两名，20岁，女生。

2.2 仪器

长度估计测量器。

2.3 程序

(1) 用长度估计测量器呈现白背景上的黑色线条，线条分左右两半，两半分别用活动套子盖住，背面有以毫米为单位的刻度。主试移动一个套子使一边的直线露出10厘米作为标准刺激，又用同法使另一边的直线露出一个明显短于或长于标准刺激的长度作为变异刺激。被试通过移动套子来调节变异刺激，直到他认为与标准刺激长度相等为止。主试记下被试调好的长度。

(2) 在安排实验顺序时，要注意几个控制变量：①为了消除动作误差，在全部实验中应有一半的次数呈现的变异刺激长于标准刺激（套子向“内”），另一半次数呈现的变异刺激短于标准刺激（套子向“外”）。②为了消除空间误差，在全部实验中应有一半的次数在中线的左边呈现变异刺激（简称“左”），另一半次数在中线的右边呈现变异刺激（简称“右”）。上述呈现变异刺激的办法可组合为“左外”“左内”“右外”“右内”四种方式。③为了消除系列顺序的影响，实验按照“右外→右内→左内→左外→左外→左内→右内→右外”进行，共八组，每组做五次。全部实验要做两个循环，共计八十次。每做完二十次，休息两分钟。

(3) 在实验过程中，主试不要告诉被试调整出来的变异刺激的长度是否和标准刺激相等，也不要做任何有关的暗示。

(4) 换被试，再按上述程序进行实验。

3 结果

用前述公式计算两个被试的平均误。他们的长度差别阈限分别为2.387 5毫米和3.50毫米。对两个被试的平均误的差别进行显著性检验，结果差异不显著，$t=1.865$，$p>0.05$。

4 讨论

从结果（附录中的原始数据）看，误差的分布较为理想，基本上仍是以100毫米为中心，得出的平均误也基本符合以往此方面的研究。在误差控制方面，ABBA法有效地抵消了空间误差与动作误差，但同时也发现一些可能产生干扰的因素。首先，平均差误法是建立在刺激为连续变量的基础上。实验中，长度虽然是连续变量，但由于活动套不够灵活，以至于事实上被试无法进行连续的调整。许多情况下，被试并没有调整到主观认为的相等点，就因为难度太大而放弃了。其次，被试可能利用长度知觉之外的其他线索来做判断，如仪器面板上的位置标记，这样无形中一些干扰变量就混进来了。因此，建议今后从仪器的灵敏度和被试的科学精神两方面入手，以提高本实验的精确性。此外，两被试间的平均误差异不显著是很正常的，因为这两人来自同一群体，而且两人的视力都处于正常的范围内。

5 结论

平均差误法可以用来估计差别阈限，平均误这个指标基本灵敏。

6 参考文献

杨治良. *实验心理学*. 杭州：浙江教育出版社，1998.

7 附录

以下为本次实验的原始数据。

表 1 被试 1 比较刺激的长度判断 单位：mm

次数	右				左			
	外		内		外		内	
	一	二	一	二	一	二	一	二
1	102	101	97	98	97	98	99	101
2	102	97		103	99	103	98	98
3	103	100	102	109	95	102	102	100
4	105	96	101	104	93	101	97	96
5	101	97	101	99	93	98	102	99
6	104	99	93	99	96	95	99	98
7	103	98	102	100	98	95	98	97
8	101	97	98	104	96	98	100	97
9	99	98	103	99	97	95	102	98
10	100	101	101	102	99	97	99	99

表 2　被试 2 比较刺激的长度判断　　单位：mm

次数	右				左			
	外		内		外		内	
	一	二	一	二	一	二	一	二
1	110	107	104	102	108	109	106	107
2	102	102	104	101	106	103	105	100
3	102	101	103	103	103	104	102	101
4	104	101	102	100	110	105	102	104
5	101	103	105	101	101	103	103	102
6	103	102	100	105	104	104	108	105
7	102	104	105	104	101	108	102	100
8	100	101	104	103	101	100	105	105
9	101	100	103	101	110	105	102	107
10	100	104	103	106	107	105	105	106

学生实验报告比起标准实验报告要简单许多，在各部分写法上也存在差异，但写学生实验报告的目的在于掌握写报告的基本技能，为将来做研究时能写出达到发表水平的标准实验报告做准备。因此，我们希望大家以后能够在学生实验报告的写作中尽量练习标准实验报告的写作规范和技巧。

课后思考题

1. 心理学专业中文期刊主要有哪些？

2. 什么是核对清单阅读法？请尝试用核对清单阅读法阅读一篇文献，并写出完整的阅读报告。

3. 什么是 APA 格式？

4. 学生实验报告主要包括几个部分？

本章实验

实验一　自变量范围的确定

1　引言

实验的一个根本要素就是对自变量进行操纵。而对自变量进行操纵也就是要确定自变量变化的范围，以揭示自变量在某一选定范围内的变化对因变量产生的影响。由此，本实验的第一个目的是通过对皮肤两点阈的测定，学习确定心理学实验中自变量范围和间距的方法。

用两个刺激物同时刺激皮肤，当刺激间的间距足够大时，我们可以清晰分辨此为相隔一定距离的两点，当间距逐渐缩小时，我们越来越难以分辨此为两点，当间距缩小到一定程度时，我们只能感觉到一点。两点阈就是指能感觉到是两点，而不是一点的最小距离。

维耶罗特（Vierordt，1870）最早使用两点阈量规（two-point aesthesiometer）对人体各部分的两点阈进行了测量，结果发现从局部到指尖，两点阈越来越小。这种身体部分的触觉感受性随运动能力的增高而增高的现象，被称为维耶罗特定律。除此之外，还有研究发现：两点阈因练习而减小，因疲劳而增大。由此，本实验的第二个目的是探讨身体不同部位两点阈的差别以及练习和疲劳对两点阈的影响。

2　方法

2.1　被试

被试两名。

2.2　仪器和材料

两点阈量规：由一个游标卡尺和 A、B 两个刺激点组成，量脚之间的距离可以调节，并在刻度上读出来。

此外还有遮眼罩和记录纸。

2.3　程序

主试选定被试的左手背（A 区）与前臂背面为测量区，前臂背面又分为两个区（B 区和C区)，本实验取A、C两个区。测量前，在各区内标上蓝印或画出圆圈，刺激在圈内进行。

在使用两点阈量规时，必须垂直接触皮肤，对两个尖点施力均匀，接触时间不能超过2秒钟，先在自己手上练习几次后，再在被试的非实验区练习几次。

实验序列的长度和起点，可以根据初步测验后确定，可以在7～15毫米的范围内取5个点，每步变化在1毫米左右。每种间距做20次，随机安排顺序。

主试对被试的指导语："在排除视觉的条件下，当你感觉为两点时，报告为'二'，一点时，报告为'一'，不能确定时，报告说'不知道'。"

每隔50次，休息几分钟。被试有时会产生一种相对持久的两点后像（即使只有一点或相距很近的两点，也报告为两点），此时应让被试适当休息。每隔数十次，插入一个一点刺激，测试被试是否有这种后像。

主试记录被试的回答，"二"记为"+"，"一"记为"—"，"不知道"记为"?"，插入刺激的回答不予记录。

全部测完后，在记录中挑出有"?"的序列，再重复测量，以获得更为确切的判断。

3 结果

分别求出左手A区和C区的两点阈限，见表1。

表1 A区和C区的两点阈限

刺激的间距/mm	被试1		被试2	
	A区	C区	A区	C区
7				
8				
9				
10				
11				
12				
13				
14				
15				

对上述数据进行差异显著性检验，见表 2。

表 2　A 区和 C 区差异显著性检验

	t	df	$Sig.$	均数差
被试 1				
被试 2				

作图表示刺激量和反应为两点的百分数间的关系（如图 1 所示）。

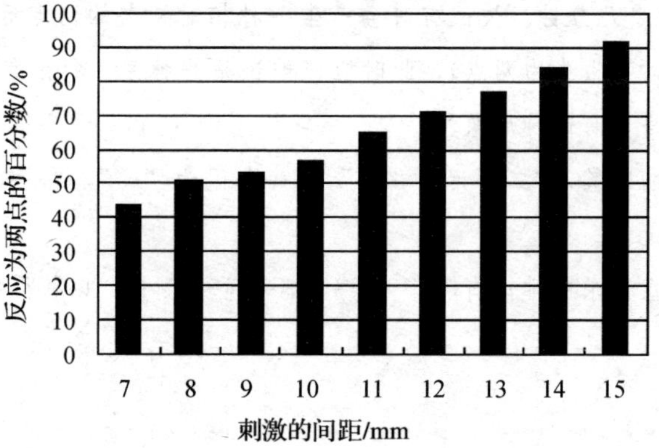

图 1　刺激量和反应为两点的百分数

注：图中数据为虚拟数据。

4　讨论

4.1　身体不同部位的触觉是否有差异？两点阈能否从一个侧面揭示触觉感受性的大小？

4.2　如果要测定皮肤某部位的两点阈，自变量的范围和间距应如何安排？

4.3　练习和疲劳对两点阈有何影响？

5　参考文献

杨博民．(1989)．*心理实验纲要*．北京：北京大学出版社．

杨治良．(1998)．*实验心理学*．杭州：浙江教育出版社．

实验二　神秘的气泡——个人空间圈

让我们先来做一个实验。选择一个面积为 10 米×10 米左右大小的空教室（或大厅），教室（或大厅）内不能有课桌等物。如找不到一个合适的室内场所，也可寻找一块同样大小的空地或小操场。但要注意，选择的场地不宜过大，否则会影响实验结果。找到场地之后，再准备一把量程大于 2 米的米尺。实验由三人进行，一人做主试，一人做被试，一人做记录员。主试和被试之间一定要不相识。但是他们和记录员之间都是相识的。整个实验由记录员主持。实验前由记录员告诉被试：“当主试在某一方向的 5 米处向你慢慢走近，你觉得不能容忍时，就叫‘站住’。”并对主试说：“你听到‘站住’即停下。”记录员在记录纸上记下主试离被试的距离（见表 1）。实验开始时，请被试站在场地正中心，由主试从相对被试的 8 个方向（即正前、左前、正左、左后、正后、右后、正右和右前）向被试靠拢。靠拢时的步伐是平时走路步伐的一半。8 个方向先后的次序要打乱，不要按顺时针或逆时针方向有规律进行。8 个方向都做完了，再做第二遍，做完第二遍后再做第三遍。也就是说，每个方向共做三次。

表 1　主试与被试间的距离　　单位：cm

测试	方向							
	正前	左前	正左	左后	正后	右后	正右	右前
第一遍								
第二遍								
第三遍								
平均								

实验结束后，将各个方向的三个试次所得到的数据加以平均，最后将各个方向的平均数绘制成类似于图 1 的个人空间圈。

那么，这个实验到底是什么意思呢？善于观察外部世界的细心人会发现：鸟儿在电线上站成一排，互相保持一定的间隔，恰好使谁也啄不到谁；陌生的顾客在餐厅里总是尽可能错开就座。这些都是我们司空见惯并习以为常的现象。然而 20 世纪 60 年代心理学家萨默（Sommer）却做了个有心人。他通过对生活中这类现象所进行的大量的观察，最早提

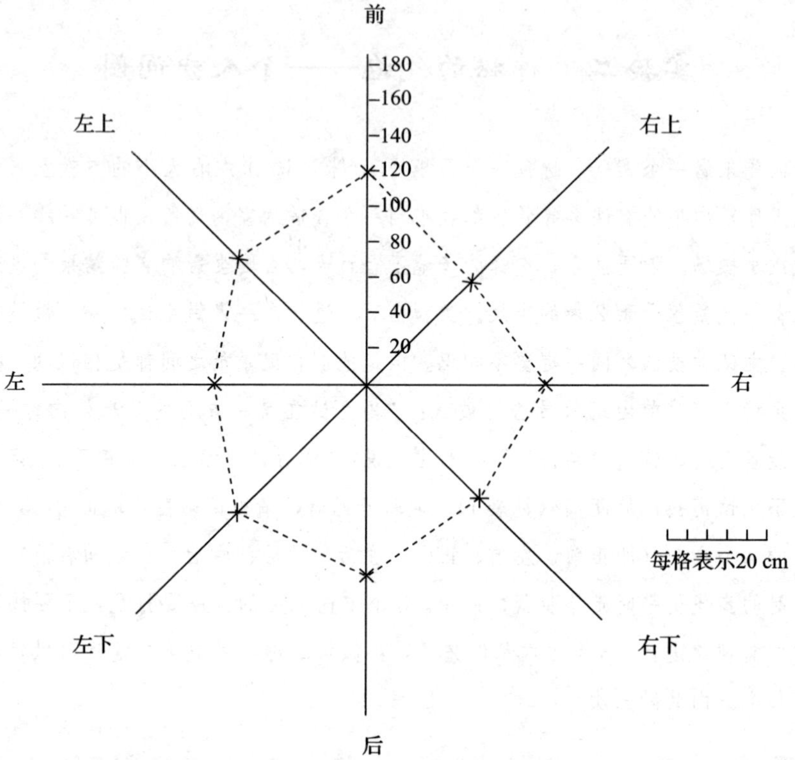

图 1　被试对空间距离需求的虚拟数据

出了个人空间的概念。他认为，每个人的身体周围都存在着一个既不可见又不可分的空间范围，对这一范围的侵犯和干扰将会引起人的焦虑和不安。这个“神秘的气泡”随身体移动而移动，它并不是人们的共享空间，而是在心理上个人所需要的最小的空间范围。心理学家把它称为个人空间圈。个人空间范围的大小受到个人特点、社会习惯、文化、环境诸因素的影响。拿个人特点而言，性别、年龄的影响尤为明显。例如，一般来说，女性比男性的个人空间圈小，这就是为什么我们在日常生活中看到女性比男性更互相靠近。你的实验结果与这个规律是否一致?

以上介绍了关于个人空间圈的实验过程和背景资料，请试着把你的实验结果和这些资料整理成一份正式的实验报告。实验报告可以参考本章介绍的格式来写。当然，如果想要写出一份严谨的实验报告，这些资料可能还是不够的，你可以试着通过检索文献来查找更多的资料。你可以从《心理学文摘》或它的光盘开始检索；此外，图书馆中的参考资料也能帮助你确定检索策略。如果你的学校拥有相应数据库的使用权限，你也可以直接通过互联网进行检索。检索时，只需键入一个能代表研究主题的关键词（比如“个人空间圈”）即可。如果检索得到的文献太多，那你可以通过限制搜索范围或缩小搜索内容等方法来缩小文章的数目。然后你需要浏览文章的题目和摘要，从中找出你认为特别有价值的。之后你再到期刊上查找它们的原文。记住：综述性的文章最有用，因为它们概括和评价了许多实证文章。此外，你还可以使用《社会科学引文索引》，键入一篇文章的参考文献，就能了解到谁引用了它。通过这种方法，你可以了解该研究领域的近期发展状况。

（采自杨治良等，1988）

第四章

反应时

我们通过用复合反应时减去简单反应时的方法获得插入的心理过程的持续时间。

——威廉·冯特

本章提要

反应时是心理学实验研究中最常用的一个行为指标。本章介绍了反应时的研究历史、反应时研究的基本问题（如简单反应时和选择反应时、速度—准确性权衡等）、减数法和加因素法这两种反应时新法，并对反应时研究的新进展进行了展望。

本章学习指导

人们对反应时的兴趣，始于18世纪天文学家对人差方程的发现，即不同的人在反应时上存在稳定的系统差异。唐德斯对这一现象进行研究，形成了他的减法反应时法。通过本章的学习，学生能达成以下目标：了解什么是反应时以及反应时的分类；了解影响反应时的内部和外部因素；理解速度—准确性权衡问题；理解并掌握减数法和加因素法；理解反应时在内隐认知研究中的应用。通过本章的学习及深入的思考，读者能够回答以下问题：

（1）金内布鲁克能够以什么理由保住他在皇家天文台的工作？

（2）列出三个发生在日常生活中的速度—准确性权衡的例子。选择其中一个例子，并设计一个实验室实验验证这一权衡现象。

任何心理活动都需要一定的时间，因此记录心理活动的时间，也即应用反应时原理和方法的研究，几乎出现在所有的心理学领域中。反应时（reaction time，RT）可以说是心理学中最常用的反应变量之一，它不是指执行反应的时间，而是指刺激施于有机体之后到明显反应开始所需要的时间。它包含以下几个时段：第一时段，刺激使感受器产生了兴奋，其冲动传递到感觉神经元的时间；第二时段，神经冲动经感觉神经传至大脑皮质的感觉中枢和运动中枢，从那里经运动神经到效应器官的时间；第三时段，效应器官接受冲动后开始效应活动的时间。

反应时是心理学研究中最重要的反应变量和指标之一，使用反应时作为指标的实验研究，曾对解决心理学理论问题和生活实际问题起到了相当大的作用。本章将对这一重要概念进行论述，内容主要涉及反应时的研究历史、反应时研究的基本问题、反应时新法以及反应时研究的新进展。

第一节　反应时的研究历史

反应时研究，几乎奠定了当代认知心理学的方法论基础。它对认知心理学和实验心理学的贡献都是巨大的。那么，反应时研究究竟是怎样一步步发展成今天的样子呢？我们有必要寻根溯源，来彻底理清它的来龙去脉。下面我们将从三个方面来探讨这个问题。

一、反应时研究的开端——在天文学上的研究历史

反应时研究的历史比实验心理学还要早，关于它曾有一段有趣的记事。

18 世纪末至 19 世纪初，天文学家通过观测天体经过望远镜目镜中的一条线，来记录天体事件的时间和位置。他们当时的计时方法是“眼耳法”，即在天文望远镜的附近放置每秒均发出嘀嗒声的闹钟，使观察者能够以 0.1 秒的近似值记下天体通过目镜中那条铜线的时间。1796 年，英国格林尼治天文台台长马斯

基林（Maskelyne）在观察星辰经过望远镜中的铜线时，多次发现其助手金内布鲁克（Kinnebrook）比他自己观察的时间慢约半秒钟，台长认为这是重大的错误，因而辞退了助手。德国天文学家贝塞尔（F. W. Bessel）得知此事后，猜想金内布鲁克与其老板所记录到的天体经过时间的差异或许不是助手的无能所致，而可能是他们之间存在的系统差异所致。贝塞尔因此比较了自己和其他天文学家观察同一星体的通过时间，也发现有明显的差别。比如，1823 年，贝塞尔与另一位天文学家阿格兰德（Argelander）共同观察七颗星时，二人反应时的差别是恒定的，以公式表示为：$B-A=1.233$（秒）。其中，B 是贝塞尔的反应时，A 是阿格兰德的反应时。

上述这个等式即是著名的人差方程（或个人方程，personal equation），它反映了两个观察者之间的个体差异。这一发现引起了天文学家经久不衰的兴趣。此后，他们确定了不同观测者的人差方程式及其校正方法。

二、反应时在心理学中的研究历史

在人差方程提出 27 年后，生理学家亥姆霍兹（H. von Helmholtz）在 1850 年实施了历史上第一个反应时实验，成功测定了蛙的运动神经传导速度（约为 26 米/秒）。其后，他又测定出人的神经传导速度约为 60 米/秒。根据神经传导的大致速度，他认为神经传导所占据的时间是很短的，而整个反应时却比较长且变动很大。

将反应时正式引入心理学领域的，是荷兰生理学家唐德斯（F. C. Donders）。他意识到可以利用反应时来测量各种心理活动所需的时间，并发展了三种反应时任务，后人将它们称为唐德斯反应时 ABC。这一部分的内容，我们将在后面进一步阐述。

唐德斯提出反应时 ABC 之后，心理学之父冯特很快就意识到唐德斯指出了实验心理学的一条重要途径，即心理活动的时间测定工作。他带领自己的学生对简单反应时和选择反应时进行了一系列的测量，比如对注意、知觉、联想和选择过程等的反应时测量。

冯特早期的学生卡特尔和屈尔佩（O. Külpe）后来都建立了专门的反应时实

验室。卡特尔做了许多关于反应时的实验。他认为被试在做简单反应测验时，其注意力完全集中在那个将出现的刺激和将运动的手指上。当刺激到来时，眼睛—大脑—手指的神经通路早已准备好了，因此反应时很快。而在选择反应测验中，需要有更多的神经通路来做接通的准备，这时被试的心理状况就会比较复杂，会产生焦虑、怀疑等复杂的心理状态，因此导致反应时延长。卡特尔先在德国然后在美国对反应时进行了广泛而系统的实验研究，其中不少材料至今仍为人们所引用。屈尔佩则发展出了一种内省的方法来研究简单反应时与复杂反应时，其学生还证明了定势对反应时的影响。但总体而言，卡特尔之后的心理学家对反应时研究的兴趣已从影响反应时的原因分析转向了反应时测量技术的改进和反应时技术的实际应用。

现代心理学家在总结反应时研究的这段历史时，把自 1850 年亥姆霍兹的研究至 1969 年间长达一百多年的时间称为唐德斯反应时 ABC 时期。这是反应时研究的第一阶段，这一阶段方法学的核心是减数法。1969 年心理学家斯滕伯格（S. Sternberg）提出了加因素法之后，反应时研究便进入第二阶段，开始了反应时研究的新时期。

从冯特至今，反应时这一概念不仅渗透到了心理学的各个分支领域，而且已成为一个专门的研究领域。有时候，有些心理学专业人士会说“对于反应时的研究是我擅长的领域”。可见，反应时的重要性已经使它不再仅仅是一种工具技术，而且也成为一个研究课题。

三、反应时测量的发展

反应时研究的首要前提是测量的高度准确性和精确性，历史上研究者对反应时的测量精度不断提出新的标准，发展出越来越精确的反应时测量工具。19 世纪冯特时代反应时实验情境中的仪器带有机械时代深刻的烙印，而现代反应时测量仪器则明显具有电子信息时代的特色。反应时测量精度的提高，是和近代科学技术的不断发展联系在一起的。

通常，一种有效测量反应时的仪器包括三个部分：刺激呈现装置、反应装置和计时装置。这三部分装置都会影响到实验结果的精度，反应时测量技术的发展也总是围绕着对这三部分的改良。

（一）刺激呈现装置和反应装置

心理学家希望，刺激呈现装置可以在发出信号的同时激活计时装置，且刺激呈现装置本身不得对被试的反应造成任何额外干扰。要满足上述第一点要求并不困难，研究者只需用电路将一个电键同时和刺激源与计时装置连接起来就可以了。由于电信号以光速传播，故而当主试按下刺激电键，将同时启动刺激源（灯、蜂鸣器等）和计时装置。

然而，简单线路和电键大多有一定的缺点和操作不方便的毛病。例如，用普通电键作为刺激键进行视觉反应实验时，如果主试、被试在同一间实验室里，刺激键在操作时发出的音响便会成为一种不应有的额外刺激，影响实验结果。此外，考虑到刺激源和计时器的启动可能有不同的潜伏期，简单的刺激呈现电路在精度方面还是难以达到理想水平。目前，一些可编程的电子刺激呈现装置在排除干扰和计时同步方面做得比较好，被广泛运用于需要高精度反应时记录的实验研究中。

对于反应装置，研究者希望它灵敏、快速，能够在最短时间内停止计时装置的工作。未经良好设计的反应装置往往成为反应时实验中误差的重要来源。一般来说，反应装置的设计至少要考虑到键的机械阻力和被试操作的方便与习惯。例如，一般琴键式反应键因为有一定的弹簧拉力而会延长反应时，对幼儿被试可能不适用，如果换用一种轻触式微动开关则可获得准确的结果。国内相关的仪器多采用按压式设计并增设自锁继电装置，这既可减少被试的疲劳，又能避免主试产生混乱。

不同类型反应时的测定对刺激和反应键都有特殊的要求。如测试言语反应时，除了要设计增益高、失真小的电路系统外，还需要性能完善的言语反应键。我国心理学者杨治良（1979）曾设计此类仪器，其基本原理类似于玩具市场上的声控开关。使用此仪器时，只需在话筒插口处插上话筒，让被试坐于话筒前，在距离话筒 0.5 米内，用通常两人交谈的语音强度信号即可使继电器工作。若继电器输出端接上控制电路，则可使语音信号起到电路开关的作用，其计时精度一般能达到实验要求。

对刺激呈现装置和反应装置的优化，能够确保反应时记录不至于受到额外因素的干扰；然而归根结底，研究者还需要解决最重要的一个技术问题——理想的、高精度的计时器。

（二）计时装置

最初的高精度计时器是利用物理学原理的简单装置。此后，计时器的发展经历了复杂机械装置、电子计时装置，一直到今天的以计算机为核心的高精度计时装置。

1. 简单机械计时器

简单机械计时器利用巧妙的设计思想和物理学原理，可以在简陋的条件下完成较高精度的时间测量。其代表有自由落体直尺计时器和单摆微差计时器。

自由落体直尺计时器是皮埃龙（Piéron，1928）想出的一种几乎不用花钱的既简便、无噪声而又相当准确的计时装置。例如，在视觉实验时，主试用拇指将一根米尺笔直地按在墙上，尺的零点朝下，尺的上端置于墙上的被试平视记号处；被试将拇指摆在尺的下端，准备阻止尺自由下落。实验时主试说“预备”，1～2 秒后突然松开拇指，放开直尺，被试一接受刺激就立即用拇指再将尺按住。直尺下落的距离，就可折算成被试的反应时，计算公式如下：

$$T=\sqrt{\frac{2S}{g}}$$

T 代表反应时，S 代表尺子下坠的距离，g 代表重力加速度。

这种测定方法使用了自由落体的原理，既简易又经济，适合于测定反应时的演示实验。这种方法也可借助一些附加装置，用来测定听觉、触觉以及其他比较复杂的选择反应时。在高科技发达的今日，这种方法仍不失为一种简便易行的计时方法。

单摆微差计时器最先由 19 世纪 50 年代末凯泽（Kaiser）运用在天文学上的人差测量中，他通过观察两个摆长不同的摆锤在视觉上的重合来推算人造星体通过的时间，其后由桑福德（Sanford，1888）加以改进，用两摆的视觉合一来测量心理反应时。根据单摆振动定律（law of simple pendulum vibration），单摆的振动周期（T）跟摆长（L）与重力加速度（g）有以下的关系：

$$T=2\pi\sqrt{\frac{L}{g}}$$

测量前，主试先调整两摆的摆长，例如使长摆每分钟摆动 75 次，短摆每分钟摆动 77 次。由公式可得两摆的周期：

$$T_1=2\pi\sqrt{\frac{L_1}{g}} \qquad T_2=2\pi\sqrt{\frac{L_2}{g}}$$

则两摆每周的时差为 $T_1-T_2=0.8-0.78=0.02$（秒）（0.8 秒是长摆摆动一周的时间，0.78 秒是短摆摆动一周的时间）。实验程序如下：把长摆和短摆放在各自的释放处，主试按动长摆键，被试的任务是看到长摆启动后，立即按下短摆键。短摆追上长摆需要的摆动次数 n 乘以 0.02 秒就是两摆之间的发动时间间隔，也就是被试与主试之间的反应时间差。这里我们需注意，摆一去一回才算完整的一次。在观察二摆重合时，常常有三次不易分辨谁先谁后，那么就以中间的一次为准。

2. 复杂机械计时器

复杂机械计时器在本质上仍然是一套机械设备，但是往往具有自己的动力机构，在复杂度和精确度上远高于简单机械计时器。我们以时间描记器和钟表式计时器为例进行说明。

时间描记器（chronographic）又称记纹鼓（kymograph drum），是早期生理心理研究中常用的仪器，当今精密的生理记录仪仍采用其工作原理。时间描记器利用一个等速运动的表面，如记纹鼓或摄影胶片，来记录刺激和反应的痕迹，并根据两个痕迹间的距离算出反应时。我们只要控制运动表面的速度不变，同时在运动表面上画出清晰的时间标记，就能简便而且准确地求得反应时。我们一般用每秒振动 100 次的电音叉，在其臂上安装一支画笔，连续在运动表面（纸带）上画出时间标记，然后找出刺激与反应间的振动数，就能由此算出反应时。

早期使用的钟表式计时器有希普计时器和邓拉普计时器。19 世纪上半叶钟表匠希普（Hipp）应用摆的原理创制出一种可测量 1 毫秒的计时器，这是早期心理学实验室精密计时器的雏形。这种计时器由两个基本部分构成：(1) 一个迅速运动的时钟构件，在刺激没有发出时，就让它先开动达到常态速度，反应后就停止；(2) 用一个轻齿和连串的装置来移动实际测量反应时的指针。刺激和反应都在齿轮上有记录。随着生产和制钟工艺的发展，希普计时器不断得到改进。邓拉普计时器的构造略优于希普计时器，它以电磁离合器代替了希普计时器上的弹簧装置。20 世纪初邓拉普（Dunlap）设计的计时器虽然也很笨重，但为设计更新的钟表式计时器做出了贡献。今天的钟表式计时器虽然日新月异，但是基本部件仍是一个电动机和一个离合器的改进和更新。电动秒表、电子钟表也均是在其基础上发展而成的，从数量和质量上为反应时研究提供了可靠工具。

3. 电子计时装置

现代心理学实验室常用精密的电子仪器作为测时工具。这些电子仪器已摆脱了传统的机械发条及摆锤结构，其基本部件一般采用晶振元件、集成电路（积体电路）及荧光数码管（或液晶）时间显示器。现代化的电子计时器的构造大致如下：一个频率恒定的脉冲发生器产生时间脉冲，通过一个控制器，输送至电子计数器；控制器在被测事件开始的瞬间接通时间脉冲信号，输入至计数器，计数器开始计数；在被测事件结束的瞬间，切断脉冲发生器与电子计数器的通路，使计数器停止计数。因为脉冲频率固定，所以根据所记脉冲数即可折算成客观时间。一般我们可借十进位氖灯或计数管直接显示时间。精密的电子计时器，其精确度可达到 1 毫秒，适合于实验室使用。

电子计时装置很容易和计算机系统连接，这为现代心理学研究者快速建立一套灵活、精确、方便扩展的反应时实验及数据分析系统提供了可能。事实上，任何计算机内部都带有时间脉冲发生器，通过编程即能实现精确计时，采用计算机内部计时器与键盘硬中断技术相结合编制而成的实验软件可以使机器良好地完成呈现刺激、接受反应和计时三方面的工作。例如，目前被广泛运用于内隐社会认知领域的内隐联想测验和被内隐学习领域广泛采用的序列反应时任务，正是依托计算机计时才得以实现。计算机计时可以实现反应结果的同步采集与记录，这是传统反应时测量设备所无法达到的。

虽然计算机可以方便地被搭建为心理学实验平台，但我们在应用其进行反应时测量中仍需注意：首先，最好匹配专门外设的用于刺激呈现和被试反应的设备，这是因为计算机自带的普通显示器和键盘仍具有延迟、阻力等问题；其次，许多精确计时程序要求在DOS环境下运行，因为Windows系统的分时处理机制不适于刺激的实时显示和反应的实时采集。当然，通过专门的外挂程序也可以实现Windows下的精确计时，但研究者仍有必要请教有关专家，以了解计算机计时系统的精度和可靠性。

反应时的测量是心理学研究技术中要求最为精细的工作之一，细微的疏忽都可能导致无效的实验结果。研究者在设计以反应时为指标的实验时，必须谨慎地确定反应时测量的每一步骤，挑选保证最大精度的计时系统，以策万全。

第二节 反应时研究的基本问题

自反应时进入心理学研究以来，对于反应时的研究在很长一段时期内主要集中于对某些基本问题的解答，其中包括反应时和所做反应种类数量的关系、反应时和反应准确性的关系，以及反应时的其他影响因素等。

一、简单反应时和选择反应时

继人差方程和亥姆霍兹（1850）青蛙运动神经传导速度的测定之后，荷兰生理学家唐德斯第一次较为系统地研究了反应时。他试图揭示反应时任务中的一些心理加工过程。为此，他设计了两类反应时任务——简单反应时和选择反应时任务。

（一）简单反应时

简单反应时（simple reaction time）是指给被试呈现单一的刺激，同时要求他们只做单一的反应，这时刺激与反应之间的时间间隔就是简单反应时。譬如，短跑运动员在听到发令枪响后立即起跑，这一事件就可以作为一个简单反应时任务。这种反应之所以称为简单反应，是因为特定的刺激与特定的反应之间的联系十分明确。这种联系不是一种先天的反射，为了建立联系，被试必须进行反复的学习与训练。在测定反应时的研究中，听觉反应时和视觉反应时的研究比较多。

1. 听觉简单反应时

在听觉简单反应时任务中，研究者通过耳机向被试呈现声音信号，并要求被试一听到信号，就尽快地按某一反应键。刚开始实验时，被试的反应也许会很慢，不过通过多次学习与训练之后，被试获得了信号与反应间的联系，反应时就会迅速减少。可见，听觉简单反应时存在波动。任何一个时刻，被试对听觉刺激的简单反应时都不会完全相同，因为它会受到各种因素的影响，如刺激本身性质的变换和被试的练习水平。图 4-1 列出的是根据珀佩尔（Pöppel，1985）的实验结果，在记录到的反应时数据全距内以一定的间隔（如 5 毫秒）将反应时分组，计算落在每组内的反应时频率，构建听觉简单反应时的频率分布折线图。图中超过 160 毫秒的几次反应就是被试练习水平不够导致的反应时延长。有关反应时任务的影响因素，我们将在本节的最后一部分详细阐述。从图中还可以看出，出现次数最多的反应时大约为 130 毫秒，这便是被试最具代表性的、最为稳定的简单反应时，也就是说，被试在正常情况下对可辨别听觉刺激最易出现的简单反应时。从整个反应时分布上来看，分布并非对称于最高点——130 毫秒，它是偏态的，低于 100 毫秒的反应几乎没有，而高于 160 毫秒的反应却不少。这似乎表

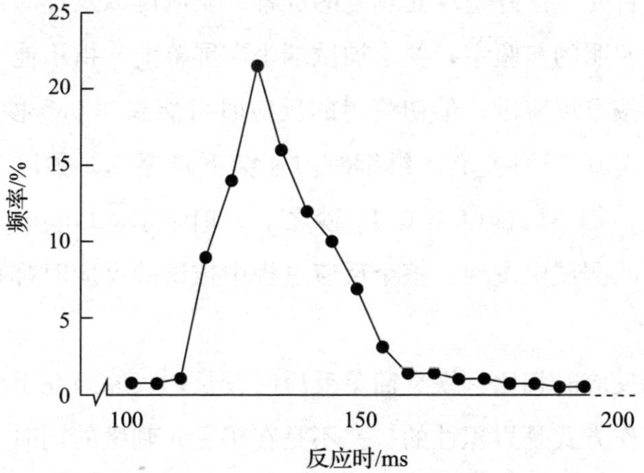

图 4-1　听觉简单反应时的频率分布

明，被试可以任意减慢自己的反应速度，却无法任意加快自己的反应。被试的反应时似乎存在一个无法跨越的绝对界限——100 毫秒，无论进行多少次训练，这种时间极限就像一堵无法逾越的“生物墙”。

这种生物墙效应反映的是一种人类能力的限制，它根源于人类有机体的特性——感官、脑以及肌肉工作的特性。换言之，我们所获得的简单反应时其实是个体在进行简单反应任务时的感官换能、神经传导、大脑加工和肌肉运动的时间总和。我们知道，所有这些环节都需要一定的时间：感官换能阶段，外界的振动带动耳郭的运动，后者带动三块听小骨的运动，最后带动耳蜗中气流的运动，气流又引起耳蜗纤毛的摆动，转化成位听神经的神经冲动形式，这需要耗费一定时间；神经传导阶段，外周神经系统将信息通过郎飞结（Ranvier node），以最多不过每秒 100 米的速度传达到脑，这又需要一定时间；大脑加工和肌肉运动阶段，大脑还需要时间来加工信息、对信息做出反应，之后还要再一次地通过郎飞结传导以及突触传递将信息传送给肌肉组织，并指导其运动，这还需要一定时间。综合上述分析，珀佩尔提出，简单反应时的生物墙便是源于上述这些阶段的时间限制。

2. 视觉简单反应时

其他通道的简单反应时是否也存在这样的生物限制呢？研究者进行了视觉简单反应时实验：首先安排好呈现光刺激的屏幕、反应键以及计时设备，然后请被试进入一个弱光照明的实验室，要求被试端坐在屏幕前，指示他一旦看到屏幕上出现红光就立即按下反应键。最初测得的反应时可能长达 0.5 秒、0.6 秒，多次测定后很快会降至 0.25 秒左右，继续练习还会下降至 0.2 秒以下，但之后不论怎样增加练习量，都不可能降至 0.15 秒之下。珀佩尔（Pöppel，1985）在他对视觉简单反应时的测试中发现，整个反应过程中被试的反应时都在 0.15 秒以上，平均值为 0.17 秒。

和听觉简单反应时相比，视觉简单反应时较长，其原因在于感官换能时间较长。视网膜的工作方式是累积性的：并不是在接受光刺激的同时，感光细胞便能引起神经节细胞的兴奋；而是当光量子达到一定数量后，感光细胞的兴奋达到一定程度后，感光细胞才会引起神经节细胞的兴奋。而听觉刺激的换能过程不存在能量累积的问题，不同振动频率的刺激引起不同长度纤毛的摆动，并直接将信号传递至位听神经。

视觉简单反应时较听觉简单反应时来得慢，而听觉反应时又较触觉反应时来得慢。可见，不同感觉通道的简单反应时具有差异。如果从赫希等人（Hirsch et al.，1862）较为成功的研究算起，研究者对光、声、触等不同通道刺激的反应时研究已积累了大量资料（见表 4-1）。由于反应时的个体差异很大，所以即使是对于图 4-1 所示的一个感觉通道而言，反应时也有很大的不同。这里还需要指出的是，图 4-1 记录的反应时是某一被试每次测试的最高反应频次的那个反应时，即上述听觉实验中的 130 毫秒。

表 4-1　不同感觉通道的简单反应时

感觉通道	反应时/ms
触觉	117～182
听觉	120～182
视觉	150～225
冷觉	150～230
温觉	180～240
嗅觉	210～300
味觉	308～1 082
痛觉	400～1 000

注：被试为训练有素的成人。
（采自赫葆源，张厚粲，陈舒永，1983）

总体而言，简单反应时比较短，且具有通道差异性。

（二）选择反应时

与简单反应时不同的是，选择反应时任务中的刺激与反应之间存在多样而复杂的联系。

1. 选择反应时的概念

选择反应时（choice reaction time）就是根据不同的刺激物，而在多种反应方式中选择符合要求的反应，并执行该反应所需要的时间。比如，一个视觉选择反应时实验可能会包括两个刺激，被试必须在其中一个刺激出现时，按左边的按钮，而当另一个刺激出现时，按右边的按钮。不同于简单反应时任务，被试必须在反应之前先判断哪个按钮是对当前刺激的正确反应。选择反应时任务在内容上更贴合日常生活的复杂反应。比如，驾驶员常常要根据不同的情况尽快地做出刹车、加速和转弯的反应，而一个优秀的足球或排球运动员与普通运动员的区别就在于前者能迅速判断新情况并做出相应的反应，即选择反应时较短。

上述的视觉简单反应时任务中只有单一的红光和与之对应的单一反应键，在此基础上稍做修改，就可以设计出一个典型的视觉选择反应时实验。例如，安排红和绿两种不同的色光刺激，并在被试前面放置两个反应键，要求其左右手食指各放在一个键上，红光出现则右手按键，绿光出现则左手按键。显然，这一选择时间包括被试的辨别和选择活动所花费的时间，他必须在做出反应之前对不同刺激有所辨别，并做出不同反应的选择。结果发现，二择一的选择反应时比简单反应时长约 0.07 秒，这一时间便是辨别和选择所需要的时间。

2. 选择反应时的研究

对选择反应做出系统区分的是唐德斯（Donders，1868）。他将上述两个刺激对应两个反应的反应时任务称为 B 反应（B-reaction），即选择反应，而将一个刺激对应一个反应的反应时任务称为 A 反应（A-reaction），即简单反应。将 B 反应经过调整之后，可以获得 C 反应（C-reaction），即辨别反应。与 B 反应不同的是，在 C 反应任务中，虽然也呈现红绿两种色光，但只要求被试看到红光后立即用右手按反应键，而看到绿光后则不反应。C 反应只包括辨别的时间，而 B 反应既包括辨别时间，又包括选择时间。用 C 反应的反应时减去 A 反应的反应时，则得到辨别时间；而用 B 反应的反应时减去 C 反应的反应时，则得到选择时间。他正是应用这种相减的方法通过反应时任务来分解心理加工过程的。

选择反应时是否也和简单反应时一样，涉及通道问题呢？让我们来看看听觉的情况，实验发现二择一的听觉选择反应时也比听觉简单反应时长了约 0.07 秒。可见，不管是视觉还是听觉，从一个刺激增加到两个刺激，所需的时间增量是一样的。辨别和选择反应过程并不因通道不同而有所不同，这一过程不是外周神经系统的功能，而应该是大脑的功能。

多辨别一个刺激并多选择一个反应大约需要 0.07 秒的心理加工时间，这是不是说，再加入一个需要辨别的刺激或一个需要选择的反应之后，心理加工时间又得再增加 0.07 秒？关于选择（或辨别）的数目与反应时的关系，早期的心理学家曾经做过不少研究。例如，默克尔（Merkel，1885）用公式揭示了二者之间的函数关系：$RT=\lg N$。其中，RT 为反应时，N 为辨别刺激的数目。20 世纪 50 年代，加涅等人（Gagné et al.，1959）探讨了选择数目与反应时的关系。目前公认的反应时与选择项目的关系是，反应时并不随选择项目的增多而线性增长，当刺激项目从两个增加到三个时，反应时的增量小于 0.07 秒（如图 4-2 所示）。

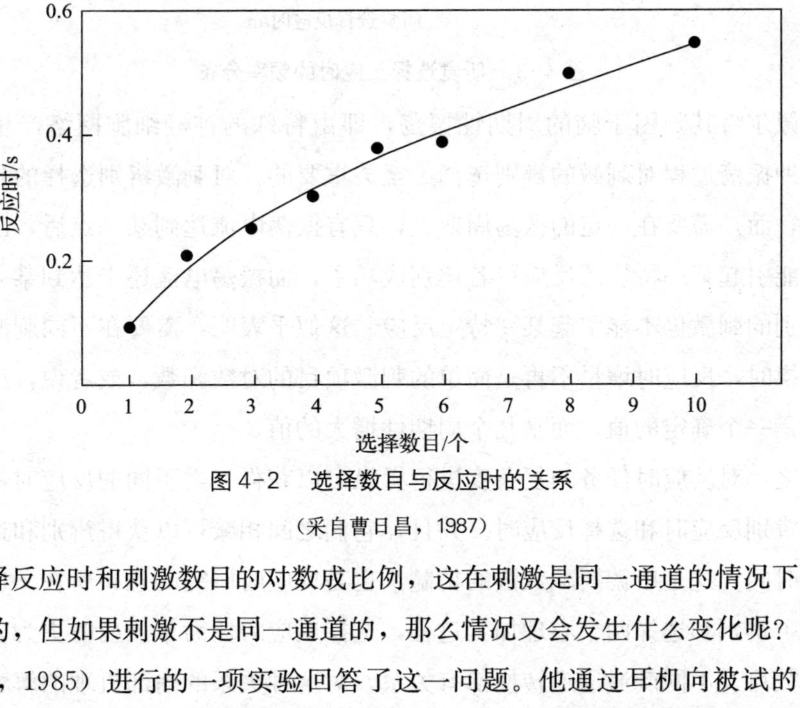

图 4-2　选择数目与反应时的关系

（采自曹日昌，1987）

选择反应时和刺激数目的对数成比例，这在刺激是同一通道的情况下被证明是正确的，但如果刺激不是同一通道的，那么情况又会发生什么变化呢？珀佩尔（Pöppel，1985）进行的一项实验回答了这一问题。他通过耳机向被试的右耳呈现声刺激，并在被试的左视野呈现光刺激，实验中只允许被试使用右手，当见到光时按一个反应键，听到声时则按另一个反应键。结果如图 4-3 所示，图中所列出的是听觉反应时的频数分布。从图 4-3 中可见：和简单反应时、单一通道选择反应时频数分布不同的是，不同通道的选择反应时存在多个峰值，其间距为

0.03～0.04 秒。周期性峰值的出现表明被试的选择反应存在周期性。对此，应怎样解释呢？

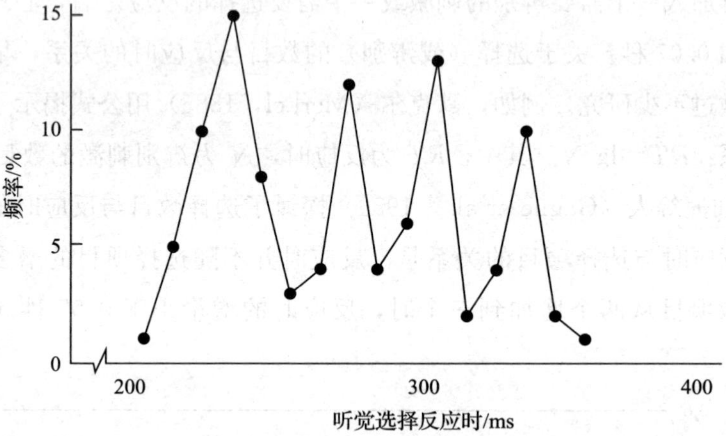

图 4-3　听觉选择反应时的频率分布

珀佩尔将其归因于脑的周期性振荡，即由特殊的神经细胞网络产生的电振荡，这种振荡过程对刺激的辨别选择是至关重要的。对刺激辨别选择的延时不是任意的，而是需要在一定的振荡周期上，只有振荡电流达到某一点后，已辨别的刺激才能引起某一特定的反应；若辨别成功了，而振荡电流还未达到某一点，那么已辨别的刺激仍不能引起某一特定反应。这似乎表明：需要在不同刺激通道间进行转换时，反应时增量不再是简单的刺激项目的对数函数，或者说，反应时增量不再是一个确定的值，而是几个周期性增大的值。

总之，对反应时任务的复杂度进行操纵可以获得三类不同的反应时：简单反应时、辨别反应时和选择反应时。并且，它们之间相减可以获得辨别和选择加工所需的时间，这是唐德斯减数法的精髓，也是反应时研究的意义所在。也正是由于纳入了辨别和选择两个心理加工过程，选择反应时比简单反应时更为复杂，它和刺激数目、不同刺激通道转换都有关系，对这种关系的内部机理的解释有助于我们对辨别和选择加工的进一步探讨。

二、速度—准确性权衡

反应时在心理学研究中被广泛使用，反应时的快慢常被作为衡量加工的自动化程度、概念的激活水平以及注意需求量等的指标。然而，在具体采用反应时指标时常常会遇到一些问题，因为反应时实验有两个基本的因变量，即速度和准确性。反应时实验中的一个突出问题就是反应速度和反应准确性之间的反向关系，这使得我们必须在它们之间做出权衡。我们都有这样的常识：当你急于做某件事时，你更可能出错；相反，当你试图准确地完成某件事时，如完成学期论文，为了达到预期的准确性，你必须放慢工作速度。心理学家将这种关系称为速度—准确性权衡（speed-accuracy trade off）。这对于以反应时为因变量的研究有着重要影响。

（一）速度—准确性权衡的例证

不少心理学家试图通过实验来说明速度—准确性权衡的道理。这里先举泰奥斯（Theios，1973）的实验为例。泰奥斯对刺激呈现的概率和反应时的关系进行了研究。实验中，呈现的是视觉刺激，每次出现一个数字，被试的任务相当简单，只需对某一特定的数字（例如 4）做出反应，而对其他数字则不做反应。实验的自变量是数字出现的概率（相对频数），概率的变化范围是 20%～80%。换句话说，特定的数字在一系列刺激呈现中出现的概率是 20%～80%。实验结果如图 4-4 所示，刺激呈现概率基本不影响反应时，特别是在不考虑错误率的情况下。这一结论是颇有道理的，和我们上面所得出的结论——简单反应时总是趋于一个稳定值——完全一致。然而，如果把错误率考虑在内，我们就必须对这一实验做出另一种解释。虽然从图 4-4 中，我们可以发现错误率的均值在 3%左右，这个值并不算高，但是进一步的分析会发现：第一，在这个实验中被试的任务是相当简单的；第二，实验被试是具有较高文化水平的大学生；第三，错误率的变化是有规律的，最高值（6%）出现在最低刺激呈现概率处，并且错误率随着刺激呈现概率的提高而下降。虽然错误率的变化范围如此微小，但鉴于实验任务对被试来说异常简单，故可以认为这种错误率的系统变化是被试试图保持反应速度而导致的。我们知道，速度和准确性之间存在内在的联系。设想如果实验要求被试在各种刺激呈现概率条件下保持高正确率，那么反应时又会怎样变化呢？根据速度—准确性权衡，为减小低呈现频率条件下的错误率，必须增加反应时。帕奇勒（Pachella，1974）在实验中发现，在刺激呈现概率为 20%的条件下，要降低 2%的错误率，反应时必须增加 100 毫秒。因此，一旦将错误率考虑进去，刺激呈现概率不影响反应时的结论必将受到质疑。

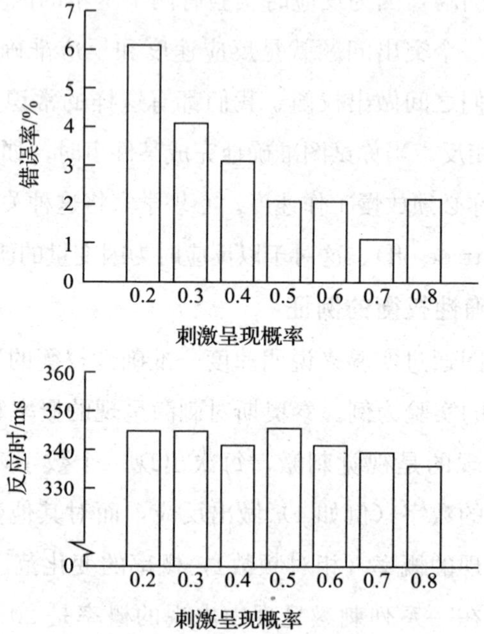

图 4-4 反应时和错误率是刺激呈现概率的函数

注：当反应时基本恒定时，错误率随刺激呈现概率的升高而降低。

奈特和坎特威茨（Knight & Kantowitz，1974）的实验更清楚地阐述了速度—准确性权衡的道理。他们把两个间隔很短的刺激作为自变量呈现给被试，这种刺激称为间隔刺激。因变量有两个：一个是反应时，另一个是反应错误率。起初，奈特和坎特威茨发现，不同的刺激间隔不影响反应时。但是后来奈特和坎特威茨发现：刺激间隔和错误率之间存在某种关系，刺激间隔越短，错误率就越高。如果在各种不同的刺激间隔条件下，要保持相同的错误率，那么反应时会有怎样的变化呢？根据速度—准确性权衡的原则，在短刺激间隔情况下，要保持与长刺激间隔相同的错误率，反应时就一定会加长。因此，反应时不受刺激间隔影响的结论是片面的。

（二）速度—准确性权衡与实验信度

反应时任务的速度—准确性权衡的探讨和大量以反应时为因变量的心理学实验的信度密切相关。下面就让我们来看一个思维方面的实验研究，看看研究者是怎样使用速度—准确性权衡来提高实验结论的信度的。

我们来看一下东克尔（Dunker，1945）经典的盒子问题，其揭示了被试在问题解决中的功能固着[①]现象。实验中，首先给被试展示蜡烛、图钉、火柴、纸盒和纽扣等物品，被试的任务是将蜡烛安置在门上。解决方法很简单，先将纸盒钉到门上作为平台，然后再把蜡烛底部熔化后粘在纸盒上。实验设置了三个条件：在功能固着条件下，纸盒中装有蜡烛、火柴和图钉；在中性条件下，纸盒中装有纽扣等非解决问题所需的中性物品；在控制条件下，纸盒是空的，蜡烛、火柴和图钉摆放在一旁。在前两个条件中，纸盒的功能都被固着为容器。结果发现：控制组的被试100%成功地解决了问题；而在纸盒被固着为容器时，被试解决问题的能力下降，仅少量被试解决了问题。至此，东克尔认为是功能固着影响了问题解决。

有关速度—准确性权衡的问题，吸引了亚当森（Adamson，1952）的注意。在亚当森的实验中，他采用20分钟内能够解决问题的被试占被试总数的百分比作为因变量，结果显示：功能固着组的问题解决仍受到了影响，被试解决问题的比例相较于控制组大大下降，这进一步在盒子问题上验证了功能固着效应；然而对于实验中的螺丝锥问题和回形针问题来说，几乎所有被试都在20分钟内解决了问题。这时，亚当森使用了另一个因变量指标，也就是反应时，验证了功能固着对问题解决的影响。因为尽管几乎所有被试都能解决问题，但被试的反应时在功能固着条件下要比在控制条件下长得多。因此，当某一问题的解决过程伴随着功能固着时，被试解决问题的速度变慢，说明功能固着显著地影响了被试问题解决的能力。亚当森这一结论的提出明显地提高了整个研究的信度，即功能固着效应在三个任务中都得到了验证。

至此可知，在进行反应时实验时，我们必须同时考虑两个因变量——速度和准确性，这样才能对实验问题和实验结果进行科学的验证；否则单一考虑速度，或单一考虑准确性，都会极大地损害实验研究的信度。当只选择一个因变量指标时，应对为何不使用另一个指标有所交代。这是心理学实验的一项基本技术。

① 功能固着：如果被试经常在某一情境中以某一特定方式使用某一事物，那么在面临新问题时，被试则会忽视该事物的其他用途或功能。

三、影响反应时的其他因素

简单—复杂反应时任务的区别以及速度—准确性权衡，是影响反应时的两个最基本因素。除此之外，反应时还受到众多其他因素的影响。诸如刺激强度、准备期待等都会对反应时起作用。大体上，其他影响反应时的因素可以分成刺激变量和机体变量两大类别。

（一）刺激变量

在刺激变量中，对反应时影响比较大的因素有刺激的强度、复杂程度等。

反应时会受刺激强度的影响，当刺激强度很弱时，反应时就会延长；而当刺激增至中等或较高强度时，反应时就缩短了。然而反应时的缩短受到有机体结构的限制，无法突破某一极限。上面曾经提到，大量训练后反应时的缩短将遭遇“生物墙”，同样的现象也出现在反应时随刺激强度的变化过程中。霍霍莱（Chocholle，1945）用 1 000 赫兹强度不等的纯音做反应时测定，结果两名熟练被试的平均成绩见表 4-2：反应时随刺激强度的增加而减少，强度每增加一个对数单位，反应时便有一定缩减；但达到中等强度后，减少量减小；而当刺激强度为 10 个单位（即在阈上 100 分贝）时，被试的反应时始终处于 110 毫秒之上。可见，在反应时的实验中，为了维持反应时的相对稳定，我们必须将刺激强度维持在一个稳定值上。

表 4-2　对不同强度的 1 000 赫兹纯音的反应时

lg *I*	*RT*/ms	lg *I*	*RT*/ms
0	402	4	139
0.2	316	5	130
0.4	281	6	124
0.6	249	7	118
0.8	218	8	112
1	193	9	111
2	161	10	110
3	148		

（采自赫葆源，张厚粲，陈舒永，1983）

刺激的复杂程度也会影响反应时。谢波德和梅茨勒（Shepard & Metzler，1971）的实验验证了这一点。实验中，在屏幕上呈现如图 4-5 所示的一对图形，要求被试报告两个图形是否相同。实验共有三个条件：（1）左右两个图形中的物体是相同的，它们平放在一张纸上，只是角度不同，即从上到下的旋转角度不同，这被称为两维旋转；（2）左右两个图形中的物体是相同的，除了从上到下旋转外，还要从前到后旋转，这被称为三维旋转；（3）两个物体相似，但实际上是不同的。在这个实验中，为判断物体是否相同所必需的心理旋转角度代表了刺激的复杂度。实验结果如图 4-6 所示，两维旋转和三维旋转有相似之处，反应时都随着心理旋转角度的增大而增大，即刺激复杂度影响了反应时。

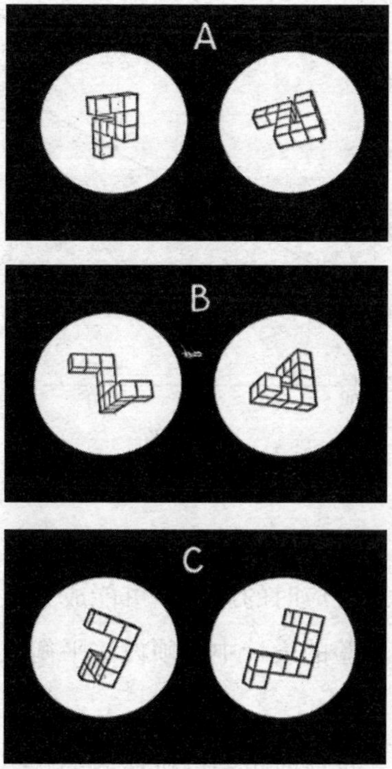

图 4-5　三种实验条件列举

（采自 Shepard & Metzler，1971）

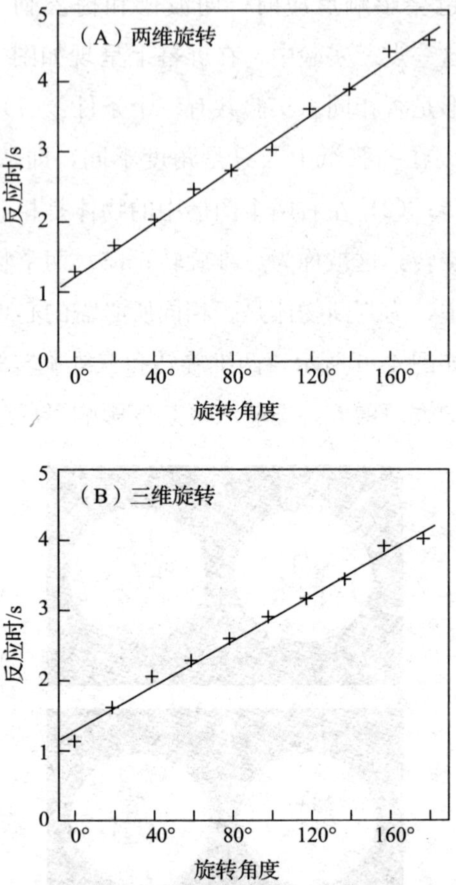

图 4-6　旋转角度和反应时的关系

（采自 Shepard & Metzler，1971）

上述及其他刺激变量对反应时的影响，可能成为反应时实验中额外变量的来源，因此研究者在反应时实验的设计中必须设法平衡或排除这些因素的干扰。

（二）机体变量

和其他心理现象一样，反应时也会以机体内部状态为中介对外界刺激做出反应。影响反应时的机体变量很多，主要有适应水平、动机和个体差异等。

适应在此处指在刺激物的持续作用下，感受器所发生的变化。霍夫兰（Hovland，1936）的实验中，在被试双眼对不同照明适应后，主试测量被试对光刺激的反应时。刺激是一直径为 20 毫米、照明为 250 英尺烛光[①]的白色圆块，观察距离为 30 厘米。结果发现，眼睛适应的照明水平越高，最后对 250 英尺烛光的反应时越长。可见，在反应时实验中，研究者应考虑被试的感受性适应问题。

动机是由人的某种需要所引起的有意识或无意识的行为指向。约翰逊（Johanson，1922）的实验发现主试所设计的一些附加动机能使被试听觉反应加快。实验有三个条件：（1）激励条件——将每次反应结果告知被试，从而使被试得到一种略微的奖或罚的激励；（2）惩罚条件——如果被试的反应慢于规定的时间，其手指将会受到一次电击，如果反应时在规定的时间之内，被试的手指则不会受到电击；（3）常态条件——没有附加动机的影响。这三种条件是循环使用的，以避免产生练习效应。三名训练有素的被试虽然都力求尽快做出反应，但在不同奖惩动机的影响下，他们的反应时有明显的变化：常态条件下，反应时最慢；激励条件下，反应时其次；最快的是惩罚条件下的反应时。在反应时实验中，如果没有对此类变量进行控制，反应时实验的结论一定会被污染。

个体差异是指个体之间在品质和属性上存在的差别。反应时实验中常会遇到个别差异的问题。即使研究者能将上述内、外的无关实验变量进行严格的控制，但由于人们心理特点的不同，每个人的反应时也是各不相同的，这就表现为反应时上的个体差异。费萨尔（Fessard，1926）曾对男性成人被试做听觉反应时的测定，结果发现反应时的均数分布大致上成正态分布。进一步测量各个年龄组被试反应时的离散程度或集中趋势，结果发现：老年组被试的方差显著地高于青年组和中年组，说明老年组被试在感觉—运动反应速度方面存在较大的个体差异。

个体差异也许是反应时实验中最棘手的问题。由于统计推断和结论信度对样本量的要求，反应时实验必须有多个被试，然而不同的被试间又必然会存在个体差异，那么在实验中如何排除个体差异这一无关机体变量对反应时的影响呢？我们通常使用实验设计来平衡由被试差异所带来的实验效应，比如被试内或被试间设计。此外，我们还可以计算被试误差项，就如方差分析中所做的。

① 英尺烛光：指距离一烛光的光源（点光源或非点光源）1 英尺远而与光线正交的面上的光照度，1 英尺烛光等于 10.76 勒克斯。

总之，适应、动机、个体差异等机体变量都是在反应时实验中应给予注意的问题。

综观本节所述，反应时研究的基本问题实际上为研究者框定了反应时实验设计的基本分类和主要技术要求：根据研究的具体需要，研究者首先要确定采用简单反应时任务抑或选择反应时任务；随后的实验设计必须尽可能地控制住那些可能影响反应时的额外变量（刺激强度、动机、适应等）；最后，研究者应该谨慎地评估实验中的速度—准确性权衡关系，必要时引入准确率指标以保证实验信度。

第三节 反应时新法

反应时实验是随着心理学的发展而发展起来的。在行为主义占主导的年代里，行为主义者倡导心理学研究对象是刺激—反应（S—R），而忽略对内部心理过程的探讨。在这种背景下，反应时方法很少用于研究人的内部心理过程，而只是用于测量运动速度和个体差异。从 20 世纪 50 年代中期开始，随着认知心理学的兴起，反应时实验开始被作为中枢加工过程的研究手段加以应用。与行为主义不同，认知心理学强调研究内部心理过程。但是，这个心理过程是看不见的，对于研究者来说它是一个黑箱，只能根据黑箱前后的输入和输出（刺激和反应）过程来推断这个黑箱中的过程。此时反应时实验恰好可以为此提供极为重要的客观资料，即通过反应时的测量可以推断黑箱中的信息加工过程。为了和古老的反应时方法相区别，我们把这种用反应时分析信息加工过程的方法称为反应时新法。

根据一些有影响力的实验心理学教科书，以及实验心理学家斯滕伯格和我国心理学家王甦的分类，反应时新法主要有两种形式：减数法、加因素法。

一、减数法

前面已经提过，反应时新法的目的是推断内部的心理过程。那么，减数法的反应时实验是依赖怎样的逻辑来推断心理过程的呢?

(一)减数法的原理

减数法(subtractive method)又称唐德斯反应时 ABC(Donders ABC of reaction time)或唐德斯三成分说,是一种用减法方法将反应时分解成各个成分,然后来分析信息加工过程的方法。它是由唐德斯首先提出的,故又称唐德斯减数法(Donders subtractive method)。

减数法的反应时实验的逻辑是:如果一种作业包含另一种作业所没有的某个特定的心理过程,且除此过程之外二者在其他方面均相同,那么这两种反应时的差即为此心理过程所需的时间。

减数法的这种逻辑可以通过唐德斯设计的三种反应时任务来加以说明和验证。如上一节所述,唐德斯的减数法把反应分为三类,即 A、B、C 三种反应。

A 反应又称简单反应(如图 4-7 所示)。A 反应一般只有一个刺激和一个反应。例如,对呈现的一个光刺激,被试立即按键做出反应。唐德斯认为,A 反应是最简单的反应,也是复杂反应的成分或基本因素。一个复杂的反应既包含 A 反应中所没有的认知操作,也包含 A 反应中的各种活动。A 反应时也称为基线时间(baseline time)。因此,A 反应时为复杂反应的反应时提供了一个基线。

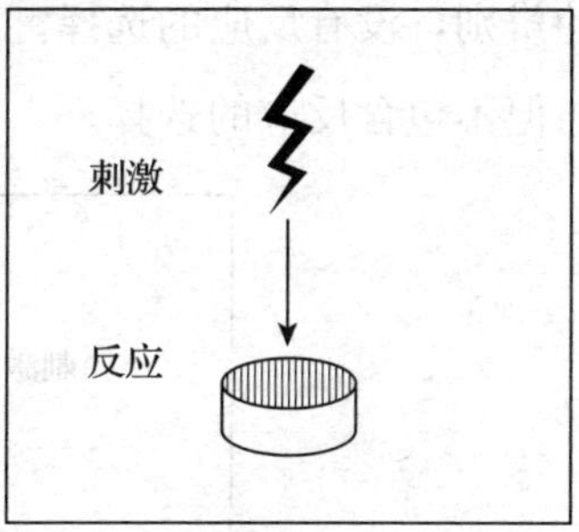

图 4-7　唐德斯 A 反应任务示意

B 反应又称选择反应(如图 4-8 所示)。它是复杂反应中的一种,在这类反应中,有两个或两个以上的刺激和相应于刺激的反应数。也就是说,每个刺激都有它相应的反应。如在一个实验中,对红光信号灯按 A 键,对绿光信号灯按 B 键,对蓝光信号灯按 C 键,对白光信号灯按 D 键,共四个刺激和四个对应的反应。在这样的选择反应中,被试不仅要区别信号,而且还要选择反应。因此,在 B 反应中除了基线操作外还包括刺激辨认和反应选择的心理操作。

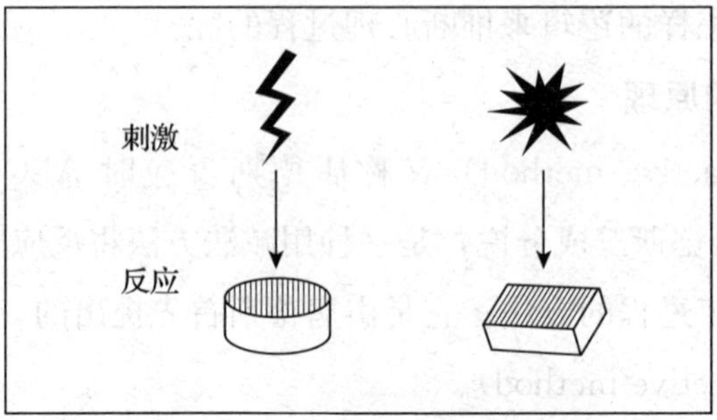

图 4-8 唐德斯 B 反应任务示意

C 反应又称辨别反应，是另一种形式的复杂反应（如图 4-9 所示）。C 反应和 B 反应有相同点：具有两个或两个以上的刺激。C 反应和 B 反应也有区别之处：C 反应中只有一个刺激是要求有反应的，而其余刺激是不要求做出反应的，即不要求做任何事。B 反应既有刺激的辨别，还有反应的选择。而 C 反应仅有刺激的辨别，没有反应的选择。因此，C 反应是在基线操作中加入了刺激辨别的过程，但不包含反应的选择。

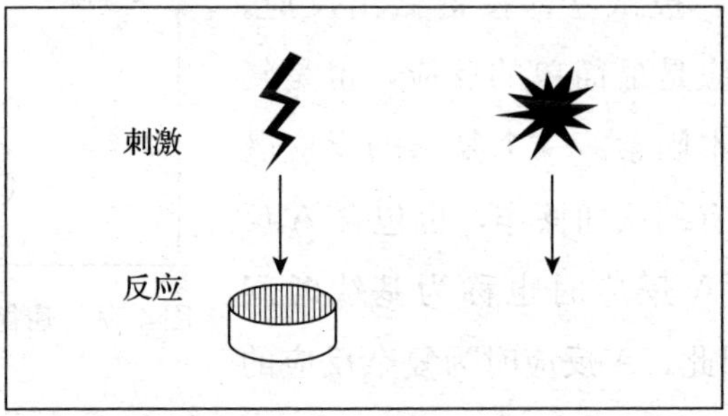

图 4-9 唐德斯 C 反应任务示意

根据三类反应包含的加工过程多少可预期：B 反应时最长，C 反应时次之，而 A 反应时最短。实际情况也是如此。那么，通过对各反应时进行减法运算，我们可以对认知操作所需的时间加以估算。A 反应时是基线时间，而 C 反应时测量的是刺激辨别时间加上基线时间。因此，C 反应时减去 A 反应时得到的是刺激辨别所需的时间，这个时间称为辨别时间（identification time）。同理，由于 B 反应时包含刺激辨别时间、反应选择时间和基线时间，而 C 反应时只包含刺激辨别时间和基线时间，因此 B 反应时减去 C 反应时得到的是对反应选择时间的估计，这个时间称为选择时间（selection time）。它们之间的关系可从图 4-10 上看到。

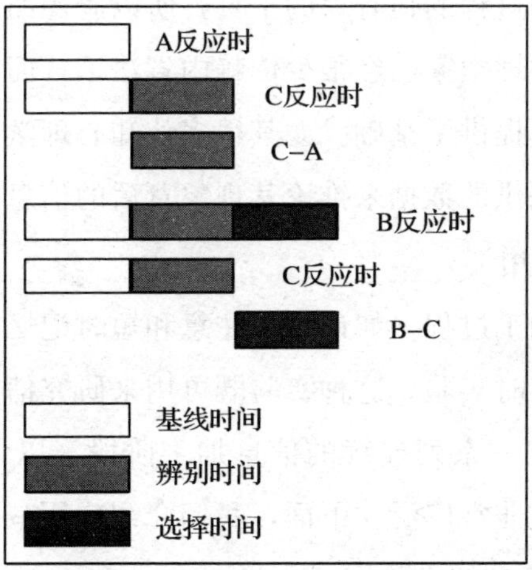

图 4-10　唐德斯减数法示意

减数法的逻辑是两个任务的心理过程差异可以通过反应时之差来推断。但是，需要说明的是，ABC 反应时任务是减数法范式最基本的任务原型，而实际研究中的反应时任务要比它们复杂得多。可以看到，在 ABC 反应时任务中，由于 ABC 三类任务比较简单明了，因此研究者可以事先已经比较清楚地掌握 ABC 三类反应所包含的认知操作，然后再对反应时进行减法操作，获得不同认知操作所需的时间，这样可以很好地说明不同任务的加工过程和反应时差别之间的关系。也就是说，ABC 反应的心理过程对研究者来说并不是黑箱。而在实际研究中，研究者往往并不太清楚任务中所包含的认知过程，因此他们只能尽可能地使两项任务中的一项包含某个预期的心理过程，除此之外，两项任务的条件完全相同。然后对这些不同任务的反应时做减法运算，通过反应时之差的特征来推断该认知加工过程的存在，也就是通过反应时之差来推测黑箱中的心理过程。以上就是唐德斯减数法的原理。

在心理学发展的早期，冯特和他的学生们也曾使用减数法进行过反应时方面的研究，并花费了不少精力。但是，不久后这一方法受到了依赖内省法的心理学家们的攻击。因为，当一个训练有素的内省者进行唐德斯反应时任务时，他注意到对C反应的感受不像是一个A反应加上其他的什么东西，B反应也不像是C反应加上别的什么，而是觉得三种反应均不相同。由于那时许多心理学家都认为内省法是一个了解认知过程的强有力的工具，所以唐德斯的减数法并未得到他们的认同。如今，实验心理学家已经很少依赖内省法了，而唐德斯的方法则为大量的重要研究和理论解释提供了基础。尤其很多认知心理学方面的研究，主要是应用减数法反应时实验提供的数据来推论其现象背后的信息加工过程的。

（二）减数法的应用

在对快速的信息加工过程（如识别、注意和短时记忆等）进行研究时，研究者常常采用减数法反应时实验。这种实验既可用来研究信息加工的某个特定阶段或操作，也可用来研究一系列连续的信息加工阶段，以证明某一心理过程的存在。减数法的应用领域非常广泛。下面，我们介绍应用减数法的两个经典实验。

1. 证明心理旋转存在的实验

心理旋转（mental rotation）指单凭心理运作（不靠实际操作），将所知觉之对象予以旋转，从而获得正确知觉经验的心理历程。也就是说，当一个知觉对象不是以符合知觉经验的角度呈现时，人们可能是通过内部心理过程把这个对象旋转到符合知觉经验的角度加以辨认。那么，怎么证明这个心理旋转到底是否存在呢？

库珀和谢波德（Cooper & Shepard，1973）用减数法反应时实验证明了心理旋转的存在。研究者设想，如果连续的心理旋转确实存在，那么减数法反应时的逻辑正好可以与之吻合。假设有两个任务，它们之间除了被知觉对象需要心理旋转的角度不同外别无差异，那么两者的反应时之差应当就是心理旋转完成两者间角度差所需的时间。例如，倾斜度0°和倾斜度60°两种任务中，除了倾斜角度之外其他条件均一样，如果存在心理旋转过程的话，那么第二个任务应该只比第一个任务多一个从60°旋转至0°的心理过程，故：

$$RT_{60°}-RT_{0°}=\text{从 60° 至 0° 心理旋转所需时间}$$

$RT_{60°}$表示倾斜度60°时的反应时，$RT_{0°}$表示倾斜度0°时的反应时。其余类推。同理：

$$RT_{120°}-RT_{60°}=\text{从 120° 至 60° 心理旋转所需时间}$$

研究者进一步推论：如果发现以上任务的反应时确有差异，而且这种差异和两任务间角度差呈现正比关系，就可以证明心理旋转的确存在。

在这个实验中，库珀等人取非对称性的字母或数字（J、G、R、2、5、7）为实验材料，根据“正”“反”以及不同的倾斜度，构成 12 种情况（以 R 为例，如图 4-11 所示）。从图上可见，由于 R 字母在垂直或水平方向均是不对称的，所以其正、反也是不相同的。在这个实验里，被试的任务是不管刺激类型是什么，倾斜度如何，只要判明呈现的实验刺激是正的还是反的，并做出反应。实验条件为：有没有提示？单项提示还是双项提示？先后提示还是同时提示？这三个变量分成五种实验条件（如图 4-12 所示）。具体地说，这五种实验条件是：(1) 完全没有提示，即测验前呈现空白信号，持续 2 秒；(2) 提示刺激类型，即测验前呈现刺激类型的提示信号，持续 2 秒；(3) 提示倾斜度，即测验前用箭头提示倾斜的角度，也是持续 2 秒；(4) 分别提示刺激类型和倾斜度，即先用一个信号提示刺激类型，再用一个信号提示倾斜度，刺激类型提示时间固定为 2 秒，而倾斜度的提示时间是可变化的，共有 0.1 秒、0.4 秒、0.7 秒和 1 秒四种情况；(5) 同时提示刺激类型和倾斜度，即在测验前用一个信号同时提示刺激类型和倾斜度，持续 2 秒，之后跟着一个 1 秒的空屏。实验获得了可喜结果（如图 4-13 所示）。我们从图上可见，反映五种实验条件结果的曲线是有规律的。这个规律与我们前面预测的结果是一致的：字母倾斜程度越大，反应时越长。根据前面的实验逻辑，

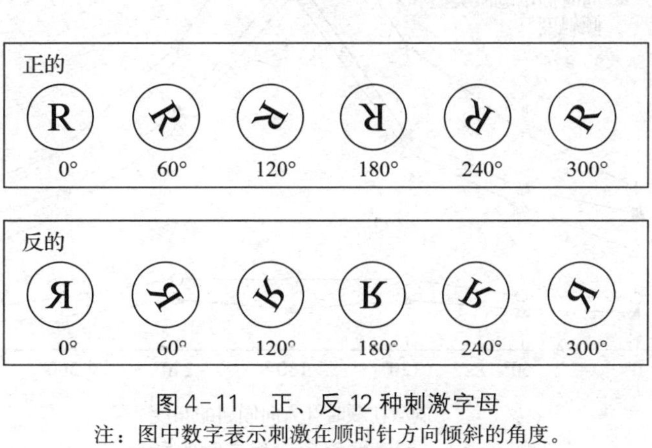

图 4-11　正、反 12 种刺激字母

注：图中数字表示刺激在顺时针方向倾斜的角度。

（采自 Cooper & Shepard，1973）

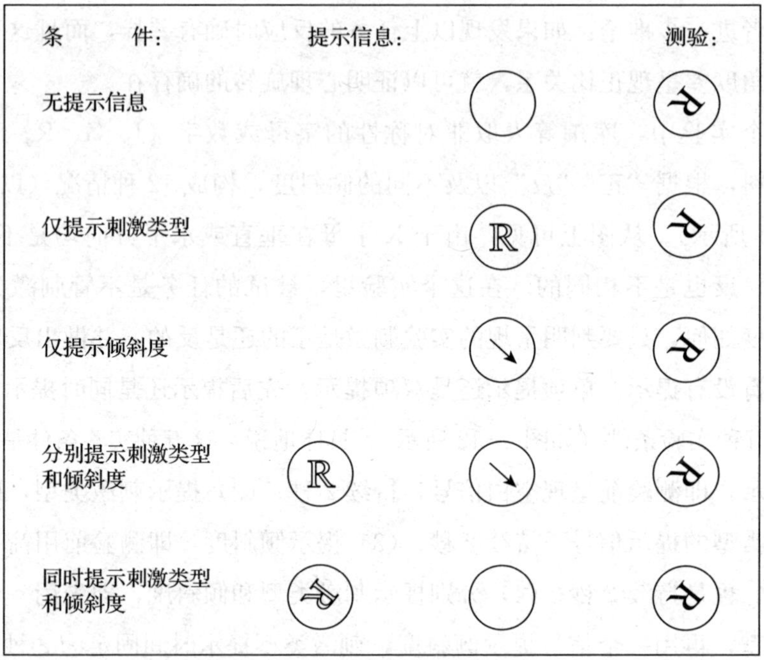

图 4-12 五种实验条件示例

(采自 Cooper & Shepard，1973)

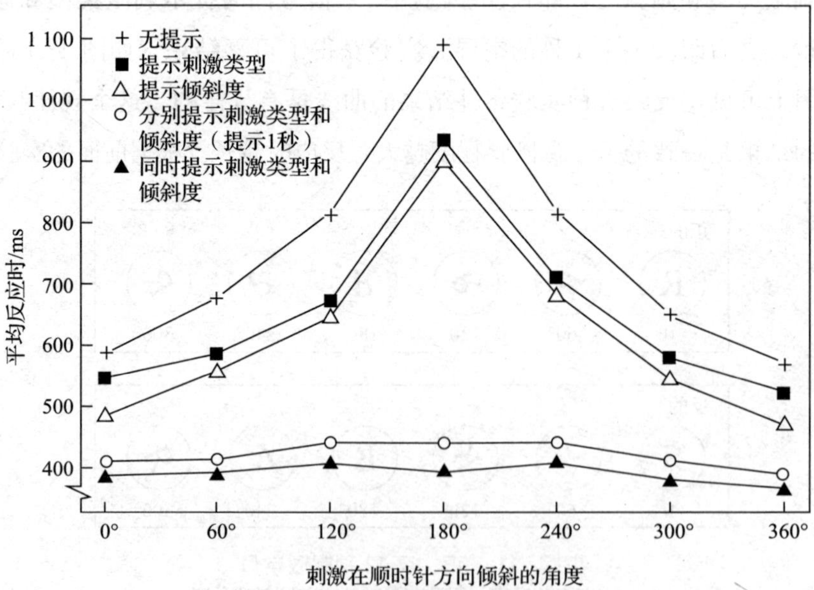

图 4-13 刺激倾斜度对反应时的影响

注：垂直轴上的数值为“正的”和“反的”两种反应时的平均值。

(采自 Cooper & Shepard，1973)

这个结果有力地验证了心理旋转过程的存在。也就是说，在我们每人的头脑里，都有事物的映象，人们都有心理的眼睛（mind's eye）。

2. 证明短时记忆视觉编码的实验

反应时新法在记忆领域，特别是在对短时记忆编码问题的研究中同样也有着重大的贡献。

自 20 世纪 60 年代开始，根据记忆实验中对错误回忆的分析，人们通常认为短时记忆信息（如字母）是以听觉形式来编码的。但是波斯纳等人（Posner et al.，1969）的实验表明这种信息可以有视觉编码。他们所依据的就是减数法反应时实验的结果。实验是这样进行的：给被试并排呈现两个字母，这两个字母可以同时给被试看，或者中间插进短暂的时间间隔，然后要被试指出这一对字母是否相同并按键做出反应，记录反应时。所用的字母对有两种：一种是两个字母的读音和书写方法都一样，即为同一字母（AA）；另一种是两个字母的读音相同而写法不同（Aa）。在这两种情况下，正确的反应均为“相同”。在两个字母相继呈现时，其间隔为 0.5 秒或 1 秒。得到的结果如图 4-14 所示。从图 4-14 可以看出：在两个字母同时呈现时，AA 对的反应时小于 Aa 对；随着两个字母的时间间隔增加，AA 对的反应时急剧增加，但 Aa 对的反应时则没有发生大的变化。并且 AA 对和 Aa 对的反应时的差也逐渐缩小，在图上能看到两条曲线趋于靠拢。

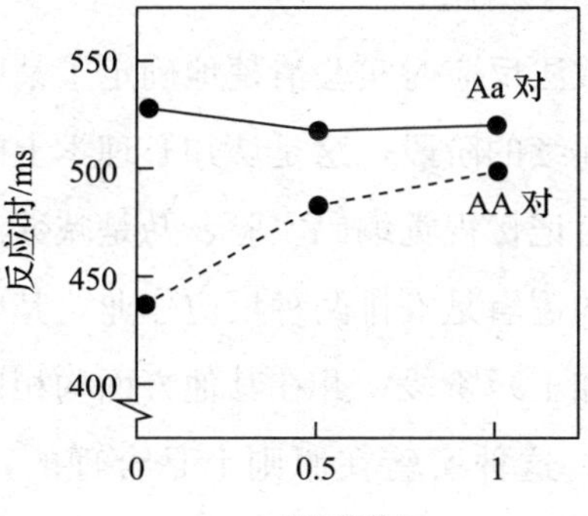

图 4-14　反应时是字母间隔的函数

（采自 Posner et al.，1969）

研究者按照减数法反应时的逻辑对实验结果做了如下解释：

其一，当两个字母同时呈现给被试时，Aa 对的反应时大于 AA 对。根据减数法的逻辑，这个反应时之差反映了对 Aa 对的加工包含对 AA 对的加工所没有的过程；反过来说，AA 对中包含的加工过程要少于 Aa 对。Aa 对与 AA 对的反应时之差反映了内部编码过程的差别。波斯纳等人认为，既然 AA 对与 Aa 对的区别只在于前者的两个字母有一样的写法，而后者没有，那么，当两个字母同时呈现给被试时，AA 对字母可以直接按写法来比较，但 Aa 对不能按写法而必须按读音来比较。这意味着 AA 对匹配是在视觉编码的基础上进行的，而 Aa 对匹配只能在听觉编码的基础上进行。被试必须从视觉编码过渡到听觉编码，这样就包含了更多的加工，因此需时也较多。

其二，AA 对的同时呈现和继时呈现的反应时之差反映的同样是信息编码的这种特点。AA 对同时呈现的反应时小于继时呈现的反应时，继时呈现的反应时与 Aa 对趋同，而 Aa 对的反应时受同时或继时呈现的影响很小。这说明随着时间的延长，AA 对的加工过程与 Aa 对趋于一致。根据这个结果可以推测，短时记忆时，先发生的是视觉编码，它保持一个短暂的瞬间后，才发生了听觉编码。这样，在 AA 对的加工过程中，随着两个字母之间插入时间间隔的逐渐增大，视觉编码的效应逐渐消失，听觉编码的作用逐渐增强，其反应时便也逐渐增大，从而缩小了与 Aa 对反应时的差别。

波斯纳等人应用减数法反应时实验清楚地确定了某些短时记忆信息可以有视觉编码和听觉编码两个连续的阶段，这是认知心理学上的重大发现。

心理旋转实验和短时记忆视觉编码实验，乃是减数法及反应时的典型实验范例。减数法反应时实验的逻辑是安排两种反应作业，其中一个作业包含另一个作业所没有的一个处理（加工）阶段，并在其他方面均相同，然后从这两个反应时之差来判定此加工阶段。这种实验在原则上是合理的，在实践上是可行的。因此，认知心理学常应用减数法反应时实验提供的数据来推论其背后的信息加工过程。但减数法也有其弱点：使用这种方法要求研究者对实验任务引起的刺激与反应之间的一系列心理过程要有比较精确的预测，并且要求两个相减的任务中共有的心理过程要严格匹配，这一般是很难做到的。因此，这些弱点在一定程度上限制了减数法的使用。

二、加因素法

认知心理学家斯滕伯格（Sternberg，1969）发展了唐德斯的减数法反应时逻辑，提出了加法法则，称为加因素法（additive factors method）。它不是对减数法的否定，而是减数法的发展和延伸。

（一）加因素法的原理

斯滕伯格首先提出了加因素法的主要假设，也即加因素法的实验逻辑。斯滕伯格认为，人的信息加工过程是系列进行的而不是平行发生的，人的信息加工过程是由一系列有先后顺序的加工阶段组成的。这是加因素法的一个基本前提，加因素法的采用是在假定这个前提成立的条件下进行的。因此，在加因素法反应时实验中，研究者通常认定完成一个作业所需的时间是这一系列信息加工阶段分别需要的时间总和。加因素法反应时实验的逻辑是：如果两个因素的效应是互相制约的，即一个因素的效应可以改变另一因素的效应，那么这两个因素作用于同一个信息加工阶段；如果两个因素的效应是独立的，即可以相加，那么这两个因素是各自作用于不同的加工阶段的。也就是说，加因素法假设：如果两个因素有交互作用，那么它们是作用于同一个加工阶段的；如果两个因素不存在交互作用，即相互独立，那么它们作用于不同的加工阶段。

根据这个逻辑，在应用加因素法进行实验时，研究者在影响反应时的各种因素（变量）中找出其中独立的因素。如果发现可以影响完成作业所需时间的一些因素，那么单独地或成对地应用这些因素进行实验，就可以观察到完成作业的时间变化。当两个实验因素分别影响两个不同的阶段时，它们将对总反应时产生独立的效应，即不管一个因素的水平变化如何，另一个因素对反应时的影响是恒定的（模式如图 4-15 所示，图中 g_1、g_2为 g 因素的两个水平，f_1、f_2为 f 因素的两个水平）。这样两个因素的影响效应是相加的。加因素法就是这样通过探索有相加效应的因素，来区分不同的加工阶段，从而尝试找出某信息加工的所有阶段，以推断整个的信息加工过程。可见，加因素法实验所侧重的不是区分出每个阶段的加工时间，而是证实不同加工阶段的存在以及辨认它们的前后顺序。

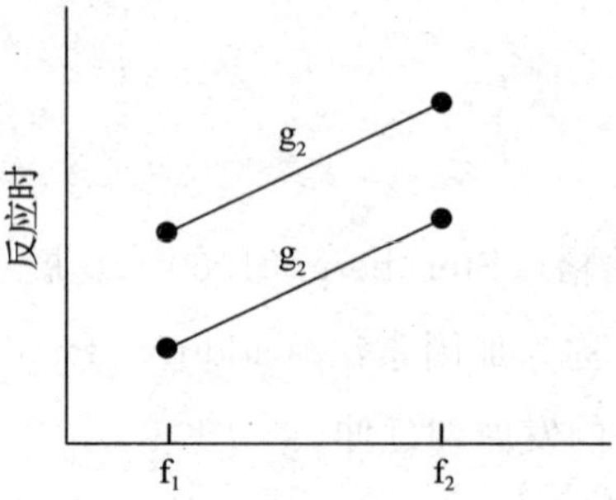

图 4-15　斯滕伯格的独立因素相加效应

对于加因素法所依托的信息加工过程是系列加工而不是平行加工这个前提，一些心理学家提出疑问，他们认为信息加工中应该是存在平行加工的可能的。加因素法首先假设信息加工是系列的，然后再推测出信息加工的各个加工阶段，这有一种循环论证的倾向。另外，加因素法反应时实验的逻辑，即应用可相加和相互制约的效应来确认信息加工的阶段，也遭到了众多研究者的质疑。但是，斯滕伯格用加因素法进行了一系列严谨的实验，并得出了一系列有力的实验结果。因此，我们不能因为这些质疑而否定加因素法的价值。

（二）加因素法的应用

斯滕伯格的“短时记忆的信息提取”是使用加因素法分析心理过程的一个典型实验。斯滕伯格在《反应时实验揭示的心理过程》一文（1969）中，系统地阐述了加因素法和用此方法所做的短时记忆信息提取的实验。

在斯滕伯格的实验里，先给被试看 1～6 个数字（识记项目），然后再呈现一个数字（测试项目），请被试判定其是否为刚才识记过的，同时开始计时，要求被试按键做出是或否的反应，计时也随即停止。这样就可以确定被试能否提取以及提取所需的时间（反应时）。通过一系列的实验，斯滕伯格从反应时的变化上确定了对提取过程有独立作用的四个因素，即测试项目的质量（优质的或低劣的）、识记项目的数量、反应类型（肯定的或否定的）和每个反应类型的相对频率。我们可从四个阶段对发现四个独立因素的实验逐一进行分析。

第一阶段，测试项目编码阶段。改变测试刺激的质量，结果发现对一个残缺、模糊的刺激进行编码比对一个完整、清晰的刺激进行编码所花的时间更长，而且该因素对不同大小的记忆表的影响相似，即记忆表的大小仅改变 y 截距，而不改变直线的斜率，表明系列比较阶段之前存在一个独立的编码阶段（如图 4-16 所示）。

第二阶段，顺序比较阶段。改变记忆表中项目的数量，结果发现记忆表大小与反应时之间的线性关系，证实了系列比较阶段的存在（如图 4-17 所示）。斯滕伯格假定对应于不同大小记忆表的余下三个阶段的反应时是不变的。他将斜线向左延伸至 y 轴，y 轴上的点提供了系列比较为 0 时的反应时，这个时间就是编码刺激做是否判断和组织反应共花的时间。

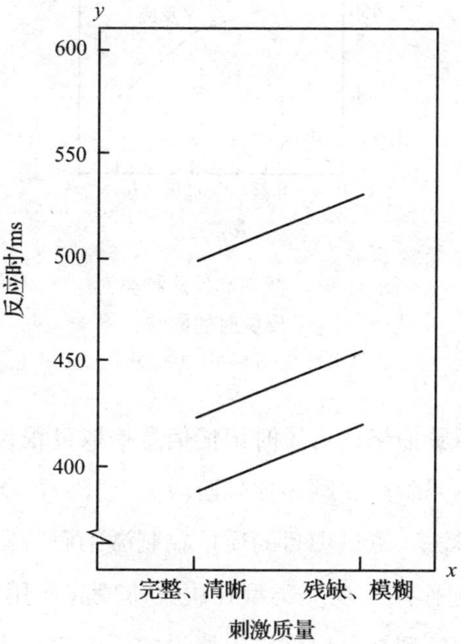

图 4-16 清晰度和项目数对反应时的影响

（采自 Sternberg，1969）

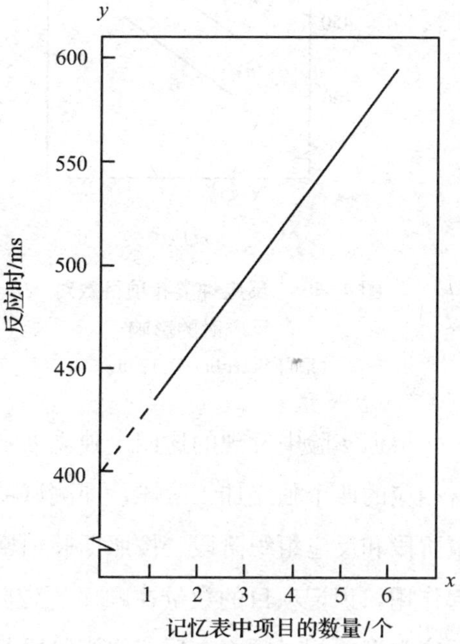

图 4-17 项目数对反应时的影响

（采自 Sternberg，1969）

第三阶段：二择一的决策阶段。分别计算 Y 反应（肯定反应）与 N 反应（否定反应）的反应时，结果发现对不同大小的记忆表，都是 N 反应时长于 Y 反应时，说明存在两种决定阶段，即在系列比较之后，有一个被试选择反应种类的阶段，而且产生 N 反应比产生 Y 反应难（如图 4-18 所示）。

第四阶段：反应组织阶段。改变某一种类反应（Y 或 N）的出现频率，结果发现对两类反应产生同样的影响，即提高任一类反应的出现频率，都会使这类反应的组织更为容易，从而使反应时下降。这表明反应选择之后存在一个独立的反应组织阶段（如图 4-19 所示）。

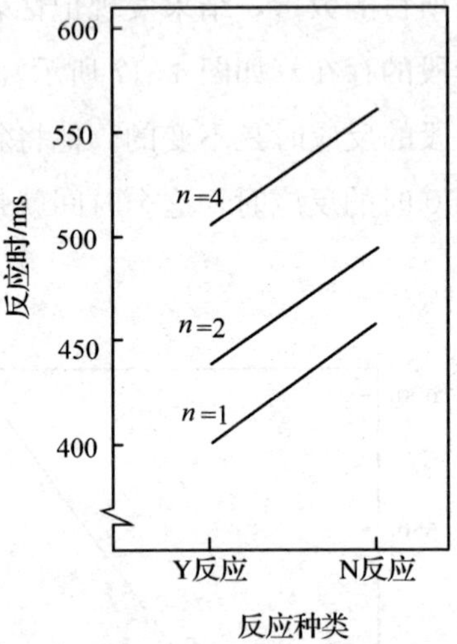

图 4-18　反应种类和项目数对反应时的影响

（采自 Sternberg，1969）

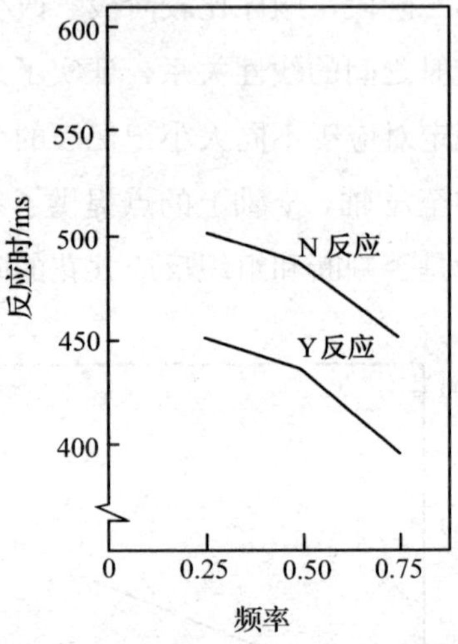

图 4-19　频率和反应种类对反应时的影响

（采自 Sternberg，1969）

根据实验中发现的这四个独立因素，斯滕伯格认为短时记忆信息提取过程包含相应的四个独立加工阶段，即测试项目编码阶段、顺序比较阶段、二择一的决策阶段和反应组织阶段。按照斯滕伯格的看法，测试项目的质量在刺激编码阶段起作用，识记项目的数量在顺序比较阶段起作用，反应类型在决策阶段起作用，反应类型的相对频率在反应组织阶段起作用。现在可以将以上所说的用图表示出来（如图 4-20 所示）。图中箭头表明信息流动的方向，四条短竖线连接起作用的因素。从图中可以看到，从短时记忆中提取信息的过程包括测试项目编码、顺序比较、决策和反应组织这四个依次进行的加工阶段。

反应时新法在认知心理学研究中大放异彩，成为心理学家剖析心理黑箱的得力工具。借由精巧的实验设计，反应时这一简单实验指标就能帮助研究者推断复杂的心理加工过程，这正体现了心理学实验研究的独特魅力所在。

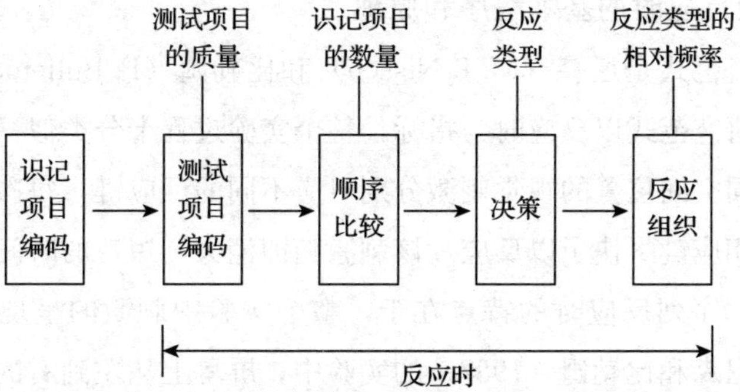

图 4-20　加因素法反应时实验：短时记忆信息提取

（采自 Sternberg，1969）

第四节　反应时研究的新进展

反应时新法的诞生和发展为心理学研究的很多领域注入了活力。20 世纪 80 年代，内隐学习领域出现了一种名为序列反应时的研究方法，10 年后，刚刚萌发的内隐社会认知领域也出现了一种基于反应时范式的研究方法——内隐联想测验。从某种程度上而言，这两种方法的兴起、发展和推广都得益于反应时技术的新进展。在本节，我们将对这两种基于反应时范式的研究方法予以介绍，希望能加深大家对反应时的理解。

一、序列反应时

20 世纪 80 年代末到 90 年代初，内隐学习研究中出现了新的研究范式，即序列学习范式，用以研究人们对序列规则的无意识获得。序列反应时（serial reaction time，SRT）任务正是序列学习范式的经典任务之一，它以反应时作为反应指标，以序列规则下的操作成绩和随机序列下的操作成绩之差来表示内隐学习的量。

（一）序列反应时的基本程序和原理

序列反应时范式是尼森（M. J. Nissen）和比勒姆（P. Bullemer）于 1987 年提出的。这种研究范式以反应时为指标，整个实验过程十分类似一个选择反应时实验：处于不同空间位置的视觉刺激分别对应不同的反应键，每次呈现一个视觉刺激，被试按相应键尽快予以反应，该刺激随即消失，短暂的时间间隔后出现下一个视觉刺激。序列反应时的特点在于，整个实验中刺激的呈现序列是有规律的。例如，在尼森和比勒姆（1987）的实验中，屏幕上从左到右的四个位置依次被设定为位置 1、2、3、4，每个位置都对应着一个按键。视觉刺激是一个星状图形，并按固定的位置序列（4—2—3—1—3—2—4—3—2—1）呈现。一般来说，固定序列循环 6～10 次构成一个组段。在实验前，被试只被告知将要进行的是反应时测试，他们不知道在任务中刺激是按某个固定但不明显的模式依次呈现的。主试会在多次重复该固定位置序列的情况下（通常是 8～12 个组段）插入一个随机的位置序列，之后再恢复固定的位置序列。

结果发现，尽管被试没有意识到序列规则的存在，其反应时还是会随着固定序列的重复而逐渐下降，但这并不一定代表被试对序列规则发生了学习，因为反应动作的练习效应也是可能的解释。研究者必须比较被试对固定序列和对随机序列的反应时。当后者的反应时要显著大于对前者的时，才说明序列学习发生了。

不难发现，序列反应时对内隐学习的揭示符合减数法的基本逻辑：反应时的差异对应着心理过程的差异。在序列反应时实验中，对固定序列和随机序列的反应都是对同样刺激的同样规则的选择反应任务，因此两者的反应时差异只可能说明被试在固定序列中做出选择反应的心理过程被易化了，即对固定序列中的目标刺激做出反应相对容易，从而使反应时缩短，而对于随机序列，选择反应的心理过程没有易化，反应较为困难，因此反应时相对较长。通常，这种心理过程的易化只能由个体的学习所引发。又由于本实验中被试并没有外显地意识到固定序列的规则，因此这种学习就是内隐学习。

为了用减数法逻辑推出内隐学习的发生，研究者还必须尽力控制好实验条件，使得两种实验条件下有差异的那个心理过程必须而且只能是内隐的。也就是说，在序列反应时实验中，研究者必须使被试在一个条件下不发生任何学习，而在另一个条件下只发生内隐学习，不能发生外显学习；因为，如果没有排除外显学习，那么反应时的差异就不能简单地解释为内隐学习了。因此，反应时任务结束后，被试还要接受测量外显知识的任务，通常是生成任务（generate task），即刺激位置仍按固定序列呈现，但被试要根据屏幕上出现的刺激位置，预测下一个刺激出现的位置。这个任务的指标是准确度，它反映了被试的外显序列知识。如果反应时任务的反应时差异与生成任务的准确度相关很低，说明发生的是内隐学习。

序列反应时任务试图将反应时实验的逻辑应用于无意识心理过程的研究，这是具有积极意义的。然而，标准序列反应时实验的内隐性还是受到了质疑。有研究者认为标准序列反应时任务中的序列规则对被试太过简单，很容易被意识到。由此，他们尝试通过对实验材料进行一系列的革新来排除序列反应时任务中的外显成分（Musen & Squire，1993；Willingham，Greenberg，& Thomas，1997；Olson & Chun，2001），以使反应时成为衡量内隐学习这个心理过程的更纯净的指标。

（二）序列反应时的变式

为了提高序列反应时任务的说服力，使反应时差异能够精确地对应内隐学习造成的心理过程差异，研究者进一步完善了序列反应时任务，这主要包括对实验材料的改变和对实验程序的调整。

通过对序列反应时实验材料的操纵，研究者可以有效调节规则的难易程度，防止规则外显化，增加规则被内隐习得的可能性。例如，穆森和斯夸尔（Musen & Squire，1993）设计了一组新的实验材料，它们由 7 个打印颜色和本身含义不一致的色词（紫、绿、黄、橙、蓝、白、红）组成，要求被试对色词的打印颜色进行反应。色词和打印颜色间存在一一对应关系，比如，色词“红”一定是蓝色的，色词“黄”是白色的。实验采用了正常成人和健忘症患者两组被试，希望用序列反应时变式发现被试对上述规则的内隐学习。结果发现：两组被试的表现极其相似，在“词—色”对应规则保持不变的前六组实验中，反应时逐渐下降；而当对应规则发生变化时，反应时又迅速上升，这说明被试能够习得规则。这个实验的规则比标准序列反应时实验的规则难度大，且采用了健忘症患者被试，在论证规则学习的内隐性方面更具说服力。

斯塔德勒（Stadler，1992）提出，可以通过变化序列的统计结构来操纵序列规则的难度。他设计了高、中、低三个结构化水平的刺激序列，结构化水平越高则说明序列内的规律特征越多。采用序列反应时变式研究的结果发现，高结构化序列的反应时下降最为厉害，其次是中结构化序列，后面是低结构化序列，而对于随机序列，反应时几乎维持不变。亨特和阿斯林（Hunt & Aslin，2001）认为这一实验说明了被试对于概率信息的内隐习得过程：实验中的反应时下降是存在学习的体现，而实验使用的高难度材料遏制了被试对概率规则的外显把握，因而概率信息的习得是内隐的。

此外，还有研究者想到将序列反应时任务和其他任务相结合来提高规则难度。例如，克利尔曼斯和麦克莱兰（Cleeremans & McClelland，1991）的研究将序列反应时任务和人工语法相结合，也有效地增加了将反应时差异解释为内隐学习证据的力度。

调整实验程序以提高反应时数据的说服力，是改良序列反应时实验的另一途径。其中，对被试的区分是操纵实验程序的主要方法。

威林厄姆、尼森和比勒姆（Willingham，Nissen，& Bullemer，1989）通过面试将被试区分为察觉组和无察觉组。在面试中，察觉组被试声称自己意识到规则存在，并且可以回忆出规则序列中的大部分，而无觉察组被试声称自己没意识到规则的存在，并且最多只能回忆出序列结构中的三个项目。结果发现，虽然随着练习次数的增多，两组被试的反应时相对于随机水平都显著下降，但是他们之间仍有很大差别，觉察组被试反应时下降 200 毫秒，而无觉察组反应时的下降只有 100 毫秒，觉察组被试明显地比无觉察组被试好。这说明外显加工系统帮助觉察组被试更有效地完成任务，他们的外显知识可能在序列学习中起着一定的作用。这样，在进行内隐学习研究时，研究者就应该更多选用那些无觉察的被试。

威林厄姆、格林利和巴登（Willingham，Greeley，& Bardone，1993）的实验也对被试做了类似的区分。实验中一共有 45 个被试，其中 9 个认为序列反应时任务中的项目是随机出现的，没有规则（相当于无觉察组），11 个被试认为下一个项目几乎不能根据前面的项目进行推断，其余的被试或多或少认为项目可以进行推断（相当于觉察组）。结果发现，随着练习次数的增多，所有被试的反应速度都显著提高。这说明序列学习不依赖于外显知识。

综上所述，研究者采用序列反应时范式及其变式，通过精心设计的材料和巧妙安排的程序，以反应时作为实验的主要指标，对内隐学习进行了研究。可以说，序列反应时范式是反应时新法在内隐学习研究中的巧妙应用。

二、内隐联想测验

内隐联想测验（implicit association test，IAT）是继序列学习之后，反应时新法向高级心理认知领域的进一步拓展。一直以来，社会认知领域的内隐研究难有起色，而原因不外乎：传统的投射测验或情境测验的方法很难量化；已有的内隐领域的研究方法虽可以量化，但很难直接借鉴到态度、观念等社会认知研究中。1998 年，基于反应时范式的内隐联想测验成功实现了内隐社会认知研究量化的梦想。内隐联想测验的成功促进了内隐社会认知领域的蓬勃发展，同时内隐联想测验本身也在改进完善，不断丰富着反应时实验范式的解释能力。

（一）内隐联想测验的基本程序和原理

内隐联想测验是由格林沃尔德等人（Greenwald et al.）在 1998 年提出的。内隐联想测验以反应时为指标，通过一种计算机化的分类任务来测量两类词（概念词与属性词）之间的自动化联系的紧密程度，继而对个体的内隐态度等内隐社会认知进行测量。

1. 基本程序

现以格林沃尔德等人（Greenwald et al.，1998）的花—昆虫内隐联想测验来简述其基本程序，见表 4-3。

表 4-3　花—昆虫内隐联想测验实验程序

步骤	试次数	练习/测试	左键反应对象	右键反应对象
1	50	练习	花的名字	昆虫的名字
2	50	练习	褒义词	贬义词
3	50	测试	花的名字＋褒义词	昆虫的名字＋贬义词

续表

步骤	试次数	练习/测试	左键反应对象	右键反应对象
4	50	练习	昆虫的名字	花的名字
5	50	测试	昆虫的名字＋褒义词	花的名字＋贬义词

（采自 Greenwald et al.，1998）

内隐联想测验的基本实验程序分为五步：（1）呈现概念词（concept words）的样例，要求被试尽快地进行辨别归类，由系统记录反应时。在花—昆虫内隐联想测验中，概念词为“花”或“昆虫”，样例为某种花或虫的名字。（2）对属性词（attributive words）的样例进行归类反应。在上例中，属性词为褒义词或贬义词，褒义词的样例如“自由”“礼物”等，贬义词的样例如“死亡”“污染”等。（3）联合任务一，要求被试对概念词与属性词的联合做出反应。由于概念词和属性词之间有两种可能的关系——相容的（compatible）和不相容的，所以研究者通常在内隐联想测验实验中设置两种联合任务——相容联合任务和不相容联合任务。所谓相容，即是指二者的联系与被试内隐的态度一致，如相对于昆虫，被试对花的态度更为积极，那么花和褒义词的关系为相容，昆虫和褒义词的关系为不相容。不过，在实施内隐联想测验之前，无法知道哪个联合是相容的，所以在这里仅称为联合任务一和联合任务二。对上例来说，在联合任务一中，研究者要求被试在花的名字和褒义词共同出现时按左键，在昆虫的名字和贬义词共同出现时按右键。（4）为了配合联合任务二的实施，研究者交换左右键反应的内容，再次要求被试对概念词的样例进行反应。（5）联合任务二，和联合任务一的反应内容正好相反。由于内隐联想测验是基于反应时范式的，所以在上述实验过程中只要求记录被试的反应时。具体的数据处理步骤如下：（1）只选取两个测试阶段的数据；（2）删除联合任务测试中的前两个试次，即表 4-3 第三步和第五步中第一、二个试次的数据；（3）将短于 300 毫秒的反应时记为 300 毫秒，将长于 3 000 毫秒的反应时记为 3 000 毫秒，不对错误试次的反应时进行任何处理，也不删除任何极端被试的数据；（4）对反应时进行自然对数转换；（5）求两个测试阶段反应时的均值；（6）相容和不相容联合测试反应时均值相减即为所求得内隐联想测验效应。

2. 基本原理

为何相容和不相容任务的反应时之差可以作为内隐联想测验效应呢？依据唐德斯减数法的原理，反应时的不同阶段对应着不同的加工过程，反应时越长，心理加工过程越复杂。在社会认知研究中，由于所呈现的刺激多具有复杂的社会意义，其必然引起被试心理的复杂反应。这些刺激可能与内在需要或内隐态度相一致，也可能与之相矛盾。刺激所暗含的社会意义不同，被试的加工过程的复杂程度就会不同，从而反应时的长短也会不同。相容任务中，概念词和属性词的关系与被试的内隐态度一致或二者联系较紧密，此时辨别任务更多依赖自动化加工，相对容易，因而反应速度快，反应时短；不相容任务中，概念词和属性词的关系与被试的内隐态度不一致或二者缺乏紧密联系，这往往会导致被试的认知冲突，此时辨别任务更多依赖复杂的意识加工，相对较难，因而反应速度慢，反应时长。所以，两种联合任务的反应时之差可以作为概念词和属性词的关系与被试的内隐态度相对一致性的指标，即上述的内隐联想测验效应。格林沃尔德等人的花—昆虫内隐联想测验就发现两种联合任务间反应时有显著性差异，内隐联想测验效应显著，“花＋褒义词”的联合明显快于“虫＋贬义词”的联合，这表明“花＋褒义词”的联合与被试的内隐态度更一致，被试对花的态度更为正向。

利用内隐联想测验程序，研究者们对人类的内隐认知过程进行了大量的研究。在此过程中，研究者们也对实验程序进行了调整。具体来说，在经典的五步程序基础上，在每个联合任务之前增加了相应的练习程序，即在第二步和第三步之间添加联合任务一的练习，在第四步和第五步之间添加联合任务二的练习，最终构成了七个步骤的内隐联想测验程序。

（二）评价：反应时差异如何才算反映态度

格林沃尔德和诺塞克（Greenwald & Nosek，2003）对内隐联想测验数据处理法进行了分析，发现它未考虑到速度—准确性权衡、反应极值（extreme response value）和老年人的反应迟缓（age-related slowing）等因素。基于此，他们提出了衡量内隐联想测验数据处理法好坏的几个标准。

(1) 内隐测验和外显测验的相关，即内隐联想测验效应和被试外显态度分数间的相关。由于内隐联想测验和外显测验的共同元素是概念间的联系强度，所以内隐和外显测试间的高相关表示内隐联想测验结构效度高。

（2）内隐联想测验效应和简单反应时的相关。布林雷（Brinley，1965）、福斯特等人（Faust et al.，1999）、拉特克里夫等人（Ratcliff et al.，2000）都提到了由于认知机能衰退所引起的老年人反应迟缓现象，基于反应时的内隐联想测验效应或多或少会受到这一现象的影响。不过，内隐联想测验效应所表示的态度则应与反应速度无关，所以内隐联想测验效应与简单反应时的相关应尽可能低。

（3）内部一致性。这是从测量的角度，对作为测量工具的内隐联想测验所提的信度要求。

（4）对所测量的对象的敏感性。格林沃尔德等人（Greenwald et al.，1998）的研究以效应大小 D 值（D＝均值差/标准差）作为敏感度的指标，D 值越大，表明测量工具越敏感。结果显示，和法齐奥（Fazio，1986）的评价性语义启动相比，内隐联想测验的 $D=1.21$，而语义启动的 $D=0.62$，内隐联想测验要敏感得多。进而，格林沃尔德和诺塞克（Greenwald & Nosek，2003）的研究完善了内隐联想测验的传统数据处理法，进一步提高了内隐联想测验的对象敏感性。

（5）抵制两个联合任务呈现先后顺序影响的能力。相容任务在前时，内隐联想测验效应较大；反之，内隐联想测验效应较小。这可能是练习效应所形成的反应定势引起的。

在格林沃尔德和诺塞克看来，前两个标准尤为重要。因此，他们以前两个标准为主要准则，检验了从反应时的汇总统计量、原始数据的选取、极端被试的数据处理、错误试次的处理、极值数据的处理这五个角度提出的各种备择数据处理法，以求对传统的内隐联想测验数据处理进行完善。

在反应时汇总统计量的选择上，他们提出了五种备择统计量：传统数据处理法中使用的自然对数、均数、中数、倒数（1 000/反应时）的均数、D（两个测试组均数之差除以两个测试组所有反应时的标准差）。结果发现，相对于其他统计量来说，D 的内隐和外显测试的相关最高，并在整个反应时全域上显得最为稳定（内隐联想测验效应和反应时的相关低）。在原始数据的选取上，他们提出了三个备择方案：删除错误试次，纳入第四、第七组的前两个试次，纳入第三、第六组的实验数据。结果发现，相对于删除的情况，纳入以上各种数据，内隐和外显测试相关提高，而内隐联想测验效应与反应时的相关则下降。

在极端被试的处理、错误试次的处理和极值数据的处理上，格林沃尔德和诺塞克也采用了一系列新的备择方案，形成了一套包括九个步骤的新数据处理法：(1) 选取第三、四、六、七组的实验数据；(2) 去除超过10%的反应快于300毫秒的被试；(3) 计算每组实验中正确试次的反应时均数；(4) 计算第三和第六组以及第四和第七组反应时的标准差；(5) 用每组反应时均值加上600毫秒替换错误试次的反应时值；(6) 计算每组实验中所有反应时的均值；(7) 求第三和第六组以及第四和第七组反应时均值的差；(8) 反应时均值差除以各自的标准差，得到 D；(9) 求两个 D 的均值。

格林沃尔德和诺塞克推测，新的数据处理法除了在以上几个标准上有所提高外，还能更好地反映联系强度以及联系强度和实验变量间的关系，有助于揭示实验被试在内隐社会认知上的个体差异。不过，这种新的数据处理法的真正效用还有待进一步证实。

（三）内隐联想测验的各种变式

经典内隐联想测验将减数法应用于内隐态度的测量，但是仍存在各种问题，比如只能获得相对内隐的态度评价，而无法测量个体对单一概念或更多概念的评价，忽略了错误率所提供的信息等。以上大多数问题还是涉及反应时实验的设计框架，所以研究者们提出了一些新的实验程序变式来解决这些问题。

1. Go/No-Go 联想测验（尝试/不尝试联想测验）

在内隐联想测验的应用中，研究者们逐渐意识到内隐联想测验的两大缺陷。首先，忽略了速度—精确性权衡原则。根据这个原则，个体在反应速度上的增长势必导致总体反应精确性的降低，这是所有基于反应时范式的研究必须考虑的问题，而在内隐联想测验中只使用反应时作为考察指标，就有可能忽略错误率所包含的信息。其次，只能考察被试对两个对象的相对态度，而不能测量被试对某一对象的态度。例如，在花—昆虫内隐联想测验中，内隐联想测验效应的显著性只表示相对于昆虫来说，人们对花更积极，或者相对于花来说，人们对昆虫的态度更为消极，而不能说明人们对花的态度到底是消极的还是积极的。因此，为了弥补这一不足，诺塞克和巴那吉（Nosek & Banaji，2001）提出了 Go/No-Go 联想测验，它仍保留了内隐联想测验的两个关键任务，但用信号检测论中的辨别力指数作为指标。

该测验要求被试对一些刺激做出反应而忽视另外的刺激。例如，测量被试对花的态度，呈现给被试花、褒义词、贬义词三类刺激，在任务一中要求被试对花和褒义词的联合做出反应（称为 Go），而花和贬义词的联合不做反应（称为 No-Go）。任务二则相反，要求被试对花和贬义词的联合做出反应，而对花和褒义词的联合不做反应。

数据处理时，采用信号检测论中的辨别力指数 d' 为指标，将正确的“Go”反应视为击中，将不正确的“Go”反应视为虚报，将击中率和虚报率转化为 Z 分数后，其差值即为 d' 分数；然后对两个阶段的 d' 分数进行比较。假如任务一中的 d' 比任务二中的 d' 高，则说明被试对花持有积极的态度，反映了被试对花的内隐偏好。

2. 外在情感性西蒙任务

米尔克和克劳尔（Mierke & Klauer，2001）指出，内隐联想测验的特点在于被试对任务的重新编码。例如，在花—昆虫内隐联想测验中，相容联合任务为对花和褒义词按左键反应，对昆虫和贬义词按右键反应，而被试往往会将任务简化成对所有褒义刺激（包括花）按左键，对所有贬义刺激（包括昆虫）按右键。被试对相容任务的重新编码缩短了相容任务的反应时，提高了内隐联想测验效应。然而，有时被试的重新编码和所要测量的态度联系无关，这使得所获得的内隐联想测验效应受污染。布瑞德尔、马克曼和麦斯纳（Brendl，Markman，& Messner，2001）发现，概念词的显著性会影响被试的重新编码。霍福尔和格尔德夫（Houwer & Geldof，2005）发现概念词知觉特征也会影响被试的重新编码，如被试对蛇和河作为一类、银币和比萨作为一类的反应要快于对蛇和银币作为一类、河和比萨作为一类的反应，因为蛇和河、银币和比萨在形状上相似。

为了避免重新编码对内隐联想测验效应的污染，霍福尔（Houwer，2003）设计了外在情感性西蒙任务（extrinsic affect Simon task，EAST）。霍福尔设计了一项典型 EAST 实验，实验材料为五个消极名词、五个积极名词、五个消极形容词和五个积极形容词。实验有两种条件：一为词汇以白色呈现，此时出现的词都为形容词，要求被试对词义做出反应，即对积极形容词（如 kind）按 P 键（积极反应），对消极形容词（如 hostile）按 Q 键（消极反应）；二为词汇以彩色出现，此时出现的词都为名词，要求被试对词的颜色做出反应，即一半被试对绿色词按 P 键，对蓝色词按 Q 键，而另一半被试对蓝色词按 P 键，对绿色词按 Q 键。实验只记录被试对名词的反应时和错误率。结果发现，被试对积极名词反应做积极反应比对积极名词做消极反应来得快，错误更少，同样，对消极名词做消极反应比对消极名词做积极反应来得快，错误更少。这是由于个体依照所呈现的形容词的评价性特征（积极或消极）做出判断，并分别做出反应，使得原先中性的按键反应获得了积极或者消极的意义，从而影响了个体的颜色分类反应。

EAST 与内隐联想测验最大的不同在于：内隐联想测验效应的计算依赖于两个联合任务反应时均数之差，而 EAST 则是要比较被试在同一任务的不同实验条件下的行为差异。因此，对于 EAST 而言，被试很难将任务的要求进行简化或重新编码，EAST 的实验设计能有效控制被试有意识重新编码对内隐联想测验效应的影响。另外，EAST 只要求个体完成一个任务，从而有效避免了内隐联想测验中任务顺序对内隐联想测验效果的影响。

较之内隐联想测验，EAST 的另一个优点还在于它可应用于对多个态度对象的评价。例如，霍福尔曾将上述基本 EAST 实验中彩色实验条件下的实验材料进行调整，换为被试自己的名字、他人的名字、花、昆虫和“×××××”。结果发现，被试对自己的名字做积极反应时，速度最快，错误较少，而对昆虫做消极反应时，速度最快，错误最少。这表明被试对自己名字的态度最为积极，对昆虫的态度最为消极。通过在彩色实验条件下设计不同态度对象，EAST 可以获得被试对不同态度对象的评价，从这点意义上说 EAST 较内隐联想测验更高效。当然，EAST 的使用相当灵活，白色实验条件并不一定要求是评价性的。例如，要测量被试更多将“聪明”和自己还是他人联系起来，则可以在白色实验条件下，要求被试做属于自己或属于他人的分类，在彩色实验条件下，则要求被试对“聪明”一词的颜色进行反应。

从序列反应时到内隐联想测验，我们可以看到反应时实验逻辑的精髓正在改头换面，以全新的形式进入心理学发展的热土——内隐研究的领域中。作为心理学最传统的反应指标，反应时仍会在可预见的将来占有重要的一席之地。

课后思考题

1. 人差方程指的是什么？它给了研究者怎样的启发？

2. 实验中速度—准确性权衡指的是什么？试举实例说明研究中重视速度—准确性权衡的意义。

3. 试述减数法的原理。

4. 简述序列反应时范式的基本程序和原理。

5. 试述内隐联想测验的基本程序和原理。

本章实验

实验一 简单反应时和选择反应时

1 引言

反应时指刺激作用于有机体后到明显的反应开始时所需要的时间。刺激作用于感官引起感官的兴奋，兴奋传到大脑并进行加工，再通过传出通路传到运动器官，运动反应器接受神经冲动，产生一定反应，这个过程可用时间作为标志来测量，这就是反应时。通常，反应时可分为简单反应时和选择反应时两类。

简单反应时是指给被试呈现单一的刺激，只要求做单一的反应，并且两者是固定不变的，这时刺激与反应之间的时距就是简单反应时。简单反应时的实验已有一百多年的历史，最早始于天文学家对人差方程的研究。赫希（A. Hirsch）在1861—1865年测量了视听与触觉的“生理时间”，得到简单反应时的时值，光为180毫秒，声为140毫秒，触觉为140毫秒，这些数据到今天还算是相当标准的。

选择反应时指的是可能呈现的刺激不止一个，对每个刺激都要求被试做一个不同的反应，但哪一次出现哪个刺激事先是不知道的。被试既要辨别当前出现的是哪个刺激，又要根据出现的刺激选择事先规定的反应。这种反应时更能体现人的智力或能力。选择数越多，则选择反应时越长；选择任务越复杂，则反应时也越长。

本实验的目的是：(1) 学习视觉与听觉简单反应时的测定方法及仪器的使用、材料的整理与计算，并比较对声和对光这两种刺激的反应时的差别；(2) 学习测定视觉选择反应时的方法，了解选择反应时的特点及其与简单反应时的区别。

2 方法

2.1 被试

一至多名被试。

2.2 仪器

简单反应时测定装置、选择反应时测定装置。

2.3 程序

简单反应时部分

1) 预备实验

(1) 接通仪器电源。主试拨动信号发生开关，看仪器是否正常工作。

(2) 练习操作。刺激呈现器放在离被试 1 米处，被试以右手食指按在反应键任一孔上，主试按“启动”键。当感觉到刺激出现时，被试立即按压电键。计时器停止计时，主试记下成绩。练习可做 2～3 次。

2) 正式实验

(1) 刺激呈现按视—听—听—视方式安排，每单元各做 20 次，总共 80 次。在记录表（见附录）上记下每个试次被试的反应时。

(2) 同预备实验。

(3) 做完 20 次，休息 1 分钟。一被试测完 80 次后，换一个被试进行实验。

选择反应时部分

1) 预备实验

(1) 接通仪器电源。主试按预先列出的程序操作信号呈现开关，发出红、黄、绿、白四种不同光刺激。

(2) 被试以右手食指做按键状，当感觉到某种色光时，立即按压相应的反应键（即被试对四种不同的刺激相应做出四种不同的反应）。计时器记下时间，练习可做 4～5 次。

2）正式实验

(1) 四种色光刺激各呈现 20 次，随机排列。在记录表（见附录）上记下每个试次被试的反应时。

(2) 主试呈现刺激与被试反应方式同预备实验。如果反应错了，计时器不计时间，主试根据反馈信号灯提供的信息，安排被试重做一次。

(3) 每做完 20 次，休息 1 分钟。一被试测完 80 次后，换另一被试进行实验。

3 结果

3.1 计算个人视觉与听觉简单反应时的平均数及标准差，记入表 1。

表 1 视觉与听觉简单反应时的平均数及标准差

统计指标	光	声	声	光
平均数				
标准差				

3.2 检验全体被试两种简单反应时是否有明显差别。

3.3 计算个人不同色光的选择反应时的平均数及标准差，记入表 2。

表 2 对四种色光的选择反应时的平均数及标准差

统计指标	红光	黄光	绿光	白光
平均数				
标准差				

3.4 比较全体被试对白光的简单与选择反应时的平均数差异。

4 讨论

4.1 根据实验结果说明视与听感觉通道简单反应时的差别及其原因。

4.2 比较简单反应时和选择反应时的长短，并分析其原因。

4.3 根据实验结果说明简单反应时是否受练习的影响。

4.4 选择反应时实验的结果与前人实验的数据是否一致？原因何在？

4.5 举例说明反应时实验的实际应用意义。

5 参考文献

杨治良. (1998). *实验心理学*. 杭州：浙江教育出版社.

6 附录

见表 3、表 4。

表 3 视觉与听觉简单反应时实验记录数据表 单位：ms

次数	光	声	声	光
1				
2				
3				
4				
5				
6				
7				
8				
9				
10				
11				
12				
13				
14				
15				
16				
17				
18				
19				
20				

表 4 对四种色光的选择反应时记录表 单位：ms

次数	红光	黄光	绿光	蓝光
1				
2				
3				
4				
5				
6				
7				
8				
9				
10				
11				
12				
13				
14				
15				
16				
17				
18				
19				
20				

实验二 任务速度和任务准确性

速度—准确性权衡是指反应速度与准确性之间的互换关系，即追求速度会降低准确性，而提高准确性又会牺牲速度。如在考试中，让你在 1 小时内完成 20 道题，你做得会比较匆忙，所以准确性就会降低；反之，让你在1小时内只完成1道题，你做得会比较慢，准确性就会提高。速度—准确性权衡是关系到一切反应时实验信度的基本问题，下面我们将尝试通过一个简单的生活化的实验来展示任务速度和任务准确性之间普遍的权衡关系。

实验需要准备一支笔、一段中文短文、一部手机，并将手机计时器设置在15秒处。首先请你以一种较轻松的态度浏览这段中文短文，并画出短文中出现的汉字“的”，至15秒时停止，并统计：(1) 你所正确画出的汉字数；(2) 你浏览过的行数；(3) 你遗漏的汉字数；(4) 这个任务的正确率。

以上就是你的基线水平了，将它们填入表1。接下来，仍将时间设置在15秒处，但将需要完成汉字的行数比上述完成的行数增加20%，那么这次进行的速度必须比较快。第三次，操作相同，但行数比基线数减少20%，即这次进行的速度比较慢。然后，比基线行数增加30%，重复上述作业；最后，行数比基线减少30%。每次作业完成后，都统计出相应的指标填入表1。

表1　速度—准确性权衡的经验测定

	行数	正确画出的汉字数 (1)	遗漏的汉字数 (2)	总汉字数 (1)+(2)	百分比 (2)/[(1)+(2)]
基线 (B)					
B+20%					
B−20%					
B+30%					
B−30%					

现在，表格中的每一行都表示一种不同的速度要求，从很闲适的“基线−30%”条件，一直到较匆忙的“基线+30%”条件。请选用适当的分析和统计方法（如相关、作图），回答以下问题：当你努力确保较高的任务速度时，任务的准确率是否系统地发生变化？如何用速度—准确性权衡来解释你的实验结果？这一实验在设计上还可以如何改进？

第五章

心理物理学

我们的心理是生理的一个关联函数，反之亦然，它们之间存在一种恒定的关系，这种关系使我们能从一者的存在和变化推知另一者。

——古斯塔夫·西奥多·费希纳

本章提要

心理的量化是心理学研究的目标之一，心理学研究的量化考量与实践是心理学科学研究的必经之道，早期的心理量化方法主要借助物理学的测量手段。本章首先讲述了感觉阈限的测量、韦伯定律和费希纳定律；然后介绍了阈上感觉的测量、史蒂文斯定律、感觉的直接测量法及其应用；最后介绍了心理学方法学上的一个重大突破，也是现代心理物理学最重要的内容之一——信号检测论。

本章学习指导

通过本章的学习，读者能达成以下目标：掌握传统心理物理学中关于感觉阈限以及阈上感觉的测量方法；了解著名的心理物理函数——韦伯定律、费希纳定律以及史蒂文斯定律；理解和掌握感觉的直接测量方法和信号检测论的基本原理与相关指标的计算；了解信号检测论的应用。通过本章的学习和深入的思考，读者能够回答以下问题：

(1) 对飞行恐惧症患者的恐惧强度，可以用哪几种方法进行测量？请简述测量过程。

(2) 请结合信号检测论分析阿司匹林镇痛的机理，并设计一个实验进行验证。

量化和精确性是对科学心理学提出的严格考验。量化是心理学跻身自然科学领域的最重要的基石，传统的思辨式心理学对此一筹莫展。科学心理学的建立，亟待新生力量为其提供对心理感受进行量化的方法支持。

1860 年，费希纳的巨著《心理物理学纲要》标志着一门新兴学科——心理物理学的诞生，同时也使当时的心理学工作者看到了心理学科学化道路的曙光。通过运用各种数学方法和测量技术，心理物理学正在逐步揭示心理现象和物理现象之间对应的数量关系，这种对应关系的量化使得心理学家第一次有能力像物理学家测量物体属性那样，精确量化人的心理事件。就像著名的实验心理学家波林在 1950 年做出的评论那样：内部印象（心理物理学中的心理）与外部世界（心理物理学中的物理）之间相互关系测量技术的引入，标志着科学心理学的诞生。

自费希纳之后，越来越多的研究者参与到心理物理学研究领域中来，心理物理学的内涵和外延在不断地扩充。20 世纪中叶，史蒂文斯定律的提出和信号检测论在心理学实验中的引进，标志着心理物理学的发展进入了崭新的阶段。后人为了区别，习惯上将后者称为现代心理物理学，而将以费希纳为代表的心理物理学称为传统心理物理学。

第一节　感觉阈限的测量与费希纳定律

一、感觉阈限的测量

感觉阈限（sensory threshold），又称阈限，是传统心理物理学的核心概念。阈限可以分为两种：一为绝对阈限（absolute threshold），通常简写为 RL（德语 reiz limen），指刚好能够引起心理感受的刺激大小；二为差别阈限（difference threshold），通常简写为 DL（德语 differenz limen），指刚好能引起差异感受的刺激变化量。然而，虽然理论上阈限是心理感受“全或无”的突变点，但事实上这样的阈限定义并不能在阈限的实际测量中起到作用。实际研究告诉我们，对于某一特定强度的刺激，被试有时会报告“无感觉”，有时报告“有感觉”，有时则报告“有一点儿感觉”。所以，面对阈限的概念，研究者必须借助操作性定义。由于个体所有时刻的感受性在分布上基本符合正态分布，因此根据统计学原理，我们可以把那个刚刚引起感觉的最小刺激强度以其算术平均数来表示，而这个平均数恰好为有 50%的实验次数报告为“有感觉”的刺激强度。由此，我们可以把绝对阈限的操作性定义设定为有 50%的实验次数能引起反应的刺激值，同理，把差别阈限定义为有 50%的实验次数能引起差别感觉的两个刺激强度之差。

正是基于上述操作性定义，费希纳设计了三种测量感觉阈限的方法——最小可变化法、恒定刺激法和平均差误法。这些方法后来被统称为传统心理物理学方法。下面将逐一介绍。

（一）最小变化法

最小变化法（minimal-change method）又称极限法（limit method）、序列探索法（method of serial exploration）等，是测量阈限的直接方法。它的特点是：将刺激按递增或递减系列的方式，以间隔相等的小步变化，寻求从一种反应到另一种反应的瞬时转换点或阈限的位置。

1. 基本的实验过程

在测定绝对阈限时，刺激系列分为递增和递减两种。递增系列的起点安排在被试基本觉察不到的物理刺激强度范围内，随机选择；递减系列的起点安排在被试基本觉察到的物理刺激强度范围内，随机选择。在实验时，每个刺激系列都从起点处沿递增或递减方向，依次呈现给被试，要求被试报告表示是否感觉到刺激。若被试感觉“说不准”，则要求其进行猜测。主试以“有”“无”或“+”“−”记录被试的反应。对于递增系列，到被试第一次报告“有”，便停止实验；对于递减系列，到被试第一次报告“无”，便停止实验。表 5-1 是用最小变化法测定绝对阈限的示例，表中为虚拟数据。可以看到递增系列和递减系列以 ABBA 形式交替呈现，起点随机选择，直至被试反应发生变化为止。

表 5-1　以最小变化法测定音高绝对阈限的记录

次数		1	2	3	4	5	6	7	8	9	10	11	12	13	14	15	16	17	18	19	20
增减系列		↓	↑	↑	↓	↑	↓	↓	↑	↓	↑	↑	↓	↑	↓	↓	↑	↓	↑	↑	↓
刺激值——乐音频率/Hz	21	+								+											
	20	+								+											
	19	+					+			+											
	18	+			+		+			+					+						
	17	+			+		+	+		+					+						
	16	+			+		+	+		+					+	+					+
	15	+			+		+	+		+	+		+		+	+		+			+
	14	+	+		+		+	+	+	+	−		+		+	+		+			+
	13	−	−	+	+	+	−	+	−	+	−	+	+		+	+		+			+
	12		−	−	+	−		+	−	+	−	−	+	+	+	+		+	+	+	+
	11		−	−	−	−		−	−	−	−	−	+	−	−	+	+	−	−	−	−
	10		−	−		−			−		−		−	−		−	−		−	−	
	9		−	−		−			−		−			−			−		−	−	
	8			−		−											−		−	−	
	7					−											−			−	
	6					−															
	5					−															
阈限值		13.5	13.5	12.5	11.5	12.5	13.5	11.5	13.5	11.5	14.5	12.5	10.5	11.5	11.5	10.5	10.5	11.5	11.5	11.5	11.5
总平均值		$M=12.05$									$\sigma=1.15$						$\delta_M=0.26$				

绝对阈限的计算分为两步：(1) 计算每个刺激系列的阈限，被试反应转折点所对应的两个刺激强度的中点就是这个系列的阈限，表 5-1 每列的下方都有列出；(2) 求出所有系列阈限的均值，便是最后求得的绝对阈限值。

和绝对阈限的测定不同，用最小变化法测定差别阈限时，每次要呈现两个刺激，让被试比较，一个是强度大小不变的标准刺激，另一个是强度按递增或递减顺序排列的比较刺激。标准刺激在每次比较时都出现，比较刺激按递增或递减系列与标准刺激匹配呈现，直到被试的反应发生转折为止。将被试的报告分为三类反应：(1) 比较刺激大于标准刺激，记为“＋”；(2) 比较刺激等于标准刺激，记为“＝”；(3) 比较刺激小于标准刺激，记为“－”。被试在比较时表示怀疑，可记作“?”。表 5-2 是最小变化法测定时间差别阈限的示例，表中为虚拟数据。

差别阈限的计算比绝对阈限来得复杂。先要求得一系列的数据，包括：(1) 在递减系列中最后一次“＋”到非“＋”(即“＝”或“－”或“?”)之间的中点为差别阈限的上限，用 L_u 表示；最后一次非“－”到“－”之间的中点为差别阈限的下限，用 L_l 表示。(2) 在递增系列中最后一次“－”到非“－”之间的中点为 L_l，最后一次非“＋”到“＋“之间的中点为 L_u。(3) 在上限与下限之间的距离为不肯定间距 I_u。(4) 不肯定间距的中点对应的刺激值是主观相等点。在理论上主观相等点（或主观等点）(point of subjective equality，用 PSE 表示）应与标准刺激（S_t）相等，但实际上两者有一定的差距，这个差距称为常误 (constant error，用 CE 表示)。(5) 取不肯定间距的一半或者取上差别阈（$DL_u=L_u-S_t$）和下差别阈（$DL_l=S_t-L_l$）之和的一半为差别阈限。以上阐述可用公式表示为：

$$DL_u=L_u-S_t$$

$$DL_l=S_t-L_l$$

$$PSE=\frac{L_u+L_l}{2}$$

$$CE=S_t-PSE$$

$$DL=\frac{(L_u-S_t)+(S_t-L_l)}{2}=\frac{DL_u+DL_l}{2}=\frac{L_u-L_l}{2}$$

表 5-2　以最小变化法测定时间差别阈限的记录

	次数	1	2	3	4	5	6	7	8	9	10	11	12	13	14	15	16
	增减系列	↑	↓	↓	↑	↓	↑	↑	↓	↑	↓	↓	↑	↓	↑	↑	↓
变异刺激——持续时间/s	0.56			+										+			
	0.52		+	+								+		+			+
	0.48		+	+		+				+	+	+		+			+
	0.44	+	=	=	+	+	+	+	+	=	+	+	+	=	+	+	+
	0.40	=	−	=	=	+	=	=	=	=	+	=	=	=	=	=	+
	0.36	=		−	−	=	−	−	=	−	+	−	−	−	=	−	=
	0.32	−			−	=	−	−	−	−	=		−	−	−	−	−
	0.28	−				−	−	−		−	−		−			−	
	0.24	−						−									
	0.20	−															
上限		0.42	0.46	0.46	0.42	0.38	0.42	0.42	0.42	0.46	0.34	0.42	0.42	0.46	0.42	0.42	0.38
下限		0.34	0.42	0.38	0.38	0.30	0.38	0.38	0.34	0.38	0.30	0.38	0.38	0.38	0.34	0.38	0.34

$M_{上限}=0.420$　$M_{下限}=0.363$　$DL=0.029$　$PSE=0.391$

2. 误差控制

最小变化法测定绝对阈限产生的误差主要有四种：习惯误差和期望误差、练习误差和疲劳误差。习惯误差是指被试在长序列中有继续做同一种判断的倾向所引起的误差，如在下降序列中继续说“有”或“是”，在上升序列中继续说“无”或“否”。由于习惯误差的存在，递增系列中，阈值就会偏高，而在递减系列中，阈值就会偏低。而期望误差则是指被试在长的序列中有给予相反判断（期望转折点尽快到来）的倾向所导致的误差。由于期望误差的存在，递增系列中，阈值就会偏低，而在递减系列中，阈值就会偏高。为了让习惯误差和期望误差尽可能相互抵消，最小变化法的递增和递减序列要做到数量一致。

练习误差是由于实验的多次重复，被试逐渐熟悉了实验情境，对实验产生了兴趣和学习效果，而导致反应速度加快和准确性逐步提高的一种系统误差。与此相反，由于实验多次重复，伴随实验进程而产生的疲倦或厌烦情绪导致被试反应速度减慢和准确性逐步降低的一种系统误差，称为疲劳误差。随着时间的进展，练习可能使阈限降低，而疲劳可能使阈限升高。为了平衡练习和疲劳的影响，最小变化法的递增和递减系列要按照 ABBA 法安排，交替进行。具体做法是：如以“↑”代表递增，以“↓”代表递减，并以四次为一轮，就可以按照“↓↑↑↓”或“↑↓↓↑”排列。这样，即使整个实验过程中存在练习效应或疲劳效应，也会平均作用在递增或递减系列上，不至于产生额外的干扰。

最小变化法测定差别阈限的注意要点和测量绝对阈限时的基本相同：递增、递减系列要保持数量一致，以抵消习惯误差和期望误差；每一系列的起始位置要随机变化，以防止被试形成预测；递增、递减系列交替排列，以平衡练习误差和疲劳误差。有所不同的是：由于测定差别阈限时有了标准刺激的存在，那么标准刺激和比较刺激每次呈现的相对关系（时间先后关系或空间位置关系）也可能构成干扰因素。为了控制标准刺激出现位置和时机的影响，通常采用的办法是多层次 ABBA 控制法。多层次 ABBA 法的基本思想和简单的 ABBA 法是完全一致的，表 5-3 列举了多层次 ABBA 法的具体控制形式。

表 5-3　多层次 ABBA 法的控制形式

比较刺激系列呈现顺序	↑	↓	↓	↑
标准刺激呈现位置	左右	右左	右左	左右
相继呈现的先后顺序	前后	后前	前后	后前

（二）恒定刺激法

恒定刺激法（method of constant stimulus）又叫正误法（true-false method）、次数法（frequency method），它是心理物理学中最准确、应用最广的方法。具体做法如下：（1）主试从预备实验中选出少数刺激，一般是 5～7 个，这几个刺激值在整个测定过程中是固定不变的。（2）选定的每种刺激要向被试呈现多次，一般每种刺激呈现 50～200 次。（3）刺激呈现的次序事先经随机安排，不让被试知道。刺激用来测量绝对阈限时，则无须标准值；如用来确定差别阈限或等值时，则需要一个标准值。（4）在统计结果时必须求出各个刺激变量引起某种反应（有、无或大、小）的次数。特别要注意的是，此法在实验之前需要选定刺激。所选定的刺激最大强度应为每次呈现几乎都能为被试感觉到的强度，它被感觉到的可能性应不低于 95%。所选刺激的最小强度应为每次呈现几乎都不能感觉到的强度，它被感觉到的可能性应不高于 5%。选定呈现刺激的范围之后，再在这个范围内取距离相等的刺激。

恒定刺激法和最小变化法在实验实施过程上无大差异，两者间的不同主要体现在阈限值的计算上。

1. 绝对阈限的计算

现以两点阈的恒定刺激法实验数据来演绎绝对阈限的计算步骤。给被试呈现 5 个等距的刺激 8 毫米、9 毫米、10 毫米、11 毫米、12 毫米，每个 200 次，要求被试报告是“两点”还是“一点”。表 5-4 中列出了一份两点阈实验的虚拟数据。

表 5-4　用恒定刺激法测定两点阈的实验记录（虚拟数据）

刺激/mm	8	9	10	11	12
报告“两点”的次数/次	10	22	52	138	176
报告“两点”的百分数/%	5	11	26	69	88

通常使用直线内插法来求绝对阈限。直线内插法（linear interpolation）是将刺激作为横坐标，以正确判断的百分数作为纵坐标，画出曲线。然后再从纵轴的50%处画出与横轴平行的直线，与曲线相交于点 a，从点 a 向横轴画垂线，垂线与横轴相交处就是两点阈，其值等于 10.77 毫米（如图 5-1 所示）。

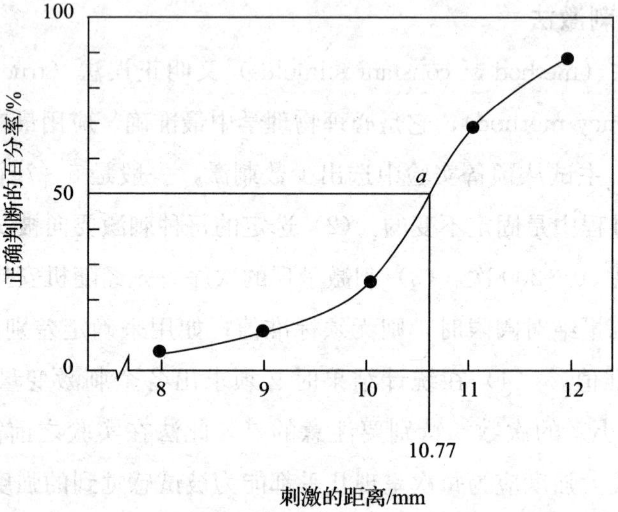

图 5-1　直线内插法求两点阈

2. 差别阈限的计算

现以质量辨别为例来演绎差别阈限的计算步骤。表 5-5 列出了用恒定刺激法测定质量差别阈限的实验数据。以 200 克为标准刺激，以 185～215 克间隔为 5 克的 7 个质量作为比较刺激，要求被试做“大于”“等于”“小于”三类反应。

表 5-5　用恒定刺激法测定质量差别阈限的结果

比较刺激/g	比较的结果（次数的%）			
	“+”	“=”	“−”	“+”＋“=”
185	5	4	91	9
190	12	18	70	30
195	15	25	60	40
200	30	42	28	72

续表

比较刺激/g	比较的结果（次数的%）			
	“＋”	“＝”	“－”	“＋”＋“＝”
205	55	35	10	90
210	70	18	12	88
215	85	9	6	94

（采自赫葆源，张厚粲，陈舒永，1983）

同样，也使用直线内插法求解差别阈限值。根据表 5-5 中的“＋”“＝”“－”三个纵列的数据画出三条曲线，用直线内插法求得 50%的次数被判断大于标准刺激的质量为 204.5 克和 50%的次数被判断小于标准刺激的质量为 196.6 克（如图 5-2 所示），这两个数值分别为上限和下限（即 L_u＝204.5 克，L_l＝196.6 克）。根据上限和下限，就可计算如下：

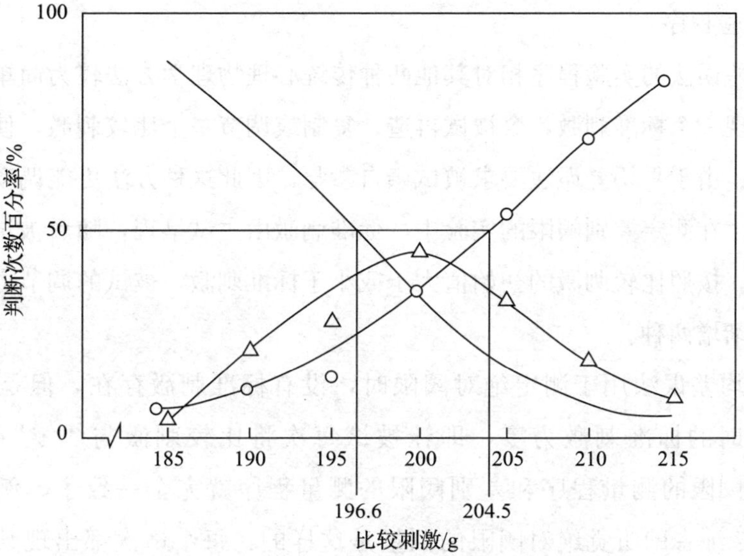

图 5-2　用直线内插法求解差别阈限值

（采自赫葆源，张厚粲，陈舒永，1983）

上差别阈＝DL_u＝204.5 克－200 克＝4.5 克

下差别阈＝DL_l＝200 克－196.6 克＝3.4 克

$$差别阈限=DL=\frac{4.5\text{克}+3.4\text{克}}{2}=3.95\text{克}$$

不过，上述实验中，被试的反应为三类反应，当只要求被试进行两类反应时，上述计算方法则会遇到问题："大于"标准刺激和"小于"标准刺激的两条直线将相交于50%处，上限和下限值相等。此时，则要选取75%处，即与标准刺激完全能辨别（100%）和与标准刺激不能辨别（50%）的中点做直线内插，求得上限和下限。这种差别阈限和前面提到的操作性定义不相符合，因此常将这种阈限称为75%差别阈限。75%差别阈限的具体实例可参见其他书籍。

（三）平均差误法

平均差误法又称调整法（method of adjustment）、再造法（method of reproduction）、均等法（method of equation），是最古老且基本的心理物理学方法之一。

1. 实验程序

平均差误法的实验程序相对其他两种传统心理物理学方法较为简单。其基本程序是呈现一个标准刺激，令被试再造、复制或调节一个比较刺激，使它与标准刺激相等。由于平均差误法要求被试亲自参与，因此这种方法更能调动被试的实验积极性。在测定差别阈限的实验中，标准刺激由主试呈现，随后被试开始调整比较刺激。按照比较刺激的初始值大于或小于标准刺激，被试的调节方向也就分为渐减和渐增两种。

当平均差误法用于测定绝对阈限时，没有标准刺激存在，但是我们可以假设，此时的标准刺激为零，即让被试每次将比较刺激与"零"比较。这样，绝对阈限的测量程序和差别阈限的测量程序就完全一致了。例如，对于1 000赫兹纯音的听觉绝对阈限的测量是这样的：每个试次都出现某个响度的1 000赫兹纯音刺激，被试要将之调节到刚好听不到，而主试则记录每次调节的结果。

2. 阈限计算

平均差误法的绝对阈限就是被试每次调节结果的算术平均数。而差别阈限的计算略微复杂一些：用平均差误法测定差别阈限的反应变量是被试每次调整的数值，即其认为与标准刺激相等的数值。由于被试反复测试，每次的结果并不是一个固定的数值，它们是围绕着一个平均数变化的数值。这个变化范围就是不肯定间距。不肯定间距的中点，即多次调整结果的平均数，就是主观相等点，主观相等点与标准刺激的差就是常误。用平均差误法求差别阈限，所得差别阈限只是一个估计值，平均差误（average error，AE）有两种计算方法。

（1）把每次的调整结果（X）与主观相等点（用 M 或 PSE 表示）之差的绝对值加以平均，作为差别阈限的估计，这个差别阈限的估计值用符号 AE_M 表示：

$$AE_M=\frac{\sum|X-PSE|}{N}$$

（2）把每次调整结果（X）与标准刺激（S_t）之差的绝对值加以平均作为差别阈限的估计，用符号 AE_{st} 表示：

$$AE_{st}=\frac{\sum|X-S_t|}{N}$$

3. 误差控制

在平均差误法实验中，一般要被试自己操纵实验仪器来调整比较刺激，使其与标准刺激相等。这就要产生动作误差，亦即因被试所采用的方式不同而产生误差。若标准刺激和比较刺激是相继呈现的，又易产生时间误差。因此，研究者在实验中应加以控制。控制方法依具体实验不同而不同，一般可采用多层次的 ABBA 法，还可使比较刺激从小到大，从大到小，两方面来进行调整，以便控制动作误差等。

二、从韦伯定律到费希纳定律

前面，我们介绍了感觉阈限的测量，在此基础上，研究者们对确认阈限之上刺激的物理属性和刺激的心理感受之间的数量关系，即建立所谓的“心理物理函数”，同样有兴趣。心理物理函数（psychophysics function）是描述对刺激的心理感受和刺激的物理属性之间关系的函数。它可以用来描述心理感受和物理刺激各种属性（诸如光的波长、声音的频率、皮肤刺激的面积等）的依从关系，而更常见的情况则是用来描述某种感觉如何随着刺激量的变化而变化，回答诸如“刺激量为 X 的时候，心理感觉 Y 的值是多少”这样的问题。前一种形式心理物理函数的例子有听知觉的等响度曲线、不同波长刺激的视感觉阈限曲线等；而一般意义上的心理物理函数是后一种形式，它们建立了心理感受量表和物理刺激强度量表之间的函数映射关系。在这种针对心—物关系的心理物理函数中，最为著名的例子有费希纳提出的对数定律和史蒂文斯（Stevens）提出的幂定律。由于史蒂文斯的工作无论从时间先后、测量逻辑和实验验证深度上都与费希纳的传统心理物理学研究有所不同，故本书将之归入现代心理物理学的范畴。由于费希纳定律是建立在韦伯定律基础上的，因此，在介绍费希纳定律之前，我们先了解一下韦伯定律。

（一）韦伯定律

心理物理学研究中很重要的一部分，就在于确定感觉阈限（包括绝对阈限和差别阈限）是否受到各种因素的影响，以及受到怎样的影响。在最早的相关研究中，首推对刺激强度与差别阈限之间关系的探索。举例来说，强度为 100 个单位的某刺激，其差别阈限是 10 个单位，那么当此刺激的强度变为 300 个单位、400 个单位或 500 个单位时，其差别阈限是多少？

1. 韦伯分数和韦伯定律

1834 年，德国生理学家韦伯通过研究人对质量的感觉发现：两个较重的物体比两个较轻的物体具有更大的差异时，才能被感受为质量不等的两个物体。因此，质量较大的物体之间更难以分辨（discriminate），因而也就相应地具有更大的差别阈限。更精确地说，韦伯发现刺激的差别阈限是刺激本身强度的一个线性函数。对于任何同一类的刺激，产生一个最小可觉差（just noticeable difference, JND）所需刺激增量，总是等于当前刺激量与一个固定分数的乘积，这个固定分数被称作韦伯分数（Weber's fraction）。对于放置在皮肤上的重物刺激，韦伯分数大约是 1/30。

不同刺激条件和不同感觉通道下得到的韦伯分数差异很大，但是韦伯分数的存在说明了一个重要事实：所有刺激，无论其作用于眼、耳、鼻、舌或任何其他感觉器官，其刺激强度水平与其差别阈限的大小之间存在固定的数学关系：

$$\Delta\Phi/\Phi=C$$

其中 $\Delta\Phi$ 和 Φ 分别代表差别阈限的大小和刺激的强度水平，C 代表韦伯分数。这个公式也被叫作韦伯定律（Weber's law）。韦伯定律的一个重要作用在于，它使得比较不同感觉通道及不同条件下的感受性成为可能。例如，我们可以测得质量为 10 克的刺激，差别阈限是 0.3 克，也能测定长度 10 厘米的刺激，差别阈限是 0.2 毫米。但是，由于 0.3 克和 0.2 毫米分别属于两个物理量表——质量量表和长度量表，而质量单位和长度单位不具有可比性，因而这两个差别阈限本身的比较毫无意义。

通过韦伯定律，我们可以根据差别阈限测定的实验结果推出韦伯分数，而后者经过 $\Delta\Phi/\Phi$ 的计算约去了刺激的物理量单位的特征，没有单位的数值间是可以相互比较的，因此不同感觉间的比较就可以通过韦伯分数这个中介进行了。比如，柯尼希和布罗德洪（König & Brodhun）在 1889 年分别以实验的方式得到了大体相同的视觉通道明度差别阈限，加纳和米勒（Garner & Miller）在 1947 年完成了听觉通道的噪声响度差别阈限的测量。将实验结果对比，我们可以发现明度感受的韦伯分数低于噪声响度感受的韦伯分数。因此，可以推断人们对明度的感受性要高于对噪声响度的感受性。

2. 韦伯定律的修正

韦伯定律的一个修正公式能更好地拟合实证研究的数据结果，这一修正在韦伯定律基础上引入了一个新的参数，其数学形式如下：

$$\Delta\Phi/(\Phi+a)=C \text{ 或者 } \Delta\Phi=C(\Phi+a)$$

其中 a 通常是一个数值很小的常数。最初版本的韦伯定律不包括参数 a，实验表明，未经修正的韦伯定律在刺激强度水平很低的条件下会失效。修正后的韦伯定律在所有刺激强度水平上都能对实验结果做出预测。图 5-3 和图 5-4 是一个假想实验的结果：当以 $\Delta\Phi/\Phi$ 为因变量时，最低刺激强度下的因变量值偏大；而将因变量换成 $\Delta\Phi/(\Phi+a)$ 后，这一现象消失。

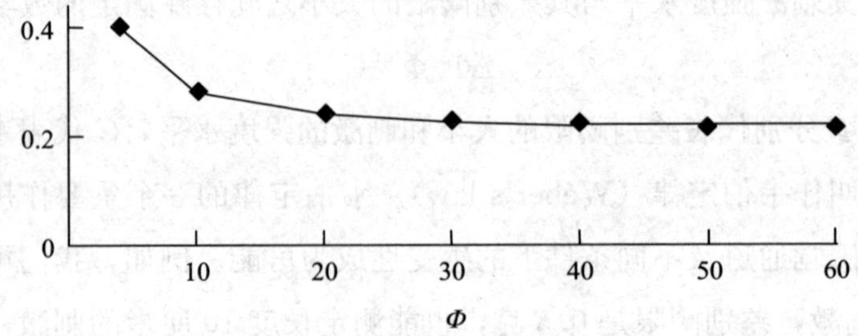

图 5-3　当 $\Delta\Phi/\Phi$ 作为 Φ 的函数时所产生的假想结果

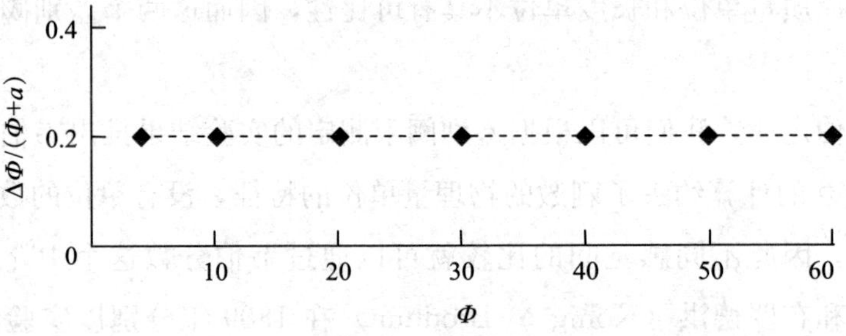

图 5-4　当 $\Delta\Phi/\Phi$ 作为 $\Delta\Phi/(\Phi+a)$ 的函数时所产生的假想结果

（二）费希纳定律

在韦伯工作的基础上，费希纳提出了传统心理物理学中最著名的心理物理函数关系——费希纳定律（Fechner's law），也称为对数定律。它预测心理量和物理量之间呈对数关系，心理量的增长慢于物理量的增长。

按照费希纳的思想，心理物理函数就是物理量表和心理量表之间的函数映射关系。物理量表方面，物理学已经提供了精确一致的测量量纲；而心理量表方面，费希纳使用的是差别阈限法构建的等距量表。差别阈限法在后文关于制作等距量表的方法部分有详细介绍。这里为了帮助大家更好地理解费希纳定律的推导，对差别阈限法的逻辑简述如下：设定绝对阈限为心理量表的零点，并在绝对阈限之上求差别阈限，然后将得到的新刺激（原刺激加上差别阈限）作为标准刺激再求差别阈限，如此反复直到覆盖整个想要研究的刺激强度范围。每个差别阈限都称为一个最小可觉差，而绝对阈限之上最小可觉差的个数，就是心理量表的量值。

1. 费希纳定律的推导

费希纳设想，通过差别阈限法建立心理量表，就可以把心理量和物理量画成函数关系图，由此可以发现心理量和物理量的共变关系，也即心理物理函数。但由于严格按照差别阈限法建立心理量表，需要耗费大量的试次数，其间又难免产生各种额外因素的干扰；此外差别阈限法建立的心理量表，每次实验只能建立一个仅包括整数量值的心理量系列，因而差别阈限量表难以精确确定心理量的小数单位。最终，韦伯定律的提出启发费希纳采用数学推导的方式来获得心理物理函数。韦伯定律预测了物理刺激量值与对应此刺激强度的差别阈限大小之间的关系。因此，如果韦伯定律是正确的，那么原先用差别阈限法构建心理量表的大量试次就可以省去了。如图 5-5 所示，原本差别阈限法试图通过依次确定差别阈限

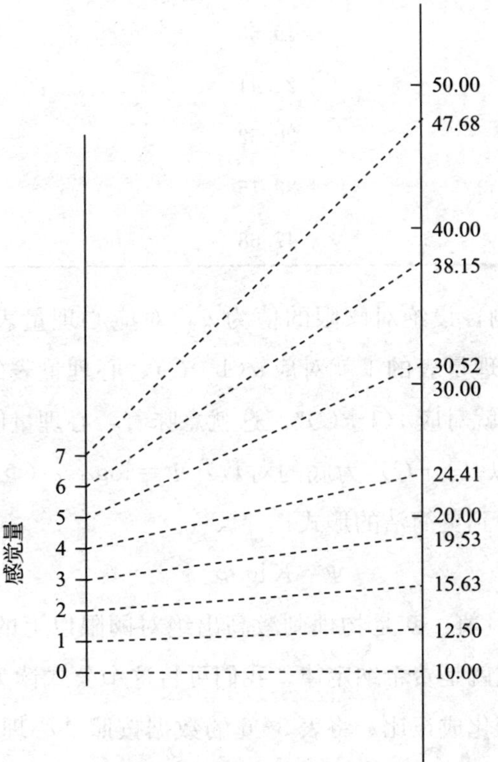

图 5-5　韦伯定律和费希纳定律的关系

来得到心理量和物理量之间的对应关系（图中的每条虚线），现在同样的关系可以通过韦伯定律依次求出——这样，心理学家的工作就减少到只需确定某种感觉的绝对阈限，然后运用韦伯定律得到绝对阈限上每个最小可觉差对应的物理量。

假设某感觉通道的绝对阈限为 10 个单位，而其韦伯分数为 25%，则通过韦伯定律就能建立这一感觉的心理量表，详见表 5-6 的第一列和第二列。

表 5-6 韦伯定律求得的心—物对应关系

RL 上 JND 的数量	刺激强度	刺激强度的对数
0	10.00	1.000
1	12.50	1.097
2	15.63	1.194
3	19.53	1.291
4	24.41	1.388
5	30.52	1.485
6	38.15	1.581
7	47.68	1.678

按照韦伯定律预测，设绝对阈限的值为 a，对应心理量表的零点，韦伯分数 $\Delta\Phi/\Phi=C$，那么心理量表的 1 就对应 $a(1+C)$，心理量表的 2 就对应 $a(1+C)^2$……心理量表的 n 就对应 $a(1+C)^n$。这就意味着，心理量值恰好就是物理量值除以 a 之后，并取以（$1+C$）为底的对数：$\Psi=\log_{(1+C)}(\Phi/a)$。经过对数换底公式的变化，可以得到更简洁的形式：

$$\Psi=K\lg\Phi$$

其中 Ψ 是心理感觉的量值，Φ 是物理刺激高出绝对阈限以上的单位数量，K 是固定的系数。这个公式就是费希纳定律。我们可将这个公式读为：感觉强度的变化和刺激强度的对数变化成正比。将表 5-6 的数据按照“心理量—物理量对数”关系作图，可以看出费希纳定律所描述的感觉强度和物理刺激对数之间的线性关系，如图 5-6 所示。

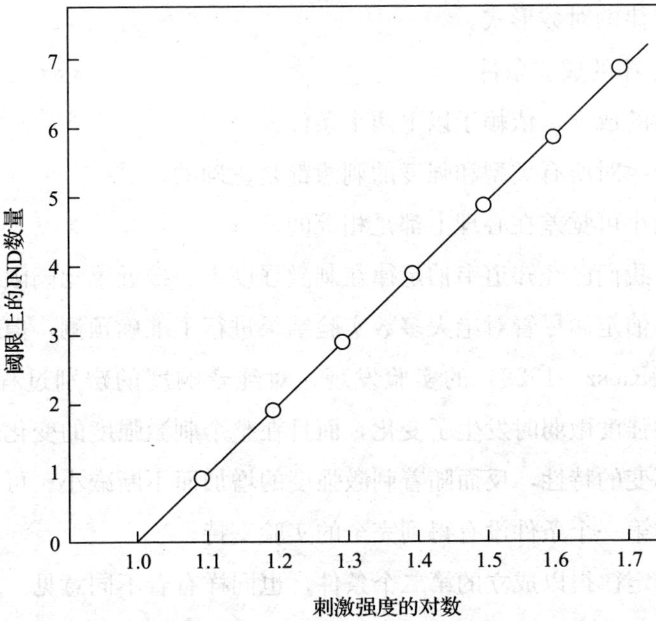

图 5-6　阈限上的 JND 数量在刺激强度的对数坐标上的图像

2. 费希纳定律的改进

艾克玛（Ekman，1956，1959）对费希纳定律提出修改意见。他认为，最小可觉差的主观大小不是像费希纳假设的那样是一个常数，它随感觉量成比例增长。根据这个基本原理，他提出了著名的艾克玛定律，用公式可以表示为：

$$\Delta\Psi=b\Psi$$

$\Delta\Psi$ 是在感觉量 Ψ 水平的最小可觉差的主观大小。确切地讲，这个应用于心理连续体的方程式在物理连续体上和韦伯定律是相似的。假定感觉量 Ψ 随刺激强度 Φ 的增长而增长，韦伯定律意味着最小可觉差的物理大小增长，而艾克玛定律意味着最小可觉差的主观大小增长。

有趣的是，艾克玛定律本身是对费希纳定律的修正，但是以它为基础，能通过算术变换推出幂定律。过程如下：假设最小可觉差和感觉量是成比例的，$\Delta\Psi/\Psi=b$，整合的方程是：

$$\Delta\Psi/b\Psi=\Delta\Phi/c\Phi$$

产生方程：

$$\lg\Psi=(b/c)\lg\Phi+常数$$

这就是幂定律的对数形式。

3. 费希纳定律的成立条件

费希纳定律的成立，依赖于以下两个条件：

（1）韦伯定律对所有类型和强度的刺激都是正确的；

（2）所有最小可觉差在心理上都是相等的。

如前所述，我们已经知道韦伯定律在刺激强度十分接近感觉阈限的情况下会失效。此外，韦伯定律尽管对绝大多数实验结果进行了准确预测，但也仍然存在例外。如里斯（Riesz，1928）的实验发现，对纯音响度的辨别过程中，$\Delta\Phi/\Phi$的值不但在刺激强度微弱时发生了变化，而且在整个刺激强度的变化范围上都没有表现出稳定不变的特性，反而随着刺激强度的增加而不断减小。可见，费希纳定律得以成立的第一个条件没有得到完全的实验支持。

对于费希纳定律得以成立的第二个条件，也同样有着不同意见。后来的实验已经证明，随着刺激强度水平的增长，每个最小可觉差所代表的心理感受量值并不是相等的（Stevens，1936）。一个在感觉阈限上 20 个最小可觉差的声音刺激和一个在感觉阈限上 10 个最小可觉差的声音刺激，被试判断前者远远比后者的两倍更响。在另一个实验中，迪吕和皮埃龙（Durup & Piéron，1933）要求被试调整蓝色光和红色光的亮度，以使它们看起来明度一致。结果发现，当这两种色光亮度同处于各自阈限以上同样数量的最小可觉差时，它们的明度从来都没有被认为相等过。明度一致的两种色光，在同样变化相同数量的最小可觉差之后，明度变得不一致了。这反过来说明最小可觉差在心理上并不是等同的，它并不适合作为心理量表的等距单位。

综上所述，费希纳定律所依赖的两个条件——韦伯定律的有效性和最小可觉差的等距性——都没有能够得到实验数据的证明。费希纳定律在其提出之后的一百多年里，曾经被广泛地应用于心理学、生理学、工程学等领域。时至今日，它已经被证明并未精确地描绘心理量—物理量的关系图谱，但是费希纳定律对心理学发展的卓越贡献丝毫不因此而被抹杀。费希纳工作的价值，更多的在于他在研究中所遵循的道路——正是在费希纳的工作之后，测量的概念和研究心理事件的科学方法才真正成为心理学的一部分。

第二节　阈上感觉的测量与史蒂文斯定律

20世纪中叶，史蒂文斯定律的提出和信号检测论在心理学实验中的引进，标志着心理物理学进入了历史新阶段。这一阶段的主要贡献在于重新审视了传统心理物理学的两块奠基石：（1）心理感受的间接测量；（2）传统的阈限概念。所以从这层意义上来说，人们把这一阶段的心理物理学称为现代心理物理学。这一节的内容将着重探讨现代心理物理学是如何在上述两方面扬弃传统的心理物理学，并在此基础上建立更为完善的理论的。在这一节里，我们将介绍阈上感觉的量化如何从间接测量发展为直接测量，并由此建立新的心—物关系的心理物理函数——史蒂文斯定律，心理学家如何重新理解阈限概念。

一、阈上感觉的测量

测定感觉阈限的目的在于为心理物理函数标定起点，至于真正确定心理物理函数的走势，还需对阈上感觉进行测量。阈上感觉的量化是由心理物理量表（psychophysical scaling）来完成的。从量表是否等距和有无绝对零点来看，我们可以将心理物理量表分为顺序量表、等距量表和比例量表。

（一）顺序量表的建立

顺序量表（ordinal scale）既不等距，也无绝对零点，它只要求将事物按某一标准排出一个次序。建立顺序量表的要求就是让数字的大小能够对应事物属性的等级，而不需要关心量表的单位是否一致。因此，顺序量表的建立比较简单。心理物理学中建立顺序量表的主要方法有等级排列法和对偶比较法。

1. 等级排列法

等级排列法（rank-order method）是一种制作顺序量表的直接方法。这个方法是把许多刺激同时呈现，让许多被试按照一定标准，把这些刺激排成一个顺序，然后把许多人对同一刺激评定的等级加以平均。这样，就能求出每一刺激的各自平均等级，最后，把各刺激按平均等级排序，得到的就是顺序量表。

下面我们举一个例子：某广告公司要对 10 张广告的优劣进行评比，请来了 17 名评判者（即被试）。评判的方法是让被试将 10 张广告排成从美到丑的一个序列。全体被试对同一广告评判等级的平均值，就是这个广告的平均等级。各广告按平均等级排出的顺序就是一个顺序量表（见表 5-7）。

表 5-7 等级排列法的实验结果和具体运算过程

评判者和统计指标	广告									
	A	B	C	D	E	F	G	H	I	J
1	5	3	4	7	1	9	2	8	6	10
2	4	2	5	6	1	10	3	7	8	9
3	6	4	3	5	1	9	2	8	7	10
4	6	3	4	7	1	10	2	9	5	8
5	5	1	3	6	2	8	4	10	7	9
6	6	4	3	5	1	9	2	7	10	8
7	6	3	4	5	2	9	1	8	7	10
8	5	2	4	6	1	8	3	9	7	10
9	3	5	2	4	1	9	6	10	8	7
10	4	7	3	5	1	10	2	8	6	9
11	5	3	2	6	1	9	4	8	7	10
12	4	3	1	6	2	10	5	8	9	7
13	5	2	4	7	1	8	3	6	9	10
14	5	4	3	7	1	9	2	6	10	8
15	5	2	3	4	1	10	9	7	8	6
16	6	2	5	4	1	8	3	9	7	10
17	6	3	4	8	1	7	2	5	10	9
等级总和	86	53	57	98	20	152	55	131	133	150

续表

评判者和统计指标	广告									
	A	B	C	D	E	F	G	H	I	J
平均等级（MR）	5.06	3.12	3.35	5.76	1.18	8.94	3.24	7.71	7.82	8.82
平均选择分数（$Mc=n-MR$）	4.94	6.88	6.65	4.24	8.82	1.06	6.76	2.29	2.18	1.18
$P=Mc/(n-1)$	0.55	0.76	0.74	0.47	0.98	0.12	0.75	0.25	0.24	0.13
$Mc'=Mc+0.5$	5.44	7.38	7.15	4.74	9.32	1.56	7.26	2.79	2.68	1.68
$P'=Mc'/n$	0.54	0.74	0.72	0.48	0.93	0.16	0.73	0.28	0.27	0.17
Z	0.13	0.71	0.64	−0.08	2.05	−1.18	0.67	−0.67	−0.71	−0.13
Z'	0.10	0.64	0.58	−0.05	1.47	−0.99	0.61	−0.58	−0.61	−0.95
名次	5	2	4	6	1	10	3	7	8	9

注：$n=10$。

（采自杨治良，1983）

从表 5-7 中，我们可以看清楚等级排列法制作顺序量表的具体过程。表中A、B、C 等英文字母代表广告代号，纵列上的 1、2、3 等为被试代号。广告代号下的数字，表示被试对此广告的评分等级。如果被试把广告 E 评为 1，这就表示此广告比其余 9 个好，列第一位，其余类推。把某一广告的等级全部加起来，被 n（被试人数）除，就是平均等级。将这些平均等级按照大小排列，重新用 1 到 10 的数字来确定每张广告的名次。这样就得到了一个广告美丑的顺序量表。

用等级排列法建立顺序量表，要注意以下两个问题。(1) 由于最终的顺序排列取决于所有被试的平均等级，因而要求被试的抽样能够代表实验试图研究的人群总体。例如，广告评判者的性别、年龄、文化程度等都可能影响最终的评定结果。(2) 由于每个被试只进行一次排序，所以等级排列法对被试的利用率不高，且难以排除被试在唯一一次排序中的各种随机误差。

2. 对偶比较法

对偶比较法（method of paired comparison）是把所有要比较的刺激配成对，然后一对一对地呈现，让被试依据刺激的某一特性进行比较，并做出判断：这种特性在两个刺激中的哪一个上表现得更为突出。因为每一刺激都要分别和其他刺激比较，假如以 n 代表刺激的总数，那么配成对的个数是 $n(n-1)/2$。然后，依它们各自明显于其他刺激的百分比的大小排列成序，即可制成一个顺序量表。

如果有五种样品 A、B、C、D、E，则可配成 5(5－1)/2＝10 对，见表 5-8 的上半部分。各单元格内为被试比较的结果，如纵 A 与横 B 比较，被试认为“A”更好，则在纵 A 与横 B 交叉单元格中写上“A”。为了避免空间和时间误差，则需再次进行实验，比如在第一轮实验中，A 在 B 的左边或 A 先于 B 呈现，那么在第二轮中，A 则在 B 右边或在 B 后呈现。所以，每个单元格都有两个结果，括号内的为第二轮实验的结果。表 5-8 下半部分为数据处理步骤。其中，C' 为对 C 的调整，C 为每个刺激在两轮实验中与其他刺激比较胜出的次数。而事实上，每种刺激和它本身也应比较，只不过是不分胜负，故在每个 C 分数上都加 0.5，因其比较两次，所以要加两个 0.5，即 1。$Z'=Z+0.52$。

表 5-8　10 对样品对偶比较数据整理

	A	B	C	D	E
A	—				
B	A (A)	—			
C	C (A)	B (B)	—		
D	A (A)	D (B)	D (C)	—	
E	A (E)	B (B)	C (C)	D (E)	—
第一轮	3	2	2	3	0
第二轮	3	3	2	0	2
总计 C	6	5	4	3	2
$P=C/[2(n-1)]$	0.75	0.63	0.50	0.38	0.25
$C'=C+1$	7	6	5	4	3
$P'=C'/2n$	0.70	0.60	0.50	0.40	0.30
Z	+0.52	+0.25	0.00	−0.25	−0.52
Z'	1.04	0.77	0.52	0.27	0.00
顺序	1	2	3	4	5

在有些情况下，研究者如果认为对偶比较中空间和时间效应的干扰并不明显，也可以采用简化的程序，即每对刺激之间仅比较一次，取 $P=C/(n-1)$，$C'=C+0.5$，$P'=C'/n$。

当然在实际运用时，对偶比较法并不一定局限于上述范例。比如，我国著名心理学家陈立和汪安圣（1965）在研究色、形爱好时就采用折中的路线，使两组被试合在一起达到空间效应的完全平衡，而每组被试又不需要进行过多次数的对偶比较。这种灵活处理既能保证实验精度，又能有效减轻被试负担，在以老人、儿童为被试的实验中尤其适用。

最后，对偶比较法需要注意两点。(1) 用这种方法得到的顺序量表，还仅仅是针对一个被试的心理物理量表，尚不能直接推广到更大的人群。(2) 这一量表模型要求对偶比较是可传递的（transitive）。如果刺激 A 优先于刺激 B，而且刺激 B 优先于刺激 C，那么刺激 A 优先于刺激 C。然而，有些情况下这种传递性难以保证，这时就不能采用对偶比较法。

（二）等距量表的建立

等距量表不仅要求体现事物属性的大小顺序关系，还要有一个固定的测量单位。因此，我们很自然会思考：能否对已有的顺序量表加以改造，使其具有等距的测量单位呢？统计学知识告诉我们，只要了解样本所在总体的分布情况，就可以将累积频数转换为对应的量值。最常见的情况就是正态分布下通过 *PZO* 转换表求 Z 分数了，而 Z 分数是符合等距量表要求的。因此，只要假定顺序量表评价的通过率符合正态分布，就能够将顺序量表改造为等距量表。

以等级排列法为例：C 是选择分数，相应的 P 分数说明广告成功的百分数。通过表 5-7 左列公式，可先后计算出 Mc、P、Mc'和 P'值。有了 P 值，我们就可以从 *PZO* 转换表上查出 Z 值。最后，把最小值当作 0，消除负值，算出 Z'值并在 Z 轴上表示出结果，如图 5-7 所示。

当然，从顺序量表改造而来的等距量表毕竟受到正态分布假设的限制，一般在心理物理学研究中，直接建立等距量表的方法有感觉等距法和差别阈限法两种。

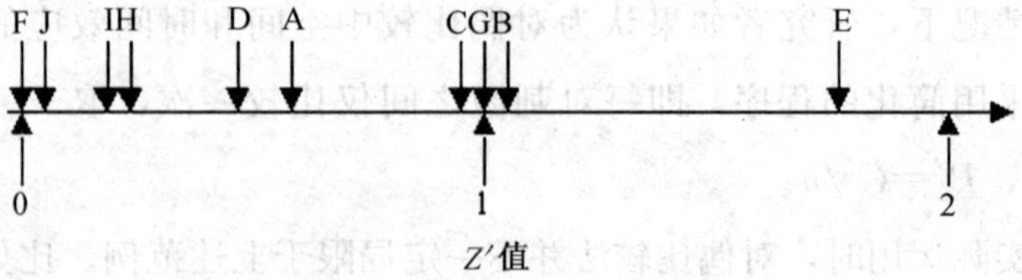

图 5-7 17 人对 10 张广告的喜好程度

1. 感觉等距法

要制作一个等距量表，最直接的方法是采用感觉等距法（equal sense distance method），它是通过将一个感觉分成主观上相等的距离来制作的。

最初由普拉托（Plateau，1872）使用的二分法（bisection method）是感觉等距法最早的和最简单的形式。二分法往往呈现两个刺激 A 和 C，要求观察者选择第三个刺激 B，使得 A 和 B 之间的距离等于 B 和 C 之间的距离。所以，普拉托让画家在黑色和白色中间画一道灰色。芒塞尔、斯隆和戈德拉夫（Munsell，Sloan，& Godlove，1933）用这一方法建构了一个八等分的灰色光度心理物理量表。

用感觉等距法制作等距量表，当然不限于二分法，也可用平均差误法同时分出几个等份来。例如，史蒂文斯和沃尔克曼（Stevens & Volkmann，1940）在实验中要求被试把 200～6 500 赫兹的纯音按音高分出四个等份，即在这个范围内，同时找出三个频率的声音，使五个纯音依次在音高差别的感觉上相等。

上述实验要求被试一次给出所有的等距点，这被称为同时的（simultaneous）解决方案。除此之外，还可采用另一种形式——渐进的（progressive）解决方案，即一次只要求被试选择一个刺激来等分一个感觉距离，然后在两个更小的感觉距离上进行等分。例如，要获得四等分量表，首先要找一个中间刺激值 B，使得 B 和两个原始刺激值 A、C 的差距一样，然后再在 A、B 间找一个 D，使得 D 和 A、B 的差距一样，在 B、C 中找一个 E，使得 E 与 B、C 的差距一样。

2. 差别阈限法

差别阈限法（differential threshold method）是制作等距量表的一种间接方法，通过在不同强度的基础上测量差别阈限来实现。具体地说，就是用任何一种传统心理物理学方法测出感觉的绝对阈限，并以此为量表的起点；然后以绝对阈限为标准刺激，确定第一个差别阈限；再以绝对阈限加上第一个差别阈限的刺激强度为基准，再测量第二个差别阈限……

每个差别阈限都称为一个最小可觉差，代表了在当前刺激强度下最细微的（刚刚可以觉察）主观感受变化。差别阈限法认为，每个最小可觉差在心理上都是相等的，因此最小可觉差可以作为心理物理量表的等距单位。于是，我们以刺激强度为横坐标，以绝对阈限以上的最小可觉差数为纵坐标，画出的心理物理关系图就是等距量表。

可见，随着心理感受的梯级增高，为产生下一个最小可觉差，在刺激值方面需要的增加量越来越大。这说明：尽管每个最小可觉差在物理量上是不相等的，但是由于它们在心理感受上具有等距性，因而能够用来建立等距的心理物理量表。

（三）比例量表的建立

比例量表（ratio scale）既有真正的零点，也有等距单位。在等距心理物理量表中，量表零点并不代表完全没有感觉。例如，用差别阈限法构建的等距量表，其量表零点就是绝对阈限，而根据绝对阈限的操作性定义，在量表零点个体仍然拥有50%的感受性，并不是真正意义上的零感觉。如何将零感觉和量表零点对应，以获得绝对零点，是建立比例量表的关键问题所在。比例量表的制作方法有分段法和数量估计法。

1. 分段法

分段法（fraction method）是制作感觉比例量表的一种最直接的方法。这个方法是通过把一个感觉量加倍或减半或取任何其他比例来建立心理量表的。具体做法是呈现一个固定的阈上刺激作为标准，让被试调整比较刺激，使它所引起的感觉为标准刺激的一定比例，如2倍、3倍等等。每个实验只选定同一个比例进行比较，同一个标准刺激比较若干次后，再换另外几个标准刺激进行比较。当把所有的标准刺激都比较完之后，研究者便可用与各标准刺激在感觉上成一定比例的相应的物理量值制成一个感觉比例量表。

下面以史蒂文斯和戴维斯（Stevens & Davis，1936）的听觉响度量测量为例。史蒂文斯采用半分法，给被试一个响度的音，作为标准刺激，让他调节另一个音直到他感觉到比标准刺激的音低一半。用这个方法，以不同的强度音作为标准刺激，让被试调节另一个音直到他感觉到比标准刺激的音低一半。

为了编制响度量表，我们必须先确定响度单位（宋，sone）。1936 年，史蒂文斯规定，1 宋等于一个在绝对阈限以上 40 分贝的 1 000 赫兹的音的响度。当 1 宋被判断为 47 分贝强度音的一半响度时，我们就可肯定 47 分贝的响度就是 2 宋。同样，我们可以得出 55 分贝的响度为 4 宋。一个声音的响度被被试判断为 N 倍，则这个声音的响度就是 N 宋，以此类推，即可制成一个响度量表。

2. 数量估计法

数量估计法（method of magnitude estimation）也是制作比例量表的一种直接方法。此法的具体步骤：主试呈现一个标准刺激，如质量，并赋予标准刺激一个主观值，如 10；让被试以这个主观值为标准，将其他比较刺激的主观强度用数据表示；计算出每组被试对每个比较刺激量估计的几何平均数或中数，再以刺激值为横坐标，以感觉值为纵坐标，即可制成感觉比例量表。

在心理量和物理量关系的实验中，常会出现特别大的数字，所以数量估计法采用的数据处理通常是几何平均值。几何平均值定义为 n 个数值相乘之积的 n 次方根。例如，有三个数据 3、9、27，则几何平均数 X 为：$\sqrt[3]{3\times9\times27}=9$。

贝克尔和杜德克（Baker & Dudek，1957）的实验可进一步说明数量估计法。贝克尔和杜德克用假定长度单位 1 作为标准刺激，用其他 10 种比它长的刺激作为比较刺激。每对刺激共随机呈现 20 次，即要求被试回答 20 次；为排除空间位置的误差，其中 10 次为标准刺激在比较刺激之上，10 次为标准刺激在比较刺激之下。图 5-8 为 49 个被试对 10 个比较刺激数量估计的结果。在图上，实线为理论值，虚线为实验的实际结果。实验显示了心理长度的增长明显低于物理长度的增长。斜率的夹角小于 45°。

传统心理物理学开创了对感觉的系统测量，感觉阈限的确定和心理量表的建立为提出心理物理函数奠定了基础。

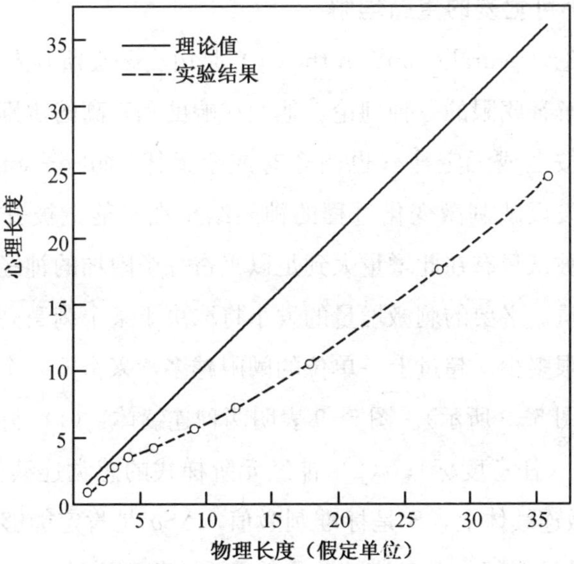

图 5-8　贝克尔和杜德克的实验结果

（采自 Baker & Dudek，1957）

二、史蒂文斯定律

在心理物理函数中，和费希纳定律地位相当的就是史蒂文斯定律（Stevens' law）。这一定律指出心理量和物理量之间的共变关系，并非如费希纳定律所描述的那样是一个对数函数关系，而应该是一个幂函数关系。因此这一定律也被称为幂定律（power law）。

从严格意义上说，史蒂文斯定律已经不属于传统心理物理学的范畴。该定律的提出采用了直接数量估计法所构建的比例量表等级的心理量表。由于这一方法涉及对心理感觉的直接测量，因此史蒂文斯定律被一些心理学家认为是“新心理物理学”的开端，而所谓的“新心理物理学”就是现代心理物理学。但是，由于史蒂文斯定律和费希纳定律一样，都试图描述心理量和物理量之间的关系，也即试图建立一个心理物理函数，因此在这一节中我们对史蒂文斯定律的由来和具体内容做简要的介绍。

（一）对最小可觉差的重新理解

神经量子理论（neural quantum theory）是由史蒂文斯等人（Stevens et al.，1941）提出用来解释阈限的一种理论。他们在响度和音高的辨别实验中，推论其基本神经过程是按全或无定律（也叫全有或全无律，all-or-none law）进行的。神经量子理论假设反映刺激变化过程的神经结构在机能上被分为各个单元或量子。具体地说，被试只有在此增量大到足以兴奋一个附加的神经量子单位时，才能察觉到刺激增量。必要的刺激增量的大小将取决于某个刺激高于上一个兴奋了的神经单位的阈限多少。超过上一单位的阈限越多，兴奋下一个单位所需要的刺激量则越少（如图 5-9 所示）。图 5-9 表明两种连续体：(1) 刺激连续体（stimulus continuum）（任意度标）；(2) 神经元阶梯式的感觉连续体（sensory continuum）。在刺激连续体上，S 是标准刺激值，ΔSq 是肯定能够兴奋附加量子的刺激增量，ΔS 是只能部分兴奋神经量子所需要的刺激增量。

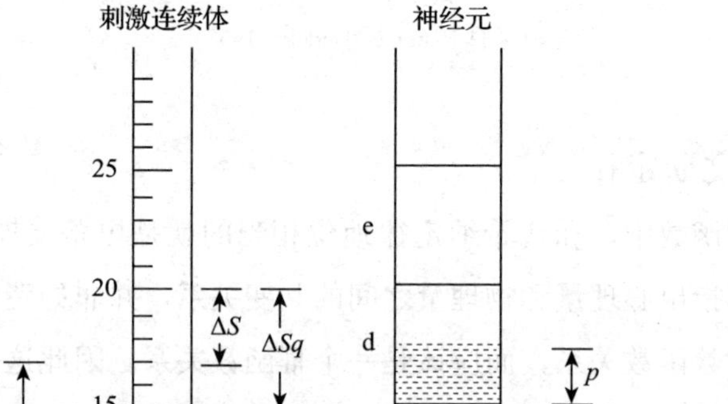

图 5-9 神经量子模型基本概念展示

（采自 Corso，1956）

在感觉连续体上，p 是 S 所产生的“剩余”兴奋量。如果说假定 17 个能量单位的刺激量足以兴奋神经量子 a、b、c，而且还能部分兴奋 d 量子，那么这个剩余量只是由超出 15 个能量单位的那部分能量所引起的。由此可见，剩余量和感受性的波动紧密相关。只有 ΔS 和 S 剩余量总和达到等于或大于兴奋一个附加量子所需的能量时，才能产生可觉察的感觉反应。因此，剩余与能量是有关的，即剩余大，要求增量便小；反之亦然。用数学公式表述如下：

$$\Delta S=\Delta Sq-p$$

其中 ΔS 是使附加量子活动所需要的刺激增量，ΔSq 是肯定能够兴奋一个量子的增量大小，p 是标准刺激 S 的剩余能量所引出的部分兴奋量。当 $\Delta S\geqslant\Delta Sq-p$ 时，给定的 ΔS 就完全可以兴奋附加量子。增量越大，辨认的数量越多。

（二）幂定律的提出

20 世纪中叶，史蒂文斯对费希纳的对数定律进行了批评。1957 年，他根据多年的研究结果，提出了刺激强度和感觉量之间关系的幂定律：

$$S=bI^{a}$$

其中 S 是感觉量，b 是由量表单位决定的常数，a 是感觉通道和刺激强度决定的幂指数。幂指数决定着按此公式所画曲线的形状。例如：当幂指数为 1.0 时，便是一条直线，即刺激和感觉之间为简单的正比关系；当幂指数大于 1 时，则为正加速曲线；当幂指数小于 1 时，便为负加速曲线。

史蒂文斯用数量估计法获得了大量的实验数据，幂定律的提出正是建立在对这些数据分析处理的基础上。

（三）幂定律的改进

和对数定律一样，幂定律不适用于十分靠近阈限的微弱刺激。于是，史蒂文斯等人在 20 世纪 60 年代初又提出了修正的幂定律，即从刺激中减去一个常数：

$$S=b(I-I_0)^{a}$$

这样，幂定律便可适用于全部可知觉的刺激范围。在某些研究者看来，I_0 就是绝对阈限值。从 I 中减去 I_0，意味着以阈限上有效单位而不是以物理表中零点以上单位去说明刺激。

史蒂文斯出色的研究工作，得到实验心理学家的充分肯定，各种版本的教科书争相引用。很多研究者认为，幂定律对数量估计方面的研究是一份有效的总结，幂定律说明了感觉传导者的操作特征。不同感觉通道的指数不同，说明了不同感觉传导者是以能量的不同形式转换的，即具有不同的转换特征。

三、感觉的直接测量法及其应用

（一）感觉的直接测量

感觉的间接测量是指借助于某一中介变量或中介反应来测量感觉。比如，第一节介绍的恒定刺激法、最小变化法、平均差误法都是通过间接的方式确定心理量的大小——被试需要做的是对刺激有无的判断，或是将刺激调整到心理上等值，却并不需要直接报告自身感觉的强弱程度。而直接测量感觉就意味着对心理感受直接按其强度赋予数值，而不必通过如最小可觉差的个数等中介变量或有无刺激出现等中介反应。感觉直接测量法主要有数量估计、数量生产。

1. 数量估计

对感觉进行直接测量的尝试开始于理查森和罗丝（Richardson & Ross，1930）的研究，他们首先使用了后来被史蒂文斯（Stevens，1953）称为数量估计（magnitude estimation）的方法。在理查森和罗丝的研究中，被试听到一个标准音调而且被告知它的响度用数字“1”来表示，然后被要求用其他数字来表示测验的音调，这些音调在强度上与标准数字“1”成比例变化。当声音强度用被试直接赋予的数值来描述时，得到的结果是一个幂函数而不是费希纳的对数函数。理查森和罗丝的研究结果可以被认为是史蒂文斯定律的前身。

在数量估计中，被试要参照某个刺激所对应的数值，直接用数字估计由其他强度刺激产生的感觉量值。在史蒂文斯关于这个专题最早的论文中，各种知觉维度和许多刺激条件下的大量实验结果表明，被试在数量估计中用数字表示的反应 R 随刺激强度 $\not{C}$ 的变化能够描述为一个幂函数，方程包含指数 β 和常数 K。

$$R=K\not{C}^{\beta}$$

以这些研究结果为基础，史蒂文斯（Stevens，1957；Stevens，1975）提出：幂函数应该代替费希纳的对数公式作为心理物理规则，这个主张就是所谓的史蒂文斯定律：

$$\Psi = K\varnothing^{\beta}$$

其中的变化在于公式左边由表示被试估计数字的反应 R，变成了代表心理感觉量值的 Ψ。因此，隐含在史蒂文斯定律中的一条假设是：他假设观察者的平均反应是和感觉经验的数量成比例的（$R \propto \Psi$）。

史蒂文斯（Stevens，1957；Stevens，1958）阐述了数量估计法的两种形式。其一是给被试呈现一标准刺激，并告诉他们这一刺激对应的感觉是某个确定值，例如 10。在随后的试次中，被试要根据标准刺激的数值，给由其他刺激产生的感觉赋值。一般来说，研究者使用 10～20 个刺激且每个刺激以随机顺序呈现给被试 2～3 次。通过每个被试对每个刺激的反应来计算中数或几何平均数，然后通过计算所有被试的中数或几何平均数把数据结合在一起。其二是没有标准刺激的初始赋值，所有刺激都随机呈现给被试。被试要对第一个呈现的刺激随意指定一个数值来代表它所产生的感觉量，并据此对接下来的所有刺激一一赋值。不少研究者认为这种形式的数量估计法更好一些，因为它让被试自己决定采用的数字大小范围，能够避免因研究者指定的标准刺激感觉量值不合被试使用习惯而造成的影响。

在数量估计法中，很少使用算术平均数进行统计，而普遍采用几何平均数，原因是几何平均数能避免少数被试在赋值时采用极大或极小数字的影响。此外，更深层的原因还在于：如果心理—物理的幂函数关系正确的话，那么几何平均数能保留在算术平均过程中损失的心理物理函数特征。如果不同被试的幂函数具有不同的指数，那么这些被试数据的几何平均仍然服从幂函数关系，其指数将是所有被试各自幂函数指数的算术平均数；而反过来，对所有被试的数据做算术平均，最终的结果很可能不再服从幂函数关系。

2. 数量生产

数量生产（magnitude production）是数量估计的反向程序，它同样是直接测量感觉的一种方法。在数量生产中，主试给被试一个用数字表示的感觉量值，要求他们调整刺激以产生相应的感觉量。

数量生产与数量估计配合使用，可以抵消使用其中任意一种方法所带来的系统误差（Stevens，1958）。这里讲的系统误差主要是由回归效应造成的。这里的回归效应，借用了第二章“回归假象”的概念，不过并非指观察值向均数的回归，而是指被试避免做出极端反应、尽量向中间反应值靠拢的倾向。被试对刺激的赋值一般会在中间大小的数字范围内，因此非常弱的刺激所引起的感觉数量估计可能会被夸大，而那些强刺激所引起的感觉量可能会被估计不足。在运用数量生产法时，情况恰恰相反：当被试试图调整很小数值对应的刺激时，回归效应会使得调整结果偏大；而当被试试图调整很大数值对应的刺激时，回归效应会使得调整结果偏小。因此，由于回归效应，数量生产系列数据点对应的函数图像通常较陡峭，数量估计系列数据点对应的图像则较平坦。由于这两种函数图像的斜率都受到了回归效应的影响，且影响的方向不同，研究者一般会假设（虽然没有被证明）无偏的心理物理函数存在于这两条直线之间的某个位置。比如，赫尔曼和茨威斯洛基（Hellman & Zwislocki，1963）一直推荐将数量估计结果和数量生产结果的几何平均作为无偏估计。

感觉的直接测量技术，以及由此归纳出的幂定律，被认为是现代心理物理学的标志。数量估计法及其变式，目前正广泛应用于现代心理物理学，甚至现代实验心理学其他领域的研究。

（二）直接数量估计法的应用

直接数量估计法直接测量心理感受的大小，其简单易用的特性使它适合各种心理事件的量化工作。此外，该方法从理论上提供了建立等比心理量表的途径，因此它在许多应用领域也格外受到欢迎。

1. 情绪研究中的应用

直接数量估计法在情绪研究方面的价值，已经超越了其作为心理物理学方法的最初任务了。在直接数量估计法问世以前，对于人们情绪状态的评估通常都是用多点评分量表的办法。例如，要求人们在 1～7 的整数范围内确定自己的紧张程度，分数越大就说明越紧张。这种多点评分量表的方法的问题在于：它最多只能提供人们情绪状态的顺序量表，何况人的情绪变动范围很可能远非区区几个数字所能描述的。因此，有研究者将直接数量估计法用于情绪体验的评定，突破了多点评分量表的方法对被试反应的限制，让被试自行对当前的情绪体验赋值。福兰肯豪泽等人（Frankenhaeuser et al.，1967）的研究证明，被试的情绪体验估计值和一些生理指标间存在高相关（例如对紧张的数量估计和肾上腺素的水平呈正相关），这说明直接数量估计法能够成功地应用于情绪测量。直接数量估计法还被应用到恐惧症（phobia）的心理治疗中。恐惧症患者被要求在脑海中想象各种不同恐惧程度的场景，例如飞行恐惧症患者想象的场景可能是：坐在候机室里、坐在停在跑道的飞机里、坐在空中的飞机里……。通过运用直接数量估计法，研究者可以将各种场景按其引发的恐惧感排序。然后要求患者从引起最低恐惧感的场景开始想象，同时进行一些放松技巧训练，并通过直接数量估计法了解患者在训练中对想象场景体验到的恐惧感。等到恐惧感估计值降低到一定程度，就进入下一场景的想象训练……直到患者对原先引起最高等级恐惧感的场景也能进行放松而将恐惧感限制在一般水平上。这种治疗方法被称为系统脱敏疗法，其中直接数量估计法在规划治疗阶段目标、评估治疗效果方面起到了很大的作用。

下面是一个有关直接数量估计法应用的著名例子。1967 年，霍姆斯（T. H. Holmes）和拉厄（R. H. Rahe）利用直接数量估计法，要求被试评定 43 种生活事件的影响强度，以及从这些生活事件中恢复过来所需要的时间长短。这一研究最终形成了社会再适应评价量表（Social Readjustment Rating Scale, SRRS）。这一量表的单位被称为“生活事件单位”，量表的数值范围从 11 到 100，量表值越高说明生活事件的影响强度越大。按照霍姆斯和拉厄的研究结果：轻微违纪（例如开车闯红灯）的强度最小，量表值为 11；而配偶死亡造成的影响强度最大，量表值为 100。其他 41 种生活事件的影响强度也分别被测出，例如：离婚，73；分居，65；结婚，50；被解雇，47；退休，45；好友亡故，37；工作变迁，36；法律纠纷，29；个人成就，28；迁居，20；度假，13。该量表在临床诊断上具有很高的应用价值。由于直接数量估计法的应用，这一量表完全可以进行加减运算，这也就意味着任何人在特定时期的生活应激强度可以通过此时期内各种生活事件的量表值相加而得到。拉厄等人（Rahe et al.，1974）对 286 例心脏病幸存者的研究表明，其中大多数人在发病前 6 个月在该量表上的得分明显偏高。

2. 社会舆论的测定

当代社会的舆论测定所依据的原理仍旧是心理物理学的基本准则。通过直接数量估计法，所有这些社会舆论问题都能够和实验室中的纯音响度一样，被量化描述并形成理论上等比的量表。更有趣的是，从响度判断实验中得出的幂函数曲线，同样也能够在社会舆论测定的结果中显现出来。

以塞林和沃尔夫冈（Sellin & Wolfgang，1964）对犯罪行为的舆论研究为例。在为期 3 年的研究中，塞林和沃尔夫冈调查了总共 38 名少年法庭法官、286 名警官和 245 名学生，让他们分别对 21 种犯罪行为的严重程度进行数量估计。从数量估计结果看，不同职业被试间显示出惊人的一致性，研究者由此认为这一调查基本说明了对于各种罪行的恶劣程度存在着普遍一致的公众舆论观念。

在该研究提及的 21 种犯罪行为中，包括 5 种不同数额的偷盗，分别是偷 5 美元、偷 20 美元、偷 50 美元、偷 1 000 美元和偷 5 000 美元。令人惊讶的是，如果将这 5 种犯罪行为的恶劣程度估计值视作实际偷盗数额的函数，会发现实验结果显示：偷盗罪行的严重性是偷盗数额的幂函数，其幂指数为 0.17。这一结果惊人地说明了幂定律不仅仅在感觉测量领域起作用，甚至在与之大相径庭的社会舆论评价领域也起作用。如果这一研究本身没有问题，那么指数为 0.17 的幂函数就意味着，偷盗数额几乎要增加 65 倍才足以使偷盗罪行严重程度翻一番。更有趣的是，0.17 这一指数值无法用人们对金钱价值的主观评价和实际金钱数量的不一致来解释，因为尽管金钱的主观价值和客观数量确实不一致且符合幂函数变化，但是其指数不是 0.17，而是 0.5 左右。

以上的实例说明了直接数量估计和幂定律在非感觉研究领域所能起到的重要作用，尤其是幂定律所体现出的普遍性更是让人惊叹。从量刑定罪的研究中可以看到，幂定律不仅能用来解释和描述社会舆论现象，甚至能够检验社会规定是否吻合社会舆论的要求。所有这些事实都充分拓展了现代心理物理学在各个领域的应用空间。

第三节 信号检测论

信号检测论（theory of signal detection）是现代心理物理学最重要的内容之

一，它的出现彻底改变了以往人们对阈限的理解，将个体客观的感受性和主观的动机、反应偏好等加以区分，从而解决了传统心理物理学无法解决的问题。

一、信号检测论引入的缘由

传统心理物理学发展到了后期，几乎所有的矛盾都指向阈限概念的不可靠性。根据传统心理物理学，被试对刺激侦测到（报告“有”）的概率 $P(\mathrm{Y})$ 等于50%时的刺激强度对应了个体的感觉阈限。而 $P(\mathrm{Y})$ 是所呈现的物理刺激强度的函数，并且仅仅是物理刺激强度的函数，因此阈限应该仅与物理刺激强度有关。然而大量研究表明，$P(\mathrm{Y})$ 不仅受到物理刺激强度的影响，还受到各种非感觉因素的影响，如刺激出现的先定概率 $P(\mathrm{S})$、决策后果等。

在传统心理物理实验中，刺激在每个试次中都会出现，因此 $P(\mathrm{S})$ 永远等于1。而在现实生活中，刺激并不是100%会出现，$P(\mathrm{S})$ 也并不总是等于1。格希德等人（Gescheider et al.，1971）通过测量指尖振动刺激的绝对阈限考察了刺激出现的先定概率 $P(\mathrm{S})$ 对阈限测量的影响。实验刺激是施加在被试指尖上的60赫兹振动，刺激强度通过变化振幅来调节；除了在实验中设定了两种 $P(\mathrm{S})$ 值——0.3和0.7外，整个实验仍然按照传统心理物理学方法的基本程序进行，被试也是经过训练的。实验结果如图5-10所示，当 $P(\mathrm{S})=0.7$ 时，阈限约为1.3微米；而当 $P(\mathrm{S})=0.3$ 时，阈限约为2.3微米。这表明 $P(\mathrm{Y})$ 和物理刺激强度之间的函数关系明显受到了不同 $P(\mathrm{S})$ 取值的影响，进而也影响了50%感觉阈限的大小。这一实验反驳了阈限作为不变的感觉界限的观点，说明传统心理学对阈限的看法至少是不完全正确的。

事实上，上述结果的出现表明传统的心理物理学方法无法把人的感受性与受动机、态度等主观因素影响的决策过程区分开。由于感受性与主观决策过程混在一起，在利用传统心理物理学方法测量阈限的过程中，其研究结果限制了对人们心理活动的解读。例如，克拉克（Clark，1969）采用热辐射刺激给22名被试制痛，并让被试服用安慰剂，测量服用安慰剂前后的痛觉阈限变化。采用极限法测量的结果表明，服药后痛觉阈限提高；而在将人的感受性和主观的决策过程区分开后，结果表明服药后痛觉敏感性并未变化，但被试提高了报告痛觉的标准。在

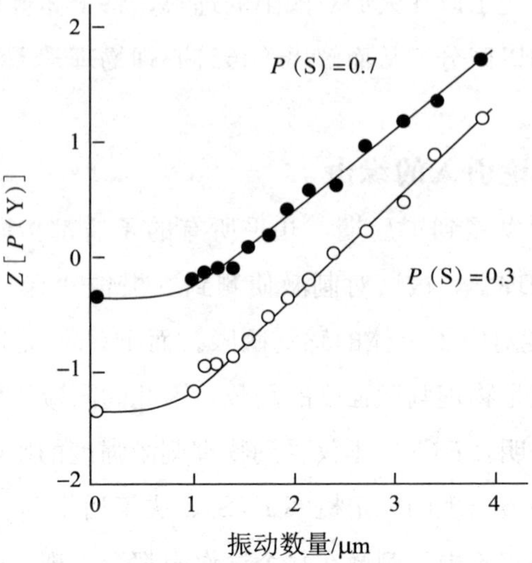

图 5-10 不同刺激出现先定概率 P(S) 下，

物理刺激强度与 P(Y)（转换为 Z 分数）之间的函数关系

注：信号出现概率 P(S) 分别为 0.3 和 0.7，显然信号出现概率对测得的阈限有影响。

（采自 Gescheider et al.，1971）

后续研究中，研究者考察了针灸镇痛的作用机制（Clark & Yang，1974），得出了与上述一致的结果，针灸治疗并未影响被试对疼痛的敏感程度，只是影响了被试是否报告疼痛的主观决策。

对于众多的人体镇痛研究，当区分开人的感受性和主观的决策过程后，唯有镇痛剂能够降低痛觉敏感性，而其他镇痛方法（安慰剂、暗示法、针灸等等）均是通过提升判断标准来降低疼痛感受。这种可以将人的感受性与主观决策区分开的心理物理学方法便是信号检测论。相比传统阈限测量方法，信号检测论更能深入揭示镇痛的心理机制。信号检测论最早由美国心理学家坦纳和斯韦茨（Tanner & Swets，1954）应用于人的知觉过程研究，后来被越来越多的心理学家接纳，发展成为现代心理物理学的重要内容。

二、信号检测论的基本思想

信号检测论最初是信息论在通信工程中的应用成果，专门处理噪声背景下如何对信号进行有效分离的问题，其本质上是一种统计决策程序。在信号检测论引入心理学研究领域之后，一些原先的基本概念、思想和假设被移植到心理物理学情境中来。

（一）信号和噪声

信号（signal）和噪声（noise）是信号检测论中最基本的两个概念。在心理学领域，信号检测论所指的信号可以理解为刺激（stimuli）。例如，在感觉阈限测定实验中，被试要判断是否看到了亮光，这里的亮光就是信号，而被试的任务就可以相应地理解为“信号检测”，即判断“有信号”还是“无信号”。而噪声就是信号所伴随的背景。信号检测论假定，噪声总是存在于系统之中，无法消除——无论这个系统是一个收音机，还是人的神经系统。

心理学上的信号检测实验一般是在信号和背景不易分清的条件下进行的。对信号检测起干扰作用的所有背景都是噪声。主试呈现的刺激，有时是噪声刺激（以 N 表示），有时是信号刺激和噪声刺激（以 SN 表示），让被试对信号刺激做出反应。被试每次都要判断所接受到的仅仅是噪声背景，或者是在噪声背景上叠加了信号。

信号伴随噪声和单独出现噪声这两种情况，分别可以在心理感受量值上形成两个分布：信号加噪声分布和噪声分布。前者也常常简称为信号分布。由于信号总是叠加在噪声背景之上，因此总体上信号分布总是比噪声分布的心理感受更强些，如图 5-11 所示。

信号分布的均值总是大于噪声分布的均值，由于信号和噪声的感觉强度都受各种随机因素影响，因此两个分布都呈正态。信号分布和噪声分布在中间强度上相互重叠，说明这一强度范围的感觉可能由信号导致，但是单独的噪声也有可能引起这一强度的感受。信号的心理感受强度可以用两个分布之间的距离来描述，在图 5-11 中，从上到下依次是按信号强度大小排列的三种信号和噪声分布情况。同样，信号分布和噪声分布间的距离也可以作为心理物理学实验中对被试感受性的衡量指标，这被称为辨别力指标（d'）。

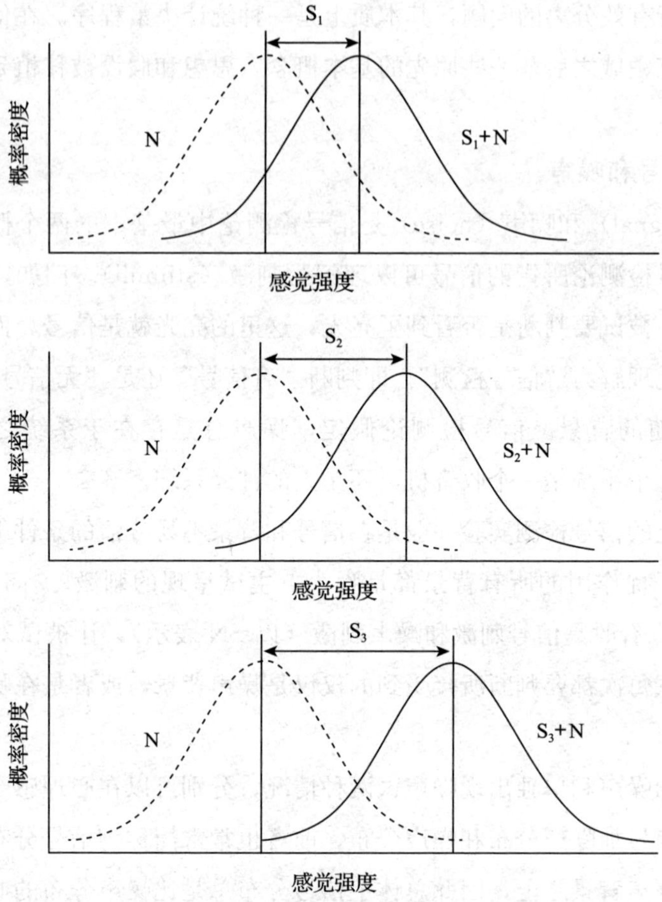

图 5-11　三种不同信号强度下噪声和信号加噪声的理论分布

注：$S_1 < S_2 < S_3$。

（二）决策标准

我们可以将上述信号和噪声两个感觉分布视为无数次感觉过程的累计。这样，观察者（被试）的每次感觉过程都会产生一定的感觉量值 X。这个 X 必定落在噪声分布和信号分布所覆盖的范围内。如果 X 很弱并离开了信号分布，就必定来自噪声分布（如 X_1）；反之，X 很强并离开了噪声分布，也就一定是信号（如 X_3）（如图 5-12 所示）。问题集中在信号分布和噪声分布重叠的中间感受区域上，这一区间的 X 值既可能对应信号，也可能对应噪声（如 X_2）。

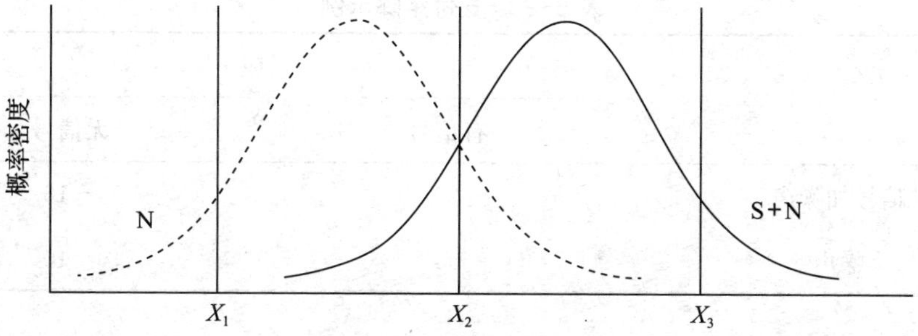

图 5-12　感觉量值的位置

对于此区间内任意一个 X，它来自信号分布或噪声分布的可能性，可以用其在两个分布中对应的纵线高度（O）来衡量。X 对应的两个分布上的纵线高度之比被称作似然比（likelihood ratio），它被记为 $l(X)$。

$$l(X)=\frac{O(\mathrm{SN})}{O(\mathrm{N})}$$

信号检测论假设，观察者选择某一个似然比的值作为产生"信号""噪声"两种判断反应的分界点，或称决策标准（β）。观察者的决策规则（decision rule）就是比较当前观察得到的 X 所对应的似然比 $l(X)$ 与观察者自定的决策标准 β 的大小。如果 $l(X)$ 大于等于 β，观察者就选择进行"信号"反应；如果 $l(X)$ 小于 β，观察者就选择进行"噪声"反应。

决策标准的设定受到各种非感觉因素的影响，包括信号出现的先定概率以及利益得失的权衡等。先定概率的影响在本节第一部分介绍过，而利益得失的影响可以用一个虚拟的例子来阐述。比如对于雷达操作员，漏报敌机来袭所付出的代价十分高昂（生命损失），虚报的代价相对小些（遭到训斥），那么他就会倾向于设定一个较宽松的决策标准，更容易产生"是"反应。信号检测的四种反应（击中、虚报、漏报和正确拒斥）所对应的利益得失排列在一张表上，就构成所谓的"支付矩阵"（payoff matrix），表 5-9 就是一个例子。

表 5-9 支付矩阵示例

	反应	
	有信号	无信号
信号加噪声	20	−16
噪声	−4	10

信号检测论可以给出在给定信号强度和敏感性水平下能得到的最大收益的 β 值（β_{OPT}）。β_{OPT} 的主要影响因素为信号概率（probability of signal）和支付矩阵。其计算公式为：

$$\beta=\frac{P(\mathrm{N})}{P(\mathrm{S})}\times\frac{V(\mathrm{CR})+C(\mathrm{FA})}{V(\mathrm{H})+C(\mathrm{M})}$$

公式中 $P(\mathrm{N})$ 和 $P(\mathrm{S})$ 分别是噪声概率和信号概率，V 代表由正确反应得到的价值，C 代表错误反应得到的代价（负值）。当 $V(\mathrm{CR})+C(\mathrm{FA})=V(\mathrm{H})+C(\mathrm{M})$ 时，最大收益将从最小错误中得到。此时 β_{OPT} 随信号概率 $P(\mathrm{S})$ 的变化而变化 $[P(\mathrm{S})+P(\mathrm{N})=1]$。当 $P(\mathrm{S})$ 上升时，放宽反应标准，即降低 β 是有利的反应策略；当 $P(\mathrm{S})$ 降低时，严格的反应标准即提高 β 更有利。但当从正确反应中得到的收益与错误反应付出的代价不等时，β_{OPT} 将发生相应的变化。

以上分析使我们明确了反应偏向（β）的含义。可见 β 值虽被认定为反应阈限，但这个阈限和传统阈限概念不同，它并非恒定不变，而是随 SN 和 N 两种先定概率和判定结果的奖惩办法变动的。更准确地说，β 不再是对被试感觉状态的绝对分界，而是被试主观决策反应的判断标准。

三、信号检测论的两种独立指标

如上所述，信号检测论分离了两种指标：（1）辨别力指标 d'，是观察者对刺激的感受性的度量；（2）判断标准，是观察者反应偏向的度量，常用似然比 β 或报告标准 C 来进行衡量。

（一）反应偏向

反应偏向可用两种方法计算：一种是似然比，另一种是报告标准。

1. 似然比

似然比 β 的数学定义为：区分“信号”与“噪声”反应的心理感受水平 X_c 所对应的信号分布纵轴与噪声分布纵轴之比。在信号检测论实验中，没有办法直接掌握心理感受水平 X_c，因此 β 是通过间接方法计算得出的。

将被试在实验中的反应划分为四种：击中、虚惊、漏报和正确拒斥。表 5-10 对这四种反应的区分做了具体说明。

表 5-10　信号检测论实验中观察者的四种反应

刺激	反应	
	有信号	无信号
信号加噪声	击中（hit，H）	漏报（miss，M）
噪声	虚惊（false alarm，FA）	正确拒斥（correct rejection，CR）

如图 5-13 所示：随着观察者掌握的判断标准 X_c 的变化，不但 β 值发生改变，与此同时改变的还有上述四种反应的概率。当 X_c 右移，检测者的反应判断标准变得严格时，击中率和虚惊率均下降，而漏报率和正确拒斥率均上升，β 值上升；当 X_c 左移，β 值变低时，击中率和虚惊率都会上升，而漏报率和正确拒斥率下降。在图中还可以看到，四种反应概率之间存在如下关系：

$$P(\mathrm{H})+P(\mathrm{M})=1$$

$$P(\mathrm{FA})+P(\mathrm{CR})=1$$

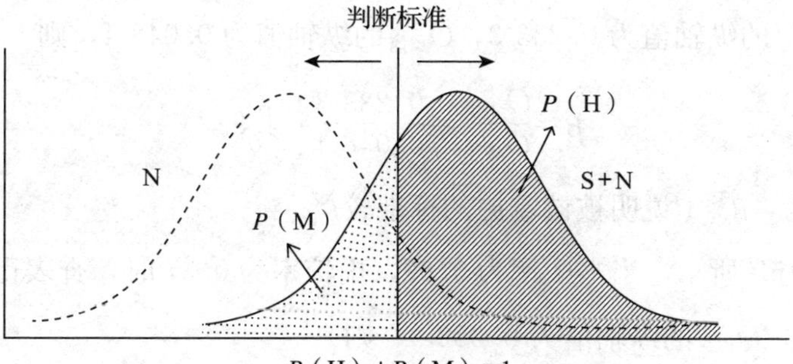

P（H）+P（M）=1

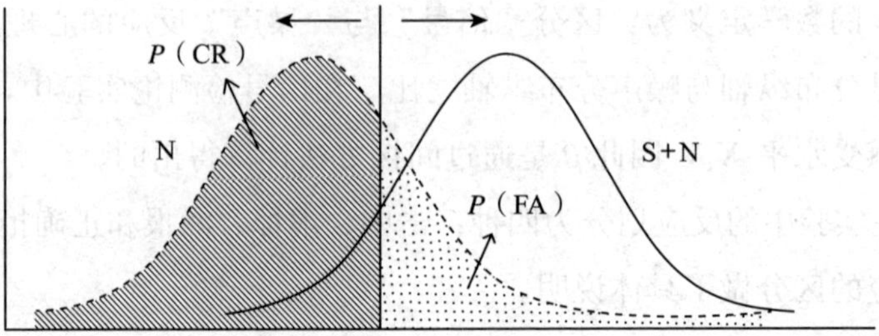

图 5-13 判断标准的变化

那么，我们可以通过四种反应概率的 *PZO* 转换得到 X_c 分别对应于信号分布和噪声分布上的纵轴长度 *O*(SN) 和 *O*(N)，而这两者的比值就是 β 值（如图 5-14 所示）。

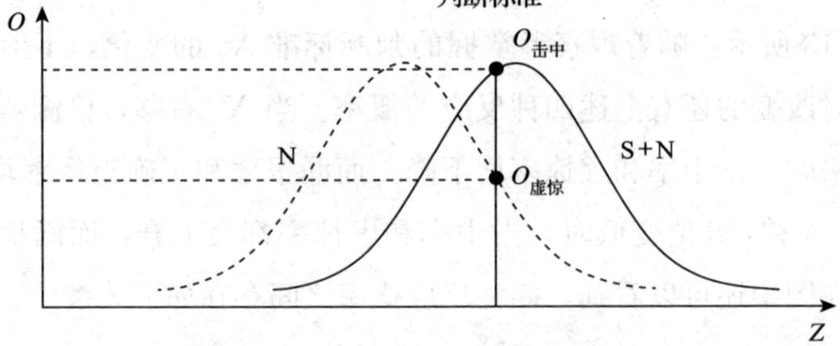

图 5-14 似然比 β 的计算方法示例

如图 5-15A 所示，当击中率为 0.15，虚惊率为 0.02 时，通过查 *PZO* 转换表，可知 $O_{击中}$ 的纵轴值为 0.233 3，$O_{虚惊}$ 的纵轴值为 0.048 4，则

$$\beta=\frac{O_{击中}}{O_{虚惊}}=\frac{0.2333}{0.0484}=4.82$$

一般认为，$\beta>1$ 说明被试掌握的标准较严。

如图 5-15B 所示，当击中率为 0.69，虚惊率为 0.31 时，查表得 $O_{击中}$ 的纵轴值为 0.352 9，$O_{虚惊}$ 的纵轴值为 0.352 9，则

$$\beta=\frac{O_{击中}}{O_{虚惊}}=\frac{0.3529}{0.3529}=1$$

β 值接近或等于 1，说明被试掌握的标准不严也不松。

如图 5-15C 所示，当击中率为 0.98，虚惊率为 0.85 时，通过查表，可知 $O_{击中}$ 的纵轴值为 0.048 4，$O_{虚惊}$ 的纵轴值为 0.233 3，则

$$\beta=\frac{O_{击中}}{O_{虚惊}}=\frac{0.0484}{0.2333}=0.21$$

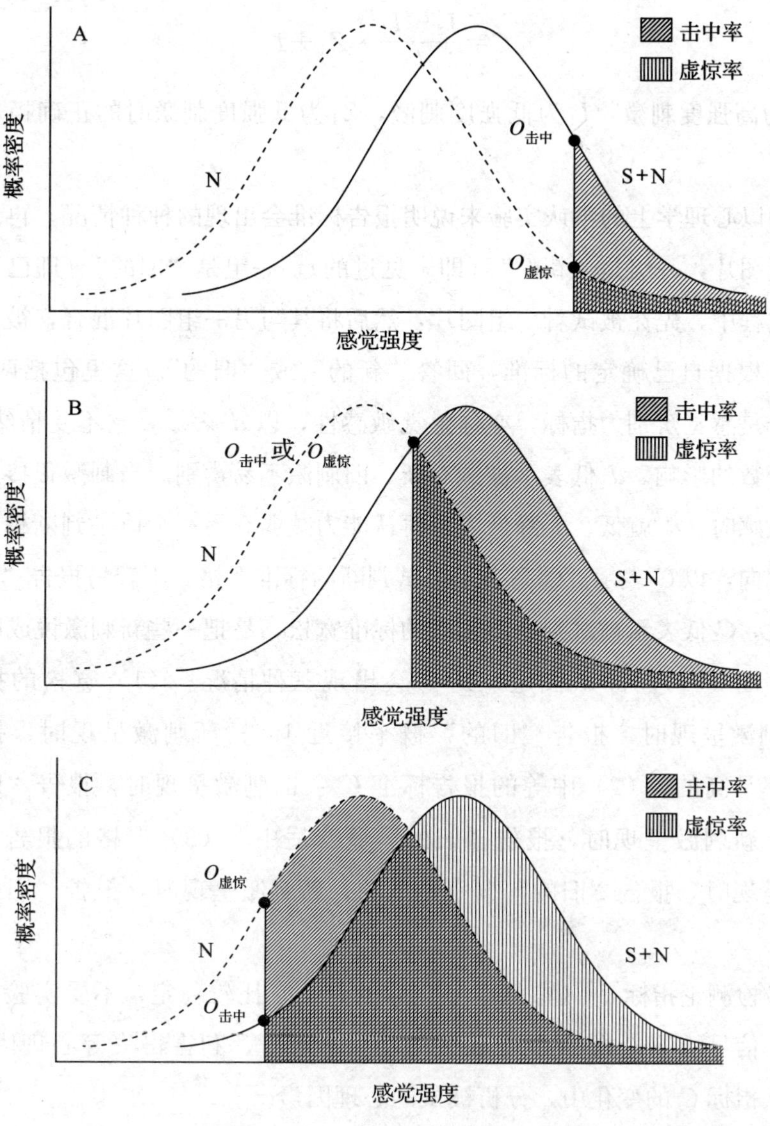

图 5-15　当辨别力 d' 固定不变时，击中率、虚惊率和反应判断标准间的关系

2. 报告标准

信号检测论中用以表示反应偏向的另一个指标是报告标准（report criterion）。在数学上，反应标准的另一种表示方法是感受经验强度，用符号 C 表示。C 是横轴上的判断标准位置。在数学上，C 的单位要转换成刺激强度单位，它的计算公式是：

$$C=\frac{I_2-I_1}{d'}\times Z_1+I_1$$

其中 I_2 为高强度刺激，I_1 为低强度刺激，Z_1 为低强度刺激时的正确拒斥概率的 Z 值。

我们以心理学上的再认实验来说明报告标准会出现的种种情况。再认实验一般有两组图片，一组是“新的”（即未见过的），一组是“旧的”（即已看过的）。在实验过程中，先让被试看一组图片，然后将其与另一组图片混合，被试在再认过程中，根据自己确定的标准，回答“新的”或“旧的”。这里包括两个指标，其中一个是感觉辨别力指标，亦称感觉敏感性，以 d' 表示，它不受情绪、期望、动机等变数的影响。d' 低表示被试对新、旧刺激不易辨别。当刺激很接近或被试再认不敏感时，d' 就低。d' 降低表示再认能力减弱。另一个值是判断标准，即个体反应偏向，以 C 表示。C 高表示被试判断的标准严格，不轻易报告“旧的”图片；反之，C 低表示被试判断旧刺激的标准宽松，易把一些新刺激说成旧刺激。

参照图 5-16，将 d' 固定，则 C 会出现三种情况。（1）宽松的报告标准 C_1：旧刺激呈现时，报告“旧的”概率接近 1.0；新刺激呈现时，报告“旧的”概率是高的。（2）中等的报告标准 C_2：旧刺激呈现时，报告“旧的”概率较高；新刺激呈现时，报告“旧的”概率适中。（3）严格的报告标准 C_3：旧刺激呈现时，报告“旧的”概率是低的；新刺激呈现时，报告“旧的”概率接近 0。

信号检测论指标 d'（参见本节之后的介绍）比较稳定，不受实验条件不同的影响。信号检测论指标 C 受被试的动机、态度、利害得失等心理因素影响。我们可从指标 C 的变化中，分析被试的心理因素。

根据上述公式，我们就可求出某被试在再认实验中的报告标准。假如在这个

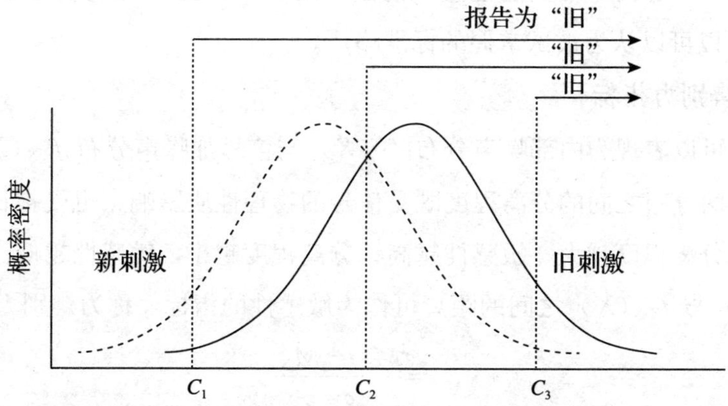

图 5-16　敏感性指标不变的情况下三种不同的报告标准所得到的结果

实验中，新、旧图片各 50 张，并获得了表 5-11 的结果。那么在此实验中，在横轴上设新刺激强度为 0，旧刺激强度为 1，就可先求得 d' 值。

表 5-11　某一再认实验中的刺激—反应矩阵

刺激	反应	
	报告“旧的”	报告“新的”
旧刺激	35	15
新刺激	11	39

（采自杨治良，1983）

$$d'=Z_{击中}-Z_{虚惊}$$
$$=0.524-(-0.772)=1.296$$

上式中的数值是通过 PZO 转换表所查得的，数值 0.524 是击中率$\frac{35}{50}$的 Z 值，数值－0.772 是虚惊率$\frac{11}{50}$的 Z 值。进一步计算 C 值：

$$C=\frac{I_2-I_1}{d'}\times Z_1+I_1=\frac{1-0}{1.296}\times 0.772+0=0.596$$

C 值 0.596 是判定轴上的位置。前面曾提到，I_1 为 0，I_2 为 1，因此，C 略靠近 I_2，所以可以认为被试掌握的标准略严。

（二）辨别力指标

敏感性可以表现为内部噪声分布 $f_{\text{N}}(X)$ 与信号加噪声分布 $f_{\text{SN}}(X)$ 之间的分离程度，两分布之间的分离程度既受信号的物理性质影响，也受被试特性的影响。两者的分离程度越大，敏感性越高；分离程度越小，敏感性越低。

$f_{\text{N}}(X)$ 与 $f_{\text{SN}}(X)$ 之间的距离可作为敏感性的指标，称为辨别力 d'：

$$d'=\frac{M_{\text{SN}}-M_{\text{N}}}{\sigma_{\text{N}}}$$

辨别力 d' 等于两个分布的均数之差除以 N 分布的标准差。当 N 分布与 SN 分布均为常态分布时，其变异数类同，则有：

$$d'=\frac{M_{\text{SN}}}{\sigma}-\frac{M_{\text{N}}}{\sigma}=Z_{\text{SN}}-Z_{\text{N}}=Z_{\text{击中}}-Z_{\text{虚惊}}$$

d' 越大，表示敏感性越高；d' 越小，表示敏感性越低。

与反应偏向一样，反应敏感性同样存在最佳水平。我们知道，击中率落在纵轴右方的高强度分布（或信号加噪声分布）曲线上，虚惊率落在纵轴右方的低强度分布（或噪声分布）曲线上。下面我们通过固定反应偏向（设 $\beta=1$）来看辨别力 d' 的变化情况。

（1）如图 5-17A 所示：在输入感觉刺激非常敏感的情况下，当信号加噪声存在时，常常出现“肯定”；当噪声单独存在时，很少出现“肯定”。以击中率为 89%，虚惊率为 11% 为例，这时

$$d'=Z_{\text{击中}}-Z_{\text{虚惊}}=1.226-(-1.226)=2.452$$

以上是根据击中率和虚惊率，再通过 PZO 转换表求得的。图上横轴是噪声的 Z 值，纵轴单位是概率密度。

（2）如图 5-17B 所示：被试相对不敏感，或刺激相对比较弱。击中率下降为 69%，虚惊率增为 31%，则

$$d'=Z_{\text{击中}}-Z_{\text{虚惊}}=0.495-(-0.495)=0.99$$

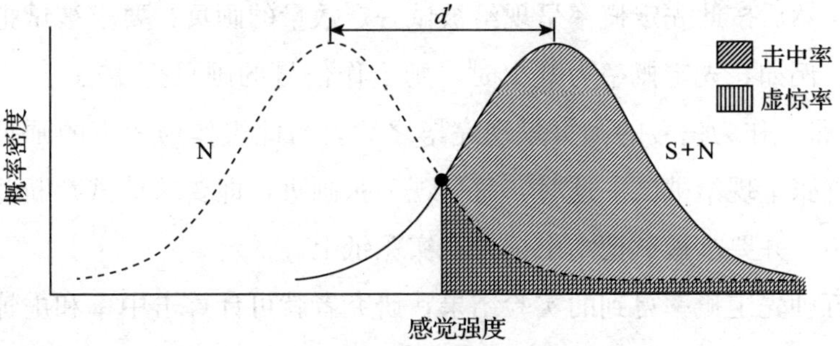

A：$\beta=1$，$d'=2.452$

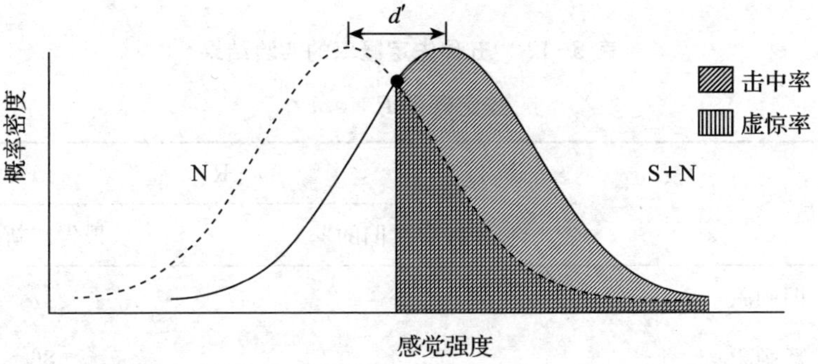

B：$\beta=1$，$d'=0.99$

图 5-17　反应偏向 β 相同时，敏感性 d' 可能不同

四、接受者操作特征曲线

接受者操作特征曲线（receiver operating characteristic curve，ROC 曲线），又称感受性曲线（sensitivity curve）。得此名的原因在于曲线上各点代表相同的感受性，它们都是对同一信号刺激的反应，只不过是在几种不同的判断标准下所得的结果而已。ROC 曲线就是在以虚惊率为横轴、击中率为纵轴所组成的坐标中，根据被试在特定刺激条件下由于采用不同的判断标准得出的不同结果画出的曲线。

（一）ROC 曲线的绘制

下面我们通过一个实例来叙述 ROC 曲线的具体绘制过程。杨治良（1983）曾做过这样一个实验：选图画页 500 张，分成 5 组，每组 100 张。5 组画页的先定概率分别是 0.1、0.3、0.5、0.7 和 0.9。对于每组画页，主试使用一种信号的先定概率，然后按此先定概率呈现给被试一定数量的画页，要求被试把它们当作信号记住。例如，先定概率为 0.1 时，则当作信号的画页为 10 张，当作噪声的画页为 90 张。作为信号的画页呈现完毕之后，与此组作为噪声的画页混合，然后随机地逐张呈现给被试。这时，每呈现一张画页，即要求被试判断此画页是信号还是噪声，并要求被试把结果记录在实验纸上。

根据五种先定概率得到的实验结果，研究者就可计算击中率和虚惊率，见表 5-12。

表 5-12　五种先定概率的实验结果

先定概率 $P=0.1$

S	R	
	报告“旧的”	报告“新的”
旧刺激	3	7
新刺激	4	86

$P_{击中}=0.30$　　$P_{虚惊}=0.04$

先定概率 $P=0.3$

S	R	
	报告“旧的”	报告“新的”
旧刺激	16	14
新刺激	9	61

$P_{击中}=0.53$　　$P_{虚惊}=0.13$

先定概率 $P=0.5$

S	R	
	报告“旧的”	报告“新的”
旧刺激	35	15
新刺激	11	39

$P_{击中}=0.70$　　$P_{虚惊}=0.22$

先定概率 $P=0.7$

S	R	
	报告“旧的”	报告“新的”
旧刺激	59	11
新刺激	13	17

$P_{击中}=0.84$　　　　$P_{虚惊}=0.43$

先定概率 $P=0.9$

S	R	
	报告“旧的”	报告“新的”
旧刺激	83	7
新刺激	6	4

$P_{击中}=0.92$　　　　$P_{虚惊}=0.60$

(采自杨治良，1983)

根据上面所得的击中率和虚惊率，就可求出不同先定概率下的 d' 值和 β 值(见表 5-13)。

表 5-13　不同先定概率下的 d' 和 β

项目		Y/SN	Y/N	d'	β
0.1	P	0.30	0.04	1.227	4.035
	Z	−0.524	−1.751		
	O	0.347 8	0.086 2		
0.3	P	0.53	0.13	1.201	1.880
	Z	0.075	−1.126		
	O	0.392 8	0.211 6		
0.5	P	0.70	0.22	1.296	1.174
	Z	0.524	−0.772		
	O	0.347 8	0.296 2		

续表

项目		Y/SN	Y/N	d'	β
0.7	P	0.84	0.43	1.171	0.620
	Z	0.995	−0.176		
	O	0.243 4	0.392 8		
0.9	P	0.92	0.60	1.152	0.383
	Z	1.405	0.253		
	O	0.148 1	0.386 4		

（采自杨治良，1983）

最后，根据不同先定概率下的击中率和虚惊率，就可在图上确定各点的位置，把五点连接起来就绘成一条 ROC 曲线（如图 5-18 所示）。

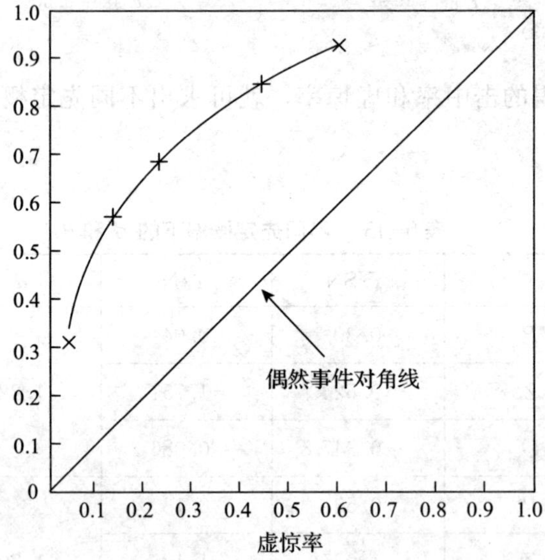

图 5-18　根据表 5-12、表 5-13 资料绘制的 ROC 曲线

（采自杨治良，1983）

从图 5-18 可见，ROC 曲线具有以下属性。（1）β 值的改变独立于 d' 的变化。考察 β 值变化对 P(Y/SN) 和 P(Y/N) 的影响时发现：当 β 接近 0 时，噪声全当成信号接受；当 β 接近无穷大时，信号全当成噪声拒绝。这也就是说，β

接近 0 时，判断标准最松，当 β 逐渐变大时，判断标准也逐渐变得严格。而 β 从接近 0 向无穷大渐变的过程中，将形成一条完整的 ROC 曲线，曲线在某一处达到最佳的标准 β_{OPT}。(2) ROC 曲线的曲率反映辨别力指标 d'。在图 5-18 中有一条对角线，代表 $P(Y/SN)=P(Y/N)$，即被试的辨别力 d' 为 0，ROC 曲线离这条线越远，表示被试辨别力越强，d' 的值当然就越大。由上可知，d' 的变化使 ROC 曲线形成一个曲线簇，而 β 的变化体现在这一曲线簇中的某一条曲线上不同点的变化。此外，如果将 ROC 曲线的坐标轴变为 Z 分数坐标，我们将看到 ROC 曲线从曲线形态变为直线形态。这种坐标变换可以用来验证信号检测论的一个重要假设，即方差齐性假设。

（二）方差齐性假设的检验

在介绍方差齐性假设前，先让我们来回顾一下信号检测论是如何计算 d' 的：

$$d'=Z_{击中}-Z_{虚惊}$$

这个公式需要将击中率和虚惊率通过 PZO 转换表转换成 Z 值。需注意的是，该公式中击中率和虚惊率是按照同样的 PZO 转换表进行转换的，即假设噪声分布和信号分布是正态分布且离散程度（可以用方差表示）相同。因此，只有在信号分布和噪声分布为正态分布且离散程度相同，即方差齐性假设成立的前提下，d' 的计算才是有意义的。然而，事实上，击中率和虚惊率隶属于两个相互独立的不同分布，这就说明，我们在将击中率和虚惊率分别转换为对应的 Z 值时，其实应该检验信号和噪声这两个不同分布的离散程度是否相同，即是否满足方差齐性。

ROC 曲线可用于检验这一方差齐性假设。ROC 曲线的横坐标和纵坐标分别为虚惊率和击中率，当信号分布和噪声分布满足正态分布以及方差齐性假设时，若将坐标转换为 Z 分数，那么 ROC 曲线则是斜率为 1 的直线，该直线与对角线的距离即为 d' 值。但是，如果两者满足正态分布但不满足方差齐性，那么 ROC 曲线在 Z 分数坐标上的斜率为两个分布的标准差之比。此时，试图求出其与对角线之间的距离是没有意义的，这从几何上说明了为什么 d' 指标在信号分布和噪声分布方差不齐性条件下不能成立。而当信号分布和噪声分布是非正态分布时，ROC 曲线在 Z 分数坐标上呈现非直线形态。

事实上，信号分布和噪声分布往往符合正态分布，而两者方差齐性的假设通常都是不能成立的。这是因为，信号分布往往是一种低阔峰形态的分布，这种分布的离散程度偏大，而噪声分布则是一种高峡峰形态的分布，其离散程度偏小，这使得 Z 分数坐标上的 ROC 曲线斜率通常小于 1。

此外，在实际的实验结果中，被试的击中率 $P(\text{H})$ 和虚惊率 $P(\text{FA})$ 并不总是在 0～1 范围内，有时也会出现 $P(\text{H})$ 和 $P(\text{FA})$ 为 1 或 0。在这种情况下，我们无法通过 PZO 转换表查得 Z 值与 O 值，从而无法计算 d'、β 值。为此，研究者（Macmillan & Creelman，1991；Snodgrass et al.，1988；Upton，1978）提出以下方式对数据进行校正：

方式一：

$$P(\text{Hit})=\frac{\text{击中的次数}+0.5}{\text{击中次数}+\text{虚惊次数}+1}$$

$$P(\text{FA})=\frac{\text{虚惊的次数}+0.5}{\text{击中次数}+\text{虚惊次数}+1}$$

注：所有的击中率和虚惊率都需要校正。

方式二：

$$1\longrightarrow 1-1/(2N)$$

$$0\longrightarrow 1/(2N)$$

注：N 指的是信号［计算 $P(\text{H})$］或噪声［计算 $P(\text{FA})$］刺激的总量。

1964 年，波拉克（Pollack）和诺曼（Norman）提出了信号检测论的非参数模型（nonparametric model）。该模型可以处理在信号分布、噪声分布齐性无法满足时的辨别力指标的计算问题。如图 5-19 所示，假设一对简单的击中/虚惊结果为 $P=(x,\ y)$，x 为虚惊率，y 为击中率，经由原点和 P 点的直线及经过 P 点与（1，1）的直线形成了两个不交叉的三角区域 A_1 和 A_2。

基于非参数模型的信号检测论，研究者提出了辨别力指标 A'（Grier，1971）、判断标准指标 B''（Grier，1971）和 B'_H（Hodos，1970）的计算公式。

辨别力指标 A'的值是面积 B 加上 A_1 和 A_2 之和的一半：

$$A'=B+\frac{A_1+A_2}{2}$$

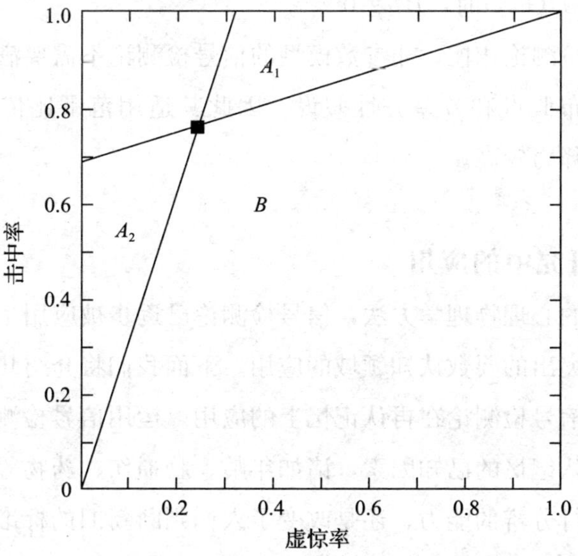

图 5-19　非参数信号检测论中用来反映辨别力的面积指标

（采自 Snodgrass & Corwin，1988）

具体计算公式如下：

当 $P(\text{Hit})>P(\text{FA})$ 时，$A'=0.5+\dfrac{[P(\text{Hit})-P(\text{FA})][1+P(\text{Hit})-P(\text{FA})]}{4P(\text{Hit})[1-P(\text{FA})]}$

当 $P(\text{Hit})<P(\text{FA})$ 时，$A'=0.5-\dfrac{[P(\text{FA})-P(\text{Hit})][1+P(\text{FA})-P(\text{Hit})]}{4P(\text{FA})[1-P(\text{Hit})]}$

当 $P(\text{Hit})=P(\text{FA})$ 时，$A'=0.5$

判断标准指标 B'' 计算公式如下：

当 $P(\text{Hit})>P(\text{FA})$ 时，$\text{B}''=\dfrac{P(\text{Hit})[1-P(\text{Hit})]-P(\text{FA})[1-P(\text{FA})]}{P(\text{Hit})[1-P(\text{Hit})]+P(\text{FA})[1-P(\text{FA})]}$

当 $P(\text{Hit})<P(\text{FA})$ 时，$\text{B}''=\dfrac{P(\text{FA})[1-P(\text{FA})]-P(\text{Hit})[1-P(\text{Hit})]}{P(\text{Hit})[1-P(\text{Hit})]+P(\text{FA})[1-P(\text{FA})]}$

当 $P(\text{Hit})=P(\text{FA})$ 时，$\text{B}''=0$

判断标准指标 B'_H 计算公式如下：

当 $P(\text{Hit})>1-P(\text{FA})$ 时，$B'_H=1-\dfrac{P(\text{Hit})[1-P(\text{Hit})]}{P(\text{FA})[1-P(\text{FA})]}$

当 $P(\text{Hit})<1-P(\text{FA})$ 时，$B'_H=\dfrac{P(\text{Hit})[1-P(\text{Hit})]}{P(\text{FA})[1-P(\text{FA})]}-1$

当 $P(\text{Hit})=P(\text{FA})$ 时，$B'_H=0$

与传统信号检测论相比，非参数模型的信号检测论不需要满足信号分布、噪声分布的正态分布假设和方差齐性假设，因此其适用范围比传统信号检测论更广，对数据的解释力较高。

五、认知研究中的应用

作为一种新的心理物理学方法，信号检测论已逐步被应用于各种心理学实验中。其中，最为突出的要数认知领域的应用。下面我们将介绍几个例子。

一个例子是信号检测论在再认记忆上的应用。运用信号检测论，研究者可以验证各种影响再认记忆的已知因素，诸如年龄、脑损伤、药物等，究竟影响了人们对新旧事物进行分辨的能力，还是改变了人们判断新旧的标准。例如，具体的应用性研究发现，大麻能够同时降低再认记忆的分辨力和再认记忆的判断标准，说明此类药物对于记忆有确实的损害。

另一个例子是对抑郁症和老年痴呆患者表现出的记忆衰退现象的信号检测论研究。研究结果发现，抑郁能够使再认记忆的判断标准升高，而老年痴呆患者则是在新旧项目的分辨能力上明显低于对照组。可见，老年痴呆确实对记忆造成了损伤，而抑郁导致的记忆衰退源于被试过严的判断标准，这可能与抑郁症患者严重缺乏自信导致的过度保守的判断有关。信号检测论的运用不仅揭示了以上两种疾患记忆衰退的不同心理机制，而且区分了它们影响再认记忆的不同模式，从而有可能发展出一种基于再认记忆表现中两个信号检测论指标的诊断方法，使抑郁症和老年痴呆的辨别精度提高。另外，有研究运用信号检测论发现，头部外伤引起的脑损伤者在再认记忆中同时具有较低的辨别力和较高的判断标准。研究者对此的解释是：脑损伤会导致记忆功能的衰退，而同时由于患者本身意识到自己在记忆方面的缺陷，他们在判断时会更加谨慎。

除了上述记忆研究，信号检测论对高级认知过程研究的帮助还体现在社会认知方面的应用上。一个经典的例子是对攻击行为（aggressive behavior）的研究。乌列赫拉和亚当斯（Ulehla & Adams，1973）对青少年被试进行了问卷调查，问卷中描述了许多情境下的攻击行为。被试要依次回答在问卷中虚拟的这些攻击行为是否能得到积极的社会评价。这些攻击中，有一些在当前情境下是恰当的（例如，反抗敲诈勒索者），而另一些在当前情境下是不恰当的（例如，把一个不顺眼的小子揍一顿）。如果把应该产生攻击的情境作为信号，在此情境中的攻击行为作为击中，把不应该攻击的情境当作噪声，在此情境中的攻击行为作为虚惊，研究者就可以根据信号检测论计算辨别力和判断标准了。实验结果发现：自身攻击性越高的青少年，在问卷中显示出的 d' 越低；而教养良好的青少年，其 d' 都很高。由此直接得出的推论是，青少年的攻击行为很可能是由于不能很好地分辨恰当攻击和不恰当攻击之间的区别，换言之，他们不懂得在合适的场合做出合适的反应。因此，信号检测论揭示了攻击行为可能的认知基础——对社会常态规范的理解出现了问题。

综上，信号检测论对传统阈限概念的批评，来源于传统方法在阈限测量中无法有效排除众多非感觉因素的影响，因而废除了费希纳传统中的阈限思想，用主观决策标准加以取代。但不可否认的是，人类的感觉系统就其本身而言很可能存在着灵敏性的绝对限制——正如所有精密传感器那样，确实无法有效分辨低于某个强度水平的刺激。阈限理论和信号检测论都反映了感觉过程的某些方面，将两者整合之后，或可得到更全面的图景：感觉系统对刺激的有效分辨从某一强度开始，这一强度就是阈限；同时对于阈限以上强度的刺激，感觉报告将取决于感觉强度与某一主观决策标准相比较的结果，因而费希纳传统中的50%阈限其实是不存在的。通过信号检测论可以排除主观标准设定的变动，求得感觉系统对某一强度刺激的感受性。增进人们对于阈限的理解以及提供传统和现代心理物理学整合的可能性，这或许就是低阈限理论最大的贡献了。

课后思考题

1. 什么是感觉阈限？测量感觉阈限的方法有哪些？
2. 简述韦伯分数和韦伯定律。
3. 费希纳定律指的是什么？
4. 测量阈上感觉的方法有哪些？

5. 感觉的直接测量法主要有哪些？各有什么特点？

6. 试述信号检测论的内容及意义。

本章实验

实验一 用恒定刺激法测定质量差别阈限

1 引言

恒定刺激法是测量感觉阈限的三种方法之一。该法的特点是只用少数的几个刺激，而且它们在测定过程中是固定不变的，恒定刺激法也因此而得名。用该法测定差别阈限要呈现两类刺激：一个标准刺激和几个变异刺激。一般情况下，经常确定一个能被感觉的某个刺激强度为标准刺激。变异刺激的确定，要视所研究的具体问题和所确定的反应变量指标来确定。

用恒定刺激法测量质量差别阈限时，一般要求被试在比较标准刺激和变异刺激后做出"大于""等于""小于"的判断。这样在总的反应系列里就可以得到两个感觉上的转折点，它们分别就是差别阈限的上限 L_u 和下限 L_l。上限和下限可以用直线内插法求得，并进一步计算差别阈限 DL。公式如下：

$$DL=\frac{L_u-L_l}{2}$$

本实验的目的是通过测定质量差别阈限学习恒定刺激法。

2 方法

2.1 被试

被试一名。

2.2 材料

高 2 厘米、直径 4 厘米的圆柱体两套，每套 8 个。这两套圆柱体的质量要求如下：

第一套：100 克两个，100±3 克、100±6 克、100±9 克各一个。

第二套：100 克两个，100±4 克、100±8 克、100±12 克各一个。

遮眼罩。

2.3 程序

(1) 取第二套材料中100克的圆柱体作为标准刺激，88克、92克、96克、100克、104克、108克和112克的圆柱体作为变异刺激，让被试把变异刺激和标准刺激各比较20次，共140次，每对刺激呈现的顺序按随机原则排列。为消除时间误差，前70次先给标准刺激，后70次先给变异刺激。

(2) 让被试坐在桌边，戴上遮眼罩，主试把标准刺激放在桌边约20厘米处正对被试的地方，并用粉笔标出圆柱体在桌面上的位置；被试用右手的拇指和食指拿住圆柱体慢慢向上举，轻轻上下掂两下，约2秒后放下（这时胳膊不要离开桌面）。

(3) 在进行前70次比较时，主试先呈现标准刺激，后呈现变异刺激；被试用单手提举，并报告第二个圆柱体比第一个圆柱体重、轻还是相等，主试分别用“+”“−”“=”进行记录。后70次比较时，先呈现变异刺激，这时要注意选准符号。主试呈现圆柱体时要保持同一位置，第二个圆柱体呈现的时间不可太迟，当被试放下第一个圆柱体后，主试立刻换上第二个圆柱体，间隔最好不要超过1秒，以免被试对第一个圆柱体的感觉消退。两次比较至少要间隔5秒，以免各次感觉相互干扰。

3 结果

3.1 分别统计各变异刺激比标准刺激重、轻和相等的次数，并列出相应的百分数，记入表1。

表1 质量判断记录表（标准刺激为100克）

顺序	变异刺激													
	88克		92克		96克		100克		104克		108克		112克	
	1	2	1	2	1	2	1	2	1	2	1	2	1	2
1														
2														
3														
4														

续表

顺序		变异刺激													
		88 克		92 克		96 克		100 克		104 克		108 克		112 克	
		1	2	1	2	1	2	1	2	1	2	1	2	1	2
5															
6															
7															
8															
9															
10															
判断	重														
	轻														
	相等														

3.2 以变异刺激的质量为横坐标，以报告各变异刺激大于、小于和等于标准刺激的次数的百分数为纵坐标，把所得结果画成三条曲线。

3.3 根据图表用直线内插法分别求出质量差别阈限。

4 讨论

4.1 用恒定刺激法测定差别阈限有什么特点？

4.2 实验结果是否符合韦伯定律？为什么？

5 参考文献

杨治良. (1998). *实验心理学*. 杭州：浙江教育出版社.

坎特威茨，罗迪格，埃尔姆斯. (2001). *实验心理学——掌握心理学的研究*（郭秀艳等译）. 上海：华东师范大学出版社.

*关于质量差别阈限测量的补充说明

测量质量差别阈限的较常见方法是恒定刺激法，而最小变化法和平均差误法也可以胜任。在最小变化法中，刺激按递增或递减的两个方向以ABBA的形式交替呈现，探求被试的反应发生变化的转折点。在递减系列中，最后一次报告比较刺激大于标准刺激到比较刺激等于或小于标准刺激（或持怀疑态度）之间的中点为差别阈限的上限，用L_u表示；最后一次报告比较刺激等于或大于标准刺激（或持怀疑态度）到报告比较刺激小于标准刺激之间的中点为差别阈限的下限，用L_l表示。在递增系列中，最后一次报告比较刺激小于标准刺激到比较刺激等于或大于标准刺激（或持怀疑态度）之间的中点为L_l，最后一次报告比较刺激等于或小于标准刺激（或持怀疑态度）到比较刺激大于标准刺激之间的中点为L_u。将L_u和L_l代入如下公式即可求出差别阈限。

$$DL=\frac{L_u-L_l}{2}$$

下面是运用最小变化法测量质量差别阈限的举例。

实验仪器和材料：10个信封、大米（称重物）、电子秤。

实验步骤如下：

1. 往一个信封内注入大米至大约1/8满，往另一信封内添加稍多一些大米。请被试举起两个容器，并报告哪一个较重。这时，被试会说两个信封一样重。

2. 继续向稍重的信封内倒入大米，直到被试报告说此信封较重为止。在此期间不要让被试看到填充的是哪个信封，也不允许被试用同一只手先后比较两个信封的质量。一旦确定了较重的信封，则将此信封作为标准刺激。

3. 接着再取一个新的信封，并注入大米来作为比较刺激。继续这一过程，直到最后一个信封几乎盛满为止。

4. 最后，称量每个信封的质量，记下相邻信封质量的差值，并将实验结果和韦伯定律的理论预测进行比对。

实验二　用对偶比较法和等级排列法测定广告悦目程度

1　引言

广告是借助一定的媒体为达到预定目的向消费者传递信息的一种手段。广告对消费者的影响是多方面的，包括认知、情感和意向。鉴别一则广告的优劣，主要视其产生的宣传效果，因此对广告悦目程度的测量成为广告评定的主要手段。本实验就是采用对偶比较法和等级排列法来测定广告的悦目程度。

对偶比较法最早由科恩（Cohn，1894）在他的颜色爱好的研究中提出。这个方法是把所有要比较的刺激配成对，然后一对一对呈现，让被试就刺激的某一特性进行比较，判断两个刺激中的哪一个在这个特性上更明显。等级排列法是把许多刺激同时呈现，让被试以一定标准将刺激排序，然后把所有被试的排序等级加以平均以求出每个刺激的平均等级。

本实验目的在于学习对偶比较法和等级排列法，判断哪种广告较美，分析其原因。

2 方法

2.1 被试

根据实际情况安排被试若干名。

2.2 材料

10 张典型广告幻灯片。

2.3 程序

(1) 对偶比较法。把 10 个广告逐一配对，共配出 45 对，然后一对一对地呈现给被试。为尽量排除空间误差，在同一个广告组成的配对中，该广告在左边和右边的位置各半。被试的任务就是在两个广告中进行选择，确定哪个广告较美。

(2) 等级排列法。10 个广告同时呈现，让被试按自己的判断标准把 10 个广告排序。被试可以反复比较，只要最后排出一个美丑的等级顺序就可以。然后把多名被试对同一广告评判的等级加以平均。

(3) 在记录上述结果的同时，务必详细记录被试评定广告美丑的理由，以供分析时参考。

3 结果

整理结果，记入表 1 和表 2。

表 1　对偶比较法记录表

A		A	B	C	D	E	F	G	H	I	J
B											
C											
D											
E											
F											
G											
H											
I											
J											
选择分数（C）	第一轮										
	第二轮										
	总计										
$P=\frac{C}{2(n-1)}$											
$C'=C+1$											
$P'=\frac{C'}{2n}$											
Z											
Z'											
顺序											

表 2　等级排列法记录表

广告幻灯片	A	B	C	D	E	F	G	H	I	J
评判名次										

4 讨论

4.1 对本实验所得量表进行分析讨论，并提出心理学依据。

4.2 在本实验中，为什么要随机改变左、右位置，为什么每对广告的呈现要有间隔?

4.3 对偶比较法和等级排列法用于实验中还存在什么问题?

5 参考文献

杨治良.（1983）. 心理实验教学内容更新的初步尝试——介绍三个教学实验. 心理科学，(3)，39-47.

杨治良.（1998）. *实验心理学*. 杭州：浙江教育出版社.

实验三 先定概率对再认记忆的影响

1 引言

信号检测论是信息论的一个分支，研究对象是信号传输系统中的信号接收部分。在心理学领域中，由于人的感官以及中枢分析综合过程可以看作一个信息处理系统，这样我们就可以用信号检测论中的一些概念和方法来进行研究。信号检测论有两个重要的指标：一个表示辨别的水平，不受情绪、期望、动机等因素的影响，通常用辨别力 d' 表示，$d'=Z_{虚惊}-Z_{击中}$；另一个是表示反应偏向的指标，有两种计算方法，一种是似然比值 β，$\beta=O_{击中}-O_{虚惊}$，另一种是报告标准 C，$C=[(I_2-I_1)/d']\times Z_{正确拒斥}+1$。

信号检测论可以用于再认的记忆研究。在应用信号检测论的再认实验中，将新（未见过的）、旧（已见过的）刺激分别视为噪声和信号，则 d' 值低表示被试对新、旧不易鉴别；β 或 C 值低表示被试对新、旧刺激判断标准松，反之，表示判断标准严。

本实验的目的在于：(1) 掌握信号检测论的基本理论，学会计算信号检测论指标 d'、C、β；(2) 学习绘制 ROC 曲线，了解信号检测论的用途；(3) 了解信号的先定概率对再认记忆的影响。

2 方法

2.1 被试

被试一名。

2.2 仪器和材料

从《三国演义》(或《水浒传》)连环画中选出画页500张，分成5组，每组100张。

实物投影仪。

2.3 程序

(1) 将5组画页的先定概率分别定为0.1、0.3、0.5、0.7和0.9。例如，先定概率为0.1时，当作信号的画页是100×0.1，即10张，当作噪声的画页为90张。对于每一组画页，主试使用一种信号的先定概率，然后按此先定概率在实物投影仪上呈现给被试一定数量的画页，要求被试把它们当信号记住。

(2) 作为信号的画页呈现完毕后，再与此组作为噪声的画页混合，然后随机地逐张呈现给被试。每呈现一张画页，就要求被试判断此画页是信号还是噪声，并要求被试把答案记录在实验记录纸上。

(3) 一组画页的实验完成后，休息一会儿，然后改变信号的先定概率，用另一组画页按上述方法继续实验。

3 结果

3.1 整理5组连环画页的实验结果，计算击中率和虚惊率。

3.2 根据击中率和虚惊率，计算其d'、C、β。

3.3 根据上述计算结果，绘制ROC曲线。

4 讨论

4.1 分析本实验中信号检测论的两个独立指标的意义。

4.2 分析实验所得的ROC曲线。

4.3 试评论信号检测论用于再认实验的优缺点。

5 参考文献

杨治良. (1983). 心理实验教学内容更新的初步尝试——介绍三个教学实验. 心理科

学，(3)，39-47.

杨治良. (1998). *实验心理学*. 杭州：浙江教育出版社.

6　附录

见表 1。

表 1　实验记录

序	0.1*	0.3	0.5	0.7	0.9	序	0.1	0.3	0.5	0.7	0.9
1						22					
2						23					
3						24					
4						25					
5						26					
6						27					
7						28					
8						29					
9						30					
10						31					
11						32					
12						33					
13						34					
14						35					
15						36					
16						37					
17						38					
18						39					
19						40					
20						41					
21						42					

续表

序	0.1*	0.3	0.5	0.7	0.9	序	0.1	0.3	0.5	0.7	0.9
43						72					
44						73					
45						74					
46						75					
47						76					
48						77					
49						78					
50						79					
51						80					
52						81					
53						82					
54						83					
55						84					
56						85					
57						86					
58						87					
59						88					
60						89					
61						90					
62						91					
63						92					
64						93					
65						94					
66						95					
67						96					
68						97					
69						98					
70						99					
71						100					

* 先定概率。

第六章

注　意

如果意识是草原上流动的小溪，那么注意就是引领意识前进的向导。

——威廉·詹姆斯

本章提要

注意是心理活动对一定对象的指向和集中，它是心理活动的一种积极状态。本章介绍了注意的理论和实验，主要的理论有过滤器理论、资源限制理论和特征整合理论；详细地论述了注意的研究方法，如提示范式、搜索范式、过滤范式、双任务范式、电生理学研究方法等；简要地讲述了注意在实际中的应用。

本章学习指导

本章关注注意的研究历程，既关注注意的理论与经典实验研究，也重视注意的研究方法以及注意的应用研究。通过本章的学习，读者能达成以下目的：了解和掌握注意的三大理论和四种研究范式；理解本章所涉及的注意应用研究。通过本章的学习，读者能够回答以下问题：

(1) 讨论双耳分听技术的几种实验方法。

(2) 对气味的注意和对事件的注意之间存在交互作用，这一发现有何重要意义？你能否举出日常生活中这种交互作用的例子？

我们先来看两个场景。

场景一：假设现在有一个大型鸡尾酒会，你正在和朋友谈话。尽管周围还有许多其他人也在相互交谈，但你仍能专注于自己的活动而不被打扰。这时，你从其他人的谈话中突然听到了自己的名字，于是你立即停止了对自己活动的注意，开始倾听那些人在说些什么。这个过程被称为注意的转换，它发生迅速且无须主动的意志努力。

场景二：这是一个真实的故事。美国东方航空401航班即将飞抵迈阿密国际机场时，前轮指示灯突然不亮，三名机组人员同时专注于查看是灯泡出了问题还是前轮没能锁定着陆时的位置，而忽视了控制飞机的自动驾驶仪。这时，高度测量表也失灵了。于是，飞机不自主地下滑很长时间，直至离坠毁只剩8秒钟时，副驾驶员才注意到高度测量表也出了问题，然而已经太迟了。结果飞机坠毁，99人丧生。而这起事故完全是驾驶员的注意分配不当所致。

在上述场景中，注意都扮演了极其关键的角色；在人类的日常活动中，注意也无时无刻不在发挥作用。在心理学中，注意同样也是重要的概念，是心理学研究长期以来的兴趣中心之一。尤其在20世纪50年代中期以后，在认知心理学的影响下，对注意的研究也越来越广泛和深入。本章将先从注意的理论入手，展示理论和实验是如何相互促进并共同发展的。然后，阐述几种主要的注意研究方法。最后，简要介绍几个与实际生活密切联系的注意实验，以揭示注意实验研究的现实意义。

第一节　注意的理论和实验

对注意的实验研究一直十分活跃，研究者发展出了各具特色的注意实验研究技术。心理学中的三大注意理论——过滤器理论、资源限制理论和特征整合理论，就分别建立在这些实验的基础上。对这些理论和实验的介绍，有助于我们理解实验心理学研究中理论和实验之间相辅相成的紧密联系。

一、过滤器理论与双耳分听技术

注意的过滤器理论是有关注意机制最易于理解的理论解释。该理论最早是由布罗德本特（Broadbent，1958）提出的，后来的研究者又对这个理论进行了补充和发展。该理论认为，既然注意在行为上的特点就是人们能选择一部分信息进行加工，而忽略其他信息（就像酒会中我们有选择地倾听当前的谈话而忽略其他谈话声），那么，不妨将注意理解为人类信息加工系统中的一个瓶颈或阀门，来自外界的大量信息中只有少量能通过这个瓶颈，注意就像过滤器一样，只允许一部分信息通过瓶颈。

为了具体说明过滤器理论，研究者发明了双耳分听技术，这一技术的本质是让被试的双耳同时听见不同的信息。在双耳分听技术基础上的一系列实验研究，试图对注意过滤器理论的关键问题做出回答，即：注意过滤器对信息进行选择的位置究竟是在感觉阶段、分析阶段，还是在反应阶段？不同的双耳分听技术实验对这个问题做出了不同的回答，从而又将过滤器理论细分为早期选择模型、中期选择模型和晚期选择模型。

（一）早期选择模型（过滤器模型）

1958 年，英国著名心理学家布罗德本特（D. E. Broadbent）设计了最早的双耳分听实验对注意进行了研究，并据此提出了早期选择模型。该模型认为，注意在信息加工的早期阶段——语义分析（知觉）之前——进行信息筛选，以免容量有限的中枢系统超载。注意所选择的那些信息进入高级分析阶段，接受进一步的加工，从而被识别和存储；其余信息则可能暂存于记忆中，然后迅速衰退。该模型认为，注意是按“全或无”方式筛选不同通道中的信息的，即接通一个通道，同时屏蔽所有其他通道中的信息（如图 6-1a 所示）。韦尔福德（Welford，1959）因此称其为单通道模型。其中，新异的、较强的和具有生物意义的刺激，以及为人所期待的信息容易受到注意。

按照早期选择模型，不管有多少通道同时输入信息，在同一时间能够通过注意过滤器的只能是其中一个通道中的信息。如果人们必须接收来自多个通道的信息，注意过滤器就只能快速地在各个通道间切换，这必定带来信息输入的不完全。布罗德本特借助双耳分听技术来验证上述假设。所谓双耳分听就是指让被试

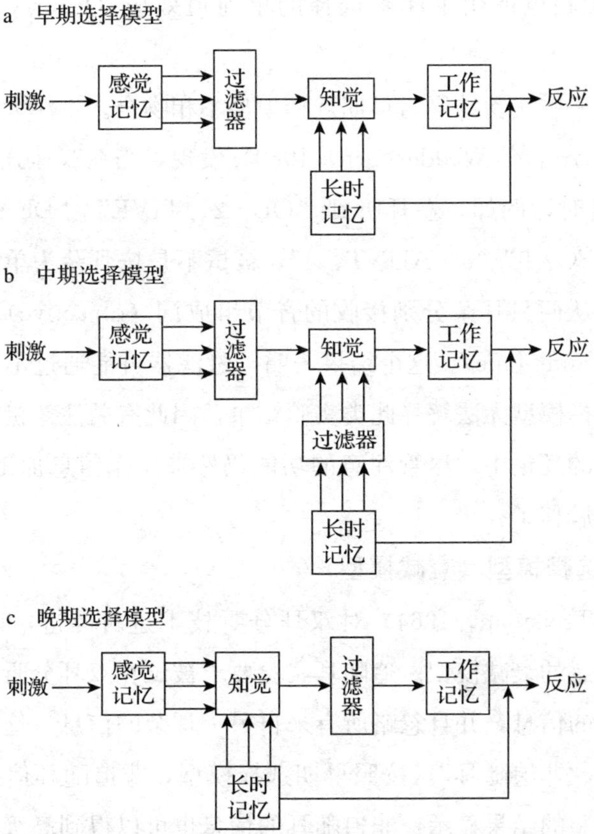

图 6-1 注意的早期选择模型、中期选择模型、晚期选择模型

（采自黄希庭，1991）

的双耳同时分别听到两个相互独立的声音，通常用立体声耳机来实现。例如，被试两耳同时听到一定的刺激，左耳听到“6、2、7”，右耳听到“4、9、3”（6 和 4、2 和 9、7 和 3 分别同时出现），数字的呈现速度为 2 个/秒。要求被试：（1）以耳朵为单位分别再现；（2）按接收信息的时间顺序成对再现；（3）按随意方式再现。结果发现，分别再现的正确率为 65%，成对再现的正确率为 20%，而随意再现时则被试多采取分别再现（Broadbent，1954）。布罗德本特认为，这样的实验结果支持了早期选择模型：每只耳朵都可以看成一个通道，每个通道的信息都是单独储存的，过滤器允许每个通道的信息单独通过，所以以耳朵为单位的分别再现被优先选择，且其效果也优于通道之间不停转换的成对再现的效果。后来，

其他研究者的实验也证明了注意选择的单通道效应（Cherry，1953；Moray，1959）。

但是，也有一些实验结果与早期选择模型不相吻合。牛津大学的两名学生格雷和韦德伯恩（Gray & Wedderburn，1960）发现，当在双耳分听实验中安排一些有意义的材料时，例如，左耳听到“OB、2、TIVE”“DEAR、5、JANE”，右耳听到“6、JEC、9”“3、AUNT、4”，被试不是按耳朵为单位再现，而是按意义再现，即把从两只耳朵分别接收的音节组成词（objective），或把单词组成一个短语（dear aunt Jane）。这个结果表明，过滤器可能通过不止一个通道的信息。由于早期选择模型无法解释此类实验结果，因此有关注意机制的理论不久就被更新了：在新的理论中，尽管注意的功能仍然被比作信息加工系统中的瓶颈，但该瓶颈的位置后移了。

（二）中期选择模型（衰减模型）

特雷斯曼（Treisman，1964）对双耳分听技术进行改进，设计了追随耳实验，并提出了注意的衰减模型。追随耳实验要求被试在双耳分听过程中，始终复述某一耳朵听到的信息，并且忽略所有来自另一耳朵的信息。这两个耳朵分别称为“追随耳”和“非追随耳”。按照早期选择模型，非追随耳信息应当被完全忽略。但是追随实验的结果显示：非追随耳的信息也可以得到高级分析。由此特雷斯曼认为，注意是按衰减方式进行信息筛选的：既允许追随耳的信息通过，也允许非追随耳的信息在受到衰减（强度减弱）后通过。这些减弱的非追随耳的信息如果在强度上依旧高于“知觉分析阈限”，那么仍可得到高级加工而被最终识别。她还提出，影响记忆中各个项目阈限的因素不仅包括上下文、指示语等刺激特点方面的情境因素，还包括个性倾向、项目意义以及熟悉程度等知觉分析水平的状态因素。可见，与布罗德本特的模型不同，特雷斯曼的模型重视中枢系统的二次选择功能，因而又称中期选择模型（如图 6-1b 所示）。

特雷斯曼设计了一系列实验来验证这个模型。实验中，当她给被试两耳呈现的材料同为英文小说时，非追随耳的信息可以得到一定的识别；但当给非追随耳呈现的信息为生物化学材料时，则难以识别。前者是因为追随耳信号所激活的项目使非追随耳的相同或相近项目的阈限降低了。在英法双语被试的实验中，她再次证明了这个问题。因为法语差者中只有2%的被试知道非追随耳中的法语信息，而法语好者中有55%的被试知道非追随耳中的法语信息（Treisman，1964）。

总之，特雷斯曼的模型强调：(1) 信息是大量输入的，这与早期选择模型一致；(2) 加工过程是“衰减”式的；(3) 过滤器的位置有两个，一为语义分析之前的外周过滤器，一为语义分析之后的中枢过滤器。

（三）晚期选择模型（反应选择模型）

追随耳实验设计遭到了一些研究者有力的批评。例如，研究者要求被试对一只耳朵的信息进行出声复述，而对另一耳朵的信息则不必复述，因此，实验中追随耳和非追随耳两个通道在实验结果上的差异很可能是由复述这一额外变量的混淆造成的。

晚期选择模型是由多伊奇和多伊奇（Deutsch & Deutsch，1963）提出的。他们认为，多个输入通道的信息均可进入高级分析水平，得到全部的知觉加工。信息加工瓶颈位于知觉和工作记忆之间（信息加工的晚期），因此注意筛选的是对于刺激的反应。他们设想，中枢的分析结构可以识别一切输入，但输出是按其重要性来安排的，只对重要的刺激做出反应。此外，这种重要性的安排有赖于长期的倾向、上下文和指示语等，并且其衡量标准还随新刺激的不断输入而变动。后来，诺曼（Norman，1968，1976）又进一步对此模型进行了修订。他认为，一些东西之所以未被说出，是因为个体一味地注意其他东西，从而使它们在识别之外未得到继续加工（如从记忆中提取等）。晚期选择模型由于强调反应的选择，因而又称为反应选择模型（如图6-1c所示）。

晚期选择模型也得到了一些实验的支持。在哈德威克等人（Hardwick et al.，1969）的实验中，让被试同时注意双耳，当从右耳或左耳听到随机呈现的靶子词时，要分别做出反应。结果两耳对靶子词的反应率都超过50%，达到59%～68%，且两耳差异不显著。后来，其他研究者的实验也支持了此反应选择模型（Shiffrin，1974）。总之，这些实验结果都提示，无论是单耳还是双耳都能识别输入的信息，只要所处的条件相同，就能有相同的识别率。

由于晚期选择模型强调输入的所有信息都得到了加工，所以能解释注意分配现象；又由于储存在长时记忆中的这些项目激活阈值很低，所以也能解释特别有意义的信息易引起人注意的现象。然而，由于该模型假定所有的输入信息都被中枢加工，所以是不经济的，而且它也无法解释客观存在的早期选择现象。

对注意选择的位点到底是在早期还是在晚期仍有争论（中期选择模型则是一个折中的模型），两种观点都不能得到实验结果的充分支持。例如，在莫里（Moray，1959）的实验中，要求被试追随一只耳朵中呈现的信息而忽略另一只耳朵中的信息。结果，被试往往不能记住非追随耳中呈现的信息，但是可以觉察并记住自己的名字。晚期选择模型认为，这一结果表明注意是在知觉完成之后起作用的，因为非注意信息的语义内容可以影响它是否被记住。但是，早期选择模型的支持者认为：人们对熟悉的刺激（如自己的名字）有更低的感觉阈限，结果，对非注意刺激的部分感觉的衰减导致对大多数感觉输入的操作很差，但不会导致对自己名字的操作变差。

可见，对选择位点的研究是有困难的。要真正了解注意阀门在信息加工中的位置，还有赖于实验方法的不断改进。

二、资源限制理论与双耳分听实验

资源限制理论是由卡内曼（Kahneman，1973）最早提出的。他把注意看作一种总量有限的心理资源，而注意的选择功能则表现为资源分配（因此，资源限制理论也称为资源分配理论）。如果一个任务所使用的资源仍有剩余，那么注意可以同时指向另外的任务。

后来，诺曼和博布罗（Norman & Bobrow，1975）又进一步把心理资源的概念加以精确化。他们提出了“材料限制”和“资源限制”的划分。所谓材料限制是指个体的作业受到任务的低劣质量或不适宜的记忆信息的限制，因而即使分配到较多的资源也不能改善其作业水平。例如，在强噪声背景下觉察某一特定声音，如果该声音过弱，那么即使分配较多的资源，也是难以觉察的。而资源限制是指个体的作业受到所分配资源的限制，一旦得到较多的资源，这种过程便能顺利进行。因此，两个同时进行的作业，若对资源的总需求量超过中枢能量，就会发生干扰。这时两个作业水平受互补原则决定，即一个作业使用的资源增加多少，就会使另一个作业可得的资源相应减少多少。

约翰逊和海因茨（Johnson & Heinz，1979）在双耳分听实验中证明了资源限制理论。实验中，他们要求被试追随靶子词（不固定在某一只耳朵中出现）。自变量为靶子词与非靶子词之间的感觉可辨度（高/低）和语义可辨度（高/低）。因变量为被试对非靶子词的回忆情况。结果发现，不管语义可辨度的高低，与感觉可辨度高的情况相比，非靶子词回忆的数量在感觉可辨度低的情况下更多。其原因在于，在感觉可辨度低的情况下，非靶子词占用了较多的资源，进行了较深的加工。

资源分配理论为注意的研究提供了方便的术语。例如，同一个术语既可以用来描述几个刺激之间的资源分配，又可以描述几个任务间的资源分配。这一理论还可以解释某些特定的不需要有限注意资源的任务，这类任务包括一些似乎不需要注意的任务（如眨眼）和经过一段时间的训练后需要的注意日益减少的任务（如开车）。此外，这一理论还可以很容易地扩展到包含多重资源库的假设（Navon & Gopher，1979；Wichens，1980）。就是说，任务 A 和任务 B 可能需要一种资源，而任务 C 和任务 D 可能需要另一种不同的资源，这导致 A 和 B 同时执行或 C 和 D 同时执行时的相互干扰，而当 A 和 C 同时执行时则不发生干扰。

虽然资源分配理论适用性很强，但批评者仍指出了它的局限：这一理论仅仅说明了不同任务组之间共享一个共有的资源到何种程度，有限资源的性质和机制依旧不明确。更严重的是，资源分配理论不具备可证伪性。例如，如果同时执行两个任务，结果使得任务作业水平下降，那么这两个任务需要同一个资源；但如果没有观察到任务作业水平下降，那么它们不需要同一个有限资源。因此，没有哪种数据不能用这种理论来解释。可见，该理论未达到可证伪的标准。

三、特征整合理论与错觉性结合实验

特征整合理论是由特雷斯曼（Treisman，1977，1980）提出的。在解释该理论之前，我们必须先理解客体和特征这两个概念。特征是某个维度的一个特定值，而客体则是一些特征的结合。例如，图形和颜色是维度，正方形和蓝色则分别是这两个维度的值，而蓝色正方形是蓝色和正方形这两个特征组成的客体。那么隶属于同一客体的各个特征是如何结合在一起，使人们正确认识客体的呢？这就是所谓的捆绑问题（the binding problem）。例如，当呈现一根红色竖直棒和绿色水平棒时，可以知觉到颜色维度上的红色和绿色这两个特征以及空间朝向维度上的竖直和水平这两个特征，它们可以组合成红色竖直棒和绿色水平棒，也可以组合成红色水平棒和绿色竖直棒，那么人是如何做出正确组合（捆绑）的呢？

特征整合理论认为，在空间知觉中，要借由注意的选择功能把客体的特征捆绑在一起。特征整合理论的核心是将客体知觉过程分为两个阶段：前注意阶段和特征整合阶段。在前注意阶段，知觉对特征进行自动的平行加工，无须注意；而在整合阶段，通过集中注意将诸特征整合为客体，其加工方式是系列的。也就是说，对特征和客体的加工是在知觉的不同阶段实现的。

围绕着特征整合理论，特雷斯曼做了大量实验研究。比如，她和热拉德（Treisman & Gelade，1980）在一个视觉搜索实验中向被试呈现 1～30 个不同颜色的字母，要求他们从中搜寻某一特定靶子（客体或特征），同时记录被试的反应时。结果发现，客体靶子受项目数量的影响很大，项目数量越多则反应时越长，而特征靶子则几乎不受项目数量的影响。这个结果证明了特征整合理论，因为特征的加工是平行的，而客体的加工则是系列的，所以在反应时的变化上，前者不及后者大。

特雷斯曼还进行了一系列错觉性结合实验。所谓错觉性结合是指在不注意的条件下，向被试呈现不同客体时，客体之间的特征发生彼此交换的现象。例如，特雷斯曼和施密特（Treisman & Schmidt，1982）在一个字母错觉性实验中向被试快速呈现一些刺激卡（如图 6-2 所示），刺激卡的两侧呈现数字，两个数字之间是不同颜色的字母，要求他们只注意刺激卡两侧的数字，但事实上既要求被试报告所看到的数字（第一作业），还要求其报告所呈现的字母及其颜色和位置（第二作业）。结果发现，被试基本上能够完美地完成第一作业，但是第二作业的成绩很差，并且还出现了字母、颜色和位置之间的错误结合，即错觉性结合。由此可知，前注意加工阶段中单个特征是被独立编码的，特征是处于自由漂移状态的。

特征整合理论的另一证据，来自一个由双侧顶叶受损所致的双侧注意缺陷患者（Robertson，Treisman，Friedman-Hill，& Grabowecky，1997）。当多个目

6　T　X　O　4

图 6-2　特雷斯曼和施密特的字母错觉实验刺激卡

标呈现时，该患者能够准确地报告出所呈现的那些特征，但当被问及哪些特征属于同一个目标时，他便完全碰运气了。所以，当目标以一个简单的特征定义时，他能相对正常地执行搜索任务；但当目标以一组特征定义时，他就完全失败了。可见，在缺乏注意时，人们的视觉系统会把目标觉察为毫无联系的一组特征，而这支持了注意的特征捆绑功能。

读者或许会发现，对注意的各种理论解释都建立在各自的系列实验研究基础之上。当研究者进行不同的实验，从各自的角度阐述注意的理论和性质时，必然要借助各种不同的研究范式和实验技术。在介绍了注意的理论之后，我们将介绍注意的研究方法，这就是下一节所要讨论的话题。

第二节　注意的研究方法

在研究注意时，研究者通常把注意的状态作为自变量（比如把注意指向一个任务而非另一个任务），来观察记录不同注意状态下的反应（如被试反应的速度、准确性和电生理学指标等）。在很多时候，研究者会根据实验的结果反过来推论注意的某些特征。注意的研究方法有很多种，这里我们主要介绍提示范式、搜索范式、过滤范式、双任务范式以及电生理学研究方法。

一、提示范式

提示范式（cuing paradigm）的基本原理是：用刺激或指导语来引导被试注

意一个明确的输入源，然后把对这一输入源的加工和对其他输入源的加工做比较。其实，提示就是对注意指向的引导。这种范式主要用于：（1）研究注意指向被提示信息的过程；（2）比较受到注意的刺激和未受到注意的刺激在加工过程上的差别。

空间提示范式是提示范式的典型代表。在图 6-3 所示的空间提示范式中，每个试次开始时都提示被试：在两个位置中的某一位置上会出现目标刺激。然后延迟几百毫秒，呈现一个目标，要求被试尽可能快地做出反应。

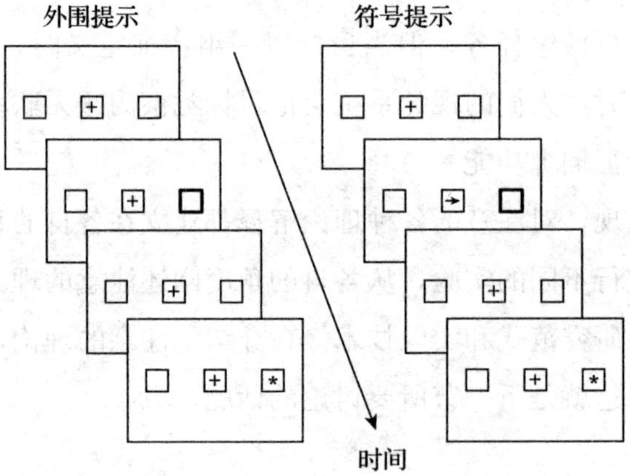

图 6-3　空间提示范式

注：每个试次都从被试注视中央的注视点开始，随后出现提示和目标。

（采自 Smith，Rorden，& Jackson，2004）

（一）提示范式的自变量

提示范式中常用的自变量主要有提示的有效性和提示类型。提示的有效性即指实验中提示指向的位置和紧接着刺激出现位置的吻合程度。提示的有效性一般有三个水平：当某个位置被提示后，目标就在该位置呈现，这种情况被称为有效试次（valid trial）。该条件下注意指向目标位置的可能性较大，图 6-3 中列举的即是有效试次。当某个位置被提示后，目标却在其他的位置上呈现，这种情况被称为无效试次（invalid trial）。此条件下注意指向目标位置的可能性较小。提示同时出现在两个位置上，没有向被试提供随后呈现的目标可能出现的位置信息，这种情况被称为中性试次（neutral trial）。该条件下注意指向目标位置的可能性介于有效试次和无效试次之间。

因此，提示的有效性这个自变量可以控制注意指向目标出现位置的可能性大小。使用提示的有效性为自变量，并以觉察反应的反应时为因变量，则典型实验结果是：有效试次的反应时最短，无效试次的反应时最长，而中性试次的反应时介于两者之间。这说明注意集中于被提示的位置会导致对该位置的加工时间缩短，而对未被提示位置的加工则要延长（两者都是相对于中立试次来说的）。

提示范式下的注意研究采用的第二种常见自变量是提示类型。这一自变量的水平可以有多种划分方式，下面是两种最常见的情况。

首先，根据提示是否直接出现在将被注意的位置，提示可以分为外围提示和符号提示。外围提示（peripheral cue）指提示直接出现在将被注意的位置，此类提示能自动引起注意，也称为外源（exogenous）提示。图 6-3 左侧的例子使用的就是外围提示。符号提示（symbolic cue）指提示只是指出注意应指向某个位置的一个符号，如从注视点指向可能目标位置的箭头。这种提示不会自动使注意指向被提示的位置，因此也称为中间提示（central cue）或内源提示（endogenous cue）。图 6-3 中的箭头就是一个符号提示。

其次，根据整个实验中有效试次和无效试次的比例来区分，提示也可以分为预言性提示和非预言性提示两类。预言性提示（predictive cue）指在整个实验中有效试次数多于无效试次数的提示。也就是说，在整个实验中，与不被提示的位置相比，目标更频繁地出现在被提示的位置上。对整个实验来说，这种提示是有预言性的，因此，此类提示将鼓励被试有意地注意被提示位置。非预言性提示（nonpredictive cue）指在整个实验中有效试次数与无效试次数接近的提示。也就是说，目标出现在被提示位置的次数并不比不被提示的位置多。这样的提示不具有预言性，因而在此条件下，被试对被提示位置的任何注意分配都能提供研究注意自动引发过程的素材。

将以上提到的自变量组织起来，可以发现：任何一个具体的提示都能被归为符号或外围和预言性或非预言性的组合，即非预言性的符号提示、预言性的符号提示、预言性的外围提示和非预言性的外围提示。同时，每个提示又分别有可能是有效提示、中性提示或无效提示。这样，如果研究者测量每种提示条件下无效试次的反应时和有效试次的反应时的时间差随着提示和目标之间延迟的变化，就可以得到在不同提示条件下注意的一些规律。

（二）提示范式的研究范例

注意的早期选择模型和晚期选择模型相互矛盾，却又各自得到不同实验的支持，这或许说明早期选择和晚期选择都是注意的机制，只不过存在于不同条件之下。如果是这样的话，研究者就必须找到决定注意选择位点早晚的条件，提示范式的实验研究对此做出了贡献。

拉维（Lavie，1995，1997）认为，决定注意在早期还是晚期阶段起作用的关键变量是刺激或任务所施加的知觉负载量。拉维认为，如果知觉系统没有超负荷，那么所有的刺激都应该被识别，选择可以在更晚的阶段发生。勒克和希利亚德（Luck & Hillyard，1998）发展了这一知觉负载假说，提出只要某个特定的认知子系统面临来自多个输入的干扰，注意就在这个系统中起作用。就是说，选择的位点是由干扰的位点决定的。例如：知觉负载大（知觉加工过程面临干扰），则注意在知觉加工过程中起作用（早期选择）；工作记忆负载大，则注意在工作记忆阶段的加工过程中起作用（晚期选择）。

沃格尔（Vogel，2000）用基于提示范式的变化觉察（change-detection）实验检验了上述知觉负载说。他在实验中比较了两个提示任务中的注意性质，一个任务可使工作记忆超负荷，另一个任务可使知觉加工过程超负荷。

工作记忆超负荷的任务如图 6-4 上图所示。在该范式中呈现包含 10 个彩色正方形（大大超过工作记忆储存量）的记忆矩阵（memory array），延迟 1 000 毫秒后再呈现测试矩阵（test array）。在有的试次中测试矩阵与记忆矩阵相同，而其他试次中测试矩阵中有一个正方形的颜色与记忆矩阵不同。要求被试判断测试矩阵和记忆矩阵是否相同，实验时不要求被试快速反应。主试记录被试判断的准确性。每个测试矩阵之前都有一个符号提示来指示颜色变化可能在显示屏的哪一侧发生。测试矩阵只在被提示的区域含有项目。这项任务通过呈现大大超过工作记忆储存量的项目来使工作记忆超负荷，而先前的研究已经证明这项任务的操作不会受知觉因素限制。因此，研究者预测：提示会影响知觉信息转入工作记忆的过程，而不会影响对彩色正方形的知觉过程。实验结果与这个推理相符，研究者发现无论提示在记忆矩阵之前还是之后出现，提示有效性对准确率都有相同的作用（如图 6-4 下图所示）。就是说，即使提示在记忆矩阵呈现结束之后 250 毫秒出现，提示还是有效的。显然，这种提示不可能改善 250 毫秒之前就已结束的刺激的知觉加工。因此，提示带来的注意作用只可能是改善了工作记忆阶段的加工过程。这个结果说明了在高工作记忆负载时，发生的是晚期选择。

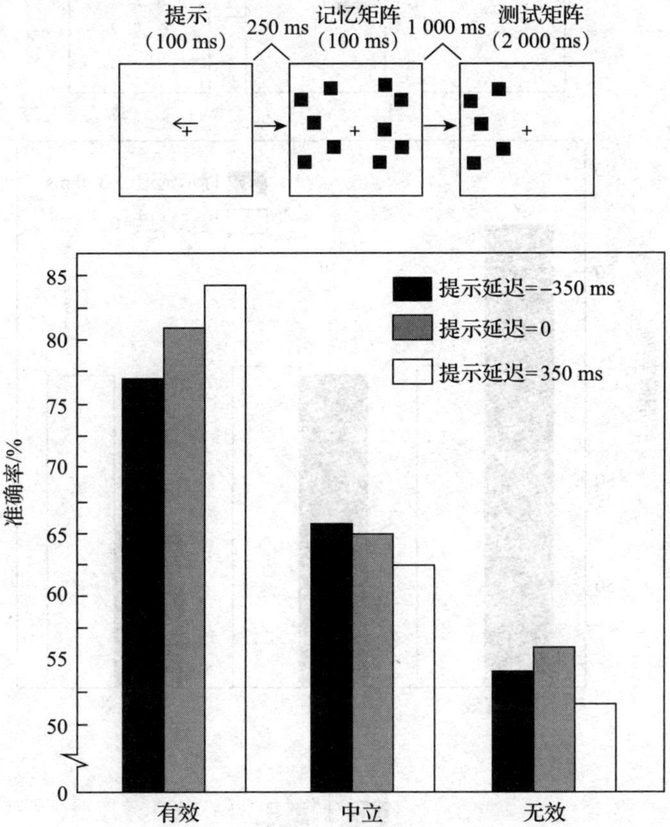

图 6-4　沃格尔工作记忆超负荷实验的刺激和结果

注：图中黑色正方形其实是彩色正方形，正方形的颜色是从 7 种可能的颜色中随机挑选的。

而在如图 6-5 所示的知觉加工超负荷的任务中，研究者加入同步掩蔽噪声，使任务的知觉加工阶段变得很难（如图 6-5 下图所示），而且只使用了一个项目以使工作记忆不出现超负荷。这样就创造了高知觉负载和低记忆负载的条件，可以预测在这种条件下会产生知觉水平上的注意作用而不会产生工作记忆水平上的注意作用。实验结果和预测相符。研究者发现，只有当提示出现在记忆矩阵之前，提示才是有效的（如图 6-5 中图所示）。这个结果说明了在高知觉负载时，发生了早期选择。

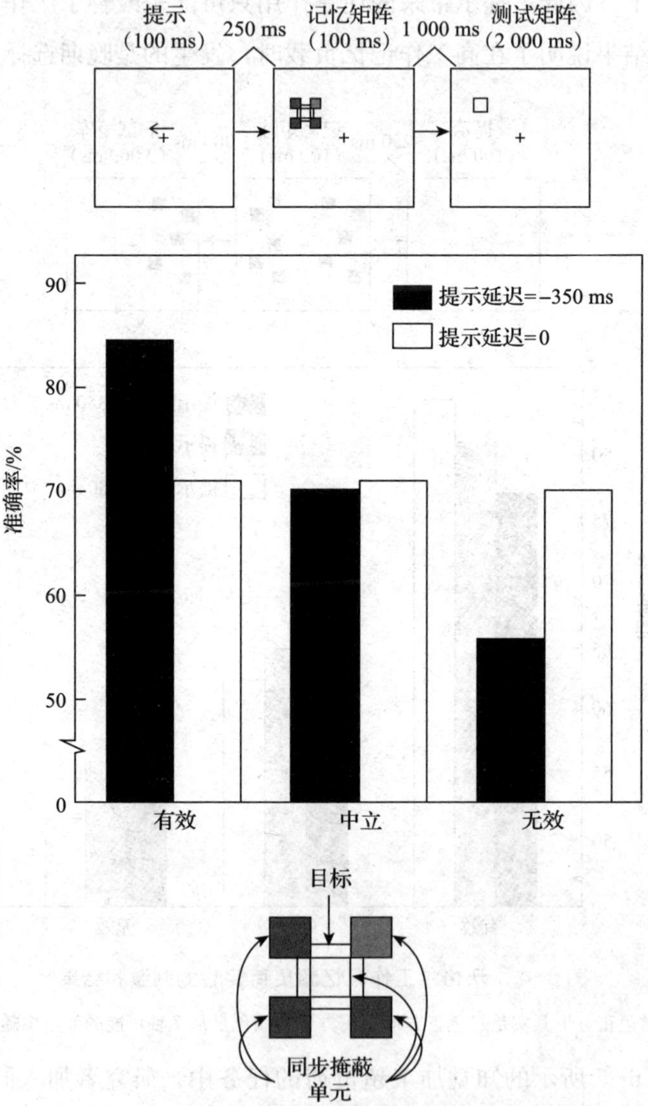

图 6-5　沃格尔知觉加工超负荷实验的刺激和结果

注：下图为高知觉负载条件下掩蔽目标的方法示意图。目标是中央的大正方形，它的颜色是 7 种可能的颜色之一。5 个掩蔽单元（角上 4 个和中间的 1 个）的颜色从剩余的颜色中随机挑选。

在上述研究中，提示范式被用来确定注意选择发生的阶段，其结果说明了随着知觉负载和记忆负载的不同，注意的早期选择和晚期选择都是可能发生的。这增进了人们对注意选择模型的理解。

二、搜索范式

搜索范式（search paradigm）的基本原理是：要求被试寻找一个或多个混杂在非目标刺激（nontarget stimuli）中的目标刺激（target stimuli），实验时这些刺激可以同时呈现，也可以相继呈现。该范式反映了很多实际环境中出现的信息超负荷现象，它在两个方面的研究中有比较突出的贡献：(1) 研究注意如何排除无关刺激的干扰；(2) 研究注意如何在不同的感觉通道之间转移。

最常见的搜索范式是视觉搜索任务。在这种任务中，若干物体呈现于一个刺激矩阵中，要求被试指出其中是否出现了某一特定目标。例如，在埃格斯等人（Egeth et al.，1984）的某一研究任务中，被试要从三种包含不同刺激规模（分别包含 5 个、15 个、25 个项目）的矩阵中判断是否出现红色字母 O。矩阵中的字母有三种：红色的 O、黑色的 O 和红色的 N。其中一半被试的指导语要求其在红色的字母中寻找红色的 O，这被称为注意红色条件，该条件下红色的字母有三个（一个红色的 O 加两个红色的 N 或三个红色的 N），黑色的 O 分别有 2 个、12 个、22 个；另一半被试则被要求在不同颜色的 O 中寻找红色的 O，即注意 O 条件，此时 O 有三个（一个红色的 O 加两个黑色的 O 或三个黑色的 O），红色的 N 分别有 2 个、12 个、22 个。实验的示意图和结果分别如图 6-6、图 6-7 所示。

实验结果表明：在注意红色的条件下，觉察到目标的反应时不受黑色 O 数量的干扰；在注意 O 的条件下，觉察到目标的反应时不受红色 N 数量的干扰。这说明被试能把注意集中于某一子集（如所有红色字母或所有的 O）而忽视其他干扰项，由此导致对目标更有效的察觉。值得注意的是，当某一试次中目标不存在时，注意红色条件下，被试的反应时仍不受黑色 O 数量的干扰，而注意 O 条件下，被试反应时则随着红色 N 的数量上升轻微地延长。这表明，被试似乎更容易对红色项目（而非 O）进行选择性注意，体现出注意的加工定向功能。

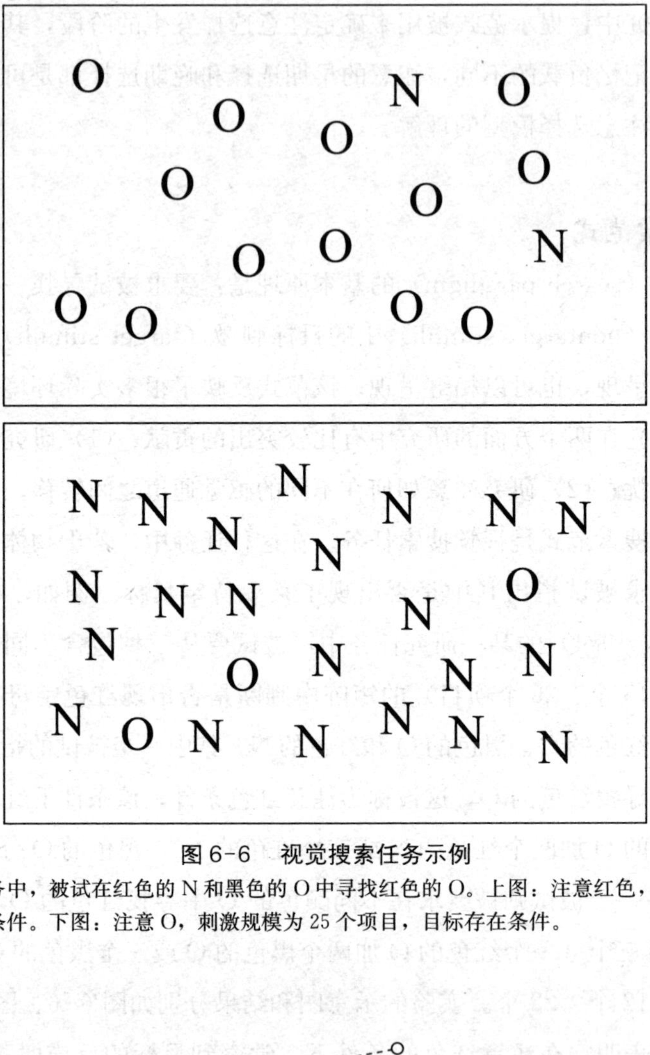

图 6-6　视觉搜索任务示例

注：在该任务中，被试在红色的 N 和黑色的 O 中寻找红色的 O。上图：注意红色，刺激规模为 15 个项目，目标存在条件。下图：注意 O，刺激规模为 25 个项目，目标存在条件。

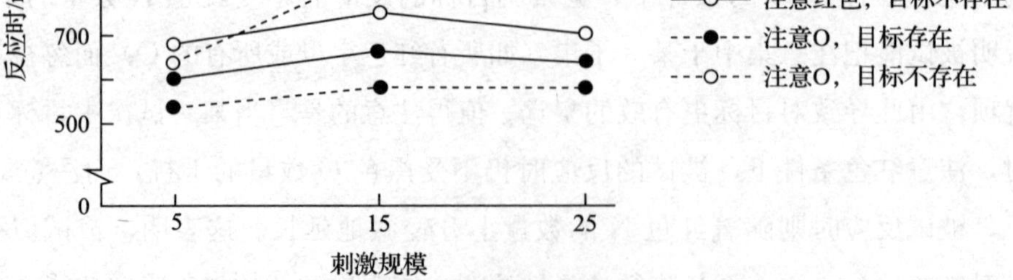

图 6-7　视觉搜索任务结果

（采自 Egeth et al.，1984）

在大多数视觉搜索实验中，研究者研究反应时和刺激规模（搜索矩阵中的项目数）的函数关系，也即搜索函数（search function）的关系。例如，在勒克和希利亚德（Luck & Hillyard，1990）的视觉搜索实验中，在一种条件下，目标是带线条的三角形，而非目标则是普通三角形（如图 6-8 上图所示），在另一种条件下，目标是普通三角形，而非目标则是带线条的三角形（如图 6-9 上图所示）。这两种条件又可区分出矩阵中有目标（目标呈现试次）和矩阵中无目标（目标缺乏试次）两种情况。实验分别获得了在这两种条件下目标呈现试次和目标缺乏试次的搜索函数。

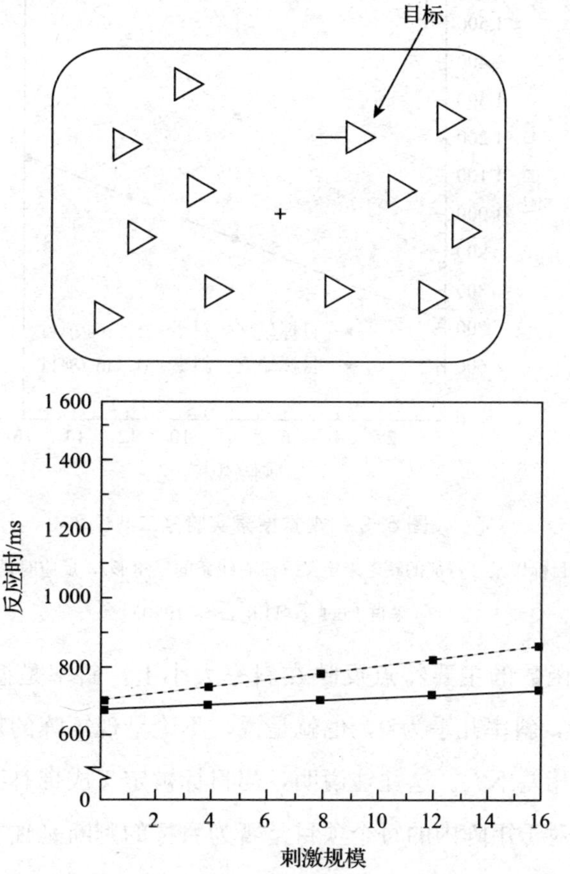

图 6-8　视觉搜索实验（一）

注：目标以某一简单特征的呈现来定义（带线条的三角形），反应时受刺激矩阵中项目数量的影响较小。

（采自 Luck & Hillyard，1990）

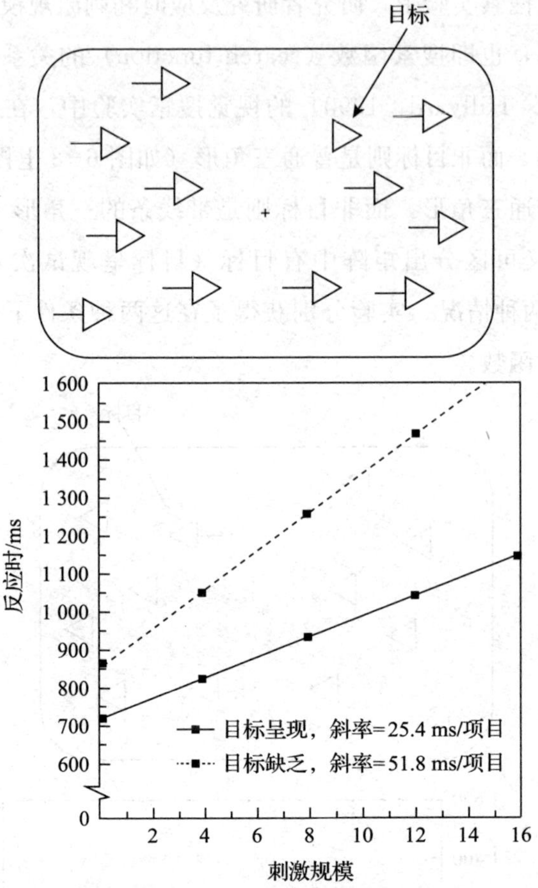

图 6-9 视觉搜索实验（二）

注：在该任务中，目标以某一特征的缺乏来定义（没有线条的三角形），反应时是矩阵中项目数量的函数。

（采自 Luck & Hillyard，1990）

实验中搜索函数的主要特点反映在斜率大小上。斜率是搜索过程的效率量度。在图 6-8 中，斜率几乎为 0，也就是说，不论呈现矩阵的规模大小，被试发现目标的反应时相差不大。这往往说明，当目标被定义成带有某个简单特征（带线条）时，被试对于矩阵中的每个项目是否为目标的判断是独立、无干扰地做出的。而在图 6-9 中，随着刺激规模的增大，反应时急剧增加，而且目标缺乏试次的斜率经常大于目标呈现试次的斜率。这意味着当目标被定义成某个简单特征的缺乏（不带线条）时，被试无法独立地判定每个项目是否为目标，所以矩阵规模才会影响到目标搜索的反应时。一些研究者认为，这一结果说明被试在此条件下执行的是顺序搜索（serial search），即注意从一个项目到另一个项目直到目标被找到（例如，Treisman & Gelade，1980）。在图 6-9 中，目标缺乏试次的斜率较目标呈现试次的斜率大，研究者认为这一结果说明：被试的搜索过程会在找到目标后自动停止，这样在目标呈现试次下发现目标平均需要搜索一半的项目，而在目标缺乏试次下必须搜索整个矩阵才能确定目标未呈现，这就使得目标缺乏试次的斜率比目标呈现试次的斜率约大一倍。

搜索范式实验为研究者区分出平行搜索和序列搜索两种模式，以及它们分别对应的实验条件，这为注意的自动引发提供了研究线索。另外，搜索范式通过两种试次的搜索函数斜率比较，进一步对人的顺序搜索的终止模式做出了说明。

三、过滤范式

过滤范式（filtering paradigm）的基本原理是：使被试的注意指向一个信息源，而研究者评估的则是那些未被注意的信息的加工过程，以此来研究注意的某些特征。这种范式对于涉及抑制无关输入的加工过程研究很有用。此前提到过的双耳分听技术，就是过滤范式的一个例子。下面将介绍的是过滤范式的其他几个例子，它们是整体—局部范式、双侧范式和负启动范式。

（一）整体—局部范式

纳冯（Navon，1977）发现了一个不对称干扰模型，基于这个模型的研究方法通常被称为整体—局部范式（global-local paradigm）。在该模型中，大图形由一组小图形构成。比如，在图 6-10 中，整体的“H”是由局部的“S”组成的。实验呈现的图形有两种情况，一种是整体字母与局部字母一致，另一种是整体字母与局部字母不一致。于是，整体—局部

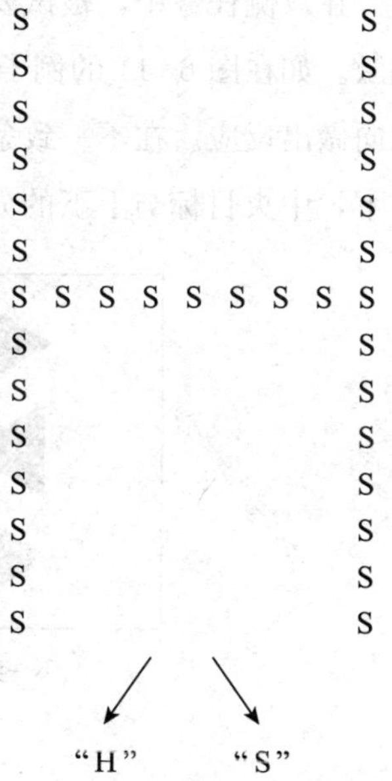

图 6-10　整体—局部范式
（采自 Navon，1977）

的一致性就成为该范式的第一个自变量。此外，实验要求被试在图形呈现后报告整体字母或局部字母，也就是让被试注意整体或者局部，因此注意的指向在这里是第二个自变量。

实验结果表明：当被试必须报告局部字母时，如果整体字母与局部字母不一致，那么反应时变慢；而当被试报告整体字母时，局部字母是否与整体字母一致却几乎没有或完全没有影响。根据这个结果，纳冯得出结论认为：整体字母先于局部字母被识别，这使整体字母可能干扰局部字母的加工而反过来则不会。后来的实验还指出，与很大或很小的物体相比，中等尺寸的物体能被更快地加工（Lamb & Robertson，1990）。通常，整体—局部范式对注意过程和感觉特征（如尺寸和空间频率）之间交互作用的研究很有用。

（二）双侧范式

整体—局部范式研究单一刺激物的不同层次特征间的干扰，而双侧范式则讨论多个独立刺激物之间的相互干扰。

在双侧任务中，被试要报告呈现于画面中央的刺激而忽略呈现于目标周围的刺激。如在图 6-11 的例子中，被试被要求忽略上下的刺激，仅对中央的目标的朝向做出反应。在不一致条件下，中央目标与上下的分心物方向不同，在一致条件下，中央目标与上下的分心物方向相同。

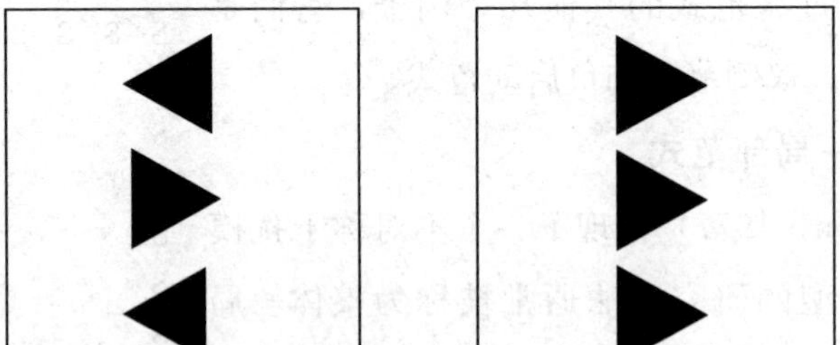

图 6-11 双侧范式

（采自 Kopp，Rist，& Mattler，1996）

该范式的经典实验结果是：中央目标与分心物一致时，被试的反应时较快，而两者不一致时，反应时往往变慢；但是，如果分心物离目标较远，那么这种干扰效应会减小或被排除。两侧物体的干扰作用反映了被试无法把注意完全集中在目标上。此范式对于注意从目标区域到附近区域分散程度的研究很有用。

（三）负启动范式

过滤范式的另一个常见例子是负启动范式（negative priming paradigm）。在该范式中，每个试次呈现两个刺激，其中一个需要被试注意并做出反应。比如，在图 6-12 的例子中，呈现实心和空心字母，要求被试说出每个实心字母的名称。在实验条件下，不被注意的项目（空心的 T）在下一个试次中变成被注意的项目（实心的 T），而在控制条件下，前后试次包含的项目没有重叠。该范式的典型结果是，实验条件下被试的反应时相较于控制条件显著变长。这说明在上一个试次中需要被忽略的干扰字母也被识别并记住了，因此被试在下一个试次中出现反应时变慢的现象。该范式常被用来评估在对一个刺激有意忽略的情况下，注意能够多大程度上自动地分配到该刺激上，并影响此后的加工。

图 6-12　负启动范式

（采自 May，Kane，& Hasher，1995）

四、双任务范式

上面三个范式都关注注意在同一任务中如何指向不同的刺激。下面要介绍的这个范式则关心注意是如何在多个并行任务间起到指向和调节作用的，这就是双任务范式（dual-task paradigm）。双任务范式的基本方法是：让被试执行两个明显不同的任务，然后研究者来评估这两个任务间相互影响的程度。

（一）双任务范式举例

在最经典的双任务范式中，研究者要求被试同时执行两项任务，而且规定了他们对每个任务的投入程度。例如：在第一种条件下，要求被试对任务 A 投入 10%的注意，对任务 B 投入 90%的注意；在第二种条件下，要求被试对两个任务各投入 50%的注意；在第三种条件下，要求被试对任务 A 投入 90%的注意，对任务 B 投入 10%的注意。该实验结果可用作业操作特性函数（performance operating characteristic function）来描述（Norman & Bobrow，1975），就是把一个任务中的作业水平定义成另一个任务的作业水平的函数。

（二）双任务范式的常见结果

双任务范式实验通常可能有三类常见的结果。

1. 第一种结果

如果两个任务包含相同的认知加工过程，那么被试更注意某个任务会使该任务的作业水平提高而另一任务的作业水平相应降低。例如，如果任务 A 要求被试记住左耳听到的一系列单词，而任务 B 要求被试记住右耳听到的一系列单词，那么由于这两个任务相互竞争工作记忆资源，左耳成绩和右耳成绩之间将会呈现近似标准的反比关系。

2. 第二种结果

当两个任务相对独立时，被试同时执行两个任务的水平可以和单独执行每个任务一样好。例如，在上面描述的记住左耳和右耳信息的双任务中，正常被试会表现出任务间的竞争，但某些裂脑人可以表现出左耳作业水平与右耳作业水平相互独立的结果。

3. 第三种结果

某个任务略受另一个任务的影响。例如，一个经验丰富的钢琴师可以一边很流利地谈话，一边弹奏难度适宜的曲子，但如果弹奏太难的曲子或进行复杂的谈话，他就无法应付自如了。

双任务范式通过使任务相互竞争来揭示注意的特性，但这种情况非常复杂，以至于确切地揭示两个任务为何相互干扰很困难。比如，控制被试确实依照实验指导语的要求来分配对两个任务的注意，就是很困难的事情。鉴于此，近来的研究者发展出比较简单的双任务实验，包括心理不应期（psychological refractory period）范式和瞬间注意盲（attentional blink）范式等，来研究被试同时或相继从事认知加工过程的能力。

五、电生理学研究方法

（一）脑事件相关电位技术

注意的电生理学研究方法主要有脑电图和事件相关电位技术。由于脑电图不仅会记录到注意活动所诱发的电位，还会记录到其他的脑自发电位，因此与注意相关的诱发电位会湮没在脑自发电位中，研究者难以通过脑电图准确揭示注意活动的过程。所以现在注意的电生理研究更多使用事件相关电位技术。

由于脑自发电位随机出现，而诱发电位总会在刺激出现后相近的时间内出现，因此将多次事件（刺激）出现后的脑电波进行叠加平均后，自发电位被相互抵消，而诱发电位得以保留。通过这种方法获得的在时间上与事件（刺激）相联系的电位被称为事件相关电位（event-related potential，ERP）。ERP 发生变化的大脑部位、ERP 随时间变化的方式，以及刺激呈现后的 ERP 变化方向和潜伏期等特征都可能与特定的注意状态密切相关。通过对 ERP 成分的分析，我们可以对注意的某些特点做出推论，因而 ERP 对注意的研究具有重要意义。ERP 是注意的电生理学研究的主要手段。

前面已经提到，电位随时间变化的方式以及刺激呈现后的电位变化方向和潜伏期等特征与特定的注意状态密切相关。因此，我们通常要把 ERP 中的许多成分分离出来，并以峰值方向和潜伏期加以命名，这些成分往往与某种特定的注意状态相联系，因此我们可以把它们作为对应的注意状态的指标。所以，ERP 研究的最基本方法就是根据某个 ERP 成分的特征来推断某种注意状态的特征或作用。那么实验中最基本的自变量就是注意的状态（比如，注意指向一个刺激而忽略另一个刺激），而最基本的因变量就是不同注意状态下的 ERP 记录。研究者分析这些 ERP 中与特定的注意状态相联系的成分。例如，ERP 的 N100 成分（N 表示负电位，100 表示波的潜伏期约为 100 毫秒）常被看作对刺激进行感觉分析的指标。P200 和 P300（P 表示正电位）成分则表明个体开始注意到刺激。研究表明，当个体注意分散时，这两个成分通常比较大（Lorig et al.，1989）。又如，N400 往往产生于个体注意到某些奇异的事件时。现有研究表明，当被试听到句子的结尾方式不符合语义预期时，产生的 N400 电位会变大。例如，库陶什等人（Kutas et al.，1984）发现，句子"The pizza was too hot to cry"最后一个单词 cry 所诱发的 N400，大于句子"The pizza was too hot to eat"最后一个单词 eat 所诱发的 N400。另外，句法上的异常也能引发较大的 N400 成分（如 Osterhout & Holcomb，1992）。

（二）ERP 技术在注意研究各个领域内的应用

1. 注意分散任务的研究

注意分散任务是一种使各种刺激竞争注意资源，从而使注意发生分散的任务。威尔金森和李（Wilkinson & Lee，1972）设计了一个注意分散任务，并观察 ERP 如何随着实验任务对被试信息加工要求的变化而变化。在研究中，他们让被试听以 2/3 秒的间隔发出的简短声音，声音的音高可能是低、中、高三个水平中的任何一种，要求被试追踪其中一种声音（如最高的一个）并默默计算该声音的出现次数，而不去理会另两种声音出现与否。在被试进行这一追踪任务时，主试记录由这些声音诱发的 ERP。威尔金森和李发现，追踪声音（计数）和非追踪声音（不计数）所产生的早期 ERP 之间存在差异。尤其是追踪声音所诱发的 P200 振幅远大于非追踪声音所诱发的 P200 振幅。与其他的研究结果（Näätänen，1982）一致，他们的研究表明，对目标刺激的注意提高了 P200 的振幅。这意味着 ERP 的 P200 成分与注意任务有关。

2. 不随意注意的研究

朝向反应是不随意注意的生理基础，是指由新异的强刺激引起机体的一种反射活动，表现为机体现行活动的突然中止，头面部甚至整个机体转向新异刺激的方向。一些研究者通过对注意的 ERP 研究发现，一个常出现在大脑额区或额中央区的 ERP 成分——失匹配负波（mismatch negativity，MMN）——与朝向反应密切相关。MMN 对各种性质和意义的刺激都给出相似的反应，它只负责反映刺激的模式变化，不论是声、光或电刺激，只要这种模式在重复应用时发生一定的变化，就能有效地诱发 MMN。当 MMN 之后伴随一个正波或负正双相复合波（N_{2b}—P_{3a}）时，被试就会出现朝向反射；如果刺激模式变化引起的 MMN 之后不伴有 N_{2b}—P_{3a} 或一个正波，被试就不会出现朝向反射。这个实验结果为进一步解释朝向反应的生理机制提供了支持。

3. 有关早期选择模型的研究

电生理学测量对于寻找选择位点是很方便的，因为它提供了对刺激和反应之间加工过程的连续测量，研究者可以准确判断受注意和不受注意的刺激所对应的 ERP 在什么阶段开始出现差异。例如，在图 6-13 所示的序列反应时实验中，被试要对屏幕上出现的目标进行反应。在这些目标出现的过程中，一部分目标遵循序列规则，另一部分目标出现的顺序完全随机，其间主试记录被试的脑电。结果发现，有序列规则和随机出现的点诱发的 P1 和 N2 出现分离。在研究中，这一差异往往在刺激呈现后的 100 毫秒内开始表现出来（Mangun，1995）。由于这一时间只对应于感觉加工的中间阶段，所以 ERP 实验的这一发现为早期选择模型提供了有效的支持。

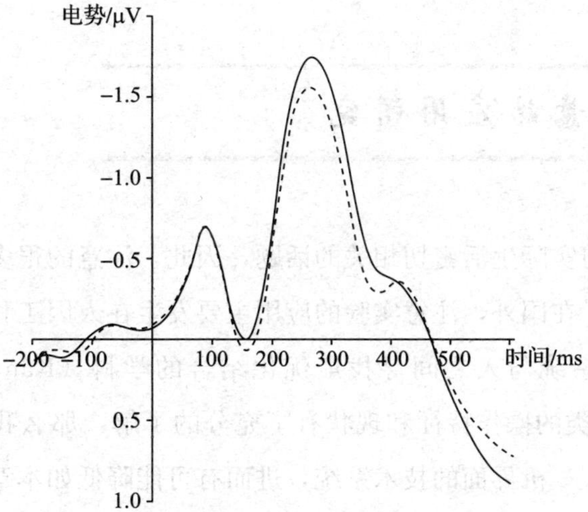

图 6-13　对早期选择的支持

在 ERP 的研究中，我们还要注意一个问题，那就是不同大脑部位的 ERP 是不同的。由于注意的状态（一般常用的自变量）和脑部位之间可能存在交互作用，因此，在有些实验中，大脑部位（ERP 的记录位置）也是自变量之一。比如，在前面提到的威尔金森和李（Wilkinson & Lee，1972）的研究中，研究者就经常关注在大脑的什么部位 ERP 的振幅发生了变化。他们感兴趣的是，不同自变量在不同的记录位置是否有不同的效应。也就是说，他们的兴趣在于发现操作性自变量（如追踪和非追踪声音）与记录位置之间的交互作用。例如，洛里希等人（Lorig，Huffman，DeMartino，& DeMarco，1991）就发现，在头部中轴位置的电极所记录的 ERP 中，追踪声音所诱发的 P200 振幅的变化趋于最大。

注意的电生理学研究内容是非常丰富的，以上我们只是介绍了它的最基本研究方法。对于注意的电生理学研究的更详细的内容，请读者参阅相关的专门论著。

上述几种注意研究方法，分别侧重于注意的不同侧面。例如，搜索范式关注的是注意的集中指向性，双任务范式关注的是注意的分配性，过滤范式关注的是注意的选择性，而电生理研究方法则关注注意的生理基础。在实际的研究中，这些方法的综合运用将为研究者全面把握注意的本质和特征提供帮助。

第三节 注意的应用研究

注意是一个与实际生活密切相关的话题，因此，注意的很多实验研究都具有潜在的应用价值。在国外，注意实验的应用主要发生在人因工程领域。人因工程是指试图在技术系统与人之间寻找最优化结合的学科（Kantowitz & Sorkin，1983）。如果对人类的操作特征和现状有了充分的了解，那么我们就能在原则上设计出有着更好人—机界面的技术系统，进而有可能降低如本章开头所述那起空难这样事故发生的概率。下面介绍的就是注意应用研究的一些具体实例。

一、警戒

警戒是持续性注意的一种形式，是指个体在一定环境中为觉察特定的、难以预测而又较少出现的信号所保持的准备状态。警戒主要以监视、检测、搜索等任务形式出现在空中交通管理、工业质量控制、自动化作业、核电站中央控制室、机动车辆驾驶等人—机界面中。当前关于警戒的研究已成为工程心理学的重要内容。

早在1932年，人们就开始了从事视觉检查任务的绩效变化研究（Wyatt & Langdon，1932）。然而，对警戒研究的强烈兴趣则源于第二次世界大战的军事问题，英国海军司令部要求麦克沃思（Mackworth）为从事监视任务的人员提高作业效率提出一些实质性的建议，从而开创了警戒的研究。麦克沃思的实验证明，长时间从事监视作业，绩效会下降。自从麦克沃思（Mackworth，1950）在实验室控制条件下开展警戒研究以来，人们在实验室情境下研究了大量影响警戒绩效的变量。其中除作业时间外，还包括信号的物理性质、刺激密度、任务类型等。比如：(1) 信号密度（信号的信噪比）。许多研究者研究了信号密度对警戒作业的影响。一般地，随信号密度的增加，警戒作业绩效得到改进。但是，巴德利和科洪（Baddeley & Colquhoun，1969）的实验结果不能证明这一点。这可能是因为密度的影响依赖于期望，也可能是因为研究中非信号刺激在差异性或显著性方面不一样。(2) 信号的规律性。时间不确定性或目标信号的时间分布规律对警戒作业有影响，更大的不确定性和更低的绩效相联系。(3) 信号的显著性（比如信号的占空比）。早期的警戒研究（Mackworth，1950；Adams，1956）表明，更强的信号更容易被觉察。信号持续的时间越短，警戒的下降越大（Baker，1963）。而且信号密度与信号的显著性之间还存在着交互作用（Metzger，Warm，& Senter，1974）。

1999年，我国学者杨治良等运用信号检测论对短时作业中警戒绩效的影响因素进行了实验研究。他们用自制的警戒仪（EP710），对作业时间、信号密度以及信号显著性三个因素进行了探讨。结果发现：在短时（一小时内）作业中，警戒绩效不随时间的延长和信号显著性的加强而改变；只有当信号密度变化时，警戒绩效才会发生变化，即随着信号密度的增加，被试的辨别力也增强。

总之，有关警戒的研究结果对于机动车驾驶、雷达操作、空中交通管理、飞机和火车操作以及工业产品检查等实际领域均有借鉴意义。但是，目前有关警戒的研究更多的还停留在实验室水平，有待于向模拟器水平广泛过渡。

二、飞行员的心理负荷

空中飞行员的心理负荷问题与注意研究所提供的模型和资料直接有关。但是，我们若想发挥以往实验室中注意研究的实际效用，则必须到现场去验证。然而，对航空学领域来说，在飞行的飞机上进行实际的现场研究，其代价是很昂贵的，并且也非常危险。因此，大部分的现场研究是在训练飞行员驾驶单一引擎的飞机模拟器中进行的。飞机模拟器为精心设计的实验室研究和真正的航行之间搭建起了桥梁。飞机模拟器被安置在飞机座舱的底座上，可以使其随飞行员的活动而活动。操作时，飞行员只能凭借仪表上的读数来飞行，因为通常座舱覆盖着窗户。

一般而言，这种研究的目的旨在提供心理负荷的测量方法。研究中最常用的是简单的双任务范式，即通过次要任务的成绩来估计首要任务所需的注意资源。此类研究中，一个常用的次要任务是选择反应任务。在选择反应任务中，可能会有几个刺激（如不同音色的音），每个刺激均有对应它的唯一的反应。选择反应需要有一定的注意力，因而它总是会干扰首要任务。若首要任务的操作受到了损害，那么我们将无法得出任何有关首要任务的注意力情况。幸好飞行员都受到过极其严格的训练，无论发生什么意外，他们都必须心无旁骛地驾驶飞机，只有驾驶飞机才是他们的第一任务。回想一下前面描述的 401 次航班事件，就是因为飞行员没有遵守这一规则而导致机毁人亡。鉴于此，在模拟器里人们运用选择反应任务测试飞行员的心理负荷是可行的。

1983 年，坎特威茨等人（Kantowitz et al.，1983）的研究以两种或者四种音调组成的选择反应作为次要任务。在模拟飞行器里，每间隔 22 秒钟出现一个声调。飞行员需要按压其左侧拇指处的转换器来对音调做出反应，反应的恰当与否则依赖于音调的变化。每个飞行员都需要在两种路况难度下分别进行三次模拟飞行，构成三种飞行条件：一次是只有首要任务，也就是飞行，这是控制条件；一次是飞行并附带一个二择一的次要任务；另一次是飞行并附带一个四择一的次要任务。每次飞行持续 22 分钟。

结果发现：飞行任务的出错率仅在路况难度变量上出现差异，飞行路况难时错误率较大；三种飞行条件下没有统计学意义上的显著性差异，两种路况下不同飞行条件的曲线基本上是平缓的，这表明飞行员确实坚守了他们的首要任务，他们的驾驶水平基本上未受到次要任务的干扰（如图 6-14 所示）。研究者进一步以每秒钟信息的平均传递率（单位比特，bit）为因变量指标，考察次要音调任务的成绩与飞行片段之间的关系。信息传递率指标同时兼顾正确率和反应时，该指标数值越高代表任务操作水平越高。研究结果发现，不同飞行片段之间确实有差异，特别是飞行最后片段的信息传递率分数是最低的，这表明飞行员的心理负荷在这一片段时最大，因此该阶段次要任务得到的注意最少，导致次要任务作业水平降低（如图 6-15 所示）。这一结果与飞行员在飞行过程中心理负荷动态变化的自我直观感受也是吻合的。

综上所述，理论是实践的指导原则。飞机模拟器中的研究尽管不及实验室研究控制得精密，但我们仍然能够通过选择反应这一次要任务而测出飞行员的工作负荷，并发现了降落过程中心理负荷较高这一事实。由此可知，在测量飞行员心理负荷方面，未来的进步取决于现有结果与注意理论的连接，它需要基础研究者和应用研究者之间更好的合作。

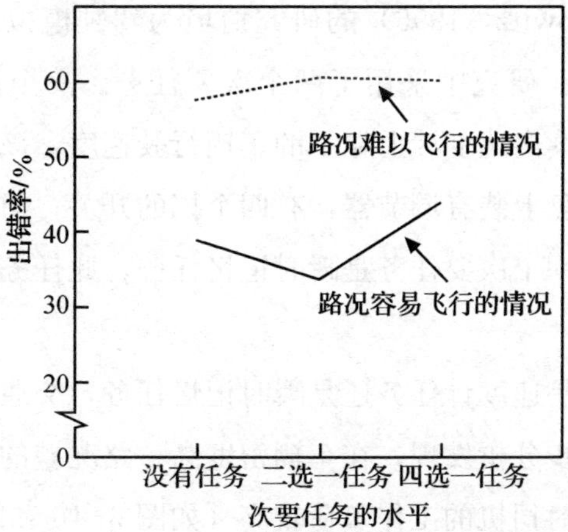

图 6-14　作为次要任务水平函数的首要任务（飞行）的出错率

（采自 Kantowitz，1983）

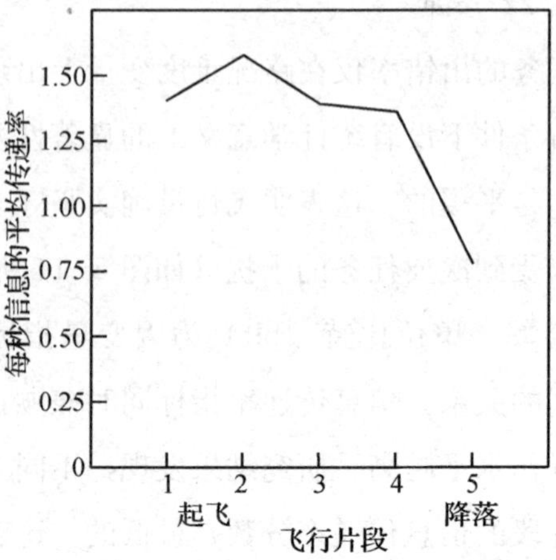

图 6-15 飞行过程中次要任务的信息传递与飞行片段间的函数关系

（采自 Kantowitz，1983）

三、载重车司机的工作负荷

职业卡车司机心理负荷的测量也得到了研究者们的关注。在考察职业飞行员的心理负荷过程中，研究者发现经过长期专门化训练的职业飞行员的操作成绩不受次要任务插入的影响。坎特威茨在驾驶模拟器里，以持有卡车营业执照的司机为被试，得到了与职业飞行员类似的结果。

坎特威茨（Kantowitz，1995）的研究情境为驾驶模拟器，实验被试为持有卡车营业执照的司机。研究中采用了两个次要任务。一个次要任务是速度计任务，此任务要求司机读出速度计上显示的车辆行驶速度，该速度计被事先安装了四个速度的值。方向盘上装有调节器，有四个挡的开关，司机只要按压其中的一个就可做出反应。另一个次要任务是瞬时记忆任务，此任务要求司机背读听到的七位数的电话号码。

结果发现，不论是速度计任务还是瞬时记忆任务，交通密度和路况的交互作用都是显著的。进一步分析发现，在车辆密度高、路况差的路段，司机的次要任务成绩最差，表明此时司机的工作负荷较高（如图 6-16 和图 6-17 所示）。

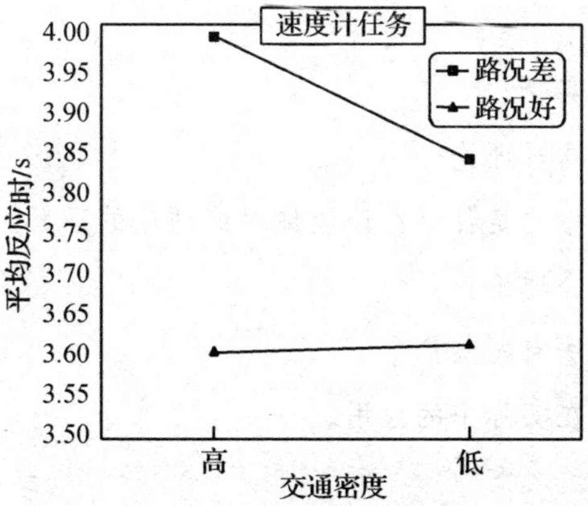

图 6-16　对速度计次要任务的反应时和交通密度

（采自 Kantowitz，1995）

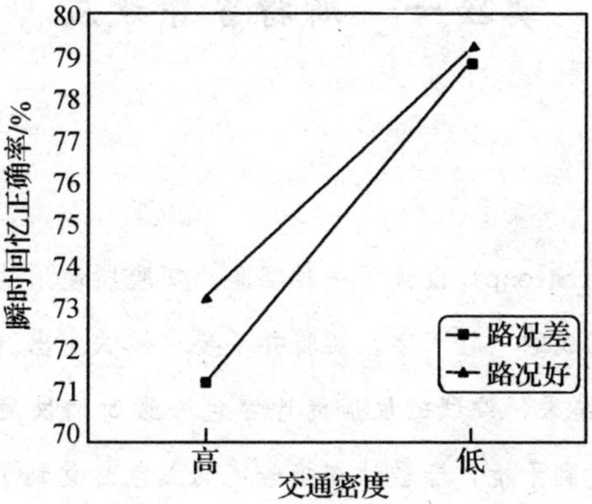

图 6-17　瞬时数字记忆和交通密度

（采自 Kantowitz，1995）

可见，双任务范式不仅可用于测量飞行员的工作负荷，也能很好地用于对载重车驾驶员的工作负荷研究中。

总之，注意是十分基本的心理过程，它往往是信息加工（如知觉、记忆、思维）中不可或缺的重要环节。对注意的研究不但有助于心理学家理解注意本身的机制，还能为其他心理过程提供参考和解释。有关注意的实验研究、理论发展和应用探索都将不断地进行下去，在此过程中，注意的理论本质将通过研究者仔细界定的操作性定义而逐渐得到表达，注意的特征和机制也将因各种实验方法和范式的探讨而不断得到明确。

课后思考题

1. 评述双耳分听实验。
2. 简述注意的过滤器理论。
3. 资源限制理论指的是什么？谈谈你对该理论的理解。
4. 什么是特征整合理论？
5. 注意的研究方法有哪些？
6. 举例说明注意在实际中的应用。

本章实验

实验一　斯特鲁普效应

1　引言

1935 年，斯特鲁普（Stroop）设计了一种实验。实验所使用的刺激材料在颜色和意义上相矛盾，如用蓝颜色写成的“红”字。实验并不要求被试念出这个字，而是要求被试说出字的颜色，即“蓝”。结果，被试的反应时比字色一致时的反应时要长些。这个事实说明字色矛盾时认知过程受到干扰，即被试在报告字的颜色时受到了字的意义的干扰。

此后的研究表明，在斯特鲁普实验中，呈现的刺激包含两种信息（字义和书写它的颜色），而对这两种信息的加工是不同的。当这两种信息同时输入时，想只对其中一种信息加工而不对另一种信息加工是难以做到的。因为对字义的加工容易，所以人总是倾向于报告字义，然而这个实验又不允许做这种反应。因此，两种加工过程容易发生竞争，从而导致字义对书写它的颜色的干扰。

本实验以汉字为实验材料，以反应时为指标，再现字色矛盾时的斯特鲁普效应。

2　方法

2.1　被试

被试三名。

2.2　仪器和材料

速示器、至少 0.01 秒精度的电子计时器、音键。

此外，印刷有相同字号色字的白色卡片两套，每套 144 张。按卡片上色字的字色关系，每套又可分为三类：第一类是字色一致的，其中红、黄、绿、蓝各 12 张，共 48 张；第二类是字色矛盾的，在“红、黄、绿、蓝”中，每种可能的字义和颜色不一致组合各 4 张，共 48 张；第三类是字色无关的，其中分别用红、黄、绿、蓝色写的“约”“留”“缓”“董”字各 3 张，共 48 张。

*说明：卡片置于速示器内，刺激呈现时计时器同时启动，被试的言语反应可通过音键使计时器停止，计时器上显示的时间就是被试的反应时。

2.3　程序

(1) 主试分别将两套卡片按随机的原则排好顺序。第一套卡片为顺序 A，用来测被试报告字义的反应时。主试按排好的顺序将字义依次记入表 1 中 A 顺序下的“应做反应”栏。第二套卡片为顺序 B，用来测被试报告书写字的颜色的反应时。主试按排好的顺序将书写字的颜色依次记入表 1 中 B 顺序下的“应做反应”栏。为了消除顺序效应，主试将两套卡片按顺序各分为相等的两部分，每部分 72 张，按 $A_1B_1B_2A_2$ 的顺序安排。

表 1　实验记录

实验顺序	A_1			B_1			B_2			A_2		
	应做反应	反应时/ms	错反应	应做反应	反应时/ms	错反应	应做反应	反应时/ms	错反应	应做反应	反应时/ms	错反应
1												
2												
3												
4												
5												
…												
72												

(2) 被试坐在速示器前，与刺激的距离为视角 2°。音键放在被试面前的桌子上，主试给被试如下的指导语："这是一个测定你反应有多快的实验。实验时我喊'预备'，你就注意看这个屏幕（指速示器）中心，当你看到屏幕上出现彩色字的时候，就尽快大声把这个字念出来。既要念得准，又要念得快。"然后让被试练习使用音键，做到每次言语反应都能使计时器停止。

(3) 主试将卡片 A_1 放入速示器内，每次喊"预备"口令后约 2 秒呈现刺激。刺激呈现的时间为 2 秒，两刺激间相距约 10 秒。被试反应后，主试记下反应时，并把计时器的指针回零。做完 A_1 后休息 5 分钟。

(4) 主试将卡片 B_1 放入速示器内，并对被试说："下面的实验还是给你看彩色的字，但不要求你念字，而要求你尽快说出字的颜色。例如，你看到的是一个紫色的'上'字，你要说'紫'，而不要说'上'，要说字的颜色，说字就错了。要在保证准确率的情况下，尽可能地快速报告。"

(5) 操作与程序 (3) 相同，但在被试反应错时，主试除记反应时外，还要记下它的反应词。做完 B_1 后休息 5 分钟，再先后以和 B_1、A_1 同样的方法用卡片 B_2、A_2 进行实验。

(6) 换其他两名被试用同样的程序进行实验。

3 结果

3.1 分别统计在三种刺激条件下对字和对色的平均反应时，并将结果记入表 2。

表 2 在三种刺激条件下对字和对色的反应时

实验条件		字色一致		字色矛盾		字色无关	
		念字	说色名	念字	说色名	念字	说色名
平均反应时/ms	被试甲						
	被试乙						
	被试丙						

3.2 根据表中数据说明本实验中有无干扰现象发生。

4 讨论

4.1 从实验结果上看，当字色矛盾时，认知过程的速度有无个体差异？应如何解释？

4.2　三种条件下的实验结果和你对本实验结果的预期是否相符？

4.3　你认为这种干扰作用会受练习的影响吗？为什么？

5　参考文献

Stroop, J. R. (1992). Studies of interference in serial verbal reactions. *Journal of Experimental Psychology General*, *121*, 15-23.

坎特威茨，罗迪格，埃尔姆斯. (2001). *实验心理学——掌握心理学的研究*（郭秀艳等　译）. 上海：华东师范大学出版社.

杨博民. (1989). *心理实验纲要*. 北京：北京大学出版社.

*关于斯特鲁普效应的后继说明

除了色词外，利用数字也可以观察到斯特鲁普效应。呈现给你的被试由重复的1～4构成的数字串（如1、444、3333、22），要求被试尽快报告每一串中字符的个数。如果数字的字义和数字串的长度不一致时（如3333）的反应时慢于二者一致时（如4444）的反应时，就说明你成功观察到了数字斯特鲁普效应（Wolach，McHale，& Tarlea，2004）。

如果同时呈现给被试同样长度的重复字母串（如C、AAA、DD、BBB、DDD)，那么被试对字母串的反应时又将如何呢？

实验二　警戒作业绩效的测定

1　引言

警戒是一种持续性注意，是指个体在一定环境中为觉察特定的、难以预测又较少出现的信号所保持的准备状态。

警戒作业的绩效受多种因素的影响，随持续时间延长而下降。信号出现的频率较高时易为人们觉察，信号出现频率较低时则容易被漏报，但过高的信号出现频率同样也会引起觉察效率下降。信号的某些特性，如刺激维度、强度及信噪比、预告信号的设置和信号呈现的位置安排等都会影响作业的绩效。

本实验的目的在于通过对60分钟警戒作业绩效的测定，学习绘制和分析警戒作业绩效曲线，了解影响警戒作业绩效的因素。

2　方法

2.1　被试

根据实际情况选择一名以上被试。

2.2　仪器

警戒仪。

2.3　程序

(1) 让被试坐在警戒仪前，眼睛注视仪器面板。

(2) 主试向被试陈述如下指导语："请注意仪器面板上的指针，实验启动后，指针每秒跳动一格为正常跳动，当指针跳动两格视为错误跳动，这时请你在2.5秒内按键，提前按键或延迟按键都是错误的。整个实验需60分钟，请尽量保持注意力集中。"

(3) 先让被试练习2～3次后，开始正式实验。

(4) 每名被试实验60分钟，分为6个单元，每个单元10分钟。

3　结果

3.1　从仪器上看被试的实验结果，并将结果记入表1。

表1　实验结果记录

时间/min	正确（次数）	错误（次数）
0～10		
10～20		
20～30		
30～40		
40～50		
50～60		

3.2　绘制警戒作业绩效曲线。

4　讨论

4.1　根据绘制的警戒作业绩效曲线，分析作业时间对警戒作业的影响。

4.2　分析影响警戒作业绩效的因素。

4.3　收集实验结果，分析警戒作业绩效是否存在个体差异。如果存在个体差异，试根据实验结果分析哪些方面的个体差异与警戒作业绩效有关。

5　参考文献

郭秀艳，李林，薛庆国，陈云儿.（1999）. 短时作业中警戒绩效影响因素的实验研究——兼用信号检测论分析. *心理科学*，*22*(5)，439-442.

第七章

感知觉

刺激的增量必须达到一定比例，才能引起差别感觉。

——恩斯特·海因里希·韦伯

本章提要

感觉和知觉是人类认识世界的开端，是认识过程的初级阶段。只有在感知的基础上，人类才能进行更高级的心理活动，才能实现从感性认识到理性认识的飞跃。本章讲述了感知觉研究中的基本问题，包括感觉的基本概念、视觉、听觉、知觉的组织、错觉、直接知觉和间接知觉、空间知觉和时间知觉，介绍了知觉研究的新兴领域——无觉察知觉。

本章学习指导

通过本章的学习，读者能达成以下目标：了解与直接知觉和间接知觉有关的理论及实验研究；掌握视知觉、听知觉、空间知觉、时间知觉和无觉察知觉的特点。通过本章的学习，读者能够回答以下问题：

(1) 当看到远处有一个人慢慢地在向我们走来时，我们可能会运用哪些线索来判断这个人离我们的远近？

(2) 当人们做感兴趣的事情时，为什么总感觉时间过得很快？

感知觉分为感觉和知觉。感觉（sensation）是人脑对直接作用于感觉器官的客观事物个别属性的反映，知觉（perception）是人脑对客观事物整体属性的反映。感觉是一切心理活动的起点，感知觉是一切高级心理活动的基础。感知觉研究是实验心理学体系中非常重要的部分。

第一节　感知觉的基本问题

感知觉对人类有着非常重要的意义，人可以通过感知觉认识外界事物的各种属性，了解自身的各种状态，以及保证自身机体与环境之间的信息平衡。在人的日常生活之中，感知觉扮演着重要的角色。

一、感觉的基本概念

在日常生活中，感觉现象时刻存在着，帮助我们认识客观世界。当我们在校园道路上行走的时候，能够听到路边树丛中传来的鸟鸣声，闻到花坛里传出的花香，感受到风吹拂过身旁，这些就是感觉。

感觉是由刺激作用于感觉器官产生的。例如，上面提到的鸟鸣就是一种客观刺激，它作用于耳部的听觉器官，从而使人产生了听觉。

除了上述的来自外部世界的刺激之外，人还能够感受到来自机体内部的刺激，如机体的运动和机体内部器官的变化。根据刺激的来源以及刺激作用的感官的性质，我们可以把感觉分为外部感觉和内部感觉。

外部感觉包括视觉、听觉、味觉、嗅觉和肤觉五种。其中视觉由光刺激作用于视网膜引起，是最为重要的一种感觉，人所获得的外界信息绝大部分来源于视觉；听觉由声波作用于听觉器官引起，重要性仅次于视觉，人们通过它进行语言交流、音乐欣赏等活动；味觉由溶于水的化学物质刺激味蕾产生，分为酸、甜、咸、苦四种；嗅觉由挥发性物质的分子刺激嗅觉器官产生，能让人分辨物体；肤觉由刺激作用于皮肤引起，分为触觉、冷觉、温觉和痛觉，在身体的不同部位，不同肤觉感受器的分布也不同。

内部感觉包括动觉、平衡觉和内脏感觉三种。动觉反映的是身体各部分的位置、运动以及肌肉的紧张程度，感受器位于肌肉组织、肌腱、韧带和关节处；平衡觉反映的是头部位置和身体的平衡状态，感受器位于内耳的前庭器官；内脏感觉反映的是机体内部各种器官的状态，感受器位于各种内部器官。

二、视觉

视觉和听觉是人类接收信息的主要感官通道，人类获得的绝大部分信息来源于视觉和听觉。其中，视觉获得的信息占人所获得的外界信息的80%。听觉则仅次于视觉，位居第二。由于视觉和听觉对于人类的重要性，研究者们对这两种感觉进行了许多实验研究。

（一）视觉适应

适应是指刺激的持续作用使得感觉器官的感受性发生变化的现象。许多感觉都存在适应现象。在视觉中，视适应分为暗适应和明适应两种。暗适应是指在低亮度环境下感受性缓慢提高的过程。比如，当我们走进电影院时，最初什么也看不见，需经过一段时间才逐渐适应，并能区分周围物体的轮廓。图7-1是暗适应曲线（Hecht et al.，1937）。从图7-1上看，暗适应可分为两个阶段：阶段一对应图中上部的曲线，可以观察到感光阈的快速下降，这主要是视锥细胞的暗适应过程，5分钟左右即可基本完成；阶段二对应图中下部的均匀曲线，感光阈进一步降低，这主要是视杆细胞的暗适应过程，约30分钟基本完成。值得注意的是，暗适应过程与人眼初始的明适应强度有关，初始明适应强度越强，视锥细胞的暗适应阈限范围越大，视杆细胞的暗适应过程出现得越晚。

人从暗处到亮处，眼睛大约经过1分钟就能适应，这是明适应。明适应时，眼的感受性不是提高，而是降低，与暗适应正好相反。在明适应过程中，眼睛首先通过调节瞳孔大小来适应光线刺激的强弱变化。随着光量的增加，瞳孔在3～4秒内就能迅速缩小以保护视网膜，以免光线过强对它造成损伤。与此同时，视杆细胞作用转到视锥细胞作用。

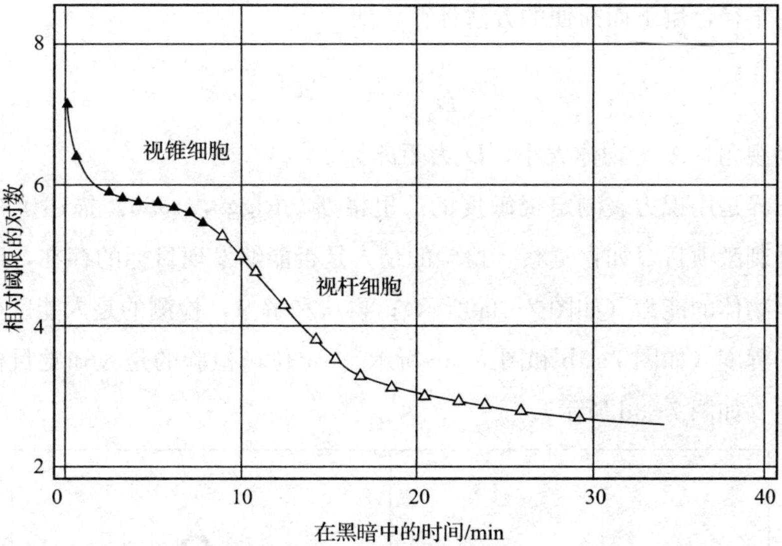

图 7-1　人眼的暗适应进程

注：纵轴是达到视觉绝对阈限时测试靶亮度的对数，横轴是眼睛离开高强度的光视野后经历的时间。

（采自 Hecht et al.，1937）

（二）视敏度

视敏度是指眼分辨物体细节和轮廓的能力，是人眼正确分辨物体的最小维度。视敏度的计算公式为：

$$V(\text{视敏度})=\frac{1}{\alpha(\text{视角})}$$

公式中的视角指物体和眼睛所成的张角。图 7-2 表示物体 AB 通过节点 n 形成的网膜影像。An 和 Bn 在节点 n 处所成的夹角$\angle AnB$ 就是物体 AB 的视角。计算视角时，可以把物体大小 AB 近似作为圆周的弧，把从节点至物体的距离 Bn 作

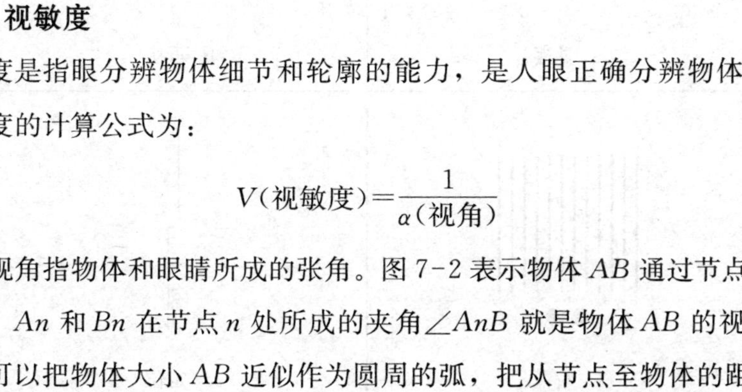

图 7-2　视觉成像的图解

为圆周的半径，用下面简便的方法计算，即

$$\alpha=\frac{A}{D}\times 57.3\ (\text{度})$$

其中 α 为视角，A 为物体大小，D 为距离。

医学界是用视力表测定视敏度的。里格斯（Riggs，1965）描述了视力表常用的几种刺激项目，如：觉察，检验的是人是否能够发现目标的存在，即检验人觉察最小物体的能力（如图 7-3a 所示）；再认和解像，检测的是人能区分物体最小间隔的程度（如图 7-3b 和图 7-3c 所示）；定位，检验的是人知觉目标相对位移的能力（如图 7-3d 所示）。

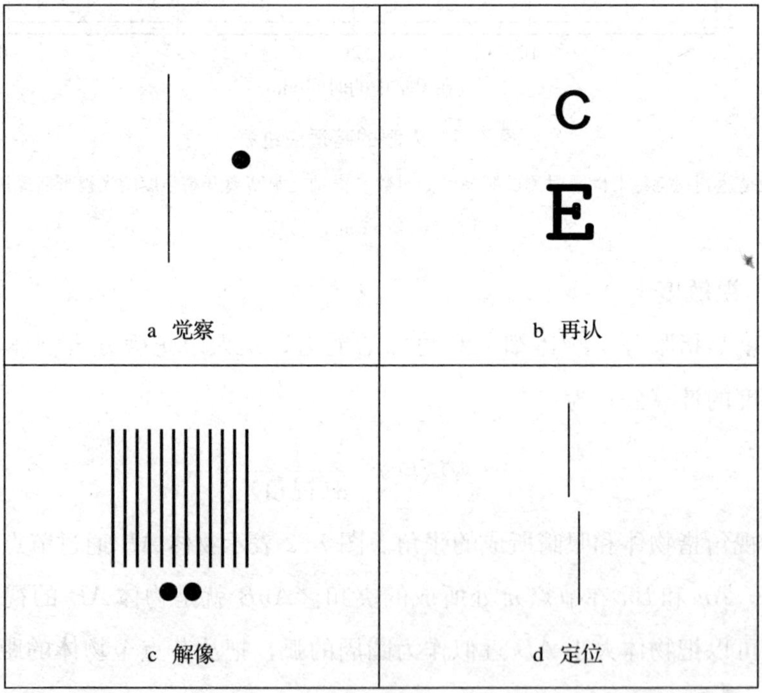

图 7-3 四种类型的视敏度测试材料

（三）闪烁临界频率

一个间歇频率较低的光刺激作用于我们眼睛时，会产生一种一亮一暗的闪烁感觉，而当每分钟闪光的次数增加到一定程度时，人眼感觉到的就不再是闪光而是完全稳定的或连续的光。这一现象称闪光融合。闪烁刚刚达到融合时的光刺激间歇的频率称为闪烁临界频率（critical flicker frequency，CFF）。CFF 是人眼对光刺激时间分辨能力的指标。

CFF 最早是用制成扇形的圆盘在光源前旋转来测定的（如图 7-4 所示），这种方法叫作转盘闪烁方法。运用这种方法测试时，被试控制转速，旋转慢时，可以看到间断的闪光，但是达到一定速度就可以感到连续的光亮。这种方法还可以用于测量闪光强度。用转盘闪烁方法测量 CFF 的缺点是，由于光源来自外部，光源即使照射到黑的部分也会有光反射出来，因此，亮度控制较差，转速的频率测量有时也不太准确。

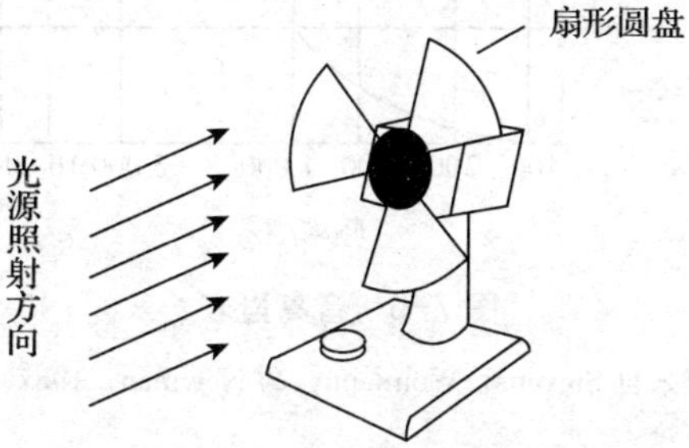

图 7-4　转盘闪烁方法中的节光器及器械配置

三、听觉

在听觉研究中，我们主要介绍音高量表、等响曲线、等高线和听觉掩蔽现象。

（一）音高量表

音高是听觉的属性，它是一种心理量，单位是美（mel）。纯音的音高依赖于声音振动的频率。纯音音高和频率的相关可借助心理物理学方法直接求得，即在可听范围内把音高从低到高分成等级，制成一种音高量表。图 7-5 是一个音高量表，横坐标表示频率，纵坐标表示相应的音高，显示了音高随频率而变的函数关系。音高量表的编制，可以采用二分法和多分法两种方法。二分法是让被试将一可变纯音的音高调到标准音高的一半，求得相应的频率。为了便于音高量表的建立，一般指定 40 分贝、1 000 赫兹纯音的音高为 1 000 美。多分法（这里以四分法为例）是给被试一个高频声 S_1 和一个低频声 S_5，让他在两者之间调出三个音，使各个相邻两音的音高距离相等，即 $S_1-S_2=S_3-S_4=S_4-S_5$，而求得各点相应的频率值。

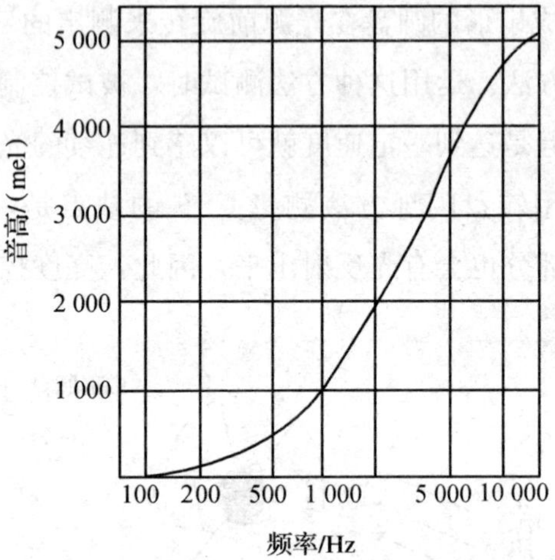

图 7-5 音高量表

（采自 Stevens，Wolmann，& Newman，1937）

（二）等响曲线

响度也是听觉属性，是人耳对于声音强度反应的主观量，单位是宋（sone）。1 宋代表 40 分贝、1 000 赫兹纯音的响度。响度量表的制作方法和音高量表差不多，这里就不多说了。然而，响度不仅和声压（声音的物理强度）有关，而且和音频有关。例如，频率为 1 000 赫兹和 100 赫兹的两个声音，声压级虽然都是 40 分贝，但响度感觉大不相同，1 000 赫兹的声音要比 100 赫兹的声音响得多。我们通常用等响曲线（equal-loudness contour）来表示响度、音强和音频三者间的关系，即响度水平相同的各种频率纯音的声压级连成的曲线，如图 7-6 所示。图中每条曲线上各种频率的声音的响度感觉是相等的，所以称为等响曲线。我们可以用调整法来制作等响曲线，先选定一定强度的 1 000 赫兹纯音作为标准刺激，用各个不同频率的声音为比较刺激，由听者调节比较刺激的强度，直至和标准刺激的响度感觉相等。

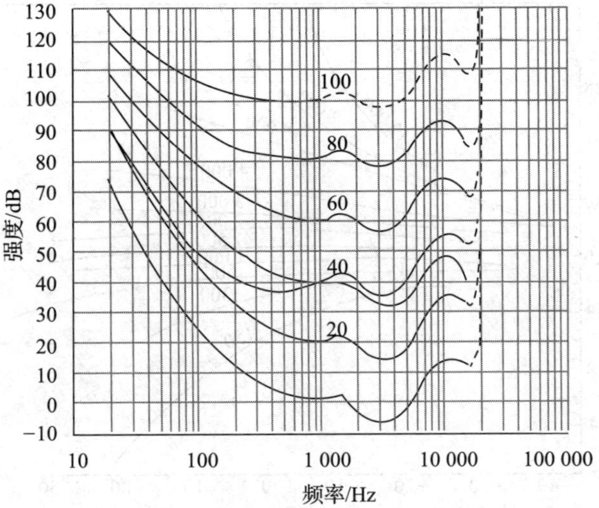

图 7-6　纯音等响曲线

（三）等高线

上面我们讲过响度不仅和音强有关，而且和音频有关。同样，音高不仅和音频有关，也和音强有关，等高线（equal pitch contour）就表示音高、音频和音强之间的关系。传统实验采用可连续变换强度（可听范围）、频率为 150～12 000 赫兹的 11 个声音，使两个频率的声音交替呈现，让被试调节其中一个声音的强度，使两音的音高相等，可以得到一簇与各频率对应的不同强度的声音的等高线。结果得到如图 7-7 所示的等高线。当强度改变时，各频率的音高随之发生变化。对于低频音来说，音高随强度增加而降低；对于高频音来说，音高随强度增加而升高；对于中等频率的声音来说，两种影响都有轻微程度的表现（Stevens, 1935）。

（四）听觉掩蔽现象

听觉掩蔽指两个声音同时呈现时，对一个声音的听觉感受因受到另一个声音的影响而减弱的现象。听觉掩蔽大致有三种情况：纯音掩蔽、噪声掩蔽以及噪声和纯音对语言的掩蔽。

对听觉掩蔽的研究是从纯音掩蔽开始的，它指的是用某个定额频率的纯音来掩蔽其他不同频率的纯音，再来观察后者阈值提高的情况。有关纯音掩蔽的实验

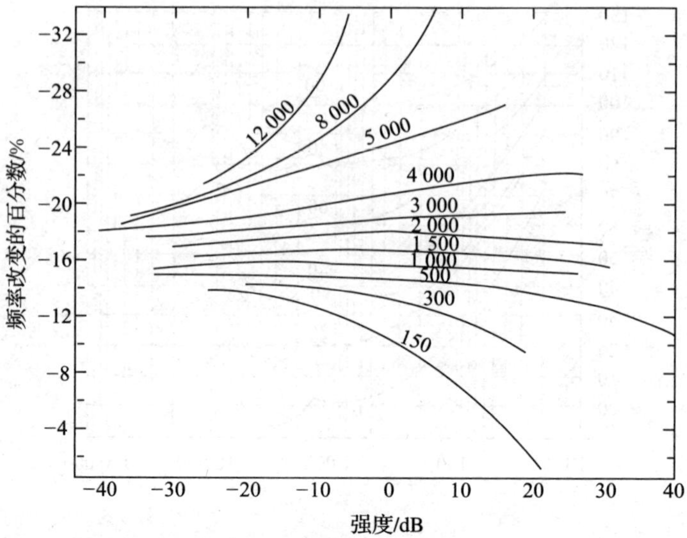

图 7-7 等高线

（采自 Stevens，1935）

结果如下：(1) 掩蔽音强度提高，掩蔽效果随之增加，而且掩蔽音越强，它的影响范围也越大，即能掩蔽更多种频率的声音。(2) 掩蔽音对于频率相近声音的影响最大。(3) 低频对高频的掩蔽效果大于高频对低频的掩蔽效果（Fletcher，1953）。

在实际生活中，更常见的是噪声掩蔽。一个白噪声对纯音掩蔽实验的结果显示：低强度噪声对不同频率纯音的掩蔽效果差异很大，而高强度噪声对不同频率纯音的掩蔽效果相差不大。

噪声和纯音都可对人们的语言产生干扰，使语言变得不可理解。噪声的掩蔽效果比纯音的掩蔽效果好，但并不是所有强度的噪声都能造成同样干扰。噪声要相当大，大到叫人厌烦的程度，才会降低语言的清晰度或可懂度。在纯音的掩蔽效果中，300 赫兹比 1 000 赫兹掩蔽作用大。

四、知觉的组织

知觉是按照怎样的原则来组织和解释感觉信息的呢？多年来，这一直是心理学家们所关注的焦点问题，其中，成果最丰富的是对视知觉组织的研究。视知觉组织从本质上来说是区分图形与背景的过程。有研究发现，先天性盲人经过外科手术重见光明之后，许多知觉的特性都有缺失，但唯独从背景中区分出对象的能力依然存在，这似乎说明视知觉的组织过程是直接的，和刺激本身所具有的结构有关。那么哪些刺激结构更容易被组织在一起，从背景中分离出来呢？多年来的研究表明，视知觉组织主要按照以下几个原则。

（一）接近法则

接近法则是指视野中接近的对象容易被组合在一起，知觉为一个整体。图7-8B是接近法则的实例，相互接近的两个三角形被知觉为一组，形成一个整体。

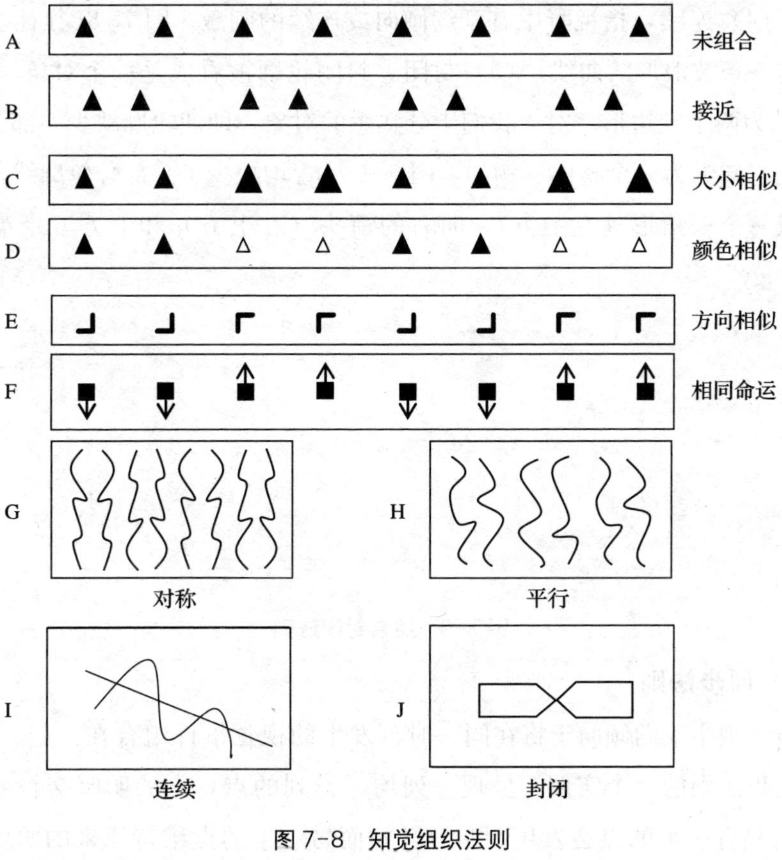

图7-8　知觉组织法则

（二）相似法则

相似法则指在形状方面相同或相似，以及在亮度和色彩方面相同或相似的图形更容易被知觉为一个整体。请看图 7-8 的 C、D、E 图，C 中相同大小的三角形被知觉为在一起，D 中颜色相同的白色三角形和黑色三角形分别被知觉为一个整体，E 中相同方向的两个直角被知觉为一个整体。

（三）良好图形法则

视知觉组合的一个倾向是知觉良好图形，这被称为良好图形法则。良好图形一般是同一组刺激显示的各种可能组合中最有意义的图形。构成良好图形的五个因素为：（1）共同命运，即运动方向相同。图 7-8F 中具有共同命运的两个正方形被知觉为一个整体。（2）对称。对称有利于组合，图 7-8G 中对称的两条曲线被知觉为一个整体。（3）平行。图 7-8H 中两条平行的曲线被知觉为一个整体。（4）连续，指视野中有延续倾向或连续的刺激。图 7-8I 往往被看成一条直线与一条波浪形的曲线。（5）封闭。封闭轮廓被看成是一个对象，如图 7-8J 被知觉为两个五边形。对于我们十分熟悉的对象，即使轮廓缺少一部分，我们仍然会把它知觉为一个整体。例如，图 7-9 尽管均缺少了一部分轮廓线，但仍被我们看成一个三角形（左上方）、向右的箭头（右上方）和下方五个英文字母“psychology”。

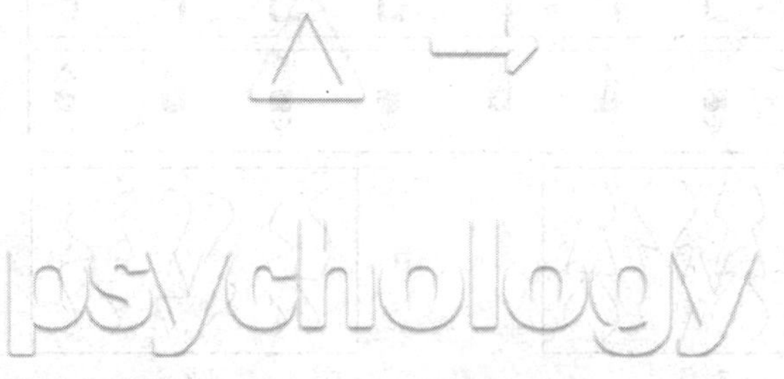

图 7-9 组合封闭法则

（四）同步法则

同步法则指我们倾向于将在同一时刻发生的视觉事件组合在一起。图 7-10 列出了同步法则的一个实例：呈现一列均匀排列的点，点的明暗交替变换。同一时间内只有一半的点会发生明暗反转，而另一半的点维持原来的明度，当转换的频率低于 25 次/秒时，观察者就能看见同步变化的那些点被组织在一起了。但如果频率超过 25 次/秒，这几乎等于 CFF，这时被试能看见的只是一些无序的点。

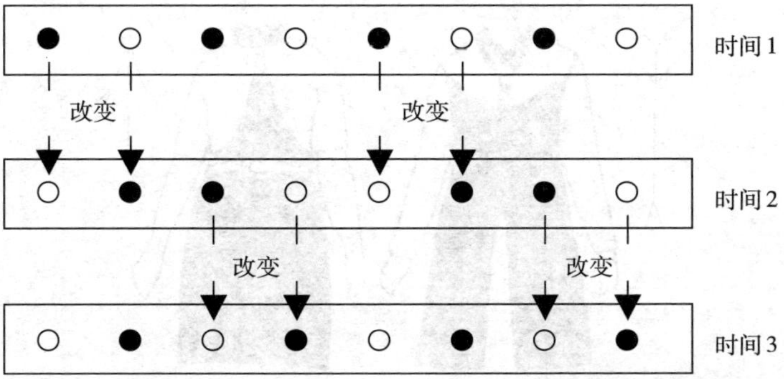

图 7-10　组合同步法则

必须补充说明的是，上述法则都是刺激本身对视知觉组织的影响。除此之外，过去经验对视知觉组织的影响也是显著的，有关方面的研究可以参见其他书籍。

五、错觉

错觉主要为视错觉。视错觉是指单凭眼睛所见而形成的失真或扭曲的知觉经验。下面将介绍几种在日常生活中常见的视错觉。

（一）线条错觉

线条错觉属于一种几何错觉，它在日常生活中是极其常见的。图 7-11 列出的米勒-莱尔错觉就是其中之一，由于两条直线上的两端箭头方向不同，看起来下边的直线长得多。不过，图 7-11 看上去十分很抽象，这使你很难想象现实生活中的情景，那么就让我们来举一个日常生活中的例子。图 7-12 是服装设计中应用米勒-莱尔错觉原理，产生身高变化的视觉效果。图 A，向外伸长的箭头使人们的眼球运动超过了主要线段的长度。图 B，向内收缩的箭头使人们眼球运动的距离缩短。这样产生图 A 比图 B 显得更高些的视觉效果。除了线条错觉外，日常生活中可见的几何错觉还有大小错觉和形状错觉等，这里就不一一说明了。

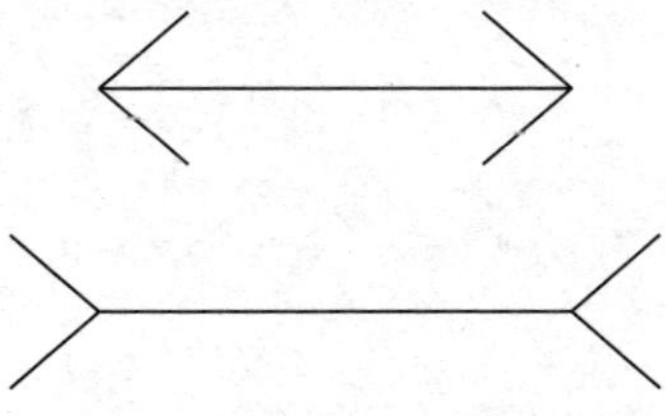

图 7-11　米勒-莱尔错觉

图 7-12 体形变高或变矮的错觉原理

（二）自然错觉

自然界里的错觉现象，称为自然错觉。最典型的自然错觉是月亮错觉，即月亮在水平线上时，比月亮到正顶上时看起来显得大些。霍尔韦和波林（Holway & Boring，1940）认为月亮错觉是由头姿势的变化所引起的。然而，考夫曼和罗克（Kaufman & Rock，1962）的实验否定了这一观点。实验通过一系列反光镜把实际处于正顶上的月亮反射到水平线上，结果被试对水平月亮大小的估计仍大于顶上的月亮。现在对于月亮错觉普遍认可的解释是：对月亮大小的判断依赖于一定的参照物。当月亮在水平线上时，月亮前面的地形给人以一种距离遥远的感觉，使人觉得月亮较大。当月到中天时，没有已知大小的物体来作为参照物，月亮的大小只能依赖于天空的感觉距离，于是便产生较小的印象。

以上内容仅仅是对感知觉的基本研究做最简单的介绍，实际上相关的实验研究还有很多，如视知觉中有关物体形状辨别、颜色混合的神经机制，听知觉中的言语识别、音乐知觉等，都是值得关注的研究热点，读者可以在各种专业刊物上找到相关的研究报告。

第二节 直接知觉和间接知觉

自从19世纪中叶亥姆霍兹提出了知觉经验论以来，心理学家有关知觉的直接性和间接性的争论就从未停止。有趣的是，不同观点的心理学家往往沿袭不同的实验思路设计各自的研究，于是，得到的实验结果也就分别支持知觉的直接性和间接性。

一、历史渊源

直接知觉论和间接知觉论都不是凭空提出的，早在心理学家对其做实验验证之前，它们就已经是两种对立的理论观点了。

直接知觉论认为知觉只具有直接性质，其中最具有代表性的是知觉的刺激物说。刺激物说的思想最早来源于格式塔心理学，它的主要观点是：人们的知觉是对事物整体的反映，并不是对各部分的简单总和。例如，韦特海默就曾提出了一个知觉过程完整性的实证——形状恒常性。如果你将一本书放在桌子上，并站在桌子前，那么你的视网膜上就会出现一个矩形的影像，但是如果你向左或向右移动几米，那么视网膜上的影像就会变成梯形。尽管网膜影像发生了变化，但这时你所感知到的这本书还是矩形，这是因为知觉具有形状恒常性。可见，知觉具有独立于网膜影像之外的整体属性，格式塔心理学把这种整体属性称为完形。以往研究表明这种完形似乎是先天的，这也就是说知觉过程是内在的或无意识的，它可能很少受到人的各类观念的影响。不过，格式塔心理学并未明确指出完形是属于经验上的完形还是刺激本身的完形，所以格式塔心理学并不能算是纯粹的直接知觉论。

发展了格式塔心理学有关完形的思想，并将其进推到极致的要数吉布森(Gibson，1950，1966，1979)。吉布森指出完形应是刺激的完形，提出了真正意义上的知觉的刺激物说。他认为自然界的刺激是完整的，可以提供丰富的信息，人完全可以利用这些信息，对作用于感官的刺激产生与之相对应的直接知觉经验。例如，由一个景物的光线分布形成的可靠线索可以直接为深度和距离知觉提供信息。自然环境中不同大小和位置的物体受到来自各种方向的光线照射，同时这些物体又反射出不同的光线，因此，周围空间的任何一个位置都有其特定的光线分布，周围空间每一点上的光线分布都有一定的差别。比如，日常生活中，当一个人站在一条砖路上向远方眺望时，近处的砖会显得大而清晰，远处的砖会显得小而模糊。这种近处稀疏、远处密集的光线结构显示出表面介质的密度级差，而且随着视线通向远方，砖的网膜影像变小，视网膜单位面积所包含的砖的数目增加，也显示出同样的密度变化。换句话说，光线分布的结构或表面质地的密度与物体的网膜影像都是按照视角规律变化的，因此人可以直接知觉距离。

知觉具有直接特性，在某种程度上来说，这一点是毫无疑问的。因为如果在没有客观刺激的情况下，人们自动地产生了知觉，那这一定是幻觉。但是直接知觉论过分地强调了知觉的刺激驱动性，未注意到知觉也会受到已有经验的影响，所以在二战后，这一理论开始受到越来越多的批评，心理学家们转而开始关注间接知觉论。

早在 19 世纪中叶，亥姆霍兹就提出了知觉经验论，他认为所有的视知觉都源于我们过去的视觉经验，他甚至把瞬间完成的无意识知觉当作一种视觉习惯。一个多世纪后，布鲁纳（Bruner，1957）和格里高利（Gregory，1970）发展了这一知觉经验论，他们认为过去经验的最主要功能是提供假设，而知觉是一种包含假设检验的过程。人在知觉时，接受感觉输入，在已有经验的基础上，形成当前刺激是什么的假设，人们可以重复地形成和检验假设，直到验证了某一假设，才算完成对感觉信息的知觉组织。他们的观点在后来被称为假设检验说。

总的来说，间接知觉论认为刺激本身的信息是模糊的、不完整的和不能对外界事物进行全面描述的，所以个体必须在过去经验的基础上，对刺激信息做出推断、评价和解释，才能实现对刺激的真正知觉。

在当代认知心理学中，直接知觉论和间接知觉论的争论常被描述为自下而上（down-top）和自上而下（top-down）加工之间的对立。自下而上加工是指由外部刺激开始的加工，而自上而下加工则指由有关知觉对象的一般知识开始的加工。林赛和诺曼（Lindsay & Norman，1977）将自下而上加工称为数据驱动加工（data-driven processing），而将自上而下加工称为概念驱动加工（conceptually-driven processing）。直接知觉论只关注自下而上加工，而间接知觉论则关注自上而下加工和自下而上加工相结合，即刺激信息和内部经验的匹配。今天绝大多数心理学家都已经承认，自上而下加工和自下而上加工同时并存于人类的知觉过程之中。也就是说，并不存在纯粹的直接知觉或纯粹的间接知觉，所有知觉都是直接和间接一体两面的过程。这就是直接知觉论和间接知觉论都能够获得部分实验支持的原因之一；而另一部分原因，则是这些实验在具体设计上的不同。

然而，在心理学家达成上述共识之前，有关直接知觉和间接知觉的争论是十分激烈的。争论双方各自设计并完成了一系列的实验研究，以期论证自己的观点。今天，重新回顾和审视这些研究，有助于我们加深对知觉在直接性和间接性上一体两面本质的理解。

二、直接知觉实验

证明知觉直接性的实验中，最关键的实验设计要点，就是排除过去经验对被试的影响。如果在排除过去经验的情况下，被试的实验结果和未排除时一样，那么即可证明知觉无须以往经验的支持。这样，直接知觉论才能得到支持。以此思路为指导，有些研究者曾试图使用婴儿、刚出生的动物，或者某些由于生理、生活环境缺陷无法习得某一方面经验的特殊人群作为被试，以期消除过去经验对被试的影响。其中最广为人知的研究便是吉布森和沃克（Gibson & Walk，1960）的视崖实验。

（一）实验背景

视崖实验要研究的是深度知觉，这是知觉中最具魅力的一个研究领域，因为它涉及人如何将网膜上的二维投影加工成三维信息的奇特能力。曾有研究表明，深度知觉似乎在某种程度上是后天的。例如，有研究报告了一个先天盲人 SB，他在 52 岁的时候通过视网膜移植手术获得了视觉，但是不能和正常人一样感知深度。有一次他在医院朝窗外看的时候，发觉窗外地面上的车子很小，竟然好奇地爬出窗的边缘，准备用手去抓那些车辆，幸好医院的工作人员及时阻拦，他才不至于从窗口掉下去。这一事例似乎说明：尽管 SB 可以看到事物，但是由于他没有任何有关深度的经验，所以还是不能感知深度。可见深度知觉很大程度上是依赖于后天经验的，所以大部分研究者支持深度知觉间接论。不过，也有理论从深度知觉的生态学意义出发，支持深度知觉的直接性，吉布森和沃克的理论便是其中之一。他们假设深度知觉是原始生物机制的一部分，它是自动出现的，并非经验的产物。他们的理论假设依据以下逻辑：没有深度知觉，生活对于我们来说可能会变得寸步难行。例如，在走路时，如果我们不能判断前方的障碍物有多远的话，我们就会撞到障碍物。因此两位研究者认为，深度知觉应当是直接的、先天的。换言之，即使是几乎没有什么后天经验的被试也应该具备深度知觉。

（二）实验方法

在这一实验中，由于要排除后天经验的作用，所以吉布森和沃克选择了 6 个月到 14 个月大的婴儿作为被试。但是问题也由此产生：婴儿和动物没有基本的语言能力，在无法使用言语报告作为实验因变量的前提下，如何进行实验呢？婴儿不具有保护自己的能力，如果用诸如是否撞到某物或从高处摔下来等行为作为是否具有深度知觉的指标的话，那么这是具有伤害性的，怎样来排除这些伤害呢？

为了解决上述两个问题，吉布森和沃克设计了一种实验仪器——视崖（visual cliff）。视崖为一张高为 4 英尺的桌子，表面是一整块厚玻璃，一半玻璃是不透明的，紧贴玻璃下方就有一块红白格子的布，此为“浅滩”，而另一半玻璃是透明的，不过在相距 4 英尺远的地面上同样放着红白格子的布，此为视崖。如果被试具有深度知觉，那么他们会感觉到两边红白格子布的深度是不同的。由于有着厚玻璃的阻隔，这一仪器可以防止被试从悬崖上掉下去。

在实验中，主试将婴儿放在视崖的中间，并要求他们的母亲站在视崖深的一端和浅的一端召唤他们，观察他们是否会跟着母亲的召唤，向视崖或“浅滩”爬去。在这里，自变量为视崖的深浅，它有两个水平，一为视崖，另一为“浅滩”；因变量为婴儿爬向视崖边缘的行为，也有两个水平，爬或者不爬。自变量和因变量都是离散变量，只能进行定性研究。对于小动物来说，也进行同样的实验，只不过实验时不能使用母亲召唤的方式，而是要看动物的其他行为表现。比如，将动物放在视崖处，看动物是否出现明显的防御行为或全身肌肉紧张等。

（三）实验结果

在以 36 名婴儿为被试的情况下，有 9 名婴儿拒绝离开视崖的中间挡板。当母亲召唤婴儿爬向“浅滩”时，27 名婴儿都愿意爬向“浅滩”。当母亲召唤婴儿爬向视崖时，只有 3 名婴儿在极其犹豫的情况下爬向了视崖。即使母亲用手敲击玻璃，向婴儿示意玻璃的坚固性，另外的婴儿还是不愿意爬过来。这表明婴儿已经感知到了视崖的深度。

不过，在这个实验中，婴儿至少是 6 个月大的，很难排除他们没有任何深度经验的可能，因此仅仅使用婴儿实验来证明深度知觉的先天性有一定的局限。然而视崖实验又不能让新生儿当被试，因为实验要求被试至少具有爬行的能力。吉布森和沃克进一步使用小动物作为被试，观察动物的行为表现。动物视崖实验的结果显示，24 小时大的鸡雏便具有深度知觉。对于山羊来说，情况也差不多。当研究者将一天大的山羊放在视崖时，小山羊会感到害怕，并做防御姿态；但是如果将其放到“浅滩”，它就会表现得很放松。但当以老鼠为被试时，小老鼠并未对“浅滩”表现出明显的偏好。吉布森和沃克认为，老鼠的生存在很大程度上不依赖视觉，它们的视觉系统并不完善。通常习惯在夜间活动的老鼠是依赖气味和鼻子上的触须来寻找食物的，由于实验中视崖两端的触觉感受一样，所以对老鼠来说，它们没有分别。

总之，吉布森和沃克自圆其说地将视崖实验的结果解释为深度知觉的生态学意义，并从一个侧面验证了深度知觉的确具有先天性。但是，证明知觉纯粹直接性或先天性的实验实施起来是十分困难的，因为我们不能在婴儿或动物出生的同时，对它们进行实验，我们不可能从知觉中完全剥离经验的成分。正是由于这一点，对间接知觉的验证似乎相对简单，这方面的实验研究也更多。下面我们将着重介绍几个具体的研究。

三、间接知觉实验

间接知觉论并不完全否认直接知觉的存在，它只是在肯定刺激信息的基础上，更强调经验信息，即当经验信息和刺激信息互相协调时，它们共同作用，形成知觉，而当经验信息和刺激信息互相矛盾时，经验信息往往会压倒刺激信息，而在知觉中占据主导地位。由于经验信息和刺激信息相互协调时，人们很难辨别两种信息是否真的在共同起作用，所以间接知觉论的基本验证方案往往是创造经验信息和刺激信息相矛盾的情境，来分离只有刺激信息独立作用时和只有经验信息参与时的两种不同知觉。为了达到这一目的，研究者设计了一些不可能图形、特殊的三维图形和错觉图形等。

（一）不可能图形

不可能图形（或不合理图形）（impossible figure）是一种无法获得整体知觉经验的图形，也可说是一种特殊的错觉，它可以分离经验信息独立作用时和刺激信息独立作用时两种不同的知觉结果。

图 7-13 便是一幅典型的不可能图形，它是由荷兰画家埃舍尔（Escher）所作的版画《瀑布》。埃舍尔有效地利用了知觉中的某些线索，如形状和大小的单眼线索、深度知觉、线条透视和视角等，使这个图乍看之下似乎没有什么不正常的地方，图的每一组成部分本身都是完美无缺的，这就是只有刺激信息作用时，我们知觉到的结果。但是如果我们再仔细一看，便会发现它有点儿问题：图的各个部件组合不妥当，这一瀑布既无始也无终；瀑布一泻而下，汇集到池子中，然

图 7-13　不可能图形：知觉运动瀑布

（采自 Escher，1961）

后顺着水渠往下流去，可是拐了几道弯之后突然又回到了瀑布口！经验告诉我们：只有高度间的落差才会产生瀑布。当我们纳入知觉经验的时候，表面上显得天衣无缝的瀑布图变成了怪图。因此，我们前面所知觉到的瀑布根本就是不可能的。有无经验信息的作用产生了两种不同的知觉结果。我们的知觉系统要受到理智的修正，这便是知觉的间接性。

（二）三维图形的知觉测验

三维图形的知觉测验是赫德森（Hudson，1960）设计的，它表明深度线索方面的经验会直接影响到人们对这一测验中各个图片的感知。此测验包括十一幅图，每一幅图都以不同的形式包含三条深度知觉线索之一：熟悉大小、重叠和透视。熟悉大小（familiar size）指的是图形中远处的事物看上去总是比近处的要小。重叠（overlap）是指近处物体部分地遮挡了远处物体时所产生的效果。透视（perspective）是指两条原本平行的线条被画成相交在一起的景象。事实上，在实际生活中，我们也可以看到当两条平行线向远处延伸时，看起来就像相交于一点，我们常用这样的方法来画消失在远处的道路或轨道。从内容上来说，测验中每幅图都由七个部分（一只羚羊、一头大象、一个人、一棵树、一条路、几座小山和一只正在飞翔的小鸟）中的若干个构成（如图 7-14 所示）。

图 7-14　三维图形知觉测验示例

（采自 Hudson，1960）

赫德森（Hudson，1960）在非洲的许多地区选取了不同部落的被试进行实验。测试中，他向被试随机地呈现一些图，同时用被试的母语进行提问，问题主要包括“你看见了什么”“这个人在做什么”“羚羊和大象哪个比较近”等等。结果发现，如果被试具有深度经验，则他们的回答会是正确的，比如，对图 7-14 中的上图，他们会回答“这个男人正试图戳杀那只羚羊”或“大象在远处”，赫德森称此类被试为三维知觉者。如果被试不具有深度经验，那么他们会回答“这个男人正试图戳杀那头大象”或“大象在人与羚羊的中间”，赫德森称此类被试为两维知觉者。实验发现非洲班图人是典型的两维知觉者，而班图人的生活环境恰好无法给他们如此尺度的深度经验！

因此，该实验表明经验帮助人类感知外部世界，这也就支持了间接知觉论的观点。此后，赫德森又设计了一个图形测验来分离有无经验信息的两种不同知觉结果。图形测验中所采用的刺激材料是两个三叉戟图形，一个是常见的三叉戟图形（如图 7-15 左图所示），另一个则是矛盾的三叉戟图形（如图 7-15 右图所示）——三个叉子在三叉戟的柄部看起来似乎成了两个叉子。一般具有三维知觉经验的人会判断后一个三叉戟为视错觉。

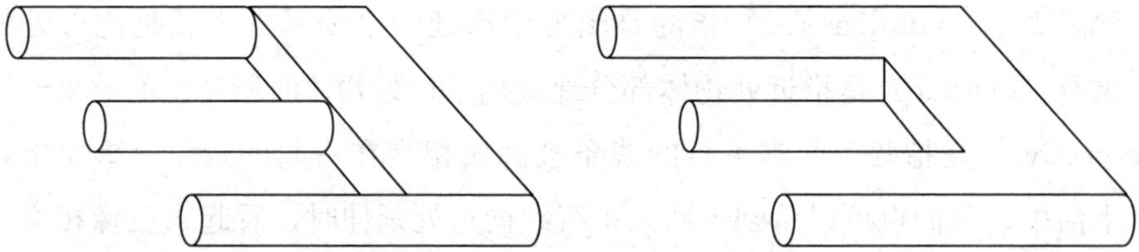

图 7-15　矛盾的三叉戟形状

（采自 Young & Deregowski，1981）

实验要求赞比亚的学龄儿童临摹上述两个图形。结果发现，具有三维知觉经验的儿童临摹矛盾图形所需的时间远远超过了临摹普通三叉戟所需的时间，这是因为经验在知觉过程中所起的作用使得他们无法理解矛盾的三叉戟，复制此图就显得非常困难。而那些没有三维经验的儿童，他们临摹这两个图形所需的时间相等。

张厚粲等人（1980）的研究，采用了主观轮廓图作为实验材料。主观轮廓是一种错觉现象，指人们在一片完全同质视域中知觉到的轮廓。例如，图 7-16 中看似存在一个白色三角形，但其实是没有任何轮廓线的。

张厚粲等人（1980）的实验解析了主观轮廓的成因：研究者变化了主观轮廓图中提供的三维深度线索，结果发现被试对主观轮廓的知觉鲜明程度、识别时间都明显地依赖于刺激图形是否提供深度线索。由此研究者提出，主观轮廓其实就是人们对二维图形中提供的深度线索的主观解释，是过去经验促使视知觉“完整化”的倾向所致。显然，这个实验结论是符合并支持知觉经验论的。

图 7-16　主观轮廓示例

（采自 Kanizsa，1976）

（三）知觉恒常性

知觉恒常性（perceptual constancy）是指当距离、缩影比、照明改变的时候，虽然网膜影像已在一定程度上发生改变，但人们对物体大小、形状和颜色的知觉仍相对稳定。由于在纯刺激作用下，我们总是只对网膜影像做出反应，不可能产生知觉恒常，所以我们将其解释成经验的作用。比如，特恩布尔（Turnbull）有关一个长期生活在丛林中的土著人坎根（B. P. Kenge）的报告显示：坎根在远距离时，无法感知事物的真正大小，他会指着远处的一头牛说“那是什么虫子”。由于没有大小恒常性的经验，坎根只能依据网膜大小进行反应。可见，有关知觉恒常性的研究可以作为支持知觉经验论的依据。

知觉恒常性的种类很多，这里，我们仅以形状恒常性（shape constancy）为例。形状恒常性是指从不同角度观看一个熟悉的物体时，虽然这个物体在视网膜上的影像都不相同，但是我们仍把它知觉为一个恒常的形状。一扇门只有从正面看时，它在网膜上的影像才是矩形，从其他任何角度看，都是不同的梯形，然而我们总是把它知觉为矩形。

我们的知觉也不总是尽善尽美的，它无法总是做到恒常，我们有时仍会不可避免地按照网膜影像对事物进行判断，从而出现错觉。在形状恒常性的研究中，研究者们做了大量关于知觉形状与倾斜知觉关系的实验，因为物体倾斜程度的信息是我们正确判断一个物体形状的基础之一。索利斯（Thouless，1931）发现，观察者对测验物体的形状判断大多介于物体的真实形状与倾斜形状之间。判断条件越少，判断的形状与真实形状的差异越大。但即使在正常的视觉条件下，观察者也很少表现出完全的恒常性。梅内吉尼和莱博维茨（Meneghini & Leibowitz，1967）研究了年龄与形状恒常性的关系。被试年龄范围是4～21岁。实验中，主试首先在实验仪器上向被试呈现一个目标刺激——倾斜成各种角度的一个圆形，然后要求被试在两种倾斜角度的比较刺激中选择一个与目标刺激看起来同样的形状。这些比较刺激包括圆形和逐渐拉长的椭圆形。

实验结果出乎人们的意料：形状恒常性随年龄的增长而呈下降趋势。经验更多的成年人更易直接按照网膜影像进行判断而出现错觉，乍一看，这种结论似乎很难解释。但是在此前，戈特海尔和比特曼（Gottheil & Bitterman，1951）的一项研究说明人们进行形状匹配时会受到指导语的影响，成年人可能更易受指导语的影响而故意按照网膜像大小进行形状匹配。实验所用的材料为简单的几何图形，图形以不同的倾斜角度呈现。指导语分为三类：第一组被试的指导语是要求他们根据客观的或已知的形状来判断观察图形的形状，第二组被试的指导语则要求他们根据物体的网膜像的形状来判断，第三组被试的指导语要求他们根据观察图形的表面形状或现象上的形状来判断。实验结果：第一组的布氏比率①平均为0.57，第二组为0.11，第三组为0.22。这表明要求被试按客观形状来判断的指导语所产生的形状恒常性最小。

在这一部分，我们回顾了直接知觉论和间接知觉论这两种理论观点，以及各自获得的实验支持。当前的研究者们的观点则相对较为折中：一方面，正如视崖实验所揭示的那样，知觉确实存在先天、直接的一面；另一方面，错觉研究、SB的案例等都无可辩驳地说明，知觉也绝不可能没有丝毫的经验参与。因此，直接知觉论和间接知觉论都说出了真相的一个侧面，两者的结合或许才是最贴近真理的答案。

---

① 布伦斯维克（Brunswik，1929）提出了一个计算恒常性程度的公式：$BR=(R-S)/(A-S)$。其中 BR 为布氏比率，R 为物体的知觉大小，S 为网膜影像大小，A 为物体的实际大小。

第三节 空间知觉和时间知觉

一、空间知觉

空间知觉看似普普通通，其实蕴藏着惊人的现象：外界事物投射在网膜上的影像是两维的，但人们的空间知觉包括原本不存在的第三维信息。这说明在空间知觉中必定存在某些加工过程，将二维影像中隐含的深度线索解读出来，甚至从二维影像以外找到目标深度的提示线索。关于深度线索的实验研究发现，人们能够自动地利用本体肌肉感觉、透视、双眼视差等线索信息，产生深度感和立体感，而且不同的深度线索之间还存在相互作用。

（一）肌肉线索

眼睛肌肉状态的变化可以作为感知距离的线索，此类线索被称为肌肉线索，包括适应（accommodation）和辐合（vergence）。

1. 适应

当我们在特定距离观察一个物体时，眼睛的睫状肌（ciliary muscles）会调节晶状体（lens）的屈度，尽可能使影像落在视网膜的中央凹上，以保证视网膜影像清晰。看远物时晶状体较扁平，而看近物时较凸起。在没有其他深度线索时，眼睛的这种适应状态便可以作为估计物体距离的线索。但是眼睛的适应对深度知觉所起的作用并不大，一般来说，这种线索所提供的信息只限于距眼球 10 米范围内才是有效的，所以它属于近距离的弱距离线索。

2. 辐合

辐合指的是双眼视轴的辐合。当我们在观察一个物体时，双眼辐合使物体影像落在两眼相对应的位置。物体距离发生变化时，双眼辐合角的大小也随之改变，而辐合角大小的改变依赖于眼球六条外部肌肉（内、外、上、下直肌及上、下斜肌）的协同运动，这些的肌肉运动信号传到大脑，便构成一种深度线索。在看近距离物体时，眼球外部肌肉紧张度提高，两个眼球转向鼻侧，视轴趋于集中；看远距离物体时，眼球外部肌肉紧张度降低，视轴趋于平行。不过，辐合作为距离线索只在几十米内有效，一旦超过这一距离，双眼视轴接近平行，辐合就不再是有效的距离线索。

图 7-17 表明辐合角与物体距离间的关系。一般，双眼间距以 65 毫米计算，当视轴向物体辐合时，左眼向内侧转动的角度为$\angle L$，右眼向内侧转动的角度为$\angle R$。两角相加刚好等于辐合角$\angle C$。辐合角$\angle C$ 和距离 D 满足以下关系：

$$\tan\frac{C}{2}=\frac{\angle R}{D}$$

所以，$\angle C/2=32.5/D$。然而，若把两眼间距看作圆弧，则计算更为方便，也较精确。这样，D 为圆的半径，$C=65/D$（用弧长表示）。1 弧度约等于 57.3 度或等于 206 265 秒。

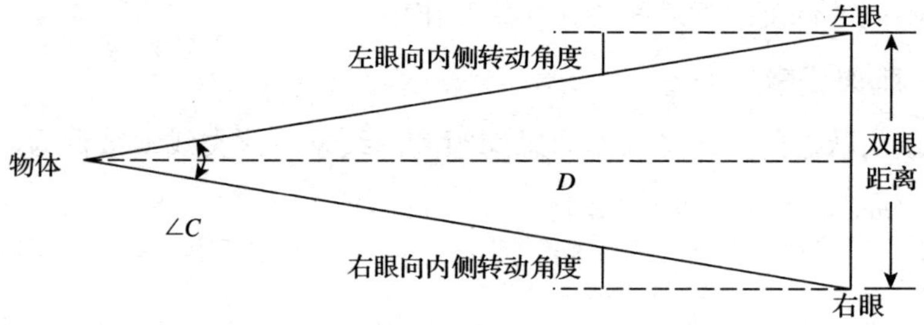

图 7-17　双眼视轴辐合

为了研究辐合在深度知觉中的作用，我们必须排除其他的深度线索。为此，惠特斯通（Wheatstone，1838）设计了只改变辐合，不改变其他线索的实体镜。当通过实体镜增大物体的辐合角时，物体会看似近些，又由于物体的实际大小没有改变，因此，给人的感觉就是物体变小了。而当减小辐合角时，物体会看似远了，又由于物体的实际大小没有改变，因此，给人的感觉就是物体变大了。

方芸秋和荆其诚（1963）的工作则进一步发现：改变视轴辐合角度造成对物体大小知觉改变时，被试判断值居于实际值和理论计算值之间；而改变视轴辐合角度造成对物体距离知觉改变时，被试判断值和理论计算值十分接近。这似乎可以证明双眼辐合在深度知觉中的重要作用。

此外，瓦拉赫、摩尔和戴维森（Wallach，Moore，& Davidson，1963）利

用实体镜证明了辐合变化效应（effects of altered vergence，又称镜后效应，prism after effects）。他们要求被试通过实体镜观察辐合角被调大的物体，几分钟后将实体镜移去，结果出现了被试对距离的高估。瓦拉赫和霍尔珀林（Wallach & Halperin，1977）认为这一现象是几何透视线索（在后面将会讲到）和辐合线索冲突所导致的，而费希尔和埃本霍茨（Fisher & Ebenholtz，1986）却发现在没有线索冲突时，镜后效应也会出现。镜后效应是由眼睛外部肌肉状态变化所引起的，辐合角的变化所引起的外部肌肉紧张度的改变在其中起了主导作用。

（二）物理线索

除了眼睛肌肉状态的变化之外，刺激本身所自带的某些特征也可以作为感知距离的线索，此类线索被称为物理线索。然而，物理线索并不能独立起作用，它必须借助于人类过往的经验才能成为真正有效的距离线索。我们在这里称之为物理线索，主要是因为在此类线索中，环境刺激本身便包含深度的意义。

1. 遮挡

遮挡（superposition）是指一个物体遮蔽了另一个物体的一部分。我们只能通过遮挡来判断深度秩序，而不能判断事物间的距离。遮挡在前面的物体被知觉为近些。

图 7-18 列出了不同的遮挡情况。图 7-18a 表示下面的矩形遮挡了上面的矩形，所以它看似较近。沙帕尼斯和麦克利里（Chapanis & McCleary，1953）指出：当遮挡不足以提供可靠的深度秩序线索时，人们看到较小、较简单、较对称和较具有意义形状的视觉倾向将补充遮挡线索的不足。对于图 7-18b，我们可能倾向于把两个矩形知觉为在同一个平面上，因为遮挡未提供任何可靠的深度秩序依据。但如果当聚焦于小图形的视觉倾向起作用了，我们则倾向于将小矩形知觉为在前。同样，图 7-18c 中，两个矩形互相遮挡，产生了矛盾的深度秩序。

2. 阴影

阴影（shadow）是由不透明或半透明物体的阻碍所引起的表面照度的变化。物体投射在自己上面或是投射到其他物体上的阴影被称作分离阴影（detached shadow）。分离阴影可以作为物体和它所投射到的表面间相对距离的线索。图 7-19 就是一个例证。当球沿着对角线移动，阴影沿着 a 线移动时，球看似贴着表面在移动，且变得越来越大；当球沿着对角线移动，而它的阴影沿着 b 线移动时，球看似慢慢地离开了表面，并且维持同样的大小。

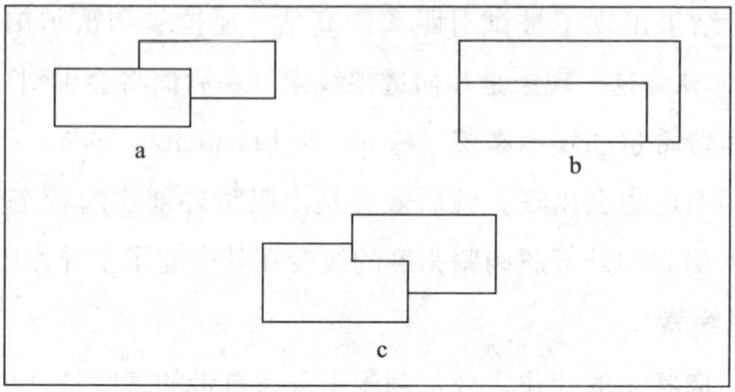

图 7-18 依据遮挡知觉深度秩序

（采自 Chapanis & McCleary，1953）

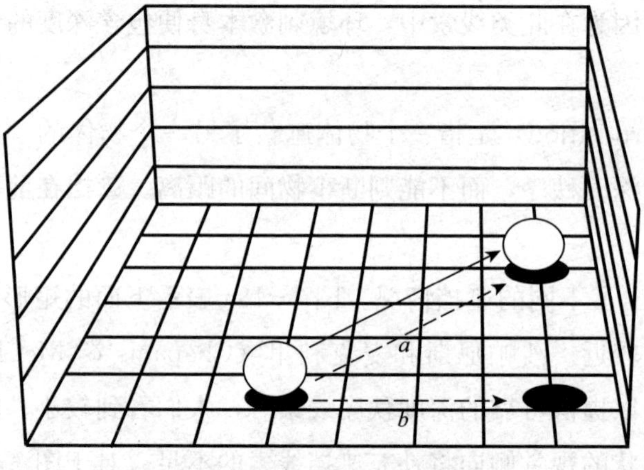

图 7-19 相对深度和投射的阴影

3. 几何透视

几何透视（geometrical perspective）是指对于平面上的刺激物来说，根据视角原理，近处的对象面积大，占的视角大，看起来较大，远处的对象面积小，占的视角小，看起来较小。几何透视是日常生活中最常使用的物理线索。几何透视主要包括直线透视、视野中的高度、单眼运动视差、纹理梯度。下面我们将一一介绍这些线索。

（1）直线透视。根据几何透视近大远小的原则，我们会知觉到空间中的一组平行线汇聚于某一消失点，这种平行线影像的汇聚被称为直线透视（linear perspective）。直线透视产生了一系列透视上的相等物体，如图 7-20 所示。直线透视可以作为一种距离线索。近侧的两条轨道看上去相距较宽，沿着铁轨延伸至远方并汇聚于右上一点，这是由于铁轨左右两边视觉上长短不一，从而会使人产生两条平行线向远处延伸的感觉。

图 7-20　透视上相等的物体

直线透视原理在古代就已经被发现了，所以中世纪及后来文艺复兴时期的画家都利用这个原理在平面上表现空间关系。德国著名画家丢勒（Dürer，1525）最早提出直线透视关系的数学原理。

（2）视野中的高度。视野中物体的影像越接近视平线，就越容易被知觉得更远。这是影像向中央凹移动，视角变小的结果。这会导致在同一垂直面上，离视平线远的物体虽然看似在高度上有所下降，但是向远处后退了，这便是物体在视野中的高度所产生的距离效应。

然而，物体在纹理较密的表面上方出现可能会比在纹理稀疏的表面上方出现显得更远，这是由于存在大小对比效应（size-contrast effect），而不是视野中的高度效应（height-in-the-field effect）或视觉连接点效应（point of optical adjacency effect）。

（3）单眼运动视差。单眼运动视差（monocular movement parallax）是指视觉对象不动，而头部与眼睛移动时，所给出的一种强有力的深度线索。这是由于三维空间的各物体分布在离观看者不同的距离上，头部运动会改变网膜上物体影像的相对位置。比如，如果头向左运动，较近的物体好像移位到右边，而较远的物体好像移向左边。在日常生活中，我们可以找到很多说明这种情况的例子。例如，你可手持圆珠笔置于一臂之远，并使这支圆珠笔和房间里的任何物体（如一盏吊灯）成一条直线。此时，闭上一只眼睛，虽然你明明知道圆珠笔在近处，但看起来并非如此。然后仍闭上一只眼睛，沿着水平方向摇动你的头，哪怕是一次微小的运动，就会产生明显的深度知觉效果：你会发觉圆珠笔和你的头出现反方向运动，而吊灯和头出现同方向运动，这时你便能清楚地意识到吊灯在远处。

罗杰斯和格雷厄姆（Rogers & Graham，1979）用实验验证了单眼运动视差的作用。实验中，他们让被试使用单眼观看随机点模式。当头不动的时候，这些点看上去是平面的；当被试将头从一侧移向另一侧时，由于三排点的移动方向不同，被试便感觉到明显的深度差异（如图 7-21 所示）。

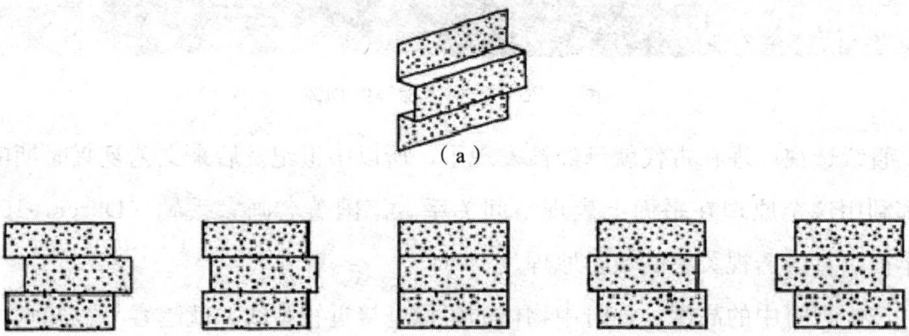

（a）

（b）

图 7-21 单眼运动视差

（采自 Rogers & Graham，1979）

（4）纹理梯度。最早将纹理梯度列为深度线索的是心理学家吉布森。吉布森在《视知觉》一书中写道："某个维度上某种东西的递增或递减称为纹理梯度（texture gradient）。"（Gibson，1950）视野中对象重复而众多的成分，构成一种视觉表面纹理，距离越远，纹理越细越密。具有均匀的纹理梯度的平面（如图7-22

所示）为眼睛提供了一种与该平面的倾斜度有关的梯级。吉布森认为，视觉系统能直接对纹理梯度进行反应，纹理梯度这一刺激本身的特征是空间知觉的基本机制，纹理梯度携带知觉所需的各种信息。

图 7-22 纹理梯度乃是判断空间轮廓的信息源

以上讨论的是观察者和观察对象处于静止状态的情况，当观察者与周围环境有相对运动的时候，纹理梯度就更为显著。例如，当飞机朝向地平线飞行的时候，地面及天空层都发生连续的梯度变化。当飞机朝向地平线降落的时候，周围的物体看起来都从这一中心向外扩散。这种表面纹理扩散速度的差别就形成了不同的距离知觉。

（三）双眼线索

双眼线索（binocular cue）主要是指双眼视差（binocular disparity），双眼视差是知觉立体物体和两个物体前后相对距离的重要线索。与上述各种线索相比，人们借助双眼视差能更精细地知觉相对距离。尤其在缺乏其他线索来估计对象距离的时候，双眼视差会更为重要。距离和深度视觉主要是双眼的机能。

两只眼睛的视野发生重叠是双眼视差产生的重要基础。我们将两只眼睛视野重叠的部分称为双眼视野（binocular visual field)。双眼视野是整个视野的一部分，出现在双眼视野中的物体，两眼都可以看见。双眼视野的边界大约为从左右眼中间向颞侧 80°，向鼻侧 37°，垂直方向上和水平线夹角为 120°处。

虽然，在双眼视野中的物体两眼都能看到，但是由于人的两只眼睛相距约 65 毫米，物体在两眼视网膜上的影像并不是完全重叠的。这些不重叠信息通过视神经（optic nerve）到达视交叉（optic chiasma)。对于大多数的脊椎动物来说，几乎全部的视神经在视交叉处交叉到另一边。然而，对于灵长目动物（包括人类）和其他一些动物来说，只有来自鼻侧的视神经会交叉，而来自颞侧的视神经不交叉，这叫作半交叉（hemidecussation）。来自视交叉的神经形成视束（optic tract）。每根视束都在外侧膝状体核（lateral geniculate nucleus，LGN）与传递神经元（relay cell）进行突触联系。传递神经元的轴突向外发出，形成视辐射（optic radiation），将信息传递到大脑皮质同侧枕叶。半交叉使得来自两眼相应区域的输入到达大脑的同一位置，这为灵长目动物双眼视差提供了生理基础。在这些动物中，来自两眼的不重叠信息在视觉皮质处汇聚，导致双眼视差；大脑皮质视觉中枢对双眼视差进行整合后，就能产生单一的具有深度感的视觉。

（四）线索间的互动

在许多情况下，线索会产生一种联合效果。詹姆森和赫维奇（Jameson & Hurvich，1959）报告，被试对距离差异的感受性，在多种线索共同作用的情况下，与每种线索所产生的感受性的算术总和密切相关，即：

$$\frac{1}{\Delta D}=\frac{1}{\Delta D_1}+\frac{1}{\Delta D_2}+\frac{1}{\Delta D_3}+\cdots$$

其中 D 为观察距离，ΔD 为视差距离，$1/\Delta D$ 为感受性，ΔD_i 为某一种线索的视差距离。然而，这种推论的精确程度如何，至今仍有异议。不过，詹姆森和赫维奇至少向我们暗示了一点：各种深度线索会互相影响，产生交互效应。那么深度线索之间是怎样交互的呢?

（1）线索综合（cue summation）：两个或更多的深度线索结合可以提高深度敏感性，即呈现的深度线索越多，区分深度上的微小差异对于我们来说会变得更容易。例如，有时单靠遮挡，我们只能确定深度秩序，如果要正确地知觉物体的相对距离，还必须有双眼视差的作用。

（2）线索优势（cue dominance）：当两个深度线索间发生冲突时，一个会超越另一个，并占据主导地位。

（3）线索分离（cue dissociation）：每个线索都被解释成来自不同的物体。例如，当一个我们能看到的铃和它发出的声音很好地被分离时，我们会知觉到两个铃。

（4）线索互补（cue complementation）：两种线索可以互相补充。当在某一情况下，一种深度线索不能起作用时，其他深度线索便会对其产生补偿，代替它作用。例如，几何透视比双眼视差作用的距离范围大，当双眼视差无法起作用时，几何透视便发挥了更大的作用。

（5）线索平均（cue averaging）：两种深度线索的作用会互相抵消。例如，由双眼视差所产生的深度可以被单眼运动视差产生的相对深度抵消（Graham & Rogers，1982）。

（6）线索再解释（cue reinterpretation）：刺激情境的再解释可以解决线索冲突。例如，一个向我们逼近的物体的网膜影像会变得越来越大，我们通常将这种网膜影像的扩张解释为物体在移向我们，但如果此时这种几何透视线索和另一深度线索冲突，网膜影像的扩张仍可重新被解释为物体实际大小的变化。

还有不少研究表明，深度线索的交互作用依赖于我们选择什么样的线索以及在什么条件下联合使用它们。另外也有研究表明，人们在使用线索时具有很大的选择性，有人喜欢使用这样的线索，有人喜欢使用那样的线索，在这种情况下，线索的交互作用就削弱了。在格式塔心理学家看来，线索是不存在的，对空间知觉起作用的是人们所获得的关于外部世界的规则以及人们与生俱来的组织知觉的方式。吉布森也说过，线索是无关紧要的，主要的变量是刺激的梯度和作用于观察者的其他不变的刺激特征。

有关空间知觉线索及其交互作用的研究已经很多，然而作为人类生态现象中最为奇妙的部分之一，我们对空间知觉的了解还远未到达尽头。空间知觉的研究成果可以广泛应用于医学影像、建筑设计、艺术创作等领域，并且随着现代神经生理实验技术等新的研究方法的成熟，我们完全可以预期空间知觉领域的研究会不断走向深入。

二、时间知觉

人类所知觉到的世界，不仅仅是空间的三维结构，更具有时间上前后绵延的特性。只有具备时间知觉，人们才能区分先后，理解连续的动作或行为。时间知觉是指个体对直接作用于感觉器官的客观事件的顺序性和持续性的感知，主要包括对时间顺序和时间间隔的知觉两个方面。

（一）时序知觉

1. “同时”与“不同时”

要区分两件事情的先后顺序，首先必须判断两件事是否在同一时间发生。那么怎样的两个刺激会被知觉为“同时”或“不同时”发生呢？我们对“同时”或“不同时”的知觉是如何的呢？请看下面的一系列实验。

珀佩尔（Pöppel，1985）进行了关于促声融合的实验。实验中通过耳机分别向被试两只耳朵输送短暂的声音，所选用的声音刺激只持续 0.001 秒，即非常短促的“嗒”的一声。结果发现，当声音刺激在左耳和右耳同时呈现时，被试报告的并不是分别从两只耳朵听到两声“嗒”，而是只有一声“嗒”。这个“嗒”声好像是来自两耳中间的一个“中央耳”，即双耳接收到的声觉信息融合成了来自一个“中央耳”的信息，这种现象叫作促声融合（click-infusion）。不过值得一提的是，由于大脑左半球总是率先对时间信息做出解释，从而将信息的主观感觉方位向左拉，这个感觉上的“中央耳”似乎并不在两耳的正中央，而是有些偏左。

两个同时出现的声音刺激产生了融合的知觉，那么是否意味着，只要刺激不在同一时刻出现，我们就能将其知觉为“不同时”呢？为了解决这一问题，研究者进一步实验，实验流程和结果如下：首先向被试左耳呈现一个短暂的声音，然后在 1 毫秒后再向右耳呈现一短暂的声音，结果被试报告一个来自靠近左耳处的单一“嗒”声。接着，继续增大两个声音刺激间的时间间隔到 2 毫秒，结果发现两个声音刺激所产生的融合声进一步靠近左耳。可见，被试将客观上存在短暂时间间隔的两个声音刺激知觉为一个，即“同时”发生。1～2 毫秒的短暂时间间隔尚不足以引起“不同时”知觉。

心理量和物理量的不一致性是心理物理学中最常见的定律，对于时间知觉来说也是一样。如果两个声音刺激的时间间隔超过了“不同时”知觉的阈限，被试便能听到两个声音。为了找到这一阈限值，珀佩尔用上述呈现刺激的方法继续增大两个声音刺激间的时间间隔，结果发现“不同时”知觉的阈限从 2 毫秒到 5 毫秒不等，且与人的年龄（年龄越大，阈限值越大）和声音的强弱有关系，但是“不同时”知觉阈限值不会因为训练而缩短。

对于特定个体来说，“不同时”知觉的阈限是固定的，并且可能和脑机制有密切联系。拉克纳和托伊贝尔（Lackner & Teuber，1973）研究发现，左脑受到意外伤害的病人，促声融合的时间明显拉长，即“不同时”知觉的阈限提高了，而右脑损伤的病人却无此现象出现。所以有研究者推测，左脑损伤所致的言语障碍可能归因于左脑时间处理机制的受损。人类的自然语言是一个在时间上连续的规则序列，一旦时间知觉的分析器受损，言语理解功能自然同时受损。珀佩尔等人对由脑损伤（如脑溢血）导致语言障碍的病人进行了研究，结果却发现健康被试和语言障碍患者的“不同时”知觉阈限不存在显著性差异，都是4.5～5毫秒。因此，有关固定“不同时”知觉阈限的生理机制还有待进一步研究。接下来的一个问题是不同感官的“不同时”知觉阈限是否都相同。听觉通道的“不同时”知觉阈值为2～5毫秒。但如果改用短暂的刺激来刺激皮肤，“不同时”知觉阈限将扩大至10毫秒。对视觉刺激来说，阈限将进一步扩大为20毫秒，20毫秒以内，两个先后呈现的视觉刺激被知觉为融合在一起。从这点来看，我们会得出一个有意思的结果：虽然人类的大量信息与经验来自视觉，但是相对于痛觉和触觉，视觉的辨别能力相对较低，人类的潜在能力——听觉或触觉在处理外界信息上的优势——还未完全展现！

对于味觉和嗅觉来说，还未有研究涉及“不同时”知觉阈限的测量，这可能是由于研究方法上的困难，不过这也是后继研究的突破点。

2. “顺序”

被试能分辨两个刺激是否说明他们已经获得了时序知觉？“不同时”知觉只是“顺序”知觉的基础，区分两个事物的前后顺序还需要更多的心理努力。珀佩尔等人进一步研究了“顺序”知觉阈限。实验中让被试判断在左耳和右耳呈现的两个“嗒”声中哪个先出现，结果发现只有当两个声音刺激的时间间隔为30～40毫秒时，被试对声音刺激先后顺序的判断才较为准确。“顺序”知觉的阈限大约是“不同时”知觉阈限的十倍。进一步实验发现，对于视觉系统和触觉系统来说，“顺序”知觉的阈限都为30～40毫秒。

可见，感知到了两个刺激在时间上的分离，还不等于知道它们的时间方向。在接受听、视、触觉刺激时，主观上的不同时性经验是确定两个刺激先后顺序的必要条件，但还不是充分条件。这似乎暗示了时序知觉存在两个层次：当客观延时超过某一因感觉通道而异的阈限值（听觉是 2～5 毫秒，触觉为 10 毫秒，视觉为 20 毫秒），并低于 30 毫秒时，“不同时”系统起作用；当客观延时超过 30～40 毫秒时，“顺序”系统起作用。“不同时”系统似乎是内隐认知的一部分，被试在无意识的情况下，自动将两个刺激知觉为在时间上分离，虽然主观上无法确定，但行为水平已远远超过了随机水平。而“顺序”系统是外显的，因为被试确信自己获得了有关时间顺序的知识。事实上，目前许多研究（Hasher et al.，1979；Block，1990；Olson et al.，2001）表明，时间表征可分为外显表征和内隐表征两种。时间的外显表征是一种有意识的、概念性的时间结构，是对外界环境中时间关系的一种主观的表达方式；时间的内隐表征是潜意识的、具有动力性的时间结构，是对外界环境的一种自动的、直接调节的时间模式。有关内隐的无觉察知觉的内容将在下一节详细阐述。

除了主观地从意识角度对“不同时”系统和“顺序”系统进行区分之外，我们还可以从神经生理角度对其进行区分。“不同时”知觉阈限对不同的感觉通道来说是不同的，而“顺序”知觉阈限则表现出不同感觉的一致性。珀佩尔等人提出了一个大胆的假设：“不同时”知觉和“顺序”知觉基于不同的神经结构。“不同时”知觉的分辨能力取决于相应感官本身的特性。视觉“不同时”知觉的阈限较高，与听觉反应比起来相对迟钝。这主要是因为将光能转换为脑神经冲动是一个相对缓慢的化学过程，而声能转换成脑神经冲动的过程则快得多。视网膜存在累积效应，视锥细胞、视杆细胞对光的强度十分敏感，不同的光强会引起视敏细胞（包括视杆细胞和视锥细胞）不同程度的兴奋，但是只有到达视网膜的光量子达到一定数量时，视敏细胞的兴奋到达一定程度时，才会引起神经节细胞的兴奋，所以视觉信息的传导在网膜水平的延时较长。听觉的传导相对较快，因为在耳蜗水平不存在累积效应，耳蜗纤毛的兴奋可以直接引起听神经的兴奋，无延时耽搁。这些都会在主观上通过“不同时”经验反映出来。

“顺序”知觉阈限并不由感官通道决定，而由脑本身的过程所决定。脑内存在着一个共同的机制来处理来自眼、耳和皮肤的时间顺序信息，这一机制所在的脑特定部位受损，则会导致“顺序”知觉阈限的改变。为了证明这一点，珀佩尔等人（Ilmberger，Steinbüchel，& Pöppel，1991）对语言障碍患者进行了研究。

结果发现，为了判别出两个声刺激的先后顺序，语言障碍患者所需要的时间大约为 100 毫秒，是正常人的两倍多，脑特定部位的损伤导致了听“顺序”知觉阈限大大提高。

但是，以上所讲的时序知觉研究主要是从阈限及其生理基础的角度进行探讨，实验方法的思路都较为古老。目前，认知心理学对时序知觉的探讨主要集中于加工模型的确定，在方法上多使用诸如 PDP① 等较为先进的方法。

（二）时距知觉及人类时距知觉研究

时间知觉的另一个重要组成部分为时距知觉，指对客观事件持续性的知觉。时距知觉能告诉人们某一事件延续时间的长短。相对于时序知觉而言，时距知觉的研究更多。

在时距知觉的研究中，可以操纵的自变量有时距类型（空时距对实时距）、时距长度、刺激通道、时距的分割水平、人的心理状态等等，这些自变量都会影响人们的时距知觉和时距估计。下面我们将对这些自变量逐一讨论。

1. 时距类型

时距分为实时距和空时距，实时距指刺激以持续方式呈现，空时距指刺激以间隔方式呈现，即整个时距只有起止刺激。有关动物时距知觉的研究发现，不管对空时距还是对实时距，动物都表现出了很强的敏感性。那么，人类被试在知觉空时距和实时距时有无差别呢？布莱克利（Blakely，1933）和斯托特（Stott，1935）曾经分别对空时距、实时距的差别阈限进行研究，结果发现：空时距以 0.6～0.8 秒的差别阈限最低，其数值约为 8%；在 0.2～1.5 秒的范围内，差别阈限值均在 10%以下。实时距的结果与空时距的结果大致相同。林仲贤（1991）曾在影响时间知觉差异性因素的实验研究中提到过两类时距，也未发现时距类型对成人时距知觉有明显影响。

2. 时距长度

维耶罗特（Vierordt）早在 1868 年就对时距长度进行了研究。实验中，要

① PDP：process dissociation procedure，加工分离程序，最先由雅各比（Jacoby，1991）提出。

求被试复制时距。图 7-23 列出了实验结果。横轴表示刺激延时，纵轴表示被试对这个时间的估计。结果发现，在大约 3 秒钟之内，估计时间比刺激延时稍长，而在 3 秒钟之后，复制时间明显地比刺激延时短，被试对 3 秒的估计最为准确。

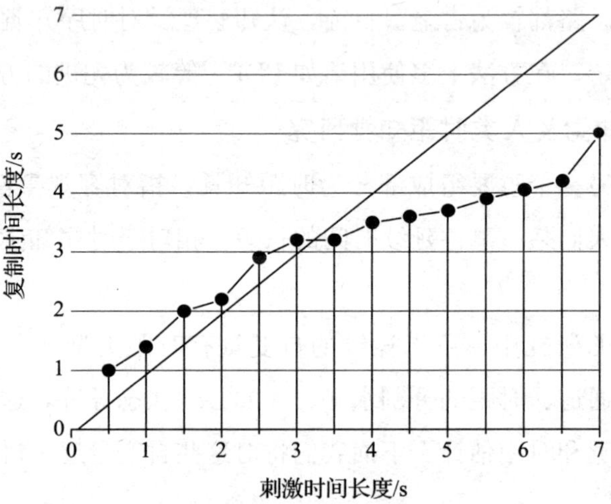

图 7-23 维耶罗特的实验结果

（采自 Vierordt，1868）

国内的一些研究者发现时距越长，估计越不准确。林仲贤等人（1991）发现大部分 7 岁儿童复制短时距的精确度高于复制长时距的精确度。姜涛和方格（1997）在对小学儿童进行习俗时间的时距判断的研究中也发现，儿童时间知觉具有显著的时距效应，即随着两个日期间时距的增加，儿童反应时增大，准确率降低。根据这些实验结果，有研究者假设人脑中存在加工和编码时间信息的计时器或计数器，在利用计数器进行时距估计时，人们对于长时距更不易把握计数节奏的稳定性，因而时距估计更不准。

3. 刺激通道

我们在时序知觉中曾讲过“不同时”知觉阈限中存在通道效应，许多研究（Crowder & Morton，1969；Glenberg & Swanson，1986；Glenberg & Fernandez，1988；Penney，1989）表明在时距知觉中也存在通道效应，即对不同刺激呈现的实时距，人们估计的正确率不同，对听觉刺激延时的估计较视觉刺激延时的估计来得准确。然而，也有研究者得出了不同的结论。克劳德和格林（Crowder & Greene，1987）用不等时距再现技术（irregular list technique）研究视听通道的时距估计，却未发现听觉对时间编码有明显的优势。尼斯和克劳德（Neath & Crowder，1990）的一项研究也未发现听觉通道比视觉通道更多地得益于时间信息。黄希庭等人（1993）的研究解决了这一争论。除了刺激通道这一自变量外，他们的实验还加入了其他两个自变量：时距长度和反应类型。时距长度有两个水平，一为短时距系列（1 秒、1.5 秒、2 秒），二为长时距系列（10 秒、11 秒、12 秒）。反应类型也有两个水平，一为立即复制，二为延迟 5 秒后再复制。结果发现，在短时距复制中，听觉比视觉具有优势，听觉再现较为准确，延迟反应对听觉时距估计的破坏作用较小，而在长时距复制中，却未发现听觉通道的优势效应。

4. 时距的分割水平

变化/分割模型（change/segmentation model）认为对时间的认知是以心理变化为依据的，时间知觉就是知觉变化，时间估计就是把心理上所经历的变化分割为可记忆的片段，然后再根据所分割的变化段数来判断时间的长短。因此，按照变化/分割模型，如果操纵心理上经历的变化所分割段数的多少，那么被试对目标时距的估计将取决于心理上被分割的记忆段数的多少。为了验证这一模型，黄希庭等人（1997）以时距的分割水平为自变量进行研究。实验中，所呈现的时距为以 12 个数字填充的实时距，每个数字的呈现时间为 0.3 秒，间隔时间为 0.1 秒。这 12 个数字按两种方式呈现：一为四个一组的电话号码，二为两个一组的门牌号，一组电话号码间的间隔时间为 2 秒，而一组门牌号间的间隔时间为 1 秒。数字的两种呈现方式对应两种心理分割水平。时距复制任务有立即和延时两种。结果发现：在立即复制任务中，分割水平为四个一组时，时距的复制更为准确，分割水平为两个一组时，时距估计倾向于高估；在延时任务中，分割水平效应不显著。实验结果符合变化/分割模型，因为按照变化/分割模型，在立即复制任务中，如果被试将整个时距以四个一组分割，分成 3 段，那么时距倾向于缩短，如果以两个一组，分成 6 段，则时距倾向于拉长。在延时复制任务中，组块被打破，整个时距被分为 12 段，两种分割水平没有显著性差异。

5. 心理状态

因为人的某些心理状态也会影响时距知觉，所以有研究者对被试的心理状态进行了操纵，并得出了一些有意思的结果。一项研究使用具有不同情绪状态（积极、中性和消极）和不同唤醒水平（高、低）的幻灯片作为刺激，让被试判断幻灯片呈现的时距。结果表明：在低唤醒水平下，对消极幻灯片的时距估计显著短于对积极幻灯片的时距估计；在高唤醒水平条件下，对消极幻灯片的时距估计显著高于对积极幻灯片的时距估计。李鑫和郑美红（2016）探讨了时间压力对时距知觉的影响，要求被试先在规定的时间（1 000 毫秒、2 000 毫秒和无时限）内完成数学计算任务，然后完成对 5 秒的时距估计任务。结果表明，随着时间压力的增加，被试对 5 秒的时距估计逐渐缩短，并且时距估计的准确率也逐渐下降，分别为 13%（无时限）、9%（2 000 毫秒）和 4%（1 000 毫秒）。

综上所述，关于时间知觉的研究虽然历史不长，却极为丰富。相信随着时间的推移，时间知觉方面的研究将会有更大的进展。

第四节 无觉察知觉

以往，心理学家认为知觉一定是在意识层面的。例如：在视、听知觉研究中，被试总是可以意识到自己看见或听见的某些刺激；在空间知觉和时间知觉研究中，人们也可以清楚地意识到空间关系和时间序列。然而，近 20 年以来，研究者逐渐发现大量证据，证明知觉也可以涉及无意识层面的加工，这就是无觉察知觉。本节主要介绍无觉察知觉的提出、实验逻辑和研究方法等。

一、无觉察知觉的提出

20 世纪 80 年代，研究者得到启发，开始思考知觉是否可能在意识层面之下发生，这就是无觉察知觉的最初由来。而为无觉察知觉的存在提供证据的，分别是神经病理案例研究和认知实验研究。

（一）神经病理案例研究

在一些神经病理案例中，研究者发现了奇怪的现象：一些脑损伤患者无法知觉到某些刺激，但在一定条件下表现得似乎仍能对这些刺激进行某些加工。换言之，那些刺激在患者本人毫无觉察的情况下得到了知觉加工。

1. 盲视

韦斯克兰茨（Weiskrantz，1986）报告了一例盲视病人 D. B.。D. B. 十四岁时，大约每六周发生一次剧烈头痛，头痛时，伴随出现的是其左侧视野一个椭圆形的区域暂时失明。到他二十岁时，他头痛的次数增加，并且在某一次头痛发作后，那个椭圆形的局部区域彻底失明了。X 光片显示：他大脑右侧视皮质顶端的血管增大。之后，手术切除了 D. B. 脑部的这部分视皮质和膨大的血管。当即 D. B. 的头痛停止，然而，他的左侧视野失明了。通过动态视野程序，研究者发现 D. B. 每只眼睛视野的左半部都有一个盲点。

然而，奇怪的是 D. B. 的左视野好像并非真的失明。研究者观察发现，D. B. 能够清晰定位处在他的盲视野区内的物体。比如，尽管看不见，但他能够正确地握住别人伸出的手，而且，他能够猜出他看不见的条状物是水平运动还是垂直运动。不过，D. B. 说他看不见左视野中的任何东西，他之所以能够成功地完成以上任务，完全是因为猜测。

韦斯克兰茨对 D. B. 的这种在无觉察情况下的准确判断能力进行了进一步的测试。由于 D. B. 看不见在盲视野中的物体，实验要求他对光斑是否存在及其位置进行迫选猜测。另一些实验要求他猜测线条的方向。研究者控制照明条件、D. B. 头的位置和视线的方向保持不变。结果发现，D. B. 在盲区的定位、觉察和目标方位的猜测都比随机猜测的结果要好得多，并且在很多情况下，盲区的视觉活动几乎和正常视野的视觉活动表现得一样好。但是 D. B. 仍不能辨别在盲区出现的物体，在整个测试过程中，他都声称看不见测试中要求他做出选择判断的目标，他还是认为他在这些测试中所表现出来的卓越能力要归功于猜测或是运气。在不存在觉察的情况下，D. B. 进行了复杂的知觉判断。D. B. 在没有觉察的情况下产生了知觉，这就是无觉察知觉存在的证据。

2. 单侧忽视

单侧忽视也称半球忽视。其生理原因是，人们对损伤半球对侧空间中心区域发生注意的能力受损。它损伤的部位通常发生在右侧大脑，以致影响的是左侧空间问题。这类病人常常忽略刺激的左侧。例如，当给这类病人呈现一页随机画有圆圈和十字的纸张，并要求他们画一条贯穿所有圆圈的线段时，他们常常仅对右半页的纸张这么做。同样，这类病人仅仅复制绘画的右半部，甚至在极个别情况下，他们只是吃盘子右半部的食物。

实际上，有证据显示单侧忽视患者仍能知觉到忽视区域的信息。比夏克等人（Bisiach et al.，1983）研究发现，来自忽视部分的信息使病人对线段长度的估计产生了偏差。马歇尔和哈利根（Marshall & Halligan，1988）对病人 P. S. 的实验研究也有类似的发现。他们让 P. S. 看一张画有两个房子的图片，结果乍看之下病人认为两个房子一样，但当让她选择一个居住时，她选择了右侧的。事实上画中左侧的房子下面有火焰，虽然 P. S. 不能有意识地觉察左侧房子下面的火焰，但是这一事实影响了被试的判断。这表明被试确实在无察觉的情况下产生了知觉。后来，主试再呈现火焰从右侧房子冒出来的图片，她马上“注意到”了左侧的火，并感叹道“噢！天哪，这是个着火的房子”。由此可知，对左侧房子火焰的不能觉察并不是绝对的，它能通过适当的线索被克服。

盲视和单侧忽视都是无觉察视知觉的案例，其他刺激通道也有类似的现象。如帕亚尔等人（Paillard et al.，1983）报道一个脑部受伤妇女的案例，该女性对其身体右侧的接触不敏感，但当请她确定在其无感觉一侧何处受触摸时，她却能非常精确地做到。即使她感觉不到移动着的刺激物，也能正确地猜到它在皮肤上的移动方向。

（二）认知实验研究

在脑损伤患者身上出现的无觉察知觉现象，能否在正常人身上表现出来？一些研究者尝试在实验室内通过对自变量进行一定的操纵，在正常被试身上也能发现无觉察知觉，即知觉和觉察的分离。

1. 斯特鲁普启动实验：无觉察知觉存在的实验证据

斯特鲁普启动实验是由马塞尔（Marcel，1983）用启动形式对斯特鲁普效应进行改进而获得的一个变式。有关斯特鲁普效应，我们在此前注意一章中讲述过，为方便起见，现叙述如下。

1935 年，斯特鲁普报告了一个实验，实验中发现当给被试呈现墨水颜色与词义不同的色词（如绿色的“red”），要求其报告墨水颜色时，比单纯报告特定色块的颜色反应时更长。这一效应引起了很多心理学家的研究兴趣，随后研究者们进一步拓展了实验程序。例如，在实验中同时设置中性条件（如用红墨水写的“HOUSE”）、色词意思和墨水颜色一致条件（如用蓝色墨水写的“BLUE”）、色词意思和墨水颜色不一致条件（如用蓝色墨水写的“RED”），如图 7-24 所示。结果发现，当单词意思和墨水颜色一致时，被试报告速度要快于报告中性单词墨水颜色的速度，但当单词意思和墨水颜色不一致时，被试报告速度则较中性单词来得慢。后来，人们将这一现象称为斯特鲁普效应。

图 7-24　斯特鲁普实验的刺激项目示例

将斯特鲁普效应改为启动形式，就是斯特鲁普启动实验。在斯特鲁普启动实验中，主试先呈现一个启动词（如“蓝”），马上再呈现一个色块（如红色），被试的任务是尽快判断色块的颜色。启动词的词义可能与色块颜色相同，也可能不同，构成字色一致或不一致条件。如果字色一致条件的反应时快于控制条件（启动词为非色词，如“房子”）的反应时，而字色不一致条件的反应时慢于控制条件的反应时，这就证明斯特鲁普效应可以在启动形式下发生的。这种由于近期与某一刺激的接触而使对这一刺激的相关刺激的加工得到易化的效应，称为启动效应（priming effect）。

马塞尔进一步对实验进行改进，通过在启动词后呈现掩蔽刺激（如无序的字母图案）来操纵被试对启动词的觉察状态。启动词与掩蔽图案之间的间隔是调节被试觉察状态的关键操作，间隔越小，掩蔽效果越好，被试对启动词觉察的准确度越差；间隔增大则会导致掩蔽效果弱化，被试对启动词觉察准确度上升。

实验中，马塞尔通过调整启动词和掩蔽刺激之间的时间间隔区分出觉察条件和无觉察条件。觉察条件下的间隔为 400 毫秒；在无觉察条件下，主试针对每个被试事先单独测定启动词与隐蔽刺激之间的间隔，要求被试在此间隔下觉察到启动词出现的概率不高于 60%。马塞尔实验的刺激材料包括四种颜色的色块（红、黄、蓝、绿）、四个颜色启动词（“红”“黄”“蓝”“绿”）、三个中性词（“咳”“类”“水”）。

借助修改后的实验程序，研究者可以做出这样的推理：如果在被试没有觉察到启动词的情况，启动效应仍然存在，则证明知觉可以在无觉察状态下发生；反之，如果只能在被试觉察到启动词的情况下才会发生启动效应，那么证明知觉的发生必须在意识觉察下进行。

结果发现：在觉察条件下，启动效应出现了；在被试对启动词无觉察的条件下，启动效应仍然出现了，由此，马塞尔认为对意义的知觉可以不通过觉察。马塞尔在正常被试身上发现的无觉察知觉证据可谓是开无觉察知觉认知研究之先河。

2. 觉察知觉和无觉察知觉的实验性分离

实验性分离指的是通过操纵一个自变量，使两个对象发生不同的变化。如果发生实验性分离，我们便可以认为这两个对象或概念在本质上是不同的。1986 年，奇斯曼（Cheesman）和梅里克尔（Merikle）改进了斯特鲁普启动实验，通过操纵启动词和色块颜色一致的出现概率，对觉察和无觉察水平的知觉进行了实验性分离。

之前的研究已经发现，单词意义和墨水颜色一致的试次出现频率的提高会加快一致试次条件下被试的反应时，减慢不一致试次条件下被试的反应时（Glaser & Glaser，1982）。这是由于一致试次出现概率的提高使得被试倾向于报告启动词所表示的颜色，这种倾向性会减少一致试次的反应时，但是会导致对不一致试次的反应时变慢。

奇斯曼和梅里克尔认为斯特鲁普启动实验中也会存在上述频率效应，并对此进行了实验验证（实验一）。实验涉及两个自变量。第一个自变量是启动色词和目标色块之间的关系，分为一致、不一致和控制（控制条件下的材料设置为 5 个字母 X）三个水平；第二个自变量是一致试次出现的频率，一种情况是一致、不一致和控制试次各占 1/3，另一种情况是一致试次占 2/3，不一致和控制试次各占 1/6。结果发现，随着一致试次的比例从 0.33 提高到 0.67，一致试次的反应时变快（这里仅存在边缘显著），控制试次的反应时不变，不一致试次的反应时变慢。这一结果验证了奇斯曼和梅里克尔的推断，证明了频率效应存在于斯特鲁普启动实验中。

同时，考虑到频率效应其实是一种被试主动选择的有意识策略（Lowe & Mitterer，1982），奇斯曼和梅里克尔进一步推断，斯特鲁普启动实验中频率效应是否发生存在边界条件：启动词是否被觉察。也就是说，如果启动词呈现在觉察阈限之上，能被有意识地觉察，频率效应就会出现；如果启动词呈现在觉察阈限之下，不能被有意识地觉察，频率效应就不存在。如果真如所推断的，频率效应在觉察和无觉察的条件下出现了实验性分离，研究者就可以认为觉察和无觉察水平具有质的差异。

为此，奇斯曼和梅里克尔（Cheesman & Merikle，1986）进行了进一步的实验研究（实验二）。实验共有三个自变量，其中两个与实验一一致。第三个自变量是借用掩蔽技术操纵的被试对启动词的觉察状态，分为无觉察和有觉察两个水平。因此，这是一个 3（启动色词和目标色块之间的关系：一致、控制、不一致）×2（一致试次的比例：0.33、0.67）×2（启动词觉察水平：觉察、无觉察）的实验设计。

图 7-25 列出了实验的结果：在觉察条件下，当一致试次的比例增加时，一致试次的反应时变快，不一致试次的反应时明显拉长，出现频率效应；而在无觉察条件下，不论是一致试次还是不一致试次的反应时，都不受一致试次比例的影响，频率效应消失。实验结果完全证明了奇斯曼和梅里克尔的推断，即频率效应在觉察和无觉察条件出现实验性分离，只有在启动词被觉察时，频率效应才存在。这也证实了觉察和无觉察之间的本质区别。

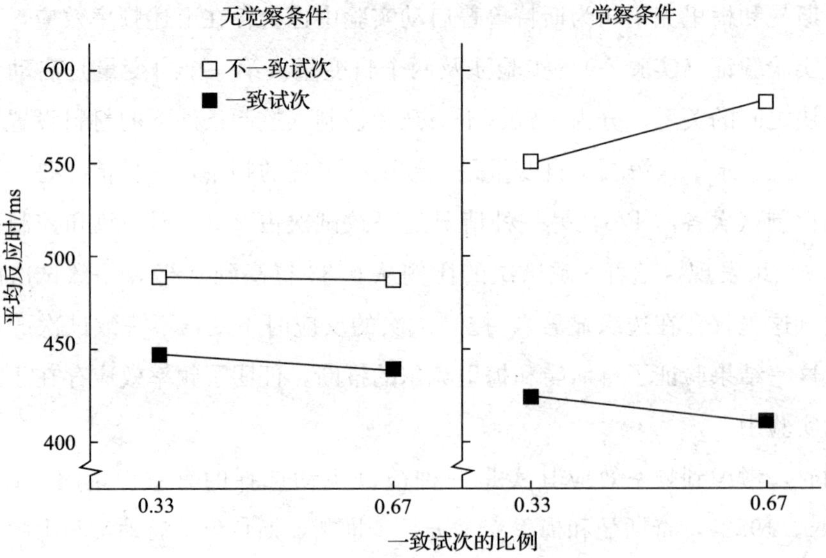

图 7-25　奇斯曼和梅里克尔实验的结果

（采自 Cheesman & Merikle，1986）

不管是斯特鲁普启动实验还是实验性分离，都是无察觉视知觉方面的研究，也有研究者对其他通道的无觉察知觉进行了研究。例如，库韦德尔等人（Kouider et al.，2010）对无察觉听知觉进行了研究。实验中，被试在听觉阈下启动之后，判断呈现的听觉刺激是真词还是假词，即进行词汇确定任务。结果发现，尽管被试报告听不到启动音，对启动音的迫选任务成绩也仅在随机水平，但启动音影响了词汇确定任务的反应时，当启动音与真词发音一致时，出现了显著的启动效应。这表明，虽然被试觉察不到启动刺激，但仍加工了启动音，从而在测验中有较好的表现。

二、无觉察知觉的实验逻辑

在概述了无觉察知觉的研究内容之后，紧接着，我们所关心的问题是如何来进行这方面的具体实验，这涉及实验逻辑和研究方法。实验逻辑是指整个实验的总体思路，即我们想证明什么，在什么条件下得出怎样的结论就证实了我们之前想证明的，概括起来说，就是实验目的和实验假设。

（一）实验目的

实验目的就是指实验力求证明的具体命题。对于无觉察知觉来说，由于刚刚才从有意识知觉中剥离出来，研究历史很短，独立地位还未受到广泛的认可，所以现阶段研究的主旨在于将无觉察知觉和有意识知觉进行区分，为无觉察知觉的独立存在提供依据。

要证明无觉察知觉独立存在，首先必须回答的问题是什么是无觉察知觉。无觉察知觉是指刺激没有被个体的意识觉察，却对个体的行为产生了影响，即个体无意识地对刺激进行了加工（Berry & Dienes，1993）。最初，无觉察知觉是指微弱模糊的刺激仍然能够被无意识加工（Bornstein & Pittman，1992），而近年来，无觉察知觉的应用范围扩大了。只要刺激的呈现在意识觉察阈限以下，却影响了个体的感觉、思维或行为，那么无觉察知觉就发生了。

了解了无觉察知觉的概念之后，实验目的便可以具体化为：在满足刺激呈现在意识觉察阈限以下这一前提之下，发现刺激对个体知觉的影响。那么接踵而来的问题是：怎样的刺激才算是低于意识觉察阈限呢？对此，研究者做出了各种假设。

（二）意识觉察阈限的假设

对于如何判定刺激呈现低于意识觉察阈限的假设很多，但由于无察觉知觉研究起步不久，这方面的研究仍处在发展阶段。

1. 分离假设

确定意识觉察阈限通常所使用的方法为分离意识与无意识的效应。对此，研究者们先后提出了两种分离假设——经典分离假设（the classic dissociation hypothesis）和相对敏感性假设（the relative sensitivity hypothesis）。

（1）经典分离假设。无觉察知觉的实验基本上都建立在直接测验和间接测验的基础上。据此，最早的经典分离假设可以归纳为两点：完全论证假设（exhaustiveness assumption）和排除假设（exclusiveness assumption）。完全论证假设是指直接测验对意识加工具有完全的敏感性，间接测验对无意识加工具有完全的敏感性；排除假设是指直接测验对任何无意识加工的敏感性都为零，间接测验对任何意识加工的敏感性都为零。因此，在间接测验的成绩保持不变的情况下，直接测验的成绩从一个相对较高的水平转变为完全随机水平的那点便为意识觉察阈限的临界点。

以马塞尔在1983年进行的一个斯特鲁普启动实验为例。实验要求被试对单词（如 street 或 child）或字符串（woot，glayer）进行分类，结果当单词（如 child）的后面紧接一个语义相关的单词（如 infant）时，分类速度比单词（如 street）的后面紧跟一个语义无关的单词（如 infant）时快，这就是启动效应。马塞尔增加刺激呈现条件的难度后发现，即使被试根本不能辨别单词是否呈现，启动效应仍然存在。在这一实验中，间接测验为语义启动中的反应时测量，结果发现启动效应始终存在，这说明无意识始终在起作用。直接测验为被试对语义相关单词或语义无关单词的知觉辨认，其结果为随着难度的增加，被试从能辨认单词到不能辨认单词，即从存在意识加工到排除意识加工。直接测验和间接测验的结果共同表示：当刺激难度增大到被试刚巧不能辨认刺激，但仍存在启动时，那一点便是意识觉察的阈限；随着难度继续增加，刺激的呈现便低于意识觉察阈限，而低于意识觉察阈限的刺激呈现仍可以对被试知觉产生影响（启动效应）。

（2）相对敏感性假设。经典分离假设并不完善，直接测验往往会受到无意识知识的污染，而间接测验也往往会受到意识的污染。对此，莱因戈尔德和梅里克尔（Reingold & Merikle，1988）在扬弃经典分离假设的基础上，提出了证明无觉察知觉独立存在的相对敏感性假设：直接测验和间接测验都同等程度地对意识知识敏感，当在某一特定的刺激维度上，间接测验比直接测验更敏感时，我们可以发现无意识加工的存在。相对敏感性假设的标准较低，在确定意识觉察阈限时，无须排除意识的加工，只要间接测验成绩高于直接测验成绩，就表示无意识加工确实起作用了。

以威尔逊和扎伊翁茨（Wilson & Zajonc，1980）的实验为例。实验中，向被试呈现10个不规则的几何图形，图形呈现的时间控制在被试阈限以下，结果所有的被试都报告没有看到任何图形。而在进一步的偏好测验中，当要求被试在两个图形中选出自己喜欢的图形时，被试的选择中有三分之二都指向先前呈现过的图形，表明他们无意识加工了这些图形，由此导致了偏好的提高。但是，对被试进行再认测验，要求他们选择哪些是先前呈现过的，其成绩完全处于随机水平(50%)。在此实验中，直接测验为再认测验，而间接测验为偏好测验，数据表示间接测验成绩高于直接测验成绩，这表明无意识加工的确起了作用。

2. 主观阈限和客观阈限假设

除了上述的两种分离假设之外，奇斯曼和梅里克尔提出通过主观阈限和客观阈限来判定意识觉察阈限。

主观阈限和客观阈限假设的提出是建立在奇斯曼和梅里克尔对马塞尔的斯特鲁普启动实验反思的基础上的。奇斯曼和梅里克尔（Cheesman & Merikle，1984）认为，马塞尔在斯特鲁普启动实验中将觉察率为60%作为控制启动词和掩蔽刺激间隔的标准，这是有问题的，因为即使低于60%的觉察率，被试仍可能觉察到刺激。心理物理学方法中阈限的操作性定义为有50%可能被察觉到的那个刺激，真正的完全随机水平应该是50%。奇斯曼和梅里克尔又指出，马塞尔所使用的言语报告的意识觉察阈限可能会比其他觉察阈限要高。因此，马塞尔实验的结果完全可能是由设定了错误阈限而导致的，在无觉察条件下，刺激呈现可能低于被试言语报告觉察阈限，但又高于其他察觉阈限。

为了检验这种可能性，奇斯曼和梅里克尔（Cheesman & Merikle，1984）对斯特鲁普启动实验进行了改进。首先，改变确定启动词觉察阈限的方法，从要求被试报告启动词的颜色变成要求被试在四个可选的色词中选出刚才看到的色词。其次，通过操纵启动词与掩蔽刺激之间的间隔计算每个被试对启动词的觉察阈限，使其对启动词的迫选的觉察率分别为25%、55%和90%。由于迫选是四择一的，对启动词的随机觉察率为25%，是最低觉察阈限。55%的觉察率与马塞尔实验所用的觉察阈限差不多。在觉察率为90%的情况下，被试几乎能完全觉察到启动词。在这三种觉察阈限下，被试都说他们的反应是基于猜测。为了与这三种不同的觉察水平相对照，奇斯曼和梅里克尔还纳入了无掩蔽刺激的实验条件，并且每个条件下色块和启动都分为一致、不一致和控制（控制条件下的材料设置为 5 个字母 X）三种情况。

实验结果如图 7-26 所示，除了在完全随机觉察水平（觉察率为 25%），在其他觉察水平，启动词意义和色块颜色一致时，相对于控制条件，被试反应时较短，而两者不一致时，相对于控制条件，被试反应时较长。这一结果清晰地证明了，只有在完全随机觉察水平（觉察率为 25%），启动效应不存在，而在 55%和 90%觉察条件下，尽管被试言语报告无法觉察到启动词，但是启动词的存在影响了被试的反应，即被试对启动词进行了加工。

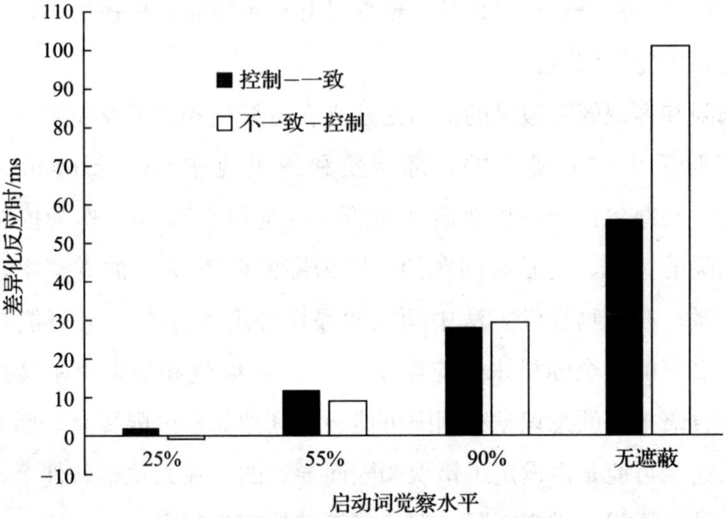

图 7-26 奇斯曼和梅里克尔实验的结果

（采自 Cheesman & Merikle，1984）

针对上述实验结果，奇斯曼和梅里克尔（Cheesman & Merikle，1984，1986）提出了双阈限理论：一为主观阈限（subjective threshold），即被试“声称”不能觉察知觉信息而能进行判别反应的水平，比如上述实验中 55%和 90%的觉察率，其测量方法为言语报告；另一个为客观阈限（objective threshold），即被试的判别为完全随机操作的水平，比如上述实验中 25%的觉察率，其测量方法为迫选测验。

表 7-1 描述了奇斯曼和梅里克尔的双阈限理论。主观阈限之上，是完全的意

识过程，个体不仅在言语报告上表明对刺激有觉察，行为上也显示对刺激的意义有加工；客观阈限之下，被试对启动词的意义并不敏感，他们的行为水平完全随机；在两个阈限之间，被试在言语报告上表明他们对启动词无觉察，但行为上表明启动词的意义影响了他们的反应。

表 7-1　奇斯曼和梅里克尔的双阈限理论

客观阈限　　　　　　　主观阈限

不可能确定觉察的水平	无意识过程	意识过程
言语报告对刺激无觉察，行为上对刺激意义的反应处于随机水平	言语报告没有觉察刺激，但行为表明对刺激意义的反应高于随机水平	言语报告有觉察刺激，且行为表明对刺激的意义有加工

奇斯曼和梅里克尔的双阈限可以用来为意识觉察阈限下一个操作性定义：刺激的呈现必须低于主观阈限，却不低于客观阈限，才能无意识地对被试的行为产生影响；意识觉察阈限应该是主观阈限，而不是客观阈限。正如奇斯曼和梅里克尔所说的：如果知觉觉察是一个主观状态，我们认为主观阈限，即报告知觉的阈限，能够更好地抓住意识和无意识知觉在现象学上的区别。

然而，用主观阈限来界定意识觉察阈限仍存在问题，因为有研究发现低于客观阈限的刺激也能进行无意识加工，即产生无觉察知觉。例如，达根巴克、卡尔和威廉森（Dagenbach，Carr，& Wilhelmsen，1989）发现启动效应随启动词和掩蔽之间的间隔时间而变化：当间隔时间从主观阈限以上开始逐渐缩短时，启动效应也逐渐减小，达到单词辨别阈限（言语报告主观阈限）时启动效应消失；但是，当启动词和掩蔽刺激的间隔时间继续减少时，启动效应又增大了，在刺激觉察客观阈限（迫选测验随机水平）上达到最大。

意识觉察阈限在主观阈限和客观阈限上出现了僵局。我们要证明无觉察知觉区别于有意识知觉而独立存在，就必须对意识觉察阈限下定义。面对这一问题，我们必须借助其他的实验逻辑或工具。让我们来回顾一下前面提到的实验性分离：通过操纵自变量 A，能使对象 B 和对象 C 发生不同的变化，那么我们便认为 B 和 C 在本质上是不同的。确定意识觉察标准的目的是区分无觉察知觉和有意识知觉，那么只要某一自变量 A 对某一种阈限所区分的无觉察知觉和有意识知觉的影响不同，我们就认为这一阈限有效。

于是，梅里克尔和莱因戈尔德（Merikle & Reingold，1990）对主观阈限和客观阈限进行了比较。实验中，他们向被试呈现一个词或仅呈现空白，被试首先判断呈现的是刺激还是空白，然后进行迫选再认或者词汇判断。结果发现：当刺激呈现而且被试声称看到了刺激时（主观阈限之上），被试的单词、非单词的再认和判断成绩均高于随机水平；当刺激呈现而被试声称没有看到刺激时（主观阈限之下），被试的单词再认和判断成绩仍然高于随机水平，但非单词的再认和判断成绩完全处于随机水平。这一实验中，自变量为单词与非单词的再认和判断，单词和非单词不影响主观阈限之上的有意识知觉，只影响主观阈限之下的无意识知觉。然而，如果用客观阈限作为意识觉察标准的话，我们将看不到这种影响分离现象。这一研究表明，主观阈限能够更好地区分意识和无意识。

三、无觉察知觉的研究方法

任何一个实验都是在控制无关变量的情况下，通过操纵自变量来揭示自变量和因变量间的关系。所以，对任何实验研究方法的描述都离不开自变量、因变量和无关变量。对于无觉察知觉研究方法的阐述，我们也主要从这三方面进行。

（一）自变量

由于无觉察知觉本身的特异性，针对无觉察知觉研究所使用的方法和其他知觉研究有所不同。无觉察知觉研究的一个重要方面是使刺激不被意识觉察，为了达到这一点，研究者通常通过两种方法来控制自变量：一种是通过注意分配控制意识，即将刺激呈现在不被注意的位置；另一种是通过刺激条件控制意识。

对于前一种方法，以盲视病人 D. B. 的研究为例，被试的病理特征实际就是一个可操纵的自变量，将刺激呈现在盲视野，即不被注意的位置，这就是对被试自变量的一次操纵。通过这一操纵，我们可以排除知觉的意识成分，将因变量（D. B. 的知觉判断能力）上出现的效应归结为无意识加工的结果。

对于后一种方法，我们以马塞尔的斯特鲁普启动实验为例，其中的启动词和掩蔽刺激的间隔时间就是一个可操纵的自变量，通过操纵该间隔时间，我们可以控制被试对启动词的觉察（意识）水平，从而影响最终的因变量（启动效应）。

除此之外，对于无觉察知觉和有意识知觉的区分，我们还可以应用实验性分离，即纳入其他的自变量，使这一自变量对无觉察知觉和有意识知觉产生不同的影响，从而从本质上区分两者。上述的一系列实验中，研究者选用了启动词意义和色块颜色一致试次的概率、单词或非单词测验作为自变量，对无察觉知觉和有意识知觉进行实验性分离。随着实验研究的深入，我们会发现更多类似功能的自变量，为无觉察知觉的独立存在提供更坚实的基础。

（二）因变量

在一般的知觉研究中，言语报告是我们常用的因变量，因为人们的经验、体验可以通过言语报告表达出来。但言语报告是人们有意识的活动，而现在我们所要研究的无觉察知觉是在无意识的情况下发生的，显然，言语报告不能作为可靠的因变量指标。那么什么才是可以使用的因变量呢？

我们在前面讲到过间接测验，经典分离假设认为间接测验对无意识具有完全的敏感性，虽然经典分离假设受到质疑，但是它所提出的间接测验仍是无觉察知觉研究中很要的因变量指标。比如，在斯特鲁普启动实验中，我们使用反应时作为因变量，反应时的减少被认为是启动效应所导致的。相对于正确率，反应时的变化更不易被人们所察觉，它是对无意识的较好的间接测验。再如，威尔逊和扎伊翁茨（Wilson & Zajonc，1980）的实验用偏好测验这一间接测验作为因变量，因为在使用偏好测验时，被试决不会意识到这是在测量他们对先前 10 个不规则几何图形的知觉。

（三）控制变量

无觉察知觉研究中的控制变量和其他知觉研究中的差不多，除了诸如刺激强度、亮度等物理环境的因素外，还有诸如情感和动机等个体因素。这里就拿马塞尔的斯特鲁普启动实验为例，在确定觉察阈限时，必须对每个被试单独测定，而不是对所有被试，确定一个恒定的启动词和掩蔽刺激的间隔，因为对不同被试而言，同一个启动词和掩蔽刺激的间隔会产生不同的觉察水平，这种方法事实上就是在控制个体差异这一无关变量。再如，我们知道网膜是具有累积效应的，即只有当达到网膜的光量子达到一定水平时，才会产生神经冲动，向大脑传递，所以在进行无觉察实验时，刺激的光亮就非常重要。我们必须向每个被试以同样的亮度呈现刺激，这才不至于在短暂呈现刺激的情况下，使得刺激到达每个被试皮质的时间不同，这样，我们才算是有效控制了亮度这一无关变量。

无觉察知觉是知觉研究中的新兴领域，由于其在定义上就和传统的有意识的知觉完全不同，因此无觉察知觉的研究内容、实验逻辑和研究方法都有别于以往的知觉研究，而这也正是无觉察知觉研究的魅力所在。对无觉察知觉的深入研究，将有助于揭示人类意识和无意识功能的奥秘，帮助我们理解人类在意识水平以下的信息加工潜力。

课后思考题

1. 感觉有什么特点？
2. 知觉组织指的是什么？
3. 直接知觉和间接知觉有何区别？
4. 人们可以利用哪些深度线索形成空间知觉？
5. 什么是时序知觉和时距知觉？
6. 无觉察知觉的实验逻辑是什么？

本章实验

实验一 听觉阈限测定

1 引言

感觉阈限的测定是深入了解感知觉属性的第一步。人的感觉能力是有限的，只有当适当强度的适宜刺激作用于某一特定感官时，才可能产生某种感觉。对于听觉来说，适宜刺激是声音，但并非所有的声音作用于耳朵，都会产生听觉。能产生听觉的声音刺激必须满足两个条件——频率和强度适当。只有当频率和强度都到达一定程度，人们才刚好能听到某一声音，这个声音就是响度绝对阈限。

本实验的目的在于学习如何测定响度绝对阈限并了解在测定响度时应注意的问题。由于在第五章中，我们讲过极限法是测定阈限的直接方法，能通过各种手段较为有效地控制实验中的各种误差，所以在此选用极限法来测定响度绝对阈限。

2 方法

2.1 被试

大学生两名。

2.2 仪器

听力实验仪。

2.3 程序

(1) 主试呈现较强的噪声让被试熟悉一下，并初步找出他的阈限范围，进而选定连续的 15 个噪声强度，并画好记录表（见表 1）。

表 1 原始记录表

刺激强度/(sone)	↑	↓	↓	↑	↓	↑	↑	↓	↓	↑	↑	↓	↑	↓	↓	↑
21																
20																
19																
…																
7																
转折点																

(2) 主试让被试面对听力实验仪坐下，并给他如下的指导语：“这是一个听力测试实验。实验时，请你把耳机戴好，用右耳（或左耳）听声音，在整个实验中不要换耳朵。用左手拿好反应键 L，用右手拿好反应键 R。每次听到我喊‘预备’，你就注意听，如果你听到了刚才听过的那种咔嚓声，就用右手按一下键，接着就休息，等到下一次我再喊‘预备’时，再注意听。如果你听到其他声音，不要管它。如果在我喊了‘预备’后四五秒你

还没听到声音，就用左手按一下键，按后就休息，再等下一次。就这样做，一共要做几十次。请你在每次反应时都要尽量保持一致，也就是说，只有当听到的声音确实是咔嚓声而不是其他声音时，才用右手按键。”

（3）主试按照记录表先给被试一个弱刺激，从喊“预备”到给刺激之间要间隔 2 秒左右，但也不要固定不变。被试反应以后若白灯亮，主试在相应处记“—”。接着给较强刺激……直到反应后红灯亮时记下“+”。然后从下一列较强的声音开始。在操作中，↑或↓每次开始的声音强度在两次连续测定中不要相同，以免形成反应定型。

（4）每测定 4 个系列的刺激后休息 3 分钟。

3 结果

3.1 主要结果是 16 次测定的总平均值，即这个被试的噪声响度绝对阈限值，见表 2、表 3。

表 2 16 个系列测定的噪声响度 *RL* 值

操作方式	↑	↓	↓	↑	↓	↑	↑	↓	↑	↓	↓	↑	↓	↑	↑	↓
转折点																
↑↓各两次的平均值																

表 3 不同操作方式下的平均噪声响度 *RL* 值

操作方式	↑	↓
8 次平均值		
16 次平均值		

3.2 为了检查这个被试是否有期望或习惯误差，以及他在实验过程中是否发生过疲劳或练习的现象，还要对表 2 和表 3 中的各值进行比较。

4 讨论

4.1 如果被试有习惯或期望误差，是否会影响响度绝对阈限的准确性？

4.2 如果被试有练习或疲劳效应，测定的响度绝对阈限是否会受影响？

4.3 在本实验中，控制变量是哪些？还有其他什么主客观因素会影响实验结果？

4.4 如果要比较两个被试的噪声响度绝对阈限，应控制哪几方面的条件？试提出一个简要的实验设计。

4.5 极限法用于本实验中听觉阈限的测定是否有局限？如果有，应如何改进？

5 参考文献

杨治良. (1998). *实验心理学*. 杭州：浙江教育出版社.

实验二　大小恒常性

1 引言

在一定范围内，知觉条件发生改变的情况下，人仍能对客观事物的特性保持相对稳定的组织加工过程叫作知觉恒常性。大小恒常性是指人对物体大小的知觉不完全随视像的变化而变化，而是趋于保持物体实际大小的特性。

同一物体，距观察者越近，其投射到视网膜上的视像越大；反之，其视像越小。如果按照物理学中的光学原理，物体与观察者之间的距离对视像的大小有很大影响。但是，在实际知觉中，人仍然能比较正确地反映不同距离物体的实际大小。也就是说视网膜上投影的大小有变化时，人的知觉保持相对恒常而并不跟着发生变化。

根据以往的研究，可以用以下公式表明大小恒常性：$S=I\times D$。S 指知觉中物体的大小，D 指知觉中物体的距离，I 指视网膜上的视像。公式表明：一个人面对熟悉的物体时，其大小知觉没变，而视网膜上的视像却缩小了，这时观察者把物体的距离知觉为较远；如果视网膜上的视像大小没变，而知觉的大小变大了，观察者就会把物体的距离知觉为较近。

大小恒常性的研究方法有描记法、比配法（comparative and matching method）等多种。本实验采用比配法。

本实验的目的在于：(1) 用比配法验证视觉大小恒常性现象；(2) 比较单眼、双眼观察时大小恒常性的程度，学习测定大小恒常性的方法。

2 方法

2.1 被试

每名被试配备一名记录员。

2.2 仪器

EP510 大小恒常性测量仪两台。

2.3 程序

(1) 选择长度为 7 米以上的场地。以每 1 米为一个度量级，测定距离位置。实验时，标准刺激距被试依次为 6 米、5 米、4 米、3 米、2 米、1 米。

(2) 被试根据标准刺激的大小，调节手边大小恒常性测量仪至大小相等。注意，被试应有时从大到小调，有时从小到大调，采用 ABBA 序列，且被试与测量仪的观视距离为 25 厘米。指导语如下：“请你注意正前方屏幕上三角形的大小，并照此大小调节你手边的测量仪，直到你主观感知到一样大小为止。报告记录员你调节后图形的数值。注意测量仪的观视距离应保持 25 厘米。”

(3) 做完双眼后，分别做左、右眼。程序同上。

(4) 记录员将被试报告的数据加上 65 毫米，记入表 1。在实验中，记录员不得将测量数据告知被试。实验记录用纸形式如下：

表 1 大小恒常性实验记录 单位：mm

	6 m				5 m				4 m				3 m			
	↑	↓	↓	↑	↓	↑	↑	↓	↑	↓	↓	↑	↓	↑	↑	↓
双眼																
左眼																
右眼																

注：2 m、1 m 的距离，可按此要求画表。

3 结果

3.1 计算各种情况下的大小恒常性系数与透视值。

布伦斯维克提出的计算公式如下：

恒常性系数　$K_D=\frac{R-S}{A-S}$

R：见到的形状

A：实际的形状值

S：透视形状值

透视值　$S=\frac{A\times B}{D}$

D：标准刺激的观视距离

B：被试对测量器的观视距离（本实验定为 25 厘米）

3.2　制作在不同观察条件下双眼、单眼（左、右）的大小知觉曲线图。横坐标为视距，纵坐标为大小恒常性系数。

4　讨论

4.1　试分析单、双眼大小恒常性的差别及其原因。

4.2　分析在这个实验中，透视值固定，恒常性系数随标准刺激大小和距离远近变化的趋势。

5　参考文献

杨治良.（1998）. *实验心理学*. 杭州：浙江教育出版社.

实验三　知觉的间接性

知觉的间接性强调的是知觉会受后天经验的影响。我们先教你做两个有趣的心理学实验，让你观察并体验生活经验对知觉的影响。要知道，有时候老经验也会犯错误。

请准备五张文字卡片，分别写上“你我中字生”“心理实险”“春李运动令”“为人氏服务”“发展体育这动”。将文字卡片以 1/50 秒左右的速度向被试一一呈现。要求被试将每次看到的字写在记录纸上，各写各的，不能相互核对。实验结束以后，你要让被试仔仔细细地核对实验材料，然后各人统计自己观察到的正确字数和错误字数。你会发现被试的记录错误率是很高的，如“你我中字生”会写成“你我中学生”，“心理实险”会写成“心理实验”……

另一个实验是这样的。请准备以下这些实验材料：(1) 图形卡片三张，分别绘出如表1中的甲、乙、丙三种图形。(2) 图形说明卡片三种，各若干张。第一种说明卡片内容是：甲图形—步枪，乙图形—电灯，丙图形—眼镜。第二种说明卡片内容是：甲图形—喇叭，乙图形—蘑菇，丙图形—哑铃。第三种说明卡片内容是：甲图形—花瓶，乙图形—雨伞，丙图形—葫芦。实验程序是，先将被试分成三组。把三种图形说明卡分别发给三组被试，并向他们说明即将看到的图形就是说明卡片上所写的东西，要求被试仔细看清卡片的说明并记住它们。然后将图形卡片甲、乙、丙三种各以1/10秒左右的速度向被试一一呈现，随后让他们把所看见的图形回忆出来，并摹绘在白纸上。这时必须要求被试独立工作，不能互相窥视，也不能交流核对。实验结束以后，把被试所画的图全部收上来。这时，你就可以进行统计，并把结果填在表1内。你会发现，每组摹绘的结果总是和所给的说明卡片比较接近。例如，对于图形卡片丙：第一组描摹的结果，中间线条偏短，有时还弯曲，很像眼镜；第二组描摹的结果，中间线条偏粗，就像哑铃的柄；第三组描摹出来的两个圆，会一大一小，像葫芦。

表1 给主试用的记录表（根据被试结果整理出来）

	甲	乙	丙
原图形	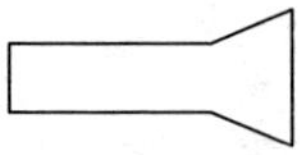	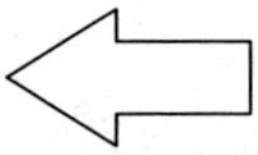	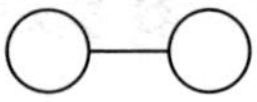
第一组摹绘结果			
第二组摹绘结果			
第三组摹绘结果			

通过以上两个实验，你会发现每个人在反映客观外界物体时，总是受到过去经验的影响。例如，第一个实验中的五张文字卡片，虽有几个错字，但我们知觉时并不一定能发现，而是把它们知觉为经验过的词。这是过去经验导致的知觉常性在知觉过程中起了作用。

（采自杨治良等，1989）

第八章

记忆与学习

心理学有一长期的过去，但仅有一短期的历史。

——赫尔曼·艾宾浩斯

本章提要

记忆与学习是两个有着紧密联系的过程。记忆是学习到的信息的储存，学习则指依赖于经验来改变自身行为以适应环境。本章讲述了记忆与学习的传统研究；介绍了记忆的类型，包括感觉记忆、短时记忆和长时记忆，内隐记忆和外显记忆，前瞻记忆和回溯记忆，错误记忆和真实记忆，元记忆和客体记忆；探讨了内隐学习，涉及内隐学习的特征、内隐学习与外显学习的关系、内隐学习的研究方法、内隐学习的应用研究等。

本章学习指导

通过本章的学习，读者能达成以下目标：了解记忆与学习的传统研究；区分不同类型的记忆；掌握有关内隐记忆与内隐学习的理论解释和测量方法；了解什么是内隐学习，以及内隐学习的特征与应用研究。通过本章的学习，读者能够回答以下问题：

(1) 为什么有些记忆内容我们几分钟后就忘了，而有些却可以保存很长时间，甚至一生都不会忘记?

(2) 在接触系统教学之前，儿童就已经能够熟练运用语言来表达了。儿童这样的语言技能是怎样获得的?这是一种什么样的学习过程?有何特点?

记忆与学习一直是心理学中独具魅力的研究领域，在该领域的研究发展历史中，实验法扮演了重要的角色。德国心理学家艾宾浩斯 1885 年的著作《记忆》的发表，代表了实验法在高级心理过程研究中的首次应用；而行为主义的学习研究，更是心理学实验史上的经典。记忆与学习紧密联系，始终位居心理学实验研究最活跃的领域，相关的理论和方法成果众多。

例如，研究者发现记忆并不是一个单一的实体，而是由不同的形式、系统或类型组成的。按照不同的区分标准，它可以分为感觉记忆、短时记忆和长时记忆，外显记忆和内隐记忆来，回溯记忆和前瞻记忆……。在学习领域，研究者发现了一种无意识获得复杂知识的学习过程——内隐学习，并引起了学术界的广泛探讨。已有研究表明，所有的学习中都包含这种不知不觉的内隐学习过程。

所有这些成果，都反映了记忆与学习研究领域的活跃程度。在本章中，我们将对该领域的研究历史和进展做出说明和介绍。

第一节 记忆与学习的传统研究

记忆与学习的研究历史很长，早在 19 世纪，德国心理学家艾宾浩斯就对记忆进行了系统的研究，此后，巴甫洛夫（I. Pavlov）开始了条件反射学习的研究。在本节中，我们将讨论记忆的这些早期研究以及早期研究所使用的研究方法。

一、记忆的早期研究

德国心理学家艾宾浩斯与英国心理学家巴特利特（F. C. Bartlett）是记忆研究的两位先驱。虽然他们研究记忆的途径和对记忆的观点是对立的，但两个人的工作都对后来的记忆研究产生了深远的影响。

（一）艾宾浩斯和节省法

有关人类记忆的实验研究开始于德国心理学家艾宾浩斯，他在 1885 年出版的著作《记忆》中，第一次用实验研究回答了关于记忆的一些问题。我们曾经在第一章简要介绍了艾宾浩斯的记忆实验特点：他发明了无意义音节作为记忆研究的材料，并发明了节省法来测量记忆效果。

在学习阶段，艾宾浩斯用稳定的速度大声反复阅读无意义音节，直到能把它们完全准确无误地回忆出来为止，然后记录下学习这个音节表所需的时间和遍数。经过一定的时间间隔（如一个月），他会采用同样的方式重新学习这个音节表，直到正确回忆出来为止。这样，他就能测量出重新学习该音节表所需的时间和遍数。而重新学会该音节表所需的时间总是比原来学习的时间要短一些，这种学习时间和遍数的节省就可以作为记忆效果的量化指标。更具体地说，节省量指重新学习时所节省的时间或遍数与初次学习的时间或遍数的比值：

$$\text{节省量}=\frac{OL-RL}{OL}\times 100\%$$

其中 OL 为初始遍数，RL 为重学遍数。比如，如果初次学会一个无意义音节表需要 18 遍，一个星期以后只需重学 9 遍就学会了，那么就说明有 50%的节省，即：(18－9)÷18×100%。

在研究中，艾宾浩斯所关心的是时间因素如何影响遗忘过程，即学习后经过的时间与记忆保持数量之间的关系。多次重复研究后，他得出著名的遗忘曲线（如图 8-1 所示）。图中曲线表示出了初始学习后经过的时间和保持量之间的关系，或者说遗忘与时间之间的关系。可见，遗忘的过程先快后慢。

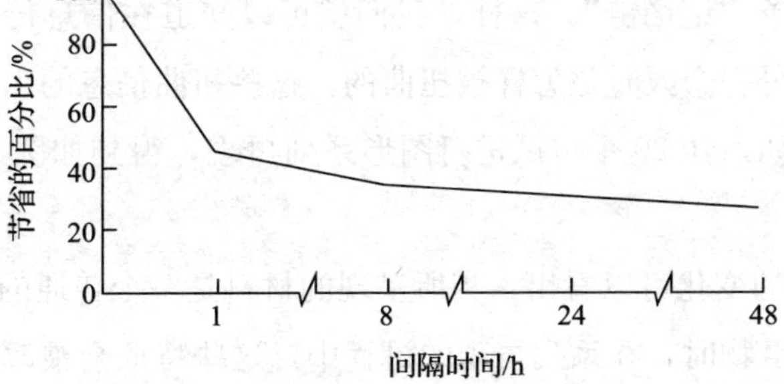

图 8-1 遗忘曲线

（采自 Ebbinghaus，1885）

艾宾浩斯关于记忆的研究工作是具有开创性的，他通过一系列严格控制的实验发现和探讨了人类记忆的特点，揭开了记忆的神秘面纱。其研究成果对记忆的研究方法以及记忆理论的发展均产生了重大的影响，节省法至今仍被用于探讨有关记忆的重要问题。

（二）巴特利特和再现实验

巴特利特对艾宾浩斯的研究是持批判态度的。他认为采用无意义音节作为学习与记忆的材料来避免已有知识经验的影响，会把实验完全限制在人为的环境中，缺乏现实意义。他还指出，艾宾浩斯过于关注记忆的材料，而忽视了有关记忆的其他重要特征，如被试的态度及先前的经验等。因此，巴特利特将日常生活中的记忆特征作为研究的主要内容。1932 年巴特利特撰写的《记忆：实验社会心理学的一项研究》(*Remembering：A Study in Experimental and Social Psychology*）一书出版了，指出了记忆研究的另一类取向。

巴特利特使用故事和图画等有意义的材料进行研究。他采用了三类学习材料：民间故事、描述性散文段落和图画。他的研究主要包括两种方法：一种是重复再现（repeated reproduction)，即让同一个被试在不同的延时条件下对学习材料进行多次回忆，将回忆的内容与原始材料进行比较，来测量被试记忆不断衰退和变化的情形。另一种方法是系列再现（serial reproduction)，即先让被试 1 再现出先前所记忆的材料，然后让被试 2 看被试 1 所再现的材料，并在一段时间后对此进行再现，而被试 3 又在被试 2 再现的基础上进行回忆，这样依次进行下去，就得出了一条“记忆链”。这样，我们就可以知道在信息传递过程中，当信息从一个人传到另一个人时是怎样被扭曲的，这些扭曲信息的出现是记忆功能不完善的表现。例如，让 20 个被试进行图形系列再现，得到如图 8-2 所示的“记忆链”。

从图 8-2 中的变化可以看出，当所呈现的材料是一个普通的但包含一些不熟悉特征的物体或事物时，在系列再现的过程中，这些特征会被改变或消失，即发生了变形。向上倾斜的脸变成了椭圆形，后又变成了圆形，且有了眼睛、鼻子和嘴巴，变成了一张人们所习惯的脸。这张脸可能偶尔会被进行细节特征上的加工（如被试 7 再现图)，但总的趋势是这种精细加工会逐渐减少，并最后消失。巴特

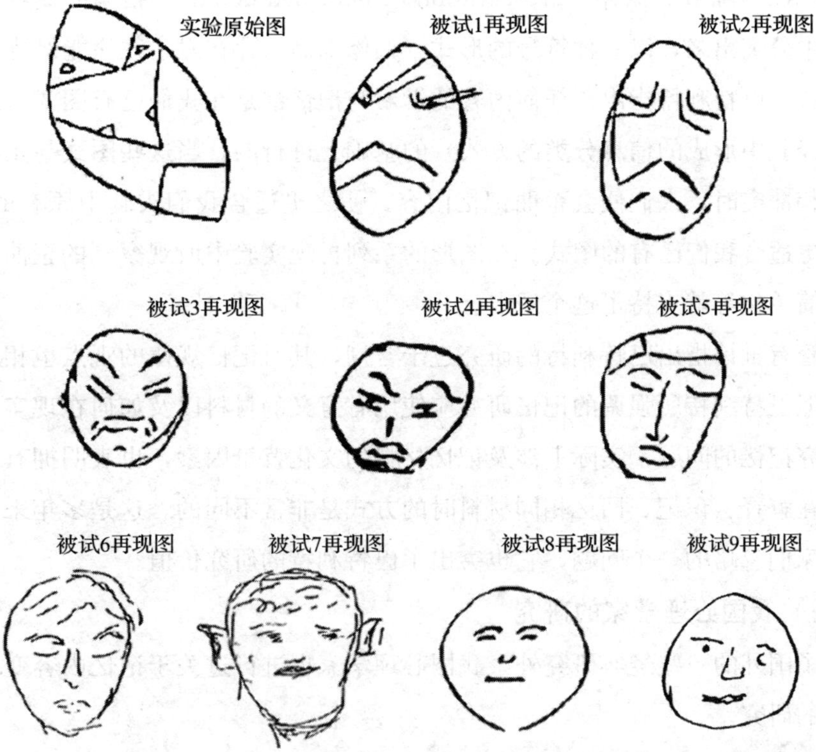

图 8-2　巴特利特通过系列再现所获得的结果

（采自 Bartlett，1932）

利特将上述方式称为趋向于习惯性表征的变形（transformation to conventional representations）。除此而外，他认为在系列再现过程中人们记忆的变化还存在以下几种趋势。（1）精心组织（elaboration）。有两种常用方式：一种是随着整体图形的逐渐变形，某些相对无关的材料自然而然地添加到了新图形中，成为新图形的一些特征；另一种方式是某些细节被简单地夸张了。（2）简单化（simplification）。对于奇特、不熟悉而不易形容的特征，人们总会有极大的倾向将其精心组织成为可认知的形式。一旦形成这样的形式，特征便会被简单化为习惯的普通形式。（3）命名（naming），指言语符号能影响图形的再现。实验中，一名被试是这样描述他对"人脸"的记忆过程的："我在整个过程中都在想象，并对一些部分进行命名。我对自己说：'上面有点儿像眼睛与眉毛，下面是张开的血盆大嘴，还有两颗牙。'"该被试根据这些描述再现出了图画，但与原图形存在着很大差别。(4) 细节的保存 (preservation of detached detail)，指当一些细节从整体图像中分离出来，以一种符号的形式（如修饰品）存在时，往往能保持不变。

因此，巴特利特指出，任何内容的学习与记忆都是在我们已有图式（即在我们过去经验中形成的信息分类的方式）的基础上进行的。当这些图式与正在记忆的内容相冲突时，人们便会歪曲记忆内容，使之更适合我们头脑中原有的观念，或者说更适合我们已有的图式。在图形的系列再现实验中所观察到的歪曲、精心组织和简单化等就支持了这个观点。

尽管有批评指出巴特利特的研究过于含糊，其对记忆规律的观点也相对较难检验，但巴特利特所强调的记忆研究应使用有意义的材料以及如何在现实生活情境中研究记忆的问题，实际上涉及记忆材料的文化背景因素，也表明拥有不同经验的人在解释、识记、回忆相同材料时的方式是非常不同的。这是多年来一直被心理学家们忽略的一个问题，它也突出了巴特利特的研究价值。

（三）我国心理学家的研究

除了国外的一些经典研究外，我国心理学家也进行过关于记忆内容变化和遗忘曲线的研究。

曹日昌 (1963) 曾用认知法研究了图形记忆的变化。图 8-3 是研究所使用的材料实例，其中第二张图是要求被试识记的目标图片，其他图片为测试时的干扰项。实验要求被试识记图片后，过一段时间再认之前记过的图片。结果发现，被试会将近似图片当作原来识记的图片。这表明记忆中的图片会发生一定的变化。和巴特利特一样，曹日昌也对这种变化进行了分类。他指出，和识记图形相比较，记忆所表现出来的变化大致可以分为以下几种。(1) 简略、概括。原来图形中的有些细节，特别是不甚重要的细节趋于消失。(2) 完整、合理。记忆中的图形，较原识记的图形更为完整、均衡，更为合理、有意义。(3) 详细、具体。和简略、概括的趋向相反，被试会在记忆中的图形中增添原识记图形所没有的细节，使图形更为详细，更接近具体事物。(4) 夸张、突出。再认时误认的图形将原识记图形的某些特点突出、夸大，更具有特色。

除了记忆内容的变化外，我国研究者（曹日昌，1963）还对遗忘曲线进行了探讨。比如，在一项研究中，研究者用回忆、预期回忆、重学、重组、再认等五

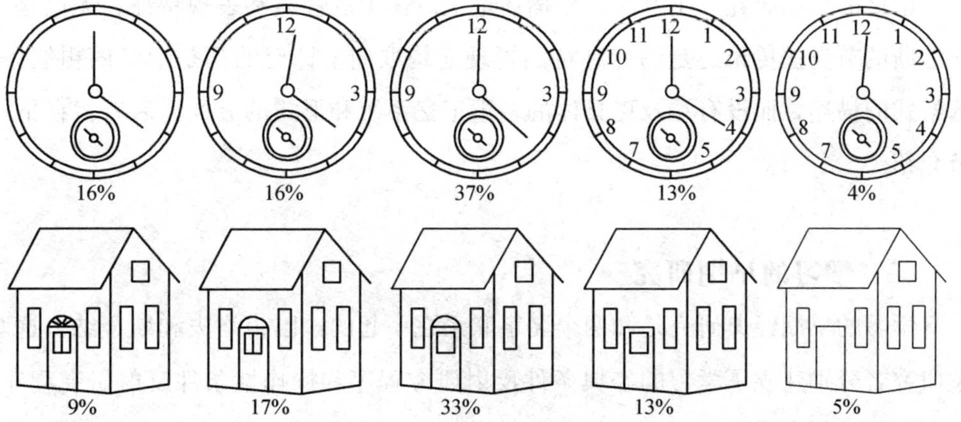

图 8-3　图形再认中泛化的影响

（采自曹日昌，1963）

种方法测量被试识记无意义音节后的记忆成绩，所得遗忘曲线如图 8-4 所示。再认曲线的斜率最小，而回忆和预期回忆的斜率最大，这说明以再认指标检查记忆时，遗忘最少，记忆内容的保持时间最长，而以回忆量检查记忆时，遗忘最多。重学和重组标准则居中。研究者推测：这可能是由于在再认时原来的学习材料重新出现，有利于记忆的恢复，所以遗忘较少；在识记时建立的联系，过了一定时间后变弱了，难以复现，因而不能回忆，但若进行重学，则可较快地恢复到原来的强度，因而以重学量为指标绘制的遗忘曲线，似较以回忆量为指标绘出的曲线平缓。

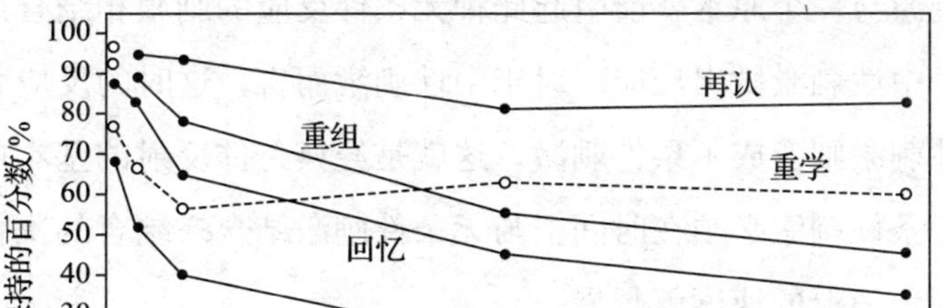

图 8-4　应用不同的记忆测量方法得出的遗忘曲线

（采自曹日昌，1963）

记忆的早期研究，主要着眼于描述记忆总体上的性质和表现特征。无论是艾宾浩斯的节省法传统还是巴特利特的再现建构取向，针对的都是记忆的粗线条、框架式的描述，而没有涉及更具体的多重记忆系统和形式的分类。后者将在下一节介绍。

二、学习的早期研究

学习的早期经典研究是和两个名字联系在一起的：巴甫洛夫和斯金纳。这两位研究者分别建立了学习的经典条件反射研究程序和操作性条件反射研究程序。时至今日，任何对学习问题感兴趣的现代心理学家，都仍然会对这两种条件反射过程进行积极的探索和分析。

（一）巴甫洛夫的经典条件反射研究

苏联生理学家巴甫洛夫是最早提出经典条件反射的人。在经典条件反射实验中，巴甫洛夫把食物呈现给狗，并测量其唾液分泌情况。在这个过程中，他发现如果把一个中性刺激（如铃声，一个不会自动引起唾液分泌的刺激）随同无条件刺激（如食物，它能产生一个无条件反应——分泌唾液）一并呈现给狗，经过多次配对呈现后，中性刺激与无条件反应之间产生了联系，即狗能逐渐“学会”在只有铃响但没有食物的情况下分泌出唾液。也就是说，一个原本不会引起无条件反应的中性刺激与一个原本就能引起此种无条件反应的刺激相结合后，就能使动物学会对那个中性刺激做出反应。对于中性刺激而言，这时的反应就变成了条件反应，而中性刺激则变成了条件刺激。这就是经典条件反射的基本内容。在这种条件反射中，条件刺激必须在时间上与无条件刺激结合。结合的次数越多，条件反射就越巩固，消退的速度就越慢。

经典条件反射可以用来解释人们的某些行为。例如，某些复杂的技能或习惯，在经典条件反射程序中被解释为一长串的刺激和反应联结；前一刺激引发的反应，本身又可以作为下一反应的刺激。不过此后人们发现，经典条件反射对有些学习过程很难解释——人们有时找不到确定的条件刺激和非条件刺激，于是操作性条件反射程序便被提出来了。

（二）斯金纳的操作性条件反射研究

使第二种条件反射研究得以深入和普及的最著名的心理学家是斯金纳。斯金纳将这种条件反射称为操作性条件反射（也称为工具性条件反射），是因为在这种条件反射中，反应是对环境的操作。为了对这种条件反射进行研究，斯金纳发明了著名的学习装置——“斯金纳箱”。它由一只空的箱子组成，里面有一个用来放食物的碟子或托盘。研究者可以以此来控制动物应在何时得到食物等强化物。早期的斯金纳箱中还包括一根能被按压的操纵杆，如果按下操纵杆，食物就会自动出现。如果一只老鼠（斯金纳最早研究中使用的是老鼠）被放在这样的箱子里，它偶然按下操纵杆就可以得到食物。经过多次尝试后，老鼠会不断按压操纵杆直到吃饱为止。也就是说，它通过尝试错误，最终学会为获得食物而去按压操纵杆。

如果需要的话，研究者可以通过控制食物的发放而强化某种特定的期望行为。例如，如果你想训练鸽子绕着数字 8 走，你可以首先在其转四分之一圈时予以强化，然后对转半圈予以强化，一直到其完成全部动作为止。这种逐步加大强化最后达到所期望的行为的过程被称为行为塑造。操作性条件反射遵循效果律这一原则：如果一个操作反应发生后紧接着给予强化刺激，则该操作行为再次发生的可能性就会增加。

斯金纳的理论用简单的话来概括就是：在任何特定的情况下，你的行为都很可能伴随着某种结果，比如得到赞扬、报酬或解决问题的满足感，那么今后在类似的情况下，你很可能重复这一行为；这些结果被称为“强化”。如果你的行为伴随着另一种结果，比如疼痛或尴尬，那么今后在相似的情况下，你将很少会再重复这一行为；这些结果被称为“惩罚”。通过强化的概念，斯金纳能解释习得的行为是怎样消退或彻底消失的。一种行为被强化后，强化物若不再出现，那么这一行为再发生的可能性将慢慢减弱直到完全消失，这种行为的压抑过程被称为消退。

操作性条件反射和经典条件反射不同，它着重考察行为结果对行为本身的强化或消退作用，这与现实生活中的学习过程更加吻合。例如，教师的表扬可以促进儿童的学习，父母的批评能制止孩子的不良行为等。当然，今天的学习研究已经远远超越了经典条件反射或操作性条件反射的框架范畴，不过作为对学习进行科学研究和系统理论阐述的先驱，巴甫洛夫和斯金纳的功绩仍为世人所铭记。

三、记忆与学习研究的传统方法

从艾宾浩斯发明节省法以来，记忆与学习的研究方法发展迅速。传统上对记忆与学习的研究，都是以评价记忆与学习的结果——新知识的保持为核心的。从具体方法上，这种评价又能分成两类：回忆法和再认法。

（一）回忆法

回忆法主要包括系列回忆法、对偶联合回忆法和自由回忆法。

1. 系列回忆法

在系列回忆中，被试要按照先前呈现的顺序对材料进行学习和回忆。通常的做法是向被试反复呈现系列刺激材料（如词表），材料被反复呈现和测验，直到被试能够准确无误地将它们再现出来。学习或记忆的效果可以通过被试正确回忆出的每个系列位置上的项目数量或错误的数量来进行测量。研究发现，无论呈现速度是每音节 4 秒还是每音节 2 秒，影响系列学习和回忆的最主要因素是每个项目在系列刺激材料（如词表）中的位置。系列中开始位置和结束位置的项目通常学习得快一些，而且错误少一些，而中间位置的项目学习起来则难得多，这就是系列位置效应（如图 8-5 所示）。从信息加工的角度来看，系列位置效应可能与注意和信息加工的策略有关。系列位置曲线似乎是普遍存在的，因为它在许多不同的情境（不同的学习材料、实验任务等）下均可以被发现。例如，罗迪格和克劳德（Roediger & Crowder，1976）让大学生被试说出所有美国总统的名字，结果发现被试对最开始和最近的几位总统名字的回忆要好于中间的那些。与艾宾浩斯的遗忘曲线一样，系列位置曲线也是发生在记忆与学习中的一般规则。

2. 对偶联合回忆法

对偶联合法是由卡尔金斯（M. W. Calkins）于 19 世纪末提出的。在对偶联合回忆的测验中，向被试呈现的两个配对项目分别称为刺激和反应。对偶联合回忆的程序通常为，先向被试呈现一系列的刺激—反应对，然后单独呈现刺激项目，让被试回忆与之相对应的反应项目，以检验其记忆与学习的效果。检验程序

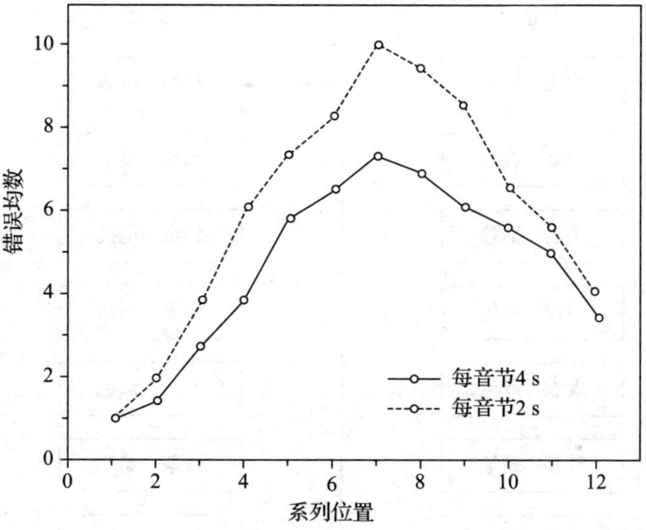

图 8-5　以两种速度呈现的系列学习曲线

（采自 McCrary & Hunter，1953）

要重复进行，直到被试全部回忆出来为止，并且每次检验时都要改变刺激的呈现顺序，以防止被试产生预期。这种程序被称为检验法。除此之外，还有一种对偶联合回忆的程序，称为预期法。该方法为，首先单独呈现刺激项目，要求被试努力预想对应的反应项目，然后再将刺激项目和反应项目成对呈现。刺激材料全部呈现完毕后，改变顺序做第二轮。每出现一次刺激项目就要求被试尝试报告反应项目，不管被试能不能报告，间隔一过就同时呈现刺激项目和相对应的反应项目，如此重复直到被试全部记住为止。这两种对偶联合回忆的程序分别如图 8-6 和图 8-7 所示。

对偶联合回忆法对材料的选择和如何配对有很高的要求。安德伍德等人（Underwood et al.，1960）的研究表明，学习材料越有意义，就越容易记住，并且这一点对于与刺激项目配对的反应项目而言更显突出。佩威奥等人（Paivio et al.，1975）还证明了词的具体性是衡量记忆难度的一个重要因素，具体的词汇能唤起生动的心理意象，使得联合刺激物更容易记住。研究者还发现，能够引起对偶联合学习的最强有力的一个变因是刺激物的相似性。当刺激相似性低时，记忆容易；而相似性高时，记忆则受到干扰。由此可见，在运用对偶联合回忆法

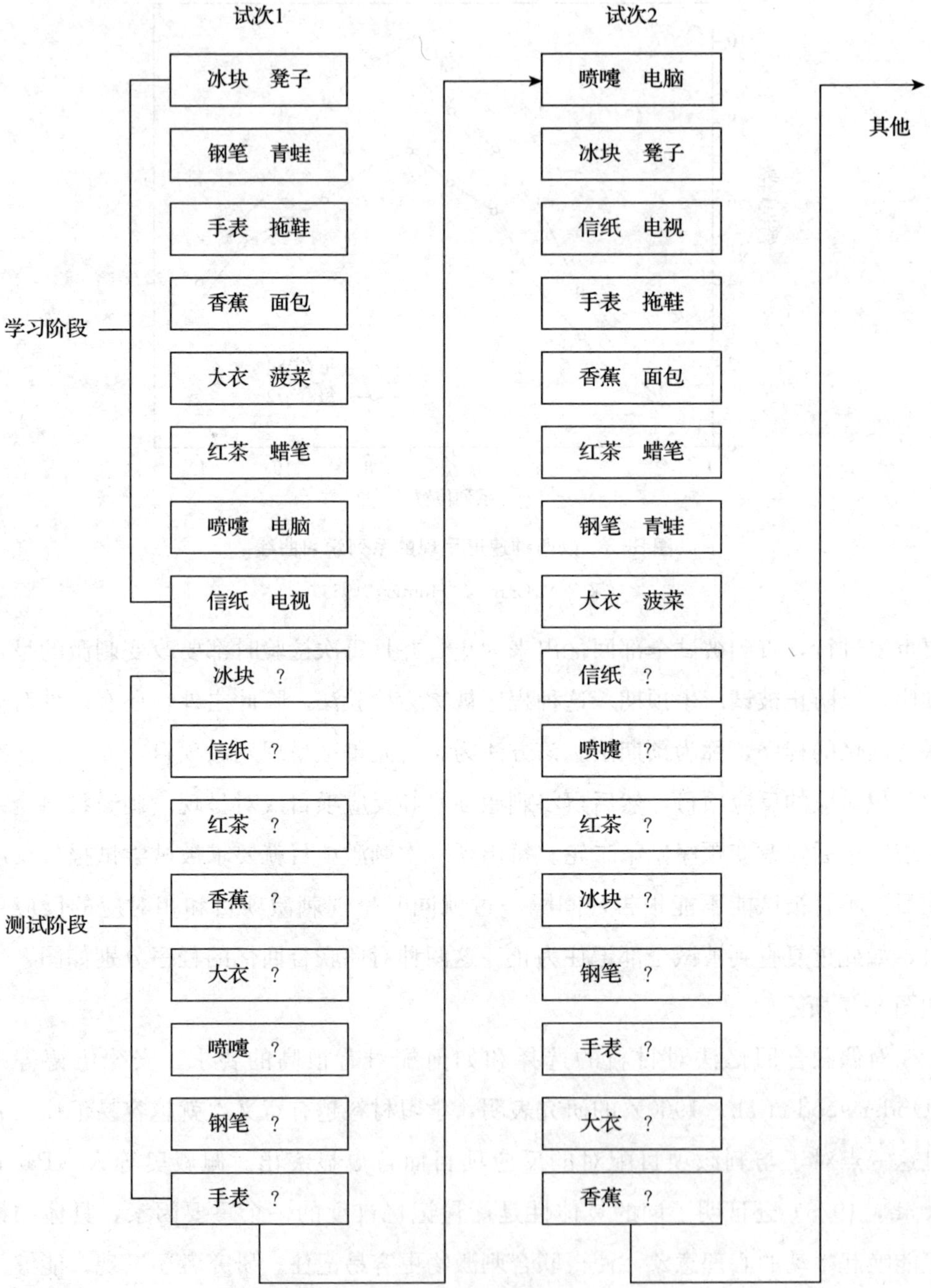

图 8-6　对偶联合回忆的检验法示例

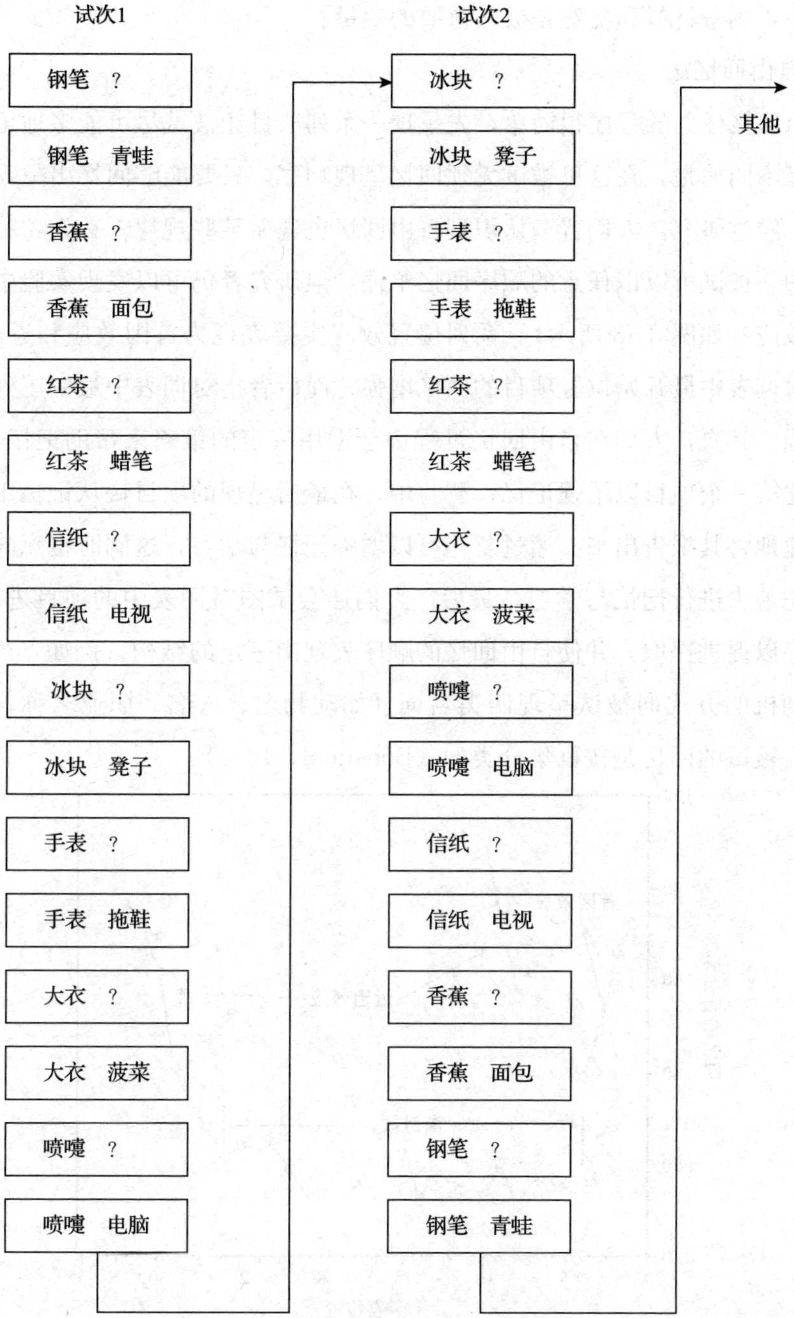

图 8-7 对偶联合回忆的预期法示例

的实验中，刺激材料和配对是极其重要的变量。

3. 自由回忆法

自由回忆任务的程序很简单，先呈现一系列项目让被试尽可能多地记住。与系列回忆不同的是，在这里被试无须回忆呈现顺序，只要能够回忆出呈现过的材料即可。经过研究，人们普遍认识到自由回忆也遵循某些规律。首先，尽管在自由回忆中，被试可以以任意的顺序回忆单词，但研究者仍可以发现实验中存在系列位置效应（如图 8-8 所示）。系列位置效应主要表现为首因效应和近因效应，前者指对词表中最开始位置项目的回忆增强，而后者指对词表中最末尾处项目的回忆增强。其次，人们在自由回忆过程中会采用一定的策略来帮助记忆与学习。如：复述第一个项目以增强记忆；测验中，在最后呈现的项目快从记忆中消失之前先快速地将其报告出来。通过复述可以增强记忆与学习，这同时也意味着人们在有意识地去进行记忆与学习。最后，人们还会试图对词表中的项目进行组织，重新排序以促进提取，并使自由回忆的顺序表现出一定的结构。例如，当研究者以完全随机的方式向被试呈现四类名词（如动物名、人名、职业名称、蔬菜名称）时，被试的回忆是按群集分类的（Bousfield，1953）。

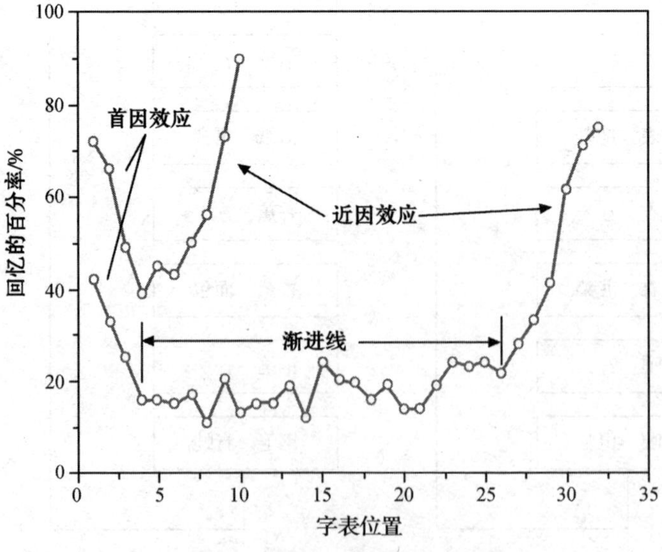

图 8-8 自由回忆的系列位置曲线

（采自 Deese & Kaufman，1957）

综上，在使用回忆法的实验中，研究者考察的是从记忆中将学习或识记的材料提取出来的过程，而被试通常也能够提取出一定数量的项目。但事实上是，无论被试如何尽力地回忆和提取，仍然会有一些项目是他们明明知道，却无法表达出来的。那么，该如何对这部分记忆进行检测呢？研究者通常会采用再认法。

（二）再认法

在回忆法中，我们会要求被试重新再现或回忆学习过的材料；而在再认法中，我们则向被试同时呈现学习过的材料和未学习过的干扰材料，让他们判断是不是先前学习或记忆过的，以此来考察先前学习过的材料是否能够被正确地觉察出来。

再认测验通常有两类。一类为是/否再认测验。研究者向被试呈现其学习或识记过的材料，并在其中混杂一些新的但与所学习过的材料相似的项目（如单词），让被试判断是否学过，并以“是”或“否”做出反应。实验程序要求被试做的是“二择一”的选择。但上述方法中存在的一个问题是，被试猜中的概率会很高。因此，研究者会更多地采用另一类再认测验——迫选再认测验。这是一种多项选择测验，呈现给被试多种选择，其中只有一个是正确的，测验时要求被试选出正确的答案。该方法要优于是/否再认法，因为它减少了对问题猜测的可能性。但从理论上讲，无论采用何种方法，都会受到猜测因素的困扰。

回忆法和再认法构成了传统记忆与学习研究的两种基本方法。它们是不能割裂的，研究者通常将它们置于一个连续的整体中进行考察。在许多研究中，研究者会同时采用这两种方法来考察被试的记忆与学习效果。而且，随着科学的发展，诸如正确率、错误率、信号检测论的 d'、反应时等更多的客观指标在研究中得到了运用，使这两种研究方法不断地得到改进，并越来越准确地揭示了人类记忆与学习的特点和规律。

许多新方法和新观点被引入到研究中来，极大地推动了记忆与学习研究的发展。接下来的几节里，我们将围绕有关记忆与学习的新近研究成果展开讨论。

第二节　记忆的类型

如前所述，记忆的早期研究停留在总体的框架式描述上，而此后的研究发展，逐渐深入到记忆的多重系统和形式这一层面。简言之，研究者开始考察不同记忆类型的各自特征及相互关系。但是，就如何对记忆进行分类这个问题，迄今还没有统一的观点。而事实上各种记忆类型的划分也并不矛盾，只不过是不同的研究者从各自不同的角度出发，按照不同标准进行分类的结果而已。在这一节里，我们就将从五个方面介绍对记忆类型划分的各家之言。

一、感觉记忆、短时记忆和长时记忆

阿特金森和希夫林（Atkinson & Shiffrin，1968a）提出了记忆的多存储模型（the multi-store model of memory）。该模型把记忆看作一个系统，按照信息在系统内储存的时间可以把记忆划分为三个不同的子系统：感觉记忆（或瞬时记忆）、短时记忆和长时记忆。这三个子系统在信息的储存量、保持时间、储存形式（或通道）、提取方式、遗忘规律以及在信息加工过程中所处的位置等许多方面均存在不同。

（一）感觉记忆

感觉记忆（sensory memory）指感觉刺激停止之后所保持的瞬间映象。由于它的作用时间极其短暂，似乎只有瞬间的储存，因而又可以称为瞬时记忆。比如，人们在观看电影、电视时，可以将相继出现的静止画面看成运动的图像，人们在看东西时可以不受眨眼和眼动的干扰而保持知觉的连续。这些都有赖于感觉记忆。

研究者认为，感觉记忆最突出的特点在于，它的容量几乎容纳了所有进入感觉器官的信息，但是保持时间只有0.5～3秒。这一特征是由斯珀林（Sperling，1960）的部分报告法实验揭示出来的。此前的研究传统，通常要求被试在短暂刺激呈现后，尽可能多地报告出先前呈现过的刺激。此类整体报告的研究认为人的感觉记忆容量仅为 4～5 个项目。而斯珀林认为这个数值被大大低估了，因为或许有很多信息在被试尚未来得及报告的时候便从感觉记忆中消退了。为此，斯珀林变更传统研究程序，设计了部分报告法实验。

实验中，用速示器呈现 3×4（3 行，每行 4 个，共 12 个字母）的字母卡片，呈现时间为 50 毫秒。与传统方法不同的是，部分报告法并不要求被试努力报告所有 12 个字母，而是在每次刺激呈现完毕后给出随机的声音提示，指定被试报告某一行的字母。斯珀林认为，由于被试在观察字母时根本不知道接下来必须报告哪一行，所以被试还是需要记忆 12 个字母，因此根据被试对单行项目的平均报告率，可以无偏地估计被试对所有 12 个项目的记忆容量。这一研究结果表明，部分报告法所得到的感觉记忆容量远远超过了此前整体报告法的结论，达到平均 9.1 个项目。而鉴于部分报告法中报告过程仍然占用时间，信息消退的影响仍不可避免，实际的感觉记忆容量恐怕还要大得多。

此外，后来的研究还发现，感觉记忆中的信息储存形式可能与其输入形式是一样的（Atkinson & Shiffrin，1968b），即信息的编码完全依据物理特性，具有鲜明的形象性和单一性。

（二）短时记忆

在感觉记忆中被注意到的极少量信息会进入到信息加工的第二阶段——短时记忆（short-term memory，STM）。短时记忆是指在刺激作用终止后，对信息保持十几秒直至一分钟左右的记忆。例如，当我们打电话时，从电话簿上查到所需要的电话号码后，能立即根据记忆在电话机上拨出这个号码，但事过之后，对这个号码就记不清了，这种记忆现象就属于短时记忆。

短时记忆是信息从感觉记忆通往长时记忆的一个中间环节或过渡阶段。短时记忆对信息的储存具有暂时性、动态性和操作性的特点。相对于感觉记忆来说，短时记忆的容量十分有限，一般为 7±2 个组块（chunk）。所谓组块，是指将若干小单位（如字母）联合而成熟悉的、较大的信息加工单位（如单词）。组块的大小既受材料性质的制约，又与个体的知识经验相关。例如，同样是 8 位数字，如果是相互独立的 8 个数字，则是 8 个组块，而如果是自己家的电话号码，则只有 1 个组块，数字材料本身的意义特性和个体对自己家电话号码的已有经验决定了组块的大小。和感觉记忆的另一个不同点在于短时记忆编码并非按刺激的原有物理属性进行，而是依据听觉形式。研究发现，在短时记忆阶段，两个记忆项目读音相似时比外形相似时更易发生混淆。

有关短时记忆的编码，最初研究者普遍认为应以听觉编码为主，更确切地说，是听觉的（auditory）、口语的（verbal）、言语的（linguistic）联合编码，或称 AVL 单元的编码。这一观点的主要实验依据是：在字母短时记忆任务中，被试的提取错误往往发生在音似字而非形似字上，如将 B 误认为 V 或 P，将 M 误认为 N 等（Conrad，1963，1964）。

不过后来的研究者发现，短时记忆并不完全以听觉方式编码。例如，莫雷（1986）的实验就证明了汉字短时记忆具有明显的视觉编码机制。在莫雷的研究中，记忆材料为汉字，实验自变量为字形复杂程度、字义的使用频率以及噪声类型，因变量采用信号检测论指标。结果发现，形近字的干扰作用较大，这证明了汉字短时记忆中的视觉编码机制。

（三）长时记忆

短时记忆的保存时间一般只有一分钟左右。要使信息保持更长的时间，必须通过复述，使信息进入长时记忆（long-term memory，LTM）。长时记忆和短时记忆的首要区别在于：它的容量几乎是无限的，其记忆痕迹最长可以保持一生。其次，长时记忆和短时记忆的干扰因素也有所不同。沈德立等人（1985）曾以中小学生为被试，对长时记忆和短时记忆的不同影响因素进行了比较研究。结果发现：（1）识记材料的语义性对长时记忆影响大，而对短时记忆的影响不明显；（2）每个项目呈现时间的长短不影响短时记忆，只影响长时记忆；（3）分心任务（实验中为四则运算任务）对长时记忆、短时记忆都有影响，对短时记忆的不利影响大于对长时记忆的不利影响；（4）识记材料的系列长短对长时记忆、短时记忆都有影响。最后，研究者们基本认为短时记忆是一个单一的系统，而长时记忆则可以分为不同的类型或系统。塔尔文（Tulving，1972）依据所储存信息的类型，将长时记忆划分为两种类型：情景记忆和语义记忆。情景记忆接收和储存关于个人特定时间的情景或事件以及这些事件的时间—空间联系的信息；语义记忆是运用语言时所必需的记忆，它接收和储存各种知识。换句话说，情景记忆是对个人在一定时间发生的事件的记忆，如“我昨晚看了一场电影”“我上个月去了北京”等，它总是与个人生活中特定的时间或地点相联系。语义记忆则不同，它是对语词、概念、规则等抽象事物的记忆，如数学公式、物理定理等。此外，佩威奥（Paivio，1975）从信息编码的角度将长时记忆分为两个系统，即表象系统和言语系统。表象系统以表象代码来储存关于具体的客体和事件的信息，它构成了非言语思维的表征方式；言语系统以言语代码来储存言语信息。

二、内隐记忆和外显记忆

按照记忆的意识性标准，格拉夫和沙赫特（Graf & Schacter，1985）首先提出了外显记忆和内隐记忆的区分。他们认为外显记忆（explicit memory）是通过有意识的直接测试来表现的，而内隐记忆（implicit memory）则是通过对记忆的无意识的间接测试表现出来的。本章第三节将详细讨论内隐记忆，在此，只简要阐述从记忆的意识性上对记忆进行分类的依据——内隐和外显记忆的不同点。已有研究发现，内隐记忆和外显记忆之间的区别主要表现在以下几个方面。

（一）个体差异对内隐记忆和外显记忆的影响不同

对脑损伤、脑的老化、脑不成熟、酒精中毒以及抑郁心境等个体差异的研究（Shum et al.，1996；Light & Singh，1987；Hashtrondi et al.，1984；Hertel & Hardin，1990；Denny & Hunt，1992；Watkins et al.，1992）表明，个体差异对外显记忆的影响十分明显，而对内隐记忆的影响却相对不明显。

（二）学习和测验阶段感觉通道改变对内隐记忆和外显记忆的影响不同

雅各比和达拉斯（Jacoby & Dallas，1981）发现，学习阶段用听觉方式呈现材料，测验阶段用视觉方式呈现材料，可减弱启动效应，使以单词辨别为指标的内隐记忆成绩显著降低，而对以再认为指标的外显记忆则没有影响。格拉夫等人（Graf et al.，1985）用单词补全和线索回忆测验也得出相似的结果。张厚粲等人（1989）的实验表明，音似的汉字启动效应显著，而形似的汉字启动效应则不显著。

（三）内隐记忆和外显记忆的加工特点不同

罗迪格（Roediger，1990）指出，内隐记忆和外显记忆有着不同的加工过程。外显记忆是概念驱动过程（conceptually driven processing），是有意识的并需要注意资源的过程；而内隐记忆是材料驱动过程（data-driven processing），是无意识的且不需要注意资源的过程。如果记忆材料在编码时更注重有意义的概念加工，则外显记忆的成绩将提高，内隐记忆却不受影响；然而，如果记忆材料在编码时更注重知觉过程的匹配程度，则内隐记忆的成绩将提高，外显记忆不受影响。

大量实验研究均证实了罗迪格的观点。雅各比和达拉斯（Jacoby & Dallas，1981）的实验表明，是否对单词进行有意义的精细加工对外显记忆成绩有影响，而对内隐记忆无影响。帕金和拉索（Parkin & Russo，1990）发现，分散注意对词干补笔和残图补全等内隐测试无影响，却严重影响回忆和再认等外显测试的成绩。此外，改变学习和测验时刺激材料的知觉特征（如字体、呈现时声音的特点等）只会影响内隐记忆，而不影响外显记忆（Jacoby & Hayman，1987；Schacter & Church，1992）。

三、前瞻记忆和回溯记忆

根据记忆内容在时间轴上的指向，我们可以将记忆分为前瞻记忆和回溯记忆。前瞻记忆（prospective memory）是指对于未来要执行的行为的记忆，即对于某种意向的记忆。它反映了将来的情况，使我们记得去做一些事情。例如，记住每天早上取订阅的报纸，下班回家前要去幼儿园接孩子，等等。而回溯记忆（retrospective memory）指的是对于过去所发生事件的记忆。例如，回忆童年的生活，记住刚刚学过的这本书中前面章节的内容，再认一幅图片，等等。

目前，理论界仅就前瞻记忆和回溯记忆的内容和现象区分达成一致，而对于两者是否在内部过程上存在不同，则尚存争论。洛夫特斯（Loftus，1971）认为，前瞻记忆和回溯记忆具有相同的过程；伯吉斯和沙利思（Burgess & Shallice，1997）则认为，前瞻记忆只是一种实验范式，而不是一种记忆类型，它类似于自由回忆或再认。当然，也有研究者认为前瞻记忆和回溯记忆是两个不相关的系统，几乎不共享任何加工资源（Ellis，1996；Kvavilashvili，1987）。

目前该领域的主要研究成果包括以下几个方面。

（一）成功的前瞻记忆需要回溯记忆

爱因斯坦和麦克丹尼尔（Einstein & McDaniel，1990）指出，成功的前瞻记忆有两点要求：记住发生了什么事（包括过去的行为和特定的目标事件）；记住必须在将来特定的时间执行某个行为或是对特定的目标事件做出反应。前者包含回溯记忆成分，而后者不是。也就是说，成功的前瞻记忆需要回溯记忆。奥尔德曼和伯吉斯（Alderman & Burgess，1994）从神经生理学的角度证明了这一观点。他们研究了一个疱疹性脑炎的患者GAS，脑炎使得GAS患了严重的遗忘症。他不能回忆30分钟以前的事，而且在常规的神经心理学测验中，他不能完成任何记忆测验任务，包括某种行为记忆测验中的前瞻记忆测试（Wilson et al.，1991）和其他简单的前瞻记忆能力测试。比如，研究者让GAS在10分钟以后或是闹钟响时拍手，在这种测验情境中，他会盯着闹钟看，并且很惊奇研究者为什么让闹钟停下来。这表明GAS没有意识到自己有什么事情要做。当行为意向需要被提取和执行的时候，GAS忘记了自己曾经有过这样的意向，这一意向为何产生，以及它应该在什么情况下激活。失败的回溯记忆导致GAS在前瞻记忆任务中的失败，说明回溯记忆的顺利进行是成功的前瞻记忆的前提条件。比夏基（Bisiacchi，1996）对70岁以下的正常被试和70岁以上的老年被试进行了研究，在对70岁以上的老年被试进行因素分析时，发现其前瞻记忆的得分、计划测验的得分和自由回忆测验的得分都属于相同因素。这表明对于回溯记忆受损的老年被试来说，其前瞻记忆的表现也同样受到了影响。

（二）单向实验性分离的假设

上述研究似乎告诉我们，前瞻记忆和回溯记忆存在某种相关，而对大量正常被试的研究却表明前瞻记忆和回溯记忆是两个不相关的系统（Wilkins & Baddeley，1978；Einstein & McDaniel，1990；Meacham & Leiman，1982；Kvavilashvili，1987；Maylor，1990）。爱因斯坦和麦克丹尼尔（Einstein & McDaniel，1990）推测，这可能是由于前瞻记忆任务中的回溯记忆成分对正常被试来说比较简单，只要回溯记忆的资源高于一个相对较低的阈限，回溯记忆成分就不会影响被试在前瞻记忆任务中的表现。而且，虽然回溯记忆受损会影响前瞻记忆，但是前瞻记忆受损，回溯记忆会保持正常。沙利思和伯吉斯（Shallice & Burgess，

1991）报告了 3 名额叶受损的病人。他们都保留了普通的智力，并且在传统记忆测验中没有表现出困难，也就是没有回溯记忆的损伤；然而他们在日常生活中的表现缺乏自我组织能力，体现出前瞻记忆的损伤。为了研究他们的前瞻记忆表现，沙利思和伯吉斯设计了两项任务：一是让他们在 15 分钟内执行 6 个开放性的较为容易的任务；二是让他们在医院附近的购物区买东西（其中有很强的前瞻记忆成分）。结果发现，3 名被试在两项任务上的表现都很差。这表明前瞻记忆的损伤不一定是由回溯记忆的损伤导致的。

沙利思和伯吉斯（Shallice & Burgess，1997）对于上述前瞻记忆和回溯记忆之间的复杂相关问题，使用了单向实验性分离（single dissociation）的假设加以阐释。单向实验性分离假设是指，可以找到某种只影响前瞻记忆而不影响回溯记忆的变量（比如沙利思和伯吉斯报告的 3 名额叶受损病人），却找不到另一种只影响回溯记忆而不影响前瞻记忆的变量。

（三）薄弱的多重记忆系统假设

单向实验性分离部分地支持了前瞻记忆和回溯记忆可能属于多重记忆系统的假设。但是，这种假设的基础是很薄弱的。原因在于，实验性分离只在一个方向上得到了证实。也就是说，如果可以找到另一种只影响回溯记忆，但不影响前瞻记忆的变量，那么这种多重记忆系统假设才会更加站得住脚。对此，科克伯克（Cockburk，1995）曾报告过一例病例，患者 JB 开始时在前瞻记忆和回溯记忆中的表现都很差，后来尽管在回溯记忆中的分数几乎没有提高，却恢复了许多前瞻记忆能力。由于该实验中前瞻记忆的任务具有一定特殊性（比一般前瞻记忆测验的回忆时间要短，有很明显的提取线索），而且此例中使得前瞻记忆水平提高的变量究竟是什么并不明朗，因此我们还不能说多重记忆系统假设得到完全支持。

综上，前瞻记忆和回溯记忆的分类是记忆研究中的较新领域。研究表明，两者间存在相互联系，但目前我们还不能完全确认前瞻记忆和回溯记忆可能属于不同的记忆系统。

四、错误记忆和真实记忆

按照提取的准确性，我们可以将记忆划分为错误记忆和真实记忆。错误记忆

(false memory) 是指错误地声明一个以前未呈现过的词或从未发生过的事曾经出现过。真实记忆（veridical memory）是指正确地报告出曾经呈现过的词或发生过的事。

从记忆研究的历史上看，长期以来的记忆研究只局限于真实记忆的侧面，而普遍忽略了对错误记忆的分析。事实上，早先巴特利特（Bartlett，1932）的工作已经证明了人类记忆的重构特征，部分地触及错误记忆的概念；然而这些研究在当时并没有进一步深入系统地开展下去。直到罗迪格和麦克德莫特（Roediger & McDermott，1995）提出了错误记忆的经典研究范式——DRM（Deese-Roediger-McDermott）范式之后，错误记忆才开始真正作为一个与传统的真实记忆相对的独立领域被探讨。越来越多的研究者认为错误记忆中包含许多关于人类记忆本质的重要信息，因而对错误的分析有助于人们理解潜在的记忆过程。

目前，作为一个独立的研究领域，错误记忆得到了研究者们的普遍关注。已有研究揭示了错误记忆和真实记忆之间既相似又不同的一些方面。

（一）实验程序的相似性

在错误记忆的经典研究范式——DRM 范式中，主试通常会向被试呈现多个学习词表，每个词表由一个未呈现的目标词（也称作关键诱饵，如寒冷）和与它相联系的 15 个学习项目（如冬天、冰雪、霜冻、感冒、发抖等）组成。然后在测验阶段，主试让被试对呈现过的词进行自由回忆和再认。结果发现，在回忆和再认测验中被试将未呈现过的关键诱饵识别为“旧的”比率（即虚报率）接近那些实际呈现过的词的击中率（即真实记忆），也就是说，错误记忆发生了。该实验程序与传统的真实记忆研究程序其实是异曲同工的，即都为：先学习，后回忆和再认。只不过研究中借助了不同的因变量指标来揭示记忆的不同侧面。

（二）理论解释的共通性

许多研究者对错误记忆的产生提出了不同的理论解释，这些错误记忆的理论模型，如内隐激活反应理论和模糊痕迹理论，同样也可以在一定程度上解释真实记忆。

内隐激活反应假设（implicit activation response hypothesis，IAR）是由安德伍德（Underwood，1965）提出的。他认为在学习阶段被试对学习项目的加工激活了那些实际上并未呈现的关键项目，并在后来的回忆或再认测验中表现出了对这些项目的错误回忆或错误再认。这种激活过程可能是有意识的，也可能是无意识的。也就是说，在错误记忆的研究范式中，关键项目的激活不是因为其真实地呈现，而是因为词表中相关项目的激活。而且，词表项目与关键项目的关联程度越高，错误回忆或再认的次数也就越多。但是，如果增加词表中项目的内部相关性，则激活更容易向词表中的其他项目传递，而不易向关键项目传递。因此，词表的真实记忆会增加，而关键项目的错误记忆则减少。麦克沃伊、纳尔逊和小松（McEvoy，Nelson，& Komatsu，1999）的实验证明了这一点。也就是说，语义上的相关不仅可以通过提高学习项目的激活水平而增加真实记忆的可能性，也可以通过提高关键项目的激活水平而增加错误记忆的可能性。

布瑞纳德和雷纳（Brainerd & Reyna，1995）的模糊痕迹理论（fuzzy-trace theory，FTT）指出，字面及要点的痕迹是再认判断的基础。字面痕迹代表的是物理刺激的表面细节，而要点痕迹代表的是刺激的意义。麦克沃伊、纳尔逊和小松（McEvoy，Nelson，& Komatsu，1999）的实验发现，当增加词表项目和关键项目之间的关联以提高关键项目的要点痕迹时，便会增加错误记忆的可能性。相应地，在真实记忆中，要点痕迹可以通过高水平语义加工产生，同样会提高真实记忆的水平。

（三）神经生理过程的一致性

沙赫特等人（Schacter et al.，1996）采用正电子发射断层显像（positron emission tomography，PET）进行的DRM范式实验发现，对关键项目的错误再认和对词表中学习项目的真实再认都与在左颞叶区增加的血流量相关。在沙赫特等人（Schacter et al.，1997）的fMRI实验中，也发现真实再认和错误再认时颞叶区血流量增加。米勒等人（Miller et al.，2001）采用ERP技术对错误和真实再认的差别进行了研究，并严格分析了真实再认和错误再认各自对应的P300成分，结果发现真实再认和错误再认之间没有差别。以上研究均未发现错误记忆和真实记忆的神经生理过程有明显不一致之处，暗示了两者间的共同联系。

（四）共同的影响因素

许多研究均发现：影响错误记忆的多种因素（如词表容量、呈现方式、间隔时间、测验效应、重复学习、年龄因素、健忘症患者、词表特性等），同样也影响着真实记忆的效果。

郭秀艳等人（2004）同时操纵了关联性、时间间隔和学习程度三个影响因素，对错误记忆和真实记忆的关系进行了探讨，得到以下几点结论。(1) 关联性对错误记忆有显著影响。而且当测验项目为未学过的无关项目时，几乎没有发生错误记忆现象。可见，关联性似乎是产生错误记忆的根源之一。这与麦克沃伊等人（McEvoy et al.，1999）的结论相一致，他们发现错误记忆的产生和学过项目与关键诱饵的关联强度有很大的关系。这似乎说明错误记忆和真实记忆可能是同源的，即真实记忆是错误记忆的来源。因此，对于没有学过的无关项目，人们既没有真实记忆，也不会有错误记忆。(2) 错误记忆会随着学习程度的增加而降低。鉴于真实记忆会随着学习程度的增加而提高，这一结果似乎可以说明错误记忆和真实记忆之间存在着动态的共变联系，提示两者可能存在类似一体两面的关系。(3) 时间间隔对错误再认率没有影响，说明错误记忆一旦产生后极其顽固，不容易消退。在这点上，错误记忆和真实记忆产生了分离，因为后者的遗忘趋势是先快后慢。该实验结果揭示了错误记忆和真实记忆之间存在着较为复杂的关系。真实记忆可能是错误记忆的根源，两者间有着密切的联系，同时它们又在时间效应上存在分离。

综上所述，错误记忆和真实记忆之间的关系是动态而又复杂的，它们可能是同一记忆系统的不同表现，并有着相同的加工过程。

五、元记忆和客体记忆

元记忆和客体记忆的划分是按照记忆加工和控制的层面来进行的。所谓客体记忆（object memory）包括如前所述的各种记忆类型，它们通常就是我们所说的对信息的编码、储存和提取等加工过程。而元记忆（metamemory）则反映人类记忆的独特特征，即对自己的记忆活动所进行的了解和控制，是个体所具有的与自己的记忆活动有关的信念及监控系统，是人对自己记忆系统的认知。

元记忆的研究始于 20 世纪 60 年代初哈特在斯坦福大学所做的关于知晓感的博士论文，10 年后，弗拉维尔和威尔曼（Flavell & Wellman，1975）才正式将元记忆纳入记忆心理学的研究范畴。研究者们认为：元记忆是一个复杂的认知系统，它是包括元记忆知识、元记忆监测和元记忆控制的有层次的相互联系、相互制约的动态过程。元记忆能力就是记忆者对自己记忆状态的评估能力和以这种评估为依据的对记忆行为的调节与控制能力，表现在三个方面：(1) 元记忆知识的多寡与可激活性；(2) 元记忆监测判断的有效性；(3) 元记忆控制的有效性。

（一）元记忆的理论假设

纳尔逊和纳伦斯（Nelson & Narens，1990）指出，人类的认知过程并不是一个单一的水平，而应区分为两个水平：元水平（meta level）和客体水平（object level)。这两个水平各具特点，又相互联系。相对应地，人的记忆过程则应区分为元记忆和客体记忆。依据元水平和客体水平之间信息流方向的不同，记忆的信息加工存在两种关系和作用，即控制和监测。

控制表现为元水平调节客体水平，从而改变客体水平的加工状态或使客体自身加工过程发生一定变化。控制作用在记忆加工过程中体现为五种功能形式：确定学习（或识记）的目标和计划；确定学习时间的分配；选定信息加工模型；选择加工策略；发动、继续或中止记忆或提取过程。控制作用本身并不能从客体水平产生任何信息，它需要一些监测成分作为控制的依据。

监测则是元水平从客体水平获得信息，并依据该信息形成对客体记忆的各种类型的主观判断或评价，从而改变元水平的状态。监测可以分为两类：一类是回溯式监测，指对回忆、再认的答案做出正确与否的自信心判断。例如，JOC (judgment of confidence) 就是指被试完成了一项学习任务并进行了测验之后，对自己可能获得的成绩做出估计。另一类为前瞻式监测，指对即将执行的记忆任务的难度进行预见性的判断。例如：EOL（ease of learning）指在识记之前，对所要识记项目的难易程度做出的预见性判断；JOL（judgment of learning）指对当前已识记过的项目，在以后测验中成绩的预见性判断；FOK（feeling of knowing）指对当前回忆不出但又有“知晓感”的项目，在以后测验中成绩的预见性判断。

元记忆的监测和控制之间存在着交互影响，监测是控制的基础，同时控制又有助于实现更为有效的监测。

（二）元记忆和客体记忆的关系

我们知道，在客体记忆中的信息加工过程包括识记、保持以及提取等阶段，在记忆信息加工的不同阶段，元记忆的监测和控制发挥着不同的作用。纳尔逊（Nelson，1990）的研究向我们揭示了在整个记忆与学习过程中，监测和控制是如何交互起作用的。

识记阶段：在学习之前，元记忆的监测作用表现为 EOL，元记忆的控制作用表现为预先选定加工模型。在学习过程中，元记忆的监测作用表现为 JOL 和 FOK，元记忆的控制作用体现为分配学习时间。个体先进行 JOL 和 FOK，形成对学习中目前状态的元记忆估价，与应达到的学习标准进行比较，若少于该标准，则由控制作用决定继续学习；再形成新的 JOL 和 FOK，直到达到标准，才终止学习。

保持阶段：主要的元记忆活动是维持前面已习得的知识。可利用元记忆监测去判断，确定那些在保持测验中没有回忆的项目还应进行多大程度的学习，并分配合适的重复学习。

提取阶段：个体开始、继续或终止某一搜寻过程可能涉及若干元记忆成分。（1）元记忆对提取的快速开始和终止起着重要作用。雷德（Reder，1988）指出，个体对需要提取的项目能够很快做出开始搜寻的决定，这是基于非常快速的 FOK。这种 FOK 是对所需寻求的答案的熟悉感，是先于记忆提取出现的，并且比真实地回忆出答案要快得多。但 FOK 的依据可能是不同的。杨治良和杜建政（2000）以围棋中的定式为实验材料进行了实验研究。结果发现：在线索可以利用的情况下，被试依据线索的熟悉性进行 FOK；而在线索难以利用的情况下，被试会依据目标提取进行 FOK。（2）在搜寻过程中，对搜寻不出的项目是继续搜寻还是终止，也与 FOK 有关。这取决于动态的 FOK 的强度，当强度降低至维持搜寻所要求的阈限以下时，搜寻过程会终止。此时可能产生遗漏性错误（omission error），指个体记忆中存储着某一答案，却因提取不成功而做出了“没有”的回答。实验发现，FOK 与产生遗漏性错误之前提取时程的长短有关：FOK 越强，产生遗漏性错误的潜伏期越长。在搜寻过程中，元记忆的监测作用表现为对答案的信心判断作用。当个体对已找到的答案信心不足时，可能会继续重复搜寻过程；如果对答案的信心度高，则输出答案，不过此时也可能产生另一类错误——替代性错误（commission error），即用不正确的答案代替了正确的答案。

对元记忆的研究告诉我们，人类的记忆不仅停留在识记、保持和提取的客体水平上，还包括元水平的监测和控制过程。这是人类记忆所独有的特征之一。元记忆和客体记忆的划分与前面我们所提及的几种记忆分类标准是不同的，它们都停留在客体水平上；而元记忆则超越了客体水平，上升到一个更高的层面来对记忆现象进行解释。这对记忆研究的影响和推动作用无疑是巨大的。

在这一节里，我们介绍了对记忆系统的多种分类，分类标准涉及保持时间、意识性、内容的时间指向、准确性和加工水平等。所有这些分类，都是研究者出于各自研究目的，从理论和现象上加以描述、划分的。这些多重记忆系统是否真正对应了实际上的多个独立系统，总还是要由实验来证明。而在多重记忆系统的论证方面，下节将要介绍的内隐记忆研究提供了较好的范例。

第三节 内隐记忆

许多证据表明，在有意识的外显恢复——外显记忆之外，还存在着一个相对独立的记忆系统，即内隐记忆。内隐记忆的根本特征是被试并非有意识地知道自己拥有这种记忆，但它可以在被试对特定任务的操作中自然地表现出来，并且这种任务的操作不依赖于被试对先前经验的有意识恢复。

内隐记忆将无意识纳入到对记忆的考察之中，使得意识和无意识终于被共同纳入到实验研究中来，从而让研究者更深入和全面地揭示人类记忆乃至整个相关心理过程的本质和规律成为可能。因此，内隐记忆一经提出，立刻吸引了国内外无数研究者的注意，掀起了记忆研究的新热潮。国外研究者如沙赫特、罗迪格、雅各比等，对内隐记忆的理论建构和研究方法做出了较大贡献；而国内学者杨治良、朱滢等，在内隐记忆研究方法、社会性材料和汉字的内隐记忆等方面进行了富有创意的工作。

一、内隐记忆的提出

当代关于内隐记忆的实验研究可以追溯到20世纪60—70年代心理学的两类研究：一类是认知心理学关于启动效应的研究，即在无意识觉察的前提下，先前的呈现对刺激的辨别会产生易化作用；另一类则是神经心理学关于遗忘症的研究，它直接引发了内隐记忆的当代研究热潮。

（一）启动效应的研究

自20世纪60年代起，启动效应的研究成为认知心理学的一大研究热点。启动效应是指由于近期与某一刺激的接触而使对这一刺激的加工得到易化。通常分为重复启动和间接启动两种。重复启动（repetition priming）是指前后呈现的刺激是完全相同的，即后呈现的测验刺激与前面呈现的启动刺激完全相同；而间接启动（indirect priming）中除包含重复启动之外，还允许两个刺激有所差别（Roediger et al.，1990）。

在启动研究中，最常用的测验方法有词汇确定、词的确认以及词干或词段补笔。在词汇确定测验（Scarborough，Gerard，& Corstese，1979）中，被试要说明某特定的字母串是否构成一个合法的词，启动通过某一字母串在先后两次呈现间被试反应时的减少来反映。在词的确认测验（Feustel，Shiffrin，& Salasoo，1983）中，主试先向被试短暂呈现某一刺激，要求他们辨识它，然后当被试再次遇到该项目时，辨识精度的提高或反应时间的下降则可以作为启动的指标。在词干补笔（Graf，Squire，& Mandler，1984）中，主试向被试呈现一个词根（如tab、table）或词段（如 _ ss _ ss），要求他们用想到的第一个合适的词来完成它，启动通过先前学习词表上词的使用频率的增加来反映。

启动效应的研究为探索内隐记忆提供了重要的研究手段和证据。但由于当时研究者还没有把焦点放在记忆与意识的关系上，因此内隐记忆成为当代认知心理学研究的热点，是直接得益于另一类研究——神经心理学关于遗忘症患者的研究的。

（二）遗忘症的研究

20世纪60年代，神经心理学关于遗忘症的研究成为引发当代内隐记忆研究热潮的契机。英国神经心理学家沃林顿和韦斯克兰茨（Warrington & Weiskrantz，1968）首先在对遗忘症患者的启动效应研究中发现了内隐记忆现象。他们的研究表明，在合适的条件下，甚至深度遗忘症患者也能够长时间地保留完整信息。在随后进行的一系列实验中，沃林顿和韦斯克兰茨（Warrington & Weiskrantz，1968，1970，1974，1978）采用不同的测验形式对遗忘症患者的记忆进行了考察，均发现虽然重度遗忘症患者在完成传统的再认和自由回忆任务时存在明显的障碍，但在某些间接测验形式［如残图识别测验和部分线索测验（现称为词干补笔测验）］下，他们的成绩与正常人接近。例如，当使用词根或词段作为线索时，遗忘症患者能表现出对此前学习词表的正常保持。但随后使用词段线索的研究发现，病人的成绩不一定保持在正常水平。研究表明，当使用词段或其他线索时，病人是否表现出正常的保持取决于测验的内隐或外显的性质。当给予外显的指导时，病人的测验成绩就会受到破坏；而当给予内隐的指导时，病人就可以表现出与正常被试同样程度的启动。

以上研究证明，在遗忘症患者身上，和外显指导相关联的记忆任务受到了破坏，而和内隐指导相关联的启动任务并未受影响。这强烈暗示了内隐记忆作为相对独立的记忆系统的存在。

二、内隐记忆的理论解释

由于内隐记忆现象的多样性和复杂性，因此尚无一种理论能够成功地解释所有的内隐记忆现象。目前影响最大的是多重记忆系统说和迁移适当加工理论。不过随着研究的深入，这两种理论也逐渐显示出了相互兼容的趋势。

（一）多重记忆系统说

多重记忆系统说认为记忆由多个不同的子系统组成，而每个子系统又都由若干特定的加工过程组成。同一个子系统内的加工过程之间的关系比不同子系统中的加工过程之间的关系更加密切。在理论上，每个记忆系统都可能具有其特定的神经机制与行为指标。根据多重记忆系统说，内隐记忆和外显记忆分别代表记忆的两种不同子系统。

塔尔文（Tulving，1985）提出：启动效应（一种内隐记忆现象）代表一种新的记忆系统，即知觉表征系统（perceptual representation system）；按照这一逻辑，可推出“内隐记忆的各种测验间应是随机相关的，而内隐记忆和外显记忆的测验间应是随机独立的”这个结论。不过，威瑟斯庞和莫斯科利奇（Witherspoon & Moscovitch，1989）却在两种内隐记忆测验间发现了随机独立性。为解释这一矛盾，塔尔文等人又继续将知觉表征系统再细分为字词系统、结构描述系统和概念语义系统。为此，塔尔文等人（Tulving et al.，1990）设计了新的实验，试图从另一个角度论证多重记忆系统说。实验结果表明：在外显记忆测验中，针对同一目标的两种不同线索间呈中等程度的相关；而在内隐记忆测验中，针对同一目标的两种不同线索间则是无关的。这证明内隐记忆的表征和外显记忆的表征是不同的，内隐记忆代表知觉表征系统，这种系统没有单字的固定痕迹，是无痕迹的记忆系统（traceless memory system），但它可能包含单字的多重分布特征，每种表征的唤起是通过一个特殊的线索来实现的。

此外，神经心理学家在另一个研究层次（认知神经科学）上，利用 PET 等先进技术，以不同的推理逻辑论证了多重记忆系统说的观点。例如，在对遗忘症患者的研究中，斯夸尔把记忆分为两类：陈述记忆（declarative memory）和程序记忆（procedural memory）。陈述记忆是唯一能进入意识中的可以觉察的记忆，而程序记忆则只能通过记忆系统的操作来实现。另有一些神经心理学家把记忆分为知觉表征系统和语义记忆系统，其核心与斯夸尔的观点是一致的。斯夸尔的观点代表了神经心理学家对内隐记忆现象的看法，但有关陈述记忆和程序记忆的神经机制的研究目前还不多。一般来说，陈述记忆涉及脑边缘系统的神经结构，它必须依赖大脑皮质及一些特殊脑区；而程序记忆中的启动效应则可能是普遍存在于神经系统（包括脊髓）所有主要神经节中的一种特性。

多重记忆系统说能较好地解释遗忘症患者的记忆分离现象，因为各个记忆系统是独立的，当陈述记忆系统受损伤时，程序记忆系统仍保持完好。而对于正常人的记忆分离现象则可以解释为，某变量只影响陈述记忆而不影响程序记忆，或某变量只影响程序记忆但不影响陈述记忆。多重记忆系统说存在的一个不可回避的问题是：划分多重记忆系统的标准是什么？这一点也时常被多重记忆系统说的反对者所提及。

（二）迁移适当加工理论

罗迪格（Roediger，1990）提出的迁移适当加工理论（transfer-appropriate processing theory）与多重记忆系统说不同。它不认为内隐记忆与外显记忆是不同的记忆系统，而主张一个单一的记忆系统。按照迁移适当加工理论，记忆实验研究所观察到的实验性分离现象，反映的只是测验所要求的加工过程不同而已，并不说明机能独立的两个不同记忆系统的存在。该理论认为，如果记忆测验所要求的加工过程与学习时的编码加工相似或重叠，就可以提高测验成绩，否则就会相对较差。由此，罗迪格认为记忆测验应由测验中参与的心理加工类型来区分，并区分了两种加工过程：概念驱动过程和材料驱动过程。前者主要通过对刺激项目意义和语义信息的加工来完成测验，而后者则主要依赖对刺激项目表面特征和知觉特征的分析来完成测验。罗迪格认为外显记忆测验要求的是概念驱动过程。概念驱动过程要求有意义的加工、精细编码等加工过程，正是对句子的精细编码以及对材料的有意义组织等因素提高了外显记忆测验的成绩。与此相反，大多数内隐记忆测验非常依赖学习时与测验时的知觉过程的匹配程度，并几乎都是提取过去经验中的知觉成分。因此，内隐记忆测验要求的是材料驱动过程。所以，影响概念加工的各种变量对内隐记忆就没有影响，而行为特征方面的变量对内隐记忆就会有很大影响；反之亦然。迁移适当加工理论同样得到了一些研究的支持（Blaxton，1989；Roediger，1990；Weldon & Coyote，1996；Mulligan et al.，1996）。

迁移适当加工理论对正常被试在直接和间接测验间的许多分离现象提供了较好的解释。但是，该理论在对遗忘症患者的分离现象进行解释时效果不理想。按照迁移适当加工理论，遗忘症患者有意识记忆效果较差而无意识记忆效果较好，是因为其概念驱动过程有障碍而材料驱动过程保持完好。但有些患者在那些要求概念驱动过程的间接测验中也表现得与正常人无异，面对这些结果，迁移适当加工理论就无法解释清楚了。

近年来，多数研究者已经发现：多重记忆系统说和迁移适当加工理论各有其优点，但都不能给所发现的全部实验性分离现象以完满的解释。目前许多研究者正努力寻找某种方式把这两种理论结合起来，以期为内隐记忆现象提供更全面的理论解释。

三、内隐记忆的实验研究方法

在内隐记忆实验中，最具特色的地方在于其实验的逻辑结构。我们知道，内隐记忆实验的首要任务在于将内隐记忆和外显记忆区分开来，在此基础上才有可能建构内隐记忆和外显记忆两者不同的因变量指标，并进而考察自变量对内隐记忆和外显记忆的不同影响。因此，如何在实验中分离内隐记忆和外显记忆，就成为内隐记忆实验逻辑的重点。事实上，这种实验逻辑本身名字就叫作“分离逻辑”，它的核心就是将内隐记忆和外显记忆分别对应于两种不同的、可测量的指标，达到区分的目的。

（一）分离逻辑的方法学含义

分离逻辑认为，我们可以找到某些指标以对应内隐记忆，同时又找到另一些指标以对应外显记忆。从内隐记忆研究伊始，人们就沿着这样的思路发展出两类测验——直接测验和间接测验。

传统的记忆测量法，如自由回忆和再认测验等，都在指导语上明确要求被试有意识地回想他们经历过的某些事件并把它们从记忆中提取出来，因而被称为直接测验。而间接测验则恰恰相反，在指导语上不要求被试有意识地提取过去学习的信息，而是通过他们在一些特定任务上的表现来间接推断被试是否对某些信息拥有记忆。

研究者认为，这两类任务分别对应外显记忆和内隐记忆，因而这种分离也被称为任务分离。从方法学上分析任务分离的逻辑，就是假设完成不同的测验任务所需要提取的信息是不同的，因而参与的心理加工过程也不相同。这样，用不同的测验任务便可以揭示不同的心理机能。如果同一自变量使不同测验任务有不一致的结果，我们就可以据此推测，完成这些不同测验任务的心理状态和过程之间存在差异。因此，当直接测验和间接测验结果相反时，我们就能推断内隐记忆和外显记忆是不同的心理过程。人们把类似这样的情形称为实验性分离。塔尔文曾对实验性分离这样描述：

符合实验性分离逻辑的实验是这样的：控制单一的变量而比较在两种不同的任务中变量的效应……如果变量影响被试在一种任务中的操作，但不影响另一种任务的操作，或者变量对两种任务的操作的影响有不同的方向，我们就说分离产生了。(Tulving，1985)

实验性分离就其特点而言包括四种类型：单一分离（singal dissociation）、非交叉双重分离（uncrossed double dissociation）、交叉双重分离（crossed double dissociation）和双向关联（reversed association）。但是不管怎样，在内隐记忆领域，实验性分离应用最广泛的具体形式，仍然是此前提及的任务分离逻辑，即：先通过改变测验指导语来造成两种测验任务，分别对应内隐记忆和外显记忆，然后通过考察两种测验成绩之间的关系来确定是否出现了实验性分离。

（二）任务分离中的间接测验

综上可知，任务分离逻辑离不开设计有效的直接测验和间接测验。其中直接测验已经对应于传统的记忆测验形式，那么间接测验就成为任务分离中最为关键的部分了。罗迪格等人（Roediger et al.，1992）曾总结了 13 种内隐记忆测验的类型，不过归纳起来，这些间接测验可以大致分为词干补笔和知觉辨认两大类。

1. 词干补笔

正如我们在前面所提到的那样，词干补笔类的测验来自最初关于启动效应的研究。词干补笔是指被试学习一系列单词后，测验时提供单词的头几个字母，让被试补写其余几个字母而构成一个有意义的单词，如将 jui _ 补写成为 juice。补笔的另一种形式为残词补全，是让被试学习一系列单词后，把缺一些字母的残词填上适当的字母而成为有意义的单词，如将 ele________ 填成 elephant。朱滢等人（1991）以汉字为材料，制造了一些汉字的补笔测验。如图 8-9 中的测验示例，在识记时，给被试呈现“膀”字，而在测验时，则只呈现“月”字，要求被试补全整字。

虽然词干补笔测量的是一些永久性的知识，但研究发现，这些知识的提取也依赖于实验中所发生过的事件。例如，在完成 ele________ 时，如果被试最近学过“elephant”这个词，尽管可以有多种完成的方法（如 element、electric、

膀——→月

图 8-9　补笔测验材料示例

（采自朱滢等，1991）

elective)，但他们有更大可能会用“elephant”这个词来完成词干补笔或残词补全。通过计算这些测验所表现出来的启动的量，研究者就可以衡量内隐记忆的效应。例如，可以将新近学习过的和没学过的词在词干补笔或残词补全测验中的成功概率（或速度）进行比较，通过二者之间的差异来反映内隐记忆现象。也可采用其他实验材料，如学习过的图片和用于测试的图形碎片，来进行类似实验。

2. 知觉辨认

知觉辨认是指在实验中，被试首先学习一系列单词，然后在速示条件下（如 30 毫秒）对学过的单词以及另外一些未学过的单词进行辨认。通常的结果是，被试对学过单词的辨认率显著高于未学过的。知觉辨认的另一种变式为模糊字辨认，是指在测验时所呈现单词的字母很模糊，要求被试辨认是什么单词。将单词模糊呈现的方法有很多，其中有一种是：变化幻灯机的投射焦距，使得投射焦点不集中，从而使得屏幕上的投影变得模糊不清。

雅各比（Jacoby，1983）采用再认和知觉辨认两种方法进行了实验。实验中，他让被试在三种条件下学习反义词。条件一为无上下文，被试看到“×××——冷”便大声说出“冷”字，这里要求被试加工的是“冷”字的字形；条件二为有上下文，被试看到“热——冷”并大声读出“冷”字，这里要求被试加工“冷”字的意义；条件三为产生（generation）条件，被试看到“热——???”，并说出“冷”字，这是条件一和条件二的结合，要求被试既加工字形，也加工意义。三种条件下，研究者对一半被试用直接测量的方法，即再认，对另一半被试则用间接测量的方法，即知觉辨认。实验结果表明：当用直接测量的方法时，产生条件下的击中概率最高，有上下文条件次之，无上下文条件最差；而用间接测量的方法得到的结果与此恰恰相反，表现为无上下文条件下的击中概率最高，有上下文条件次之，产生条件最差。由此可知，直接测量的方法和间接测量的方法所得到的实验结果正好相反。

（三）从任务分离到加工分离程序

迄今为止，尽管任务分离逻辑的实验为绝大部分内隐记忆研究所采用，而且成功地揭示了内隐记忆和外显记忆在机能、特征上的诸多差异，但针对任务分离逻辑本身的批评也依然存在。概括而言，主要的批评有以下几点。

首先，两种测验任务存在可比性问题。直接测验和间接测验归根结底是两种不同的测验任务，杨治良（1991）就曾概括了直接测验和间接测验在测验线索、记忆任务、反应指标等方面都存在不同。如果两种测验任务本身是不可比的，那么两个任务之间的实验性分离似乎也就没什么特别的意义了。

其次，任务分离逻辑总是假设直接测验的结果代表了外显的记忆过程，而间接测验的结果代表了内隐的记忆过程。但实际上研究者很难保证测验任务的纯净性，谁也不能确定直接测验是否完全排除了内隐记忆的参与，抑或间接测验是否和外显记忆毫无关系。此外，任务分离逻辑试图证明内隐记忆存在，但是在论证开始之前就已经假设了内隐记忆的存在——因为间接测验就对应了内隐记忆。这样的逻辑似乎也有循环论证的嫌疑。

基于此，20 世纪 90 年代初，雅各比等人提出了加工分离程序（process dissociation procedure，PDP），它正是对上述问题的最好回答。

1. 加工分离程序的提出

随着研究的逐步深入，大量研究表明意识加工可能影响间接测验，同样无意识加工可能影响直接测验。许多研究者逐渐达成了这样一个共识：大多数记忆任务均包含不同程度的意识与无意识加工。因而，通过测验间的比较，对意识与无意识加工成分分离的方法论上的探讨逐步演化成如何去分离在一个记忆任务中可直接观察到的意识与无意识成分的贡献，此即加工分离程序的基本思路。

加工分离程序依赖于以下三个基本假设：（1）意识性提取和自动提取是彼此独立的加工过程，这一假设是加工分离程序的核心；（2）意识性提取在包含和排除测验中的性质是一样的；（3）自动提取在包含和排除测验中的性质也是一样的。另外，加工分离程序还有一个假设，即意识性提取的操作表现为全或无（要么能再认，要么不能再认，不存在出错的情况），而自动提取则是有对有错的。也就是说，那些通过意识性提取获得的信息不仅能被主动地报告出来，而且也能被主动地排除掉。雅各比等人（Jacoby et al.，1993）的实验检验了意识性提取和自动提取之间的独立性，结果支持二者是彼此独立的加工过程。

2. 加工分离程序的实验步骤

加工分离程序提供了两种测试条件：在第一种条件下，意识成分和无意识成分共同促进作业成绩，因而它们的关系是协同关系，这种测试条件称为包含条件；在第二种条件下，意识成分和无意识成分对作业成绩的影响正好相反，因而它们的关系是对抗关系，这种测试条件称为排除条件。下面以雅各比 1991 研究中的实验三为例，具体说明加工分离程序的实验逻辑是如何工作的。

被试的学习分为两个阶段：在第一阶段，主试呈现一些单词要求被试阅读，并呈现一些变位词（单词的第二和第四个字母顺序正确，其余字母的位置错乱），要求被试重新排列其余字母以组合成单词；在第二阶段，主试以听觉形式呈现一组单词，要求被试在听到单词后大声读出来，并努力记住以备后来的再认测验。在测试阶段，被试要进行再认测验，测验材料包含学习阶段的变位词、视觉呈现词、听觉呈现词以及新词。雅各比设计了两种测验条件：包含测验条件下，被试对学习阶段的变位词、视觉呈现词、听觉呈现词均进行“新”或“旧”的再认判断；在排除测验条件下，被试仅仅对听觉呈现词进行积极的再认判断，即在这种条件下，被试要将变位词和视觉呈现词作为没有学习的项目加以排除（即判断为“新”）。

3. 加工分离程序的计算

雅各比认为，记忆提取过程中的意识性加工和无意识加工是相互独立的过程，因而记忆任务的提取操作既可以是意识性提取的作用，其贡献为 $R(1-A)$ [或自动提取的作用，其贡献为 $A(1-R)$]，也可以是意识性提取和自动提取两种过程的共同作用，其贡献为 RA。在上面的符号中，R 表示被试利用意识性提取完成测验的概率，A 表示被试利用自动提取完成测验的概率。在包含测验中，被试利用意识性提取和自动提取两种记忆提取机制来完成对变位词和视觉呈现词的再认判断任务，因而此种条件下对变位词和视觉呈现词判断为“旧”的概率

为：P(旧|包含)$=R+A(1-R)$。排除测验包含这样一种测验逻辑，即测试指导语对自动提取是不起作用的，自动提取仍旧将变位词和视觉呈现词判断为“旧”，因而它的作用将提高再认测验成绩，而意识性提取则起反作用，即该加工机制根据指导语将变位词和视觉呈现词判断为“新”，因而在此条件下，研究者通过指导语可以使意识性提取和自动提取对变位词和视觉呈现词的再认作用对抗起来：有意识过程导致“新”的判断，而无意识过程导致“旧”的判断。这样，排除条件下对变位词和视觉呈现词再认判断为“旧”的概率为：P(旧|排除)$=A(1-R)$。这样，结合这两种条件下对变位词和视觉呈现词判断为“旧”的概率，通过简单的数学运算，研究者就能得出有意识过程和无意识过程各自的贡献：

$$R=P(\text{旧}|\text{包含})-P(\text{旧}|\text{排除})$$

$$A=P(\text{旧}|\text{排除})/(1-R)$$

按照上述公式，雅各比（Jacoby，1991）计算得出：对于变位词，$R=0.51$，$A=0.59$；对于视觉呈现词，$R=0.11$，$A=0.42$。这说明学习阶段的加工深度能影响意识性提取的概率，却对自动提取的概率影响不大。

4. 加工分离程序的评价

加工分离程序将意识性提取和自动提取看作两种独立的加工过程，从实验逻辑上结束了对直接测验和间接测验分离的依赖，并在一定程度上摆脱了分离逻辑所面临的直接测验和间接测验中存在记忆任务的内部心理加工过程不纯净的问题，取而代之的是设定两种测试条件：意识过程与无意识过程的“协同”条件（包含测验条件），以及意识过程与无意识过程的“对抗”条件（排除测验条件）。通过计算，研究者就能够将混合于各种任务之中的意识成分和无意识成分分离出来。加工分离程序在体现了对抗逻辑的思想的同时，为分离自动的和意识控制的记忆加工提供了一个有效的途径。在研究者对这个创造性构想不断进行修正和批评的过程中，内隐记忆的方法论和实验技术得以进一步完善和发展，并使早日揭示人类记忆的本质成为可能。

内隐记忆是记忆这一古老研究领域中新兴的研究热点，尽管其中所涉及的不少问题仍旧处在争论之中，但内隐记忆的研究深刻揭示了无意识过程在人类认知活动中的影响。对内隐记忆的理论思考和研究方法的探索，也为如何研究认知过程中的无意识成分提供了借鉴。

事实上，在内隐记忆提出之前，一直与记忆紧密相连的学习领域就已经出现了关于无意识学习的系统论述和实验研究，这就是内隐学习。内隐学习研究和内隐记忆研究既有颇多相似之处，也有自己的独特风格。这些都是下一节所要介绍的主要内容。

第四节　内隐学习

学习与记忆的研究从来都是紧密相连的，严格来说，学习中的无意识——内隐学习的提出，要比内隐记忆这一术语的提出早 20 年。和内隐记忆类似，内隐学习被定义为一种不知不觉的学习，它是有机体通过与环境接触，无目的、自动地获得事件或客体间结构关系的过程。几十年来，关于内隐学习的实验研究已经取得了很大的进展。本节将简要介绍内隐学习的特征、内隐学习和外显学习的关系，以及内隐学习的主要研究方法。

一、内隐学习的特征

国际上第一篇以“内隐学习”为题目的论文，是美国心理学家雷伯于 1967 年发表的文章——《人工语法的内隐学习》(*Implicit Learning of Artificial Grammar*)。在这篇论文所报告的实验中，雷伯向被试呈现根据不同规则（人工语法）产生的字母串，并分别以外显或内隐指导语引导被试对其学习。在其中一个实验中，外显指导语是规则发现，要求被试寻找字母串的内在结构，而内隐指导语则是记忆，要求被试记住所呈现的字母串。在随后对新字母串做是否合乎语法规则的判别任务中，研究者发现即使被试无法外显地表述语法规则，他们还是能够成功判别新字母串是否合法。而且在语法规则较为复杂时，记忆组的表现反而比规则发现组要好。据此，雷伯认为必定存在某种无意识获得刺激环境中的复杂知识的过程，正是这一过程使得在被试并未主动寻找规则的情况下，仍然能自动地、无意识地获取规则知识，这就是内隐学习。

在此后的三十余年里，有关内隐学习的实验研究发展迅速。今天的研究者基本公认了内隐学习的存在，并初步概括出内隐学习的几个特征。

（一）无意识性

无意识性是指内隐学习会自动地发生，无须有意识地干预和探索规则的努力。内隐学习的无意识特性，是它得以区分于外显学习的主要特征。正由于内隐学习的这一特性，所以内隐学习过程往往掩藏在外显的认知过程背后，而不被人们主观地意识到。而从另一个侧面理解内隐学习的无意识性，就是其产品——那些被内隐地习得的规则知识，往往以意识不到的、不可言说的状态存在着。于是也有研究者认为，内隐学习的产品通常都带有缄默知识的特点。

（二）抽象性

抽象性是指内隐学习往往不依赖于刺激的表面物理形式，而能够抽象出事物的本质属性。对抽象性的例证来自有关内隐学习迁移的实验研究：雷伯（Reber，1969）在人工语法学习实验中改变学习的语法规则或字母串表面特征，结果发现语法规则的改变明显降低了被试的成绩，而字母串物理形式的改变对成绩所产生的影响则较小。这说明内隐学习的效果主要依赖于对抽象的、本质的规则信息的把握，而不会因为刺激表面形式的改变而发生变化。

（三）理解性

理解性是指通过内隐学习所获得的规则知识虽然本质上是无意识和缄默的，但也可能被部分地意识到。例如雷伯等人（Reber et al.，1994）对人工语法构成的词谜进行了研究，结果发现随着被试外显报告所用规则能力的提高，他们也内隐地发展了更为丰富和复杂的规则知识。郭秀艳等人（2002）的工作也发现：随着学习的推进，内隐组与外显组被试的成绩都是逐渐上升的。这些结果说明内隐学习的效果也可以部分地被意识所理解。

（四）抗干扰性

内隐学习具有较强的抗干扰性，这是指内隐学习相对于外显学习，更不易受到各种变量的影响。雷伯（Reber，1993）曾经对内隐学习的抗干扰性进行过详尽的阐述，认为其具体表现为：强健性（不易受到机能障碍和机能失调的影响）、年龄和IQ独立性（不受年龄和IQ的影响）、平均性（个体差异小，群体差异小）和过程的普遍性（内隐学习的内部机制具有跨物种的普遍性）。

（五）“三高”特征

杨治良等人（1993）对内隐学习的特征进行了探讨，提出了内隐学习的“三高”特征：高选择力、高潜力和高效性。研究采用一种测量内隐学习和外显学习的新方法，要求被试学会把相片按其组合特征分类。在研究结果的基础上，他们提出了内隐学习的高选择力体现在被试表现出更大且更显著的底层规则的迁移，这一点和雷伯描述的抽象性特征异曲同工。而高潜力特征的发现则来源于内隐学习仅使用显著特征分类，却达到了外显学习运用显著和非显著特征的学习效果。这说明内隐学习具有很大的潜力，许多具有高选择力的资源尚待开发。研究者运用信息论指标，发现内隐学习获得的规则知识在信息传递上效率更高，内隐知识储存的密度更大，这就是高效性特征。

二、内隐学习和外显学习的关系

多年以来，内隐学习和外显学习的关系一向是内隐学习研究的首要问题之一。以雷伯为首的早期研究者将内隐学习和外显学习从各个角度进行了区分，其工作对明晰两者的区别大有贡献。而通过后继的深入研究，人们逐渐发现内隐学习和外显学习之间很可能并非泾渭分明，而是拥有较模糊的界限。于是，关于内隐学习和外显学习相互联系的话题开始涌现。最后，人们尝试从意识—无意识连续体的角度理解内隐学习和外显学习的关系，取得了初步的理论成果。

（一）内隐学习和外显学习的区别

从内隐学习首次被提出以来，研究者为证明内隐学习确实是某种独立存在的、和此前传统上所谓的学习过程不同类型的学习，而归纳出了内隐学习和外显学习的众多区别之处，有力地支持了内隐学习和外显学习的相对独立性。

1. 现象学上的区分

内隐学习和外显学习的区分首先在于它们的不同表现特征。它们在特征上的不同可以归结为以下三点：（1）内隐学习是自动的，外显学习是需要意志努力的。复杂系统范式的研究表明，人们的操作能力超出了他们所能意识到的范围。另外，在某些实验任务情境下，无意识的学习机制比有意识的思维更能检测出微妙的和复杂的关系。（2）内隐学习是稳定的，外显学习是易变的。内隐学习从学习过程到学习结果都是稳定的，不易受其他内外因素的影响，而外显学习则会受到年龄、智力、情绪、个性、动机、氛围等变量的影响。例如，研究者在遗忘症患者身上发现内隐学习和外显学习任务的实验性分离，遗忘症患者脑部损伤的区域对内隐学习影响较小。（3）内隐学习较抽象，外显学习则易受表面刺激影响。内隐学习和外显学习在最终获得的知识层面存在差异，内隐学习获得的是刺激内部的潜在的深层结构，外显学习获得的是特定的刺激或刺激间某些表浅的规则。雷伯（Reber，1969）和马修斯等人（Mathews et al.，1989）先后用实验证明了在学习限定状态人工语法时，外显学习获得的是特定的刺激或刺激间某些表浅的规则，如某几个字符更多地相继出现等，而内隐学习获得的是刺激内部的潜在的、具有抽象性的深层结构。

2. 实验操作上的区分

内隐学习和外显学习在现象学上的区分，是证明内隐学习独立于外显学习之外而存在的前提。但我们唯有用实验的手段将内隐学习和外显学习分离出来，才能真正确立内隐学习的独立地位。

任何一种实验操作都依赖于作为前提的实验假设，内隐学习的实验也是如此。莱因戈尔德和梅里克尔（Reingold & Merikle，1988）在扬弃直接测量的两条假设的基础上，提出了证明内隐学习独立存在的分离逻辑假设：直接测量和间接测量都同等程度地对意识知识敏感，而针对某一特定的刺激维度，间接测量比直接测量来得更敏感时，就可以发现无意识学习（即内隐学习）的存在。基于这一假设，研究者运用了各种不同于外显学习研究的实验操作，从实验层面上对两者进行了区分，并获得了可喜的成果。前面提到的雷伯（Reber，1967）关于内隐学习的经典实验研究就发现了这种内隐优势效应。此外，马修斯等人（Mathews et al.，1989）在实验中采用连接被试技术，让原始被试练习 800 次并给予反馈，要求这些原始被试尽量多和准确地描述出规则，然后主试再把原始被试的描述告诉连接被试。结果发现，连接被试的成绩高于随机水平，但低于原始被试的水平。这表明内隐学习所获得的知识超越了言语报告所能表达的内容。

3. 神经生理学上的区分

大量研究表明，内隐学习和外显学习的神经生理学基础是不同的，它们有着相互独立的生理机制。对神经受损病人的研究发现，某些神经受损伤或脑功能缺失的病人，虽然外显认知系统的功能发生紊乱，但是内隐认知系统仍保持正常。例如，研究发现海马间脑——乙酰胆碱能传导系统（hippocampal & limbic-diencephalic—cholinergic transmitter system，又称间脑学习系统，limbic-diencephalic habit learning system）在外显学习中占有重要地位，但海马或间脑损伤病人的内隐学习不受影响。霍耶尔等人（Heuer et al.，1998）有关睡眠剥夺的实验进一步发现，基底神经节纹状体——多巴胺能系统的唤起和提取系统（basal ganglia & striatum—dopaminergic arousal and activation system，又称新纹状体习惯学习系统或称壳核习惯学习系统，striatum or neostriatal habit-learning system）只影响内隐序列学习，而不影响外显学习。此外，有关神经影像学的研究也发现内隐学习和外显学习激活了不同的脑部区域，证实了二者在生理机制上的区别。例如，塞格等人（Seger et al.，2000）用 fMRI 技术对人工语法学习进行研究，结果发现外显学习更多地激活右半球区域，而内隐学习更多地激活与抽象过程联系的左半球区域。

4. 学习机制上的区分

从学习机制上探讨内隐学习和外显学习的区别是从根本上将二者区分为两个独立系统的有效办法。目前对这一问题的讨论主要集中在加工方式、心理表征和产生信息三方面。

贝里等人（Berry et al.，1993）曾提出存在两种不同的加工方式——不加选择（内隐）的学习与精选（外显）学习。当面临一个复杂的任务时，个体可能会不加选择地接收和试图储存刺激之间的所有关联性。在运用精选的机制进行学习时，个体的加工方式是只选择几个关键变量，并且只对这些关键变量之间的关联性进行观察。如果被选择的是正确变量，那么此种机制将是快速而有效的。

威林厄姆（Willingham，1999）曾对内隐位置序列学习的心理表征进行了描述。他认为，外显位置学习和内隐位置学习分别是自我中心空间表征和客体中心空间表征。在自我中心空间系中，物体的位置是相对于被试自己的身体而言的。在客体中心空间系中，物体的位置是用相对于另一个客体的位置进行编码的。客体中心空间系是一个浮动的空间系，物体的相对位置和相对距离在其中尤为重要。

斯塔德勒（Stadler，1997）提出，内隐学习产生知识间的横向联系，而外显学习产生信息间的纵向联系。横向联系是记忆中两个相邻节点激活的结果，比如在序列反应时任务中两个相邻的事件。而纵向联系是组块化的结果。它是一种层次式的表征，也就是说记忆中的某些节点代表了一些下一级的子节点，比如我们通常会用一个游程（ABC）来表征系列反应时任务中出现的一系列事件。

综上，各方面的证据已经足以使今天的研究者相信，内隐学习确实能够作为相对独立的无意识学习过程而存在。不过这并不意味着它和外显学习毫无瓜葛，事实上自从20世纪80年代末以来，越来越多的研究者开始关心内隐学习和外显学习相互联系的一面。

（二）内隐学习和外显学习的联系

内隐学习和外显学习的最大联系，显然就在于：如果抛开意识或无意识这条标准，它们就都是个体获得环境知识和规则信息的过程，都包括信息加工的编码、输入、储存、提取一系列过程。研究者已经发现，内隐学习和外显学习都具有学习特异性，包括编码特异性、场合依赖性、上下文一致的依赖性等等。研究者还发现，尽管内隐学习是无意识的，但它也一样对注意资源有需求。例如，尼森和比勒姆（Nissen & Bullemer，1987）就曾使用音调计数分心任务对内隐学习的注意需求性进行了研究，结果发现分心任务妨碍了被试对序列的内隐学习。

随着上述这些内隐学习和外显学习的相似特点被一一发现，研究者开始反思内隐学习的独立性问题：内隐学习真的是完全独立于外显学习吗？内隐学习和外显学习有没有可能存在相互作用？进一步的实验研究的结果证明了内隐学习和外显学习的深层联系。

1. 外显学习对内隐学习的影响

有研究表明，外显学习有时阻碍内隐学习，有时又促进内隐学习。事实上，在内隐学习研究刚刚兴起的时候，一些实验已经发现，对规则的外显找寻会妨碍被试对限定状态语法的学习。雷伯（Reber，1976）认为，当鼓励被试去寻找他们不可能发现的规则时，外显学习会妨碍内隐学习。后来，雷伯等人（Reber et al.，1980，1994）专门针对外显指导对人工语法学习的作用进行了研究，实验中的外显指导就是给被试提供具体信息。在研究中，研究者向被试提供了实际的语法结构图示，用7分钟时间向他们介绍使用这种结构生成字母串的方法。并且，在实验中还给出一套由这种语法生成的字母串让被试观察学习。结果发现，外显学习能够促进内隐学习，并且给予外显训练的时间越早越有效。

综上可知，当被试所学的语法规则比较复杂，难以外显发现，甚至不能被外显发现时，简单的鼓励言语只会激发被试有意识的规则发现心理，而这种规则发现却常常会阻碍学习者正在进行着的内隐学习过程，并进而影响学习者对复杂规则的真正习得；但若该语法规则的设计者直接演示该语法的内在结构，同时配合一些具体的合法字母串来举例说明，那么这种深入且精当的外显指导反而促进了被试的内隐学习，并且它发生得越早越有利于内隐学习。可以说，雷伯的实验全面演绎了外显学习对内隐学习的多重影响，但我们知道外显学习对内隐学习的阻碍作用是随处可见的，而外显学习的促进作用则较少见到，因为它所需要的深入且精当的外显指导通常是很难达到的。

2. 内隐学习对外显学习的影响

反过来，内隐学习对外显学习是否有影响呢？马修斯等人（Mathews et al.，1989）的实验表明，当学习者运用内隐学习和外显学习这两种方式时，其效果是最好的，即内隐学习和外显学习之间存在协同效应。由此可知，内隐学习反过来也会促进外显学习。郭秀艳和杨治良（2002）的实验引进了强分离程序——匹配和编辑——对人工语法学习进行了研究。匹配时，被试先将单个项目（一个语法串）长时间保留在记忆中，然后再在五个高度相似的备选项目的连续呈现中辨认与之相同的项目。在这种条件下，被试不知道这个项目是由一种语法产生的。匹配任务为内隐训练任务。编辑任务即为外显训练任务。编辑时，主试呈现“缺陷”串（非语法串，可能是一处错、两处错、三处错或四处错）让被试进行修正，并告诉被试该项目是由一个他们将要去发现的且用来修正字母串的复杂规则产生的。匹配和编辑任务的混合可以用来发现内隐学习和外显学习之间的相互作用。该实验结果发现，不管是对于相同字母集还是对于不同字母集，当匹配和编辑任务交替出现时，学习效果最好。这表明匹配和编辑任务相互促进，即内隐训练和外显训练具有相互促进的作用。

3. 内隐学习和外显学习的权衡现象

从前面的讨论中，我们可以发现其中隐藏着一条对内隐学习逐步深入理解的逻辑主线：人们首先将内隐学习理解为全新的、绝对独立于外显学习的过程，将研究重点放在不断提出两者的分离特征之上；其后逐渐发现两者之间并非完全独立，至少在现象层面上存在着多方面的相似性；由此开始了更为深入系统的研究，发现内隐学习和外显学习之间有相互作用的存在。内隐学习和外显学习的权衡观可以被视为上述理解发展过程的进一步深入。对内隐学习和外显学习相互关系的探讨，也将延伸到更一般意义上的意识成分和无意识成分之间的关系研究上来。

郭秀艳等人（2003）以加工分离程序为基本方法，从年龄效应方面讨论了内隐学习和外显学习的权衡关系。从该实验的结果可以很明显地看出，意识和无意识之间存在着交叉发展的关系。据此他们提出了内隐学习和外显学习的权衡关系。具体来说，权衡是指内隐学习和外显学习的贡献大小此消彼长、互相拮抗，两者之间会存在某种平衡状态。这种协变的关系使得它们在某些时候互相促进（如两者水平都较低的情况），某些时候则相互竞争，呈现出此消彼长的规律（如其中有一方处于较高的发展水平）。同时，权衡还有两者相对性的一面，即当一方下降时，另一方会表现出相对地位的提高。

因此，内隐学习和外显学习之间的独立性是相对的，它们之间还存在紧密的联系。应该说，任何一个学习任务都是内隐学习和外显学习混合、联系与权衡的产物。任何一个学习任务都是意识—无意识连续体上的一点，是内隐学习和外显学习的共同贡献。至于完全纯粹的内隐学习或外显学习，则几乎是不存在的。

三、内隐学习的研究方法

内隐学习的研究方法和内隐记忆的研究方法，在逻辑上是相吻合的——通过两种任务来对应意识或无意识主导的过程，借由实验性分离考察内隐学习和外显学习的各自特征。不过在具体研究范式上，内隐学习自然有专属的研究方法。

（一）人工语法范式

人工语法范式是内隐学习最早和最重要的研究范式，它是由雷伯（Reber，1967）首次提出的。这一范式的特点在于：以一套复杂的“语法”规则为核心，作为实验中被试通过内隐学习预期能够习得的知识，而被试是否发生内隐学习，是从分类操作任务的表现来衡量的。

最典型的人工语法可以用类似下面所示的语法图（如图 8-10 所示）来表示：由箭头相连的状态（圆圈）数量是固定的，不同字母通过箭头连接。语法字符串的生成由第一个状态开始，然后按照箭头所示的方向运行，到达出口状态为止。凡是不能由语法图生成的字符串都是非语法字符串。例如，MTV、MTTTV、VXTVRX 都是语法字符串，而 MXTV、VXTM 则是非语法字符串。这样的人工语法也被称为限定状态语法。

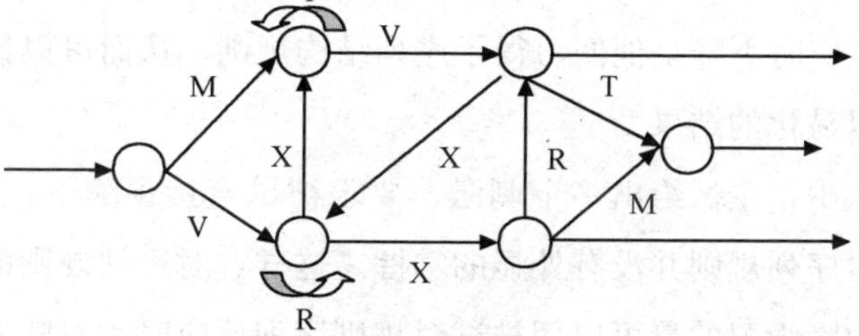

图 8-10　典型的限定状态语法

（采自 Berry & Dienes，1993）

在实验中，记忆组被试首先对限定状态语法生成的字符串进行记忆，然后得知这些字符串的顺序中存在着复杂规则，主试要求他们对语法字符串和非语法字符串进行分类。在最初的研究中，雷伯（Reber，1967）发现被试记忆的字符串越多，对新字符串进行分类就越容易。被试对新字符串的分类成绩显著高于随机水平（69%），这表明被试习得了语法规则。同时，记忆组被试的成绩高于规则发现组（即有意识学习条件）被试的成绩，且记忆组被试的分类操作水平远远高于其外显言语报告反映的语法知识所能解释的范围，因而限定状态语法的学习是内隐的。

（二）序列学习范式

人工语法的局限在于：通过语法图产生的字符串总是一次性呈现给被试，难以模拟那些顺序地发生在时间轴线上，即具有方向性的前后关系规则，如自然语言现象。序列学习范式解决了这个问题，它在实验中呈现先后顺序上具有规则的刺激模式，并考察被试是否发生对序列规则的内隐学习。序列学习范式的变式众多，其中有三项任务最具典型意义。

1. 序列反应时任务

这一任务曾经在反应时一章中介绍过，它是由尼森和比勒姆（Nissen & Bullemer，1987）首创。实验中，被试面对四个小灯，必须在任何小灯亮起后尽快按对应键做出反应。小灯亮起的位置顺序符合一定的序列规则，如“4—3—2—1—2—3—4—1—2—1”。结果随着练习次数的增多，被试的反应时会逐渐下降；此时若将刺激的序列规则改变为随机序列，结果反应时就会大幅上升；而如果再次将刺激序列变为原先的序列规则，反应时就相应地回到原先较快的水平。这说明被试的反应时下降是他们习得了序列结构规则，从而可以预测下一刺激位置并使反应得以易化的结果。

在外显测试中，主试给出一个刺激，要求被试直接预测下一个刺激的位置，结果发现被试对序列规则并没有外显的掌握。这样，对序列规则的学习就被认为是内隐的，而内隐学习的量可以用被试对规则序列反应时和对随机序列反应时的差来衡量。

2. 矩阵扫描任务

矩阵扫描任务是由莱维基等人（Lewicki et al.，1987）设计并提出的。在他们的实验中，屏幕被划分为四个象限，被试要检测所指定的目标数字在哪个象限出现。每七个试次为一组。每组中前六个试次里，屏幕上只出现目标数字；而在第七个试次中，有 35 个干扰项目伴随着目标数字一起出现。这里的序列规则在于：第七个试次中目标数字的位置是由前面的第一、三、四、六试次中目标数字所在的象限来规定的。由于第一、三、四、六试次中，象限的组合中不允许重复，所以组合共有 24 种可能性（$P_4^4=4\times3\times2\times1=24$），这 24 种象限的组合分别对应第七个试次中目标的 24 个可能的位置，从而形成了 24 个规则。

由于规则数量较多，并且第二和第五个试次为无关试次，所以矩阵扫描任务中的序列规则比序列反应时任务中的序列规则复杂，被试不太可能外显获得规则。实验后被试的口头报告也证实了这一点。矩阵扫描任务的实验结果和序列反应时任务的实验结果相近：被试的反应速度和正确率稳步而缓慢地提高；而在大量练习之后，如果改变前几个试次和第七个试次间的推断关系（即第七个试次中，目标出现的位置正好在被试推断象限的对角象限上），正确率和反应速度就大幅下降。

对这些结果的解释也和前述序列反应时实验相近：被试对推断规则知识的获得是矩阵扫描任务操作速度提高的原因，而这些知识无法在意识层面为被试所获得（言语报告），因而对预测规则的学习是内隐的。

3. 序列预测任务

库什纳、克雷尔曼斯和雷伯（Kushner，Cleeremans，& Reber，1991）首先将序列预测任务作为内隐学习的测量工具。他们的实验要求被试在观察顺序呈现的五个项目后，预测第六个项目可能出现的位置。每个项目可能出现的位置有三个，第六个项目出现的位置可以由第二和第四个项目出现的位置推断出来。由于无关项目较多，并且被试需注意到项目间的特定关系才能准确进行预测，所以序列预测任务所使用的规则也属于复杂规则，不易外显获得。

序列预测任务的实验可以分为三个阶段。(1) 被试接受 2 430 个符合上述规则的预测试次。(2) 改变原有的规则：第六个项目所出现的位置为按上述规则推断所得位置的下一个位置。(3) 让被试在第六个项目位置随机的条件下进行 972 个预测试次。结果发现：在阶段一，被试预测的正确率越来越高，并在阶段一最后达到 45%，显著高于随机水平（33%）；在阶段二刚开始时，正确率又跌到随机水平，但是随着试次的增多，预测正确率也像阶段一中的那样稳步上升；在阶段三，预测正确率始终维持在随机水平。研究者从实验后被试对外显问题的回答中发现，被试并未意识到项目序列的结构，也未发觉阶段一和阶段二序列结构的改变。库什纳等人进一步用评价任务来检测被试知识的外显情况，实验后他们告知被试前五个项目的位置与第六个项目的位置间存在关系，并让被试评价前五个项目在预测第六项目时的重要程度。结果发现，对第二和第四个项目的评价与其他项目无异。这说明被试对预测的重要性没有意识。可见，被试对序列结构的习得是内隐的。

（三）复杂系统控制范式

当内隐学习在自然情境中发生时，人们所接触的规则往往不像序列学习实验中那样简单机械，也不像人工语法实验中那样毫无意义。因此，对于真实生活中问题解决过程的内隐学习，心理学家往往借助另一种范式来进行研究，这就是复杂系统控制范式。

复杂系统控制（control of complex system）范式最先由布罗德本特引入内隐学习领域。布罗德本特（Broadbent，1977）的研究要求被试对城市交通运输系统进行控制，被试必须通过改变两辆车之间的始发间隔时间和停车费来控制每辆车的乘车人数和空的车位数。整个交通运输系统基于两个公式：乘车人数随始发时间间隔的增加而呈线性增长，空车位数随停车费的增加而线性增长；乘车人数随停车费的增加而线性增长，而空车位数随始发时间间隔的增加而线性减少。在实验刚开始时，主试向被试呈现四个变量的初始值，并要求被试在实验中尽量使乘车人数和空车位数达到并维持在某个目标值上。实验中被试的外显知识由一系列选择题测得，这些选择题涉及变量间的直接关系（乘车人数和始发时间间隔，空车位数和停车费）和变量间的交叉关系（乘车人数和停车费，空车位数和始发时间间隔）。被试操纵系统的能力由尝试错误次数进行评估。结果发现，尽管被试操纵系统的能力在逐渐改善，但是被试回答选择题的能力没有改善。所以，被试在进行此类复杂系统控制时，他们的知识获得是内隐的，无法用言语表达。

此后，贝里和布罗德本特（Berry & Broadbent，1984）设计了两个类似的复杂系统控制任务：糖生产任务（sugar-production task）和人际交互任务（person-interaction task）。被试的任务是改变工人数量以维持某个糖产量水平，或是通过选择合适的形容词输入来和模拟人维持友好关系。尽管这两个任务的规则比交通控制任务更复杂，即某次的系统输出值不仅取决于本次系统输入值，还受到上次系统输出值的影响，实验结果也仍然和交通系统控制任务一样：练习可以改善控制任务的能力，但不能改善回答选择题的能力。接受 60 个试次的被试在最后 5 个试次中，击中目标值的概率达到 80%，但是他们回答选择题的正确率和接受 30 个试次或没有接受测试的被试一样低。这种操纵系统的能力与言语表达的分离，被认为是内隐学习的表现。

（四）信号检测范式

信号检测论本来是现代心理物理学的内容，其主要特点是在排除了反应偏向的情况下考察人们对信号和噪声的区别能力。信号检测范式考虑的仍然是内隐学习测验中常用的分类操作任务，其操作在形式上类似于信号和噪声的辨别任务，只不过这种分辨在内容上是要把符合规则的刺激与不符合规则的刺激分开。当然，传统的反应指标——正确率也可以反映被试内隐学习的效果，但是信号检测论的引入提供了新的观察视角，将分辨力指标与反应倾向指标区分开，或许能为内隐学习效果的度量提供更有效的尺度。

更重要的是，以往信号检测论常常用于再认实验，也在内隐记忆的研究中得到应用，现在运用于内隐学习领域，有可能为内隐学习和内隐记忆提供一个交汇点。杨治良（1991）的研究便是此类研究中的一个。其实验的自变量之一是有无回忆，用两种指导语来控制回忆：A 系列要求被试在记忆字母串后做三次连减“3”的心算题目，继而当屏幕上出现“A”时，被试应在计算机上回忆出整个字母串，不要回答心算的答案，每次回忆后有正确答案进行核对；B 系列要求被试当屏幕上呈现“B”时，应回答心算的数字答案，其余与 A 系列相同。自变量之二是信号和噪声之比。结果发现在不同的情况下，被试在辨别力指标 d' 上有显著性差异，而反应倾向 β 却相当稳定。由于 β 受被试情绪、动机、意志、态度、利害得失等因素影响，β 值的稳定性验证了内隐学习是一个不受诸如动机、意志等意识因素干扰的学习过程，在内隐学习过程中，心理状态波动甚微，相当稳定。

信号检测论在内隐学习研究中的引入，能够将辨别力指标作为内隐学习和内隐记忆相结合的突破口。例如杨治良（1991）的研究，既可以认为是内隐学习的研究，又牵涉到内隐记忆的问题。同时，信号检测论提供的反应倾向指标也能够为内隐学习的无意识性、稳定性提供新的论据。

综上，内隐学习的研究范式十分丰富，不同的研究方法分别注重对不同规则、不同情境下的内隐学习的研究。然而，我们也可以看到，内隐学习领域的研究方法基本上还是处于任务分离逻辑的阶段。和内隐记忆研究不同，试图将加工分离逻辑引入内隐学习领域，目前尚有许多困难。不过可以确信的是，加工分离在内隐学习研究中的尝试将是今后该领域研究方法发展的新方向之一。

四、内隐学习的应用研究

作为一种无意识的学习机制，内隐学习普遍存在于任何一次学习任务之中。研究者发现，在自然生活中，内隐学习的例子俯拾即是。例如：儿童无须系统地学习语词和语法规则，就能不知不觉地就学会说母语；围棋的新手通过看大量的棋谱，即使没有高人点拨，棋艺也会有所长进；等等。人们自然联想到：如果能够分析、评价人们在自然情境中的内隐学习，是否就有可能总结出某些规律，并进而人为地利用内隐学习的潜力，以促进其他知识、技能的学习呢？目前，这类以应用为导向的内隐学习研究开展得还很少，但是此类研究的应用前景十分诱人，因而在本节的最后，我们仍有必要简短地介绍该领域的研究进展。

（一）语言的内隐学习

语言能力的获得是自然生活中最奇妙的学习现象，同时语言又是最复杂的人工产品之一，人类儿童的发展进程则强烈暗示了语言学习的内隐属性，于是研究者对语言内隐学习感兴趣也就理所当然了。

帕克东等人（Pacton et al.，2001）对母语为法语的被试进行了研究，结果发现被试表现出了极强的内隐学习特点。这表明母语规则不仅能够内隐获得，而且母语的内隐学习是强有力的。而在第二语言学习的研究中，内隐学习的作用也得到了研究者们的充分肯定。只是在外显学习和内隐学习何者对语言学习更具贡献的问题上，研究者尚存争议（Bialystok，1979；Michas & Berry，1944）。鉴于此，一些内隐学习论者提出，第二语言的学习应当遵循母语（第一语言）的获得方式，将个体置身于纯粹外语环境生活中就可以产生充分的内隐学习，从而掌握第二语言；另一些学者则认为，外显知识是缄默知识的必备先导，应重视规则的教学。但是不管怎样，争论双方都承认，内隐学习在语言教学中的作用不容忽视。举例来说，所谓的语感培养就多半是个大量利用内隐学习的过程。按照内隐学习的相关研究结果，我们可以建议教师营造轻松的学习环境，并让学生在其中不断接触刺激材料，这样就可能更好地促进学生对语言的内隐学习，形成语感。

（二）动作技能的内隐学习

动作技能的内隐学习最初由有关遗忘症患者的研究发现。米尔纳等人（Milner et al.，1968）研究发现，遗忘症患者虽然不能回忆起刚刚发生的事，但能够进行正常的动作技能学习。这意味着动作技能学习可以内隐地获得。安蒙斯等人（Ammons et al.，1958）、马吉尔（Magill，1997）和马斯特斯（Masters，1992）的研究也都发现运动技能不仅可以内隐获得，而且内隐学习在运动技能领域还表现出外显学习无法比拟的优势：内隐学习不仅能使运动技能保持时间更长，而且还有利于复杂运动技能的掌握，以及对各种应激条件的适应。此外，唐征宇（1998）还用字母光点和追踪旋转任务进行了研究。结果发现，练习频率对启动效应和技能的内隐习得都有影响。

举一例来说，书法技能是运动技能的一种，研究者发现书法学习带有很强的内隐特点。从儿童学龄前由父母手把手的指导到学龄期间的不断练习，从横竖不分、歪歪扭扭到行若流水、独具一格，我们的确无意之间领悟到了许多有关写字的规则，但是，我们无法道明这其中的奥妙——下一笔的起始位置到底在哪里。现实生活中的书法属于知觉—运动领域的技能，书法中内隐加工表现形式为知觉预期，即人们能够根据当前的笔画预测下一笔的起始位置，对于英语来说则是根据当前字母的特点对即将出现的字母进行预测，这种预测是内隐的、迅速的、自动化的。高尚仁（1986）曾指出人们能顺利地书写，离不开他们有关笔画、字形、肌肉活动和动作协调顺序等方面的记忆。他的实验表明，经验越多的被试在书写时越发顺利，速度越快。事实上，记忆经验丰富的被试之所以书写速度快，是由于在书写中，这些记忆经验的提取、运用往往是自动而又迅速的。鉴于书法学习的不知不觉性，书法练习应当尽量利用内隐学习的效果。例如，在书法教授和书法练习中，我们应当注重在实践活动中激发内隐学习，并恰当地将内隐训练和外显训练结合起来。

经由本节的介绍，我们对内隐学习的理论和实验研究有了一番了解。回顾本章一开始涉及的传统记忆与学习研究，直到现代研究者不断发掘的记忆与学习中无意识成分的贡献，我们可以充分领略记忆与学习这一研究领域的古老和常青。知识和规则的获得、保持、提取一向是人们应对各种环境事件的基本技能，故而我们可以断言：在可预见的将来，记忆与学习仍旧会吸引无数研究者的目光。

课后思考题

1. 记忆与学习研究的传统方法有哪些？
2. 简述部分报告法的有关实验。
3. 内隐记忆和外显记忆的区别是什么？
4. 内隐记忆的实验方法有哪些？
5. 内隐学习的特征是什么？
6. 内隐学习的研究方法有哪些？

本章实验

实验一 数字记忆广度

1 引言

记忆广度指的是按固定顺序逐一地呈现一系列刺激以后，个体刚刚能够立刻正确再现的刺激系列的长度。所呈现的各刺激之间的时间间隔必须相等。再现结果只有和原来呈现的顺序及内容一模一样才算正确。记忆广度法是测定短时记忆能力的一种最简单、易行的方法。数字记忆广度法首先是由雅克勒斯（J. Jacolos）使用的。开始他以听觉刺激方式呈现数字。在1887年后，刺激可以视觉的方式呈现。所呈现的数字系列中每种长度各有几个，可连续呈现，也可随机呈现。记忆广度的计算方法有两种：(1) 当同一长度的数字系列连续呈现时，每种长度各呈现 n 个系列。正确再现一个系列得 $1/n$ 分，n 个系列全部答对得1分。以得1分的最长系列为基础，再加上从其他长度系列所得的分数就是所求的记忆广度。(2) 单个长度的系列随机呈现时，就用恒定刺激法来计算记忆广度。

短时记忆的容量是有限的，一般只能记到七位数字左右。本实验的目的是通过对数字记忆广度的测定，了解短时记忆的特点。

2 方法

2.1 被试

被试两名。

2.2 仪器

JYGDⅡ型记忆广度测试仪。此仪器是专门用来测定数字短时记忆广度的仪器，启动后能以1秒的时间自动呈现一系列数字，被试用手按数字键反应；然后依次呈现较长的数字系列，直到同一数字系列三遍都错为止；最后显示该被试的记忆广度值。

(1) 外观：仪器由控制器、主试面板、被试面板、键盘输入盒等组成。被试面板装有一位大数码管用来显示记忆材料，键盘输入回答信息。主试面板上装有六位数码管显示计分、计错、计位、计时。

(2) 使用方法：按下复位键，由程序将码灯Ⅰ、计分灯置亮，数码管显示“0202.00”。码灯Ⅰ亮表示本次实验采用第一套编码。计分灯亮时，数码管显示的数字表示：基础位长=2，基础分=02.00，即2分。而计时灯亮时，六位数码管显示计时和计错。主试可以根据需要按动如下按键，方便地改变操作内容：编码键，码灯Ⅰ→码灯Ⅱ→码灯Ⅰ；显示键，计时→计分→计时。被试按下键盘上的回车键，仪器自动提取一个三位数组。被试看到回答灯亮时，用键盘按顺序回答所记忆的数字，按回车键表示确认并进入下一轮。如此循环，直到仪器出现停机长蜂鸣，测试结束。在此期间，若回答正确，则回答灯灭；若不正确，则仪器响一下蜂鸣，答错灯亮，计错一次。

(3) 仪器所用编码：本仪器中共有两套不同的编码，要求每个被试做其中一套。这两套编码都是从三位数到十六位数的数字编码。每套编码中相同位数的四个数串为一个位组，十四个位组为一套编码。数字为0～9随机。仪器的数字显示是从三位位组到十六位位组依次显示的，每一位数字的显示时间为0.7秒。

(4) 仪器结果的统计规则。计分规则：基础分为2分，答对一个数组计0.25分，答对四个数组（一个位组）计1分，答对十四个位组计满分16分。计位规则：起始位长=2，每测试完一个位组，位长加一，如在一个位组中，被试即便只答对一个数串，也被认为是正确地记忆了该位组的位长。计时规则：复位启动后开始计时，当计满分16分或连续答错8次，计时停止并中断实验。

2.3 程序

(1) 主试端坐在主试面板前，被试端坐在被试面板前，键盘输入盒放于被试手边。

(2) 主试开动机器，并按照仪器介绍中的那样将仪器调试好，准备开始实验。

(3) 被试注视被试面板上呈现的数字，并在回答灯亮后用键盘按顺序回答所记忆的数字，回答完毕后按回车键。

(4) 按步骤(3)，循环反复进行，直到仪器出现停机长蜂鸣为止。

(5) 主试按下“停蜂鸣”键，改变显示键状态，记录被试测试成绩。按下复位键，选择好操作内容后，按下回车键，换一个被试再做。

3 结果

根据本实验仪器设定的方法，统计被试的记忆广度分数（可从计算机中直接得到）。

4 讨论

4.1 收集其他人的结果，检验是否存在个体差异（测定记忆广度时，如果被试采用组块的方法，其记忆广度就可以大大增加）。

4.2 根据被试的记忆广度成绩，说明短时记忆的特点。

4.3 本实验的结果和前人的结果有无区别？如果有，请分析原因。

5 参考文献

杨治良．(1998)．*实验心理学*．杭州：浙江教育出版社．

曹日昌．(1963)．*普通心理学(上册)*．北京：人民教育出版社．

实验二　加工分离程序测定时序知觉中意识和无意识的贡献

1　引言

加工分离程序设计两种不同的指导语来进行两种测验——包含测验（inclusion test）和排除测验（exclusion test）——从而分离意识和无意识加工。在包含测验中，被试要用先前学习过的项目完成测验，如果回忆不起来，也可以用其他任何适合的信息，即在包含测验中，被试利用有意识提取和无意识熟悉性两种加工来完成任务。而在排除测验中，被试要用首先想到的，但又不能是先前学习过的项目来完成测验。那么在排除测验中，如果一个被试错误地使用了曾经学习过的项目来完成测验任务，我们就可以认为这些项目是无意识加工成分，即排除测验反映的是排除意识加工之后的无意识熟悉性的作用。通过这样的两个测验，我们可以成功地分离意识和无意识加工。本实验就是采用加工分离程序来分离时序知觉中的意识和无意识成分并测定其各自贡献大小。

时序知觉是指个体能将两个或两个以上事件知觉为不同的时间先后，并按顺序将其组织起来，是个体对直接作用于感觉器官的客观事件的顺序性的反映。时序信息是自动加工的还是控制加工的，一直以来是时序信息加工机制研究的一个重要方向，研究者已提出众多的理论假设。部分研究结果表明，时序信息确实存在着自动加工，即时序知觉中存在内隐的无意识成分。

本研究的目的是以西肖尔音乐能力测验（Musical Ability Test Seashore）中的部分材料探讨被试时序知觉中的意识和无意识的贡献。

2　方法

2.1　被试

按实际情况选择一名以上听力正常的被试。

2.2　材料

采用西肖尔音乐能力测验的部分材料。西肖尔音乐能力测验共包括六项指标，本实验选取指标五——音调的记忆，其内容为：先给被试听觉呈现一系列声调，先后奏两遍；第二遍呈现时改变了其中的一个音，要求被试记下该改变音在系列声调中的顺序数。

2.3 程序

(1) 先做包含测验。包含测验共做 30 次（其中三选一、四选一和五选一各 10 次）。指导语如下："下面你将听到一连串的声调，每个声调先后演奏两遍。在第二遍中，有一个声音改变了。你要记下这个改变声音的顺序数。在听的时候，你要默数，每遍由三个（或四个、五个）音组成，第二遍中只有一个乐音有变化，其余两个（或三个、四个）与第一遍相同，你就把这个变化的乐音的顺序数写在记录纸上。记录不得有空缺。"然后播放相应的测验内容。

(2) 再做排除测验。排除测验重复上面的程序做 30 次（其中三选一、四选一和五选一各 10 次）。指导语如下："下面你将听到一连串的声调，每个声调先后演奏两遍。在第二遍中，有一个声音改变了。你要记下这个改变声音的顺序数。在听的时候，你要默数，每遍由三个（或四个、五个）音组成，第二遍中只有一个乐音有变化，其余两个（或三个、四个）与第一遍相同，请你想起相异的那一个顺序数，但不填这个数，而是填另一个可能相异的顺序数。记录不得有空缺。"

3 结果

3.1 用 R（recollection）和 A（automaticity）分别表示两类测验任务中的有意识性提取和自动提取的影响，两类测验可以用下列公式表示：

$$P_{包}=R+A-R\cap A=R+R(1-R) \tag{1}$$

$$P_{排}=A-R\cap A=A(1-R) \tag{2}$$

因此，$R=P_{包}-P_{排}$，$A=\frac{P_{排}}{1-R}$。

计算出不同任务难度下的 R 和 A 的值并记入表 1。

表 1 不同任务难度下的 R 和 A 的值

任务难度	意识性提取（R）	自动提取（A）
三选一		
四选一		
五选一		

3.2　将表1的结果绘制成柱形图。

3.3　结合多名被试的实验结果，分别判断：(1) 三种任务难度下，意识性提取和自动提取的贡献是否有显著性差异；(2) 三种难度条件下，意识性提取和自动提取是否有显著性差异。

4　讨论

4.1　根据实验结果分析时序知觉中意识与无意识成分的比例有什么特点。

4.2　任务难度对意识成分和无意识成分分别有何影响？这反映了时序知觉中意识的贡献和内隐无意识的贡献各有什么特点？

5　参考文献

郭秀艳，黄希庭. (2004). 时序知觉中意识与无意识的贡献. *西南师范大学学报（自然科学版）*，*29*(1)，134-137.

实验三　学会精心组织

学习材料的性质、内容是多种多样的。为了提高记忆，对材料的精心组织乃是十分重要的。下面的这个小实验可以帮你体会精心组织的重要性。

读一遍下列字母，然后把字母遮住，并在下面的横线上尽快地把它们默写出来。

TH　ER　UN　SI　TB　OY

____

把下列数字也读一遍，并默写出来。

816　　449　　362　　516　　941

____

你默对了几个字母、几个数字？能全部默写出来的人是寥寥无几的，绝大多数人恐怕只能写出5～9个字母或数字。确实，对这样的字母和数字，如果不找个窍门，只读一遍就记住，并不容易。不过，如果我们稍微仔细地观察一下也不难发现，把字母和数字重新组织一下，就可以看到我们所熟知的字母和数字了。把字母以3个一组分成4组，得出：

(TH　E)　　(R　UN)　　(SI　T)　　(B　OY)

THE　　RUN　　SIT　　BOY

这不正是4个英语单词吗？再好记不过了！

我们再把那些数字重新组合一下，也可以发现，它们是9个一位数的平方，并按由大到小的顺序排列：

(81)(6　4)(49)　(36)(2　5)(16)(9)(4)(1)

81　64　49　36　25　16　9　4　1

9^2　8^2　7^2　6^2　5^2　4^2　3^2　2^2　1^2

这就是精心组织记忆材料获得的收益。它使原来看上去毫无规律的或毫无意义的材料，变成了易读易记的内容。生活中，只要我们精心组织，总能在材料上找到这样或那样的联系。

如果你有兴趣，把下面的记忆材料重新组织一下，看能不能使它们变得易读易记。

YE　ST　WO　GE　TA　RE

149　162　536　496　496　481

（采自杨治良等，1989）

第九章

思　维

独立思考能力是科学研究和创造发明的一项必备才能。

——华罗庚

本章提要

思维是人脑对客观现实间接的、概括的反映，是认识活动的高级形式。它反映了事物的本质特征和内部联系，主要表现在人们解决问题的活动中。本章讲述了思维的研究方法，如行为测量、出声思考、建构认知模型；探讨了思维研究的领域，包括概念的形成、问题解决、推理和决策等。

本章学习指导

通过本章的学习，读者能达成以下目标：了解在概念的形成、问题解决、推理和决策等思维过程中的实验研究及相关的理论解释；了解思维的研究方法。通过本章的学习，读者能够回答以下问题：

(1) 当一个人在找寻某一问题的答案时，他的心理过程可能是怎样的？

(2)“电脑总有一天会取代人脑”，你对此观点如何评价？你怎么看2016年韩国棋手李世石与AlphaGo（阿尔法围棋，人工智能机器人）之间的围棋人机大战？

思维是最高级、最难把握的心理过程之一。人们凭借思维，可以把握那些无法直接感知的事物，理解其中的相互关系，推测其发展，认识其本质。

思维的表现形式十分丰富，包括概念形成、判断、推理、问题解决、决策等，这为思维研究开辟了广阔的天地。早在 1898 年，桑代克（E. L. Thorndike）就研究了猫在问题解决过程中的尝试错误学习，而后，格式塔学派的苛勒研究了黑猩猩的思维顿悟现象。20 世纪 50 年代起，思维的研究开始涉及深层认知机制方面，如对有限理性和启发式策略的探讨等。近年来，思维研究领域又兴起新一轮的浪潮，其中有关人工智能方面的研究是极具活力的热点，广泛用于对各种思维理论的模拟、检验上，以期提供理论上的启发。

第一节 思维的研究方法

思维研究的不同历史阶段，有着不同的研究方法。早期的尝试错误说和顿悟说采用的主要方法是行为测量，事实上遵循的是行为主义的研究思路。此后，认知心理学逐渐取代行为主义，研究者们不再将心理学仅仅局限于行为观察，他们认为内省式的言语报告应该同行为测量一样，也可以做到科学化。于是，在这一阶段，言语报告便连同行为测量一起，成为两大主要的研究工具。而随着认知心理学研究模式的不断深入，一种着力于整合实验结果以探讨思维的内部心理机制与表征的研究方法——建构认知模型，也应运而生了。

一、行为测量

行为测量（behavioral measure）是指研究者通过对被试外显行为的观察或运用各种指标对被试的外显行为的评估来获得思维过程数据的方法。通过对观察数据或行为指标的分析，研究者往往可以推测被试的内在思维过程。它与行为主义着重外显行为的研究思想一脉相承。

行为测量有两个层次：观察数据和行为指标。早期的一些研究，如桑代克的尝试错误实验和苛勒的顿悟实验，多以观察数据作为推测内在思维过程的依据。而随着行为测量的发展，以及研究者对内在思维过程的推断要求更为精密、准确，各式各样的行为指标，如答对的人数、解题时间等，也逐渐完善起来。当然，观察数据和行为指标之间并没有截然的分隔，两者主要的区别在于：采用观察数据的实验，往往不对因变量做明确规定，而是笼统地对被试行为进行观察；而采用行为指标的实验，则需要在实验设计中规定某些因变量指标，并针对它们进行观察记录。

（一）观察数据

观察数据即对被试行为进行观察后所获得的数据。行为主义的主要研究思想就是要对外在可观察的行为进行观察，而忽略对内部心理机制的探讨。早期的思维研究者们借用了行为主义观察外显行为的思想，获得了许多有关思维的观察数据。然而，他们并非仅仅停留在数据积累上，而是根据所获得的观察数据进行进一步的推断，形成了有关思维的理论。下面我们将以桑代克的尝试错误实验和苛勒的顿悟实验为例来说明研究者是如何使用具体的观察数据来形成早期思维理论的。这两个实验都采用了动物被试。虽然直到今天，仍有部分研究者对于动物是否拥有思维持怀疑态度，事实上这一问题也仍存有争议，但是无论怎样，桑代克和苛勒的工作在思维研究中占据了无可争议的经典地位，并清晰地阐明了行为测量在思维研究领域的应用。

1898 年，桑代克以猫为被试研究了思维过程中的尝试错误现象。他把猫关进特制的迷箱中，箱外放有食物，猫必须拉动迷箱中的绳子，才能把门打开，逃出迷箱，得到食物。桑代克观察并描述了猫在迷箱中的行为，又以每次猫逃出迷箱的时间和成功解决问题前所犯的错误的次数作为行为测量的指标。结果发现：在逃出迷箱得到食物之前，猫往往会经历一段在迷箱中乱抓乱咬、四处碰壁的过程，它会尝试各种策略，最终偶然拉动了绳子，从而成功地逃出迷箱得到食物。并且，在经历了十几次同样的尝试之后，猫做出正确反应所需的时间越来越短，所犯的错误也越来越少。由此可以推测：猫的问题解决是一种尝试错误的过程，随着问题解决次数的增多，尝试错误的次数随之逐渐减少。这就是桑代克著名的尝试错误说，即将问题解决的过程看成是一种联系学习的过程，带有渐进的性质，在这一过程中，适宜的联系得以建立并通过强化而巩固，不适宜的联系则逐渐消退。值得注意的一个问题是：在此实验中，桑代克观察的主要方面是猫做出正确反应所需的时间和错误次数。这表示早期的观察数据法中就体现了行为指标方法的部分端倪，这两种方法在许多方面存在联系。

针对桑代克的尝试错误说，1913—1917 年，苛勒以黑猩猩为被试进行了一系列顿悟实验。在其中较著名的一个实验里，研究者将黑猩猩关在围栏中，高处挂着香蕉，但是不管黑猩猩用爪子还是用棍棒都不可能直接够到香蕉。对黑猩猩行为的观察发现：黑猩猩在进行了很多次失败的尝试后，索性放弃了，它们或者犹豫不决，或者环顾四周，或者根本就去做其他的事情了。不过实验观察发现，有时在经历了一段较长时间的停顿后，黑猩猩会突然想到解决方法——把围栏中的箱子一个个地堆起来，然后爬到箱子上，拿到了香蕉。基于此，苛勒推测问题解决的过程不是盲目地尝试错误的过程，黑猩猩不需要一次又一次地去尝试够到香蕉，它们看上去更像是停下来思考，或是去做其他的事，而后在某个瞬间突然顿悟。这种思维过程突变性的假设——顿悟说，有别于桑代克渐进式的尝试错误说。

以上两个以动物为被试的研究主要依靠行为观察数据，针对问题解决的过程提出两种经典假说，这证明了观察数据在思维研究中的应用价值。当然，随着实验设计理论和思维研究本身的进展，后来的研究者往往偏好运用事先规定的行为指标，做更有针对性的记录。

（二）行为指标

行为测量时所采用的行为指标多种多样，现以思维研究中的酝酿实验和类比实验为例阐述一下它们的运用。

波斯纳（Posner，1973）描述了一项酝酿实验。实验所用的问题为：一个人有四条链子，每条链子有三个环，他想把这四条链子结成一个封闭的链圈。打开一个环要花 2 分钟，接一个环要花 3 分钟。这个人花 15 分钟把所有链子结成了一个封闭的链圈，他是怎么做的？实验操纵的一个自变量为酝酿期的长短，即解决问题的两段时间中的延时，在这里“酝酿”被理解成问题解决之前所从事的与问题无关的事，却对最终的问题解决产生影响的过程。该自变量的三个水平分别为 0 分钟、15 分钟和 30 分钟。实验采用被试间设计，每个自变量水平下，至少有 20 个被试。另外，为了控制被试在延时期间的行为，研究者还要求他们在延时期间不要思考测验的问题。实验有两个行为指标，一个是被试解决问题的百分率，另一个是解决问题所花费的时间。结果发现：酝酿期为 15 分钟的被试问题解决成功率高于无酝酿期被试，并且他们所花费的时间也更短；而酝酿期为 30 分钟的被试问题解决成功率又高于酝酿期为 15 分钟的被试，并且他们所花费的时间同样也更短。波斯纳据此推测，酝酿期的长短直接影响了问题解决的效果。

另一个例子是沃森和约翰逊-莱尔德（Wason & Johnson-Laird，1972）所进行的选择作业实验，或称为四卡片问题。实验程序如下：给成年被试看四张卡片，其中两张的正面各有一个字母［一张卡片为元音字母（E)，另一张卡片为辅音字母（K)］，另两张卡片的正面各有一个数字［一张卡片为偶数（4)，一张卡片为奇数（7)］。实验的指导语为“每张卡片都是一面为字母，一面为数字，现在要求你验证一个规则——若卡片的一面为元音字母，那么另一面则为偶数。不过，你只能翻两张卡片”。正确的答案是翻卡片“E”和卡片“7”，因为翻卡片“E”可以从正面验证规则正确与否，而翻卡片“7”可以从反面证伪这一规则。实验以做各种回答的人数比率为行为指标。结果发现，只有 10%左右的被试答对，却有将近 50%的被试回答“E”和“4”。据此，沃森和约翰逊-莱尔德认为被试擅长从正面验证某一规则，而不习惯于证伪。

早期，国内也有研究者使用行为指标进行思维研究。比如，朱智贤（1963）研究了儿童的让步关系推理，研究所使用的行为指标为错误率。结果发现，二年级学生（8～9 岁）在推理时的错误率为 26.5%，三年级学生（9～10 岁）则为 19.5%，四年级学生（10～11 岁）为 12.5%，五年级学生（11～12 岁）则下降到 4.5%。所以，研究者推论四、五年级是儿童掌握让步关系的一个转折期。

综上，用行为测量来推断思维过程是较为科学、有效的。不管是早期的观察数据还是后来的行为指标，都是通过外显的、客观的行为数据来推测思维的某些特征。这种客观性便是行为测量有效性的见证。不过同时，客观性也存在一个重大的问题，那就是只从行为结果入手，而不能揭示行为过程。为了对思维过程有一个更为详细的了解，部分研究者使用了出声思维的方法。

二、出声思维

思维的另一个研究方法为内省式的言语报告。在思维研究领域，研究者通常会让被试在问题解决或推理的过程中将其思路用言语报告出来，这种言语报告的方式被称为出声思维（think-aloud/thinking aloud）。

（一）出声思维的由来

认知心理学对于快速的信息加工过程，通常会使用反应时等指标，而对于诸如思维等慢速的信息加工过程，通常使用出声思维等考察形式。因为慢速的信息加工过程持续时间较长，内部操作更为复杂，存在多种选择的可能性，对其进行行为测量几乎是不可能的。比如，一个人在解一道数学题时，他通过哪些内部操作来完成是别人无法直接观察到的，而事后询问所得的答案又常常是不完整、不准确的。克服这种困难的一个有效方法是让他利用外部言语进行思考，即出声思维，使他的思维过程外显化，这样就可以直接观察人的思维过程。

鉴于此，心理学家东克尔（Duncker，1945）首先提出了出声思维的方法。但是，该方法在提出的初期，并未受到学术界的关注。直到 1972 年，纽厄尔（Newell）和西蒙（Simon）将出声思维的方法用在问题解决领域并获得了可喜的成功，它才受到研究者的广泛关注。出声思维的方法一般按照以下几个步骤实施。

（1）对被试进行预训练，使他们能顺利地进行出声思维。

（2）给被试一个思维作业，比如一道数学题或是一种智力游戏，让他们用出声思维的方法来完成作业，同时用录音机记录他们的全部口述。

（3）当被试在进行出声思维的过程中发生停顿时，主试应及时提醒或询问他们在想什么。不过，除非有特殊的研究目的并事先做过准备，主试在被试出声思维的过程中不应提问，以免干扰被试的出声思维。

（4）将录下的言语报告逐字逐句地整理成文字材料，并对记录进行细致的分析，提炼其中有价值的材料，以分析被试思维的过程及特点。

对所录下的言语报告进行分析是上述步骤中最困难的一步，有时被试的报告显得过于杂乱，研究者很难从中找出规律。对此，研究者提出了一种分析被试出声思维言语报告的有效方法——问题行为图。

（二）出声思维的分析——问题行为图

问题行为图（problem behavior graph）可以使研究者直观地看出被试在问题解决过程中所进行的各种操作序列。问题行为图由两个部分组成：（1）知识状态，即被试在某一具体时刻所知的关于该思维作业的全部信息；（2）操作，即被试每次用来改变其知识状态的手段。纽厄尔和西蒙（Newell & Simon，1972）在绘制问题行为图时，用方框表示知识状态，用箭头表示改变知识状态的操作，箭头的方向指出知识状态变化的路线；画图时要依次排列，遵循从左到右、从上到下的原则。如果在问题解决过程中出现知识状态的重复，图中则要表明返回这一状态的原始位置。这样，将一次问题解决作业的言语报告内容用许多方框和箭头表示，就构成了问题行为图。研究者可以通过问题行为图，详细地了解被试所进行的内部操作过程。

现以一具体例子来说明问题行为图的制作过程。纽厄尔（Newell，1967）使用密码问题来研究出声思维，该问题用 10 个不同的字母分别代表从 0 到 9 的一个数字，要求被试解出每个字母代表的数字，使得“$DONALD+GERALD=ROBERT$”成立。其中，已知 $D=5$。利用此密码问题，我们制作了某个被试的问题行为图。

被试的第一个认知状态为“$D=5$”，通过对第一列加工的操作“$D+D=T$”，他进入第二个认知状态“$T=0$”，然后被试将进位纳入思考之后，开始加工第二列，进入了第三个认知状态。以此类推，通过这样逐步的分析，我们得到如图 9-1 所示的问题行为图。

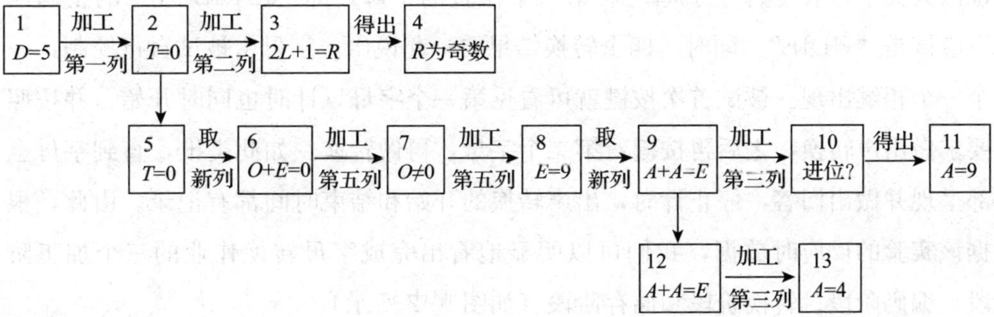

图 9-1 某个被试解密码问题的问题行为图片段

从图 9-1 中可以看出，被试在整个思维的过程中出现了反复，因为状态 2 和状态 5 重复，都是“$T=0$”。当问题行为图中出现了此类倒退的现象时，我们必须用向下的箭头表示，并另起一行。

问题行为图表明：被试的思维过程并不是直线式的，而是以一种曲折、迂回的方式前进。被试在思维的过程中，可能会尝试各种路径，并慢慢积累信息。他有时会钻进死胡同，然后倒退到原始状态，再尝试其他的路径。随着信息的逐渐丰富，被试的推理也会变得更为有效。在每一时刻，被试关于思维作业的全部知识便构成了他此时的认知状态，他尽量尝试使用各种操作，以进入一个新的状态，逐步达到目标状态。

（三）出声思维的研究实例

1. 开窗实验

在人进行思维活动时，研究者通过一定的技术手段比较明显地看出思维活动的内部加工阶段，就好像打开窗户一样对思维内部加工过程一览无余，这种技术称为开窗实验（open-window experiment）。开窗实验的每一步操作都要求被试出声报告，研究者能比较直接地测量每个加工阶段的时间，还能比较明显地看出这些加工阶段的过程，就像打开了窗户来观察思维过程一样。

现以霍基等人（Hockey et al., 1981）的字母转换实验为例说明开窗实验的具体操作。该实验分别给被试呈现 1 个、2 个、3 个、4 个英文字母，并在字母后面标上一个数字，如“P＋2”，问题的正确回答则是英文字母表中 P 后边第二个位置的字母，即 R。再如“EAGB＋3”，此时被试的任务是看到数字“3”后，说出英文字母表中各个字母之后第三个位置的字母，即“EAGB＋3”的正确回答应该是“HDJE”。同时，四个转换结果要一起说出，字母由被试自行控制，一个一个相继出现。被试首次按键就可看见第一个字母，计时也同时开始，并按照要求做出声转换，之后再按键看第二个字母，再做转换。如此类推，直到字母全部呈现并做出回答，停止计时，出声转换的开始和结束时间都有记录。由此，根据该实验的反应时数据，我们可以明显地看出完成字母转换作业的三个加工阶段：编码阶段、转换阶段和储存阶段（如图 9-2 所示）。

不难看到，这种实验的优点是显而易见的，但也存在着一些问题。例如，可

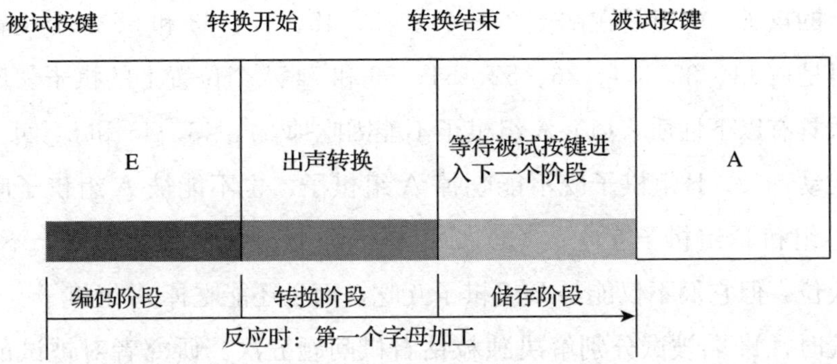

图 9-2　字母转换作业程序

能在后一个加工阶段出现对前一个阶段的复查，储存阶段有时还包含对前面字母的转换结果的提取和整合，并且它难以与反应组织分开。然而经过细心安排，有些问题是可以避免的，开窗实验仍然不失为一个很好的研究思维加工的尝试。

2. 独粒钻石棋游戏

傅小兰（1995）以出声思维研究了人们在问题解决过程中所使用的策略，研究中所使用的问题是独粒钻石棋游戏。这是一个共有 32 粒棋子的单人游戏（如图 9-3 中的黑点）。玩法类似跳棋，即每次只能动一粒棋子，且这粒棋子必须跳过另一粒棋子，同时要跳到空位上。这样，被跳过的那粒棋子就算被吃掉了。游戏的成绩取决于最后剩下的棋子数，最好的成绩是只在棋盘中央（44 处）剩下一粒棋子。该游戏中的棋子分为四组：A 组是在 24、42、44、46 和 64 五个位置上的棋子；B 组是在 13、15、31、33、35、37、51、53、55、57、73 和 75 十二

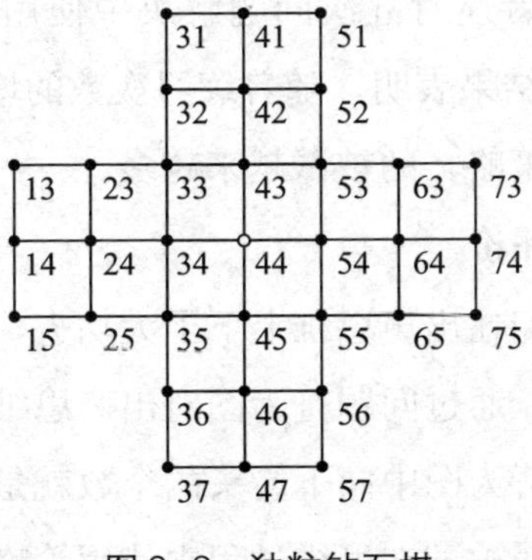

图 9-3　独粒钻石棋

（采自傅小兰，1995）

个位置上的棋子；C组是在23、25、41、43、45、47、63和65八个位置上的棋子；D组是在14、32、34、36、52、54、56和74八个位置上的棋子。四组棋子间的关系具有以下性质：（1）A组棋子不能因吃掉34、43、45和54四个位置的棋子而走动；（2）B组棋子既不能吃掉A组棋子，也不能被A组棋子吃掉，但可以与C组和D组棋子互吃；（3）C组棋子和D组棋子互相垂直，不能互吃，也不能换位，但它们不仅能与B组棋子互吃，而且还能吃掉A组棋子。

实验时，44名被试分别解决独粒钻石棋问题五次。研究者对被试的口头言语报告进行了记录并分析，结果发现被试采用了三种不同策略。（1）“知觉指引策略”，采用这种策略的被试下棋时毫无计划，只是基于对目前问题情境的知觉结果来行动，通常是看到哪粒棋子能动就移动哪粒。一般这类被试的口语报告多包含“先试试”“车到山前必有路”“走一步看一步”等。（2）“选择性搜索策略”，采用这种策略的被试的口语报告一般出现“先把角上的棋子吃掉”“要往中间走”“怎么把边缘的移到中间去”等。（3）“计划简化策略”，采用这种策略的被试的口语报告一般为“怎样使四个角一个一个空出来”“上面一个一个角消灭掉，但这么消灭的话没注意中间的”等。被试试图将四个边角上的棋子一块一块地消灭，这表现出了明显的计划性，并能保证剩下的棋子集中在中部。

研究者对采用不同策略解决问题时所剩的棋子数进行了统计检验，结果显示三种策略有显著性差异。其中，“计划简化策略”所剩棋子数最少，其次是“选择性搜索策略”，最差的是“知觉指引策略”。由此可见，前两种策略是解题较为有效的策略。同时，研究者还对五次问题解决中使用三种策略的人数进行了统计，结果如图9-4所示。结果表明，随着练习次数的增加，能使用有效策略（选择性搜索策略和计划简化策略）的被试越来越多。

（四）对出声思维的评价

的确，认知心理学家们在出声思维上下了大功夫，他们极力使言语报告能像行为测量一样有效、科学。通过问题行为图对出声思维进行分析，使得言语报告可以被量化。比如：问题行为图中向下箭头的个数就是被试在思维过程中倒退的次数，倒退次数越多，说明被试在思维过程中使用策略的情况越不稳定；在问题行为图中，所使用的操作总数则可以作为被试思维快慢程度的指标。除了和行为

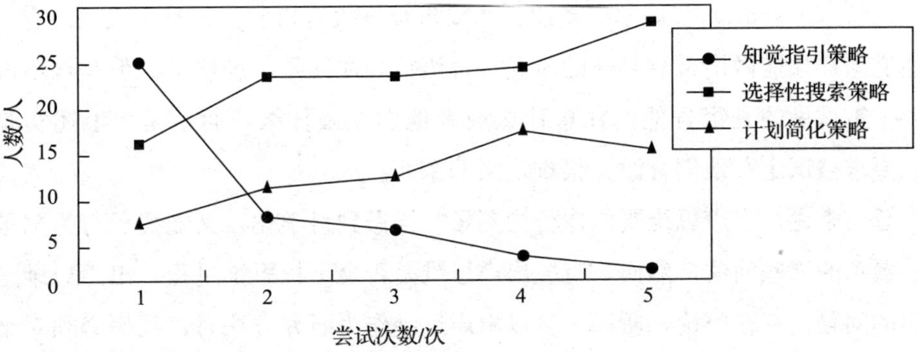

图 9-4　五次问题解决中使用三种策略的人数

（采自傅小兰，1995）

测量一样，做到科学化以外，出声思维的另一个优点是掌握被试思维的全过程，这往往是诸如解题时间、错误次数、答对人数等行为测量指标无法做到的。比如，分析被试解一道数学题的思维过程，行为测量也许只能得到被试解题所花的时间和最终成功解题的步骤，而从问题行为图中，我们却可以看到被试开始的一些错误尝试和曾经被否定的错误策略。

然而，出声思维的方法也有其缺陷。

（1）作为言语报告的一种，出声思维反映的仅是能停留在被试意识层面的东西。而近些年来的一些研究则表示：思维过程并不一定是可以外显的，被试的思维过程完全有可能是内隐的，即被试不知道为什么会得到此类答案，或者不知道自己在问题解决时所使用的策略。

（2）在解决问题时让被试进行言语报告是否会影响到被试的思维？也许被试为了更清晰地报告某个想法，而未能及时地注意下一想法，而导致灵感的丢失。不过，也有研究显示出声思维的方式并不会影响思维的正常进程。

（3）言语报告的可信程度到底有多大？出声思维的方法和过去心理学中的内省法有某些相似之处，因此，有关内省法可信程度的争论在出声思维法上再度出现（Nisbett & Wilson，1977）。梅特卡夫（Metcalfe，1986）进行的实验或许可以说明问题。梅特卡夫要求被试边解决问题，边对他们接近问题解决的程度进行评价。结果显示，被试的评价很不准确，即当被试表示他们正接近答案时，他们事实上更容易给出不正确的答案！可见，被试的言语报告可能是相当不准确的。

尼斯比特（Nisbett）和威尔逊指出：当要求被试报告口头上很难定义的内容，或者他们怎样才能做出可靠判断的时候，言语报告往往是不准确的。但是，出声思维要求被试做的是报告他们在想什么或者他们在做什么，而不是像上述实验一样，要求被试定义他们言语上很难定义的东西。

总的来说，出声思维既能像行为测量一样做到科学化，又能揭示行为测量所不能揭示的一些问题。然而，有关出声思维是否会干扰思维过程、出声思维是否可信的问题仍存在争论，所以，当以出声思维作为研究方法时，我们必须对结果的解释做到慎之又慎。一般来说，出声思维法较适宜于那些能够为被试自身清楚意识到的思维过程的研究，而针对如近年来受到较多关注的思维中无意识过程的研究，出声思维法就无法揭示出什么了。

三、建构认知模型

随着认知心理学研究的深入，思维的研究需要进行一次方法论和指导思想上的革命，从研究诸如顿悟、类推、酝酿等具体的思维现象到真正揭示思维的本质，即思维的心理机制和内部表征形式。在这种背景下，建构认知模型的方法逐渐受到研究者的青睐。建构认知模型是一个方法论上的概念，它代表的是一种指导思想，而非专指某种具体的方法。研究者往往会尝试各种方法，综合系列实验研究的结果，来建立模型以揭示思维的心理机制和内部表征，并设计实验来检验模型的解释力。

不过，建构认知模型虽然没有一成不变的具体方法，却仍有大致的步骤。下面的实例对此进行了说明。

（一）实施步骤

众所周知，思维最基本的单元就是概念，或者说是命题或符号系统。思维也常被认为是以某种算法或规则对符号或概念进行一定操作的过程。人们掌握概念的过程，可谓是最基本的思维过程。所以，有关概念结构的模型是对思维的心理机制和内部表征的描述。在此，我们就以概念结构的原型说为例来说明认知模型范式的实施步骤。

1. 先验模型阶段

研究的最终目标是建立具有解释力、得到数据支持的认知模型。但是第一步，是要先建立一个有关思维心理机制和内部表征的先验模型。这里说的先验模型，就是指研究者头脑中的理论模型，即还未得到实验验证的思想雏形。

罗施（Rosch，1975）提出一种有关概念表征的认知模型，即概念结构的原型说。他认为概念主要是以原型（prototype），即它的最佳实例来进行表征的。原型是能够最好地说明概念的一个样例。概念表征除了原型外，还有维量。维量是指范畴成员的代表性程度（degree of category membership），即概念内的其他个体偏离原型的距离。原型和维量的紧密结合就形成了概念。罗施（Rosch，1975）要求 209 个母语为英语的学生根据概念“鸟”的属性对具体例子（如知更鸟、鸽子、乌鸦等）进行 1～7 级表征程度的评分：1 表示最像鸟，7 表示最不像鸟。结果表明，知更鸟被认为是表征“鸟”的最佳实例（goodness of example），是“鸟”的原型，其他的实例和原型间的距离不等（如图 9-5 所示）。

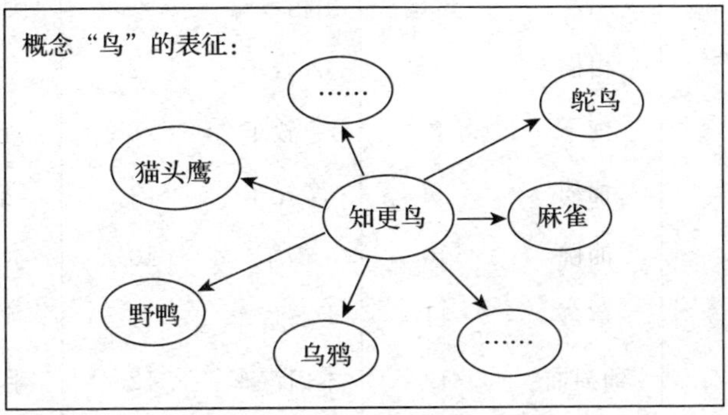

注：知更鸟是北美洲著名的鸣禽，分布很广，热情、友善，深受人们喜爱。

图 9-5　概念表征模型示例

到这里为止，罗施已经提出了一些颇具新意的想法，并对概念表征的机制和结构做了先验的假设。当然，这一模型还远不是研究者最终希望得到的认知模型，但是它能够指导后继的实验研究，在完善该雏形后建构起真正有效的认知模型。

2. 实验验证阶段

在先验模型指导下，进行实验验证是认知模型范式的第二个步骤。实验验证，即通过对各种变量的操纵来获得有利的结果，提出支持或否定先验模型的证据，为模型的进一步完善打好基础。

为了验证概念表征的原型说，罗施（Rosch，1975）设计了以下实验。实验中，他向被试呈现属于不同语义概念的许多语词实例，让他们就其代表相应概念的程度由高到低予以等级评定，以 1 为最高。表 9-1 列出了部分结果。

表 9-1 四个语义范畴实例的优良程度评定的常模

家具	等级	水果	等级	机动车	等级	武器	等级
椅子	1.5	橙子	1	汽车	1	枪	1
沙发	1.5	苹果	2	旅行汽车	2	手枪	2
睡椅	3.5	香蕉	3	卡车	3	左轮手枪	3
桌子	3.5	桃子	4	小汽车	4	机关枪	4
安乐椅	5	梨	5	公共汽车	5.5	步枪	5
梳妆台	6.5	杏	6.5	出租汽车	5.5	弹簧枪	6
转椅	6.5	柑橘	6.5	吉普车	7	刀	7
咖啡椅	8	梅子	8	急救车	8	匕首	8
摇椅	9	葡萄	9	摩托车	9	猎枪	9
双人椅	10	油桃	10	街车	10	剑	10
橱柜	11	草莓	11	大蓬货车	11	炸弹	11.5
写字台	12	葡萄柚	12	本田汽车	12	手榴弹	11.5
床	13	浆果	13	缆车	13	原子弹	13.5
						刺刀	13.5

（采自 Rosch，1975）

可见，每个概念中，各个实例的代表程度都是不同的，具有最高评定等级的那个实例就是概念的原型或者说是最佳实例。罗施后来的反应时实验也得到了一致的结果，即原型的反应时总是快于其他实例的反应时，代表性好的实例的反应时快于代表性差的实例的反应时。

在此结果的基础上，罗施进一步进行了匹配实验。实验中，他向被试呈现一对名称，要求被试尽快说出这对名称是否属于相同范畴，研究者记录被试的反应时间。相同范畴的情况有两种：一种是两个名称完全相同的，如："知更鸟—知更鸟"；另一种是两个名称属于同一范畴但并非同一个名称的，如："知更鸟—麻雀"。范畴不同的情况则是指两个名称属于两个不同范畴，如："知更鸟—苹果"。罗施认为，如果在呈现这些成对的名称以前，将所涉及的范畴（如鸟）告诉被试，即应用启动技术，我们就能弄清概念是怎样表征的及概念的编码情况。如果先呈现的范畴所引起的表征是范畴的原型，那么更接近的那些名称将有更大的易化效应，即反应更快。罗施从九个范畴中选择了分别代表高、中、低三种范畴成员代表性程度的项目，如在家具中，床为高，梳妆台为中，椅子为低。除了使用字词材料外，罗施还使用了相应的图片材料。实验有两种条件：有启动词和无启动词。结果如图 9-6 所示。

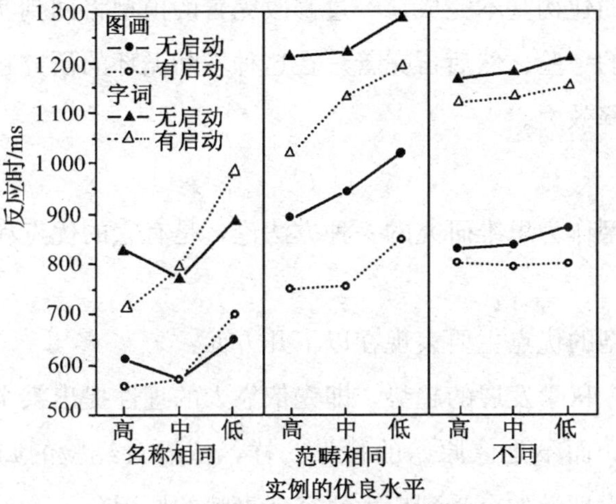

图 9-6　不同范畴成员代表性的项目的反应时

（采自 Rosch，1975）

可见，在名称相同的条件下，启动能加速被试对诸如"麻雀—麻雀"等代表性高的项目的反应，而不影响他们对诸如"知更鸟—知更鸟"等代表性中等的项目的反应，但会延缓他们对诸如"企鹅—企鹅"等代表性差的项目的反应。而在名称不同但范畴相同的项目对中，启动会加速被试对高（"麻雀—鸽子"）、中（"麻雀—知更鸟"）、低（"麻雀—企鹅"）三类代表性的项目对的反应。这一结果验证了罗施最初的假设。

总之，罗施的两个实验分别验证了原型和维量的存在。

3. 模型完善阶段

在对认知模型进行实验验证之后，认知模型的建构就可以进入第三个阶段——对模型进行完善。例如，起初罗施认为不同地区、民族、历史时期乃至文化背景和群体构成等方面的特点都会造成概念原型上的差别。但是后来，罗施在新几内亚对土著居民进行了颜色识记实验。结果发现：虽然那里的土著居民没有西方的颜色分类名称，但是他们在识记西方的各颜色范畴的原型时，仍然要快于识记其他边缘颜色，而且效果也较好，无论短时记忆或长时记忆都是如此。因此罗施在新的实验事实基础上，对其原有的模型进行了修正，提出原型可能是由基本的神经生理过程决定的。

至此，模型的建构基本完成，经过修改完善的模型将回到实验验证阶段，重新经受实证研究的考验，然后再完善。在这种不断循环的研究程序中，认知模型将越来越具有解释效力。

（二）评价

建构认知模型作为思维研究的一种方法论，是有它的优点和局限性的。

1. 优点

建构认知模型的优点主要表现在以下几方面：

（1）符合如今科学发展的趋势，即先依靠人的理性提出某个观点，然后再以实践去加以验证。而不是像原始的科学一样，依靠对经验的归纳来得出科学理论。这就是认知心理学如今受到广大研究者青睐的原因。

（2）有利于揭示思维的本质及内在的心理机制，而不仅仅停留在现象的层面上。比如，概念表征的原型说能揭示人类对不同概念进行不同判断的真正原因。

（3）对人的思维过程进行某种模型上的猜测与拟合是十分有应用价值的。比如，原型说能为小学教育提供借鉴：教师上课时的举例应尽量做到原型化，即尽量能和学生头脑中的概念原型相匹配。

2. 局限

建构认知模型的局限主要表现在以下几方面：

（1）先验模型有时可能不可靠。基于先验模型进行实验研究，并将实验的结论解释为先验模型的预期有时是不正确的。因为，在摆脱先验模型束缚的情况下，我们也许对实验结论做出不同的解释。

（2）有时难以找到具体的实验方法可以验证先验模型。有些研究者在设计模型时，往往会将模型设计得过于复杂，这给实验验证带来了难度。

（3）不是任何思维过程都能找到一个认知模型与之相匹配。比如，在内隐的问题解决过程中，被试操纵的到底是哪些算子呢？问题解决各个时刻的基本认知状态又是怎样的呢？由于被试无法外显，我们根本无法根据经验来建立有效的模型。

回顾本节内容，思维研究的方法经历了从行为测量、出声思维到认知模型建构的演变。这种演变并非一种方法对另一种方法的取代，而是思维研究方法不断细化和精致化的结果。也就是说，现代思维研究往往会提出可检验的认知模型，也会在实验中观察行为指标，同时又适当应用被试主观报告的结果。正是多种方法的综合应用，才使得思维研究在各个领域取得进展，这也正是下一节将着重介绍的内容。

第二节　思维研究的领域

自从20世纪初以来，思维的研究积累了不少资料，本节将对其中主要的内容做一番介绍。就像上一节提到的那样，由于动物思维仍然是一个有争议的话题，因此本节着力阐释以人为被试的思维实验研究中的精彩部分，主要涉及概念的形成、问题解决、推理和决策等。

一、概念的形成

一些研究者认为，概念是思维的最基本单元，而思维正是以某种算法或规则对概念进行操作的过程。于是概念形成作为最基本的思维过程，得到了广泛研究。1956 年，布鲁纳（J. S. Bruner）、古德诺（J. J. Goodnow）和奥斯丁（G. A. Austin）提出了假设检验说，描述了概念形成的过程。这一理论的提出激发了大量研究者对概念形成的研究，为概念的形成真正成为现代思维研究的主要内容奠定了基础。

（一）假设检验说的主要观点

布鲁纳、古德诺和奥斯丁的假设检验说的主要观点为：人在概念形成的过程中，需要利用现在获得的和已存储的信息来主动提出一些可能的假设，即设想所要掌握的概念可能是什么，这些可能的假设组成一个假设库。在概念形成的实验中，对任一刺激做出反应之前，被试都必须从他的假设库中取出一个或几个假设，并根据这一假设做出反应，即对这一假设进行检验。如果被试得到正确反馈，他会沿用这一假设，否则，被试将舍弃这一假设，并到假设库中再寻找另一假设来代替现有的假设。如此反复，直到某个正确的假设被反复验证为正确时，概念便形成了。不过，布鲁纳、古德诺和奥斯丁认为，假设检验过程中最重要的一点是形成或检验假设并不是没有规律的。被试的假设检验过程可以被看成是运用有目的策略的过程。这些目的包括：（1）从每个决定中获取最多信息；（2）使任务的压力保持在可处理的限度以内；（3）调节在规定的时间或活动范围内，未能掌握概念的风险以及做出一个决定所带来的其他风险。有目的的策略的运用是假设检验说的核心，也是人在假设检验过程中主动性的体现。

（二）实验验证——人工概念实验

假设检验说的实验验证离不开一种新颖的实验材料——人工概念的发明。人工概念是布鲁纳、古德诺和奥斯丁（Bruner，Goodnow，& Austin，1956）为了验证假设检验说所阐述的概念形成过程而发明的。人工概念指人为制造出来的，并没有实际内涵的某种概念。在人工概念实验中，实验材料是画有图形的卡片，这些图形可以在四个维度上变化：形状、颜色、数量和边框样式。每个维度又分为三个水平，即各有三个属性或值。形状维度有十字、圆形和方形三个属性，颜色维度有绿、黑、红三个属性，数量维度有 1、2、3 三个属性，边框样式维度有单层、双层、三层三个属性。每张卡片都具有这四个维度的各一个属性，所以每张卡片都和其他卡片在四个维度上不同。这样的卡片共 81 张（3×3×3×3）。图 9-7 中列出了两个示例：示例 A 的图形在形状维度上的属性为圆形，在颜色维度上的属性为绿色，在数量维度上的属性是 1 个，在边框样式维度上的属性是单层；示例 B 的图形在形状维度上的属性为十字，在颜色维度上的属性是黑色，在数量维度上的属性是 2 个，在边框样式维度上的属性是双层；示例 C 的图形在形状维度上的属性为方形，在颜色维度上的属性是红色，在数量维度上的属性是 3 个，在边框样式维度上的属性是三层。

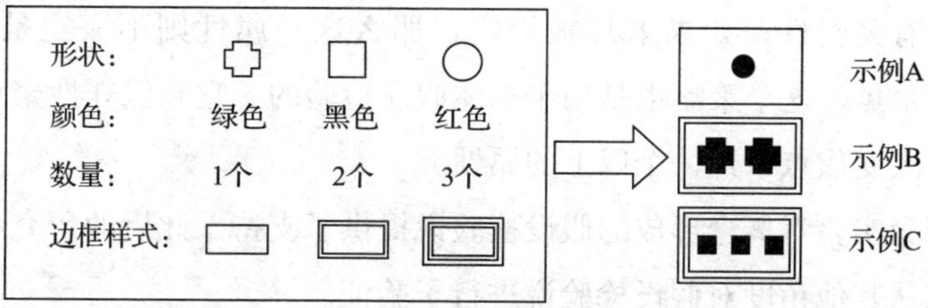

图 9-7　人工概念实验材料

以人工概念为实验材料，布鲁纳等人进行了一项经典的实验，称为人工概念实验。在实验前，研究者必须事先规定某个维度的某一属性（如红色）或几个维度的属性（如绿色方形）为某个人工概念的特有属性，即这一人工概念由这些维度和属性构成，这些维度和属性被称为有关维度和有关属性，而其他维度和属性被称为无关维度和无关属性。具有所规定的全部有关属性的卡片就是人工概念的肯定实例，否则就是否定实例。实验开始时，主试告诉被试本实验有一个特定的概念，这个概念是由某一属性或某些属性组成的，要求被试通过实验过程来发现这个概念。在实验中，主试首先取出一张肯定实例的卡片给被试看，并明确告知这是肯定实例，被试则要从堆在他面前的所有卡片中，根据他自己的想法来选取属于这个概念的其他实例。每次被试选取之后，主试都要给予被试选择正确与否的反馈。实验一直进行，直到被试的选择不再出错，即说明被试形成了概念。结果发现：被试所做的选择不是任意的，而是有着一定顺序，按照一定的策略进行选择。布鲁纳等人确定了被试在假设检验过程中使用的四种策略：（1）同时性扫描。被试根据主试所给的第一个肯定实例的部分属性来形成多个部分假设，比如“一条边框”或“两个图形”。在实验过程中，他们会记住这些假设，在依照其中一个假设选取卡片后，将主试给予的反馈与这些假设进行对照，看究竟哪一个假设是正确的。(2) 继时性扫描。这一策略也应用于部分假设，它与同时性扫描的区别在于一次只检验一个假设。(3) 保守性聚焦。这个策略应用于总体假设的检验。总体假设指根据主试所给的第一个肯定实例的所有属性来形成假设，比如“一条边框、两个图形、红色和方形”。所谓保守性聚焦，就是以第一个肯定实例的全部属性为焦点，接下来选取的卡片都对准这个焦点。具体做法是每次选取一张与焦点只有一个属性不同的卡片。如果选取的卡片被验证为正确的，那么这个属性就不是有关属性；如果卡片被否定，那么这一属性则不一定是有关属性。(4) 博弈性聚焦。这个策略也是用于总体假设检验的。它和保守性聚焦的不同在于，它一次改变焦点卡片一个以上的属性。

人工概念实验对概念形成的假设检验说提供了支持。此后的研究者又设计了新的实验，从其他角度对假设检验说进行了验证。

（三）实验验证——渐变—突变实验

基于假设检验说，杨治良（1986b）对概念形成的突变、渐变性进行了实验探讨。实验选用的材料为早期布锡莱特（Bouthilet，1948）实验中所用的英文材料及据此原理所制作的汉字材料，见表 9-2 和表 9-3。例如，关键词是 SACRIFICE，选择词是 word、urge、exit、came、safe。实验时，主试要求被试从这五个选择词中选择某个词，而被试并不清楚定义正确选项的规则。正确选项的规则就是各组成字母都包含在关键词中，如上例中 safe 就是正确答案。当这一规则被发现之后，被试就能在以后的全部尝试中保持正确。汉字材料则以笔画代替英文字母，按同样原理制成。实验以 72 名中国人和 72 名美国人为被试。实验中，被试的任务是在每张卡片上从五个选择词中找出一个和关键词有关的词。被试每次选择之后，主试都反馈正确答案。

表 9-2 英文假设检验模型举例

关键字	选择字					正确答案
	A	B	C	D	E	
FEATURE	ear	song	date	halt	dull	A
BULLETIN	raft	slide	tile	laid	hire	C
OINTMENT	forth	mint	sure	neat	sane	B
OPENING	slip	told	blue	pine	gap	D
INFLUENCE	sure	new	play	fear	life	E

（采自杨治良，1986b）

表 9-3 汉字假设检验模型举例

关键字	选择字					正确答案
	A	B	C	D	E	
厘	由	厌	座	广	甲	E
穿	穷	身	衣	牙	木	D
伏	优	大	仆	休	尤	B
素	系	生	韦	乔	丝	A
症	争	丁	正	证	关	C

（采自杨治良，1986b）

研究者观察了被试在概念形成过程中的行为，发现被试的确是积极地提出假设，并通过做出合适的选择，来对自己的假设进行检验的。此外，研究者还依据被试在概念形成过程中的正确率制作了集体学习曲线，即把每个被试自己的学习总遍数当作 100%，把转换成百分数的尝试数当作横坐标，同时把最大值的成绩分数当作 100%，把转换成百分数的成绩当作纵坐标，画出曲线。结果发现，曲线的走势分为两部分：第一部分正确程度徐徐上升，呈渐进式；第二部分急剧上升，呈突变式。回归分析也得到了类似的结果。由此，研究者推测概念形成是先渐变后突变的过程。

渐变—突变实验对概念形成的假设检验说提出了更直接的证明。由于突变部分的存在，研究者将更有理由相信，被试的概念形成过程正如假设检验说所描述的那样。

二、问题解决

问题解决是最为普遍的一种思维形式，最早的尝试错误说和顿悟说的争论就属于问题解决的研究范畴。在问题解决的过程中，往往会出现功能固着现象。所谓功能固着（functional fixedness）就是指在问题解决过程中，只看到某种事物的典型功能，而看不到该事物其他方面作用的现象。例如，在人们的头脑中，习惯性地认为笔是用来写字的，螺丝刀是用来拧螺丝的，而不会想到笔有时也可以拧螺丝，或者螺丝刀有时也可以在沙土上刻字。功能固着研究的最重要环节是选择典型问题，以及如何应用典型问题进行具体的实验研究。

（一）典型问题

要研究问题解决，首先就要设计问题情境，功能固着的研究也不例外。不过，相对于其他的问题解决研究而言，适用于功能固着研究的问题情境更难于设计。功能固着研究的问题情境的设计需要注意以下几点。

（1）问题的成功解决必须涉及某一事物的特殊用途，而不是通常用途。这些特殊用途是被试很难考虑到的，或者说很难立即想到的。

（2）问题情境设计必须诱发被试的习惯性思维。比如，如果要使被试将盒子的功能固着到容器上，那么研究者就可以通过在盒子内放其他物品来暗示被试。

（3）最后一点，是在所有问题情境设计中都必须注意的，即问题的难度。问题情境的设计不宜过难，问题解决方案必须是被试通过适当的努力就能发现的，否则，在所有被试的身上都会出现功能固着效应，即地板效应，这时，实验结论常常难以解释。问题情境的设计也不宜过易，否则会出现天花板效应。

只有满足上述三点的问题情境，才是功能固着研究较为适宜的实验材料。以下举两个功能固着研究的典型问题。

1. 绳子问题

功能固着的一个典型问题是梅尔（Maier，1931）的绳子问题。问题的具体情境是这样的：让被试进入一个房间，房间的天花板上垂下来两根绳子，房间里放有两把钳子和一些其他的物品。问题的要求是把两根绳子系到一起，但是两根绳子相隔得很远，使得被试不可能用两手同时抓到两根绳子。绳子问题的正确解法是把钳子系到其中的一根绳子上，然后让它像钟摆一样摆动起来，当两根绳子靠得很近的时候，再把它们系到一起，问题就解决了。解决此问题的关键是改变对钳子的功能固着，即不再认为钳子只是工具，而是有其他用途的，比如可以作为钟摆的摆锤。绳子问题之所以能够成为典型问题，是因为它满足三个条件：（1）问题解决方案涉及某一事物的特殊功能——钳子作为摆锤的功能；（2）问题情境能诱发被试的习惯性思维，钳子没有直接系在绳子上，钳子给人的感觉就是夹东西的；（3）问题难度适宜，具有可解性，梅尔的实验证明虽然大部分被试未能解决问题，但还是有少量被试顺利地解决问题了。

2. 盒子问题

功能固着的另一典型问题是东克尔（Duncker，1945）的盒子问题。问题的情境是这样的：在桌上放一些图钉、一些火柴、一支蜡烛以及三个用纸板做的火柴盒大小的盒子等，要求被试把蜡烛安置到门上。此问题的正确解决方案是用大头针将盒子钉在门上，然后把蜡烛底部融化后粘在盒子上（如图 9-8 所示）。盒子问题也满足典型问题的三个要求：（1）问题解决方案涉及某一事物的特殊功能——盒子作为蜡烛平台的功能；（2）问题情境能诱发被试的习惯性思维，事实上，在实验中，东克尔会在盒子中放一些其他物品，强化被试将盒子作为容器的习惯性思维；（3）问题难度适宜，具有可解性，东克尔的实验证明虽然的确有被试未能解决问题，但也有被试顺利地解决问题了。

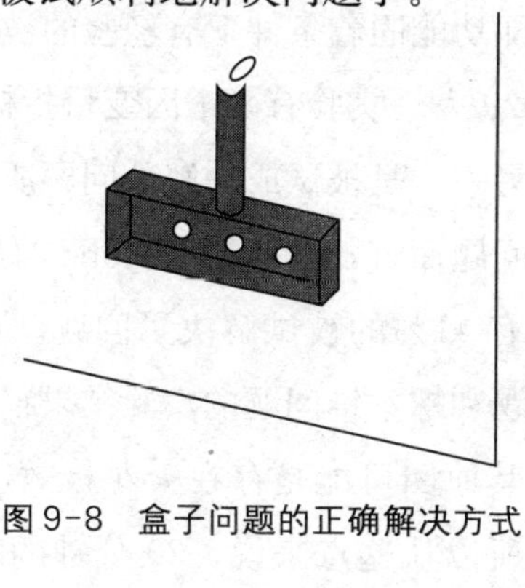

图 9-8　盒子问题的正确解决方式

（二）实验研究

有了典型的问题，研究者便可以进行具体的实验研究了。东克尔采用盒子问题进行了功能固着研究。为了引起被试不同水平的功能固着，他设计了三种实验处理条件：（1）控制条件，三个盒子是空的，和图钉、火柴以及蜡烛等实验材料一起摆放在桌子上；（2）功能固着条件，三个盒子里分别装有图钉、火柴和蜡烛；（3）中性物条件，三个盒子里分别装有与实验无关的纽扣等其他与问题解决无关的物品。其中，条件（2）和条件（3）强化了盒子作为容器的功能，即能加强被试本身的功能固着。实验采用被试间设计，每个被试只接受一种实验处理。每种条件下有 7 名被试。

实验结果表明：由于在控制条件下，盒子没有被作为容器呈现给被试，因此盒子作为容器的功能被弱化了，控制组中被试全部突破了功能固着的限制，成功解决了问题；而在其他两种条件下，盒子里面都装了东西，因此被试会固着于盒子作为容器的这一功能，从而成功地解决问题的人数较少（功能固着条件下，3 个被试成功解决问题；中性条件下，1 个被试成功解决问题）。然而，后来有研究者质疑东克尔的研究结果。亚当森（Adamson，1952）认为东克尔的实验未将速度—准确性权衡考虑在内。在控制条件下，解决问题的人数多，可能并非因为功能固着的倾向较弱，而仅仅是由于他们解决问题花了更多的时间，而在功能固着条件和中性条件下，解决问题的人数少，仅仅可能是由于被试没有耐心解决问题，或者给予被试的时间过少。所以，为了深入探讨，亚当森在东克尔实验的基础上进一步实验。他的实验涉及三个问题：盒子问题、回形针问题和螺丝锥问题。自变量有两个水平，即功能固着条件下有经验的被试和控制条件下无经验的被试，每个被试组为 26～29 人。实验有两个因变量指标：一个是 20 分钟内能解决问题的被试的百分率；另一个是被试成功解决问题所花费的时间。

结果显示：对于盒子问题而言，在控制条件下，有 86%的被试解决了问题，而在功能固着条件下，只有 41%的被试解决了问题。这一点和东克尔的实验结果一致。然而，回形针问题和螺丝锥问题的实验结果很有意思：几乎所有的被试都解决了这两个问题。究其原因可能是存在天花板效应，20 分钟对于解决这两个问题而言时间太长了。所以从这点来说，20 分钟的时间使得回形针问题和螺丝锥问题违背了功能固着研究问题设计所必须注意的第三点，即问题的难易程度。此时，以成功解决问题的被试人数作为因变量是不可靠的，或者说是不敏感的，而以解决问题的时间作为因变量也许可以避免天花板效应的出现。结果如图9-9所示，不同实验条件下，被试的反应时间有明显的差异，控制条件下的被试比功能固着条件下的被试解决问题的速度要快得多。可见，功能固着的程度的确会影响被试解决问题的速度和正确率。

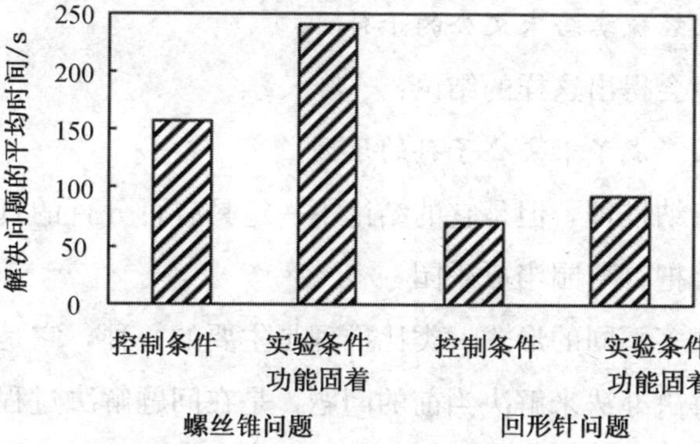

图9-9　在控制和实验条件下被试解决螺丝锥问题和回形针问题所花的时间

功能固着的实验研究，体现了人们在问题解决中对物体功能的理解往往囿于习惯，无法突破思维定势的特点，触及了问题解决的某些固有机制。本章后面还将涉及问题解决研究的更多更深的内容。

三、推理

推理是从已知的或假设的事实中引出结论，它其实是一种特殊的问题解决——逻辑问题的解决。推理作为人脑的高级思维过程，从其进程的方向分类，包括归纳推理和演绎推理两种。归纳推理是从特定事件到一般情况的推理过程，它的关键特征是归纳而来的结论不一定是真实的；而演绎推理是从一般性前提出发得出个别结论的过程，我们能够确信其假设和结论的真实性。这部分将讲解这两种不同推理方式以及相关理论和实验研究，最后谈谈推理过程中有关启发式策略的内容。

（一）归纳推理

现用鲁迅的散文《从百草园到三味书屋》中的一段话来举例说明归纳推理：

我家的后面有一个很大的园，相传叫作百草园。现在是早已并屋子一起卖给朱文公的子孙了，连那最末次的相见也已经隔了七八年，其中似乎确凿只有一些野草；但那时却是我的乐园。

在以上文字中，如果我们认为这段话是真实的，便能够得出如下结论：

(1) 鲁迅曾在百草园附近住过。

(2) 百草园曾是鲁迅的乐园。

(3) 百草园已经被卖给朱文公的子孙了。

同样，我们可能也会得出这样的结论：

后来，百草园变成了朱文公子孙的乐园。

这个推理过程即归纳推理，但是它的结论不一定具有百分百的真实性，因为朱文公的子孙不一定会把百草园当成乐园。

归纳推理有很多不同的形式，类比推理是主要的一种，它是指个体通过使用过去相似问题的解决办法来解决当前的问题，是在问题解决过程中常用的手段之一。

类比推理的实验可用吉克和霍利约克（Gick & Holyoak，1980）的实验来说明。在他们的研究中使用的问题叫辐射问题，它首先被东克尔使用，本书第二章也有所介绍。具体内容为：面对一个不能开刀切除恶性肿瘤的胃癌患者，医生考虑采用一种辐射来摧毁肿瘤。若辐射足够强，可立刻摧毁肿瘤，但其他健康组织同时也会被摧毁；若辐射强度较低，射线对健康肌体无害，但对肿瘤不起作用。在这样的情况下，应该用什么样的方法去摧毁肿瘤，同时又能避免伤害健康的组织呢？对此最具创造性和有效性的解决办法是从不同方向分别向肿瘤射几束弱射线，并使它们汇聚在一起。由于每束射线本身强度较弱，因此通过肌体时不会产生伤害，但是所有这些射线的强度聚集在一起则足够摧毁肿瘤。东克尔在对这一问题的最早研究中发现，45 个被试中只有 2 个（4%）给出了这个解决办法。

吉克和霍利约克在研究中设计了一些类比故事，这些类比故事中均蕴含高效解决辐射问题的基本原则。例如，在“指挥官”的故事中，一支坦克部队的指挥官要向敌军司令部发起攻击。如果使用很多坦克，赢的机会就很大，但他的部队必须经过一个又窄又不牢固，且仅能通过少数坦克的桥；而如果使用少量的坦克发起袭击，则易被敌方击退。为了取得胜利，指挥官制订了一个让坦克分别通过每座小桥，进而包围敌军司令部的计划。这样，所有坦克都能同时过桥攻击并占领敌军司令部。很明显，坦克袭击问题与辐射问题之间具有很高的相似性。吉克和霍利约克研究了两种情况下被试对辐射问题的解决：在解决辐射问题之前，被试阅读过类似于“指挥官”的包含类比推理的故事（实验条件），或者是没读过任何其他的故事（控制条件）。结果表明，控制条件下仅有10%的被试使用了最有效的方法来解决问题，而实验条件下有75%的被试在时间限度内使用“汇聚解决法”（从不同方向发射射线）解决了辐射问题。这说明人们对问题的解决能从类比中受益，归纳推理在问题解决中有重要的作用。

近年来，类比推理作为科学研究的一种方法，被越来越多地应用到记忆领域和儿童认知发展领域的研究中。

例如，陈和西格勒（Chen & Siegler，2013）在探讨幼儿对图像信息的学习和工具使用策略的转移时便用到了类比推理。该实验分别把2岁和2.5岁的幼儿作为被试，请他们观看两个自制的源视频。第一个视频中，一个扮演成熊猫的大人被安排坐在桌子前，桌子远处放着苹果。同时，桌子上还有三种工具，用来帮助“熊猫”拿到苹果。在2分钟的视频中，“熊猫”在伸手拿苹果失败后选择了最有用的工具实现了愿望。而第二个视频中，“熊猫”只是展示了如何使用有效工具，并未接触到苹果。视频播放结束后，主试告知幼儿要做一个游戏，实则将他们带到与视频中相似的场景中，让孩子们想办法获得想要的玩具，桌子上的摆放如图9-10所示。通过观察和记录幼儿第一次拿起工具和成功解决问题的情况判断其类比推理的能力，了解其对图像信息的处理，从而理解儿童的认知发展。

该实验结果表明，幼儿已经拥有了处理视频信息的能力并能用它指导自己以后的问题解决，但在2.5岁时仍处于脆弱的初期，需要依赖适当的语境并保证问题情境的高度相似性。

归纳推理在日常生活中的应用非常广泛，但是其认知神经机制仍在进一步的研究中。当前的研究主要采用瑞文推理测验来考察关系复杂性在归纳推理中的作用。同时，结合ERP、fMRI、PET等一系列认知神经科学技术的研究可以有效描绘归纳推理的时间进程和相应的脑区激活，从而为揭示归纳推理的神经机制提

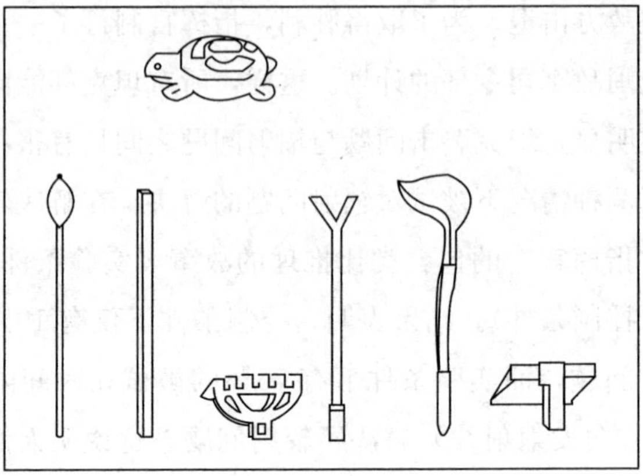

图9-10 幼儿目标任务及工具的示例

（采自 Chen & Siegler，2013）

供有效证据。

（二）演绎推理

在传统的逻辑系统中，演绎推理包括条件推理和三段论推理，下面我们将对这两种推理方式进行简单介绍。

1. 条件推理

条件推理是指利用前提条件进行推断，并且得出结论的过程，即在“如果……那么……”命题的基础上推导出结论。条件推理一般包括四种类型。

(1) 肯定前提，继而得到结论：如果 p，那么 q；p，所以 q。

前提：

如果你是一位飞行员，那么你会开飞机。

你是一位飞行员。

结论：

因此，你会开飞机。

这个推理是有效的。

(2) 否定推论，继而得到结论：如果 p，那么 q；非 q，所以非 p。

前提：

如果你是一位飞行员，那么你会开飞机。

你不会开飞机。

结论：

因此，你不是一位飞行员。

这个推理也是有效的。

(3) 否定前提，继而否定推论，得到结论：如果 p，那么 q；非 p，所以非 q。

前提：

如果她是一位空姐，那么她经常乘坐飞机。

她不是一位空姐。

结论：

因此，她不经常乘坐飞机。

可以看出这个推理是无效的，她虽然不是一位空姐，但是可能会因为其他原因需要经常乘坐飞机。

(4) 肯定推论，继而得到结论：如果 p，那么 q；q，所以 p。

前提：

如果她是一位空姐，那么她经常乘坐飞机。

她经常乘坐飞机。

结论：

因此，她是一位空姐。

这个推理也是无效的，她也可能是因为其他的原因而经常乘坐飞机。

从以上分析中我们可以看出，在条件推理中，我们需要很明确地区分证实和证伪。证实是指寻找相关证据去证明某个假设的真实性，证伪是指通过实验检验出假设是无根据的。沃森和约翰逊-莱尔德（Wason & Johnson-Laird，1972）的四卡片问题已经证明人们在推理中更倾向于证实而非证伪。这种倾向使人们在推理时常常产生确认偏误（confirmation bias）。

沃森（Wason，1960）设计的假设检验实验可以说明这个问题。实验中，主试告知被试三个数字，如 2、4、6，它们之间符合一个简单的关系规则。而参与者的任务，就是寻找这种关系规则。每一次，被试都要报告自己生成的三个数字及其原因，并由主试告知数字是否符合所给出的关系规则。该实验的正确规则是

“三个数字按升级顺序排列”。尽管它听起来简单，但大多数参与者都花了很长时间发现它。只有21%的被试尝试一次就发现了规则，还有28%的被试始终都没有发现。造成这个现象的原因即确认偏误。

根据沃森的解释，人们会根据他们最初假设的规则生成数字，而大多数人都认为这个规则是“第二个数字是第一个数字的2倍，第三个数字是第一个数字的3倍”，正是由于确认偏误让他们坚持失败的尝试，验证自己那个太过具体的假设，而忽略了一般的正确的规则。

2. 三段论推理

对三段论推理的研究已经有超过两千年的历史了，它是由两个前提语句和一个结论组成的。举一个简单的例子：“所有的A都是B。所有的B都是C。因此，所有的A都是C。”这个三段论推理包括A、B、C三部分，其中B同时出现在两个前提中。来看下面这个例子：

前提：

所有的青少年都是叛逆的。

所有的中学生都是青少年。

结论：

因此，所有的中学生都是叛逆的。

在判断三段论推理的结论是否有效时，仅仅根据它是否从前提根据逻辑推导出来的即可，与现实世界的真实情况无关。人们在进行三段式推理时总是犯错，一部分原因是存在各种各样的偏差，如信念偏差效应（belief bias），指人们倾向于相信那些看起来可信的无效结论，并容易拒绝那些看起来不可信的有效结论。

例如，在埃文斯等人（Evans et al.，1983）的实验中，主试给成年被试一段话，之后询问被试能否从中得出符合逻辑的确定结论。如果被试判断结论符合所给前提的逻辑，则回答“是”；反之，则回答“否”。埃文斯等人的实验结果显示，尽管被试对结论的判断在很大程度上受其逻辑推理的影响，但其本身的信念也产生了重要的影响，且两者存在交互作用。最主要的影响体现在，即使是不符合逻辑的结论，如果看起来可信，那么被试也倾向于判断结论为正确。来看下面这个例子：

不容易上瘾的东西是便宜的。

有些香烟是便宜的。

因此，有些容易上瘾的东西不是香烟。

这样的结论看起来可信，但推理是不符合逻辑的。面对这种类型的推理，约92%的被试接受了这个结论。再看另一个例子：

不容易上瘾的东西是便宜的。

有些香烟是便宜的。

因此，有些香烟不容易上瘾。

然而，这种符合逻辑但看起来不可信的结论，只有46%的被试认为是正确的。

可以用来解释这种现象的理论很多，伍德沃思和塞尔斯（Woodworth & Sells，1935）认为这可能是因为气氛效应（atmosphere effect），即前提所采用的形式会影响人们对结论所采取的形式的预测。经过反复的实验验证，研究者得出如下结论：如果两个前提都是肯定的，则被试倾向于接受肯定的结论；两个前提都是否定的，则被试倾向于接受否定的结论；前提为一个否定，一个肯定，则被试倾向于接受否定的结论。如果两个前提是全称的，则被试倾向于接受全称结论；如果两个前提是特称的，则被试倾向于接受特称结论；如果两个前提一个是特称的，一个是全称的，则被试倾向于接受特称结论。近年来的研究发现，人们对前提的自信度会直接影响到其得出的结论（Stevenson & Over，1995）。

（三）启发式策略

启发式策略是指人们在推理任务中往往采用一些推理规则，这些规则不一定遵循标准逻辑规范，但在生活情景中也能帮助人们做出快速的、基本有效的推断。卡内曼和特弗斯基（Kahneman & Tversky，1973，1974）总结了三种重要的启发式策略：代表性启发法（representativeness heuristics）、可得性启发法（availability heuristics）和调整性启发法（adjustment heuristics）。

代表性启发法是指人们倾向于根据样本是否代表总体来判断其出现的概率，越有代表性的，被判断为越常出现。在卡内曼和特弗斯基的一项实验中，他们给被试简要介绍某个人的特征，并说明这人是从100人中随机抽取出来的，告知第一组被试这100人中有70人是工程师，30人是律师，而告诉第二组被试这100

人中 70 人是律师，30 人是工程师，要求被试判定所介绍的那个人是工程师（或律师）的概率有多大。其中一例介绍为“杰克是 45 岁的男性，已婚并有 4 个孩子；他一般显得保守、谨慎，有事业心，对政治和社会问题不感兴趣，绝大部分业余时间都花在做家庭木工、驾驶帆船和玩数学游戏上”，这一介绍极像工程师，与律师的形象相去甚远。结果发现：两组被试都判定该人为工程师的概率约为 0.90。显然，被试只是依据介绍人物特征的代表性来进行判断的，而没有考虑事件的基准率信息，也即工程师在两组中所占的不同比例。

可得性启发法是指人们倾向于根据一个客体或事件在知觉或记忆中的可得性程度来评估其相对频率，容易知觉到的或回想起的常被判定为更可能出现。例如，字母 K 在英文单词里是常出现在第一个字母位置还是第三个字母位置？绝大多数人认为字母 K 常出现于英文单词的开头。但是实际上，在英文里，第三个字母是 K 的单词数量是以 K 字母起头的单词数量的 3 倍。人们之所以认为字母 K 常出现于英文字的开头，显然是由于人们容易回忆出以 K 字母开头的单词，而不容易回忆出 K 出现在第三个字母的单词。

调整性启发法是指人们以最初的信息为参照来调整对事件的估计。在判断过程中，人们最初得到的信息会产生锚定效应（anchoring effect），制约对事件的估计。例如，被试要回答下列两个问题中的一个：

问题 1：$8\times7\times6\times5\times4\times3\times2\times1=?$

问题 2：$1\times2\times3\times4\times5\times6\times7\times8=?$

被试要在 5 秒内估计出其乘积。在如此短暂的时间内，被试基本不可能得出真正的答案。结果发现，被试对第一道题的乘积估计的中数为 2 250，对第二道题的乘积估计的中数是 512。两者的差别很大，并都远远少于正确的答案即 40 320。可以设想，被试在对问题进行了最初的几步运算以后，最初几步运算的结果产生了锚定效应，被试仅以获得的初步结果为参照来调节对整个乘积的估计。由于两道题的乘数数字排列不同，第一道题的最初几步的运算结果大于第二道的，因而其整个乘积估计也较大。

有关启发式策略的研究，揭示了人们在处理实际问题时所遵循的并非一定是逻辑推理规则。对这些启发式策略形成原因的分析，将有助于研究者理解思维推理作为适应性机能的发生和发展。

四、决策

决策是指在分析所获得信息的基础上做出决定的心理过程。传统的决策研究者通常持有“完全理性”观点，即认为决策者可以基于对所掌握信息的全面权衡，而做出最优的抉择。直到1947年，西蒙考虑到了人的心理因素在决策中的作用，提出了“有限理性”观点，研究者们才逐渐开始怀疑“完全理性”观点。下面介绍这两种观点各自的代表理论及相关研究。

（一）传统的决策理论

基于“完全理性”观点的决策理论，往往用数学模型（如多重回归模型、贝叶斯定理等）来模拟人的决策过程。其中，最具代表性的要数冯·诺伊曼和莫根施特恩（von Neumann & Morgenstern，1947）提出的期望效用理论（expected utility theory）。

期望效用理论认为，决策者一般选择期望效用值最大的那项备择方案。期望效用值可以用备择方案的结果发生概率与该备择方案的效用值之间的函数来表示。假设在当前状态下，采用的决策方案为A_j，产生的可能结果为S_j，每一结果的效用值是$U(S_j)$，概率为P_j，则该决策的期望效用值为$E(A_j)=P_jU(S_j)$，期望效用值最大的方案即为当前的最佳决策。

例如，假设有两家公司（公司1和公司2）提供了两份工作，初始工资相同，在公司1工作第一年工资增长15%的机会是60%，在公司2工作第一年工资增长10%的机会是80%，决策者会选择哪家公司呢？根据期望效用理论，公司1的效用值$U(S_1)=15\%$，概率P_1为60%，期望效用值$E(A_1)=P_1\times U(S_1)=60\%\times 15\%=9\%$，公司2的效用值$U(S_2)=10\%$，概率$P_2$为80%，期望效用值$E(A_2)=P_2\times U(S_2)=80\%\times 10\%=8\%$，所以，决策者会选择公司1。

不过，后来受到“有限理性”观点的影响，研究者们认为人们在决策的过程中并不是完全按照客观存在的效用值和概率计算期望效用值，效用值和概率的估计的确会受到人主观因素的影响。由此，萨维奇（Savage，1954）提出了主观期望效用理论（subjective expected utility theory）。该理论用主观概率代替了期望效用理论中的客观概率，用主观效用值代替了期望效用理论中的效用值。然而，主观期望效用理论并未彻底摆脱"完全理性"观点的支配，仍然希望用数学模型来解释人的决策过程。

（二）前景理论

相对于"完全理性"观点，"有限理性"观点则认为人不可能全面地考虑问题，并做出最为合理的决策，在现实生活中，人们决策的有效方法是靠以往的经验。这一观点最具代表性的理论是卡内曼和特弗斯基（Kahneman & Tversky，1979）提出的前景理论。卡内曼和特弗斯基做了一系列实验研究，发现人的实际决策行为和期望效用理论的预期有所偏离，并且这些偏离都是系统的、有规律的。因此，卡内曼和特弗斯基提出了前景理论，对这些系统偏离进行解释。

损失厌恶（loss aversion）是前景理论的基本观点之一，指的是损失的效用要比等量收益的效用得到更大的权重，因而与获取收益相比，个人更倾向于回避等量损失。例如，在特弗斯基和卡内曼（Tversky & Kahneman，1981）的一项实验中，实验的问题可简单描述为：想象美国正在为对抗一场突然爆发的罕见亚洲疾病做准备，该疾病可能会导致600人死亡，现有两种备择方案可供选择。

第一组被试被要求在以下两种方案中做出选择。

方案1：执行该方案，200人将会获救。

方案2：执行该方案，有1/3的概率可以救所有的600人，但是2/3的概率无人获救。

结果表明，72%的被试选择了方案1。

第二组被试也被问同样的问题，但是他们看到的方案被改写成下面的形式。

方案1：执行该方案，400人必定死亡。

方案2：执行该方案，1/3的概率是无人死亡，2/3的概率是所有人都死亡。

此时，78%的被试选择的是方案2。

这种由情境表述方式的改变导致的决策偏好变化的现象称为框架效应（framing effect）。如果按照期望效用理论，两组被试的四个备择方案都具有相同的期望效应值，被试应该无法做出抉择才对。可是，为何两组人的结果截然不同呢？卡内曼和特弗斯基认为两组人的结果都表示被试回避损失的倾向，对于第一组被试来说，方案 2 损失量显得更大，而对于第二组被试来说，方案 1 损失量显得更大。根据诸如此类的实验结果，卡内曼和特弗斯基总结了一条损失—收益函数曲线（如图 9-11 所示）。当收益逐渐增加时，价值增长很少，而当损失增加时，价值却降得很快。

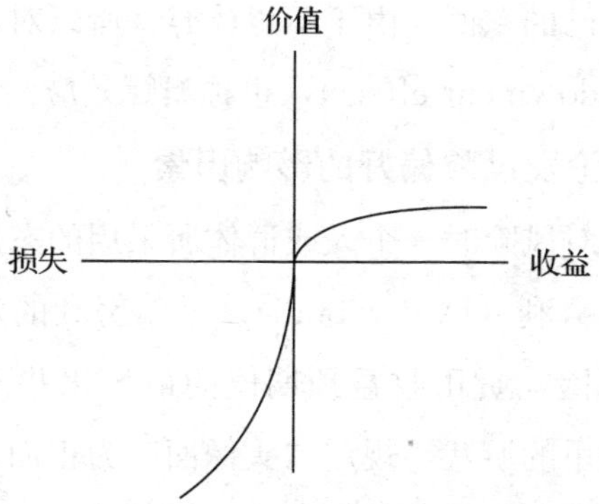

图 9-11　损失—收益函数曲线

（采自 Kahneman & Tversky，1979）

值得注意的是，价值的定义依赖于参照点（reference）。根据参照点，价值可划分为收益和损失，进而影响到人们的后续决策，最终导致个体出现在收益情境下较为保守、在损失情境下较为冒险的行为倾向。在上面的例子中，第一组被试面对的问题情境以死亡为参照点，因此“有人获救”是收益情境；第二组被试面对的问题情境以获救为参照点，因此“有人死亡”是损失情境。正是因为被试参照点的改变，对情境的表征从收益变成了损失，被试的风险决策偏好发生了反转。人们依据某一参照点来定义价值，而不是依据纯价值进行决策的倾向也被称为参照效应（reference dependence）。

在卡内曼等人（Kahneman et al.，1990）的另一项实验中，研究者要面对三组被试：给第一组被试（卖家）每人一个杯子，询问被试是否愿意以 0～9.25 美元的价格卖掉杯子；不给第二组被试（买家）杯子，只询问他们是否愿意在同样的价格范围内买一个杯子；让第三组被试（选择者）选择要杯子还是要等量的钱。结果发现：卖家期望以 7.12 美元的价格卖出杯子，买家则期望以 2.87 美元的价格得到杯子，选择者对杯子的估价为 3.12 美元。为什么买家不情愿多付钱买杯子（买家与选择者的价格差不多），但是拥有杯子的卖家对杯子做出很高的价格估值？卡内曼认为：卖家拥有杯子，他们必须在保留杯子或者放弃杯子换钱中选择；买家则需要在获得杯子或获得金钱中选择。由于卖家和买家的参照点不同，双方对情境的表征出现差异：前者将失去杯子评估为损失，而后者将得到杯子评估为收益。由于人们存在损失厌恶，因此卖家对杯子估价明显高于买家。这种获得了本来不属于自己的东西，由于不想放弃，所以对此样物品估价很高的现象被称为捐赠效应（endowment effect），也称禀赋效应。

（三）风险偏好理论及风险偏好的影响因素

风险偏好是指在面对风险时，个人或群体所采用的态度和策略。最早对风险偏好进行研究的是贝尔努利（D. Bernoulli）。贝尔努利的观点是，由于没有考虑到小概率和低回报的风险，货币收益预期值的最大化并不是一个完全理性的描述。例如，对于抛掷硬币的游戏，规定“头像面”为正面，首次抛到正面可获得2元奖励，第二次抛到奖励翻倍，以此类推（首次抛到反面则游戏结束），则可以获得的回报为$(1/2)2+(1/4)4+\cdots+(1/2n)2n+\cdots$，这是一个无限的总和。然而，让贝尔努利困惑的是，人们不愿意为这样一个随机抽奖花费过多金钱，尽管它可能会有无限的回报。

马科维茨（Markowitz，1952）同样着迷于风险和收益的权衡，他设计了一个彩票选择问题。结果发现，在“肯定亏损1美分”和“有1/10的概率亏损10美分”之间做选择，大多数人为了规避风险，都会选择“肯定亏损1美分”。然而，当把损失扩大十倍甚至更多时，人们却从风险规避转变成了偏好大风险。例如，在“有1/10的概率损失1 000万美元”和“肯定损失100万美元”之间，更多人选择了前者。而在相反的情况下，让人们在收益中做选择时，与“肯定得到1美元”相比，人们更倾向于“有1/10的概率得到10美元”。但当收益扩大到一定程度，人们更喜欢“肯定收益100万美元”而非“有1/10的概率收益1 000万美元”。

这样的结果与卡内曼和特弗斯基（Kahneman & Tversky，1979；Tversky & Kahneman，1992）的观点一致。他们一致质疑“人们通常不愿意承担风险并且对风险的态度是稳定的”这个观点，同时提出，在决策问题中，即使是很小的变化，也可能导致人们对风险的态度产生显著逆转。

风险偏好的影响因素一直是大家关注的问题。索恩和赫梅尔（Soane & Chmiel，2005）的研究探讨了风险偏好在工作、健康和个人理财三个领域的一致性，并探索了人格的五因素模型在何种程度上对决策会产生影响。根据不同的职业属性及工作特性，他们选取了学者、棋手、消防员、登山运动员和商人这五种职业的被试共377名，其中86.3%为男性，平均年龄32.4岁。该实验采用调查问卷的形式，分为两个部分。第一部分为决策领域的测量，包括风险偏好、风险感知、形势判断、情绪的影响以及收益和成本的考虑。采用利克特量表的形式，将每个人的数据在工作、健康和个人理财三方面进行整合。第二部分使用大五人格量表对被试人格的五个方面（神经质、外倾性、开放性、宜人性和责任心）进行评估。实验得出如下结论。(1) 低神经质、高宜人性以及责任心强的人在考虑收益和成本以及进行风险决策时有更稳定的态度。(2) 高宜人性及责任心强的人更容易做出规避风险的决策。(3) 高神经质、开放、责任心强以及低宜人性的人在对工作、健康、个人理财三方面做出决策时更容易出现不一致，同时，对这三方面有不同的风险认知的人以及更多考虑成本与回报的人在做决策时也更容易出现不一致。(4) 在考虑到各种因素对做决策的影响时，责任心是唯一在工作、健康和个人理财三方面都起作用的因素。有趣的是，外倾性和开放性只可预测在工作方面的决策；而在个人理财方面，宜人性与责任心加上对收益和成本的考虑会对决策造成影响。总之，外倾性和开放性能够预测风险承担，而责任心能够预测风险规避。

阿赫桑（Ahsan，2014）研究了自然灾害对风险偏好及信任水平的影响。该实验为实证研究，通过对比生活在孟加拉湾的沿海地带（经常遭遇飓风等自然灾害）和非沿海地带的居民在当地传统的彩票游戏中的表现来分析其风险偏好及信任水平。被试是从10个村庄随机选取的250户对虾养殖户，平均年龄为32.59岁，家庭规模为4.8人，已婚者约占87.2%，男女比例平均。经过推理及统计分析，阿赫桑得出如下结论。(1) 经历过自然灾害的人对风险的厌恶情绪更多，但其信任水平并没有受到任何影响。(2) 已婚人士出于对婚姻和家庭的责任，更倾向于规避风险，并且信任水平更高。(3) 与女性相比，男性较少规避风险，其发生危险的概率也大于女性。

从这些结论中我们可以看出，无论是个人或环境因素都可能对风险偏好产生影响，这个复杂又有趣的问题还有很多值得探索的未知。

随着人类决策过程的研究越来越深入，研究领域也越来越宽广，涌现了许多新的研究热点，其中尤为引发研究者兴趣的是跨期决策。跨期决策（intertemporal decision-making）是指对发生在未来不同时间点上的结果做出权衡的决策过程。在人类的跨期决策中，最常见的是采用调查问卷的形式，在资金的及时满足和延迟满足之间设置假设问题，收集相关数据（Rachlin et al.，1991；Kirby et al.，1999）。例如，你是希望立刻得到 50 美元还是希望在 6 个月以后得到 100 美元？研究结果发现，跨期决策中存在即时效应（immediacy effect），即人们在决策时更偏爱即时性选项。比如，相比于在 1 年以后得到 45 美元，人们更喜欢立即得到 30 美元。

跨期决策的研究成果广泛应用于消费、投资、储蓄、经济增长等领域的理论建模与分析，同时对于时间管理以及薪酬管理、成瘾行为（吸烟与吸毒）等都具有实际的指导意义（Green & Myerson，2004；Yi et al.，2006）。

思维研究的领域十分广阔，思维这种高级心理机能渗透于人类生活的每个角落。伴随着思维研究的逐步深入，新的研究主题不断涌现，其中具有代表性的是关于人工智能方面的研究。

第三节　思维和人工智能

思维领域的研究者如何才能确认自己提出的理论解释合乎思维的本质？20 世纪 50 年代，信息加工的观点逐步为心理学家们所接受。这一观点将人脑看成类似于计算机的信息加工系统。于是研究者设想：如果将思维理论的规则在计算机上实现，观察计算机运行和人类被试行为的吻合程度，不就可以检验理论的解释力了吗？这一工作实际上就是试图在机器上模拟、实现类似人类的智慧，这就是人工智能（artificial intelligence）。

一、人工智能的界定

心理学的实验研究往往要经历这样一个历程：对研究对象下操作性定义。操作性定义的好处在于：(1) 提高实验的可重复性，其他的研究者也可以按照操作性定义操纵研究对象，重复验证实验结论的正确性；(2) 提高各个不同研究间的可比性，只有各个研究对研究对象采用一个共同的、可操作的界定，那么这些研究的结论才是可比的。对于研究人工智能——思维的计算机模拟——这一如此复杂的现象来说，操作性定义就尤为重要。

从本章第二节就可以看出，人类思维的研究内容极其丰富，从概念形成到问题解决，从推理到决策都属于思维研究的范畴。人类思维本身的多角度和复杂性就决定了模拟思维过程的计算机程序的多角度和复杂性。有的研究者从概念形成角度，设计计算机程序，来拟合人类的概念形成曲线；有的研究者则从问题解决角度，设计计算机程序，来模拟人类问题解决的理性路线。为了使这些模拟研究可被其他领域的研究者重复，为了使各个不同思维研究领域的计算机模拟结果具有可比性，我们必须对人工智能下一个操作性定义，即计算机模拟到达何种程度才算是符合人类思维的特点。所以，在具体介绍人工智能的研究成果前，我们首先必须对人工智能进行操作性界定。

（一）图灵测验

图灵测验是由英国数学家图灵（A. M. Turing）提出的。1950 年，图灵在《智力》（*Mind*）杂志上发表了《计算机器与智力》一文，在文中他首次提出了“模仿比赛”，即图灵测验。图灵测验并不是一项真实的计算机思维模拟测验，而是一个思想实验，它为人工智能下了一个高标准的操作性定义。图灵测验旨在为评估计算机思维模拟过程是否有效提供标准。下面介绍一下图灵测验的主要内容。

模仿比赛必须有三个参与者，一个男人（A）、一个女人（B）和一个可以是任何性别的询问者（C）。询问者有权对 A 或 B 提出问题，A 或 B 必须回答。询问者的目标是通过这种互动，确定另两个人中谁是男人，谁是女人；A 的目标是努力让询问者做出错误的辨认；而 B 的目标是帮助询问者做出正确的辨认。在互动过程中，询问者独自待在一个远离 A 和 B 的房间里，三人之间的交流不能通过说话（防止询问者通过语音特征进行判断），可以通过电传打字机，或者通过中间联系人传递打印或手写的答案。

最初，询问者只知道两个人是X和Y，经过一段时间的询问，在比赛结束时，询问者必须判定哪个是男人，哪个是女人，即回答“X是A，Y是B”或者“X是B，Y是A”。在询问阶段，询问者可以提出如下类型的问题：“X，你能告诉我你头发的长度吗?”由于A的目标是干扰询问者的判断，所以他可能做出诸如此类的回答：“我的头发是后短侧长的发式，最长的约9英寸[①]。”B的比赛目标是帮助询问者，因此B最好的策略是给出真实的答案。同时B也可以附加诸如“我是一个女人，不要听信他的话”之类的信息到自己的答案中，但是由于A（男人）也可能做出类似的回答，所以询问者可能不会轻易相信B所提供的信息。

图灵测验的问题是：当一台机器取代比赛中A的位置时，会发生什么呢?虽然用机器代替人之后，所有的比赛规则和步骤都与上述相同，但是询问者的错误率会有所改变吗?鉴于此，图灵对人工智能下了一个操作性定义：如果询问者与计算机分别在两个房间中，并且询问者不能辨认计算机所给出的答案和人所给出的答案的区别，即询问者无法辨认那只是一台机器，那么此时，我们可以认为计算机很好地模拟了A（男人）的思维过程，在某种程度上，计算机具有了人工智能。

图灵测验对人工智能提出了一个极高的标准，即用人的感觉来判断计算机模拟思维特点的有效性，因此，只有当计算机的模拟和人的思维过程极其匹配时，人才会感觉不出两者间差异的存在。然而，事实上，人的思维过程在很大程度上存在随机性，如决策过程中的有限理性。计算机对此类随机过程的模拟具有缺陷，一旦计算机模拟存在一点点差错，图灵测验的操作性定义便无法满足。那么，是否计算机模拟程序无法从根本上说明人类思维的特点呢?研究者对人工智能的操作性定义又进行了进一步的区分。

（二）强人工智能和弱人工智能

针对上述问题，美国语言哲学家瑟尔（Searle，1980）在《心智、脑与程序》

---

① 1英寸=2.54厘米。

一文中将人工智能分为两种——强人工智能和弱人工智能，从强人工智能到弱人工智能的转变降低了人工智能操作性定义的标准。强人工智能（strong artificial intelligence），也就是图灵所说的人工智能，是指直接将人脑看成一台数字计算机，或者将计算机看成人脑，计算机和人脑可以在各个方面进行完全匹配，机器可以拥有像人一样的思维过程和智慧，而人的思维则可以解压为计算机形式符号与逻辑语言的操纵。

这种定义的高标准主要体现在两个方面。(1) 硬件匹配，人的思维过程和计算机模拟的思维具有同样的硬件基础。人脑和计算机的集成电路一样，都是以“全或无”的方式进行信息加工的，神经冲动的发放要么就是产生动作电位，要么就是不产生动作电位，绝不可能产生一半强度的动作电位，而计算机电流的状态也只有“通”和“不通”两种。(2) 软件匹配，人的思维程序和计算机模拟思维程序一样。人的思维具有规则性，可以转换成某种计算机语言，比如循环、条件和顺序语言的综合，而计算机程序也正是具有高逻辑性的计算机语言的堆砌。只有符合硬件匹配和软件匹配两个要求，计算机思维模拟才算真正意义上的人工智能。但是，就像我们上面所说的，人的思维过程在很多方面具有随机性，有时并不是按照某一事先设定好的程序进行，人的思维过程和计算机模拟思维过程有时无法进行软件拟合。图灵测验的思维程序设计者们的确可以预先规定，在反复被询问的过程中，计算机应该怎样回答，但是，程序设计者不能预见到询问者可能提问的各种方案和策略。

强人工智能标准对计算机模拟来说过于苛刻，因此，瑟尔又提出了另一种人工智能标准，称为弱人工智能（weak artificial intelligence），指用计算机来模拟人类的思维过程，从而检验原有思维理论的确实性。研究者可以通过计算机编程将思维过程的理论模型付诸实施，并将结果与人真实的表现进行比较研究。弱人工智能仅仅把计算机模拟作为一种工具和手段，而并不要求计算机模拟思维与人类的思维在软硬件方面完全匹配。

弱人工智能降低了图灵或强人工智能操作性定义的标准，它基本上依据以下逻辑：虽然计算机模拟思维与人类的思维在软硬件方面并不完全匹配，但计算机模拟思维和人类思维总会有一定的共同点，这些共同点为验证现有的思维理论提供了依据。根据现有的思维理论来编制计算机程序，如果能使计算机以类似于人的方式达到类似于人的思维结果，那么这一思维理论便得到证实，如果模拟不成功，则只能说明计算机模拟思维与人类的真实思维在某些方面还不匹配。以下所要讲述的一些人工智能的成果基本上是基于这一界定。

二、人工智能的成果

基于弱人工智能标准，思维研究者们纷纷将思维理论转换成计算机模型，以便验证思维理论的正确性。对原先的理论进行有效的验证是人工智能研究的成果。下面是几个具体的实例。

（一）逆向工作与逻辑理论家

人类在问题解决，尤其是复杂问题解决时，通常使用启发法。启发法所凭借的是经验的解题方法，也可称为经验规则，虽然它并不能保证问题一定能得到解决，却能常常有效地解决问题。逆向工作和手段—目的分析是两种较为常用的启发法。

逆向工作（backward working）也称为逆向搜索，是指在问题解决的过程中，从问题的目标状态开始往回走，直至倒退到初始状态。如果问题空间较小，从初始状态到达目标状态的通路较少，使用该启发法解题则较为迅速。在使用时，我们必须考虑到算子的应用。例如，已知矩形 $ABCD$（如图 9-12 所示），求证：$\overline{AD}=\overline{CB}$。

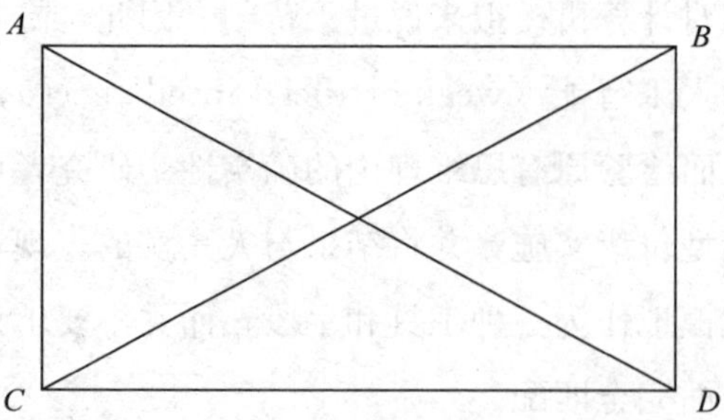

图 9-12 矩形

此题的逆向工作步骤见表 9-4。

表 9-4 逆向工作步骤

目标状态	$\overline{AD}=\overline{CB}$
算子 1	只要证明$\triangle ACD\cong\triangle BDC$ 就能证明$\overline{AD}=\overline{CB}$
算子 2	根据边角边定理，只要证明： $\overline{AC}=\overline{BD}$，$\angle ACD=\angle BDC$，$\overline{CD}=\overline{CD}$ 就能证明$\triangle ACD\cong\triangle BDC$
起始状态	矩形 $ABCD$ 满足上述三个条件

根据问题解决时的逆向工作策略，纽厄尔和西蒙（Newell & Simon，1956）编写了历史上第一个模拟人解决问题的计算机程序——“逻辑理论家”（logic theorist）。这个程序成功地模拟了人证明诸如上述矩形对角线相等的符号逻辑定理的思维过程，证明了怀特海（A. N. Whitehead）与罗素（B. Russell）合著数学名著《数学原理》第二章的 52 条定理。

“逻辑理论家”是第一个依据人解决问题的启发式策略（主要是逆向工作策略）编写的人工智能系统，也是第一个成功的人工智能系统。以前的计算机程序已完全可以做到依据算法规则来模拟人的理性逻辑思维。比如，我们要求计算机根据一系列规则进行复杂的计算，计算机程序完全可以胜任，甚至它比人做得更好。在这种情况下，持有信息加工观点的思维研究者们将人脑和计算机进行类比，他们认为人和计算机一样也是完全理性的，不承认思维缺乏理性的侧面，即人类在思维过程中不可能应用启发法。然而，“逻辑理论家”成功模拟了人的有限理性思维，验证启发式策略在人解决问题的过程中确实存在，也颠覆了以前对人类思维完全理性的错误观点。“逻辑理论家”的成功展现了弱人工智能标准验证效用的端倪。

（二）手段—目的分析和通用问题解决者

纽厄尔和西蒙研究发现，手段—目的分析是人类问题解决中的又一项重要的启发式策略。手段—目的分析（means-end analysis）的核心就是要发现问题当前状态和目标状态的差异，然后找到并应用合适的算子来缩短这个差异，如此循环往复，逐步接近目标状态，直至达到目标状态。换言之，就是将问题的目标状态或总目标分为若干子目标，找出完成一系列子目标的方法后，一一实现这些子目标，最终达到总目标，完成问题解决过程。手段—目的分析有两种方式：一是把当前状态转化为目标状态，如图 9-13A 所示；二是寻找消除差异的算子，如图 9-13B 所示。

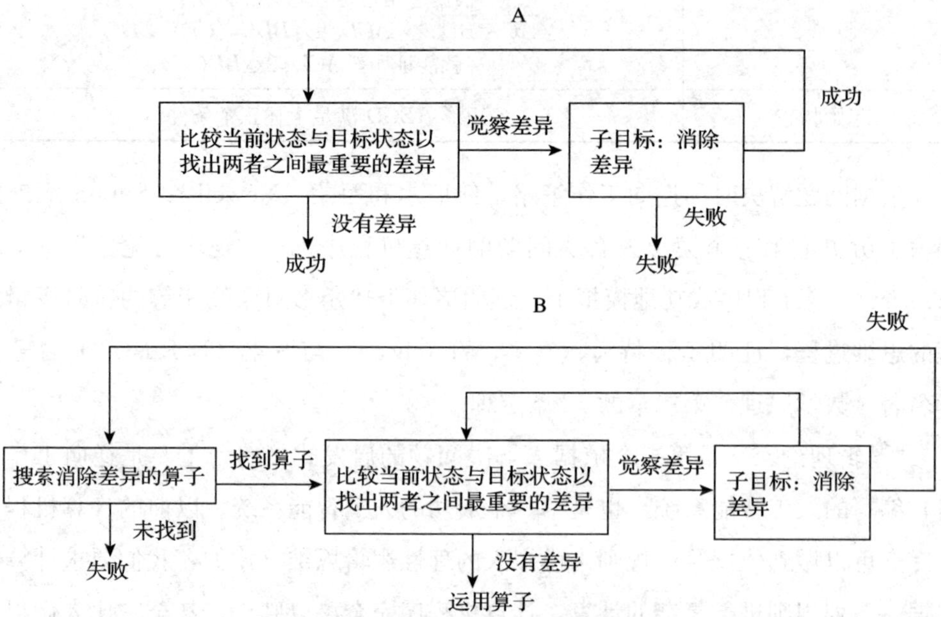

图 9-13　手段—目的分析的信息流程

（采自王甦，汪安胜，1992）

以河内塔问题为例，我们来具体分析手段—目的分析法在实际问题解决中的应用。该问题的起始状态是有分别标记 1、2、3 的三根柱子，在 1 柱上有自上而下标记为 A、B、C 的三个圆盘，圆盘 A、B、C 的大小是递增的。总目标是将三个圆盘从 1 柱移到 3 柱，限定要求是每次只可移动最上面的圆盘。接下来，我们觉察到起始状态与目标状态的一个最重要差异是圆盘 C 不在 3 柱上，为此建立一个子目标，要消除这一差异，选择的算子是把圆盘 C 移到 3 柱。但根据限定要求，当圆盘 C 上没有其他圆盘时才可移动，现在圆盘 C 上有圆盘 B 和 A。因此算子（圆盘 C 移动）应用的条件与目前状态之间存在差异，所以又需建立一个新的子目标，消除这个差异需要移动圆盘 B，但它之上有圆盘 A，要先将圆盘 A 移开才行，这又是一个子目标。现在，移动圆盘 A 的条件满足，于是将圆盘 A 移到 3 柱，然后可将圆盘 B 移到 2 柱，再将圆盘 A 移到 2 柱圆盘 B 上面，此时即可将圆盘 C 移到 3 柱。这时我们又发现当前状态与目标状态的一个最重要差异是圆盘 B 不在 3 柱上，而要消除这个差异需再建立一个子目标，即先将圆盘 A 移到 1 柱，然后再将圆盘 B 移到 3 柱的圆盘 C 上，最后只需将圆盘 A 移到 3 柱。至此，按规定将 3 个圆盘都移到 3 柱上了，达到了问题所要求的目标状态或总目标。

纽厄尔、肖和西蒙（Newell，Shaw，& Simon，1959）根据手段—目的分析策略编写了另一个模拟人问题解决的计算机程序，称为“通用问题解决者”(general problem solver)。该程序可成功地用于解决多种不同性质的问题，如定理证明、河内塔问题、传教士和野人过河问题等。和“逻辑理论家”一样，“通用问题解决者”也是一个启发式的人工智能系统，它的成功同样验证了手段—目的分析是人类思维过程的一部分，又一次展示了弱人工智能标准的魅力。

不过，和“逻辑理论家”不同之处在于，“通用问题解决者”包含一个存储各种有关的知识及使用这些知识的算子的长时记忆库，以及一个以串行方式加工信息的短时记忆或工作记忆。值得注意的是，“通用问题解决者”是以产生式(production)来表征内部知识的。一个产生式由条件（condition）和行动（action）两部分组成，其基本规则是“若条件满足 X，则实施行为 Y”，条件即当前的状态和情境。“通用问题解决者”用一整套的产生式与手段—目标分析中的各个子目标和算子进行对应，用各种产生式来减小当前状态与目标状态的距离。比起传统的计算机模拟所使用的序列规则，产生式系统显得更为灵活，可以根据情境（条件）的变化来调整行为。这种灵活性使计算机模拟的思维过程更加接近人的思维过程，计算机模拟更好地反映了人类思维本身的特点。从这一意义上来说，“通用问题解决者”的成功可谓是计算机模拟史上的一次里程碑。

（三）思维的无意识性和策略模拟程序

1967 年，认知心理学的创始人之一奈塞尔（Neisser）提出思维的两重性。他指出，既存在有意识的思维，也存在无意识或在不自觉的情况下产生的思维。自此之后，研究者在思维的两重性方面进行了越来越多的探讨。1995 年，研究者迪恩斯（Dienes）、奥尔特曼（Altmann）、夸恩（Kwan）和古德（Goode）提出了猜测标准这个判定被试缺乏元认知的标准。猜测标准是指外显测试成绩和行为水平在变化趋势上分离。不过，我们有时很难对被试的外显思维过程进行测试。比如，给被试一个较难的问题，并让他们以出声思维来报告其解题的策略，此时，被试外显报告的策略往往是支离破碎的，或者根本不涉及问题的核心，我们很难评价和确定被试所使用思维策略的正确程度。此时，我们若根据被试言语报告的策略，并且用计算机来模拟在使用相应策略时被试可能的解题过程，最后再对计算机模拟真实被试思维的拟合程度进行评价，就可以提供关于被试自身报告思维策略是否正确的外显测试指标。将计算机模拟成绩与被试真实的行为水平进行比较，则可以验证或证伪思维过程中的无意识。

麦克乔治和伯顿（McGeorge & Burton，1989）的研究就是其中一例。他们使用复杂系统控制任务对被试思维的内隐性进行研究。实验时，要求被试在接受糖生产任务训练时给出有关如何选择和控制输入变量值的启发式策略，并将这些启发式策略转化为计算机程序。用计算机来模拟被试的控制行为时，如果在某一特定的情境下，被试所报告的启发式不能确定输入变量值，那么雇佣工人数将会由计算机随机选取。根据被试提供的启发式，由计算机模拟得到的模拟行为可以作为外显测试指标。比较计算机模拟行为和实际被试行为后，研究者发现：对于1/3的被试而言，启发式所产生的模拟行为和他们的实际行为一样好，有的甚至好于实际控制行为；而另外2/3被试的表现则符合猜测标准。这表明外显测试和行为水平可能并非完全分离，其中存在个体差异：对于有些被试来说，在解决糖生产问题时，思维过程基本上是无意识的，而对于另一部分被试来说，这一任务的难度似乎并不突出，因而解决问题的过程完全处于意识层面监控之下。

可见，使用计算机模拟来演绎人的外显思维策略，并将其与实际的问题解决行为进行比较，是检验思维内隐性的有效工具。这正是弱人工智能的主要主张——将计算机模拟作为检验理论的工具，而不是力求机器和人的完美匹配，使机器具有和人一样的思维特性。

三、人工智能的局限性

关于弱人工智能的研究获得了许多可喜的成果，然而强人工智能由于其界定上的高标准，很难真正实施。随着人工智能研究的进展，研究者总希望将人工智能的范畴进一步扩大，将研究从弱人工智能领域扩展到强人工智能领域，使机器在真正意义上具有人类的思维与智力。当研究者们向着这一目标努力时，他们眼前的障碍也越来越多，人工智能的局限性就像一堵无法逾越的高墙，挡住了研究者前进的道路。这些局限性主要是针对强人工智能的。

（一）反应标准上的局限性

瑟尔（Searle，1980）提出了一个假想实验，揭示了人工智能在反应标准上的局限性。这一假想实验被称为中文房间。以下为此实验的主要内容。

假设被试是一个不懂中文的人（他的母语不是中文），为了便于讨论，在这里，假设这个被试就是你自己。你坐在一间有两个小孔的屋子里，手上有一本用你的母语编写的指导书（不是中文的），上面明确地告诉你：当从一个小孔递给你一些中文字符时，你应该做出怎样的反应。然而你根本不认识这些字符，甚至不知道这些字符是中文，在你看来这些字符更像是复杂的曲线，也就是说你完全不知道这些字符的意义。不过，不要担心，指导书里的内容会教你如何操作，使你能够顺利地把递给你的那些中文字符与房间里已有的另一些中文字符相匹配，然后将这些新的字符从另一个小孔送出去。也就是说，整个实验只有三个步骤：首先，将中文字符送入房间；其次，被试按照指导书的内容将输入的中文字符与已有的中文字符进行匹配；最后，被试将新的中文字符送出房间。实际上，中文房间实验模拟了一段计算机程序：输入一段中文字符，经过运算，输出另一段中文字符。

现在，用计算机来代替中文房间，在房间外传入中文符号的人就是计算机的使用者，被试就是计算机的中央处理器，传入房间内的中文符号是问题，传出房间的中文符号是答案，而英文指导则是计算机程序。

在中文房间实验中，你可以根据指导语与房间外面的人用中文进行交谈。如果测试者向你提问：“你懂中文吗?”即使你根本不懂任何中文，你仍可以回答：“我懂，当然懂。”但是实际上，你的回答只不过是按照详细的指导语进行机械操作的过程，你所做的仅仅是在一项非常简明易懂的模型匹配练习的基础上，依照一定的规则去处理某些符号。实验的结果（很可能）是：房间外面的人相信你是一位通晓汉语的人，虽然实际情况是你对汉语根本一窍不通。

瑟尔认为，事实上，计算机和中文房间里的被试一样，虽然表现得好像能进行各种思维，解决各种问题，但实质上只是根据一套事先设定好的原则进行类似条件反射的反应，反应的标准是当前刺激与预先存储的某个刺激的匹配程度，而不是真正根据语义或某一思维策略进行反应。计算机程序中，唯一遵循的原则是计算机语言的合法性，而不是更高级的意义标准，计算机就像中文房间里的被试一样，也许根本不懂问题所描述的内涵。而真正的人类思维过程是智慧的凝聚，反应标准应是高级的意义成分，或是有目的的思维策略，思维的基础是对整个问题内涵与外延的整体把握。计算机思维模拟的反应标准和人思维的反应标准大相径庭。从这个意义上说，计算机反应标准上的局限性使得人工智能无法达到人类的智力水平，无法重复人类的思维过程。

（二）加工方式上的局限性

通常，计算机程序具有线性结构，往往要求执行完一条命令之后，再执行下一条命令，同时执行两条命令则会发生错误。这种对信息的线性处理方式和人的信息加工方式不太一致。虽然信息加工的观点将心理过程看作一系列连续阶段的信息加工过程，认为信息加工是系列的或是串行的，但仍有许多心理学家质疑线性加工：如果坚持线性加工，那么只能有刺激驱动的加工，即自下而上的加工，而不会有概念驱动的加工，即受到过去经验与知识影响的、自上而下的加工。但实际上，人类思维过程在很大程度上受经验的影响。比如，上述的启发式策略就是根据经验来确定问题解决方向的实例。并且，现在许多心理学家一致认为，人的思维活动既包含概念驱动的过程，也包含经验驱动的过程，这两种加工可能是同时进行的或部分重叠的。比如，在解方程式时，我们既需要根据各步所得的数据来决定下一步该怎么做，也需要以往的经验来指导我们下一步该怎么做，这两种加工往往是结合在一起同时进行的。这就意味着人类的思维过程中平行加工似乎更多。

用线性加工的计算机程序去模拟并行加工的人类思维过程，一定会存在问题。因为，并行加工往往具有模糊性，同一时刻，思维的结果到底是上行（刺激驱动）还是下行（概念驱动）加工的结果是不确定的。而计算机的线性加工则必须排除这些模糊性，因为某一结果一定是由某一条件产生的，执行这条语句后，必定会执行下一条语句。计算机的加工方式限制了人类思维模拟的精度，这就是计算机加工方式所带来的局限性。

（三）调节系统的缺失

诺曼（Norman，1981）认为，将人和计算机进行类比存在根本性的问题。计算机是一个符号系统，而人则有更多的东西，人是生命的有机体，具有生物适应功能，能根据环境的条件来调节自己本身的机能。人还是社会生物，始终和他人、社会发生着互动，并根据他人、社会的反馈来调节自己的行为。诺曼区分了人的三个系统。诺曼认为，有生命系统和人工系统有着共同的结构，这部分可称为纯粹认知系统或认知系统。但有生命系统（比如人）和人工系统（比如计算机）不同的是，有生命系统需要根据环境的条件来调节自己的机能，以适应环境的变化，这是通过调节系统来完成的。调节系统（regulation system）是一种内稳态系统，它与认知系统互相作用，以做出对环境的解释和维持内稳态的行动。所以，有生命系统具有目的、愿望和动机，能选择有趣的任务以及与目的相关的作业。诺曼认为认知系统是服务于调节系统的，而情绪系统处于这两个系统之间，成为它们相互作用的桥梁。他甚至指出：调节系统是处于主导地位的，认知系统是调节系统对智力因素的需要不断增长的结果，只有当认知方面达到一定的质量以后，它才能独立存在并具有自己的功能和目的。

正因为缺失了调节系统，计算机思维模拟程序往往不能应付多种情境或在多种情境中进行选择。瑟尔所提到的由尚克（Schank）编制的程序就是一个很好的例证。尚克程序的目的是模拟人类理解故事的能力。例如，你听到这样一件事情："一个人走进一家餐馆，要了一份牛排。当服务员把牛排端上来时，这个人发现牛排已经烧焦了。于是，他生气地冲出餐馆，没有付账。"现在如果问你"那个人吃了那份牛排没有"，你多半会回答："没有，那人没吃。"如果你再听到这样一件事情："一个人走进一家餐馆，要了一份牛排。当服务员把牛排端上来时，这个人非常满意。吃完后他付账离开了餐馆。"如果这时再问你同样的问题

"那个人吃了那份牛排没有"，你的回答多半是："是的，他吃了。"这说明：人类的调节系统在判断时起了主导作用，调节系统使得认知系统在不同的情境下做出了不同的反应，人类的思维正是由于调节系统的作用才具有了灵活性。

现在，让尚克的计算机也以同样的方式回答同样的餐馆问题。如果尚克在设计计算机程序时，只设定了一个特定的情境，即一旦买了牛排，就一定会吃掉，那么此时，不管是"生气"情境还是"满意"情境，计算机的答案都将是"那个人吃了牛排"。由于没有调节系统，计算机不能根据情境的变化灵活地调节反应，只能对所有的情境做出预设的单一输出。

调节系统使得人类的思维过程极具灵活性，能够根据环境的变化和反馈等多种因素进行调节，对不同的情境做出不同的反应。比如，在上例中，人们的判断会根据点牛排者的表情、事态发展的状态而改变。而计算机模拟的思维程序由于缺乏调节系统，往往显得呆板，过于严密和合乎逻辑，不能根据事态的变化而对思维过程或思维策略做出有利的调整。可见，人工智能是具有局限性的，计算机呆板的控制模式使得它很难捕捉人类思维过程中的适应性与调节机制。

总的来说，人工智能方面的工作在弱人工智能层次获得了很大的成功，为思维理论的验证提供了有效的工具；但是在试图向强智能方面趋近时，遇到了障碍，这种障碍可能来源于人类和机器的许多本质性差异。而人工智能在两个层面上所遭遇的截然不同的结果，正促使心理学的理论家和实验者思考变革传统的信息加工观点——将人脑类比计算机的观点。

课后思考题

1. 简述思维的行为测量。
2. 试对出声思维的方法进行评价。
3. 简述思维的建构认知模型的方法。
4. 布鲁纳等人的人工概念实验是怎样进行的？
5. 期望效用理论与前景理论有何区别？
6. 请谈谈你对人工智能优势与局限的看法。

本章实验

实验一　概念的形成

1　引言

个体掌握一类事物本质属性的过程就是概念的形成过程。在实验条件下，研究者常常模拟自然概念创造出人工概念，通过个体掌握人工概念的过程来研究概念形成的规律。创造人工概念要先确定一个或几个属性作为对材料进行分类的标准，但并不把这个标准告诉被试，而只将材料给他，让他对材料分类。在被试分类的过程中，主试每次都告诉他分类是否正确，通过这种方式让被试发现概念的标准。被试一旦发现了这个标准，掌握了对材料进行分类的有关属性，也就掌握了该人工概念。人工概念的研究不仅有助于我们理解概念形成的过程，而且有助于我们了解被试对事物进行抽象化的水平。

本实验探讨的空间位置关系就是一种人工概念，可以用耶克斯选择器来进行研究。耶克斯选择器是由耶克斯（Yerkes，1921）设计的。

本实验目的在于：(1) 了解概念的形成过程；(2) 比较简单空间位置关系概念和复杂空间位置关系概念形成过程的速度；(3) 学习研究概念形成的实验方法；(4) 认识并理解人工概念。

2　方法

2.1　被试

按实际情况安排一名以上被试。

2.2　仪器和材料

耶克斯选择器。

2.3　程序

(1) 简单空间位置关系概念形成的实验。主试先确定好要被试形成的较简单的空间位置关系概念，即声音和哪一个符合一定空间位置关系的电键相连，并按这一原则设计几种具体方案，排好顺序。

(2) 让被试甲坐在屏风前，主试在屏风后面操作。推出几个活动电键，并使其中一个与声音相通，然后对被试说："这些电键中有一个按下时你会听到声响，请你找出和声音连接的是哪一个电键。如果先按一个键没有声音，就接着按另外的键，直到你按响了就算做完一遍。请你猜测声音和电键位置的关系。第二遍我换几个电键，做法和第一遍一样。实验就这样做下去，直到你连续三遍第一下就按对并且能说出声音键的空间位置关系为止。你的任务就是要尽快找出每次实验中声音键和其他电键所处的空间位置关系。虽然每次给你的电键位置和数目都不同，但要你找的空间位置关系是相同的，你在每次按键前后要说出自己的想法。"

主试要记下被试每次找到声音键所用的遍数，并随时记下被试的口头报告和表现，如表1所示。

表1 实验记录

次数	主试心里所想的空间位置关系	错误次数	被试的口头报告和反应

(3) 复杂空间位置关系概念形成的实验。主试事先确定让被试形成的声音键的较复杂的空间位置关系（如同时存在两个空间位置关系）。指导语、操作、记录等同上。

3 结果

3.1 统计每个被试每遍按错的次数、达到标准所需的次数。

3.2 整理每个被试在各次反应中的口头报告和表现。

3.3 比较被试的个体差异。

4 讨论

4.1 比较简单空间关系概念和复杂空间位置关系概念形成过程的差异。

4.2　如何解释本实验所体现出来的个体差异？

4.3　在复杂空间位置关系概念的形成过程中，有时会出现已经被用过且被证明是错误的假设被再次运用的现象，如何解释这一现象？

5　参考文献

杨治良.（1986）. 概念形成渐进—突变过程的实验性探索. *心理学报*，(4)，380-387.

杨治良.（1998）. *实验心理学*. 杭州：浙江教育出版社.

实验二　可得性启发

向你自己和几个朋友提出下列问题：爬山危险还是骑车危险？以下哪一个是较常见的死因，车祸还是胃癌？

如果你和大部分人一样，你会断定爬山比骑车危险，因为我们经常听说某某地方登山运动员受阻，某某登山者因雪崩被埋没，某某登山者失踪。然而，根据国外专家的调查，骑自行车的危险性要比登山的危险性大。同样，你也许会认为死于车祸的概率要高于死于胃癌的概率，因为你经常在传媒中听到车祸的消息。而实际上，胃癌比车祸造成的死亡更多。

我们做了一个研究，请一些非专家评价 20 种事物或活动给人带来的危险性大小，又请有关方面的专家给这些危险性排个名次，结果如下（见表 1）。中间一栏是 20 种事物或活动的名称，两边分别是非专家与专家对它们的危险性大小所排列的名次。

表 1　专家和非专家的评价

非专家	事物或活动	专家
1	颅内电极	2
2	跳伞	1
3	经颅磁刺激	8
4	卡车	4
5	摩托车	6
6	神经调控	7

续表

非专家	事物或活动	专家
7	电极帽	16
8	跑车	3
9	无人驾驶	5
10	核磁共振	12
11	脑电	17
12	皮肤电	18
13	脑磁图描记术	14
14	近红外	15
15	电磁炉	9
16	机器人	10
17	眼动仪	19
18	微波炉	11
19	手机	13
20	沙发	20

为什么非专家容易犯这类系统的错误？特弗斯基和卡内曼（Tversky & Kahneman，1974）认为，这是“可得性启发”造成的。可得性启发法指判别者根据一类事物中的事例或一个事件发生情况容易回忆的程度来评估该类事物或该事件的发生率。我们的经验与可得性启发的产生有很大关系。如果经验比较片面，判断就会发生错误。例如，我们的经验有很大一部分来自媒体的报道。而相当数量的媒体对某一死亡原因的报道是侧重于新闻报道的实际需求而非侧重死亡原因的相对重要性，新闻中对车祸致死的报道次数要多于胃癌致死的次数。因此，我们对不常发生事件的例子比常发生事件的例子更容易想到，在这种情况下，我们就做出了错误的判断。而专家由于掌握的情况比较全面、完整，能够比较科学地做出判断。

可得性启发法是许多类型的启发法或心理捷径中的一种，人们利用它来帮助自己做出判断。如果启发法会产生如此戏剧性的错误，那么我们不禁对人们为什么还要继续使用它表示惊讶。其中的原因是它们也常常产生正确的判断。正如斯普劳斯（Sprouse，1993）

对可得性启发法的解释：所有的事物机会均等，一般的事件比特殊的事件容易记住或受到注意，根据可得性评估它们出现的频率和可能性，判别者能简化那些做起来很难的判断。也就是说，我们之所以走这些心理捷径，是因为它们常常使正在解决的问题变得简单。你能想出另外一些使用可得性启发法可能产生错误答案的例子吗？

第十章

情　绪

任何五官健全的人必定知道他不能保守秘密。即使他的嘴唇紧闭，他的指尖也会说话，甚至他身上的每个毛孔都会背叛他。

——西格蒙德·弗洛伊德

本章提要

情绪主要表现在主观体验、外部表现和生理唤醒几个方面。本章在实验的基础上介绍了情绪的产生和获得，包括沙赫特和辛格的情绪产生实验、哈洛的情绪先天获得实验及小艾尔伯特恐惧习得实验等；探讨了情绪的认知研究；讲述了情绪的测量和情绪的研究方法。

本章学习指导

通过本章的学习，读者能达成以下目标：在了解情绪认知研究的基础上，理解情绪与归因、决策等认知过程的关系；理解情绪是如何产生和获得的；掌握刺激—反应法、情绪诱导法、时间抽样技术这三种情绪研究方法。通过本章的学习，读者能够回答以下问题：

（1）举例说明情绪是如何在后天习得的。

（2）在生活中，我们如何体察到别人的情绪来让自己做出更合适的反应？

情绪是心理学研究的重要方面，在传统心理学中，情绪就一直被列为心理现象的三大方面之一。和对待其他心理现象一样，实验心理学用科学实验的方法来研究情绪，不过这种研究面临着一些与生俱来的困难。

其一，“情绪”一词的意义并不十分明确，研究者的工作范围往往只能是情绪的某一局部，这样就造成了情绪研究和情绪理论建构中的特殊困难。

其二，情绪实验研究的生态效度较难把握，在实验室环境中诱发被试的某些情绪反应存在困难，而自然观察数据却又难以确保量化研究的需要。

其三，情绪与环境、认知、行为存在着复杂的相互作用，在生理和心理的多种水平上广泛地同其他心理过程相联系。这导致了情绪实验研究在方法学上的困难。

因此，情绪的实验研究往往十分依赖于合理、有效的实验方法。本章将回顾有关情绪产生和获得的经典实验研究、情绪的认知研究，并介绍情绪的各种测量与研究方法。

第一节 情绪的产生和获得

人类的情绪是如何产生和获得的？这个问题事实上包含两个方面：其一，情绪的产生与环境、生理状态以及认知过程的关系，也就是情绪的产生问题；其二，情绪是先天获得的还是后天习得的，也就是情绪的获得问题。研究者在回答这两方面问题的过程中，留下了不少堪称经典的实验研究范例。

一、情绪的产生——沙赫特和辛格的实验

沙赫特（S. Schacter）和辛格（J. Singer）于1962年的实验向我们展示了情绪的产生如何受到环境事件、生理唤醒和认知解释这多重因素的共同影响，以及在情绪产生过程中以上因素间的相互关系。

（一）实验背景

长久以来，研究者们一直就情绪产生究竟受生理因素的影响还是受认知活动或环境的影响这一问题进行探讨。17 世纪 80 年代中期，詹姆斯（W. James）和兰格（C. Lange）提出情绪产生依赖于能引起个体生理反应的刺激，即刺激引起生理反应，而生理反应引起情绪，生理反应是情绪产生的直接原因。18 世纪 20 年代末，坎农（W. B. Cannon）更进一步指出这种生理反应就是刺激所引起的神经冲动向丘脑部位的传递。巴德（P. Bard）则验证了丘脑在情绪产生中的作用。随着情绪研究的发展，越来越多的研究者逐渐重视认知过程或环境对情绪产生的作用。20 世纪 50 年代，美国心理学家阿诺德（M. B. Arnold）提出对外部环境的认知评价是情绪产生的直接原因，认知—评估作用产生于有机体生理反应、情绪体验和采取某种行动之前。后来，以伊扎德（Izard）为代表的研究者们则认为情绪是在适应环境的过程中逐步产生的，环境因素十分复杂，因此任一情绪体验的产生都可能是由环境中的不同因素引起的。

沙赫特和辛格的实验思路，也是在这样一种争论的背景下产生的。研究者希望能综合地考察生理、认知和环境三方面是否对情绪的产生做出贡献。他们希望在实验中诱发被试产生某种生理状态，并诱导他们对自己的生理状态做出不同的认知解释，然后观察处于不同环境和认知解释组合下被试的情绪反应。这样就能分别对生理、认知和环境三因素进行控制，研究它们对情绪产生的综合作用。

（二）实验过程

沙赫特和辛格实验的基本程序如下。

第一步，先给三组大学生被试注射肾上腺素，使他们处于生理唤醒状态——这是为了使所有被试的生理唤醒状态相同。

第二步，主试对三组被试做出三种不同的说明来解释这种药物可能引起的反应。告诉第一组被试，注射药物后将产生心悸、手抖、脸发热等反应，这些是注射肾上腺素的真实效果；告诉第二组被试，注射药物后将产生双脚麻木、发痒和头痛等现象，这与肾上腺素的真实效果完全不同；告诉第三组被试，药物是温和无害的，而且没有任何副作用，即不告知这组被试肾上腺素的效果。这个步骤的目的是诱使三组被试对自己的生理状态做出不同的认知解释。

第三步，将每组被试各分成两部分，并让两部分被试分别进入两种实验情境中。其中一个实验情境诱发被试的愉快情绪，另一个实验情境诱发被试的愤怒情绪。这个步骤是使被试处在不同的环境中。

研究者观察这两种环境下各组被试的情绪反应。

（三）实验结果

可以预测：如果情绪是由刺激引起的生理唤醒状态单独决定的，那么三组被试应该产生一样的情绪反应，因为实验中他们的生理唤醒状态都是一样的；如果情绪是由环境因素单独决定的，那么各组被试应该是在愉快的环境中感到愉快，在愤怒的环境中产生愤怒。

但实验的真实结果是：第二、三组被试在愉快环境中表现出愉快的情绪，在愤怒的情境中表现出愤怒的情绪，而第一组被试在两种情境中都比较冷静。显然，这是由于第一组被试能正确地估计和解释后来的真实生理反应，并将环境对他们的影响也进行了认知解释，因而能平静地对待环境作用。而第二、三组被试对真实生理唤醒水平的认知解释是错误的，因而他们的情绪反应随着环境的不同而变化。由此可知，在情绪的产生中，生理唤醒和环境都有影响，而认知过程起着至关重要的作用。大脑皮质将环境、生理和认知信息整合起来，从而产生了一定的情绪。

据此，沙赫特和辛格推论情绪是认知过程、生理状态和环境因素共同作用的结果，其中认知因素对情绪的产生起关键作用。

二、情绪的先天获得——哈洛的实验

如前所述，有关情绪先天获得和后天习得的争论是情绪研究的重要课题，争论的双方都进行了实验研究以支持自己的观点，哈洛（H. F. Harlow）1958 年的依恋研究就是情绪先天获得观点的代表性实验。

（一）实验背景

绝大多数心理学家认为，婴儿与母亲之间的亲密接触以及依恋的经验对个体在未来生活中爱的能力以及与他人亲近的能力有很重要的影响。就是说人的一生中最早的爱的经历是幼年与母亲之间的亲密接触。情绪的先天论者认为，爱是天生的需要；而行为主义者认为，爱其实总是和解决饥饿、干渴和避免痛苦这些基本需要相联系的，婴儿对母亲的爱只不过是对食物需要的副产品。

出于伦理原因，哈洛的实验不能以人为被试，因此，哈洛采用婴儿期在生理上对情感和接触的基本反应与人类非常接近的恒河猴作为被试。哈洛设想：如果行为主义的情绪习得论是正确的，那么幼猴理应对满足其生理需要的事物（自然情况下当然是母猴）产生依恋；而如果爱是先天的需要，那么幼猴的依恋对象就不一定是食物提供者。

（二）实验方法

首先，研究者制作了两只代理母猴。其中一只用光滑的木头做身子，由海绵和毛织物包裹（木制母猴），胸前安装了一个奶瓶用于喂养，身体内还安装了一个提供温暖的灯泡；另一只母猴的外表由铁丝网制成，其他方面与木制母猴完全一样（铁丝母猴）。这样，两只代理母猴间的主要差异就在于：木制母猴能够提供接触安慰（contact comfort），而铁丝母猴则不能够。

然后，研究者把两只人造母猴分别放在两个单独的房间里，这些房间与幼猴住的笼子相通。研究者把八只幼猴随机分成两组，一组由木制母猴喂养，另外一组由铁丝母猴喂养。在喂养时间以外，幼猴可以自由地与两只母猴接触。

除此之外，研究者刻意地创造了某些恐惧或不熟悉情境。比如，一般的常识告诉我们，当孩子们感到害怕时，他们总会到母亲那里寻找庇护。为了研究这一现象，哈洛在幼猴的笼子里放入各种各样能引发恐惧的物品，如上紧发条的玩具打鼓熊（这种玩具熊与幼猴一样大，对幼猴而言是很可怕的）。再如，为了研究幼猴适应陌生环境的表现，研究者将两组幼猴放进同一个不熟悉的小房间里，里面放着各种各样的物品（如积木、毯子、带盖的容器、折纸等），并设置三种情形：仅出现木制母猴，仅出现铁丝母猴，或两者都不出现。

最后，为了探讨幼猴与代理母猴之间的依恋关系是否在它们分开一段时间后还能保持，当幼猴长到 6 个月能够吃固体食物时，研究者便让它们与“母亲”分开一段时间（最长时间约 30 天），然后让它们与“母亲”在旷场环境中（陌生的小房间）团聚。

（三）实验结果

研究者对这两组幼猴进行了一系列观察，结果发现幼猴偏爱有绒布包裹的木制母猴，不论是由铁丝母猴还是木制母猴喂养的幼猴都对木制母猴产生强烈的依恋倾向。那些由铁丝母猴喂养的幼猴也只是在吃奶时迫不得已离开木制母猴，吃完后就迅速回到木制母猴那里。

当幼猴发现自己正面对一些害怕的事物时，它们便很快跑向木制母猴，并抱住它以获得安慰和保护。当幼猴被置于陌生的环境时，所有幼猴都立即冲向木制母猴，抓住它，用身体蹭它，并摆弄它的脸和身体。如果把这些幼猴放在同一个房间里，而木制母猴不出现，它们则会充满恐惧，出现情绪化的行为，如哭叫、缩成一团、吮吸手指等。

当幼猴在相同的旷场环境中再一次与木制母猴重逢时，它们冲向木制母猴，爬在它身上，紧紧抓住它。然后与木制母猴玩耍，撕咬包裹在它身上的绒布。最明显的变化是幼猴不再像以前那样，离开木制母猴去探索和玩耍房间里的其他物品。按照哈洛的观点，这很显然地说明寻找安全感的需要比探求自然的趋向更为强烈。

总之，哈洛的这一系列实验证明接触安慰对幼猴与母猴间依恋关系的发展具有极其重要的作用。对于幼猴而言，接触安慰在依恋关系的形成中比母猴提供乳汁的能力更重要。也就是说，由这种接触安慰产生的依恋情感是独立于消除饥饿和干渴这些基本需要的。

三、情绪后天习得的实验研究

哈洛的实验固然说明了依恋感是与生俱来的，且与生理需求无关，然而更多研究者的工作似乎证明许多情绪是后天习得的。下面介绍其中三个具有代表性的实验研究。

（一）小艾尔伯特的恐惧习得实验

行为主义创始人华生（J. B. Watson）相信人类情绪是学习和条件反射的产物。他的实验思路是：如果建立起被试对原本不恐惧的事物和恐惧情绪之间的条件反射，那么原本中性的事物变得能够引发恐惧情绪，于是被试也就“学会”了恐惧（Watson & Rayner，1920）。

华生以一名快 9 个月大的婴儿艾尔伯特（Albert）为被试。实验开始时，小艾尔伯特对巨大声响表现出本能的恐惧反应，而对于兔子、白鼠、狗和积木等并不害怕。实验过程中，研究者反复向艾尔伯特同时呈现白鼠和巨大声响。在白鼠与声音总共 7 次的配对呈现后，即使不出现声音时，艾尔伯特也对白鼠表现出极度的恐惧。

随后研究者发现，小艾尔伯特对白鼠的恐惧泛化到了许多相似事物上，他开始对狗、白色皮毛大衣、棉花、华生头上的白发以及圣诞老人面具等毛茸茸的东西都感到恐惧。实验还发现，以条件反射程序习得的恐惧具有跨情境的稳定性，即小艾尔伯特对上述事物的恐惧在实验室环境以外也能被观察到；此外，在停止实验 31 天后，艾尔伯特的恐惧仍未消退，说明了这种习得情绪的持久性。

华生的实验说明了恐惧情绪是可以通过条件反射后天习得的。这一研究结果可以被套用来解释常见的其他情绪，如愤怒、愉快、伤心、惊讶或厌恶等的缘由。听到老歌时感到伤感，求职面试时感到紧张，春天到来时感到愉快，看见牙医的工具时感到害怕……这些情绪现象的根本原因，即在于此前生活中建立的复杂的条件反射。

在华生那个时代，人们尚没有注意到此类实验可能对被试所造成的伤害。例如，情绪实验可能会使人类被试难以摆脱负面情绪（如恐惧）的困扰。当研究者了解到这种危害以后，像小艾尔伯特的恐惧实验这样的研究就不被实验伦理所容许了。人们开始采用不违反道德规范的新方法来研究情绪的习得性，其中包括利用动物被试、减少被试受到的伤害等。

（二）习得性无助的实验

塞里格曼（M. Seligman）和梅尔（S. F. Maier）于 1967 年开展的习得性无助实验采用动物被试，回避了对人类被试造成伤害这一伦理禁忌。他们的研究工作说明了抑郁是个体对环境事件严重缺乏控制而习得的。

1. 实验程序

实验被试是 24 只狗。它们被分为三组，每组 8 只。第一组是“可逃脱组”，第二组是“不可逃脱组”，第三组是“无束缚的控制组”。

可逃脱组和不可逃脱组的狗均被单独安置并套上狗套，以约束其行动。在狗头部的两边各有一个鞍垫，狗可移动头部以挤压两边的鞍垫。可逃脱组的狗受到电击后，可以通过挤压鞍垫终止电击。可逃脱组的狗和不可逃脱组的狗一一配对，每一对狗在同一时间被施加完全相同的电击，只是不可逃脱组的狗不能控制电击，即无论这些狗做什么，电击都将持续，直到可逃脱组的狗挤压鞍垫终止电击为止。这样就能确保两组狗受到电击的时间和强度完全相同，唯一不同的是一组狗有能力终止电击，而另一组却不能。无束缚的控制组的狗在实验的这一阶段不接受任何电击。

可逃脱组和不可逃脱组的狗在 90 秒的时间里均接受了 64 次电击。在此过程中，可逃脱组的狗由于挤压鞍垫并停止电击的时间迅速缩短，很快学会了如何终止电击，而不可逃脱组的狗的挤压行为在 30 次尝试后便完全停止。24 小时以后，所有的狗被放入箱子中。箱子的一边装有灯，当箱子一边的灯光熄灭时，电流将在 10 秒后通过箱子的底部。如果狗在 10 秒内逃过隔板，就能完全避免电击。如果不这样做，狗将持续遭受电击直到它逃过隔板，或直到 60 秒电击结束。每只狗在此箱子中进行 10 个试次。

研究者根据以下指标对学习程度进行了测量：（1）从灯光熄灭到狗跳过隔板，平均需要多长时间；（2）完全没有学会逃脱电击的狗在每组中所占的百分比。另外，不可逃脱组的狗 7 天后在箱子中再次接受 10 次额外测试，以评价该实验处理的持续效果。

2. 实验结果

图 10-1 表示三组狗逃脱的平均时间。可以看出，不可逃脱组和其他两组间存在显著性差异，但可逃脱组和无束缚的控制组之间的差异不显著。图 10-2 表示在 10 次尝试中至少 9 次不能跳过隔板并避免电击的狗在每组中所占的百分比。可逃脱组和不可逃脱组之间也存在非常显著的差异，不可逃脱组的 6 只狗在 9 次甚至全部 10 次尝试中都没有跳过隔板。7 天后，这 6 只狗被放入箱子中再次进行实验，结果 6 只狗中的 5 只在所有的尝试中均未跳过隔板。

由于可逃脱组和不可逃脱组之间唯一的不同是狗能否主动终止电击，因此，塞里格曼和梅尔得出结论认为，对环境事件是否具有控制力，导致了两组狗在行

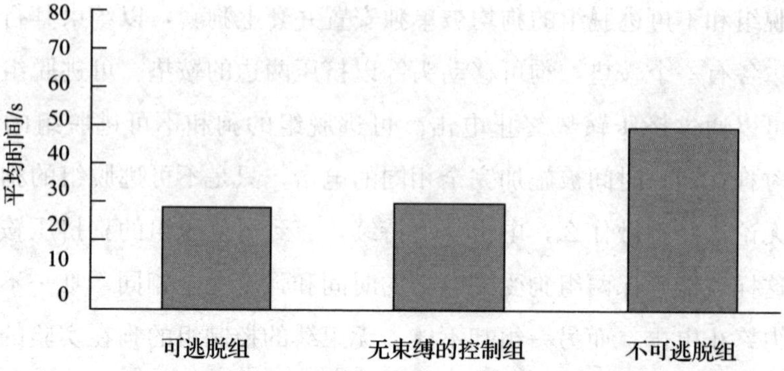

图 10-1 狗逃脱的平均时间

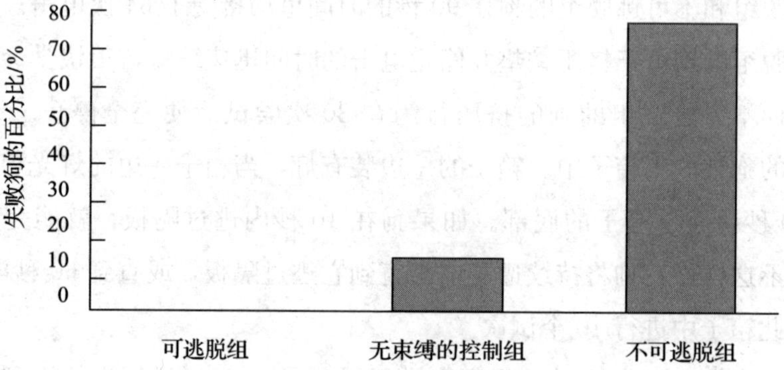

图 10-2 失败狗的百分比

为表现上的明显差异。换句话说，可逃脱组的狗之所以能正常学会主动地跳过隔板并逃脱电击的新技能，其原因是它们在前一阶段有能力控制电击。而不可逃脱组的狗在前一阶段实验中对环境事件毫无控制力，这种控制力缺乏泛化到了新情境中，使其不会主动尝试逃脱，可见，它们习得了无助感。

在随后的研究中，塞里格曼认为人类的抑郁发展与动物习得性无助的形成过程非常相似。人类的抑郁也是因为他们从过去不可控制的经验中习得了无助感。和狗一样，如果一个人努力去控制某一事件，却屡遭失败，他就会停止此类尝试。如果此类情形出现得太过频繁，这个人就会把这种无力控制的感觉泛化到所有的情境中，甚至泛化到实际上可以控制的情境中，并感到无助而抑郁。

（三）人类抑郁和控制力缺失的关系研究

1976 年，朗格（Langer）和罗丁（Rodin）以人类为被试进行实验，希望能直接说明抑郁和控制力缺失的关系。因为关系到伦理问题，研究者在实验方法上反其道而行：他们不是通过剥夺被试的正常控制力来观察被试是否习得抑郁情绪，而是通过提高被试的控制力来观察其抑郁的基线水平改善与否。

研究者将某家疗养院的老人分为实验组和控制组。协助实验的管理人员分别给这两组老人开了个会。实验组的老人得到的信息是："你们可以自己决定房间的设施布置——无论你是希望它就像现在这样，还是希望工作人员帮你再重新布置一下……。你们有责任让我们知道你们的意见，告诉我们你们想做什么样的改变，告诉我们你们所希望的事情。另外，我想利用这个机会送给你们每人一个礼物。(工作人员拿着装满小植物的盒子来到老人面前。所有老人都要做两个决定：第一，是否想要植物；第二，选择一种自己喜欢的植物。结果，所有的老人都给自己选了一种植物。）这些植物是你们的了，请你们自己照顾好自己的植物。最后还有一件事我想通知你们，那就是下周四、周五的晚上我们将各放一场电影。如果你们想看的话，请在两天之中选择一天。"

而对于控制组的老人，管理人员是这样对他们说的："我们希望你们的房间尽可能舒适，并且我们也已尽力为你们做了这样的安排。我们希望你们在这里能感到高兴，我们的责任就是给你们创造一个幸福的家，让你们能为它而感到自豪，我们将尽全部的努力在各个方面帮助你们。另外，我想利用这个机会送给你们每人一个礼物。（护士拿着装小植物的盒子走了一圈，发给每位老人一棵植物。）这些植物是你们的了，护士每天替你们给植物浇水，照顾它们。最后还有一件事我要通知你们，那就是下周四、周五的晚上我们将各放一场电影。稍后将会通知安排你们哪一天去看。"

研究者在实验前后进行了两次问卷调查，每次都有两份问卷。其中一份问卷由老人们填写，主要内容是评估自己的控制力以及在疗养院生活的快乐程度和活动水平。另一份问卷由各层楼的护士填写（她们并不清楚研究者在进行实验，这样做是为防止她们在评定时产生偏见），问卷要求她们用 10 点量表来评估老人们在快乐、机敏、依赖、社交、活力等方面的水平，并记录下他们的饮食和睡眠习惯。调查结果表明两组被试的差异是非常明显的，支持朗格和罗丁的预测，即控制力的掌握能产生积极的作用。

除了问卷调查外，研究者还进行了行为测量，包括两项测验：一项记录的是老人在第二周参加电影观摩的情况；另一项以竞赛活动的形式出现，研究者让老人们猜测在一个大坛子里共有多少粒果冻豆，想参加的人只需在一张纸条上写下自己的名字和猜测的结果，并将纸条放入坛子旁边的一个盒子里即可。对行为的测量结果进一步支持了控制力的积极作用。很明显，实验组中有较多被试参加了电影观摩。此外，猜果冻豆比赛显示：有 10 位实验组的老人参与了这项游戏，控制组只有 1 位老人参与了该活动。

这个实验结果说明，人类的情绪可以经由对生活事件的控制力而产生，两者之间存在密不可分的关系，至少与实验有关的这部分情绪确实是后天的。

通过本节的讨论，我们可以认识到：情绪的产生在生理—认知侧面或先天—后天侧面，都是十分复杂的。情绪是生理唤醒、认知解释和环境作用的综合产物，它一方面具有先天获得的特性，另一方面又可以被后天习得。正是这种复杂性，激励人们开展了多种多样的情绪研究，其中情绪的认知研究深刻地揭示了情绪和认知之间相互作用的关系，这些研究证明了情绪不但受认知调节，还能反作用于认知过程。

第二节 情绪的认知研究

随着情绪研究的发展，研究者们逐渐意识到情绪和认知活动有着千丝万缕的关系，它们之间存在复杂的相互作用，这形成了一个新的研究领域——情绪的认知研究。本节从早期的情绪认知研究着手，之后我们将看到，情绪和认知的关系是如何在两个十分高级的认知过程——归因和决策中得以展现的。

一、早期的情绪认知研究

早期情绪认知研究的关注焦点，是描述情绪和认知间的复杂交互影响。其中，涉及认知对情绪影响的实验通常是操纵被试的认知活动，以观察其情绪的变化，恰如沙赫特和辛格的实验那样；而涉及情绪对认知影响的实验则通常是使被试进入不同情绪状态，以观察他们认知活动的差异。在这两种形式的研究基础上，人们又进一步揭示了情绪和认知之间的交互作用。

（一）图片联想实验——情绪对认知的依赖

1964 年，芬茨（Fenz）进行的图片联想实验就能说明情绪对认知的依赖性。在实验设计时，芬茨首先要考虑：改变被试的什么认知？如何改变？期望观察到怎样的情绪变化？由于芬茨的被试是见习跳伞运动员，他预测：（1）随着跳伞事件的临近，被试对跳伞这一事件的认知会发生变化；（2）被试看到和跳伞有关的图片所引发的认知过程，必定不同于他们看无关图片的过程。这样，芬茨想到让他的被试在不同时间分别进行图片联想任务，同时对他们的情绪生理指标进行测量，以观察情绪是如何随着对跳伞这个事件的认知而变化的。如果情绪是依赖于认知的，那么在跳伞前不同时间测量的情绪生理指标就会相应地发生变化；而在图片联想任务中，对不同图片进行联想时的情绪生理指标也会相应地不同。

实验一共 54 名被试，其中控制组为 27 名心理学系大学生，实验组是 27 名见习跳伞运动员。研究者在第一次跳伞前两周、第一次跳伞前一天和第一次跳伞的当天这三个时间对两组被试进行图片联想测验。所用的图片根据和跳伞这个主题的关系程度分成低、中、高三个等级。研究者测量的情绪生理指标是皮肤电反应（GSR；这是一种重要的情绪指标，可以反映情绪的变化，在情绪的测量一节中会具体介绍）。实验结果与预测相符：（1）随着跳伞日期的临近，实验组被试的皮肤电水平升高，表明被试内心的情绪紧张程度增加；（2）实验中所用的图片同跳伞相关联的程度越高，则皮肤电水平也越高，表明实验组被试紧张程度也越高。这两个结果都说明了认知对情绪的影响。

（二）手术台前的恐惧——情绪对认知的反作用

1958 年，詹尼斯（Janis）设计了一项准实验研究，以期说明情绪对认知的反作用。这项研究中的关键问题在于如何确切地控制被试的情绪状态，以及确定需要评价的认知过程。

詹尼斯以外科手术病人为被试，以病人在手术前的恐惧水平为自变量，以他们对手术的认知为因变量。因此，被试分为三组：第一组为手术前低恐惧水平组；第二组为手术前中等恐惧水平组；第三组为手术前高恐惧水平组。

实验结果发现：(1) 第一组病人由于对手术毫无意识准备，手术后他们一旦感觉到疼痛，马上就情绪失常，表现出惊慌失措，从而加剧了疼痛。(2) 第二组病人情绪失调最少，对医生和医务人员的抱怨最少，愤怒也最少。有人称这类病人具有“情绪的思想灌输”（emotional inoculation），意指病人事前有思想准备。(3) 第三组病人由于手术前的恐惧而产生症候群，同第一组病人一样，情绪失调较多，对医务人员的抱怨和愤怒较多。实验说明，三组被试手术前恐惧情绪的不同导致了他们对手术的认知也不尽相同。

（三）耶克斯—多德森定律——情绪和认知的交互关系

情绪和认知之间的交互影响是十分复杂的。事实上，它们除了彼此依赖外，在有些情况下还呈现出复杂的交互关系。耶克斯和多德森（Dodson）的实验就说明了这一点。

耶克斯和多德森提出，对有效的操作来说，应当存在一个最佳的情绪激动水平。后来，他们用实验证实了这种假设关系，并指出操作和情绪的激动水平之间的关系随任务的复杂性而变化。这就是著名的耶克斯—多德森定律（Yerkes-Dodson law）。

耶克斯和多德森在实验中设计了三种难度的任务，并观察被试在不同的激动水平下对这三种任务的操作水平。研究者把解决复杂的代数问题作为困难任务，把进行初等数学运算作为中等任务，把简单反应时任务作为容易任务。

实验的结果是：操作困难任务，操作水平在较低的激动水平达到最佳；操作中等任务，操作水平在中间的激动水平达到最佳；操作容易任务，操作水平在较高的激动水平达到最佳。由此可见，为了获得理想的竞技状态，我们应根据任务的复杂程度来选择情绪的激动水平。当任务相当复杂时，较低的激动水平较为适宜；相反，当任务比较简单时，较高的激动水平就更为有效。当然，在实际操作中，又有所差异，但总的规律大致如此。图 10-3 显示了复杂程度不同的三条曲线，这就是耶克斯—多德森定律。

耶克斯—多德森定律很好地说明了情绪和认知的复杂关系。从耶克斯—多德

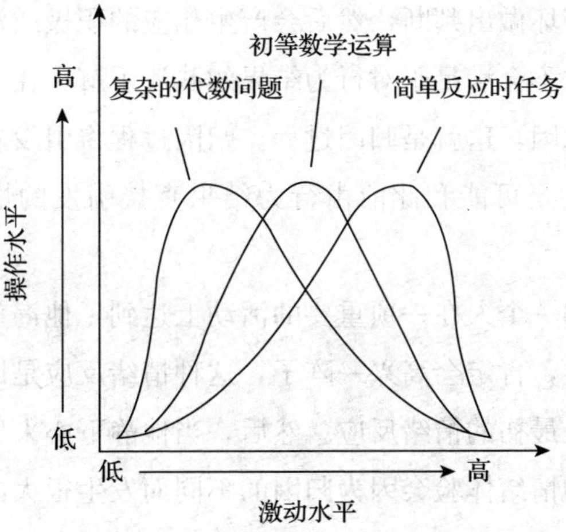

图 10-3　耶克斯—多德森定律

（采自 Mao et al.，2018）

森定律显示的结果中，我们可以推论：对于简单的任务，任务对认知水平要求较低，因此对任务的操作主要取决于完成任务的动机，这表现为情绪的激动水平；而对于困难的任务，任务对认知水平的要求较高，而过激的情绪可能会阻碍人的认知，因此在低激动水平的情绪状态下，对困难任务的操作反而要好。耶克斯—多德森定律可以看作情绪和认知交互影响的表现。

总之，情绪和认知是密不可分的。两者交融在一起，使得情绪和许多高级认知过程发生广泛的联系，其中有关情绪和归因、情绪和决策的关系就是例证。

二、情绪和归因

归因就是对事件或行为的原因进行主观评价，它是一种认知评估活动。情绪和归因的关系其实就是情绪和认知关系的一个侧面。

（一）理论设想

在介绍实验研究之前，我们要介绍韦纳（B. Weiner）的归因理论。韦纳将情绪设想为在一种特定的行为结果出现之后，伴随着对它认识的不断加深而逐渐分化、深化和复杂化的过程，其中对该种结果产生原因的知觉、分析或推断在情绪的变化过程中起着关键性的作用。韦纳认为，人们在行为结果产生的时候，首先会直接对结果的好坏做出判断，然后会产生相应的积极或消极情绪。但是同时他还认为，人们通常不会满足于对行为结果的肤浅了解，在多数情况下他们会思考产生这个结果的原因，这就是归因过程。归因过程将引发新的、更为复杂的情绪体验，这种情绪甚至可能和此前由行为结果直接引发的情绪相矛盾，并替代后者。

举例来说，假如一个人在一项重要的活动上达到了他渴望已久的目标，当他得知这一结果的时候，肯定会高兴一阵子，这种情绪反应是以对该种结果的初步知觉为基础的，这是最初的情绪反应。然后，当他静下心来思考和寻找造成这种结果的原因时，他的情绪体验会因为归因的不同而发生很大的变化甚至逆转。如果他最终确定其目标的实现完全是他自己出色的能力或不懈努力的结果，他就会产生自尊、自豪、骄傲等情绪；如果他发现其目标的实现是由某种偶然因素造成的，他也许会产生幸运甚至后怕的情绪体验。如果他发现目标的实现是别人帮助的结果，他就会进一步推测别人帮助他的原因，从而产生更加复杂的体验：善意的帮助引起感激，而别有用心的恩赐则会导致不快甚至愤怒的情绪体验。所有这些复杂的情绪都是由归因的不同而产生的，它们全都依赖于归因这一高级认知过程的结果而发生、发展。

（二）实验证明

韦纳从三个方面来说明归因对情绪的影响，分别是对原因来源的知觉、对原因可控性的知觉以及对原因稳定性的知觉这三者和情绪的关系。这几个方面的归因不同会引发不同的情绪，其中有些是不证自明的，有些已得到了实验研究的证明。下面我们就以对原因来源的知觉和情绪的关系为例来说明归因和情绪的关系。

对原因来源的知觉是指把行为结果归于人的内部原因还是外部原因。把一种正面的、积极的行为结果知觉归于内部原因（如自己的能力、努力、个性）将会提高自尊、自信、自豪、自满等情绪，而把它归于外部原因（如运气好、别人的帮助）则不会提高，甚至反而会降低这些情绪体验；相反，把一种负面的、消极的行为结果归于内部原因（如能力不足、努力不够、个性缺陷）将会降低或损害个人的自尊，甚至引起自卑之类的情绪体验，而把它归于外部原因（如运气不好、别人不支持)，则对个人的自尊损害就相对较少。总之，对原因来源的知觉和情绪体验之间有规律性的联系。那么，如何证明这种联系呢？韦纳本人和其他人的一些研究为这种联系提供了证据。

为了证明对原因来源的知觉和情绪体验的关系，韦纳等人（Weiner et al.，1978，1979）将被试对内部原因（能力、稳定或不稳定的努力、心境、个性等）的情绪反应和对外部原因（运气、任务难度等）的情绪反应进行了比较。结果发现，在两项研究中对成功的内部归因都引起了更多的自豪、胜任、自信、满意的情绪体验。

格雷厄姆（Graham，1988）研究了5～11岁儿童的自豪感与原因来源之间的关系。结果显示，对原因来源和自豪感之间联系的认知随着年龄的增长而呈现增强的趋势，对成功的内部归因将诱发自豪感和自我奖赏。

另一项研究则要求女性被试回想或想象自己曾经拒绝过的一次约会或邀请。研究者事先给出了不同原因维度上的16种备选原因。被试的任务是指出她们通常会选择哪些原因作为拒绝约会或邀请的理由，并对每种原因可能伤害对方自尊的程度加以评定。结果表明，更多被试倾向于选择跟对方无关的外部原因来拒绝约会或邀请，而且所选择的原因越是接近对方（比如对方的衣着、身高等），越容易被评定为可能会伤害到对方的自尊。

在一项研究中，韦纳和他的同事（Weiner et al.，1985）向5～12岁的儿童被试虚设了一种不愿与其他小朋友玩耍的情境，并给出8种假定的原因，其中4种属于被拒绝者的内部原因，另外4种属于外部原因。要求这些儿童判断每种原因对被拒绝的小朋友的伤害程度。结果显示，儿童认为内部原因比外部原因更可能伤害那些被拒绝的小朋友，并且在这一点上没有表现出年龄差异。这项研究表明，即便是儿童也已经觉察到对别人消极行为的内部归因比外部归因更可能伤害他人的自尊。

有关情绪和归因关系的实验研究证明了情绪不仅仅是简单地依赖于认知过程，而是随着认知过程的深入而呈动态变化和发展的。而这种动态关系的另一面——情绪对认知的动态影响，则主要体现在情绪对决策的作用上。

三、情绪和决策

当前，越来越多的研究者已经意识到情绪和决策过程存在着紧密的联系，许多研究者已将情绪作为影响决策的重要变量加以研究。在有关情绪对决策影响的实验研究中，被试的决策任务往往是为自己选择一项风险计划或奖励方案等。前者构成了博弈情境下的情绪作用研究，而后者则可以研究情绪对主观权重认知的影响。

（一）失败的博弈——情绪调节缺陷对决策影响的实验研究

一些决策理论认为，当人们很难通过理性的有意识思考进行决策时，情绪反应为决策提供了各方面信息，这就是说情绪在决策中起到很重要的作用。

1. 实验背景

达马西奥（Damasio）推测，情绪系统中预期的机体反应（皮肤电反应）对正确决策的制订是必要的。为了验证这种推测，达马西奥和他的同伴研究了内侧前额皮质（medial prefrontal cortex）受损病人的决策。这种病人通常并发情绪调节和决策的缺陷（Damasio，1994；Bechara et al.，1997）。尽管内侧前额皮质受损病人的这些缺陷在日常生活中是众所周知的，但贝沙拉等人（Bechara et al.，1994）还是成功地在实验任务中证明了这些缺陷的存在。这里要说明的一点是，内侧前额皮质受损病人在风险决策中表现出的情绪调节缺陷为：他们在评估风险决策时不会出现预期的皮肤电反应（Bechara et al.，1999；Bechara et al.，1997）。

2. 实验过程

达马西奥及其同事（Damasio et al.，1994）设计了一个风险决策任务，从中能够获得被试的真实决策情况。实验中，他们以内侧前额皮质受损病人为实验组被试，以内侧前额皮质未受损病人为控制组被试，要求他们在四副纸牌（A、B、C 和 D）中任意选择纸牌以赢得 100 点。在绝大多数情况下，纸牌 A 和 B 确保能赢 100 点，而纸牌 C 和 D 确保能赢 50 点，但是，所有的纸牌都可能带来偶然的、不可预测的损失（比如说，大多数情况下，抽取 A 中的纸牌都能赢 100 点，但抽取 A 中的纸牌偶尔也会损失点数）。纸牌 A 和 B 的损失大于纸牌 C 和 D 的损失，以至于总的来说，纸牌 C 和 D 在效用价值[①] 上高于纸牌 A 和 B。但纸牌 A 和 B 也是略有不同的，其中一个的可能损失要大于另一个的可能损失，但它出现的概率也较小（比如 A 比 B 的损失大，但 A 出现损失的情况比 B 少）。这样，纸牌 A 和 B 的效用价值还是相同的。纸牌 C 和 D 的差别与纸牌 A 和 B 的差别类似。结果发现，普通病人起初往往被纸牌 A 和 B 提供的更大获益所吸引，但经历了更多的惩罚之后，就学会选择纸牌 C 和 D，因为它们可以提供更好的长远利益。然而，内侧前额皮质受损病人在实验中无法学会选择更好的纸牌（C 和 D），而往往只从纸牌 A 和 B 中做出选择，而不光顾纸牌 C 和 D。至此，实验证明了由于内侧前额皮质受损而产生情绪调节缺陷的病人无法在风险决策任务中做出正确的决策。

内侧前额皮质受损病人到底为什么无法做出正确决策？可以假设，内侧前额皮质受损病人或者是对奖励太敏感，或者是对惩罚不敏感。为了验证这个假设，贝沙拉等人（Bechara，Tranel，& Damasio，2000）修改了纸牌任务，他们把奖赏模式颠倒，也就是说，其中两副纸牌有较高的惩罚概率和非常高的奖励概率，而另外的两副纸牌则只有较小的恒定惩罚及较低的奖励概率。根据假设，被试应该更倾向于前两副纸牌。但是结果发现，内侧前额皮质受损病人往往选择后两副纸牌，这与假设不符。被试为什么选择了奖励较低的后两副纸牌呢？原因可能在于：前两副纸牌因为其奖励概率高得多而有着更好的长期效应，后两副纸牌的即时效果则更好，而内侧前额皮质受损病人无法学会选择那些长期效应好的纸牌（前两副），所以他们最终只会选择即时效果较好的纸牌（后两副）。因此贝沙拉等人认为，这个实验的结果说明了内侧前额皮质受损病人对将来的效果相对不敏感，而只会根据眼前的效果做出判断。

3. 实验的结论和意义

总之，这几个实验证明了内侧前额皮质受损所致的情绪调节缺陷使被试无法做出正确的风险决策。而这种情绪调节在正常人的风险决策过程中表现为机体唤醒（如皮肤电反应）。因此，研究者们得出结论认为：以机体唤醒形式表现的预

① 效用价值，就是按输赢的可能性（百分比）及金额计算得来的最终收益。

期情绪反应是风险决策任务的必要环节。

从许多观点来看，那些具有正常 IQ 但内侧前额皮质受损的病人在博弈实验中表现出的缺陷是不可思议的。如果正常 IQ 意味着病人有足够的计算资源来计算预期价值，那么为什么还会出现这些缺陷呢？虽然达马西奥、贝沙拉和他们的同事把内侧前额皮质受损病人的这种缺陷描述为判断即时结果和延迟结果的缺陷，但更准确地说，这种缺陷应该是判断确定性结果和可能性结果之间的缺陷。因此，我们可以推测：内侧前额皮质受损病人在决策中愿意接近较高的确定性收益和远离较高的确定性损失，而对不确定事件则给予较低的权重。

（二）情绪生动性与决策权重

在情绪影响风险决策的研究中，一个典型的例子是有关损失厌恶倾向的实验。所谓损失厌恶是指损失造成的消极情绪冲击要大于等量收益造成的积极情绪冲击。比如，一个人在损失一定数量的金钱时所体验到的恶劣心情远远大于得到相同数量金钱所带来的愉悦心情。后来，心理学家又发现：同样是损失或同样是获得的情况下，生动事件的发生与不发生和不生动事件的发生与不发生所引起的情绪体验不同，它们对应的决策权重也不同（Finucane，Peters，& Slovic，2000）。

罗滕施特赖希和希（Rottenstreich & Hsee，2001）提供了一个很好的关于情绪和决策权重相互作用的证明。他们的实验证明了当积极事件的发生概率不同时，人对不同情绪生动性的事件的决策权重也是不同的。

罗滕施特赖希和希在第一个实验中，告诉被试他们要么能获得 50 美元的现金，要么能获得机会去会晤并亲吻自己最喜欢的电影明星，这两个事件都是积极事件。要求其中一半被试在这两个选项中做出选择，而要求另一半被试在有 1%的机会抽中这两个选项的彩票中做出选择（即有两种彩票，一种彩票有 1%的机会抽中 50 美元现金，另一种彩票有 1%的机会抽中亲吻明星的机会，要求被试在这两种彩票中做出选择）。结果表明：在确定条件下，70%的被试选择了现金而不是亲吻；但是在抽签的条件下，65%的人选择了亲吻而不是现金。这个结果说明：在积极事件发生概率较高时，被试倾向于对不生动事件（50 美元）给予较大的决策权重；而在积极事件发生概率较低时，被试倾向于对生动事件（亲吻）给予较大的决策权重。

在他们的后续研究中，被试认为一个有1%的机会获得欧洲旅游500美元优惠（生动的事件）的效用比有1%的机会获得减少500美元学费优惠（较不生动的事件）的效用高4倍。而当概率变成99%时，被试的这一评估就颠倒过来了。这也说明在低概率时，生动的积极事件被给予较大的权重，而在高概率时，不生动的积极事件被给予较大的权重。

这些实验研究都说明了当事件发生概率不同时，生动性不同的事件的决策权重也发生变化。总之，事件的情绪生动性对该事件的决策权重产生了影响。

回顾本节内容，我们介绍了研究者关于情绪和认知过程相互联系的部分实验研究。正是通过诸如此类的众多研究所提供的确凿证据，当前的研究者已经普遍接受以下观点：恰当的认知评估往往有助于产生合适的情绪反应，而一定限度内的情绪反应也能够促进认知活动的效率，情绪和认知之间存在复杂而紧密的相互作用。

第三节　情绪的测量

情绪实验的难点之一，就在于研究者如何才能把握情绪的内容和强度，简言之，也就是情绪的测量问题。通过几十年来的努力，研究者已经初步建立了一些较为有效的情绪测量指标体系。具体来说，情绪测量指标主要有内部的主观体验、外部的行为表现和机体内部的生理变化等。

一、主观体验

情绪测量的第一个指标就是主观体验。主观体验法一般要求被试报告其直接感受到的经验，其测量方法是用标准化的量表来测量被试的情绪体验。

（一）形容词检表

自20世纪50年代以来，为了了解成人的情绪体验，研究者们建立了一种简便、通用的测量技术，称为形容词检表（adjective check list，ACL）。形容词检表是先选用一系列描述情绪的形容词，如“镇静的”“神经质的”“害怕的”“忧郁的”等等，然后把这些形容词列为检表。被试通过内省，从检表中选出符合自身当时情绪状态的词汇。下面介绍两种具体的形容词检表。

1. 心境形容词检表

心境（mood）是一种比较微弱、持久且具有渲染性的情绪。换句话说，心境就是延续一定时期（几天或更长些）的淡薄而朦胧的情绪状态。它可以是正面的，如沉静而有活力的状态；也可以是负面的，如郁闷而怠倦的状态。心境无论是正面的还是负面的，都可以是正常的；然而在某种情况下，它可以成为病态的，那就是情绪性精神障碍。心境形容词检表正是用于测查心境或情绪性障碍。它既可为医生、教师所使用，也可由被试个人用来进行自我评定。

各种心境形容词检表的测查内容也有所不同，有的用来测查一般心境，有的则可用来测定专门项目，如测量应激（或压力）或焦虑等特定情绪。伯肯（Berkun，1962）以等距法编制了主观性应激量表（Subjective Stress Scale），量表包含十四个词，每个词代表的主观应激程度不同，在 0～100 的分数范围内依次升高：极好的（0）、良好的（9）、舒适的（17）、沉静的（27）、未受干扰的（40）、平静而冷淡的（48）、胆怯的（57）、不安的（64）、神经过敏的（69）、忧愁的（74）、不安全的（76）、被威吓的（83）、恐慌的（88）和嫉妒惊吓的（94）。

2. 情绪—心境测查量表

情绪—心境测查量表（Emotion-Mood Measurement Scale）是普卢特希克（Plutchik，1980）以他的情绪维量理论为基础，用形容词检表测量方法编制而成的。情绪—心境测查量表有九项内容（每项内容由八个形容词构成），依次为合作（如信任的、友谊的、诚恳的）、再整合（如压抑的、忧闷的、悲伤的）、破坏（如攻击的、狂怒的、专横的）、朝向（如警觉的、惊呆的、惊奇的）、拒绝（如厌恶的、无趣的、厌烦的）、再生（如社交的、慷慨的、欢快的）、保护（如害怕的、惊吓的、紧张的）、探索（如期望的、询问的、惊奇的）、激动（或称为压力，如松懈的、懒散的、放松的）。其中前八项相当于在他的情绪三维模式中列入的八种基本情绪，他把这八种基本情绪扩充为相似类别的情绪群，并用形容词标明。另外，在这个检表中加入了标示激活量，作为第九项。

情绪—心境测查量表有临床应用的价值，它曾用于临床。普卢特希克在临床应用研究中，选取被诊断为躁狂抑郁症的患者为被试，用情绪—心境测查量表进行逐项测查。这些被试中，26 名患者处于躁狂状态，42 名患者处于抑郁状态，75 名患者暂时处于正常状态。结果发现，在合作、再生、再整合三项的词汇比较中，躁狂患者同抑郁患者之间均有显著性差异。其他项的许多词汇在这两种患者之间也有显著性差异。此外，许多项的词汇在三种患者的两两比较中显示出差异。

（二）维量等级量表和分化情绪量表

有些理论家将情绪看成是一种多维度的心理连续量，如愉快—不愉快就是一个连续变化的维量。伊扎德在情绪体验主观评定方法的制订中，运用连续变化的维量的概念，编制了两个量表：一个是测量各情绪维量的维量等级量表，另一个是测量各情绪成分的分化情绪量表。

1. 维量等级量表

维量等级量表（Dimensional Rating Scale，DRS）是一个四维量表，伊扎德对四个维度做了如下解释。

（1）愉快维。这是评估主观体验最突出的享乐色彩的维量。

（2）紧张维。这是表示情绪的神经生理激活水平的，包括肌肉紧张和动作抑制等成分的水平。

（3）冲动维。此维量涉及的是当突发情境出现时，个体缺少准备的程度。

（4）确信维。此维量表达个体理解、接受感情的程度。在认知水平上，个体报告对情绪的理解程度；在行动水平上，个体报告自身动作适宜情境的程度。

维量等级量表假定量表应包括情绪体验、认知和行为三方面。因此，维量等级量表实际上包括三个分量表，每个分量表都由四个维量组成。例如：

你感受到愉快吗？——情绪体验分量表愉快维；

你认识到自己的紧张吗？——认知分量表紧张维；

你有冲动的行为表现吗？——行为分量表冲动维。

在使用维量等级量表时，每种情绪都可得到其维量的等级分析。使用者对每个维量均进行五级记分，也就是说，对十二个维量分别在五个等级上做出评价。

2. 分化情绪量表

分化情绪量表（Differential Emotions Scale，DES）用于测量特定情绪情境下个体情绪中的分化成分。分化情绪量表包括十种基本情绪，每种情绪都有 3 个描述它的形容词，共 30 个形容词。分化情绪量表被发展为用来测量两种情绪指标：一种为测量情绪强度，按五级记分，称为 DES Ⅰ；另一种为测量情绪出现的频率，也按五级记分，称为 DES Ⅱ。

维量等级量表和分化情绪量表可以同时使用。例如，巴特利特和伊扎德在一项研究中，让被试想象某一引起惊奇情绪的情境，用维量等级量表测量惊奇情绪的维量。图 10-4 显示了这一结果，表明惊奇情绪的愉快维得分最高，确信维和冲动维的分数也很高，而只有紧张维的分数较低。用分化情绪量表测量这一情境产生的情绪组成成分，结果是极高的惊奇、快乐和兴趣的分数，以及极低的恐惧和害羞的分数（如图 10-5 所示）。

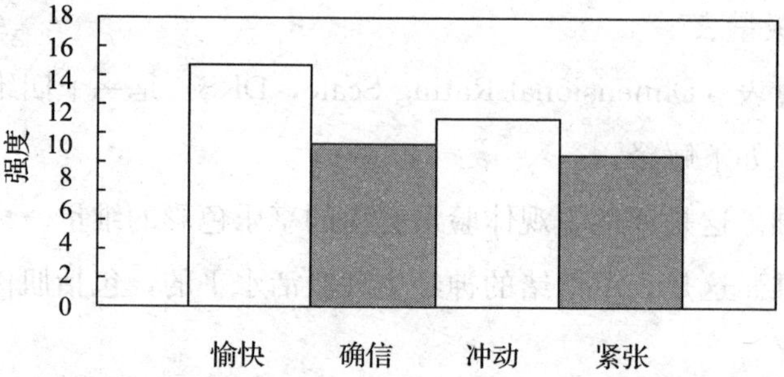

图 10-4　用维量等级量表测量惊奇情境的情绪维量

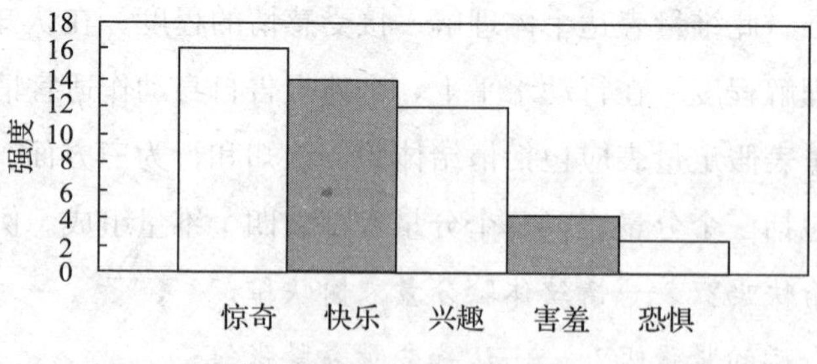

图 10-5　用分化情绪量表测量惊奇情境的情绪成分

以上是情绪主观体验评定量表的典型代表，这些量表已在教育、临床诊断等领域得到了广泛的应用。主观体验指标用起来十分简便，无须专门的分析技术，也无须采用复杂的仪器设备。然而，仅仅通过主观报告和量表评定，是否真的能够完全把握一个人的情绪？这一点是存在疑问的，毕竟主观评定难以避免诸如文饰效应的影响，在客观性上也显不足。因此，情绪测量需要找到更客观、不易被人主动掩饰的指标。表情和生理反应就是这样的指标。

二、面部表情

表情是情绪的行为指标。比如，人在委屈时会哭泣，哭泣就是委屈情绪的体现。和主观体验相比，行为指标显得更为科学，因为人们能轻而易举地用语言来掩饰自己真正的情绪，但是他们的行为往往暴露了自己的真实体验。动作、表情、姿态、手势等都可以作为情绪的行为指标，但是其中最有特色的还是面部表情。

（一）早期测量工具

早期的研究者曾试图用量表和模式图来描述人类的复杂情感，由此产生了一些测量表情的早期工具。

1. 圆形量表

伍德沃思的助手施洛斯贝格（Schlosberg，1952）设计制作了面部表情的圆形量表（Circular Scale）。它有两个轴。主轴是愉快—不愉快，从梯级 9（喜爱、幸福、快乐）到梯级 1（愤怒、决心），它通常被认为是情绪的基本因素。另一个轴称为注意—厌弃。“注意”可以惊讶为例，惊讶的时候，双眼、鼻孔甚至有时连口部在内都是张开的，好像准备接受刺激；相反的一端“厌弃”以厌恶和蔑视为例，厌恶和蔑视时，双眼、鼻孔和嘴唇都是紧闭的，似乎要把刺激拒之门外。有了圆形量表的坐标轴，我们就可以利用它来决定某一表情照片在圆面上的方位。例如，被试用一个 9 点量表来评定某张照片，量表纵轴上的 9 个点代表愉快—不愉快的 9 个梯级；然后，被试用一类似量表再在注意—厌弃轴上进行评定。这样，每张照片就可以用在愉快—不愉快及注意—厌弃这两个维度上的评定值来共同描述。

2. 三维模式图

在上述研究的基础上，施洛斯贝格提出，面部表情可分为三个维度：（1）愉快—不愉快维度；（2）注意—拒绝维度；（3）睡眠—紧张维度（如图 10-6 所示）。他认为，通过这三个维度就能够把各种面部表情合理地区分开来。面部表情的三维模式图（three-dimensional pattern）是在圆形量表的基础上增加了一个睡眠—紧张维度，紧张是紧张性水平和兴奋的标志，睡眠也是极端情绪所引起的表情。

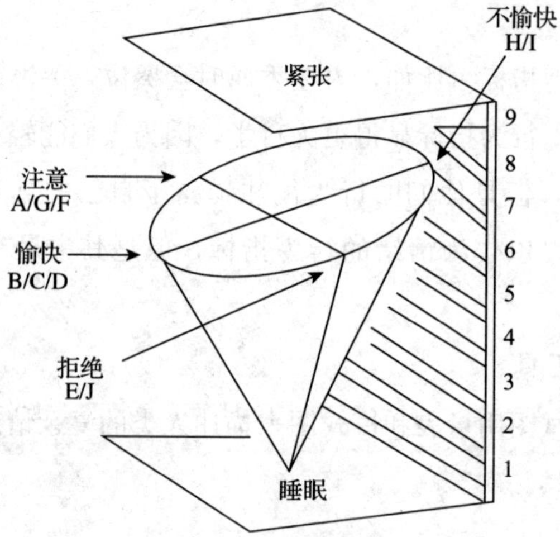

图 10-6 面部表情三维模式

注：A，惊讶；B，喜爱；C，高兴；D，快乐；E，蔑视；F，恐惧；G，痛苦；H，愤怒；I，决心；J，厌恶。

（采自 Woodworth & Schlosberg，1954）

综上，表情的早期测量可以概括为：让未经训练的被试对情绪的面部表情进行整体评价，而后根据他们的评价数据编制量表。这种方法的测量对象虽然从情绪的主观体验变成了行为指标，但是其本质仍然是依靠主观评价制订量表，因此仍不可避免地带有主观性。于是，研究者发展出表情的现代测量技术，他们以肌肉运动来编码表情。

（二）现代测量技术

现代表情测量的研究者们提出，表情测量的对象应指向面孔各部位的肌肉运动，而不是面部所给予观察者的情绪信息。在此背景下，出现了大量关于面部表情和面部动作编码系统的研究。现以伊扎德等人的最大限度辨别面部肌肉运动编码系统和表情辨别整体判断系统为例，对此技术进行简要介绍。

伊扎德等人（Izard et al.，1979，1980）提出了两个互为补充的测量系统，即最大限度辨别面部肌肉运动编码系统和表情辨别整体判断系统。最大限度辨别面部肌肉运动编码系统（maximally discriminative facial movement coding system，MAX）是为保证客观性和精确性的微观分析系统，它以面部肌肉运动为单位，是用以测量区域性的面部肌肉运动的精确图式。表情辨别整体判断系统（system for identifying affect expression by holistic judgments，AFFEX）是保证有效性的客观分析系统，它提供的是关于面部表情模式的总概貌。

最大限度辨别面部肌肉运动编码系统将人的面部划分为额眉—鼻根区、眼—鼻—颊区和口—唇—下巴区三部分，并包括二十九个相对独立的外貌变化的运动单位，这些单位分别被编为号码。通过对三个部分外貌变化的评分及综合，最大限度辨别面部肌肉运动编码系统可以辨别出兴趣、愉快、惊奇、悲伤、愤怒、厌恶、轻蔑、惧怕和生理不适引起的痛苦等多种基本情绪。最大限度辨别面部肌肉运动编码系统的具体使用分为两步。第一步，评分者三次观看面部表情的录像，每次辨认面部一个部位的肌肉运动，并记下相应区域的面容变化及其出现时间。第二步，将记录下来的面容变化同可观察到的活动单位的组织相对照，辨别出独立的情绪或几种情绪的组合。

最大限度辨别面部肌肉运动编码系统的材料包括一个手册和一套录像。手册包括面部肌肉的详细分类、肌肉组织的位置分布、肌肉活动编号列表和详细描述，以及练习使用最大限度辨别面部肌肉运动编码系统的方法、步骤及达到学会标准的要求。在学会使用最大限度辨别面部肌肉运动编码系统的基础上，使用者可以进一步学习表情辨别整体判断系统的使用。表情辨别整体判断系统是以最大限度辨别面部肌肉运动编码系统为基础，组合面部运动，从整体上描述基本情绪。使用者根据最大限度辨别面部肌肉运动编码系统，整合面部不同部分的信息，从整体上直接判断面部表情类别。这些表情测量系统都已证明具有较高的一致性和可靠性。

鉴于中国婴儿面部表情的研究还是一个空白，中国学者孟昭兰等人在1985年对婴儿的面部表情模式进行了初步探索。研究者拍摄了4名12个月婴儿及6

名18个月婴儿的照片并进行模式制作（如图10-7所示），选择年龄为18～23岁的非心理学专业大学生40名（男女各半），让他们对照片中婴儿所表现出的愉快、惊奇、悲伤、愤怒、厌恶和惧怕六种表情进行评定（见表10-1）。实验结果支持了婴儿具有基本面部表情模式的立场，所得表情模式与伊扎德等人在最大限度辨别面部肌肉运动编码系统中所描述的基本一致，由此也证明了基本表情的面部模式具有跨文化的性质。

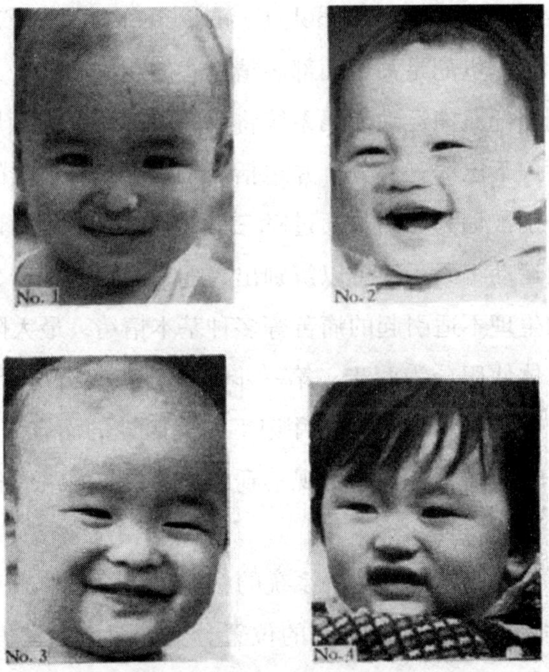

图10-7　婴儿情绪面部照片示例

（采自孟昭兰，阎军，孟宪东，1985）

表10-1　大学生对婴儿面部表情评定一致性百分数　%

表情	照片编号	自由评定（FL）	限制评定（CL）	比较评定（CompL）
愉快	No. 1	100	100	100
	No. 2	100	100	100
	No. 3	100	100	100
	No. 4	30	60	60
	No. 5	47.5	67.5	55

续表

表情	照片编号	自由评定（FL）	限制评定（CL）	比较评定（CompL）
惊奇	No. 6	72.5	97.5	97.5
	No. 7	65	97.5	97.5
	No. 8	67.5	70	80
悲伤	No. 9	32.5	87.5	92.5
	No. 10	35	57.5	75
愤怒	No. 11	20	55	50
	No. 12	10	50	80
厌恶	No. 13	10	82.5	87.5
	No. 14	5	37.5	22.5
惧怕	No. 15	32.5	60	45
	No. 16	12.5	30	50

（采自孟昭兰，阎军，孟宪东，1985）

三、生理指标

由于自主神经系统的活动，当有机体处于某种情绪状态时，其内部会发生一系列的生理变化。因此，这些生理变化就成为情绪研究可以利用的客观指标。情绪的生理指标很多，如皮肤电、循环系统、语图分析、脑电波、生化指标等等。下面将介绍两种常见的情绪生理指标。

（一）脑电波

脑电波（brain wave）又称脑电图（electroencephalogram，EEG），有多种类型，如α波、β波和δ波等，它同情绪状态有极为密切的联系。脑电波的类型主要与频率有关。

在情绪发生变化时，个体不仅有外周变化，而且有中枢变化，所以我们可以通过脑电活动的变化来测定中枢的变化。因此，利用脑电记录技术可以测出在一定情绪状态下所引起的大脑不同部位电位差的变化。这种方法主要用在研究下丘脑、丘脑与皮质的相互关系的比较中，据以推论人的情绪状态。

根据目前对脑电波的研究，人们初步探知，在强烈的情绪状态下，人的脑电波活动与正常状态下的脑电波活动不同。此时，α波消失，脑电波振幅降低。在焦虑状态下枕叶的α波消失，脑电波振幅降低；此外，在额叶区、运动区、颞叶区的脑电波振幅都较正常状态时小。在致痛刺激作用时，脑电图上会出现α波阻断或不完全抑制的现象，并且快波增多；疼痛减轻时，快波逐渐减少，同时α波也开始恢复。近年来，国内外常用脑电图检查精神病等疾病，如应用于老年性痴呆的诊断。尽管人们对把脑电图检查用于老年性痴呆诊断存在不同看法，但所见到的脑电图改变是基本接近的，即在脑电图中，我们可以明显地看到一般老年期的特点。张明岛（1991）曾对老年性痴呆患者的脑电图归纳出以下特征：（1）α波频率明显减慢，指数减少，甚至每秒8次以下，其中优势α波慢波化是最重要的特征；（2）α波波幅偏低，以枕叶最明显；（3）出现弥漫性低波幅θ波和δ波活动；（4）严重进展性的病例中甚至快波完全消失；（5）对声光刺激的反应降低或消失；（6）脑电图结果与痴呆程度有近似的关系。贝克（Beck，1989）认为，研究者对老年性痴呆患者的脑电图虽尚未概括出特异指标，但脑电图对不同性质痴呆的诊断及鉴别是有临床价值的。

（二）生化指标

当人处于不同情绪状态下时，其生化系统、中枢神经介质的变化也各不相同。因此神经化学物质的分泌量或排出量的变化可作为情绪研究的客观指标，即生化指标（index of physiological chemistry）。实验心理学家直接利用生化指标的并不多，这是因为测定这一指标通常需要采集血液或代谢产物的样本，而这往往会严重干扰实验进程。因此，我们仅对有关该指标的研究进行简单介绍。

许淑莲等人（1979）比较了病人入手术室前后的血浆11-羟皮质类固醇含量。他们先测量了在病房配血时病人血浆11-羟皮质类固醇含量，然后与入手术室后进行比较，变化值（以绝对值和变化百分率计算）和入手术室情绪状态的关系见表10-2。从表中可见，入手术室后血浆11-羟皮质类固醇含量较病房配血时普遍有所增加，但镇静组患者增加较少，紧张组患者增加较多，其差异达到显著性水平。可见，血浆11-羟皮质类固醇含量可作为情绪的生化指标之一。

表 10-2　11-羟皮质类固醇变化和情绪状态的关系

情绪状态	例数	皮质激素变化值（平均数±标准误）μg/100 mL	变化百分率（入室后含量÷配血时含量×100%）	与镇静组比较	
				t	p
镇静	19	5.5±1.5	153.3%	—	—
一般	12	10.9±2.1	215.7%	2.373 9	<0.05
紧张	16	10.3±1.3	209%	2.089 6	<0.05

（采自许淑莲等，1979）

此外，多数研究表明，在情绪紧张状态下，体内神经化学物质的分泌量或排出量的变化可作为情绪研究的客观指标。例如，汤慈美等人（1985）把运动员比赛和训练前后尿内肾上腺素和去甲肾上腺素的排出量作为指标，并以所得的部分分析结果来说明神经化学物质测定和情绪的关系，从而认定神经生物化学测定可作为情绪研究的方法之一。由于体力活动和情绪紧张均可引起肾上腺素和去甲肾上腺素分泌量的增加，因此，尿内儿茶酚胺的排出量可以作为测定的客观指标。研究结果表明，男子组与女子组虽稍有差别，但均显示比赛后肾上腺素和去甲肾上腺素的排出量较比赛前有显著的增长。同时，研究者在比较了比赛后和训练后的测定结果发现，在比赛和训练处于同等体力活动量的情况下，肾上腺素和去甲肾上腺素的排出量也不同。结果为，训练后比比赛前所测定的排出量虽有增长，但与比赛后相比，排出量要小。这似乎证明肾上腺素和去甲肾上腺素排出量的增加可以作为情绪紧张的客观指标。

综上，情绪状态的变化直接伴随着某些生理状态的变化，因而这些生理指标似乎能够反映所处的情绪状态。但实际上，情绪生理指标也面临诸多问题，其中最为关键的就是：情绪和某一生理指标间并非一一对应的关系。大量研究表明，除了少数情况外，生理指标的测量并未为特定的情绪提供明确的模式。因此，在进行情绪测量时，研究者不能仅仅依靠生理指标，更不能仅仅依靠单独的生理指标而对情绪状态做出判定。

总之，情绪的测量可以从多方面进行，既可以通过主观评定获得，也可以通过面部表情推测，还可以通过生理指标量化。这些手段的综合运用，解决了情绪研究中最关键的变量——情绪状态的量化评定问题。在此基础上，各种独特的情绪研究方法和范式才得以成功发展起来。

第四节 情绪的研究方法

情绪实验研究方法的独特之处，在于它致力于解决以下几个难题：如何依靠外在的行为理解内部的情绪？如何使被试进入特定的情绪状态？如何对情绪做出具有生态效度的记录？本节将以三种方法为例，介绍情绪研究方法如何解决上述问题，这三种典型方法分别是刺激—反应法、情绪诱导法和时间抽样技术。

一、刺激—反应法

刺激—反应法认为，情绪是联系刺激和反应的中间环节，通过刺激和反应间的联结可以推测内部情绪。第一节提到的小艾尔伯特恐惧习得实验便是使用这一方法的典范，被试对刺激（白鼠）的反应（小艾尔伯特的回避反应）被认为是恐惧情绪的表现。更加系统、典型的刺激—反应法研究范例主要包括条件性情绪技术和双跑道程序。

（一）条件性情绪技术

条件性情绪技术是指运用条件反射来研究情绪的一种技术，即根据条件化的结果来推断内部情绪。条件化情绪技术往往是将条件反射程序加载在一个正在进行的操作行为上，使条件反射对正在进行的操作行为产生影响，并依据操作行为的变化来推测情绪。

1. 具体形式

不同操作行为基线和条件反射程序相结合可以构成多种不同形式的条件性情绪技术。其中，操作行为基线分为积极和消极两类。积极基线是指由积极强化（如食物）维持的一个稳定的、不断进行的操作行为，而消极基线是指由消极强化（如电击）维持的一个稳定的、不断进行的操作行为。条件反射程序有四种：

条件刺激匹配消极刺激（如电击之前呈现咔嗒声）；条件刺激匹配积极刺激（如投喂食物之前呈现咔嗒声）；条件刺激匹配消极强化（如电击之后的间歇呈现咔嗒声）；条件刺激匹配积极强化（如投喂食物之后的间歇呈现咔嗒声）。在条件刺激匹配积极强化和消极强化的情况下都不存在积极基线，因此在两种不同操作行为的基础上加载四种不同的条件反射程序，就构成以上条件性情绪技术的六种不同形式。这六种不同形式的条件性情绪技术可产生四类情绪，即焦虑或恐惧、欢快、宽慰和愤怒。积极基线（或消极基线）加条件刺激匹配消极刺激，带来焦虑或恐惧；积极基线（或消极基线）加条件刺激匹配积极刺激，带来欢快；消极基线加条件刺激匹配消极强化，带来宽慰；消极基线加条件刺激匹配积极强化，带来愤怒。比如，在斯金纳箱中，一只经历长时间饮水剥夺的白鼠为了饮水而按压杠杆。当它的反应频率固定（积极基线）时，研究者给予一个偶然的条件刺激（咔嗒声），呈现5分钟，并在条件刺激结束时，白鼠将接受一个短暂的电击（消极刺激）。最初条件刺激没有效果，但与消极刺激（无条件刺激）结合后，就引起了白鼠反应频率的下降。此时，反应频率的下降被认为是白鼠对咔嗒声的恐惧。

2. 研究范例——欢快情绪的研究

条件性情绪技术的具体形式较多，这里仅以阿兹林和黑克（Azrin & Hake，1969）用条件性情绪技术对欢快情绪的研究为例。首先，如前所述，研究者要给欢快下一个操作性定义，即在积极或消极操作基线上加载一个伴随积极刺激的条件刺激所引起的操作基线的变化。

实验中，老鼠操作行为的基线是每分钟反应一次。阿兹林和黑克在此基础上加载了一个间隔10秒的条件刺激，紧随其后的是一个无条件刺激（丰富的食物、丰富的水或脑内刺激）。结果在所有条件下，所有被试身上都发现了条件刺激引起的抑制，即操作频率的下降，阿兹林和黑克将这称为积极的条件抑制，并认为这是欢快情绪的结果。在另一项研究中，研究者以猴子为被试，建立一个分化性低强化的、间隔为30秒的操作基线。这里，分化性是指用30秒的时间将一个反应与下一个反应区分开来，而低强化是指对正确反应的强化频率很低。然后，在此操作基线上加载一个紧随丰富食物的、间隔80秒的条件刺激。与阿兹林和黑克不同，他们发现反应频率提高了，他们认为这是欢快情绪所引起的期待效应导致的，并且进一步的实验也发现在间隔更短的条件刺激下不出现此效应。

总结上述两项研究，不难发现，实验的主要操纵因素是条件刺激和原本操作行为的先后顺序，这一操纵会直接影响条件化欢快对原本的操作行为的作用。如果条件刺激在前，条件刺激所引起的欢快情绪会抑制原本的操作行为；如果在后，条件刺激所引起的欢快情绪会促进原本的操作行为。

（二）双跑道程序

另一种研究情绪的刺激—反应法为双跑道程序。这一程序得名于其发明者采用的实验器材。阿姆塞尔（Amsel）让白鼠经两条跑道跑向目的地，改变其中某条跑道终点出现奖赏的概率，观察白鼠通过两条跑道的时间，并推断相应的情绪状态。双跑道程序最初主要用于研究挫折情绪，后来也被推广到其他情绪的研究中。下面要介绍的是双跑道程序在挫折和欢快研究中的应用。

1. 挫折

阿姆塞尔认为挫折是当有机体在先体验到奖赏后，又体验到无奖赏时所出现的情绪。依据这一定义，阿姆塞尔设计了最初形式的双跑道程序，被试在这一程序中发生的行为变化是挫折情绪的体现。双跑道程序的实验装置为两条跑道和每条跑道终点的一个目标箱。程序的实施步骤为：（1）训练白鼠从第一条跑道跑向第一个目标箱，并在那里获取食物，然后再从第二条跑道跑向第二个目标箱，并在那里再次获得食物；（2）重复上述过程，直到白鼠的跑步速度逐步稳定；（3）改变从第一个目标箱获得食物的可能性，即只在随后50%的试次中，白鼠可以在第一个目标箱获得食物；（4）记录白鼠从第一个目标箱出发的时间和到达第二个目标箱的时间。结果发现，当第一个目标箱没有食物时，白鼠在第二条跑道上的跑步速度明显地较第一个目标箱有食物时快。阿姆塞尔推断，这种跑步速度加快的根本原因就是挫折情绪。

也有研究者不同意阿姆塞尔对双跑道实验结果的解释。就像上述对条件化欢快的解释一样，利维和苏厄德（Levy & Seward，1969）则认为挫折情绪也可能是条件化抑制造成的，即在第一个目标箱有食物的试次中，食物和条件化欢快中的条件刺激一样，抑制了原本的操作行为，使得跑步速度变慢。不过后来，瓦格纳（Wagner，1969）的实验反驳了这一观点。在实验中，他将动物分为三组：

第一组从未在第一个目标箱得到食物，第二组在测验中按照50%的概率在第一个目标箱得到食物，而第三组总是可以在第一个目标箱得到食物。结果发现，在无食物试次中，第二组比其他两组跑得更快。第一组也未获得食物，未受到食物的抑制，但跑速仍比第二组慢。

2. 欢快

后来，双跑道程序及其变式也被用于对欢快的研究。和挫折研究一样，欢快研究也需要对第一个目标箱的奖赏度进行操纵。不同的是，挫折研究需要降低第一个目标箱的奖赏度，而欢快研究则要提高第一个目标箱的奖赏度。

迈耶和麦克霍斯（Meyer & McHose，1968）使用双跑道程序研究了欢快情绪。在训练阶段，两个实验组的被试分别在第一个目标箱获得1个食丸和4个食丸，作为奖赏，而对照组被试则在第一个目标箱获得7个食丸。48次训练后，所有的被试都接受测验。测验中，所有被试都可在第一个目标箱获得7个食丸。结果发现，两个实验组在第二条跑道上的跑速比训练期间低，但是比总是接受7个食丸的控制组高。迈耶和麦克霍斯认为这个结果明显地证明了欢快效应的存在。

鲍尔（Bower，1961）将双跑道程序改进为三跑道程序，并将其应用于欢快研究。在这一程序中，有三条跑道，并且在每条跑道的终点都有一个目标箱，三个目标箱里分别装有8个食丸、8个食丸和1个食丸作为奖赏。研究者用三跑道程序长期训练白鼠，直到它们的跑速趋于稳定。然后，在测验阶段，操纵第一个目标箱的奖赏度，即50%的可能增加3个食丸或16个食丸。结果发现，与控制组被试相比，接受上述实验条件的实验组被试在第二条跑道上的跑速明显变慢。这可以理解为是欢快情绪引起的行为抑制。

在欢快研究中，除了操纵奖赏数量之外，研究者还可以操纵奖赏的性质。在伍奇和斯托曼（Wookey & Strongman，2011）的实验中，训练阶段，第一个目标箱中的奖赏为2个标准食丸。在测试阶段，实验组的白鼠有50%的可能可以在第一个目标箱获得2个蔗糖食丸。结果发现，实验组在第二条跑道上的跑速较训练阶段并无提高。可见，奖赏的性质变化并未引起欢快情绪。

（三）对刺激—反应法的评价

总的来说，刺激—反应法具有如下优点。

(1) 控制相当严密，刺激和反应变化间存在一一对应关系，易于解释因果联系，有助于提高内部情绪推断的正确性。比如，在每分钟一次反应的基线上，加载每10秒一次的积极条件刺激，一定会导致基线行为频率的降低，根据这种一一对应的关系，研究者便可以推断行为改变是由于条件刺激所引起的欢快情绪的作用。

(2) 程序内部可操纵的变量多。比如，条件化情绪技术既可以对条件刺激与原有行为的先后次序进行操纵，也可以对基线行为强化时程的性质进行操纵。多角度的操纵便于了解情绪对行为影响的各个方面。

(3) 解决了研究伦理方面的难题。情绪研究的一大问题就是负性情绪研究对人类被试的伤害性。比如，小艾尔伯特实验长期以来面临的最大质疑就是幼时的恐惧习得是否会影响艾尔伯特的终身发展。而刺激—反应法秉承了行为主义的研究模式，以动物为被试，通过动物心理来类推人类心理，虽然这种类推在信度和效度方面仍存在问题，但也不失为解决道德难题的良策。

虽然刺激—反应法有诸多的优势，但它仍有一些不足需要进一步完善。

(1) 主观因素会干扰对实验结果的解释。上述条件化欢快实验的结果可以解释为欢快情绪这一中介变量在起作用，我们也可以单纯地将其看成是食物驱力的作用。情绪是一种内部的心理过程，无法用语言表达自己情绪的动物是否真的具有和人类一样的情绪呢？研究者用刺激—反应法对内部情绪进行推断时，必然会带有主观性。

(2) 只可用于研究情绪本身。刺激—反应法仅仅适用于根据刺激、反应间的联系来推断被试经历的情绪过程，而无法研究情绪变量与其他心理变量的关系。然而，情绪作为一种弥散的心理状态，其研究的重点应是挖掘情绪对其他心理过程的作用或影响，而刺激—反应法已无法适应情绪研究的这一趋势。基于此，情绪诱导法等其他研究方法应运而生。

二、情绪诱导法

如前所述，刺激—反应法只适用于通过刺激和反应的联系来推断内部情绪，却难以探讨情绪和其他心理变量间的共变关系，而后者正是情绪研究的重点。为了达到后一种研究目标的要求，研究者必须运用一些新的方法来直接操纵情绪状态，然后记录或观察积极或消极情绪状态下被试的各种心理、行为或生理指标，以探讨情绪和这些指标间的关系。这种对情绪状态的操纵办法，就是情绪诱导法。

（一）单词诱导法

单词诱导法就是使用带有情绪色彩的词来诱导积极或消极情绪的方法，这是早期情绪诱导经常使用的一种方法。韦克斯勒（Wechsler，1925）和瑟兹（Syz，1926）使用带有情绪色彩的词来诱导不同的情绪，并测量了不同情绪状态下被试的皮肤电反应。结果发现，被试自己的名字最易引起积极的情绪体验，而“笨蛋”最易引起消极的情绪体验，并且积极情绪最易引起皮肤电反应的变化，消极情绪则不易引起皮肤电反应的变化，重复刺激则能降低这种效应。

同样，戴辛格（Dysinger，1931）也曾使用能引起愉快感受的词（如“亲爱的”“休假”）、能引起不愉快感受的词（如“呕吐”“自杀”）和无关的词（如“筐子”“作用”）作为刺激来诱导情绪。实验的因变量也是被试的皮肤电反应。结果发现，与无关刺激相比，愉快和不愉快刺激均能引起皮肤电反应升高，而不愉快刺激引起的皮肤电反应更为明显（如图 10-8 所示）。

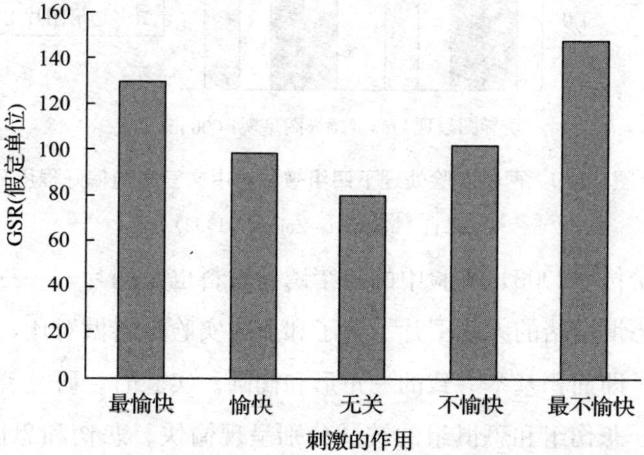

图 10-8　愉快和不愉快对皮肤电反应（GSR）的影响

（二）图片诱导法

图片诱导法就是使用带有情绪色彩的图片来诱导积极或消极情绪的方法。墨菲和扎伊翁茨（Murphy & Zajonc，1993）的实验就是以这种方法来诱导情绪产生的。他们使用的情绪诱导材料为男人和女人高兴和生气时的表情图。他们将被试分为四组，向积极诱导组的被试呈现高兴的表情图，向消极诱导组的被试呈现生气的表情图，向第一个控制组的被试呈现多边形，但不向第二个控制组的被试呈现任何图片。实验有两种处理条件：（1）情绪诱导图和多边形都呈现 1 000 毫秒，紧接着就向四组被试呈现中文签名 2 000 毫秒，并要求被试评价对这些中文签名的偏好程度，评分为 5 分等级，1 分表示最不喜欢，5 分表示最喜欢；（2）情绪诱导图和多边形只呈现 4 毫秒，紧接着也向四组被试呈现中文签名 2 000 毫秒，并要求评价偏好程度。结果如图 10-9 所示，当情绪诱导图出现时间短时，诱导效果好，即情绪诱导图呈现时间为 4 毫秒时，消极诱导组的被试对中文签名的评价最低，而积极诱导组的被试对中文签名的评价最高。

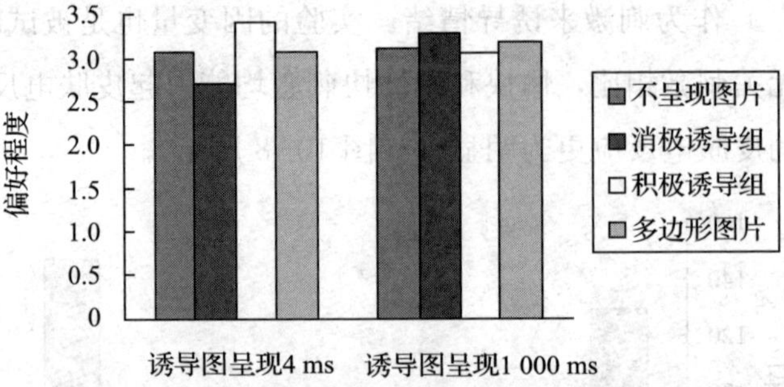

图 10-9 两种实验处理下四组被试对中文签名的偏好程度

（采自 Murphy & Zajonc，1993）

同样，郑希付（2003）实验中的情绪诱导材料也是图片——三张分别表现出愉快、悲伤和恐惧情绪的人物图片。为了和上述实验材料做对比，郑希付还选用了非情绪图片，即面积基本一致的三角形和椭圆。实验时，研究者将被试分为四组，给愉快组、悲伤组和恐惧组的被试分别呈现愉快、悲伤和恐惧的情绪图片，并要求他们分辨图片上有几种颜色，给控制组的被试呈现非情绪图片，并要求他们判断哪一个面积大。整个实验有三种处理：（1）完成判断任务后，要求被试立即对情绪进行自评，即客观评价自己三种情绪（愉快、悲伤和恐惧）的程度；（2）完成判断任务后，要求被试数自己的脉搏，3 分钟后，才进行情绪的自评；（3）完成判断任务后，数自己脉搏 5 分钟，再进行情绪自评。实验的因变量为情绪自评的分数。结果显示，图片的诱导效果较好，悲伤组的悲伤强度超过了其他各组，愉快组的愉快情绪超过了其他各组，恐惧组的恐惧情绪也超过了其他各组。不过，消极情绪随时间的推移，强度锐减，在 3 分钟内基本恢复正常，而积极情绪随时间的推移产生了增长趋势。

（三）其他诱导法

除了单词诱导法和图片诱导法外，还有一些其他的方法可以诱导情绪的产生。比如，斯科特（Scott，1930）以不同内容的影片来诱导情绪。实验以 100 名医学院二年级学生为被试，研究血压变化与情绪状态的关系。他采用的情绪诱导材料为三段不同内容的影片：第一段是关于爱情的；第二段表现主角受到虐待；第三段描写城市被地震毁灭，主角处于危险中。他希望这三段影片能分别引起被试的性、愤怒和恐惧情绪。实验是单独进行的，在各段影片之间插入 10 分钟的无关影片，主试在被试观看影片的过程中记录他们的血压变化。实验结束后，主试要求被试报告自己观看影片时的情绪体验。从内省报告看，预期会产生愤怒和恐惧等情绪反应的影片，效果不够理想，但引起性情绪的影片是成功的。图 10-10 为观看三段影片时被试收缩压的变化情况。由图 10-10 可见，第一段影片引起的血压变化十分明显，粗线均处于图的右侧，100 名被试中有 88 名有明显的变化。

除了被试本身的活动外，他人对被试的评价也可以成为情绪诱导刺激。卢家楣等人（2002）用教师评价来诱导情绪，研究了情绪和创造性水平的关系。实验前，研究者对四个班的学生进行创造性水平测试。然后，根据得分的多少，由高到低将四个班的学生在各自班级内排序编号，四个班的单号学生构成表扬组，而双号学生为批评组。实验时，研究者在四个班实施数学素质测试，测试后，并不告知学生他们的真实成绩，而是声称测试十分重要，会与期末考试成绩挂钩。接着，对表扬组的学生进行表扬，夸他们在此次测试中发挥很好，超过平时水平，而对批评组的学生进行批评——考试成绩不理想，未达到原有水平，甚至出现不及格。最后，再次进行创造性水平测试。结果发现，表扬组的学生最后的创造性水平显著高于批评组的学生。研究者认为，这是表扬引起的愉快情绪促进了创造性的发挥。

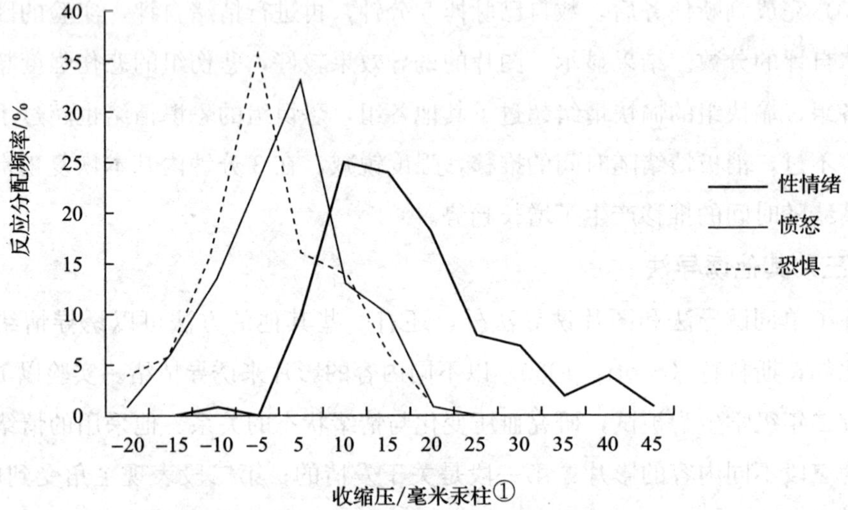

图 10-10 观看三段影片所引起的收缩压变化

注：性情绪影片引起收缩压变化明显，其他两段影片不明显。

在实际运用中，情绪诱导技术的具体实现方式还有很多，如通过控制被试完成某项测试后的成败体验来诱发积极或消极情绪，通过阅读带有情感色彩的文章段落来诱导出相应情绪，等等。灵活运用诱导技术，将对情绪实验研究的控制有所帮助。

三、时间抽样技术

条件反射技术和情绪诱导技术都可以用来研究某一特定情境下的情绪反应。然而，实际上人类的情绪是随着时间动态变化的。布兰德施泰特（Brandstätter，1977）设计了一种动态的情绪研究方法——时间抽样技术（time sample technique），以日记的形式长期跟踪人的情绪变化，因此又称为时间抽样日记（time sampling diary，TSD）。

① 1 毫米汞柱=133.322 帕。

（一）实施要点

1. 日记与问卷

主试要求被试在 30 天中，每天 4 次在一本小册子上记录下他们当时的情况和情绪体验，每次记录的内容都包含对七个问题（见表 10-3）的回答。

表 10-3　七个问题的具体内容

序号	内容
1	我这时的心情是相当消极、冷漠还是积极？
2	我怎样用一个或两个形容词来描述我现在的心情？
3	我为什么会有这样的心情？
4	我在哪儿？
5	我在做什么？
6	还有谁在场？
7	我对自己目前自由程度的评价——我是否能自由选择继续进行或停止当前的活动？

在连续记日记 30 天后，被试要接受 16 种人格因素问卷（16PF）等量表的测试。如果实验持续时间较长，如持续半年，那么主试可以在第一、二、三和第六个月分别取 10 天让被试记日记。被试在每一阶段连续记日记后，主试对被试实施 16PF 等量表的测试。

2. 时间抽样

被试在 30 天内，每天必须记 4 次日记，这 4 次记日记的时间由计算机随机安排，以保证日记对情绪动态跟踪的效果。例如，计算机程序会将每天 24 小时分成 6 组，每组 4 小时，然后在每组中随机抽取一个时间点，以构成完整的时间抽样计划表。

被试被要求在时间抽样计划表指定的时间记日记。如果计算机随机抽取的时间在晚上睡眠期间，则被试要在第二天醒来的时候，对睡觉期间的时间点做标记。再者，被试可能会忘记在某一时间点记日记，则被试需要在想起来时，对那个时间点做一下标记。理论上被试需要在 30 天内记 120 次日记，但是由于被试遗忘等意外情况，实际的日记次数可能少于理论次数，因此实际操作中一般以被试报告的为准。

（二）具体研究运用

法沙弗和布兰德施泰特（Farthofer & Brandstätter，2001）使用时间抽样技术探讨了工作活动中的情绪和工作者人格的关系。该研究在一个钢铁公司进行，选取的被试为 25 岁到 55 岁的 20 个全职轮班工人，包含 12 个起重机司机和 8 个操作员。起重机司机的工作任务是要把液体钢铁从一个生产大厅送到另一个生产大厅，过程中如果铁水从起重机的勺子中泄漏出来，那么在起重机下工作的工人就会受到致命伤害。操作员的工作任务是在显示屏上监控生产线上铁水冷却的数据有无偏差，如果他忽视了屏幕上的错误信息，就可能导致生产线爆炸和人员伤亡。因此，起重机司机和操作员的工作都是具有高风险的。

实验所采用的研究工具是时间抽样日记与 16PF。时间抽样日记中除了先前提到过的七个问题以外，还特别添加了四个问题，见表 10-4。

表 10-4 四个问题的具体内容

问题序号	内容
1	我把这个情景控制得有多好？
2	在这个情景中我的一个错误的后果是什么？
3	我对这种情况有多少经验？
4	一般来说，这种情况有多危险？

研究者按照时间抽样日记的标准程序开展研究，要求被试在每个时间点对上述十一个问题进行回答。

实验的自变量为被试的职位（起重机司机或操作员）、被试的人格（内向或外向）和情景。实验采纳了两个情景维度：空闲对工作；低危险性工作情景对高危险性工作情景。工作情景的危险性分类是通过总结被试在日记中对危险性的评估而获得的：求出所有工作危险性评估得分的中位数，低于中位数的为低危险性工作，而高于中位数的则是高危险性工作。

以被试日记中对第一个问题的回答作为因变量指标，即以个体特殊情景的心境指数作为因变量指标：非常消极心境，记 1 分；消极心境，记 2 分；冷漠（没感觉），记 3 分；积极心境，记 4 分；非常积极的心境，记 5 分。数据处理时，将心境指数转化为 0 和 1，1 分、2 分、3 分为 0（不积极），4 分、5 分为 1（积极）。把冷漠归为不积极的一类，是因为冷漠常与负面动机和挫败感相联系。

结果如图 10-11 和图 10-12 所示，外向者（不管是起重机司机还是操作员）在工作中比内向者感觉好，并且外向型的人在危险性高的情景中感觉比内向型的人更好。研究表明，被试在工作中的情绪直接跟被试的性格有关，尤其是在高危险性的工作中，人格对工作情绪的影响更为明显。

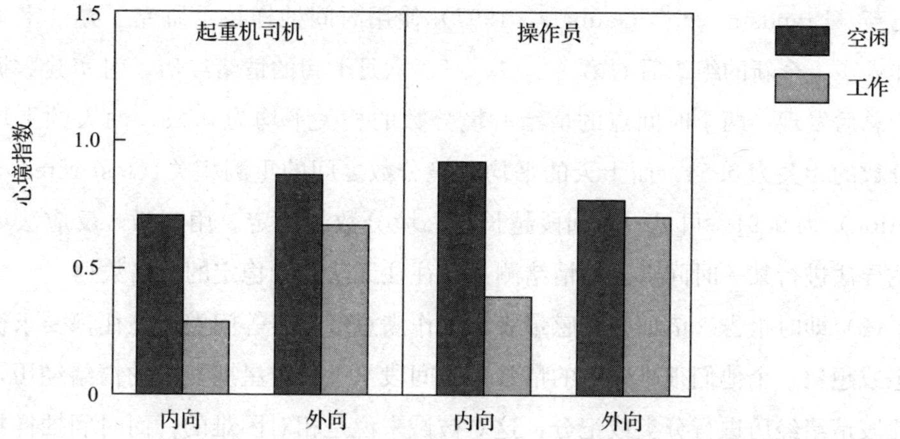

图 10-11　在工作和空闲时，内向与外向被试的心境指数

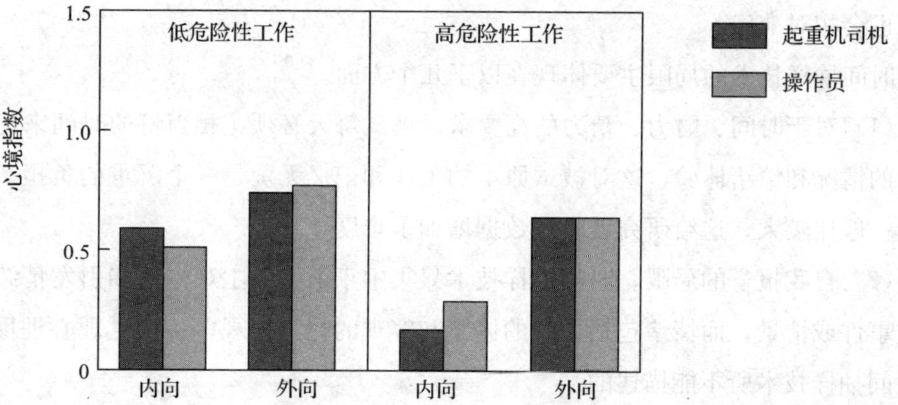

图 10-12　在高危险性和低危险性工作中，内向与外向被试的心境指数

（三）评价

时间抽样技术的优点主要体现在以下几个方面。

（1）适用于现场研究。时间抽样技术以日记形式出现，适合于研究现场环境中的各种情绪，无须操纵或诱导情绪产生，只要被试记录他们实际产生的情绪体验即可。而情绪诱导法需要通过情绪词或是一段音乐来诱发被试的某一情绪，一般只能在实验室中进行。

（2）可长期追踪被试的情绪体验，得出稳定的数据。比如，布兰德施泰特和高巴茨（Brandstätter & Gaubatz，1997）使用时间抽样技术研究了办公室工人在加入了一个新的组织后的第一、二、三、六月上旬的情绪经历。对实验数据进行汇总后发现：两个时间点的情绪心境分数的相关平均为 0.23。两天的平均心境分数的相关为 0.54，而十天的平均心境分数之间的重测相关（test-retest-correlation）为 0.91。可见，时间段越长，心境分数越稳定。用刺激—反应法或情绪诱导法进行某一时间点上的情绪测量，往往无法得到稳定的情绪数据。

（3）即时报告。诸如兴奋感量表、工作满意度量表等问卷，往往都要求被试回想或想象一个他们很难确定的情景和时间段（上一个星期）中的情绪经历，并对此段情绪经历进行分类或记分，这对被试来说是相对困难的。而时间抽样技术只要求被试即时地对自己的情绪体验进行记录，这对被试来说相对容易，情绪的评估也会相对准确。

时间抽样技术的局限主要体现在以下几个方面。

（1）对于时间、财力、精力的高要求。被试每天必须花相当量的时间来记录当时的情况和情绪体验，这对被试原本的工作和记忆无疑是一个沉重的负担。数据量一般比较大，这给研究者整理数据增加了难度。

（2）自我报告的局限。时间抽样技术只集中于情绪的主观体验和引发情绪的各类事件或情景，而情绪包括主观的体验和客观的行为表现，各种生理心理反应是时间抽样技术所不能描述的。

情绪本身的广泛多样，以及对情绪进行把握操纵的难度，都造成了情绪研究方法的复杂多变。本节介绍的内容，包括上一节介绍的情绪测量手段，以及本章引用过的所有其他情绪研究实例，无不说明了这一点。然而万变不离其宗，情绪的实验研究和其他心理学实验一样，在本质上仍然是自变量和因变量间关系的揭示和说明。只要从自变量控制和因变量测量的角度出发来剖析情绪研究，那么看似复杂的实验也就变得清晰易懂了。

自然，情绪毕竟是具有相当难度的研究领域，读者若想亲自设计针对情绪的有价值的实验研究，除了本章介绍的基本内容以外，还需要阅读大量其他参考资料。

课后思考题

1. 沙赫特和辛格的情绪产生实验是怎样进行的?
2. 简述哈洛的情绪先天获得实验。
3. 情绪的后天习得实验说明了什么?
4. 你了解的经典情绪认知研究有哪些?
5. 简述情绪的研究方法。

本章实验

实验一　情绪对动作稳定性的影响

1　引言

动作稳定性是动作技能的一个重要指标，它受个体自身和外界很多因素的影响，其中情绪就是一个重要的影响因素。情绪的波动会引起手臂肌肉的震颤。当一个人尽量控制自己的身体、手臂和手指等保持不动时，往往仍有明显的不由自主的细微颤动，身体某部位的这种颤动范围可作为控制运动能力的指标。颤动范围越大，控制运动的能力越低；反之，控制运动的能力越强。而当一个人处于某种情绪状态时，这种身体的不自主颤动会比心平气和时明显，所以这种颤动范围又可作为情绪强度的指标。本实验所用的九洞动作稳定器就是一种通过测定手的动作稳定程度来间接测量情绪波动程度的仪器。

前人在有关的研究中已发现：(1) 手臂动作的稳定性随年龄增长而提高，尤其在6～8岁最明显；(2) 右手的运动稳定性超过左手，6～12岁比15～16岁明显，成人有时则相反；(3) 大多数男孩的两手运动稳定性都超过女孩；(4) 运动的方向对稳定性有影响。

在本实验中，我们可以检验前人的有关研究成果，同时在前人研究基础上注重研究情绪在动作稳定性中的重要作用。

本实验的目的在于：(1) 学习使用测定动作稳定性的仪器——九洞动作稳定器；(2) 测量简单动作的稳定性，并检验情绪对动作稳定性的影响。

2 方法

2.1 被试

被试若干名。

2.2 仪器

九洞动作稳定器、计数器和计时器。

2.3 程序

(1) 先将九洞动作稳定器、计数器、计时器等串联成电路。让被试面向九洞动作稳定器坐好，使仪器的边缘与桌边齐平，并与被试的右肩相对。然后让被试手拿电笔，手臂悬空，电笔与动作稳定器表面垂直。

(2) 主试对被试说如下指导语："当我发出'预备'口令时，请用电笔尖端插入最大的洞孔内，深度为1～2毫米。当我发出'开始'口令后，请你用电笔插入15毫米处，注意尽量不要碰到洞边。然后取出，做到不碰洞边才可继续做下一个洞。如果一次碰边可以做第二次，假如第三次又碰边，就不用再往下做。你的任务就是尽量不要碰到洞边并进行以上操作。"主试在发出"开始"口令时同时记录时间。实验的指标是被试能通过的最小洞的直径的倒数。

被试用左手和右手各进行10次，在每次左右手轮换时，可休息1分钟。

(3) 主试测定比赛时紧张情绪对被试动作稳定性的影响。被试分两组进行比赛，共分成四队，每队比两次，三战两胜（也可根据实际人数调整比赛形式）。比赛进行时主试要在旁边报告进行情况，造成竞赛时的紧张气氛。

(4) 参照步骤 (2) 测定比赛时被试的动作稳定情况。

3 结果

3.1 把安静时和比赛时被试动作稳定性的成绩分别记录下来，并计算其平均数和标准差。

3.2 比较被试右手和左手的动作稳定性。

3.3 比较被试在安静时和比赛时的动作稳定性。

4 讨论

4.1 根据实验结果分析自身情绪对动作稳定性的影响。

4.2 比较各种情况下，男女生动作稳定性的差异。

4.3 讨论本实验在研究体育教学和训练问题中的意义。

5 参考文献

叶莹，张松林.（2015）.不同情绪状态下动作稳定性的研究.*教育教学论坛*，(11)，105-106.

实验二 情绪对时间知觉的影响

在中学里，每一节课的时间都是45分钟，但是我们常常会感觉到每一节课的时间不是同样长。如果课堂的内容丰富多彩，老师又上得风趣幽默，那么学生往往会对老师所讲授的知识很感兴趣，学生会觉得一节课的时间过得特别快；反之，听一堂自己不感兴趣的或枯燥无味的说教课，大家都会觉得这45分钟简直长得没完没了。同样的45分钟，在学生的经历中，常常是长短不相同的。

究竟是什么影响了我们对时间的正确估计呢？生活中有许多心理因素，影响了人们对时间的知觉。除了一段时间内是否充满活动对时间知觉有影响之外，情绪对时间知觉也有很大的影响，这表现在以下两个方面。

1. 对有兴趣的、能激发情感的事件，人们的时间估计往往偏短；对无兴趣的事件，人们的时间估计往往偏长。这在生活中到处可见。例如，有个球迷去观看一场世界排球比赛，最后比分总是打成平局，14∶14，15∶15，16∶16……为比出胜负，球赛时间延长了许久，但对这个球迷来说，这仍是一瞬间而已。球迷的妻子对这种球赛丝毫不感兴趣，她坐在一旁直打哈欠。对她来说，哪怕是一分钟的拖延，也好似过了一小时那样，长得令人难以忍受。

2. 对期待的事物，人们的时间估计往往偏长，反之则短。这个经验差不多每人都有过。在车站上或在电影院门口等人，时间过得特别慢。对方仅仅是迟到了几分钟，但对等待的人来说，似乎等待的时间远远超过了实际时间。

情绪影响了我们对时间的正确知觉。这种现象除了在生活中通过观察可以意识到以外，我们还可以通过一些小实验加以证实。

找一段枯燥无味的仪器使用说明书和一则很有趣味的故事，它们在文字上的长短是一样的，并准备一只秒表。请四个朋友协助你完成这个实验。其中三个（甲、乙、丙）做你的实验被试，另一个（丁）用秒表记时间。实验开始之前，你先向他们做一个说明：“我先读一段说明书，再读一则故事。在我读完以后，请甲、乙、丙分别估计一下，读说明书和故事各用了多少时间（以秒为单位计算）。请丁用秒表准确地记录我读的时间。”接着你开始朗读。在读说明书时语调平平，让人听起来枯燥无味；朗读故事时，语调抑扬起伏，读得饶有趣味。读完以后，把甲、乙、丙估计的时间和丁记录的时间记入表1，然后将读故事的时间减去读说明书的时间，即得出时间差。

表1　实验结果记录

		说明书	故事	时间差
真实时间	丁同学			
估计时间	甲同学			
	乙同学			
	丙同学			

从实验结果记录来看，甲、乙、丙三个同学估计时间的差值与真实的时间差是否有差距？你如何解释这一差距？

（采自杨治良等，1989）

第十一章

实验研究技术在社会认知领域的应用

人的本质不是单个人所固有的抽象物，在其现实性上，它是一切社会关系的总和。

——卡尔·马克思

本章提要

实验研究技术在社会认知领域中应用的突出特点是把人们的社会心理现象当作客观的自然现象一样加以研究，着重定量化的分析，并根据研究结果解释和调节人们的社会行为。本章介绍了有关个体对自我和他人的认知、人际交互中的社会认知、公平概念与不公平感等社会认知领域中的经典实验研究。

本章学习指导

通过本章的学习，读者能达成以下目标：了解社会认知研究领域有哪些主要的研究问题，以及实验研究方法如何帮助心理学家回答这些重要的问题；理解自我意识水平的实验操纵方法，以及如何通过实验检验自我意识水平对归因的影响；掌握认知失调理论如何推论出相关的实验假设，并理解在实验研究中诱发认知失调的技术；了解人际互动中重要的心理现象，如共情、合作及面对规则违背所诱发的不公平感，了解当代实验心理学和认知神经科学研究对上述现象的探索和发现。通过本章的学习，读者能够回答以下问题：

(1) 请分析人类共情的影响因素有哪些。

(2) 请举例说明不同的实验技术，比如ERP、fMRI等，在社会认知领域的应用及其优缺点。

社会认知（social cognition）是研究人们从社会环境获取信息并继而形成判断、推理的过程（Fiske & Taylor，2013）。尽管目前对于社会认知的概念界定众说纷纭，但基本的共识是：社会认知一般是指个人对社会中的他人或自己的心理与行为的感知与判断的过程，主要涉及个人怎样对来自他人、自己以及周围环境的社会信息进行加工的复杂过程。通常，这一过程非常复杂。当面对大量复杂信息，或者面对不完整的、含混的甚至相互矛盾的信息时，该如何利用这些信息做出一个恰当的判断，这是社会认知研究的核心问题。

社会认知的研究兴起于 20 世纪 70—80 年代，90 年代进入了迅猛发展时期，社会认知是当代实验社会心理学的一个充满活力的研究领域。如今，社会心理学领域的权威期刊《人格和社会心理学杂志》共分三个栏目，其中的第一个就是《态度与社会认知》，可见社会认知在现代社会心理学中的分量是很重的。

一方面，社会认知研究的迅速崛起得益于心理学学科本身的发展变化，与 20 世纪 50 年代中期兴起的认知心理学的发展密切相关。另一方面，第二次世界大战结束后，在世界范围内出现了一系列社会问题，引起了国际社会的普遍重视。此时的社会心理学工作者开始走出实验室，面向社会，而不仅仅是埋头于实验室研究。然而，在仍采用传统的社会心理学的方法和技术的情况下，社会行为研究一直难以有突破性进展，如对态度、偏见等问题的研究结果常常无法解释，有时甚至相互矛盾。于是研究人员不得不把视野转向新的学科，以寻求新的研究手段和技术。认知心理学正是在这种形势下受到了重视，从而影响了社会行为研究。社会信息加工模型分析、间接测量技术及内隐社会认知等新概念、新技术的提出，基本上都是受认知心理学影响的产物。因此，一些研究认知心理学与社会心理学的专家成为社会认知领域的主力军，他们为了使自己区别于传统的认知心理学家与社会心理学家，便称自己为社会认知学家。正是基于以上两个方面的原因，社会认知的研究得到了空前发展。在社会认知研究的带动下，整个社会心理学研究也呈现出了前所未有的繁荣景象。

在本章中，我们从社会认知的主要研究对象，如对人的认知（包括对自我与他人、对人与人之间关系的认知）、冲突与合作、对社会事件的归因判断与决策出发，探讨心理学实验研究技术在社会认知领域的应用。

第一节 对自我和他人的认知

社会认知是社会心理学研究中一个非常重要而且相当活跃的领域，其包含的内容十分复杂，如社会知觉、社会印象、社会判断等等。研究者普遍认为，自我认知、印象形成以及态度改变始终属于社会认知研究中最基础和最重要的内容。

一、自我认知——杜瓦尔和西尔维亚的自我提升研究

所谓“知彼知己，百战不殆”，在社会生活中，人们除了需要根据各种信息形成对别人的正确印象以外，同样也需要在社会情境当中了解自己，完成对自我的认知。然而，相比于了解他人时的客观与公正，在了解自己时，人们难免出现“当局者迷”的情况。既往研究发现，在自我认知过程中可能存在一种自我提升（self enhancement）的现象。例如，当某件事情取得成功时，人们往往会将成功归结于自己的天赋或能力，进行内部归因；而当事情失败时，则会责怪运气差或者事情太难，进行外部归因。那么，对于这种自我提升的现象，我们应当如何去克服，如何在自我认知中保持客观和理性呢？下面将以杜瓦尔和西尔维亚（Duval & Silvia，2002）的研究为例，讨论如何用实验方法验证自我提升现象是否存在，以及探索其可能的调节因素。

（一）实验假设

杜瓦尔和西尔维亚发现以往关于自我提升现象的研究中，对成功进行内部归因取得了较为一致的实证支持，而对失败进行外部归因则既有支持也有反驳的实验证据。以此为切入点，通过对已有研究的实验任务及过程的分析，杜瓦尔和西尔维亚认为有两个因素可能会影响实验中被试对成功或失败的归因方式，即被试的自我意识水平和能力得到改善的可能性，并设计了两个实验。

（二）实验程序

在实验一中，共有40名被试。研究者告知这些被试，他们参与的是“国家智力研究中心”开展的推理能力评估项目，该评估能够测试出参与者的推理能力

以及通过训练使得该能力获得改善的可能性。此外，研究者还告知被试推理能力对总体智力水平有重要的影响，且与未来职业成就关系密切。

这些被试被随机分配到四种实验条件下，分别是高自我意识水平、高改善可能性组，高自我意识水平、低改善可能性组，低自我意识水平、高改善可能性组，低自我意识水平、低改善可能性组。在高自我意识水平组，一台摄像机位于距离被试 3 英尺的地方，且镜头对着被试，研究者告诉被试，为了检验且保证测试环境的标准化，“国家智力研究中心”要求实验人员随机选取测试过程进行录像，而对他的测试时段恰巧被选为录像时间；在低自我意识水平组，摄像机镜头面向墙壁，且所有的电源线都未接通电源，研究者告诉被试“国家智力研究中心”的要求，但说明该被试的测试时段未被选为录像时间。

测试当中，被试需要完成 45 个题目。在每个题目中，研究者给被试呈现五个二维图形和一个三维图形，要求被试确定哪一个二维图形经过折叠后能变成题中的三维图形。所有的图形通过屏幕依次呈现给被试，要求被试将答案写在答题纸上。向被试演示完练习任务后，对于高自我意识水平组的被试，实验人员将打开摄像机，然后离开房间，而对于低自我意识水平的被试，实验人员直接离开房间。

当所有题目呈现完毕后，实验人员进入房间，取走被试的答题纸。5 分钟后再带着随机生成的成绩分析表回到房间，告诉被试他的推理能力没有达到标准，低于达标成绩 10%。如果被试属于高改善可能性组，则继续告诉他，电脑对其反应模式的分析表明通过相关的训练，其推理能力得到改善的可能性为 98.3%；而如果被试属于低改善可能性组，则继续告诉他，电脑对其反应模式的分析表明通过相关的训练，其推理能力得到改善的可能性仅为 2.5%。

此后，实验人员再次离开房间，被试继续完成有关操作有效性检查的问卷以及有关因果归因方式的测量。为了检验对能力改善的可能性这一自变量操作的有效性，研究者令被试对以下条目进行 7 点量表评分：“你认为在未来你能在多大程度上改善自己在此类任务中的表现？”对因果归因方式的测量包含两个条目：“你认为在该项测试中你的表现多大程度上取决于你自己？”“你认为在该项测试中你的表现多大程度上受到了外在环境因素的影响？”每个条目也进行 7 点量表评分，前后两个条目评分之差为个体进行内部归因的指标。

（三）实验结果

首先，让我们看一下实验中对能力改善的可能性这一自变量的操纵是否有效。结果表明，与低改善可能性组的被试相比，高改善可能性组的被试主观地认为未来自己可以在此类任务中取得更好的成绩。两组之间的差异达到了显著性水平，表明对能力改善的可能性这一变量的操纵是有效的。

其次，对内部归因这一因变量指标的分析发现（如图 11-1 所示），实验中的两个自变量——自我意识水平和能力改善的可能性——之间存在交互作用。具体来说，高改善可能性组的被试在有录像的条件下比在不录像的条件下更倾向于将失败进行内部归因，而低改善可能性组的被试则与此相反。对交互作用进行另外一个方向的分析发现，在录像的条件下，相比低改善可能性组的被试，高改善可能性组的被试更倾向于将失败进行内部归因，而在不录像的条件下，两组被试没差别。

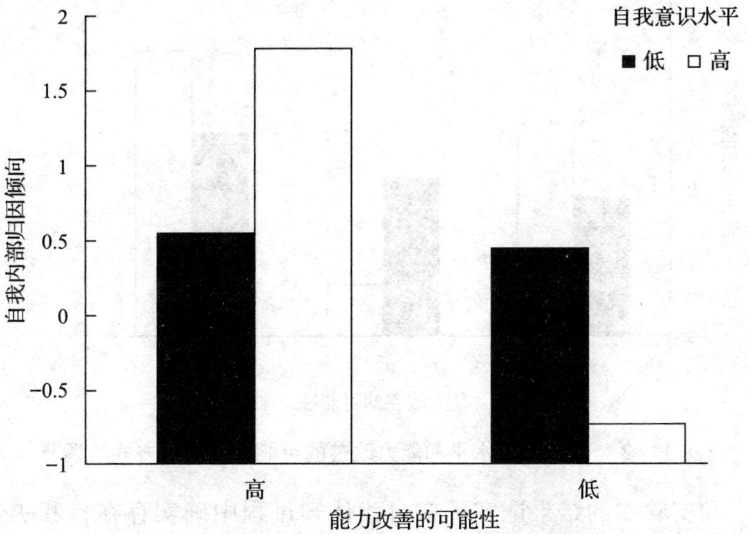

图 11-1　自我意识水平和能力改善的可能性对失败归因的调节

根据上述结果，研究者得出结论：自我意识水平和能力改善的可能性共同调节个体对失败的归因方式。当自我意识水平高时，认为某种能力能够改善的被试会更多地进行内部归因，而认为此种能力无法改善的被试会更多地进行外部归因；当自我意识水平较低时，能力改善的可能性对个体的失败归因没有影响。

实验二在实验一的基础上稍有改变，增加了对被试获得成功时，自我意识水平是否会影响个体归因方式的探索。具体做法为，在实验一的四种实验条件的基础上，增加了高自我意识水平、成功达标组和低自我意识水平、成功达标组。成功达标组的被试在进行完推理能力测试后，得到的反馈为“你们表现优异，通过了推理能力测试，达到了相应标准”。其他实验条件和实验过程与实验一相同。

实验二的结果如图 11-2 所示。未达标组的被试在四种实验条件下对失败进行归因的趋势与实验一的结果一致，而成功达标组的被试在录像的条件下比在不录像的条件下更倾向于对成功进行内部归因。此外，在录像的条件下，成功达标的被试比未达标的被试进行了更多的内部归因；在不录像的条件下，成功达标的被试只比低改善可能性组未达标的被试进行更多的内部归因。

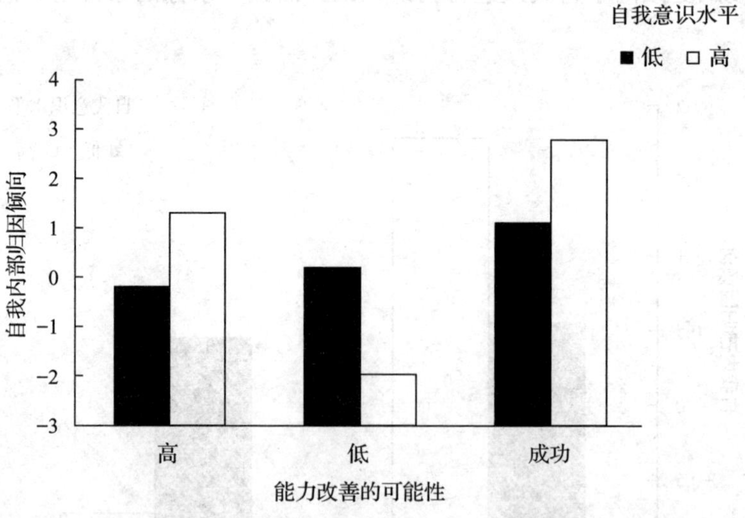

图 11-2　自我意识水平和能力改善的可能性对归因方式的调节

实验一和实验二的结果证实了在自我认知过程中确实存在自我提升的现象，即人们倾向于对自己取得的成功进行内部归因，而且当自我意识水平越高时，这种倾向性会越大。人们对自己失败的归因，则受到自我意识水平和能力改善的可能性的调节。当自我意识水平高且能力改善的可能性高时，人们倾向于将失败进行内部归因；当自我意识水平低且能力改善的可能性低时，人们则倾向于对失败进行外部归因。

二、印象形成——阿希及霍夫曼等人的实验研究

（一）阿希的实验研究

对他人的知觉，或对他人形成印象的过程，是社会知觉中最重要的内容之一，并且这种印象直接影响人们后继的社会行为。社会心理学家阿希（Asch，1946）曾这样描述对他人印象形成的过程："……立即在头脑中形成与他性格有关的某种印象。瞬间的一瞥、寥寥数语的交谈足以让我们对一个极其复杂的生命有大致的了解。"对他人的印象很可能在社会情境对个体行为发生影响的过程中起中介作用，因此对人们的印象形成机制进行具体分析就具有重要的意义。

人们如何形成对他人的印象？阿希对此提出两种不同的可能：其一，印象形成可能是若干互不关联的特征进行简单相加的结果（可以表示为：a＋b＋c＋d＋e＝印象，其中 a、b、c、d、e 为五种特征）；其二，知觉对象的各种特征是相互关联的，印象产生则是将这些互相关联的特征聚集在一起并融合为一体之后的结果，如图 11-3 所示。

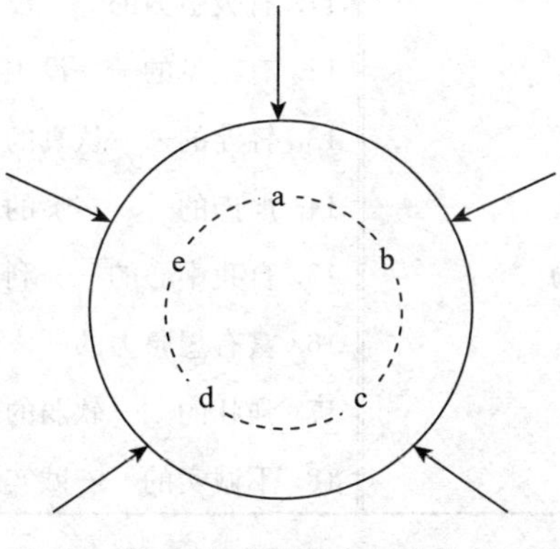

图 11-3　印象形成过程中各种特征互相联系、融合

（采自 Asch，1946）

如何鉴别上述两种假设中何者更符合印象形成的实际过程？按照第一种假设，由于每个特征的作用相同，所以阿希推断：不可能存在比其他特征更有影响力、能统领其他特征的所谓核心特征。如果第二种假设是正确的，那么由于各个

互相联系的特征有机结合，所以在印象形成过程中各特征的重要性可以存在不同，核心特征和不太重要的边缘特征就可能存在。阿希设计了一项实验来鉴别核心特征是否存在。

1. 实验程序

实验涉及两个子实验。大学生被试被随机分为 A、B 两组。实验一中，两组被试都要仔细听一组描述人性格特征的形容词，对被描述者形成某种印象。两组被试听到的单词分别为：

A 组：聪明的、灵巧的、勤勉的、热情的、坚定的、现实的、谨慎的

B 组：聪明的、灵巧的、勤勉的、冷酷的、坚定的、现实的、谨慎的

不难发现，两组词中只有一个词不同（“热情的”和“冷酷的”）。听完形容词后，两组被试要针对被描述者写一段简介，并从 18 对意思相反的形容词（见表 11-1）中选出他们认为最能形容被描述者的词。研究者关注的因变量包括：针对被描述者写的简介，以及在 18 对意思相反的形容词上的选择情况。

表 11-1　18 对意思相反的形容词

1. 宽宏大量的——心胸狭隘的	10. 无情的——仁慈的
2. 愚蠢的——聪明的	11. 有吸引力的——没有吸引力的
3. 悲伤的——快乐的	12. 有主见的——没主见的
4. 脾气急躁的——性情温和的	13. 轻浮的——认真的
5. 幽默的——古板的	14. 严谨的——多嘴的
6. 善于交际的——不善于交际的	15. 自我中心的——利他的
7. 受欢迎的——不受欢迎的	16. 富有想象力的——讲究实际的
8. 不可靠的——可靠的	17. 强壮的——软弱的
9. 重要的——不重要的	18. 不诚实的——诚实的

（采自 Asch，1946）

实验二的程序与实验一相似，只是在实验一的基础上对被试听到的形容词做了简单变化：A 组听到的形容词为“聪明的、灵巧的、勤勉的、有礼貌的、坚定的、现实的、谨慎的”，B 组听到的形容词为“聪明的、灵巧的、勤勉的、粗鲁的、坚定的、现实的、谨慎的”。也就是说，相比于实验一，在实验二中，A、B

组间存在差别的词变成了“有礼貌的”和“粗鲁的”。

此外，实验二简化了被试的任务，不再要求被试对被描述者写文字简介。因此，实验二只有一个因变量，即对 18 对意思相反的形容词的选择情况。

2. 实验结果

让我们看一看实验一中特定特征操纵对被试撰写的人物简介的影响。以下是两组中各一名被试所写的简介：

A 组（“热情的”）：这个人若相信某事是正确的，就希望别人了解他的观点，并能很真诚地与他人讨论，而且愿意看到自己的观点占上风。

B 组（“冷酷的”）：一个相当势利的人，他的成功和聪明使得他觉得高人一等。精于算计且冷漠无情。

可见，A 组被试对被描述者的印象更积极，因此“热情/冷酷”特征似乎在印象形成中起相当重要的作用，也即这个单一特征就可能决定被试是否会对被描述者产生好印象。

另一个因变量的结果也验证了上述观点。研究者将选择形容词对中褒义词的被试人数进行统计，汇总于表 11-2。从表 11-2 中可以看出，“热情”组的被试更倾向于选择某些褒义词（如“宽宏大量的”“聪明的”“幽默的”“受欢迎的”等），并显著高于“冷酷”组选择褒义词的概率。更重要的是，这种褒义词选择倾向的差异仅仅出现在实验一，而在实验二中并未观察到。在实验二中，“有礼貌”组和“粗鲁”组在选择褒义词上的倾向并没有明显差别，这似乎说明相比于“热情/冷酷”，“有礼貌/粗鲁”这个特征在印象形成中只占有边缘地位。

表 11-2　在形容词对中选择褒义词的被试人数百分比　　%

形容词	实验一		实验二	
	A 组（“热情的”）	B 组（“冷酷的”）	A 组（“有礼貌的”）	B 组（“粗鲁的”）
1. 宽宏大量的	91	8	56	58
2. 聪明的	65	25	30	38
3. 快乐的	90	34	75	65
4. 性情温和的	94	17	87	56

续表

形容词	实验一		实验二	
	A组（“热情的”）	B组（“冷酷的”）	A组（“有礼貌的”）	B组（“粗鲁的”）
5. 幽默的	77	13	71	48
6. 善于交际的	91	38	71	48
7. 受欢迎的	84	28	84	68
8. 可靠的	94	99	95	100
9. 重要的	88	99	94	96
10. 仁慈的	86	31	59	77
11. 有吸引力的	77	69	93	79
12. 有主见的	100	97	100	100
13. 认真的	100	99	100	100
14. 严谨的	77	89	82	77
15. 利他的	69	18	29	46
16. 富有想象力的	51	19	30	31
17. 强壮的	98	95	100	100
18. 诚实的	98	94	87	100

（采自 Asch，1946）

有趣的是，“热情”组和“冷酷”组在另一些褒义词（“可靠的”“重要的”“有吸引力的”“有主见的”“认真的”“严谨的”“强壮的”“诚实的”）的选择概率上没有差异。因此，尽管核心特征在印象形成中占有极其重要的地位，但是它并不对所有的方面产生影响，“热情的”一词激活了宽宏大量、聪明、快乐和善于交际等特征，但它和可靠、有吸引力、诚实等特征无关。

这个实验支持了阿希关于印象形成机制所提出的第二个设想，即：印象形成过程中，每个特征的作用并不是等同的，各个特征的影响力不能简单相加，印象形成是各个特征互相影响、有机结合的结果。某些特征联系紧密，并以一个对整体印象产生至关重要影响的核心特征为中心。

（二）霍夫曼等人的实验研究

在阿希的印象形成实验基础上，霍夫曼等人（Hoffman et al.，1981）进一步关注了当看到一个陌生人在不同的情境中表现出不同的行为时，我们会根据怎样的判断标准对其行为信息进行加工并形成印象。

霍夫曼等人提出，人们对他人的行为信息进行加工时存在两种主要的加工策略：一是人格特质导向的加工，二是行为目标导向的加工。前者以行为者表现出的人格特质为加工线索，根据人格特质对观察到的行为进行归类；后者则主要以每个行为事件的目标为主要加工线索，对观察到的行为进行归类。霍夫曼等人认为两种加工策略可能同时存在于一个信息加工过程中，并在印象形成的实验中对人们会倾向于采用哪种加工方式进行了研究。

1. 实验程序

参加实验的被试为60名大学生，男女比例均衡。实验材料为25张卡片，每张卡片都写有一种人格特质、一种行为目标以及一种情境的信息，用以描述某一人物的人格特质、行为目标及所处情境。五种人格特质、五种行为目标和五种情境（见表11-3）按照拉丁方设计进行组合。被试的任务是将25张卡片均分为五类。研究者对任务目的进行了操纵：在以回忆为目的的任务中，研究者告知被试，卡片分类的目的是在接下来的回忆测试中尽可能多地回忆卡片上的信息；在以印象为目的的任务中，研究者告知被试，卡片分类的目的是形成对图片中人物的印象，回答事后有关该人物人格特质的问题。研究者同时操纵了被试是否被外显告知卡片中人物的行为目标这一自变量。因此，实验是双因素被试间设计的实验。

表11-3　霍夫曼等人的实验中使用的人格特质、行为目标以及情境信息

人格特质	慷慨；勤奋；挑剔；狡猾；发脾气
行为目标	减肥；医科院校进修；购买昂贵的外国跑车；和男朋友愉快分手；被选中校园文化报诗歌编辑
情境	图书馆；学生会；琼（Joan）的小屋；琼父母家；旧金山城

2. 实验结果

该实验中的因变量为被试对卡片的分类与实验材料三个维度（人格特质、行为目标、情境）的匹配程度，也就是将被试对卡片的分类分别与固有的特质类别（built-in trait category）、固有的行为目标类别（built-in goal category）和固有的情境类别（built-in setting category）进行匹配。分数从 0（完全不匹配）至 50（完美匹配）。结果如图 11-4 所示，当被试对卡片中的人物形成印象时（印象条件下），无论该人物的行为目标是否被告知，被试都偏好根据人格特质类别进行分类。这说明当人们的观察目的是对他人形成主观印象的时候，主要以人格特质为参考标准，将新的信息片段融合进已有的人格特质印象中，整合形成一个对被观察者的有意义的、完整的印象。与此同时，研究结果也验证了两种加工策略同时存在于信息加工过程的假设，被试会根据任务目的和行为目标信息调整信息加工策略。

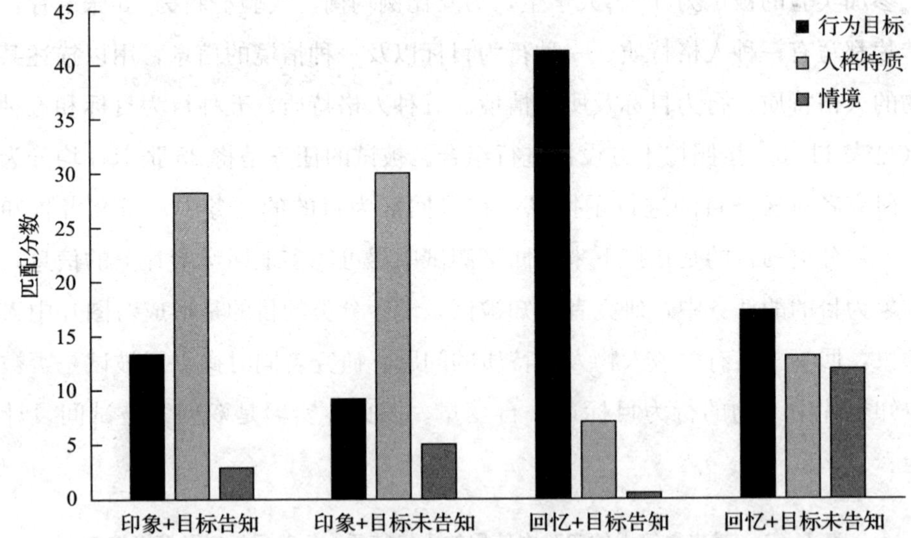

图 11-4　个体对卡片的分类与固有的行为目标、人格特质、情境分类的匹配分数

三、态度改变——费斯廷格等人及内尔等人的认知失调研究

个体已形成的态度会受到新信息或意见的影响而产生变化，这种变化被称为态度改变。态度改变是个人在社会生活中的一种基本现象，也是社会认知研究的传统领域。研究个体的态度改变过程具有重要意义，因为社会环境的动态变化时

刻引发或改变着人们的态度，进而影响着人们的行为。

（一）费斯廷格等人的认知失调研究

费斯廷格（L. Festinger）对态度改变进行了研究并提出了认知失调理论（cognitive dissonance theory）。认知失调理论的前提假设是认为个体具有追求各个态度之间，以及态度与行为之间一致性的需要。根据认知失调理论，当态度和行为出现不一致时，个体就会处于一种失调（out of tune）的状态，这种状态会导致个体产生不适感和紧张感，认知失调对个体越重要，不适感和紧张感体验程度越深。为了摆脱这种失调引起的不适感和紧张感，个体常会改变自己的态度，以此消除态度与行为之间的不一致。

针对态度改变所需的诱因水平，认知失调理论提出了两点预测：一方面，个体表现出与态度相反的行为需要足够强的诱因水平；另一方面，如果诱因水平超过一定限度，给予越多的诱因让个体去做与态度相反的事，个体就越不可能改变态度以证明自己的行为是正确的，而且也几乎不会引起失调。

1959 年，为证明上述的理论假设，费斯廷格和卡尔史密斯（J. M. Carlsmith）进行了一个经典实验。71 名男生参与了该实验。实验前，被试被告知这个实验是有关绩效考评的，首先进行的一个任务是用一只手从一个装有 12 个线轴的托盘中取出线轴放在桌面上，然后再将线轴放回原处，如此循环往复。30 分钟后，被试被要求进行另一项任务，主试给被试一块钉有 48 个方栓的板，被试的任务是按顺时针方向将每个方栓旋转 90°，并循环往复做 30 分钟！移动线轴和转动方栓任务是为了使被试产生枯燥感。

完成这两项绩效考评任务后，主试告诉被试离本来约定的两个小时实验时间还剩不到一个小时，这段时间里被试还必须参加一个由心理学系学生组织的有关被试感受话题的访谈。被试被分为实验组和控制组，控制组被试在完成上述任务后，即被带进另一个房间接受访谈。实验组被试在完成绩效考评任务后，接受访谈前，主试提供给被试虚假的研究目的信息："本实验其实是要考察先前给予被试的信息是否会影响工作绩效。我们将被试分为两个组，你们属于 A 组，在实验前没有得到任何与实验相关的信息，而对 B 组的被试，在实验前，我们告知他们这些实验任务是非常有趣的。"之后，主试向实验组被试提出寻求帮助的请求，希望他们能够向下一个准备参加实验的被试传递关于此项工作的正面信息，主试会付给他们一定数量的美元作为提供帮助的报酬。关键的实验操纵在此时被引入：他们中的一些人被告知报酬是1美元，而另一些人则被告知报酬是20美元。最终，全部被试被随机分为三组：控制组，被试没有被要求说谎；第一个实验组，被试因向后来的“被试”说谎而得到1美元的报酬；第二个实验组，被试因向后来的“被试”说谎而得到20美元的报酬。

几乎所有的被试都同意帮助主试告诉下一个被试这个任务很有趣。被试同意提供帮助后，主试便交给他一张纸并付给他1美元或20美元，纸上写着这样一段话：“这项实验任务非常有趣，我从中获得了快乐，我很高兴，这是激动人心的、令人兴奋的。”被试紧接着被带入另一间房间和新来的“被试”在一起单独待上两分钟。两分钟后，两个实验组的被试都被带入访谈室，进行访谈。实验组和控制组访谈内容完全一样，都是要求被试对自己实际上对这项工作的喜欢程度做出评价，此即该实验的因变量。

实验结果见表11-4，三组被试在因变量指标上出现了显著性差异，因说谎得到1美元报酬的被试对这些枯燥的绩效考评任务的喜欢程度显著高于那些得到20美元报酬和没有说谎的被试。这一结果很好地验证了此前费斯廷格认知失调理论中的假设：高报酬为从事这些枯燥的绩效考评任务提供了充分理由，因此得到20美元报酬的实验组被试体验到较少失调。而对于说谎却只能得到1美元的被试而言，他们无法为自己的矛盾行为找到合理的托词，因此会体验到更大的认知失调，从而促使其态度发生改变以减少失调。

表11-4 每种实验条件下的被试对访谈问题回答的平均评定值

问题	控制组	1美元组	20美元组
1. 任务是否有趣（−5～+5）	−0.45	+1.35	−0.05
2. 有多大收获（0～10）	3.08	2.80	3.15
3. 科学价值如何（0～10）	5.60	6.45	5.18
4. 是否愿意再参加类似的实验（−5～+5）	−0.62	+1.20	−0.25

注：“+”表示任务乐趣更多或更愿意参加类似实验。

（采自 Festinger & Carlsmith，1959）

在此实验中，1美元组的被试具有以下四种认知：(1) 我参加了一个实验，这个实验很枯燥；(2) 我告诉别人实验很有趣；(3) 这样做，我得到了1美元；(4) 我是个诚实的人。其中，(2) 和 (3) 均属无法更改的事实，而被试又要维护 (4)“我是个诚实的人”这样的积极自我形象，因此就只有改变 (1) 中的认知因素——从认为实验枯燥无味改变为认为实验任务有意思，以此来降低认知失调。对于得到20美元的实验组被试来说，其认知的失调量就比较低，因为20美元可以成为说谎的较充足的理由：“我虽然说了一个小小的谎，但我得到了20美元。我基本上还是个诚实的人，谁不会说一个无伤大雅的小谎呢?”因此该组被试对该项工作的态度基本无改变。

进而，费斯廷格提出认知失调量的计算公式：

$$\text{认知失调量}=\frac{\text{不一致认知成分}\times\text{重要性}}{\text{一致认知成分}\times\text{重要性}}$$

$$1\text{美元组认知失调量}=\frac{\text{我是个诚实的人}\times(5)}{\text{我得到报酬}\times(1)}$$

$$20\text{美元组认知失调量}=\frac{\text{我是个诚实的人}\times(5)}{\text{我得到报酬}\times(20)}$$

其中，做一个诚实的人的认知对所有被试的重要性都被假设为5。由于得到的报酬量决定了公式的分母，1美元组的认知失调量显然比20美元组大得多。失调量越大，个体越感到不舒服，要求改变的动力就越强，表现出越明显的态度改变。该实验的结果支持了费斯廷格的认知失调理论。

(二) 内尔等人的认知失调研究

费斯廷格和卡尔史密斯的这一经典实验引起了研究者的广泛关注和探究。内尔等人（Nel et al.，1969）进一步设计实验证明，个体的认知失调是由自我概念和行为结果之间的不一致性引起的，并且会对第三方的态度产生影响。

1. 实验程序

在内尔等人的实验中，主试通过调查得克萨斯大学奥斯汀分校心理学系学生对一些前测项目的态度来筛选被试。所有的学生需按照1分到19分的标准对这些前测项目进行评分，1分是强烈反对，19分是强烈赞成，10分是中性态度。实际上，主试只关注被试对其中一个前测项目的态度，该项目为“对于超过21

岁的人来说，吸食大麻不应该有法律的限制”。在 297 名女性样本中，超过 41%的人强烈反对此声明，选择了量表中的 1 分。被试则从这部分人中选取，最终有 42 名在校女大学生参与实验。

被试来到实验室后，主试诱导其录制声明支持大麻合法化的视频，并且告诉被试她们的视频将会随机派给另外三组观众（反对大麻合法化的观众、赞成大麻合法化的观众和中立的观众）中的一组进行观看，目的是改变这些观众对大麻合法化的态度，劝说这三组观众更支持大麻合法化。实验的关键之处在于录制视频所给予的报酬不同，一半的被试获得 0.5 美元的报酬，而另一半获得 5 美元的报酬。因此，此实验是一个 2（报酬：0.5 美元，5 美元）×3（观众类别：反对的观众，赞成的观众，中立的观众）的两因素实验设计，包括 6 种条件，因变量为观众观看视频前后对大麻合法化的态度改变量。

2. 实验结果

实验结果为，与其他两组观众相比，中立的观众在观看两种不同诱导条件下录制的视频后，对大麻合法化的态度改变最大，且达到了显著性水平。相比于观看那些获得 5 美元的被试录制的视频，在观看那些获得 0.5 美元的被试录制的视频后，中立的观众态度改变更大，对大麻合法化的赞成度更高。

此实验更多地关注观众的可说服性这一变量。处于中立的观众更容易被说服，并且被试在录制的视频中提倡大麻合法化也给观众带来了较大的影响。在中立条件下，动机与态度改变存在反向关系。被试只获得 0.5 美元报酬时，动机水平较低，他们本是反对大麻合法化的，却在没有正当理由的情况下（报酬较少）表示支持，此种行为极大地破坏了被试的自我概念，使被试出现了更多的认知失调。为了减少这种失调，他们在录制视频时会有更充分的准备和更多理由来表示对大麻合法化的赞成。这可能是中立的观众发生态度改变，表现出赞成大麻合法化的原因。而对于获得 5 美元的被试来说，这些报酬足以成为劝说别人的理由，动机更强。他们不用调动过多的资源来劝说自己赞同大麻合法化，因而视频的说服力度下降。相对而言，中立的观众就没有那么赞同大麻合法化。

内尔等人认为自我概念与行为结果的不一致性是产生认知失调的关键之处，

认知失调的产生甚至会对第三方的态度产生影响，这与费斯廷格的认知失调理论有所不同。

第二节　人际交互中的社会认知

在社会生活中，人们总是需要和他人进行互动。一些心理学家提出，共情这种互动的基础也是保障个体生存的前提之一。共情（empathy）指的是对他人情绪和情感体验的理解与共享，即通常说的“感同身受”。近期，借助于神经成像技术，研究者们得以对共情的神经机制进行深入的探讨，为我们揭开人类认知的又一个秘密。

一、疼痛共情研究

（一）疼痛共情的神经机制

疼痛是一种复杂的生理心理活动，指伤害性刺激作用于机体所引起的痛觉，以及机体对伤害性刺激的痛反应，常伴随强烈的情绪色彩。已有关于疼痛的研究表明，伤害性刺激引发的痛觉显著激活了“疼痛矩阵”，包括次级躯体感觉皮质(secondary somatosensory cortex)、脑岛（insula）、前扣带回（anterior cingulate gyrus）、小脑（cerebellum）、辅助运动区（supplementary motor areas）、丘脑(thalamus)、初级躯体感觉皮质（primary somatosensory cortex）等区域。

辛格等人（Singer et al.，2004）想要在既往研究的基础上，进一步探究疼痛共情的神经机制及其与自我受痛过程涉及的神经机制的异同。他们认为，疼痛共情不会引发整个疼痛矩阵的激活，只会激活疼痛经历中与情感相关的脑区。

1. 实验程序

辛格等人选取了16对夫妻作为被试，实验中仅扫描女性被试自我受痛（亲身经历疼痛刺激）以及疼痛共情（得知自己的丈夫经历疼痛刺激）过程中的大脑活动。具体实验过程为，被试的丈夫坐在磁共振扫描仪旁边，躺在扫描仪里的被试通过镜子能够看到自己和丈夫的右手以及一个屏幕，实验中屏幕上将呈现线索提示被试接下来是她自己还是她的丈夫将要接受电击，以及受到的是低压电击（不会引发疼痛）还是高压电击（会引发疼痛）。每种情况进行 20 个试次，顺序随机。疼痛刺激通过安放在手背部的电极施加。

扫描过程结束后，主试采用平衡情感移情问卷（Balanced Emotional Empathy Scale；Mehrabian，1997）和移情关怀问卷（Empathic Concern Scale；Davis，1980）对被试的共情能力进行测试。

2. 实验结果

实验结果表明，当被试受到高压电击时，与受到低压电击时相比，其疼痛矩阵的相关区域，如对侧初级躯体感觉皮质/躯体运动皮质、双侧次级躯体感觉皮质/脑岛后部、双侧脑岛前部和中部、前扣带回、右侧腹外侧和背中侧丘脑、脑干（brainstem）中部和右侧小脑均有较强激活，这表明被试经历了正常的自我受痛过程。进一步考察疼痛共情过程的脑激活，发现与受到低压电击相比，当丈夫受到高压电击时，被试的前扣带回、双侧前脑岛、脑干和小脑等区域均有较大的激活。进一步的联合分析（conjunction analysis）表明，前扣带回、双侧前脑岛、脑干和小脑在自我受痛和他人受痛时有共同的激活（如图 11-5 所示）。其中，前扣带回和前脑岛被认为参与疼痛的自主情感成分的加工。研究者进一步考察了被试的共情能力得分与这两个脑区激活程度的关系，结果发现，被试共情能力的个体差异能够正向预测其疼痛共情时前扣带回、左侧前脑岛的激活程度。这些结果表明，前扣带回和前脑岛是人类疼痛共情过程的关键脑区。

上述实验结果验证了辛格等人的假设，即疼痛共情激活了疼痛矩阵中与情感体验相关的脑区，即前扣带回和前脑岛，且这两个脑区的活动强度与个体的共情能力有显著正相关，它们可能是我们对他人产生共情的神经基础。

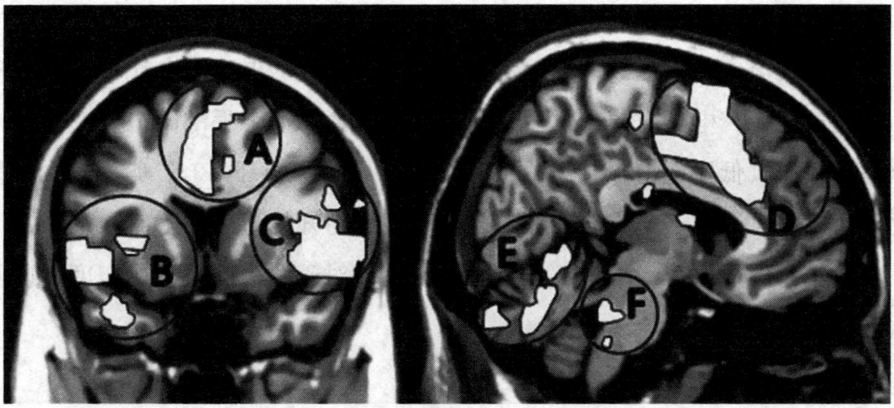

A、D：前扣带回　　B、C：双侧前脑岛　　E：小脑　　F：脑干

图 11-5　自我受痛和他人受痛时共同激活的脑区

（二）人际关系对共情的影响

对共情神经机制的研究历来是社会神经科学的热点领域。上述辛格等人的实验已经证明了亲身经历和共情体验发生时存在部分共同的神经机制，但这些神经机制是否受到共情主体与客体间关系的影响，尚不得而知。为此，辛格等人（Singer et al.，2006）进一步设计实验，对上述问题展开探索，并预期与个体有积极情感联系的客体会诱发个体更强烈的共情体验。

1. 实验程序

研究者通过囚徒困境（prisoner's delimma）游戏来构建不同公平水平的同盟者，以此操纵被试与共情客体（同盟者）间的情感联系。在被试进入实验室后，向其介绍两名同性同盟者（实际为实验助手），告知被试他们将与每个同盟者完成一个投资游戏。在游戏中，被试一开始拥有 10 个代币，他们需要先决定将多少代币投资给同盟者，然后同盟者通过返回一定量的代币（0～10 个代币）进行回报。此过程中不论是被试投资的代币还是同盟者返回的代币，都将有 3 倍的兑换比。实验的关键操作在此时引入：在实验中，一个同盟者总是给出较大的回报额，即“公平”的同盟者，另一个同盟者总是给出较小的回报额，即“不公平”的同盟者。

囚徒困境游戏结束后，研究者开始进行疼痛共情实验，实验将通过磁共振仪记录被试在自己体验疼痛和对同盟者疼痛进行共情时的脑活动。不论是自己还是同盟者经历的疼痛程度都可以分为高、低两种，通过对手背施加电击的强度来操纵，高强度的电击可以让被试产生疼痛感，而低强度的电击不会让被试产生疼痛感。实验过程中，电击对象（自己、公平的同盟者、不公平的同盟者）与电击强度（高压电击、低压电击）共组成 6 种条件，每种条件下 10 个实验试次，呈现顺序随机，被试通过不同方向和颜色的箭头线索得知接下来属于何种条件。

实验结束后，研究者采用 5 点量表评定被试对于两个同盟者的态度，以及想要报复他们的程度。

2. 实验结果

被试对囚徒困境游戏中表现公平的同盟者有更积极的评价，认为他们更公平、更友善和有吸引力，也更喜欢他们。

脑成像的结果表明，当被试自己受到高压电击时，相比受到低压电击，被试的前脑岛和前扣带回等疼痛矩阵区域有更大的激活。这与既往研究结果是一致的。而当公平的同盟者受到高压电击时，被试的双侧前脑岛/额岛皮质（fronto-insular cortex）和脑干也均有显著激活，同时，女性被试前扣带回激活显著，而男性被试的前扣带回激活边缘显著。这表明被试对公平的同盟者产生了疼痛共情。

当不公平的同盟者遭受高压电击时，被试有关疼痛共情的脑区会激活吗？脑成像结果表明，与公平的同盟者相比，当不公平的同盟者遭受电击时，被试额岛皮质的激活程度较小，且存在性别差异，男性被试表现出比女性被试更弱的额岛皮质激活（如图 11-6 所示）。

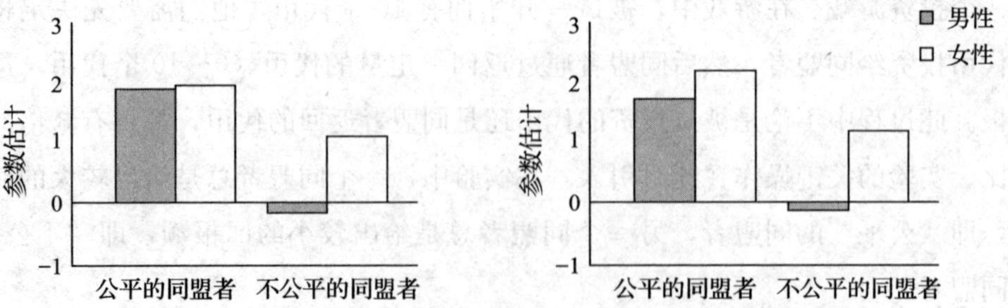

图 11-6 同盟者受到高压电击时不同性别被试额岛皮质激活程度

此外，脑成像结果还发现，当被试观察到不公平的同盟者遭受高压电击时，与公平的同盟者遭受高压电击相比，男性被试的伏隔核（nucleus accumbens，属于腹侧纹状体）激活更强，而在女性被试身上则没有发现显著性差异。

既往研究表明伏隔核与奖赏、惩罚等心理过程有关（Cardinal，2002；Schultz，2000），因此实验中男性被试伏隔核的激活可能是其报复欲望的反映。对被试的后测表明，男性被试确实比女性被试表现出更强的报复欲望。而且男性被试的报复欲望与伏隔核的激活程度呈显著正相关（$r=0.68$，$p<0.05$）。

上述实验结果基本证实了辛格等人的预期，即共情者与共情对象之间的关系确实对共情体验及其神经机制具有调节作用，与共情者有积极情感联系的共情对象会诱发更强烈的共情体验。

二、人际冲突与合作

我们每个人都无法孤立地生活，都需要与他人进行物质和情感的互动。在这种社会互动过程中，人们各自的目标常常会有矛盾，进而使得彼此处于冲突状态。冲突不仅会出现在个体之间，也会出现在团体之间甚至国家之间。面对这些冲突，人类是如何解决的呢？答案似乎有些令人沮丧，离婚成为夫妻间解决冲突的首选方式，劳资谈判也往往演变成一场又一场的罢工；而最令人沮丧的是，时至今日，战争及恐怖主义依然是国际争端中常见的解决方式。面对冲突，为何我们人类，这个星球上最高级的智能生物，会一次又一次做出“双输”的选择呢？心理学家、社会学家、经济学家、人类学家、政治学家、历史学家都试图从不同的学科视角和侧重点解答这一问题，而心理学家更加关注冲突情境在认知、情感和行为三个层面上所体现出的规律性和特殊性，并采用实验的方法研究冲突，在实验室中探索冲突的本质、原因和解决办法。

我们将以斯坦福大学哈勒维等人（Halevy et al.，2012）开展的一系列研究阐述实验法是如何运用到冲突与合作的实证研究当中的。在这项研究中，哈勒维等人试图证明个体的认知在冲突与合作中扮演着举足轻重的角色，同样的一个情境，不同的个体有可能产生不同的主观认知，而个体的这种认知结果将会进一步影响他的行为。

（一）对冲突情境的主观表征

已有研究表明，根据认知经济原则，人们会将社会互动情境简洁化，形成相对直接明了的主观表征（Abelson，1981；Carroll，Bazerman，& Maury，1988；March & Simon，1958）。具体来说，人们倾向于将社会互动过程简化为涉及两个人的游戏，游戏中每个人只有两种策略可供选择（竞争或者合作），这样就将形成四种互动情况：合作—合作、合作—竞争、竞争—合作、竞争—竞争。理论上，双方对每种互动情况所产生的结果都会有自己的主观倾向，这种倾向可以通过要求个体根据主观认知对每种互动情况下自己的获益程度进行 4 点评分（4 分代表对自己最有利，1 分代表对自己最不利）来测量，那么这种两人互动的情境在考虑了双方的主观认知后将演化出 576 种可能性，即任何两个个体对其参与的两人互动情境的主观表征只有 576 种可能（Rapoport & Guyer，1966）（这是一个数学中的排列组合的问题，互动双方分别需要将 1 分、2 分、3 分、4 分四个等级分数分配给上述四种互动情况，那么每一方将有 4×3×2×1＝24 种分配方法，互动双方最终就有可能形成 24×24＝576 种表征方式）。哈勒维等人认为互动双方对互动情境的主观表征可能主要限定在几种情形上，并用实验法探究了具体哪几种主观表征是互动双方对互动情境的主流认知。

1. 实验程序

研究者选取了 160 名在校大学生作为被试，并通过指导语和背景资料令被试假定自己正代表某家公司与另一家公司进行谈判，谈判的主题是两家公司将共同建立一家合资企业，但需要就出资比例、管理权限等进行协商。研究者告知被试对方有可能表现出积极合作的行为（如提供准确的信息，在某些非关键事项上做出让步），也有可能表现出竞争的行为（提供虚假的信息，在一些非关键事项上拒绝做出让步），被试需要根据自己的主观认知对以下四种谈判结果（见表 11-5）进行 4 点评分，4 分代表对自己最有利，1 分代表对自己最不利。

表 11-5 谈判结果主观评定表

谈判结果	我的收益	对方收益
谈判过程中谈判双方都进行了积极合作		
谈判过程中我方进行了合作，而对方却表现出竞争行为		
谈判过程中对方进行了合作，而我方表现出竞争行为		
谈判过程中谈判双方都表现出竞争行为		

（采自 Halevy，Chou，& Murnighan，2012）

2. 实验结果

实验结果表明，72%的被试将上述互动情境表征为以下四类情形之一：差异最大化博弈（maximizing difference game，23%）、保证博弈（assurance game，18%）、懦夫博弈（chicken game，9%）和囚徒困境（22%）。每种情形互动双方的评分情况见表 11-6。

表 11-6 互动情境主观评定表

		他方	
	策略	合作	竞争
差异最大化博弈			
己方	合作	4，4	2，3
	竞争	3，2	1，1
保证博弈			
己方	合作	4，4	1，3
	竞争	3，1	2，2
懦夫博弈			
己方	合作	3，3	2，4
	竞争	4，2	1，1
囚徒困境			
己方	合作	3，3	1，4
	竞争	4，1	2，2

（采自 Halevy，Chou，& Murnighan，2012）

实验结果证明了哈勒维等人的假设，即存在主要的互动情境表征方式。哈勒维等人进一步对这四种主要的表征方式进行了解读。差异最大化博弈表征了相对温和的一种互动情境，在这种情境中无论对方做何选择，个体主导性的策略都应该是合作，选择竞争的唯一原因将是想要伤害对手，因为选择竞争在造成对手损失的同时，自己的收益也会减少。保证博弈也表征了较温和的一种互动情境，双方合作将使双方都获得最大的利益，个体的主导策略应该是趋同对手的选择，而选择竞争的原因则有可能是出于对对手竞争性选择的担忧。懦夫博弈表征了一种冲突较为显著的情境，双方在对手合作而自己竞争的情况下将取得己方利益的最大化，但如果双方都选择了竞争，那么将是“双输”的最差局面。囚徒困境则表征了冲突最激烈的情境，双方最佳的策略就是竞争，竞争能够保证己方利益的最大化，消除被对方出卖或者利用的可能性。表 11-7 列出了上述四种互动情境下个体的策略选择及心理过程。

表 11-7　不同互动情境下个体的策略选择及心理过程

	差异最大化博弈	保证博弈	懦夫博弈	囚徒困境
目标相容度	高	中	中	低
竞争动机	攻击性	自我保护（恐惧）	自我提升（贪婪）	攻击性、贪婪、恐惧
个体最佳策略	一直合作	与对手策略一致	与对手策略相反	一直竞争
终局形式	双方合作	双方竞争或合作	一方竞争一方合作	双方竞争

注：目标相容度指的是游戏双方潜在的冲突程度，目标相容度越高，冲突程度越低。
（采自 Halevy，Chou，& Murnighan，2012）

（二）冲突情境的表征方式对合作行为的影响

在上述实验的基础上，通过对四种互动情境下双方心理过程的分析，哈勒维等人认为，个体的合作行为将受到其对互动情境主观表征类型的影响，合作行为率在差异最大化博弈、保证博弈、懦夫博弈和囚徒困境四种表征中依次下降，且将情境表征为保证博弈或懦夫博弈的个体相较于将情境表征为差异最大化博弈或囚徒困境的个体，更易受到对手表征类型的影响。为验证上述假设，哈勒维等人开展了以下实验。

1. 实验程序

有 128 名被试参与了实验，平均分配到差异最大化博弈、保证博弈、懦夫博弈和囚徒困境四种情境中。每种情境中被试己方的收益模式根据所处情境的不同固定不变，而对手的收益则根据差异最大化博弈、保证博弈、懦夫博弈和囚徒困境四种情境依次发生变化，这样就形成了 4（己方情境类型）×4（对手情境类型）的混合设计，其中己方情境类型为被试间变量，而对手情境类型为被试内变量。这样，每名被试将完成四次不同互动情境的任务。在任务进行的过程中，研究者直接将每种情境下互动双方的收益矩阵呈现给各自组别的被试，并要求被试选择是合作还是竞争。实验前，研究者告知被试，将根据他们与对手交互决策的结果给予他们额外的实验报酬。

2. 实验结果

实验结果表明，差异最大化博弈情境中的被试合作行为率最高（93%），囚徒困境情境中的被试合作行为率最低（27%），而保证博弈、懦夫博弈情境中的合作行为率适中（40%～80%，如图 11-7 所示）。这说明不论对方表征类型如何，处于互动情境中的个体（己方）对于情境的主观认知将决定其合作行为的产生与否。此外，保证博弈、懦夫博弈情境中 48%的被试在与对手进行的四次互动中，其行为至少发生了一次变化，而差异最大化博弈和囚徒困境情境中只有

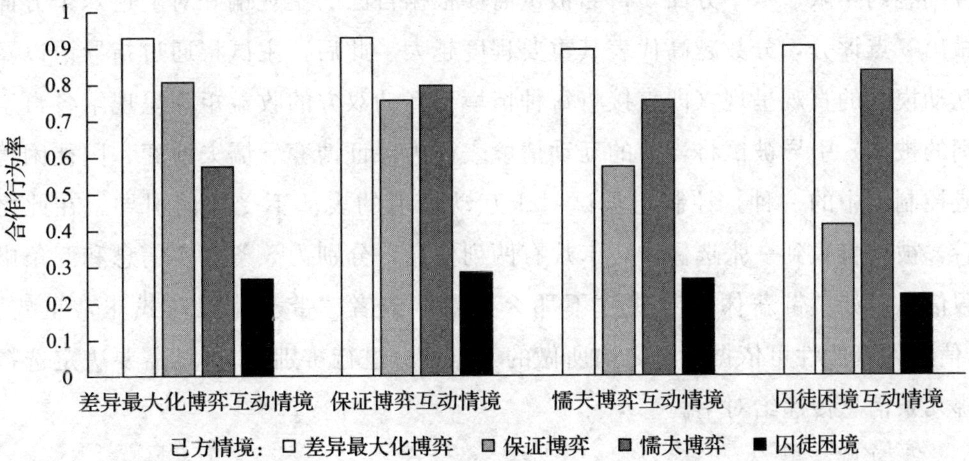

图 11-7　不同游戏中被试的合作行为率

28%的被试发生了一次行为变化，这说明前两个类型的被试更易受到对手表征类型的影响。实验结果证实了哈勒维等人的假设，即对冲突情境的主观表征方式对个体合作行为具有重大的影响。

（三）冲突情境的表征方式对欺骗行为的影响

哈勒维等人认为，将互动情境表征为懦夫博弈会令“完全理性”的一方倾向于采取具有冒险性但可为自己带来巨大收益的竞争行为，这种行为的动机往往是贪婪。在保证博弈和差异最大化博弈的表征下，并无贪婪动机的个体会做出竞争行为，而在囚徒困境的表征下，个体竞争行为背后的动机除了贪婪外，可能还包含恐惧。根据既往研究的结果，贪婪往往会驱使个体做出欺骗行为，进而使自己获取利益（Boles，Croson，& Murnighan，2000；Cohen，Gunia，Kim-Jun，& Murnighan，2009；Gneezy，2005；Steinel & De Dreu，2004）。哈勒维等人认为，如果个体将互动情境表征为懦夫博弈，那么相较于其他三种表征，个体在互动过程中将出现更多的欺骗行为。哈勒维等人进一步设计了如下实验加以验证。

1. 实验程序

共有 96 名大学生参与了实验，每名被试来到实验室后进入独立的房间，主试告知他们需要与另一名被试进行一场“劳资谈判”，谈判内容涉及“涨薪幅度、带薪休假天数、引入弹性工作制、社会保险缴纳、绩效反馈改革、劳动合同签约年限”六个方面，每名被试需要根据自己的主观偏好对上述六个方面做出 5 点评分，分数越高代表其重要程度越大。此后，主试将通过指导语以及互动模式的直观呈现（即直接将每种情境下互动双方的收益矩阵呈现给各自组别的被试）引导被试将当前的互动情境表征为保证博弈、懦夫博弈、囚徒困境或控制组中的一种，控制组被试对于互动情境的表征不受任何引导。在此之后，被试将收到一张选择卡，卡片有两列信息，分别为 5 条真实信息和 5 条虚假信息，如“带薪休假对我并不那么重要”或者“带薪休假对我非常重要”（信息的真假性可依据被试之前所做的 5 点评分进行辨别），被试需要决定选择哪几条信息传递给对手。

2. 实验结果

将互动情境表征为懦夫博弈的被试平均提供了 2.68 条虚假信息，显著多于保证博弈、囚徒困境表征组以及控制组被试传递的虚假信息数（如图 11-8 所示）。实验结果证实了哈勒维等人的假设，即将互动情境表征为懦夫博弈会诱发个体做出更多的欺骗行为。

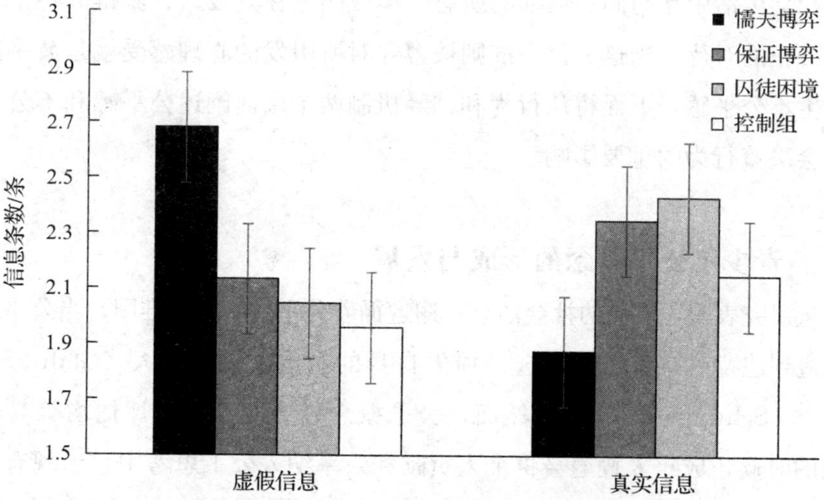

图 11-8　不同游戏中虚假信息及准确信息的条数

研究者成功地用实验法对人际冲突与合作的心理机制进行了深入探讨，并取得了丰硕成果。上述实验结果显示，在面对冲突情境时，人们会产生四种主要的主观情境表征类型，即差异最大化博弈、保证博弈、懦夫博弈和囚徒困境，其中懦夫博弈情境表征会诱发个体更多的欺骗行为。同时，个体主观情境表征类型和对手情境表征类型的知觉共同影响合作行为的发生。

第三节　公平概念与不公平感

在传统的经济学理论中，人被认为是绝对理性的，总是以利益最大化为目标。然而，因提出前景理论而获得诺贝尔经济学奖的卡内曼及其合作者的一系列研究发现，一些心理因素会使人们在判断和决策时出现系统性偏差，从而偏离利益最大化的目标，表现出非理性的行为（Kahneman & Tversky，1979）。其中，违背公平准则而引发的不公平感知对社会决策行为的影响及相应脑机制一直是研究的热点之一。公平是存在于人们心目中的一种人际交互上的基本社会准则，一般是指社会生活中参与同一活动的所有个体或团体在其投入、获得等各个方面都应受到公正的对待。当这一公平准则被遵守时所引发的心理感受就是公平感，反之则产生不公平感。下面将从行为和神经机制两个层面阐述公平感和不公平感对人类社会决策行为的重要影响。

一、青少年公平概念的形成与发展

大量研究表明，人类的社会活动普遍遵循着公平这一社会准则，当公平这一社会规范遭到违背时，人们甚至选择损失自身的利益去惩罚他人（Güth，Schmittberger，& Schwarze，1982）。然而，公平概念较为复杂，当评估均等与公平之间关系的时候，成年人普遍会将个人贡献和效率纳入公平思考中，出现有时会将一些均等分配视为不公平，也会将一些不均等分配视为公平的情况。那么，人类的公平概念是与生俱来的吗？如果不是，那么它又是如何一步步演变而来的呢？为了解答这个问题，阿勒姆斯等人（Alåms et al.，2010）以青少年为研究对象，通过两个实验探索了公平概念的发展与演变。

（一）实验一：个体贡献对公平概念的影响

1. 实验程序

研究者以五年级到十三年级的学生作为被试，告知他们将要共同完成一个包含两个阶段的游戏。在第一阶段，他们可以选择登录“任务网站”，也可以选择登录“娱乐网站”。“任务网站”所有的网页都由一系列的三位数字组成，被试的任务就是标记出嵌在一系列三位数字当中重复出现的某一特定数字，而在“娱乐网站”，他们可以玩电脑游戏、观看视频短片或读卡通漫画。第一阶段持续 45 分钟，被试可以自主决定花在这两个网站上的时间。第一阶段结束后，电脑计算出每个人标记出特定数字的个数，而后根据随机选择的结果，每个标记出的数字可以兑换到 0.4 挪威克朗（约 0.32 元人民币）或 0.2 挪威克朗。在第二阶段，被试随机和同年级的某个学生组队，他们在第一阶段获得的报酬将合并在一起。由被试决定双方如何分配两人兑换到的总报酬。此过程中，双方各自所投入“任务网站”的时间、所标记出的特定数字的个数、兑换价格都是公开的。

2. 实验结果

结果表明：在第一阶段，被试能够克制诱惑，将绝大多数时间（约42分钟）都用在了“任务网站”上；而在第二阶段，被试给队友较高的分配份额（接近45%，计算方式为被试分配给搭档的金额与总金额的比值）。统计分析发现：年龄上，五年级和十三年级被试的分配份额之间没有显著性差异；性别上，各年龄段男女的分配份额也无显著性差异（如图11-9所示）。

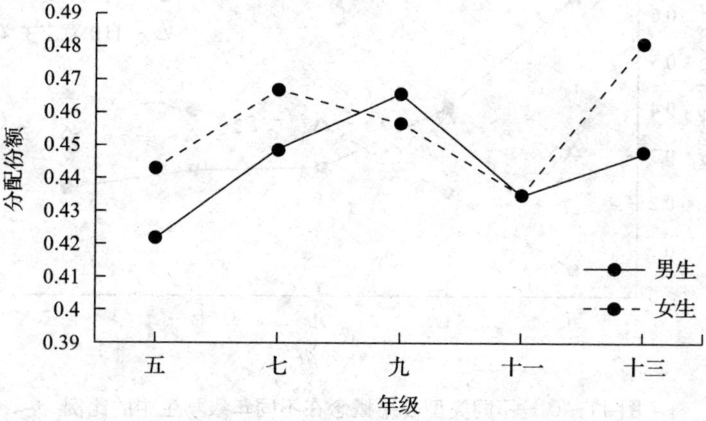

图11-9　不同年级、不同性别学生的分配份额均值

进一步的回归分析表明，当以队友在第一阶段标记出特定数字的个数来预测被试在第二阶段获得的分配份额时，预测效应具有显著的年龄差异。五年级学生预测效果最差，七年级学生预测效果有一个极大的提高；从七年级到十三年级，预测效果也有一个显著提升，但总体较为稳定。回归系数的变化趋势没有性别差异。当以反映运气成分的相对价格（即被试自己的兑换比除以队友的兑换比）来预测队友在第二阶段获得的分配份额时，预测效果上没有发现年龄差异或性别差异。

此外，阿勒姆斯等人综合既往的研究成果，认为有三种不同类型的公平概念，概括为：(1) 认为所有的不均等都是不公平的严格平等主义（strict egalitarianism）；(2) 认为多劳多得是公平的功绩主义（meritocratism）；(3) 认为所有的不均等都是公平的自由意志主义（libertarianism）。阿勒姆斯及其同事根据已有研究成果建立了模型，估算出上述三种公平观念所对应的分配模式，据此对五至十三年级学生的公平概念进行了类别统计（如图 11-10 所示）。结果表明：自由意志主义者的人数比例在各个年级基本没有变化；严格平等主义主要出现在低年级学生身上，严格平等主义者随着年级上升而减少，大部分五年级学生都是严格平等主义者，这个年级基本无功绩主义者；功绩主义者的人数比例则随着年级的上升而增加，到了十一和十三年级，功绩主义者开始占有数量优势。

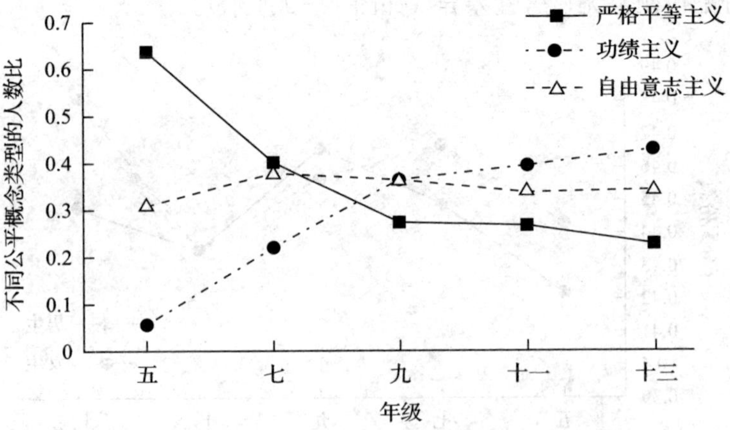

图 11-10　不同类型公平概念在不同年级学生中的比例

（二）实验二：分配效率对公平概念的影响

1. 实验程序

被试同样为五年级到十三年级的学生。实验过程如同实验一中的第二阶段，即在被试与同年级的另一名同学随机配对之后，主试直接要求他们分配一定数量的代币给对方，并告知他们自己保留的代币只能兑换到 1 挪威克朗，而分配给队友的代币能兑换的金额将乘以一定的倍数（共有四种不同的倍数：1、2、3、4）。倍数是被试内变量，出现顺序随机。

2. 实验结果

结果表明，五年级和七年级的学生基本没有受到兑换倍数的影响，而随着年级的升高，兑换倍数的影响越来越大。性别上，就女生而言，兑换倍数的影响只体现在十三年级学生身上；而男生则在青春期后期受兑换倍数的影响更大（如图

11-11 所示)。从九年级开始,效率思维的影响出现显著的性别差异。

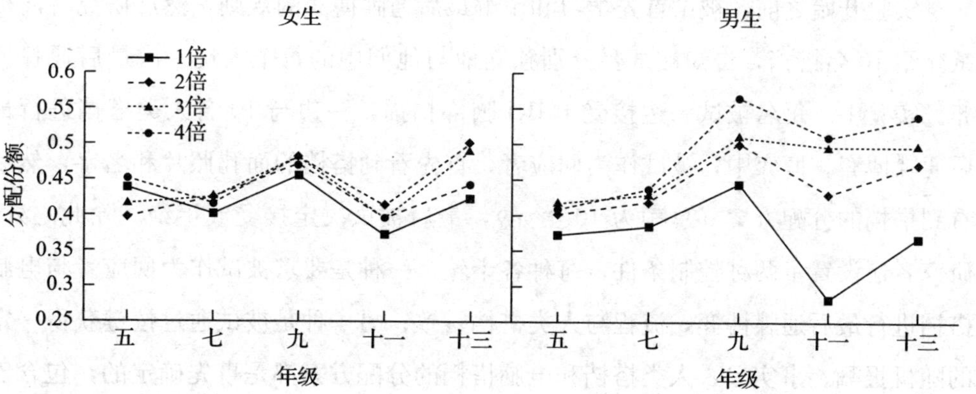

图 11-11　不同兑换倍数下不同年级学生的分配份额均值

综合实验一和实验二的结果,研究者发现关于公平的概念在青春期发生了根本性的变化。随着年龄的增长,严格平等主义的公平概念逐渐减弱,而功绩主义的公平概念变得越来越重要,儿童逐渐像成人一样,将个人贡献(而非运气)纳入公平思考。

二、不公平感影响社会决策的脑机制

近年来,随着脑功能成像技术在心理学各个领域的广泛应用,社会认知的研究也从最初的行为层面逐步扩展到神经层面,也由此产生了社会认知神经科学这一崭新的研究领域。公平准则违反所引发的不公平感知如何影响社会决策及其神经机制的探索自然也成为社会认知神经科学研究者关注的热点,其中桑菲等人(Sanfey et al., 2003)采用经典的最后通牒博弈(ultimatum game)实验范式结合 fMRI 技术开展的实验研究具有里程碑式的意义。

(一)实验程序

研究者采用 fMRI 技术,扫描 19 名被试参与最后通牒博弈过程中大脑的活动情况。在最后通牒博弈中,要求两个合作者一起来分配收益(此实验中是 10 美元)。其中一个提出分配方案(提议者),另一个对此做出接受或拒绝反应(回应者)。接受表示同意按照对方的分配方案进行分配,而拒绝则意味着双方什么都得不到。

实验开始之前，被试首先学习和了解最后通牒博弈的规则，然后研究者向被试介绍 10 名搭档，告知被试要分别独立地与他们中的每个人玩一次最后通牒博弈。实验中，每名被试一边接受 fMRI 脑部扫描，一边与 10 名人类搭档进行最后通牒博弈。博弈中，被试作为回应者，首先看到搭档的面孔照片和名字，然后看到搭档的分配方案（总额为 10 美元），最后被试决定接受或拒绝。除此之外，研究者还设置了两种控制条件，每种各十轮：一种是要求被试作为回应者与电脑搭档进行最后通牒博弈，流程与人类搭档一致；另一种是被试通过按键获得一定的随机报酬。事实上，人类搭档和电脑搭档的分配方案都是事先确定的，包含五轮 5∶5 的公平分配，以及五轮不公平分配（两轮 9∶1，两轮 8∶2，一轮 7∶3）。随机获得报酬条件的金钱数量也与前两种条件进行了匹配，分别是五轮 5 美元、两轮 1 美元、两轮 2 美元和一轮 3 美元。

（二）实验结果

研究者以接受率为因变量，对被试的决策行为进行分析。结果发现，被试的接受率受到方案公平程度的影响，他们接受了所有公平方案，而随着分配方案不公平性的增加，被试的接受率逐渐降低。当分配方案为 8∶2 或 9∶1 时，被试的决策开始受到搭档类型的影响，对人类搭档的接受率显著低于对电脑搭档的接受率（如图 11-12 所示）。

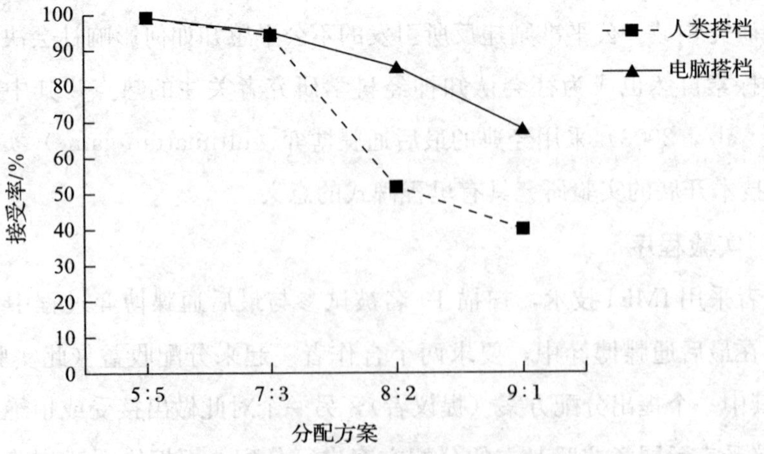

图 11-12　不同分配方案的接受率

脑成像数据分析关注分配方案呈现时引发的脑活动。结果表明，人类搭档的不公平方案相对于其公平方案，引发了更大的双侧前脑岛、背外侧前额叶皮质（dorsolateral prefrontal cortex）和前扣带回激活（如图 11-13 所示），其中双侧前脑岛的激活强度显著高于两种控制条件。不仅如此，双侧前脑岛的激活水平还跟不公平程度有关，表现为随着人类搭档分配方案不公平程度的增大而逐渐增强。桑菲等人进一步在被试和试次两个层面检验了前脑岛区域与决策行为之间的关系，结果发现：一方面，被试的双侧前脑岛激活程度均值越高，其对人类搭档的不公平方案（9∶1 和 8∶2）的平均接受率越低；另一方面，被拒绝的试次相较于被接受的试次引发了更大的右侧前脑岛激活。

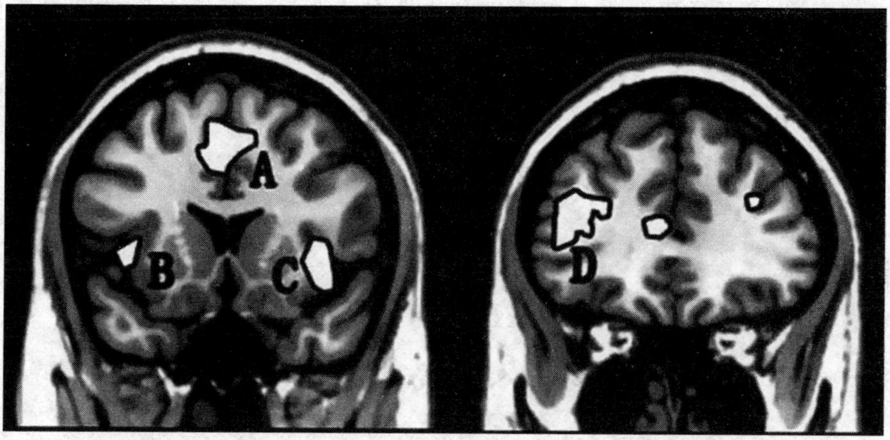

A：前扣带回　　B：右侧前脑岛　　C：左侧前脑岛　　D：右侧背外侧前额叶

图 11-13　人类搭档的不公平方案和公平方案的脑区激活情况

桑菲等人的研究结果揭示了在最后通牒博弈的决策过程中起关键作用的两个脑区——前脑岛和背外侧前额叶皮质，前者可能代表对不公平的抵触情绪，后者则可能代表对追求利益的认知选择，且两者存在一定的冲突，诱发了前扣带回的激活。

社会认知是解开人类复杂社会行为之谜的钥匙。在探索人们对自我、他人、人际互动的认识，以及解析人们如何做出社会行为决策的过程中，心理学实验技术提供了强大的推动力。有针对性地建立巧妙的行为实验任务，包括对社会认知影响因素的操纵和操纵效果的检验，都是实验研究者在社会认知研究领域发挥自身价值的地方。随着脑功能成像技术的引入，实验心理学研究还能将大脑激活与社会行为任务表现联系起来，更好地解开社会认知活动的奥秘。今天，社会认知神经科学的研究正吸引着越来越多人的关注，随着心理学实验技术的进步，对社会心理的实验研究也会不断走向深入。

课后思考题

1. 谈谈阿希的印象形成实验对你的启发。

2. 阅读最近的关于自我的实验研究文献，谈谈你的想法。

3. 通过本章的学习，你对实验研究技术在社会认知领域中的应用有什么样的认识?

4. 对自己感兴趣的社会认知领域中的现象进行梳理，找出一个最感兴趣的点，衡量研究的可行性，设计一个实验。

本章实验

实验一　局中人和局外人的决策差异

1　引言

中国有句成语叫“当局者迷，旁观者清”，指的是一件事情的当事人往往因为对利害得失的考虑过多，认识陷于主观片面，反而不如旁观的人看得清楚。我们把这两类人分别标定为“局中人”(player) 和“局外人”(spectator)。局中人和局外人明显是两种不同的社会角色，角色上的不同如何影响到这两种人在心理活动上的差异呢?

本研究采用触棒迷津任务，通过指导语等具体实验安排使被试在完成此项活动时分别处于两种角色位置之一，即分别扮演局中人和局外人。在学习触棒迷津五次后，让他们对后续实验方案做出二择一的选择，以探索局中人和局外人这两种群体在不确定性行为选择上的系统差异及影响因素等问题。

2 方法

2.1 被试

被试若干，没有接触过触棒迷津和类似实验。

2.2 仪器和材料

BD-Ⅱ-401 触棒迷津（北京大学仪器厂），BD-Ⅲ-306 计数计时器，记录纸。

自编调查问卷，包含对被试背景资料和因变量的测量，具体内容见下文。

2.3 实验程序

本实验采用 2（决策者角色：局中人和局外人）×4（性别搭配：男内男外、女内女外、男内女外、男外女内）两因素随机设计。按被试来实验室的先后顺序，随机将其组合成数对，每对中的两个人，一个为局中人，一个为局外人（见表 1）。

表 1　不同实验条件下被试的分配情况

	男内男外组	女内女外组	男内女外组	男外女内组
局中				
局外				

在实验中，局外人的身份是充当假主试，负责仪器的记录操作。局中人的身份就是被试。“主试”与被试身份主要通过两人协商确定，但由研究者宏观调控，以保证各组人数相等。本实验中为了制造一种接近真实的局外局内情境，被试仅仅被告知本实验是探讨迷津学习进程的。

实验具体步骤如下：

(1) 局外人先进入实验室，熟悉仪器使用，充当“主试”。局中人充当被试，进来马上戴上眼罩（实验前被试勿看迷津，也勿用手触摸迷津），由“主试”把小棒放在迷津的入口处，然后让被试用优势手拿住小棒，手臂悬空。

(2)“主试”对被试的指导语如下：“在排除视觉的条件下，尽快地学会用小棒走迷津，中间不要停顿，要积极运用动觉、记忆和思维，争取早些学会。学会的标准是一次不犯错误地走完迷津，也就意味着能够避开盲巷（即死胡同）。”

(3) 每次学习都记录下时间和错误次数，但不给予被试反馈，让被试学习 5 遍后，进入反应阶段。“主试”告诉被试迷津实验暂停，请被试退场到隔壁房间找研究者的助手领取纪念品。此时，在不同房间内由研究者和研究者的助手分别收集“主试”和被试的决策和判断反应数据。

对局中人的书面指导语如下：

根据刚才你自己学习走迷津的经验，请你回答下面的问题。

在刚才5遍学习的基础上，你在后继实验中将会选择下列方案中的哪一个？（ ）

（备选项参见后面的“因变量的测量”）

对局外人的书面指导语如下：

根据刚才你观察别人走迷津的经验，请你回答下面的问题。

在刚才5遍学习的基础上，你认为这位被试在后继实验中的明智选择应该是下列方案中的哪一个？（ ）

（备选项同上）

（4）对这两类人宣告实验全部结束，对他们参加实验表示感谢，就有关问题进行必要的事后解释（debriefing），并嘱勿告知后继被试。

2.4 因变量的测量

本实验中对因变量有两个测量：一是“二择一”反应（选A意味着保守，选B意味着冒险），这是此类实验的主要指标；二是对冒险性的连续测量，分值越大，则冒险倾向越强。

A方案：如果我再学习15遍或更少次数就能学会（即一次不出错），那么我将再次得到一张电话卡的奖励，但是达不到这个标准则没有任何奖励。

B方案：如果我再学习5遍或更少次数就能学会（即一次不出错），那么我将再次得到五张电话卡的奖励，但是达不到这个标准则没有任何奖励。

冒险性指数（CHOICE）：被试在“二择一”选择反应连续体上的精确位置。

为了收集连续数据，还让被试完成以下任务：为了更加明确地描述你的选择，请在下面标尺上用一个具体的百分数标出你的选择倾向程度。

需要特别注意的是，对两个方案的选择是一种非此即彼的关系，也就是说：选择位置越靠近哪一端，就表明你对该方案的倾向程度高；同时自然就会远离另一端，就表明你对另一端所代表方案的拒斥程度高；越靠近50%处（即正中间），就表明你的选择越不确定，左右为难。

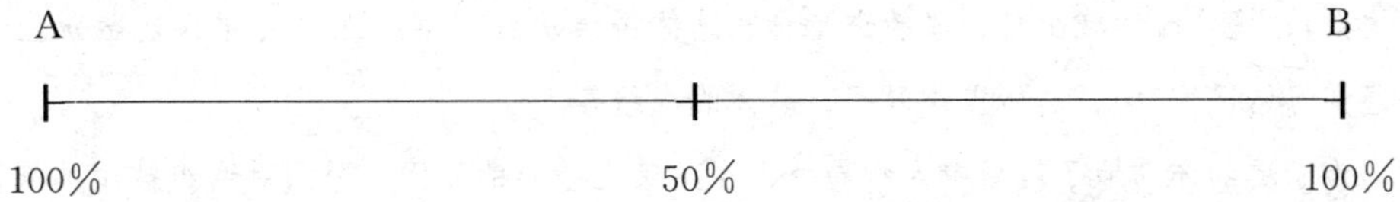

因变量（CHOICE）的转化方法（假定被试在连续体上标定的数字为n%，$n>50$）：

若被试选择A方案，则CHOICE＝100－n；

若被试选择B方案，则CHOICE＝n。

3 结果

3.1 将被试选择反应的结果填入表2。

表2 决策者角色和方案选择的四格表

选择反应	局中人	局外人	总人数
A方案（保守）			
B方案（冒险）			
总人数			

3.2 决策者角色影响冒险性的方差分析。以冒险性指数为因变量，以决策者角色和性别搭配为自变量，进行方差分析，并将结果填入表3。

表3 决策者角色和性别搭配对冒险性的作用

变异来源	df	MS	F	p
主效应				
决策者角色				
性别搭配				
交互作用				
残差				

3.3 影响局中人和局外人决策过程的因素的相关分析。被试在学习走迷津过程中的成绩表现，包括：第一遍学习所需时间、第一遍学习错误次数、第一遍学习的成绩（分别将时间和错误次数转化成标准分数后相加）、最后一遍学习所需时间、最后一遍学习错误次数、最后一遍学习的成绩、错误次数减少量（第一遍学习错误次数减去最后一遍学习错

误次数)、操作时间减少量、成绩进步量、总体错误次数(第一遍学习错误次数加上最后一遍学习错误次数)、总体操作时间、总体的成绩等。

为了更加详细地了解局中人和局外人在决策上差异的原因，分别对两组被试的冒险性和上述 12 个变量求相关，结果填入表 4。

表 4 各种信息影响与决策者冒险性的相关分析

	冒险性指数	
	局中人（$n=$ ）	局外人（$n=$ ）
第一遍学习的成绩		
第一遍学习所需时间		
第一遍学习错误次数		
最后一遍学习的成绩		
最后一遍学习所需时间		
最后一遍学习错误次数		
成绩进步量		
操作时间减少量		
错误次数减少量		
总体的成绩		
总体操作时间		
总体错误次数		

4 讨论

4.1 在不确定条件下，局中人和局外人的决策是否存在差异?

4.2 若存在差异，具体表现在何处?

4.3 进一步尝试分析差异存在的原因，如过去的学习经验、动机与情绪、内隐社会心理、文化等因素。

5 参考文献

杨治良，李朝旭. (2004). 局中人和局外人的决策差异研究. *心理科学*，*27*(6)，1282-1287.

实验二　收益和损失情境下不公平感对社会决策的影响

1　引言

人类的社会活动普遍遵循着公平这一社会准则，当这一社会规范遭到违背时，人们会感知到不公平，进而选择损失自身的利益去惩罚他人。大量使用最后通牒博弈的研究表明，对不公平的感知会导致人们在决策中偏离自我利益最大化的目标，表现出非理性的决策行为（Sanfey et al.，2003）。

在最后通牒博弈中，两人分别扮演提议者（proposer）与回应者（responder）的角色来分割一笔钱。提议者决定分配比例，如果回应者接受，那么两人按照此比例获得收益；如果回应者拒绝，那么两人都得不到任何收益。研究发现，回应者会接受所有公平的分配方案（5∶5），但可能会拒绝不公平的分配方案，尤其是极度不公平的分配方案（8∶2和9∶1）（Camerer & Thaler，1995；Güth et al.，1982）。桑菲等人（Sanfey et al.，2003）使用fMRI技术探索了最后通牒博弈过程中回应者的神经反应，结果表明不公平情境引发背外侧前额叶、前脑岛和前扣带回激活。他们认为，这些区域的激活是源于负性情绪、认知冲突和控制。

基于最后通牒游戏的非理性拒绝行为的研究主要是在双方分享收益的情境下进行的。前景理论指出，相比于收益，人们会赋予等量的损失更高的权重（Kahneman & Tversky，1979；Tversky & Kahneman，1981）。周晓林等人（Zhou et al.，2011）的一个行为实验表明，当不公平分配发生在共享收益或者共同承担损失的情境中时，即使不公平的程度一样（同样的分配比），人们在损失的情境中也可能体验到更大的不公平，产生更大的拒绝率。周晓林等人（Zhou et al.，2011）还发现，损失情境（相对于收益情境）与不公平分配（相对于公平分配）引发的脑激活是类似的。当前实验在上述研究的基础上，进一步探索损失和收益情境下最后通牒博弈中的拒绝行为背后的神经基础。

2　方法

2.1　被试

若干个被试。

2.2 仪器与材料

MRI（磁共振成像）数据均通过3T Siemens Trio磁共振扫描平台采集，包括功能像扫描和结构像扫描。功能像通过T2加权EPI序列（TR＝2 000 ms，TE＝30 ms，翻转角＝90°）采集（视野＝240 mm×240 mm，矩阵＝64×64，平面像素＝3.75 mm×3.75 mm，层厚＝4 mm，无间距，层数＝35）。高分辨率的结构像通过3D MRI序列采集，以完成与功能像的配准（TR＝1 900 ms，TE＝3.43 ms，翻转角＝7°，矩阵＝256×256，视野＝240 mm×240 mm，层厚＝1 mm）。

64张面部图片，其中32张男性，图片均来自中国面部情绪图片系统（Gong et al.，2011）。实验中这些面部图片将作为不同的提议者出现。

2.3 程序

被试需要完成64个试次，损失、收益情境下各半。实验进行的同时获取被试的脑功能成像。在两个情境下，公平的分配方案（25∶25）均占25％（8个试次），剩余的24个不公平的试次分别有：4个30∶20的方案，4个35∶15的方案，8个40∶10的方案，8个45∶5的方案。在收益情境下，提议者的收益为25、30、35、40或45；而在损失情境下，提议者的损失为25、20、15、10和5。被试做出“接受”和“拒绝”的反应。每个试次从4秒的对手面部图片呈现开始，然后是3秒的损失或收益的提示界面，接下来的分配方案界面是6秒，被试需要在决策界面出现时决定是拒绝还是接受（4秒），最后双方的分配结果会呈现3秒。

实验完成后，被试将对先前实验中的每个分配方案进行关于公平感的9点评分（1分代表非常不公平，9分代表非常公平）。

3 结果

3.1 分析情境和不公平程度的变化如何影响最后通牒博弈中的决策行为与公平感评分。

3.2 分析最后通牒博弈中拒绝与接受行为的神经机制以及收益和损失情境对其的影响。

4 讨论

4.1 收益和损失情境如何影响最后通牒博弈的拒绝率和公平感评分？

4.2　为什么情境变化会产生这样的影响？请从心理学角度给出可能的解释。

4.3　收益和损失情境如何影响拒绝与接受行为的神经反应？

5　参考文献

Guo，X.，Li，Z.，Lei，Z.，Li，J.，Wang，Q.，Dienes，Z.，et al.（2013）. Increased neural responses to unfairness in a loss context. *Neuroimage*，*77*(16)，246-253.

Zhou，X.，& Wu，Y.（2011）. Sharing losses and sharing gains：Increased demand for fairness under adversity. *Journal of Experimental Social Psychology*，*47*(3)，582-588.

实验三　个体声誉对共情反应的调节

1　引言

一直以来共情都是心理学家关注的热点领域，对它的研究涉及社会心理学、发展心理学、临床心理学、认知神经心理学等多个学科。目前国内外对共情的概念并没有形成统一的定义。“empathy”一词最早是1909年由铁钦纳在其《关于思维过程的实验心理学讲稿》中提出的，铁钦纳把共情定义为“一个把客体人性化的过程，感觉我们进入别的东西内部的过程”。而从当前国内外的研究来看，对共情的解释主要有情感取向、认知取向和多维取向三种。在当前共情领域的研究中，不同的心理学家对共情的具体内容有着各自不同的界定方式，因而不同的研究者对共情的测量方法也不尽相同。其测量方法主要有自我报告法、观察者报告法和生理测量法等，主要指标有面部指标、言语指标和生理指标。

目前，社会认知神经科学的研究者们已经开始探索干扰共情反应的调节因素。辛格等人（Singer et al.，2006）发现，当不公平的同盟者遭受疼痛时，男性被试的疼痛共情减弱，表现为前脑岛激活减少。郭秀艳等人（Guo et al.，2012）的研究发现，比起得到金钱奖励的共情对象，得不到金钱奖励的共情对象的疼痛诱发更大的前脑岛和前扣带回激活。在人类的社会互动中，在决定对待他人的方式时，声誉成为一种关键指标（Suzuki & Akiyama，2005；Milinski et al.，2002a，2002b）。例如，对良好声誉的人，人们会选择更多的帮助和合作行为。本实验将探索人类的共情行为是否会受到共情对象不同声誉的影响。

2 方法

2.1 被试

若干名被试，右利手。

2.2 材料

96 张图片，其中一半描述疼痛场景，另一半描述不疼痛场景。被试被告知疼痛与不疼痛图片中各有一半来自声誉良好的共情对象，另一半来自声誉不好的共情对象。

2.3 程序

进入扫描仪前，被试观察一名同性陌生人（主试同盟）与两名对手（对手实际上为计算机控制的虚拟的人）完成十轮囚徒困境任务。其中一名对手合作九次，背叛一次；另一名对手背叛九次，合作一次。此程序可以操纵这两名对手的声誉。然后，被试一边观看两名对手（共情对象）处于疼痛或者不疼痛情境中的图片，一边接受扫描。

扫描后，主试再次给被试呈现不同声誉共情对象的受痛或不受痛的图片，要求被试在 9 点量表上评价自己感受到的疼痛强度。

2.4 MRI 数据采集

MRI 数据均通过 3T Siemens Trio 磁共振扫描平台采集，包括功能像扫描和结构像扫描。功能像通过 T2 加权 EPI 序列（TR＝2 200 ms，TE＝30 ms，翻转角＝90°）采集（视野＝240 mm×240 mm，矩阵＝64×64，平面像素＝3.75 mm×3.75 mm，层厚＝4 mm，无间距，层数＝35）。高分辨率的结构像通过 T1 加权的 3D MPRAGE 脉冲序列采集，以完成与功能像的配准（TR＝1 900 ms，TE＝3.42 ms，翻转角＝7°，矩阵＝256×256，视野＝240 mm×240 mm，层厚＝1 mm）。

3 结果

3.1 比较被试对不同声誉共情对象在受到疼痛刺激时的疼痛评分，探查疼痛共情的行为反应是否受到对他人声誉感知的影响。

3.2 比较被试观察到不同声誉共情对象受痛时的脑活动差异，探查疼痛共情的神经反应是否受到对他人声誉感知的影响。

4 讨论

4.1 为什么对共情对象声誉好坏的了解能够影响疼痛共情？

4.2 试探讨还有哪些情境可以影响人类的共情。

5 参考文献

Li, Z., Wang, Q., Cheng, X., Lin, L., Yang, G., Sun, L., et al. (2015). Perceived reputation of others modulates empathic neural responses. *Experimental Brain Research*, *234*(1), 1-8.

附录Ⅰ 心理学实验仪器介绍

实验是控制条件下的观察，而有效的控制和精确的观察往往离不开实验仪器的使用。在前面章节的讨论中我们已经明显地看到，心理学实验仪器在实验心理学的产生和发展中发挥着不可替代的作用。通过实验仪器，我们可以观测到一些无法直接观测到的现象，也可以获得标准化的数据资料和精确的实验结果。一个高明的研究者总善于选用适当而先进的仪器来帮助其达到研究的目的。例如，时间是心理学实验中最常用的反应指标之一，在感知觉、注意、记忆、思维乃至人格特性的实验中都经常会有时间因素的记录。不同的实验对象对于时间记录的精确度要求并不相同，因而选用合适的计时器至关重要。为了粗略测量一个持续1秒以上的反应，使用精确度为0.5秒的人工停表（手控停止计时）就可以了；然而，如果要测量一个小于0.1秒的反应时，我们就必须改用精确到毫秒且能自动记录的测量仪器，而这样的需求促使反应时记录仪器的发展日趋多样和先进。类似于从冯特时代的简单机械计时器（如自由落体直尺计时器、单摆微差计时器）、复杂机械计时器（如时间描记器、钟表计时器）的发明到电子计时器、特殊摄影等现代反应时测量仪器的出现，心理学实验仪器的不断更新和发展在心理学研究不断深入的过程中扮演着极其重要的角色。

本章中我们将集中介绍常用的心理学实验仪器，以期帮助读者在了解实验仪器发展、更迭的同时，学习这些仪器配合完成心理学实验的方法逻辑和操作程序。需要说明的是，本章中实验仪器的图片大多采集自天津师范大学、北京大学和华东师范大学等。

一、感觉和知觉实验仪器

人类的认知活动始于感觉，感觉心理过程也是实验心理学最早涉及的研究领域。在各类感觉心理过程中，视觉和听觉是研究得最多的，因而用于视觉和听觉研究的实验仪器也相对较多。知觉的产生以感觉为基础，是对感觉信息的综合反映。根据知觉所反映的事物的特性，我们通常把知觉分为空间知觉（包括深度知觉）、时间知觉和运动知觉等。对不同事物的知觉具有不同的特点，而不同被试的知觉能力也不尽相同。

（一）听力计

听力计（audiometer）是测定个体对各种频率声音的感受性大小的仪器，通过与正常听觉的比较，可确定被测者的听力损失情况。最早的听力计是由西肖尔（Seashore，1919）设计的，它只能测定噪声的响度绝对阈限。现在的听力计可以产生各种频率及各种强度的可听纯音，能够测量各种频率纯音的响度绝对阈限。

听力计的种类很多，心理学中使用的听力计通常是指纯音听力计。使用时，仪器主件自动提供由弱到强的各种频率刺激，自动变换频率，测听时被试戴上双封闭隔音的耳机，当听到声音时，即按键。仪器可根据被试的反应直接绘出可听度曲线。另外，有的听力计还可能附有骨传导器等附件。在医学上检查听力用的听力计，其读数就是听力的损失，即低于正常听力水平的程度。将正常的阈限定为 0 分贝，若被试在某个频率上的听力损失为 10 分贝，则说明该被试在该频率上的听阈限比正常值高 10 分贝。用听力计测量的结果可以画成听力曲线。听力测量能评定一个人的听觉灵敏度，因此，听力计在听力保护工作中是必不可少的仪器。

（二）声级计

声级计（sound level meter）是一种对声音的物理强度进行测量和分析的仪器，它能对声音做出类似人耳的反应。同时，它还能对声源进行客观而可重复的声级测量。此外，我们还可用声级计所附的滤波器对所测声源的频率成分进行分析。声级计的工作原理是通过高质传声器将声信号转换成相等的电信号。这种信号很微弱，必须经多级放大才能在电表上显示，电表上读出的是用分贝表示的声级。由于声级计是高度精密的仪器，因此需要经常校准，以确保测量的准确性。

（三）音笼

音笼（sound cage，也称为声笼）是一种用于研究听觉定位的装置。它通常由椅子、耳机、金属杆等组成。音笼的椅子靠背上有一个夹子，用于固定被试头部位置，以防止实验过程中被试随意转动自己的头部。声音刺激由耳机发出，可以是纯音或者噪声。耳机与金属杆连接，金属杆可绕椅子的中心在横剖面周围旋转，也可以在与听轴等高的地方在纵剖面周围旋转，以便耳机可在距听轴中心等距离的任何方位上发出声音刺激（如图Ⅰ-1所示）。实验过程中，主试将被试双眼蒙住，以消除视觉线索的作用，让被试判断声音来自哪个方位并记录下来。通过被试报告的方位与实际方位之间的差别便可得出被试的听觉定位能力。

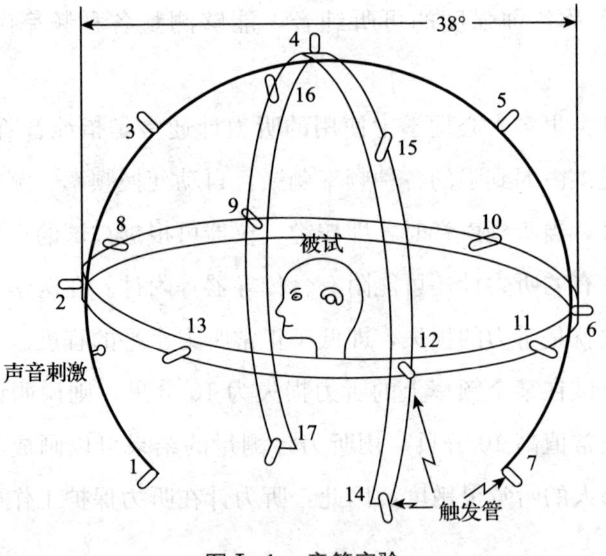

图Ⅰ-1　音笼实验

（采自 Higginson & Allgaier，1935）

（四）深度知觉仪

深度知觉仪（depth perception apparatus）又称霍华德-多尔曼知觉仪（Howard-Dolman perception apparatus）。最初，它主要是作为一种选拔测验的工具，以淘汰那些不符合深度知觉要求的航空候选人员。深度知觉仪是根据亥姆霍兹三针实验（three-needle experiment）的原理而制成的。这种仪器上有三根直棒，左右两侧固定的直棒是标准刺激，中间一根可以前后移动的直棒是比较刺激（如图Ⅰ-2 所示）。被试在 2 米距离外可通过一个矩形窗孔观察这两根固定的直棒，并可遥控调节可移动的直棒，使三者看起来在同一直线上。深度知觉仪排除了其他深度知觉线索，而使被试只能依靠双眼视差对直线的距离进行调节。

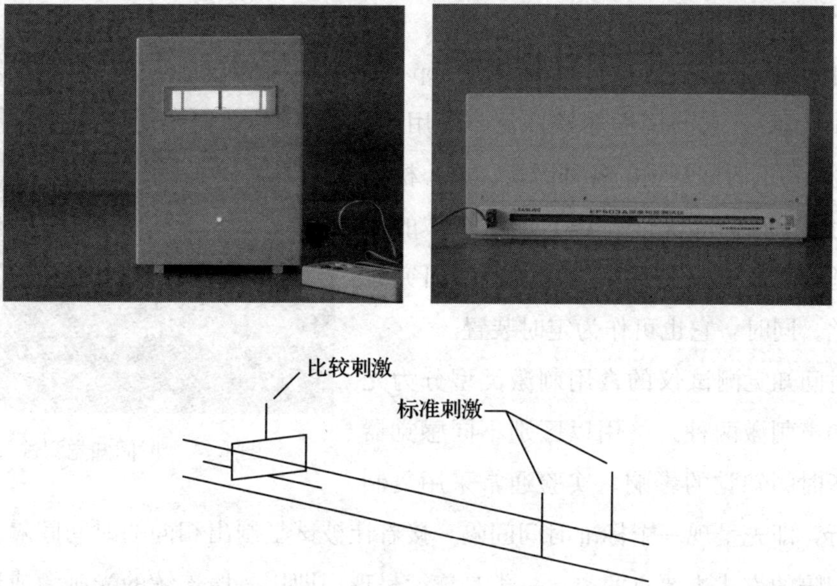

图Ⅰ-2　深度知觉仪

（五）空间知觉测试仪

空间知觉测试仪（space perception apparatus）是用于考察空间知觉特点和鉴别个体对空间特性辨别能力的仪器。图Ⅰ-3 为空间知觉测试仪，仪器包括三个主要部分。(1) 灯光显示器，由 4×4 盏小灯组成，可根据实验的要求组成各种图案。所输出的图形分为条形、块形和不规则形三类，每类又包含四种不同的图案。(2) 主试控制器，上面装有信息变换开关以保证多组重复实验的准确性。同时，装有自动正负反馈信号灯，用以显示被试的反应正确与否。(3) 被试操作器，包括四个反应键，分别对应四种不同的图案。被试通过操纵反应键对信号刺激做出应答

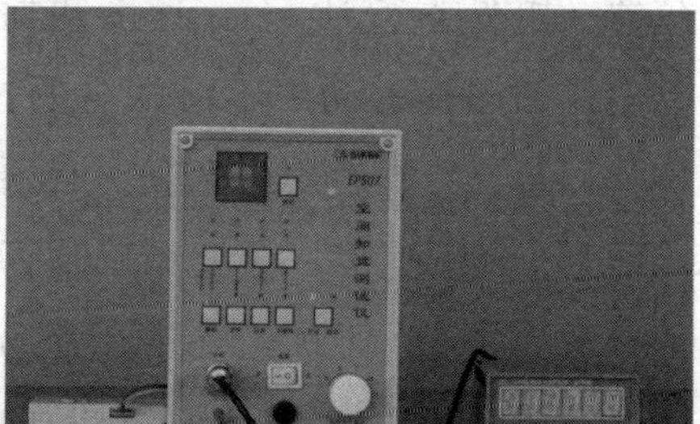
图Ⅰ-3　空间知觉测试仪

反应。实验中，被试对不同的图案进行辨别反应，主试记录必要的数据。所得数据可用常规统计直接进行比较，也可采用信息论方法计算刺激的空间结构特点对信息传递效率的影响。

（六）时间知觉测试仪

时间知觉测试仪（time perception apparatus）是时间知觉实验的基本仪器（如图Ⅰ-4 所示）。它的用途非常广泛，可用于：(1) 检验影响时间知觉的各种因素；(2) 检查个体时间估计的准确性；(3) 测试个体的时间知觉阈限；(4) 帮助学生用复制法研究时间知觉。同时，它也可作为定时装置。

图Ⅰ-4　时间知觉测试仪

时间知觉测试仪的常用刺激类型分为光刺激和声刺激两种，可用以区别不同感觉器官对于时间知觉的影响。实验通常采用复制法进行，即先呈现一个标准时间间隔，接着让被试复制出相同的时间间隔。呈现时间间隔的方式主要有两类：一类是连续呈现，即用一段连续的光刺激或连续的声刺激所持续的时间来表示时间间隔；另一类是断续呈现，即以第一次光灭（或者声音停止）到第二次光亮（或者声音出现）之间的空隙表示时间间隔。被试复制时间与标准时间的差，即为时间估计差，可作为时间知觉的准确性指标。

（七）速度知觉仪

速度知觉仪（speed perception apparatus）是用于测量个体速度判断能力的仪器（如图Ⅰ-5 所示）。速度知觉是各项劳动实践和体育运动中不可缺少的技术指标。例如：驾驶员要想安全驾驶，必须准确估计出前方车辆的速度，更要精确估算横穿马路的行人的速度；足球运动员在赛场上要对足球滚动的速度和其他运动员跑动的速度做出敏捷而正确的判断。可见，具备准确的速度判断能力非常重要。

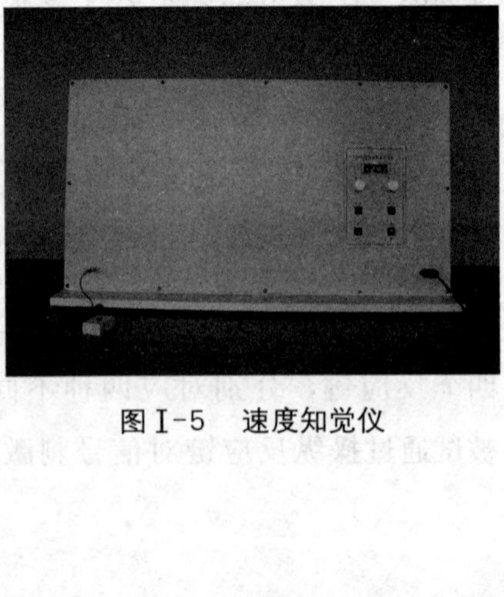

图Ⅰ-5　速度知觉仪

速度知觉仪是研究速度知觉的基本仪器，可用于遮挡范式下人类对于时间估计的研究，从而测量不同个体速度知觉的准确性。速度知觉仪由知觉箱、被试反应键和活动挡板三个主要部分组成。使用时，测试室的光线应稍暗；被试坐在距仪器 1.2 米处，面向知觉箱正面，双眼和光点保持在同一水平面上，右手拿反应键。仪器启动后，知觉箱正面的灯光由右向左移动，被试需仔细追随移动的光点。当光点进入挡板时，灯光完全被遮盖，但仍按原速度移动到终点位置。终点位置标志在挡板外部，光点移动到该位置后，指示灯亮并且光点移动停止。灯光被挡住后，被试应设想光点仍以原来的速度在挡板后移动，并在估计灯光到达终点位置时按下反应键。这时，如果计时器显示正值，说明被试提前反应；若出现负值，则说明被试滞后反应。显示值则为提前量或滞后量。

（八）大小恒常性测量仪

知觉仪器除了测试知觉的能力外，还包括对一些知觉特性的测量，比如用于大小恒常性测量的大小恒常性测量仪（perception constancy tester）。大小恒常性测量仪是用比配法原理测定大小恒常性的仪器，也可用于制作心理量表。该仪器一般由两个相同的部件组成，每一部件都包括一个可调面积的等边三角形和立柱（如图Ⅰ-6 所示）。立柱的高矮可以调节，三角形的高可以从仪器背面的刻度上读出来，调节范围为 65～165 毫米。测定大小恒常性时，主试把一个三角形放在远处，把三角形的高调到一定的尺寸（一般在 90～120 毫米选一个数值），要求被试调节近处三角形面积，使之与远处三角形的实际面积相等，然后根据两个三角形的高之差，计算大小恒常性系数。

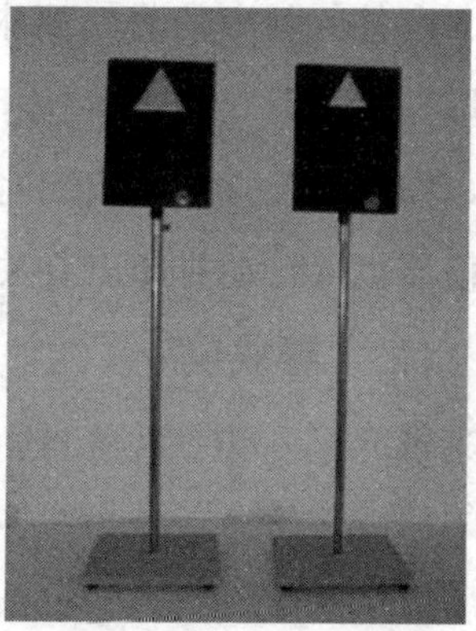

图Ⅰ-6　大小恒常性测量仪

二、反应时和注意实验仪器

反应时和注意不仅是心理学中重要的研究对象，而且常常作为心理学实验中重要的变量被用于研究其他心理过程和心理现象。因此，用于研究反应时和注意的实验仪器一直受到心理学家们的广泛关注。

（一）简单反应时测定仪

简单反应时测定仪（simple reaction time tester）是要求被试对单一刺激做出单一反应的仪器，主要用于测试个体的视觉、听觉通道反应速度。通过该仪器，我们不仅可以测定被试视觉和听觉的反应时间，并可比较被试在不同条件下的反应速度和反应准确性。实验时，主试操作开关，选择声或光作为刺激信号，当被试看到光或听到声音时就立即按下反应键，这时计时器就自动记录下了从“刺激呈现”到“反应”之间的时间，如此重复多次取得可靠的数据。仪器上还设有功能键，便于将被试的反应数据自动记录并打印出来。

（二）选择反应时测定仪

选择反应时测定仪（complex reaction time tester）是呈现不同的刺激，要求被试做出相应反应的仪器，主要用于测定人对复杂刺激的反应速度和准确性。教学用的选择反应时测定仪一般能呈现四种颜色光的视觉刺激（如图Ⅰ-7所示）。实验时，主试按预先编排好的程序操作开关，使信号灯分别发出红、黄、绿、白各色刺激信号，要求被试见到某一种颜色信号灯亮时，就立即准确按下手中某一个特定的反应键，如此重复多次，记下各次数据。按下功能键，该仪器也可自动打印出有关数据。

图Ⅰ-7 选择反应时测定仪

（三）警戒仪

警戒仪（alertness apparatus）是测定个体警戒状态的仪器。警戒是一种特殊的持续性注意，是指个体在一定环境中为觉察特定的、难以预料是否出现的信号所保持的准备状态。警戒作业的绩效受多种因素的影响，通常随着持续时间的延长而下降。信号出现频率较高时易为人们所觉察，信号出现频率较低时则容易被漏检，但是，信号出现频率过高同样也会引起觉察效率的下降。信号的某些特性，如刺激强度、信噪比、预告信号的设置和信号呈现的位置安排等都会影响警戒作业的绩效。因此，测定警戒状态的仪器可有多种设计。

图Ⅰ-8是华东师范大学科教仪器厂生产的EP710型警戒仪。该仪器的测试面板由沿圆周均匀分布的60个小灯（发光二极管）构成。工作时，小灯能以一定的信号密度（即信噪比，10%～90%）、一定的占空比（0.5°～5°）从起始位置沿顺时针方向依次点亮。当某一时刻（随机发生）突然跳空而直接点亮隔位小灯时，被试应在2.5秒内按回答键，以示其已正确观察到这一现象，此时仪器自动记对一次，否则记错一次。如果小灯未出现跳空，被试也按下回答键，同样算出错一次，仪器自动记录。

图Ⅰ-8　警戒仪

（四）注意分配仪

注意分配仪（distribution of attention apparatus）主要用于测量个体注意分配能力的大小，但也可用于研究动作、学习的进程和疲劳现象。该仪器（如图Ⅰ-9所示）可呈现两类刺激：（1）声刺激，分高音、中音、低音三种，要求被试对仪器发出的连续的、随机的、不同声调的声音刺激做出判断和反应，并用左手按下与不同音调相应的按键；（2）光刺激，由8个灯泡组成，要求被试对仪器发出的连续的、随机的、不同位置的灯光刺激做出判断和反应，并用右手按下与不同位置灯光相应的按键。以上两类刺激可分别出现，也可同时出现；两类刺激可随机出现，也可按规定的时间自动、连续地出现。仪器可以自动记录被试正确的反应次数和反应时等数据，我们根据这些数据就可以计算出有关被试注意分配能力的情况。

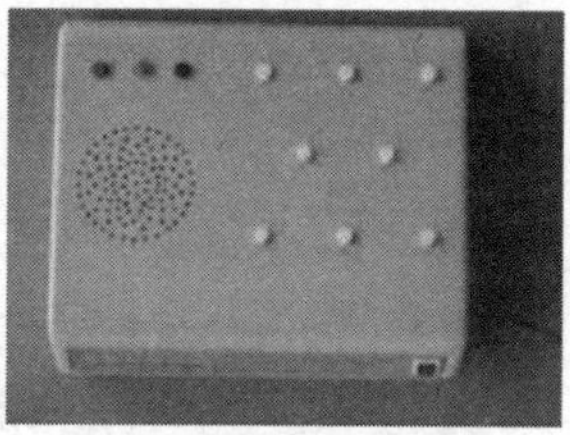

图Ⅰ-9　注意分配仪

（五）眼动仪

眼动仪（eye view monitoring system）是测试人眼活动情况和研究有关心理过程的专用仪器。人在进行无意注意或者有意注意时，眼睛的视线总是对准知觉对象的某一点（为眼睛的注视点），并且不断地转动视线以转换注意的目标。眼睛是以跳动的方式将视线转换到新的目标上去的，在每次转换目标以后，眼睛稍许停顿片刻，注视这一目标，然后跳动到新的注视点上去。在注意对象时，眼睛就是这样不断地以“注视、跳动、再注视……”这一循环往复的过程来达到对对象的整体知觉。眼动仪就是通过研究眼球运动的轨迹，以确定注意对观察对象不同部分所起的作用，进而分析信息加工过程特点的实验仪器。

眼动仪是测量眼睛注意目标位置及眼瞳直径的完整系统，它通过加工来自红外线瞳孔摄像机所记录的眼睛视频信息，来识别和确定瞳孔中心和角膜反射点之间的距离变化。通过测量这些点横向和纵向的向量距离，得到各注视点的坐标，从而获得眼动的精确测量值。眼动仪的结构包括主试显示器、被试显示器和测试托架。主试显示器与被试显示器之间可进行同步通信。实验时，被试将下颌放在安装有红外灯和摄像头的测试托架上，注视前方显示器屏幕上的图形（如图Ⅰ-10 所示）。主试通过计算机主机来控制被试显示器上所显示的图像，并采集被试的眼动数据（如眼珠的水平和垂直运动的时间、位移距离、速度，以及瞳孔直径、注视位置等），从而可以描绘出眼动的连续轨迹，得到眼动轨迹图。根据眼动轨迹图，我们可以直观地了解被试注视点移动的路径。此外，采用眼动仪还可记录注视点（每个注视点的平均持续时间和百分比）、兴趣区（向被试呈现的视

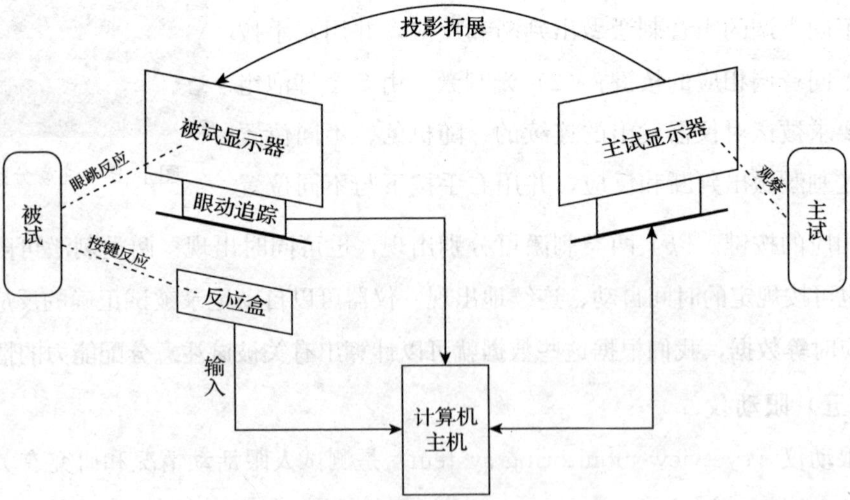

图Ⅰ-10　眼动仪实验示意图

觉刺激的某一特定区域）、驻留时间（注视一个兴趣区的总时间）、扫视时间和距离（两个注视点之间的间隔时间和长度）、平均瞳孔直径等多种实验数据和指标。根据采集到的图像和数据进行分析，我们便可获得被试眼动信息，进而推知其注意和信息加工的特点。

三、记忆与学习实验仪器

自从德国心理学家艾宾浩斯创造性地将记忆这一高级心理过程引入实验研究以来，关于记忆与学习的实验研究就一直是心理学实验中最为活跃且最富有成效的领域之一。而相关的实验仪器也随着记忆与学习研究的发展不断得到丰富和完善。

（一）记忆鼓

记忆鼓（memory drum）最初由米勒和舒曼（Müller & Schumann，1894）设计，后来由李普曼（Lipmann，1904）等进行改进。早期的李普曼记忆鼓采用定速马达作为动力，全部装置用一个铝片屏遮盖起来，使被试不能看到仪器内部。仪器从两个小窗口以固定的间歇时间向被试连续呈现刺激材料，要求被试识记。由于材料附着在鼓形体的周围，故称记忆鼓。

目前的记忆鼓具有更完善的传动装置和时间控制装置，可以选择十种不同的间歇时间在呈现窗口连续不断地向被试呈现字词或是系列/对偶的文字与符号刺激，并具有多种显示面积（如图Ⅰ-11 所示）。此外，该仪器还具有复位和暂停功能，而且呈现材料的调换、制作也极其方便。目前的记忆鼓适用于多种记忆研究，如提示法记忆研究、系列学习和成对联想研究等。

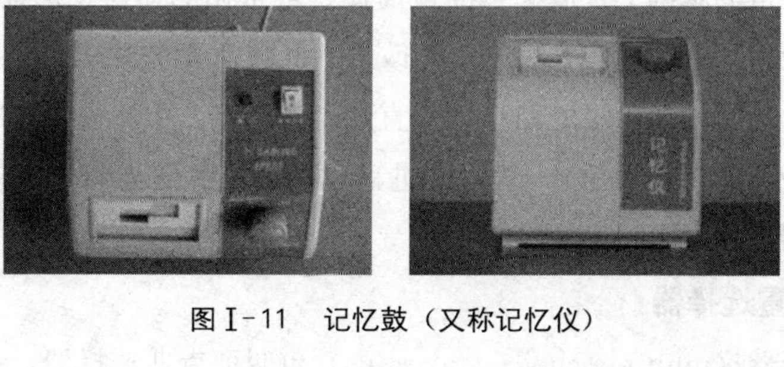

图Ⅰ-11　记忆鼓（又称记忆仪）

（二）速示器

速示器（tachistoscope）是一种短时呈现视觉刺激的仪器。在知觉、记忆和学习等方面的研究中，研究者经常使用速示器向被试呈现短时间内的视觉刺激，以记录他们的反应。速示器最早由沃尔克曼（Volkmann，1895）命名。一百多年来，速示器经历了多次重大的改进。早期的速示器一般为落体式速示器，后来发展为快门式速示器，继后又出现电子控制的速示器。随着认知心理学的迅速发展，20 世纪 80 年代出现了多视野速示器，例如，四视野速示器（four-field tachistoscope）可在四个视野分别单独呈现刺激，也可同时呈现刺激，刺激可以是标准卡片，也可以是投影片或实物。实验过程中既可半自动换片，也可手动换片。刺激呈现的时间范围为 1 毫秒至 100 秒。此外，速示器还可与计算机及反应时系统联机使用，从而大大拓展了其应用范围。

（三）迷宫

迷宫（maze）也称迷津，是研究知觉和动作学习的仪器。它的种类很多，结构方式也不一样，可分为 T 形的、Y 形的，平面的、立体的，凹进的、凸出的等。所有迷宫都有一个共同的特征，即有一条从起点到终点的正确途径与由此分出的若干盲路。进行迷宫实验时，研究者通常要排除视觉的影响（通常让被试戴上眼罩），让被试主要靠触觉和动觉来完成。被试的任务是寻找并巩固地掌握这条走出迷宫的正确途径。学习的效果通常以达到一定水平所需的学习次数、学习时间或错误次数为指标。一般来说，动物和人类的实验常常以三次完全无错地到达终点为完成学习的标准。

以人类为被试的实验常使用触棒迷宫（或铁笔迷宫，pencil maze）。触棒迷宫是在手指迷宫的基础上发展起来的最简便、最常用的迷宫。珀金斯（Perkins，1927）最早使用了这种迷宫，后来不断改进。此迷宫要求被试在排除视觉的条件下，用小棒从迷宫的起点沿通路移动，直到走到终点。小棒进入一次盲巷就算一次错误（一般会有声音提示）。学习的进程以从起点到终点每走完一遍所花的时间或所犯的错误次数表示。

（四）多重选择器

多重选择器（multiple-choice apparatus）也叫耶克斯选择器，是通过观察被试对空间位置的概念形成过程来研究思维的仪器。它最早由耶克斯（Yerkes，1921）设计定型。图Ⅰ-12为华东师范大学科教仪器厂生产的EP702B型耶克斯选择器，主要由被试面板和主试面板两部分组成。被试面板由12个按钮和12个指示灯组成。主试面板由24个按钮和36个指示灯组成，其中12个按钮和12个指示灯用于“规律设置”，还有12个按钮和12个指示灯用于“供被试选择位置”，另外12个指示灯是“被试按钮后显示”，它们与被试方相连，以显示被试的按键反应情况。电源开关和整机复位按钮在主试面板上。仪器中间为屏风，防止被试看见主试的操作。实验时，主试首先确定要求被试掌握的空间概念，并根据这一规则设计几种具体方案。等被试坐好后，主试按下“供被试选择位置”按钮，随后被试面板上的指示灯亮起，主试再按下“规律设置”按钮，这是设定的概念位置，要求被试选出与声刺激相连的位置，即让被试从亮灯的按钮中选出一个会发声的，并记住此按钮的位置。主试的指导语是：“请你找出和声音连接的按钮在什么位置。如果按下的按钮没有发声，那么请继续按其他的按钮，直到听到声音才表示你选对了。”一个试次结束后，主试按复位键，使整机复位，指示灯全部熄灭，就可以开始新一轮的试次。实验将持续进行，直至被试能够连续三遍第一次选对发声按钮并正确说出选择的原因为止。此外，一般还会要求被试说明掌握这一规律的具体过程。

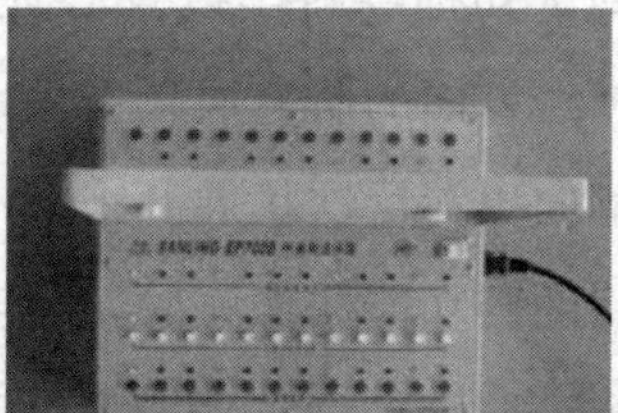

图Ⅰ-12　多重选择器

附录Ⅱ 心理学研究中的新技术

任何一项研究的目的都在于揭示事物的本质，心理学研究也不例外。怎样使研究结论更加贴近心理活动的本质，这是心理学工作者一直追求的目标。具体来说，这一目标可以细分为多个角度：(1) 深入化，即如何更好地透过纷繁复杂的心理现象，揭示心理过程的内部机制，包括心理和生理机制；(2) 定量层面上的综合，即如何将本来分散的定量资料统合起来，从全局的角度分析某一领域的成果；(3) 仿真度更高，即如何才能更加接近真实生活中的心理现象。研究者们设计了诸多新技术、新方法来达成上述目标。

一、现代认知神经科学实验技术

近 20 年来，现代物理、电子与计算技术的迅速发展对脑功能成像技术领域起了重要的推动作用，出现了一批功能强大的无创性的脑功能成像手段。这些技术被迅速应用到认知神经科学以及心理学的各个领域中，取得了许多突破性成果。这些认知神经方面的研究成果极大地丰富了心理学的内涵，使心理学对人的认知活动的理解向更深层次扩展开来。

研究者进行的脑功能成像实验，最明显的目的是将脑的结构与其功能联系起来。我们已经知道，脑的许多功能都是定位于大脑的神经组织结构之中的。基于此，研究者们开始试图成像出那些参与到不同脑结构激活中的基本过程。现代神经成像假定，我们可以根据组成复杂心理过程的一些基本操作的结合来对其进行最好的描述，这些基本过程并不是定位于大脑中的某个单一部位的，而通常是神经元网络共同作用的结果。神经成像的这一假定自然而然地导致了人们对与基本心理过程相伴随着的脑激活的探讨。而将这些基本过程成像到大脑中的区域和功能性网络就是现代脑成像研究的主要目标。

对不同脑结构的功能的详细成像可以为我们提供关于基本心理过程的可靠证据。一旦我们能够确定特定的脑区与某一心理过程有关系，就可以超越这种结构与功能的简单对应关系，而使用统计技术（如区域间相关、因素分析、结构方程建模等）来进一步考察与复杂心理任务有关的激活环路，分析出心理任务中包含哪些基本过程的结合。这样，通过考察激活模式，我们就能从简单到复杂，并能了解在某一模式中所激活的结构所具有的功能。

使用脑成像技术的另一个原因是它可以分离心理过程。如果我们能够获得不同心理任务所导致的激活模式的数据，就可以用它来检验这两个任务是否存在双重分离（Smith & Jonides，1995）。这种分离的原理是：不同脑区往往与不同的认知过程有关。如果被试在执行两个不同的心理任务时，激发了不同脑区的活动，那么研究者就可以推测这两个任务可能涉及不同的认知加工过程。例如，研究者曾假定工作记忆可能至少由两个子系统组成，一个用来处理空间信息，另一个用来处理言语信息，这个假设后来在对正常和脑损伤被试的行为研究中得到了证实（Jonides et al.，1996）。但一个关键性的发现是通过对空间和言语工作记忆任务的不同脑区激活的比较得来的。研究者通过脑功能成像发现，在完成空间工作记忆任务时，大脑右半球新皮质的作用占主要地位，而言语空间记忆任务主要是左半球新皮质参与加工，这便证实了工作记忆是由两个独立的系统组成的，它们分别对不同类型的信息进行加工。

目前，使用成像数据来评估双重分离已经变得非常普遍，这些数据不同于以往那些行为实验所得到的数据。行为实验的双重分离逻辑是：寻找两个分别影响不同任务的实验变量，这个模式可以让我们得出两个任务中所参与的心理过程不同的结论（如前面章节中所讲到的实验性分离、加工分离程序等）。但这种分离的弱点是：研究发现还不能对所参与的特定心理过程做出全面的解释和说明。和行为分离技术相比，脑功能成像技术提供的对正常被试进行双重分离观察更直接，它不依赖其他实验变量的选取。因此，有条件的研究者往往愿意将此技术作为对实验研究的有益补充。

以下分别简要介绍几种目前备受心理学研究者重视的脑功能成像技术。

（一）正电子发射断层显像

PET 从 20 世纪 70 年代末开始获得成功。其基本原理是：把示踪同位素注入人体，同位素释放出的正电子与脑组织中的电子相遇时会发生湮灭作用，产生一对方向几乎相反的 γ 射线，可以被专门的装置探测到，据此可以得到同位素的位置分布。常用的同位素有 ^{11}C、^{13}N、^{15}O、^{18}F、^{68}Ga。

PET 可被用来测量大脑的各种活动，包括葡萄糖代谢、耗氧量、血流量等等，特别是血流量已被证实是反映大脑功能变化的一个可靠指标。例如，可以将氢和氧的一种放射性同位素——如 ^{15}O 化合成标记水，注入手臂静脉后，只需 1 分多钟时间便可在脑内聚集，由于标记水不断放出正电子，于是就可以得到一幅脑血流像。

PET 的一个基本策略是，在实验条件和对照条件下分别得到一幅脑血流像，对照条件除了不包括要研究的实验因素外，其他条件与实验条件均尽可能相同。这样，将两幅图像相减，所得到的图像即是与所研究的实验因素相关的脑血流像，图中较“亮”的区域则被认为是由该实验因素所激活的脑区。

PET 在视知觉、听觉、记忆、注意等方面均得到了成功的应用。PET 的优点为：对人体基本无伤害，可以重复使用；观察范围不局限于脑的表层，还可以测查脑的深层部位。缺点为：成像时间较长，从几十秒到数分钟，故在实验模式上选择余地很小；尽管基本上属无创性技术，但仍受放射性物质剂量的限制，同一被试不宜频繁参加此类实验，这不利于那些需要被试多次参加实验的研究；此外，系统造价很高，除专门的扫描机外，一般还需配备一台加速器以制备同位素。

（二）脑电图技术

脑电图技术经过最近几十年的发展，已经成为一种比较成熟的认知神经科学研究手段。其原理是：大脑在工作时，神经细胞中的离子运动会产生电流，在头皮表面形成微弱的（微伏级）电位，脑电图装置通过高灵敏度的电极和放大器来探测这些电位。传统上，脑电图主要是通过波幅、潜伏期和电位变动或电流的空间分布等指标来提供大脑工作过程的信息。但是，由神经细胞的离子运动产生的电流非常微弱，再加上脑电信号通常伴随着巨大的噪声，为机能定位带来了困难，因此，在认知神经科学中常用事件相关电位（又叫诱发电位）来记录对相同刺激的多次重复呈现所产生的脑电位变化的叠加平均值，以滤去噪声，得到与刺激相关的电信号，其信噪比与叠加次数的平方根成正比。

20 世纪 90 年代以来，脑电图记录的导联（电极）数由过去的最高 32 导联发展到 64 导联、128 导联，甚至 256 导联，空间分辨率大为提高；与此同时，关于大脑兴奋源的逆向算法也渐趋成熟。我们可以按照一定的物理模型，根据高分辨率脑电图记录到头皮电位的分布，来计算出大脑神经电兴奋源的位置、强度或方向。这些发展表明，随着脑电图发展到高分辨率阶段，它已经实现了从量变到质变的变化，成为一种新型的脑认知成像工具。目前，各种定位算法还在不断改进之中，有的算法的定位精度可以达到 1 厘米左右。

高分辨率脑电图的主要优势在于直接反映了神经的电活动，有极高的时间分辨率，几乎达到了实时（记录与被试的活动几乎同时进行），而且具有较低的系统造价，使用、维护都较方便；同时它也是完全无创性的。其缺陷在于空间分辨率较低，各种定位算法的可靠性亦有待进一步证实。

（三）脑磁图技术

脑磁图（magnetoencephalography，MEG）的工作原理是：大脑工作时所形成的电流在头颅外表产生感应磁场，脑磁图通过捕捉这些极微弱的磁信号，便可反映大脑内部的神经活动。利用脑磁图，研究者可以从颅外记录到神经信号，并且能识别出颅内发出这些信号的部位信息。研究者利用这种方法画出了人类躯体感觉（触觉）和视觉皮质区图，并画出了脑的这些部位接受传入信号的神经通道。

脑磁图系统包括如下几个关键设备：超导量子干涉仪，在超导状态下工作，可以帮助灵敏地探测神经磁场；磁屏蔽室，用以屏蔽来自地磁场、电源线和其他磁性物体的巨大电磁噪声；梯度仪，用来有选择地消除与所关心的神经磁信号无关的外界信号。

与脑电图相比，脑磁图的突出优点为，由于神经电兴奋源所引起的感应磁场基本上能够穿透颅骨和组织达到头的表面而不受干扰，因此它对神经兴奋源的定位比较直接与准确。而且，还具有与高分辨率脑电图相近的时间分辨率。但脑磁图的总造价很高，限制了普及；只对某些流向的兴奋源敏感，而其他流向的兴奋源则可能无法探测到。

（四）功能性近红外光谱成像

功能性近红外光谱成像（functional near-infrared spectroscopy，fNIRS）是一种非侵入性的成像技术。该技术的原理是：利用电磁波谱中易被血红蛋白和脱氧血红蛋白吸收而不易被其他组织吸收的近红外波段（700～900 纳米），测量除自然衰减和散射外的光密度变化，进而推算因大脑活动而产生的皮质组织氧合血红蛋白、脱氧血红蛋白和总血红蛋白浓度的变化。近红外光的发射探头和接受探头一般放置在头皮的同一侧，所记录的是发射探头和接受探头之间香蕉形路径上的大脑皮质组织的活动。

相比于 EEG/MEG，fNIRS 具有较优的空间定位能力。EEG/MEG 的大脑定位是一个逆向推算的溯源过程，推算结果往往不唯一。因此，EEG/MEG 溯源的脑定位结果往往有多种可能性，不够准确。fNIRS 所测量的血红蛋白浓度反映了测量点所在位置的局部脑神经活动，从而能提供比较精确的解剖位置信息。因此，fNIRS 可以较为准确地区分来自不同大脑皮质的信号，空间分辨率可达 1～2 厘米。相比于 fMRI，fNIRS 具有时间分辨率优势。fNIRS 的信号采样率可以达到 10 赫兹，远高于 fMRI，为记录某一脑皮质较为快速的神经活动提供了途径。另外，相较于 fMRI，具有较高时间采样率的 fNIRS 可以通过滤掉低频信号的方式，剔除记录信号中的生理噪声，获得更纯净的神经活动信号。

fNIRS 的不足在于时间分辨率远低于 EEG/ERP（毫秒级）。在空间测量上，fNIRS 的测量深度只能达到 1～2 厘米且不能覆盖全脑。因此，fNIRS 不能像 fMRI 那样提供完备的大脑位置激活信息。

（五）磁共振成像

磁共振成像（magnetic resonance imaging，MRI）是根据生物体内具有磁性的原子核在磁场中表现出的共振进行成像的技术。该技术可以使人们能够通过无损伤的方法得到活体组织和器官的诊断图像。随着 MRI 技术的发展，研究者们逐渐意识到其可用于探索大脑活动过程，fMRI 应运而生。fMRI 是血氧水平依赖（blood oxygenation level dependent，BOLD）的大脑活动成像技术，其物理学原理为：血管中主要含有两种血红蛋白，即含氧血红蛋白和脱氧血红蛋白，含氧血红蛋白具有抗磁性，而脱氧血红蛋白具有顺磁性（Pauling & Coryell，1936）。由于两种血红蛋白具有不同的磁性，含氧血红蛋白和脱氧血红蛋白的不同比重会造成组织间磁化率的差异，而这种组织间磁化率的差异又会影响磁场的不均匀性，从而导致不同组织的磁共振信号的衰减速度产生差异（俎栋林，高家红，2014），最终导致图像中不同组织具有不同的对比度，即导致BOLD信号的差异（Ogawa et al.，1990）。有研究表明，这种含氧量的变化与神经活动是密切相关的（Fox et al.，1988），fMRI技术通过测量被试在强磁场中活动时血液中含氧量的变化来确定神经活动的情况。

与其他成像手段相比，fMRI具有如下显著优点：（1）信号直接来自脑组织功能性的变化，无须注入造影剂、同位素或其他物质，因此具有无创性，同一被试可以反复参加实验；（2）可以同时提供机能性和结构性的图像，对于大脑的准确的机能定位至关重要；（3）具有极高的空间分辨率，可以达到1毫米，是目前主流成像工具中最好的，成像速度也非常快，可以达到几十毫秒；（4）有大量参数供研究者自由控制，以实现各种特定效果的扫描。但也有一些不足之处：由于它不是直接检测神经活动，而是检测滞后于神经活动5～8秒的氧信号，故其时间分辨率低于EEG和MEG；它的实验环境不适于幽闭恐怖症患者；其扫描过程中的巨大噪声也妨碍了它在听觉研究上的应用；系统造价也较高。

由于fMRI的上述优势，在其问世的短短6～7年中便成为最受推崇的一种脑认知成像手段，其应用已遍及认知科学的各个领域，并取得了许多突破性成果，促进了这些领域研究的深入化进程。目前，国内外已有数以百计的研究机构在进行着fMRI或其应用的研究。

从上面的介绍中，我们可以发现，任何一种脑功能成像技术都有其优势和不足，它们之间是无法相互替代的。因此，要想得到一个比较完善的脑功能成像工具，最好的办法是将不同的成像手段结合起来使用。目前较为可行的办法是将fMRI与脑电图结合起来，这样，磁共振的高空间分辨率与脑电图的高时间分辨率的互相补充，可产生同时具备高时间与空间分辨率的、可被用来实时观察大脑动态过程的、新一代的无创性脑功能成像工具。而这些脑功能成像技术的迅速发展和科学结合，更是极大地推动了认知神经科学的进步，特别是解决了有关大脑结构与功能的关联问题。这样，把行为实验观察到的信息与脑功能成像得到的信息结合起来，进一步加深了人类对自身认知活动的理解。

二、心理学研究分析的新技术

近年来，研究者应用脑功能成像技术剖析心理过程所对应的脑神经生理表征，将心理学研究更推向深入。这些技术已在上文简要介绍。而为了在定量层面上综合各项独立研究的成果，研究者对各项研究数据进行元分析，以形成一个综合结论。基于使研究更加仿真的目的，不少研究者也开始使用情境设计、现场研究或单被试设计长时程地观察被试在现实生活中的心理表现。上述心理学研究新技术，一部分在本书正文中已有介绍，这里我们将讨论两种尚未在正文中详细说明的技术，它们是元分析和单被试实验。

（一）元分析

定量地综合某一领域的各项研究成果，一直是心理科学研究发展的重要子目标。虽然早已有研究者尝试对各项在方法、被试、程序、统计方法等诸多方面不同的研究进行分析和综合，但这类分析和综合大多为描述性质，无法给出一个定量的结论。而元分析则在定性分析的基础上引入了定量分析方法，能够在定量层面上综合各项独立研究的成果，从而形成一个综合结论。现在，越来越多的研究者已经开始从传统的文字综述方法转向使用元分析这种对研究进行定量综合的方法了。

1. 元分析的基本内容

元分析是对已有同类研究结论进行综合评价、分析、整合，以获得普遍性、概括性结论的方法。元分析的提出离不开对有关成功复制经典研究发现的重新审视。正是基于对成功的实验复制的新见解，研究者们才提出了元分析的主要指标——效应度。

在心理学研究中，积累研究成果的关键在于对实验的成功复制。一个科学的心理学实验通常是可以被成功复制的、可被验证的。什么情况下才能认为是成功地复制了一个研究？当代的观点是：（1）一项研究最重要的概括统计量是效应度而非显著性水平；（2）以连续的方式（如置信区间）来评估一个实验复制成功与否。也就是说，并不从统计上显著（或不显著）的结果来说两个研究是否成功地复制了对方，而是用从这两个研究中得出的效应度的差异程度来反映复制成败的程度。这与传统观点中对研究结果的含义的理解是不同的，元分析中的效应度等概念正是建立在这种对研究结果的理解基础之上。

效应度是指实验处理的效果大小，它是元分析中的重要指标，并与传统统计分析方法中的显著性检验有一定联系。在元分析中，对研究结果进行评估需要同时涉及效应度和统计显著性两个指标。二者之间的大致关系为：显著性检验＝效应度×研究规模。从方程中可见，任何显著性检验都可以由一个或多个效应度乘以一个或多个研究规模得到。而且样本数目越多，研究规模越大，结果就越显著。只有当效应度真正为零时，大样本所得的结果才不会比小样本的更显著。但实际研究中很难碰到效应度正好等于零的情况。

在对效应度进行计算时，我们需要根据实际情况来选择不同的方法。当研究中用以进行显著性检验的统计量（如 t、F、χ^2 等）不同时，所对应的效应度的计算公式也是不同的（具体的公式请参见相关书籍）。

2. 对元分析的评价

效应度的提出和应用为评价、分析和综合心理学中的同类研究提供了有效的工具，促进了心理学理论和实证研究的丰富和发展。元分析的这种有效性主要体现在以下几个方面：（1）摆脱了以往文献综述多为定性描述的局限。元分析可以对某一研究领域内的同类研究进行定量的综合，可以弥补定性描述容易遗漏有价值的定量信息的不足。（2）摆脱了过分强调单一研究结果的趋向。以往人们过于热衷单一研究的结果，他们认为当 $p \leqslant 0.05$ 时，这个研究就是“好的”“有价值的”，而当 $p > 0.05$ 时，该研究就什么都不是。而元分析的方法则指出，其实任何一个研究的影响都不应仅仅从 p 水平的基础上来评估，而应该更多地依赖其自身的效应度。（3）降低了人们对某一统计显著性水平的绝对依赖。以往包括现在我们仍在采用的依据某一显著性水平来接受或拒绝零假设的方法是存在问题的，因为有关显著性 p 的统计概率密度函数是连续函数，对于拒绝零假设，两次 p 值为 0.06 的结果要比一次为 0.05 的结果更为有力。

正是基于上述优点，元分析在心理学综合性研究中被广泛应用。不过有些研究者对元分析仍持悲观态度，他们认为元分析存在下列局限：(1) 取样偏差。也就是说，元分析研究多采用已发表的研究论文中的数据作为其分析的原始数据，然而已发表的论文不能代替所有的研究，即元分析在其数据取样上缺乏普遍性。(2) 信息的损失。元分析只使用效应度来总结整个领域的研究成果，难免会失去很多有价值的信息。(3) 方法和性质的异质性。元分析所纳入的各项独立研究具有不同的自变量、因变量或不同类型的样本单元，虽然有些元分析研究已将这些不同之处作为缓和变量（moderator variable）进行处理，但是各项独立研究间的异质性必定会使其在某种程度上缺乏可比性。

尽管批评依然存在，但元分析仍是一种可以对研究结果进行定量分析和概括的较好方法。该方法改变了以往仅以单一研究的结果作为依据的研究传统，使得具有较高价值的普遍性结果或结论能够从以往的研究积累中被提取出来。这对于实践的应用和理论的发展均具有重要的推动作用。

（二）单被试实验

元分析是在其他技术的基础上发展起来的新技术。例如，元分析的提出离不开统计技术的进步。与之相比，单被试实验似乎不能称为“新”技术。早在100多年前，艾宾浩斯就曾进行了一项著名的单被试实验——遗忘曲线实验。虽然实验只有一个被试——艾宾浩斯自己，也没有进行任何严格的统计检验，但实验结果的可信度很高。

由于当代心理科学越来越强调研究的可重复性，单被试实验的使用越来越少。然而，单被试实验依然在心理学研究中扮演着重要的角色，促进着心理科学的发展。首先，单被试实验研究为检验心理治疗的有效性提供了支持。例如，麦金托什等人（McIntosh et al.，2002）考察了物体右移运动训练对一名患有视觉忽视症女性的治疗效果。该研究结果很好地揭示了运动适应训练在改善长期视觉忽视症患者空间表征能力上的作用。近期，运用单被试设计考察心理治疗效果的研究也发展出了新的时代特征。在研究手段上，学者们开始尝试使用新近的经颅磁刺激（TMS）和fMRI等技术考察音乐支持疗法对脑功能改善的作用（Amengual et al.，2013）。在研究主题上，学者们开始关注长期的虚拟现实训练（Broeren et al.，2004）及现实增强暴露疗法（Botella et al.，2011）在改善心理疾患适应功能中的作用。其次，脑损伤单被试研究对于我们理解一些心理认知机制有很大帮助作用。比如，针对具有语义短时记忆缺陷的左下额叶损坏的病人，研究者考察了工作记忆中的各类抑制加工是否属于同一类（Hamilton & Martin，2005）。该研究结果很好地支持了语言与非语言抑制加工受不同心理因素调控的结论。不仅如此，单被试脑损伤研究也能揭示出特定脑区的认知功能。菲耶等人（Fiez et al.，1992）通过观测一位右小脑损伤的男性被试的心理功能表现，发现小脑不仅参与了运动加工，而且参与了其他高级认知加工。另外，最近有学者尝试对单被试进行长期的追踪观察测量，以考察一些长期的生活状态如何影响人们的认知与心理功能（Stalder et al.，2009）。这类研究设计具有很好的生态效度，为研究长期生活事件对个体的心理功能影响提供了观测手段。

值得注意的是，单被试设计往往面临着信度与效度问题。在单被试实验中，研究者获得的数据是某一时间或空间序列上被试的行为或心理反应。这种连续观察可能会相互关联，对信度分析带来困难。例如，一个被试要先接受A处理下的一系列试次，紧接着要接受B处理下的一系列试次。这种处理需要研究者证明观察到的两种处理条件下的平均反应差异不是由每种处理下反应的自然变异造成的。但系列相关（serial correlation），即连续反应之间的相关，会使得这种比较面临较严重的问题。系列相关的来源之一为局部变化（local drift）。它是指被试的某些特征只能在少数几个试次中维持稳定，而在更长的时间段上，则会发生非系统性波动。例如，被试注意力的波动、情绪和动机波动都属于局部变化。因此，被试在连续几个试次中的状态要比其在间断的几个试次中的状态更为相似。系列相关的另一个来源是连续试次中的同化或对比。例如，在心理物理学和判断决策任务中，即使被试处于非常稳定的状态，被试在后一个试次中的反应也会由于受到前一个试次中反应的影响，而趋近或相似于前一次反应。反应的对比效应则正好相反。

连续观察除了会对研究信度提出挑战外，还会给效度带来冲击。在单被试实验中，任何两个在呈现时间和顺序上不同的处理都会导致外部和内部时间效应与处理效应发生混淆，而这样的混淆则会影响到研究结果的效度。首先，如果处理

B紧跟在处理A之后，则反应中的任何差异都可能是某些外部时间效应所致，如实验程序的变动、环境中的偶然事件等等。所有这些已知与未知的外部因素都混淆了A与B之间的比较。其次，被试参与连续的测试会激发一些内部时间混淆因素（internal temporal factor），包括位置效应和延续效应。位置效应（position effect）是指由练习、疲劳、适应等导致的时间效应，与特定的处理无关。延续效应（carryout effect）则包括从一个处理到下一个处理的特定处理转换，以及机体或环境中的局部变化。

为了较好地解决单被试研究所面临的信度与效度问题，我们常采用以下两种单被试实验设计。

第一种是随机处理设计（randomized treatment design）。在该设计中，处理条件的呈现顺序是随机的。该设计有两大优点。其一，它可以使处理效应不再受到位置效应和延续效应的影响，从而明显减少单被试的效度方面的问题。其二，处理随机化还有利于确保相同处理下的不同反应间的独立性，从而明显减少单被试设计的信度问题。具体来说，在随机处理设计中，我们无法从一个反应中得知关于另一个反应的任何变异信息，即两个反应在统计上是相互独立的。当然，随机处理设计也有其明显的局限性。当处理或试次的数量较少时，处理随机化就没有那么有效了。试想两个处理（A和B），每个呈现两次。随机序列AABB出现的可能性为1/6，此序列会使时间变化和处理发生混淆。在此种序列中，练习或适应会使B与A的不同比真实情况显得多一些（或少一些）。尽管在所有6种可能的序列下系列位置效应被随机化了，但研究者仍会坚持认为无论哪种混淆都会伴随在任一个所选择的特定序列中。此时，处理随机化可以减少混淆，却无法消除它。

第二种是系列观察设计（serial observation design）。系列观察设计常应用于行为训练与心理治疗研究中，包括AB设计、ABA设计、ABBA设计和多基线设计等。对于系列观察设计而言，最重要的就是能够获得与系列相关的可靠数据。因为如果存在系列相关，对研究信度的估计就将产生偏差。在实验分析中，最理想的情况是避免系列相关或使其最小化。如果系列相关不存在，换句话说，如果连续反应在统计上是独立的，研究者则可以直接使用方差分析逻辑对数据进行处理。但是，这种独立假设（即认为连续反应在统计上是独立的）的合理性应依据具体情况而定。如果每个试次中只有一个观察，那么系列相关就会很小。因此，要减小系列观察设计中的系列相关，研究者需要从其决定性因素入手，如试次间的时间间隔、任务的类型、分散基线处理等。

总之，不管是元分析还是单被试实验，都为心理科学总目标的实现——使心理研究的结论更贴近心理过程的本质——做出了很大的贡献。它们也必将在未来的研究中突显其价值所在。

附录Ⅲ 实验数据的统计分析

我们在设计并实施了实验之后，还需要对实验数据进行统计分析。尽管心理学专业学生都会学习统计类课程，但在实际操作中，很多人还是难以将抽象的统计方法运用于自己感兴趣的心理学研究中。其实，统计对于心理学实验研究至关重要，而多数心理学研究通常采用的统计技术并不特别复杂。因此，本部分希望从实验心理学的要求出发，为读者勾勒出进行有效心理学实验研究所必备的统计知识。

我们借助两类统计对实验结果进行解释：描述统计和推论统计。描述统计能够对数据进行初步的整理概括，有助于我们了解样本数据的分布情况。而推论统计则能够通过样本数据所提供的信息来推论总体的情形，进而对实验假设进行检验——这也是我们在实验研究中使用统计方法的最终目的。

一、描述统计

描述统计的功能就在于将数据加以系统化和概括化。通过对数据的概括处理，我们就可以发现隐藏在大量数据背后的一般趋势——集中趋势和离中趋势。

（一）集中趋势

对集中趋势的描述是为了显示观测数据分布的中心位置，或者说这些数据“集中”在哪个数值周围。在心理学研究中最常用的集中趋势测量就是算术平均数。有时，一些研究也会使用中位数作为集中趋势的度量。中位数是指正好能够将一组数据分割为较大的一半与较小的一半的那个数。如果观测次数为偶数，那么中位数则为两个中间分数的算术平均数。例如，一组数据为 2、3、5、7、8、10、15、19，则中位数为 $(7+8)/2=7.5$。如果观测次数为奇数（如 9 个数据），那么按大小依次排列后的第 $(n+1)/2$ 个数据（第 5 个）即为中位数。中位数的优点是它不受极端分数的影响。因此，当实验数据中出现个别极端数据时，研究者更多采用的是中位数而不是平均数来反映集中趋势。但同时必须注意：许多统计检验都不能基于中位数进行。

（二）离中趋势

心理学研究所得到的数据总是包含一定的随机性。我们除了对数据的集中趋势进行考察外，还需要描述一组数据的变异性或离散性特征。这就是对离中趋势的测量。

描述离中趋势的重要统计量是方差和标准差，它们是反映一组数据离散程度的最好的指标，不但可以反映数据的离中趋势，而且其数学特征还使得它们在较高级的统计计算中非常有用。

方差是指系列数据平均差的平方和除以分数的个数。公式如下：

$$S^2=\frac{\sum(X-\overline{X})^2}{n} \tag{Ⅲ-1}$$

其中 S^2 代表方差，X 是个体的原始分数，$\overline{X}$ 是平均数，n 代表数据个数或观察的次数。尽管方差是一个非常有用的指标，但其度量单位是平方的形式，这常常并不是很有用的。通常，我们使用标准差，即方差开方后的平方根来反映一组数据的离散程度，用 S 表示。

$$S=\sqrt{\frac{\sum(X-\overline{X})^2}{n}} \tag{Ⅲ-2}$$

在实际运用中，使用的是另一个计算公式：

$$S=\sqrt{\frac{\sum X^2}{n}-\overline{X}^2} \tag{Ⅲ-3}$$

其中$\sum X^2$ 表示所有分数的平方和，$\overline{X}$ 是平均数，n 是数据的个数。

（三）实验数据的分布

在心理学研究中，最为典型的数据分布形态是正态分布。其基本特征为：平均数附近人数多，而两边相对少，左右对称，反映在图上就是曲线中间凸起，中央点最高，曲线两端向靠近分数轴处无限延伸，但终不能与基线相交（如图Ⅲ-1所示）。

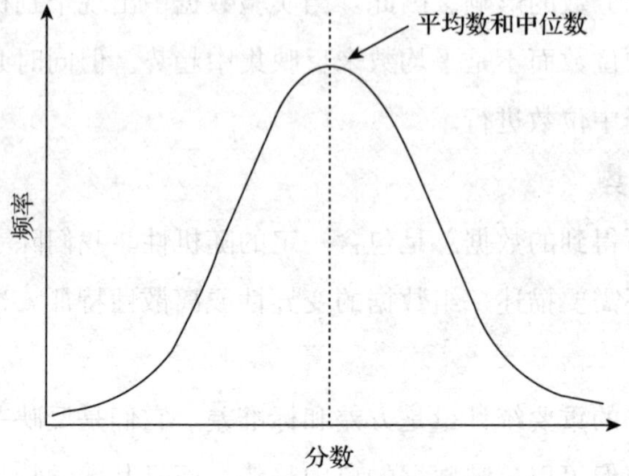

图Ⅲ-1 正态曲线示例

注：正态曲线代表的是一种对称的分布，中位数和平均数具有相同的值，曲线两端向数轴处无限延伸。

正态曲线下的每一段的分数都对应了特定的比例（如图Ⅲ-2 所示）。在距平均数位置正负一个标准差之间集中了 68.26%的数据，在离平均数正负两个标准差之间集中了 95.44%的数据，在正负三个标准差之间集中了 99.74%的数据。这样，如果我们知道了某人的得分，也知道了对应该分数的分布的平均数和标准差，那么根据正态曲线也就知道了此人相对的位置和等级。

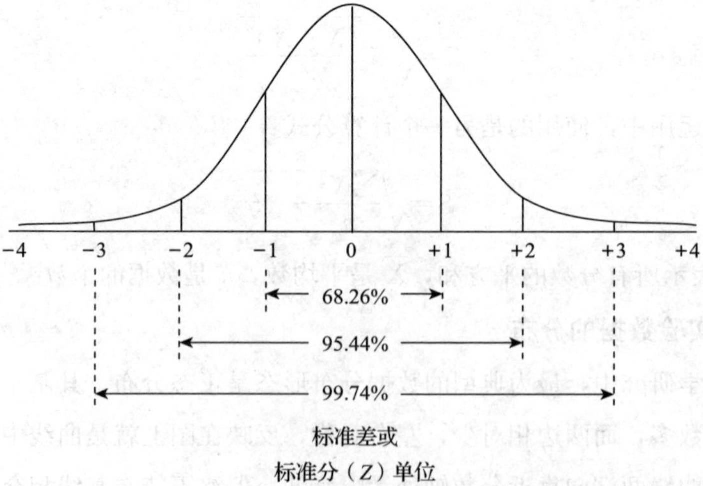

图Ⅲ-2 正态曲线特定面积范围之内分数的分布比例

心理学研究中的许多数据都服从正态分布，如能力的高低、学生成绩的好坏、人们的社会态度等。许多推断统计往往也是基于数据服从正态分布这一假设。但是有的时候，实验所收集的数据也可能并不服从正态分布，这时往往要求研究者对数据进行转换使其服从正态分布，或者在推断统计中选用相应的校正方法。

（四）相关系数

相关系数也属于描述统计，它描述了多组数据分布之间的关系，包括关系的强弱及方向。对于不同的数据资料，我们需要采用不同类型的相关系数，它们分别对应着不同的计算公式。例如，当两列数据都是正态连续变量而且两者是线性关系时，我们需要使用皮尔逊积差相关系数，其计算公式为：

$$r=\frac{n\sum XY-(\sum X)(\sum Y)}{\sqrt{[n\sum X^2-(\sum X)^2][n\sum Y^2-(\sum Y)^2]}} \tag{Ⅲ-4}$$

其中 n 代表样本量，X、Y 分别表示两列数据的测量值。

二、推论统计

作为实验研究者，我们希望能够判断在不同实验条件下所观察到的差异究竟是实验控制的结果还是随机造成的偶然现象。推论统计可以帮助我们回答这个问题。

在统计学中，从样本统计值得出的差异出发来推论和确定总体参数之间是否存在差异，这一过程被称作假设检验。假设检验是推论统计中最重要的内容。我们将先讨论有关假设检验的一些基本问题，再向大家介绍两种主要的假设检验方法。

（一）假设检验的基本问题

假设检验的基本问题主要包括实验假设和虚无假设、Ⅰ型错误和Ⅱ型错误、单侧检验和双侧检验。

1. 实验假设和虚无假设

在进行任何一项研究时，我们都需要根据已有的理论和经验事先对研究结果做出一种预想的希望证实的假设，即实验假设，用统计术语表示时叫作研究假设

（记作 H_1）。但实验假设本身是不能被直接检验的，因此，研究者需要在逻辑上建立一个与之相对立的假设，即虚无假设（或零假设，记作 H_0）。如果运用统计方法能够证明 H_0 为真，则 H_1 为假；反之，H_0 为假，则 H_1 为真。举个例子来说，如果我们想通过实验证实一种新的教学方法的效果，在实验中设置了实验组（接受该方法的教学）和控制组（接受传统教学方法）两种条件来进行检验，则实验假设为该教学方法会对学生的学习成绩产生影响，与之相对的虚无假设则为该教学方法不会对学习成绩产生影响。换句话说，实验假设认为学习成绩数据的两个样本来自两个不同的总体（即分布有差异的总体），虚无假设则认为两个样本来自同一总体。

即使两组数据的平均数表面上存在的差异很大，但这两个样本仍然有可能来自同一总体。推论统计所要做的，就是判定我们有多大程度的信心来拒绝虚无假设。通常，如果经过统计检验表明虚无假设可能正确的概率小于 0.05（5%的偶然性），那么我们就可以拒绝它而接受实验假设。也就是说，此种情况下如果虚无假设是正确的话，我们拒绝它时可能出现的犯错误的概率在 5%以下。这个概率水平被称为显著性水平，用 α 表示。为了提高正确拒绝虚无假设的概率，我们也可以将显著性水平定在 0.01，甚至 0.001，这取决于研究的需要。

2. Ⅰ型错误和Ⅱ型错误

不管我们将显著性水平定在多么低的水平，尽管概率很小，仍然存在着虚无假设实际上为真的可能性。此种情况下，我们拒绝真实的虚无假设时所犯的错误被称作Ⅰ型错误（又称 α 错误）。反过来，我们在接受虚无假设（或者说拒绝实验假设）时也并不等于说两个样本一定没有差异，同样存在错误地接受虚无假设的可能性，此类错误被称为Ⅱ型错误（又称 β 错误）。

显而易见，通过降低显著性水平可以减小犯Ⅰ型错误的可能，但这又会增加出现Ⅱ型错误的概率。也就是说，设置不同的显著性水平，会系统地减少和增加发生两种类型错误的可能。它们互为权衡（关于这两类错误之间的关系，请参考统计书）。

3. 单侧检验和双侧检验

根据研究目的，我们所需要验证的实验假设有两种可能：定向的或非定向的。如果一个实验中有一个实验组和一个控制组，非定向的实验假设即为两组的因变量的表现会存在差异，而定向的实验假设则还需要加上对差异方向性的预计，如预计实验组的表现会更好。如果实验假设是非定向的，我们就应该使用双侧检验，即只强调差异而不强调方向性；但如果实验假设是定向的，我们就应该运用单侧检验，即强调某一方向。

例如，我们抽取某中学的一个班级进行智力测验，目的在于确定该班级 IQ 的平均分数是否与 IQ 为 100 的总体平均数存在差异，但事先并没有预计差异是怎样的（差异可能大，也可能小），则需要采用双侧检验。但如果我们抽取的是重点中学的重点班的话，显然，在这里我们所关心的就不仅仅是样本的 IQ 是否与总体存在差异，而是该班级的智力水平是否显著地高于总体平均数，此时需要使用的是单侧检验。也就是说，我们只需在正态分布的一侧，即大于总体平均数的一侧来寻找对应的 p 值。假设单侧的 p 值为 0.004 6，如果假设是非定向的，则样本的分数可能落在总体平均数的两侧中任一侧。由于差异可能在两个方向上发生，所以我们就应进行双侧检验。此时需要将单侧检验的 p 值加倍，即 2×0.0046 等于 0.009 2（仍低于 0.05）。

可以看出，双侧检验比单侧检验更为保守，因此更受研究者的喜爱。但相对而言其效力较低，研究者更难拒绝虚无假设。在实际研究中，为了增加其检验效力，研究者通常要扩大样本容量。另外，需要注意的是，在实际研究中何时用单侧检验，何时用双侧检验，要慎重地根据研究目的来决定。

（二）两种主要的假设检验——t 检验和方差分析

在心理学的实验研究中，最经常遇到的是关于组间差异检验的问题，并且有待检验的因变量往往被认为是达到了等距量表的级别。这就使 t 检验和方差分析成为最常用和最主要的两种检验方法。当实验条件只有两个，即需要对两组平均数之间的差异进行检验时，我们常选用 t 检验；当实验条件超过两个，即需要对多组平均数之间的差异进行检验时，我们要用到方差分析。

1. t 检验

t 检验可以对两组或两个实验条件下的差异进行检验。这一方法的前提条件是：假定总体的分布是正态的，而且所使用的数据分布至少具有等距的性质。

（1）被试间 t 检验的计算公式：

$$t=\frac{\overline{X}_1-\overline{X}_2}{\sqrt{\frac{\sum X_1^2-\frac{(\sum X_1)^2}{N_1}+\sum X_2^2-\frac{(\sum X_2)^2}{N_2}}{N_1+N_2-2}}} \tag{Ⅲ-5}$$

$\overline{X}_1$＝组 1 的平均数　　$\sum X_1^2$＝组 1 分数的平方和

$\overline{X}_2$＝组 2 的平均数　　$\sum X_2^2$＝组 2 分数的平方和

N_1＝组 1 分数的个数　　$(\sum X_1)^2$＝组 1 和的平方

N_2＝组 2 分数的个数　　$(\sum X_2)^2$＝组 2 和的平方

（2）被试内 t 检验的计算公式：

$$t=\sqrt{\frac{N-1}{N\sum D^2/(\sum D)^2-1}} \tag{Ⅲ-6}$$

其中 N 为被试的数目，D 为在两个条件下某一被试（或配对的两个被试）的分数差。

通过公式计算出 t 之后，我们根据实验中的自由度（df）来查表。自由度就是允许自由变化的分数的数目。对于被试间的 t 值而言，自由度为 N_1+N_2-2；对于被试内的 t 值而言，自由度为 $N-1$。将经过计算得到的 t 值与 t 分布表中的临界值进行比较，我们就可以对得到的 t 值进行评价。只有得到的 t 值大于或等于表中的临界值，我们才能认为它是显著的。我们也就可以拒绝虚无假设而接受实验假设，认为两组数据存在本质的差别。

2. 方差分析

在许多实验设计中，我们可能需要三个或更多的组或实验条件来充分反映某个特定变量的效果和操作方式，甚至有时还可能会想在一个实验中考察不止一个自变量。对于这样的实验，方差分析就是一种常用的推论统计方法。

顾名思义，方差分析就是将数据中的所有方差分成不同部分，然后对它们进行统计上的显著性的比较和评估。在方差分析中，数据中所有的变异都能够被分成两个部分：组间变异和组内变异。组间变异是不同实验组平均数彼此之间的差异程度，组内变异则是同一组内被试分数彼此之间的差异程度。换句话说，在方差分析中要进行两项独立的方差估计：组间方差的估计和组内方差的估计。

从本质上说，方差分析就是对这些方差估计值之间的比较。其检验的基本逻辑为：如果虚无假设为真，那么组间方差就应该等于组内方差。如果想要拒绝虚无假设的话，组间差异必须大于组内差异。组间差异越大，自变量就越有可能发挥了效用。换句话说，组间方差和组内方差相对比例的变化取决于自变量的效果。而当我们使用方差分析时，实际上计算的就是观察到的这个比例偶然发生的可能性。

此种检验方法因最早由英国统计学家费希尔（R. A. Fisher）提出而被命名为 F 检验，公式如下：

$$F=\frac{\text{组间方差}}{\text{组内方差}} \tag{Ⅲ-7}$$

其中 F 为组间方差估计值与组内方差估计值之间的比值。F 值越是比 1 大，我们也就越有信心拒绝虚无假设。至于 F 值必须比 1 大多少，则取决于实验的自由度，或测量允许变化的自由程度。这同时也取决于实验组或实验条件的个数和每一组中观察的次数。自由度越大，所需用以判定实验具有可靠效用的 F 值就越小。

上述我们所提到的是最简单的方差分析，在实际研究中情况通常要复杂得多。例如，当我们操纵一个自变量的多个水平时，通常还想进一步探明具体是哪一个条件同其他的有所不同，此时就还需要进行有关的检验，依次对实验条件进行两两比较以确定是哪对条件之间产生的可靠差异。而当我们所感兴趣的是两个或更多的自变量同时发生作用的情形时，就需要使用二因素方差分析或多因素方差分析来进行检验，此时所遵循的逻辑依然不变，但检验过程要更复杂些。

三、统计的误用

描述统计和推论统计的方法在心理学研究中大行其道，这似乎意味着只有通过统计检验过的结论才能为人们所接受。事实也的确如此，长期以来心理学家们一直将统计的方法作为支持他们观点的有力武器。但需要注意的是，统计有时也会被误用或滥用，从而给人造成错误的印象，得出错误的结论。下面就是两种常见的统计误用现象。

（一）样本的误用

当我们在文献中看到作者经统计分析得出的某个结论时，首先需要问两个有关抽样的问题：（1）该研究的样本有多大？（2）该样本中的被试是如何选取的？这两个问题的答案直接关系着结论的正确性。通常一个结论的得出是应该建立在对一个较大样本的统计分析基础之上的，因为选取的样本越大越有可能更好地代表其所在的总体，而仅仅通过很小的样本（有时甚至只包含一个被试）就推论广大的总体具有某种性质则必须非常谨慎。另外，如果研究中所用的样本不是从总体中随机抽取的话，那么从该样本所做出的关于总体的推论就是不可靠的。例如，当要调查人们对某种产品的喜爱程度时，如果从本来就对该产品有好感的人群中抽样，那么这样的偏差样本是不能代表所有人（总体）对该产品的态度的。可见，小样本或偏差样本都会使结论的可信度大打折扣。在心理学研究中，对小样本的实验结果要谨慎分析和推论，而偏差样本则应尽量避免。

（二）统计图的误用

统计图的误用主要表现为以夸张的方式突出或隐藏图示中的差异，如通过变化图示中的标尺来显示出差异或隐藏其差异等。图Ⅲ-3是假想的被试对A、B、C的平均反应时（以秒为单位）。从图中我们可以发现，左图似乎显示反应时上升得很慢，而右图则显示反应时上升得很快。然而事实上两张图唯一的差异只是

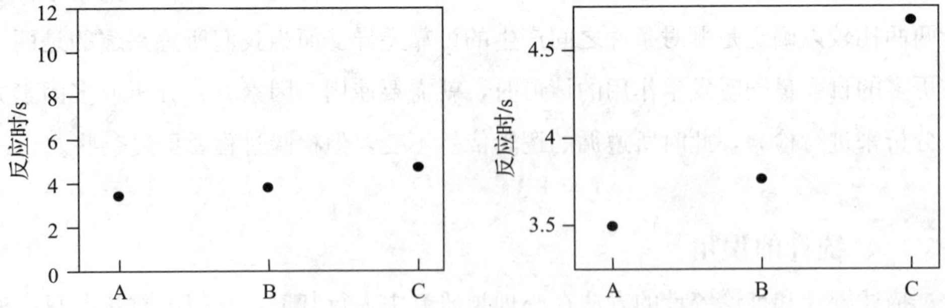

图Ⅲ-3 标尺的变化

注：从左图中，我们发现似乎反应时只有稍微的上升；相反，右图则显示反应时上升得很快。然而两张图事实上都正确地反映了反应时的变化情况——奥妙就在于纵轴标尺的刻度。由于标尺的改变会使原来较小的差异看上去很大，或将大的差异变小，因此，仔细读图，并注意测量的标尺就非常重要。

所使用的纵轴标尺不同。

除了上述两种比较典型的例子以外，还有多种方式也可以导致统计的误用，如进行不恰当的比较、错误地进行概率判断等等，这些在实际应用中都应尽量加以避免。

四、零假设显著性检验存在的问题

前面我们所讨论的所有假设检验方法，都是围绕着假设检验的一个最基本问题——实验假设和虚无假设（即零假设）展开的。长久以来，研究者不仅将零假设显著性检验的方法置于数据分析的核心位置，更将它作为个人科学成就的参考要素：如果你的实验结果不能拒绝零假设，那么你的文章将不能发表。近年来，一些研究者开始质疑这种零假设显著性检验逻辑，指出这种一直被公认的数据分析方法实际上存在着如下一些问题。

（一）二元决策过程会导致信息损失

对零假设显著性检验最大的质疑莫过于其二元决策过程，这种二元决策过程代表了传统的对实验复制的观点，我们在附录Ⅱ的元分析技术中已有过讨论。二元决策过程会使我们损失很多关于数据集的有用信息。举个典型例子来说，一个 3×5 的因素设计中包含 15 种处理条件，因此研究者就要对 15 个样本进行说明。然而，一个标准的方差分析把这样的数据集简化为三部分信息：拒绝或未能拒绝零假设所对应的因素 1、因素 2 的主效应以及二者之间的交互作用。当然，进行附加的事后检验或简单效应检验最终也能够使复杂的数据集得到理解，但零假设显著性检验仅仅根据的是一系列二元决策过程而不是一元模式，这对我们获得关于一个数据集的全面信息是有影响的。

（二）二分法的误导性

前面我们所提到的二元决策过程不仅会导致信息的损失，还会带来另一个严峻的问题：仅仅使用“$p<0.05$”与“$p>0.05$”这样一种二分法所得出来的结论会误导研究者。这种误导表现在，当人们在研究中得到的 p 值为 0.051 时会很为恼火，甚至想尽一切办法使之能够转换成可以为人所接受的 0.050。但实际上，导致 p 值为 0.051 的数据集与导致 p 值为 0.050 的数据集之间的真实差异是极其微小的，从逻辑上讲，由这两个数据集所得出的结论应该是非常相似的。但是，根据零假设显著性检验所依据的二分法，我们所得出的结论非常不同：p 值为 0.050 的数据集得出的是“拒绝零假设”的结论，而 p 值为 0.051 的数据集得出的是“无法拒绝零假设”的结论。因此，即使是两个相似的实验，如果其中一个的零假设被拒绝了，而另一个的零假设无法拒绝，就经常会导致完全相反的结论，即“零假设为假”和“零假设为真”。事实上，这些“临界实验”也给其他研究者带来了误导。

（三）零假设本身的不可信

对零假设显著性检验的另一个质疑是针对其本身的可信性而提出的。例如，根据零假设显著性检验的逻辑，对于一个包含四种处理条件的实验来说，在标准方差分析中，其零假设将是：

$$\mu_1=\mu_2=\mu_3=\mu_4$$

它们分别代表了四种条件下的总体平均数。该方程中的等号所暗含的应该是，至无穷多的小数位依然相等。因为，如果零假设中的等号意味着“总体平均数大概相等”的话，那么零假设显著性检验的逻辑大厦就会崩塌，至少如果那样的话，它还必须为“大概相等”补充一个精确的定义。

但当我们认定等号的含义是至无穷多的小数位依然相等时，从字面上来看，此零假设的真实性仍受到质疑。对此，米尔（Meehl，1967）曾指出，存在着许多诸如唤醒、注意和焦虑等一般状态变量，这些变量很容易受到任何类型的轻微刺激输入的影响。因此，想要得到零假设中所指出的零效应（zero effect），即应用到实验被试身上的任何不同情境可能导致被试行为的差异为零，这几乎是不可能的。从另一方面来讲，等号应该只是代表了一种差异为零的可能性，而不应是正好为零。这样便使研究者面对一个严峻的问题：去拒绝一个自身真实性就存在问题的零假设是毫无意义的。更何况，零假设显著性检验中所公认的显著性水平 0.05 意味着所有拒绝了零假设的实验都还有 5%的错误可能。

（四）统计决策的不对称性

即使我们暂时撇开零假设的不可能性的情况不谈，在假设检验情境下所导致的两种类型的错误之间也存在着决策的不平衡。通常情况下，Ⅰ型错误发生的概率是由对汇总分数标准（summary-score criterion）的适当选择决定的。而由于缺少定量的备择假设，Ⅱ型错误发生的概率却通常是不可知的。这种情况所导致的后果就是：研究者倾向于认为，拒绝零假设就是一个真正的决策，而无法拒绝零假设就不是真正的决策。而事实上，拒绝零假设就意味着承认了存在犯Ⅰ型错误的可能，这暗示了研究所得的数据没能提供充足的信息以支持研究者做出一个清楚的决策。

近年来，越来越多的研究者开始意识到了零假设显著性检验所存在的诸多问题。为了能够对实验的数据进行更好的分析和解释，研究者可以选用其他一些数据分析技术来对零假设显著性检验进行补充。大家比较熟悉的一种方法是图示法。图示可以将大量数据中的有用信息全面而又清晰地表现出来，尤其是那些以表格的形式很难一下子读懂的数据，一旦呈现在图上就可以被读者很清楚地理解。当然，图示的方法也存在一定的弊端。如果制图者过于追求表现图示的各种特征的话，绘制出来的图就会变得复杂和难以解释。例如，制图者经常会试图在一张图中放入过多的信息，或者在图或图的说明中忽略了关键性信息，等等。除此以外，使用置信区间、计划比较等技术也可以对数据进行合理的分析和解释。

也许可以这样说，科学的统计方法是我们开启心理学科学殿堂之门的钥匙。在心理学研究应用中，描述统计让我们看到了所观测到的各个样本分布的大概面貌，推论统计则进一步帮助我们推测出各种实验条件下差异的可靠程度，并推断出样本分布所代表的更广泛的总体情况。在进行推论统计的过程中，我们需要视研究的具体情况而选用不同的假设检验方法，如 t 检验和方差分析等。这些检验所遵循的逻辑是相似的，均是通过将实验假设与虚无假设进行比较来检验其正确性，并最终得出我们在多大程度上可以拒绝虚无假设的结论，这样的逻辑即为零假设显著性检验。尽管长期以来，零假设显著性检验为我们进行科学的推论提供了有力的帮助，但究竟该对它持有什么态度的争论一直在继续着，可能我们需要一些辩证的观点。

在此，我们更希望读者在掌握各种统计分析方法的原理及适用条件，并较好地理解统计分析的逻辑的基础之上，能够在未来的研究中合理地运用它们，将大量数据中的有用信息挖掘出来呈现给大家。

附录Ⅳ 统计数值表

一、PZO 转换表

P	Z	O	P	Z	O	P	Z	O	P	Z	O
0.01	−2.326	0.026 7	0.26	−0.643	0.324 5	0.51	0.025	0.398 8	0.76	0.706	0.311 0
0.02	−2.053	0.048 4	0.27	−0.612	0.330 8	0.52	0.50	0.398 4	0.77	0.738	0.303 8
0.03	−1.881	0.068 1	0.28	−0.582	0.336 8	0.53	0.75	0.397 8	0.78	0.772	0.296 2
0.04	−1.750	0.086 2	0.29	−0.553	0.342 4	0.54	0.100	0.397 0	0.79	0.806	0.288 3
0.05	−1.645	0.103 2	0.30	−0.524	0.347 8	0.55	0.125	0.395 8	0.80	0.841	0.280 1
0.06	−1.555	0.119 2	0.31	−0.495	0.352 9	0.56	0.150	0.394 5	0.81	0.877	0.271 5
0.07	−1.476	0.134 3	0.32	−0.467	0.357 7	0.57	0.176	0.392 8	0.82	0.915	0.262 5
0.08	−1.405	0.148 7	0.33	−0.439	0.362 3	0.58	0.201	0.390 9	0.83	0.954	0.253 2
0.09	−1.340	0.162 5	0.34	−0.412	0.366 5	0.59	0.227	0.388 8	0.84	0.994	0.243 4
0.10	−1.281	0.175 6	0.35	−0.385	0.370 5	0.60	0.253	0.386 4	0.85	1.036	0.233 3
0.11	−1.226	0.188 1	0.36	−0.358	0.374 2	0.61	0.279	0.383 8	0.86	1.080	0.222 7
0.12	−1.175	0.200 1	0.37	−0.331	0.377 7	0.62	0.305	0.380 8	0.87	1.126	0.211 6
0.13	−1.126	0.211 6	0.38	−0.305	0.380 8	0.63	0.331	0.377 7	0.88	1.175	0.200 1
0.14	−1.080	0.222 7	0.39	−0.279	0.383 8	0.64	0.358	0.374 2	0.89	1.226	0.188 1
0.15	−1.036	0.233 3	0.40	−0.253	0.386 4	0.65	0.385	0.370 5	0.90	1.281	0.175 6
0.16	−0.994	0.243 4	0.41	−0.227	0.388 8	0.66	0.412	0.366 5	0.91	1.340	0.162 5
0.17	−0.954	0.253 2	0.42	−0.201	0.390 9	0.67	0.439	0.362 3	0.92	1.405	0.148 7
0.18	−0.915	0.262 5	0.43	−0.176	0.392 8	0.68	0.467	0.357 7	0.93	1.476	0.134 3
0.19	−0.877	0.271 5	0.44	−0.150	0.394 5	0.69	0.495	0.352 9	0.94	1.555	0.119 2
0.20	−0.841	0.280 1	0.45	−0.125	0.395 8	0.70	0.524	0.347 8	0.95	1.645	0.103 2
0.21	−0.806	0.288 3	0.46	−0.100	0.397 0	0.71	0.553	0.342 4	0.96	1.750	0.086 2
0.22	−0.772	0.296 2	0.47	−0.075	0.397 8	0.72	0.582	0.336 8	0.97	1.881	0.068 1
0.23	−0.738	0.303 8	0.48	−0.050	0.398 4	0.73	0.612	0.330 8	0.98	2.053	0.048 4
0.24	−0.706	0.311 0	0.49	−0.025	0.398 8	0.74	0.643	0.324 5	0.99	2.326	0.026 7
0.25	−0.674	0.317 9	0.50	−0.000	0.398 9	0.75	0.674	0.317 9			

二、正态分布曲线对应坐标数值表

τ	$f(\tau)$	τ	$f(\tau)$	τ	$f(\tau)$	τ	$f(\tau)$	τ	$f(\tau)$
0.00	0.398 9	0.66	0.320 9	1.32	0.166 9	1.98	0.056 2	2.64	0.012 2
0.02	0.398 9	0.68	0.316 6	1.34	0.162 6	2.00	0.054 0	2.66	0.011 6
0.04	0.398 6	0.70	0.312 3	1.36	0.158 2	2.02	0.051 9	2.68	0.011 0
0.06	0.398 2	0.72	0.307 9	1.38	0.154 0	2.04	0.049 8	2.70	0.010 4
0.08	0.397 7	0.74	0.303 4	1.40	0.149 7	2.06	0.047 8	2.72	0.009 9
0.10	0.397 0	0.76	0.298 9	1.42	0.145 6	2.08	0.045 9	2.74	0.009 4
0.12	0.396 1	0.78	0.294 3	1.44	0.141 5	2.10	0.044 0	2.76	0.008 9
0.14	0.395 1	0.80	0.289 7	1.46	0.137 4	2.12	0.042 2	2.78	0.008 4
0.16	0.393 9	0.82	0.285 0	1.48	0.133 4	2.14	0.040 4	2.80	0.007 9
0.18	0.392 5	0.84	0.280 3	1.50	0.129 5	2.16	0.038 7	2.82	0.007 5
0.20	0.391 0	0.86	0.275 6	1.52	0.125 7	2.18	0.037 1	2.84	0.007 1
0.22	0.389 4	0.88	0.270 9	1.54	0.121 9	2.20	0.035 5	2.86	0.006 7
0.24	0.387 6	0.90	0.266 1	1.56	0.118 2	2.22	0.033 9	2.88	0.006 3
0.26	0.385 7	0.92	0.261 3	1.58	0.114 5	2.24	0.032 5	2.90	0.006 0
0.28	0.383 6	0.94	0.256 5	1.60	0.110 9	2.26	0.031 0	2.92	0.005 6
0.30	0.381 4	0.96	0.251 6	1.62	0.107 4	2.28	0.029 7	2.94	0.005 3
0.32	0.379 0	0.98	0.246 8	1.64	0.104 0	2.30	0.028 3	2.96	0.005 0
0.34	0.376 5	1.00	0.242 0	1.66	0.100 6	2.32	0.027 1	2.98	0.004 7
0.36	0.373 9	1.02	0.237 1	1.68	0.097 3	2.34	0.025 8	3.00	0.004 4
0.38	0.371 2	1.04	0.232 3	1.70	0.094 1	2.36	0.024 6	3.10	0.003 3
0.40	0.368 3	1.06	0.227 5	1.72	0.090 9	2.38	0.023 5	3.20	0.002 4
0.42	0.365 3	1.08	0.222 7	1.74	0.087 8	2.40	0.022 4	3.30	0.001 7
0.44	0.362 1	1.10	0.217 9	1.76	0.084 8	2.42	0.021 3	3.40	0.001 2
0.46	0.358 9	1.12	0.213 1	1.78	0.081 8	2.44	0.020 3	3.50	0.000 9
0.48	0.355 5	1.14	0.208 3	1.80	0.079 0	2.46	0.019 4	3.60	0.000 6
0.50	0.352 1	1.16	0.203 6	1.82	0.076 1	2.48	0.018 4	3.70	0.000 4
0.52	0.348 5	1.18	0.198 9	1.84	0.073 4	2.50	0.017 5	3.80	0.000 3
0.54	0.344 8	1.20	0.194 2	1.86	0.070 7	2.52	0.016 7	3.90	0.000 2
0.56	0.341 1	1.22	0.189 5	1.88	0.068 1	2.54	0.015 9	4.00	0.000 1
0.58	0.337 2	1.24	0.184 9	1.90	0.065 6	2.56	0.015 1		
0.60	0.333 2	1.26	0.180 4	1.92	0.063 2	2.58	0.014 3		
0.62	0.329 2	1.28	0.175 9	1.94	0.060 8	2.60	0.013 6		
0.64	0.325 1	1.30	0.171 4	1.96	0.058 4	2.62	0.012 9		

三、正态分布概率对应数值表

τ	$\Phi(\tau)$	τ	$\Phi(\tau)$	τ	$\Phi(\tau)$	τ	$\Phi(\tau)$	τ	$\Phi(\tau)$
0.00	0.500 0	0.66	0.745 4	1.32	0.906 6	1.98	0.976 2	2.64	0.995 9
0.02	0.508 0	0.68	0.751 8	1.34	0.909 9	2.00	0.977 3	2.66	0.996 1
0.04	0.516 0	0.70	0.758 0	1.36	0.913 1	2.02	0.978 3	2.68	0.996 3
0.06	0.523 9	0.72	0.764 2	1.38	0.916 2	2.04	0.979 3	2.70	0.996 5
0.08	0.531 9	0.74	0.770 4	1.40	0.919 2	2.06	0.980 3	2.72	0.996 7
0.10	0.539 8	0.76	0.776 4	1.42	0.922 2	2.08	0.981 2	2.74	0.996 9
0.12	0.547 8	0.78	0.782 3	1.44	0.925 1	2.10	0.982 1	2.76	0.997 1
0.14	0.555 7	0.80	0.788 1	1.46	0.927 9	2.12	0.983 0	2.78	0.997 3
0.16	0.563 6	0.82	0.793 9	1.48	0.930 6	2.14	0.983 8	2.80	0.997 4
0.18	0.571 4	0.84	0.799 6	1.50	0.933 2	2.16	0.984 6	2.82	0.997 6
0.20	0.579 3	0.86	0.805 1	1.52	0.935 7	2.18	0.985 4	2.84	0.997 7
0.22	0.587 1	0.88	0.810 6	1.54	0.938 2	2.20	0.986 1	2.86	0.997 9
0.24	0.594 8	0.90	0.815 9	1.56	0.940 6	2.22	0.986 8	2.88	0.998 0
0.26	0.602 6	0.92	0.821 2	1.58	0.943 0	2.24	0.987 5	2.90	0.998 1
0.28	0.610 3	0.94	0.826 4	1.60	0.945 2	2.26	0.988 1	2.92	0.998 3
0.30	0.617 9	0.96	0.831 5	1.62	0.947 4	2.28	0.988 7	2.94	0.998 4
0.32	0.625 5	0.98	0.836 5	1.64	0.949 5	2.30	0.989 3	2.96	0.998 5
0.34	0.633 1	1.00	0.841 3	1.66	0.951 5	2.32	0.989 8	2.98	0.998 6
0.36	0.640 6	1.02	0.846 1	1.68	0.953 5	2.34	0.990 4	3.00	0.998 7
0.38	0.648 0	1.04	0.850 8	1.70	0.955 4	2.36	0.990 9	3.10	0.999 0
0.40	0.655 4	1.06	0.855 4	1.72	0.957 3	2.38	0.991 3	3.20	0.999 3
0.42	0.662 8	1.08	0.859 9	1.74	0.959 1	2.40	0.991 8	3.30	0.999 5
0.44	0.670 0	1.10	0.864 3	1.76	0.960 8	2.42	0.992 2	3.40	0.999 7
0.46	0.677 2	1.12	0.868 6	1.78	0.962 5	2.44	0.992 7	3.50	0.999 8
0.48	0.684 4	1.14	0.872 9	1.80	0.964 1	2.46	0.993 1	3.60	0.999 8
0.50	0.691 5	1.16	0.877 0	1.82	0.965 6	2.48	0.993 4	3.70	0.999 9
0.52	0.698 5	1.18	0.881 0	1.84	0.967 1	2.50	0.993 8	3.80	0.999 9
0.54	0.705 4	1.20	0.884 9	1.86	0.968 6	2.52	0.994 1	3.90	1.000 0
0.56	0.712 3	1.22	0.888 8	1.88	0.970 0	2.54	0.994 5	4.00	1.000 0
0.58	0.719 0	1.24	0.892 5	1.90	0.971 3	2.56	0.994 8		
0.60	0.725 8	1.26	0.896 2	1.92	0.972 6	2.58	0.995 1		
0.62	0.732 4	1.28	0.899 7	1.94	0.973 8	2.60	0.995 3		
0.64	0.738 9	1.30	0.903 2	1.96	0.975 0	2.62	0.995 6		

四、t 值表

df	t 大于表内所列 t 值的概率（双侧界限）								
	0.5	0.4	0.3	0.2	0.1	0.05	0.02	0.01	0.001
1	1.000	1.376	1.963	3.078	6.314	12.706	31.821	63.657	636.619
2	0.816	1.061	1.386	1.886	2.920	4.303	6.965	9.925	31.599
3	0.765	0.978	1.250	1.638	2.353	3.182	4.541	5.841	12.924
4	0.741	0.941	1.190	1.533	2.132	2.776	3.747	4.604	8.610
5	0.727	0.920	1.156	1.476	2.015	2.571	3.365	4.032	6.869
6	0.718	0.906	1.134	1.440	1.943	2.447	3.143	3.707	5.959
7	0.711	0.896	1.119	1.415	1.895	2.365	2.998	3.499	5.408
8	0.706	0.889	1.108	1.397	1.860	2.306	2.896	3.355	5.041
9	0.703	0.883	1.100	1.383	1.833	2.262	2.821	3.250	4.781
10	0.700	0.879	1.093	1.372	1.812	2.228	2.764	3.169	4.587
11	0.697	0.876	1.088	1.363	1.796	2.201	2.718	3.106	4.437
12	0.695	0.873	1.083	1.356	1.782	2.179	2.681	3.055	4.318
13	0.694	0.870	1.079	1.350	1.771	2.160	2.650	3.012	4.221
14	0.692	0.868	1.076	1.345	1.761	2.145	2.624	2.977	4.140
15	0.691	0.866	1.074	1.341	1.753	2.131	2.602	2.947	4.073
16	0.690	0.865	1.071	1.337	1.746	2.120	2.583	2.921	4.015
17	0.689	0.863	1.069	1.333	1.740	2.110	2.567	2.898	3.965
18	0.688	0.862	1.067	1.330	1.734	2.101	2.552	2.878	3.922
19	0.688	0.861	1.066	1.328	1.729	2.093	2.539	2.861	3.883
20	0.687	0.860	1.064	1.325	1.725	2.086	2.528	2.845	3.850
21	0.686	0.859	1.063	1.323	1.721	2.080	2.518	2.831	3.819
22	0.686	0.858	1.061	1.321	1.717	2.074	2.508	2.819	3.792
23	0.685	0.858	1.060	1.319	1.714	2.069	2.500	2.807	3.768
24	0.685	0.857	1.059	1.318	1.711	2.064	2.492	2.797	3.745
25	0.684	0.856	1.058	1.316	1.708	2.060	2.485	2.787	3.725
26	0.684	0.856	1.058	1.315	1.706	2.056	2.479	2.779	3.707
27	0.684	0.855	1.057	1.314	1.703	2.052	2.473	2.771	3.690
28	0.683	0.855	1.056	1.313	1.701	2.048	2.467	2.763	3.674
29	0.683	0.854	1.055	1.311	1.699	2.045	2.462	2.756	3.659
30	0.683	0.854	1.055	1.310	1.697	2.042	2.457	2.750	3.646
40	0.681	0.851	1.050	1.303	1.684	2.021	2.423	2.704	3.551
60	0.679	0.848	1.046	1.296	1.671	2.000	2.390	2.660	3.460
120	0.677	0.845	1.041	1.289	1.658	1.980	2.358	2.617	3.373
∞	0.674	0.842	1.036	1.282	1.645	1.960	2.326	2.576	3.291
df	0.25	0.2	0.15	0.1	0.05	0.025	0.01	0.005	0.0005
	t 大于表内所列 t 值的概率（单侧界限）								

五、*F* 值表

$\alpha=0.05$

n_2	n_1									
	1	2	3	4	5	6	8	12	24	∞
1	161.4	199.5	215.7	224.6	230.2	234.0	238.9	243.9	249.0	254.3
2	18.51	19.00	19.16	19.25	19.30	19.33	19.37	19.41	19.45	19.50
3	10.13	9.55	9.28	9.12	9.01	8.94	8.84	8.74	8.64	8.53
4	7.71	6.94	6.59	6.39	6.26	6.16	6.04	5.91	5.77	5.63
5	6.61	5.79	5.41	5.19	5.05	4.95	4.82	4.68	4.53	4.36
6	5.99	5.14	4.76	4.53	4.39	4.28	4.15	4.00	3.84	3.67
7	5.59	4.74	4.35	4.12	3.97	3.87	3.73	3.57	3.41	3.23
8	5.32	4.46	4.07	3.84	3.69	3.58	3.44	3.28	3.12	2.93
9	5.12	4.26	3.86	3.63	3.48	3.37	3.23	3.07	2.90	2.71
10	4.96	4.10	3.71	3.48	3.33	3.22	3.07	2.91	2.74	2.54
11	4.84	3.98	3.59	3.36	3.20	3.09	2.95	2.79	2.61	2.40
12	4.75	3.88	3.49	3.26	3.11	3.00	2.85	2.69	2.50	2.30
13	4.67	3.80	3.41	3.18	3.02	2.92	2.77	2.60	2.42	2.21
14	4.60	3.74	3.34	3.11	2.96	2.85	2.70	2.53	2.35	2.13
15	4.54	3.68	3.29	3.06	2.90	2.79	2.64	2.48	2.29	2.07
16	4.49	3.63	3.24	3.01	2.85	2.74	2.59	2.42	2.24	2.01
17	4.45	3.59	3.20	2.96	2.81	2.70	2.55	2.38	2.19	1.96
18	4.41	3.55	3.16	2.93	2.77	2.66	2.51	2.34	2.15	1.92
19	4.38	3.52	3.13	2.90	2.74	2.63	2.48	2.31	2.11	1.88
20	4.35	3.49	3.10	2.87	2.71	2.60	2.45	2.28	2.08	1.84
21	4.32	3.47	3.07	2.84	2.68	2.57	2.42	2.25	2.05	1.81
22	4.30	3.44	3.05	2.82	2.66	2.55	2.40	2.23	2.03	1.78
23	4.28	3.42	3.03	2.80	2.64	2.53	2.38	2.20	2.00	1.76
24	4.26	3.40	3.01	2.78	2.62	2.51	2.36	2.18	1.98	1.73
25	4.24	3.38	2.99	2.76	2.60	2.49	2.34	2.16	1.96	1.71
26	4.22	3.37	2.98	2.74	2.59	2.47	2.32	2.15	1.95	1.69
27	4.21	3.35	2.96	2.73	2.57	2.46	2.30	2.13	1.93	1.67
28	4.20	3.34	2.95	2.71	2.56	2.44	2.29	2.12	1.91	1.65
29	4.18	3.33	2.93	2.70	2.54	2.43	2.28	2.10	1.90	1.64
30	4.17	3.32	2.92	2.69	2.53	2.42	2.27	2.09	1.89	1.62
40	4.08	3.23	2.84	2.61	2.45	2.34	2.18	2.00	1.79	1.51
60	4.00	3.15	2.76	2.52	2.37	2.25	2.10	1.92	1.70	1.39
120	3.92	3.07	2.68	2.45	2.29	2.17	2.02	1.83	1.61	1.25
∞	3.84	2.99	2.60	2.37	2.21	2.09	1.94	1.75	1.52	1.00

$\alpha=0.01$

n_2	n_1 1	2	3	4	5	6	8	12	24	∞
1	4 052	4 999	5 403	5 625	5 764	5 859	5 981	6 106	6 234	6 366
2	89.49	99.01	99.17	99.25	99.30	99.33	99.36	99.42	99.46	99.50
3	34.12	30.81	29.46	28.71	28.24	27.91	27.49	27.05	26.60	26.12
4	21.20	18.00	16.69	15.98	15.52	15.21	14.80	14.37	13.93	13.46
5	16.26	13.27	12.06	11.39	10.97	10.67	10.27	9.89	9.47	9.02
6	13.74	10.92	9.78	9.15	8.75	8.47	8.10	7.72	7.31	6.88
7	12.25	9.55	8.45	7.85	7.46	7.19	6.84	6.47	6.07	5.65
8	11.26	8.65	7.59	7.01	6.63	6.37	6.03	5.67	5.28	4.86
9	10.56	8.02	6.99	6.42	6.06	5.80	5.47	5.11	4.73	4.31
10	10.04	7.56	6.55	5.99	5.64	5.39	5.06	4.71	4.33	3.91
11	9.65	7.20	6.22	5.67	5.32	5.07	4.74	4.40	4.02	3.60
12	9.33	6.93	5.95	5.41	5.06	4.82	4.50	4.16	3.78	3.36
13	9.07	6.70	5.74	5.20	4.86	4.62	4.30	3.96	3.59	3.16
14	8.86	6.51	5.56	5.03	4.69	4.46	4.14	3.80	3.43	3.00
15	8.68	6.36	5.42	4.89	4.56	4.32	4.00	3.67	3.29	2.87
16	8.53	6.23	5.29	4.77	4.44	4.20	3.89	3.55	3.18	2.75
17	8.40	6.11	5.18	4.67	4.34	4.10	3.79	3.45	3.08	2.65
18	8.29	6.01	5.09	4.58	4.25	4.01	3.71	3.37	3.00	2.57
19	8.18	5.93	5.01	4.50	4.17	3.94	3.63	3.30	2.92	2.49
20	8.10	5.85	4.94	4.43	4.10	3.87	3.56	3.23	2.86	2.42
21	8.02	5.78	4.87	4.37	4.04	3.81	3.51	3.17	2.80	2.36
22	7.94	5.72	4.82	4.31	3.99	3.76	3.45	3.12	2.75	2.31
23	7.88	5.66	4.76	4.26	3.94	3.71	3.41	3.07	2.70	2.26
24	7.82	5.61	4.72	4.22	3.90	3.67	3.36	3.03	2.66	2.21
25	7.77	5.57	4.68	4.18	3.86	3.63	3.32	2.99	2.62	2.17
26	7.72	5.53	4.64	4.14	3.82	3.59	3.29	2.96	2.58	2.13
27	7.68	5.49	4.60	4.11	3.78	3.56	3.26	2.93	2.55	2.10
28	7.64	5.45	4.57	4.07	3.75	3.53	3.23	2.90	2.52	2.06
29	7.60	5.42	4.54	4.04	3.73	3.50	3.20	2.87	2.49	2.03
30	7.56	5.39	4.51	4.02	3.70	3.47	3.17	2.84	2.47	2.01
40	7.31	5.18	4.31	3.83	3.51	3.29	2.99	2.66	2.29	1.80
60	7.08	4.98	4.13	3.65	3.34	3.12	2.82	2.50	2.12	1.60
120	6.85	4.79	3.95	3.48	3.17	2.96	2.66	2.34	1.95	1.38
∞	6.64	4.60	3.78	3.32	3.02	2.80	2.51	2.18	1.79	1.00

六、χ^2分布数值表

df	χ^2大于表内所列χ^2值的概率												
	0.995	0.990	0.975	0.950	0.900	0.750	0.500	0.250	0.100	0.050	0.025	0.010	0.005
1	0.000 04	0.000 16	0.000 98	0.003 9	0.015 8	0.102	0.455	1.32	2.71	3.84	5.02	6.63	7.88
2	0.010 0	0.020 1	0.050 6	0.103	0.211	0.575	1.39	2.77	4.61	5.99	7.38	9.21	10.6
3	0.071 7	0.115	0.216	0.352	0.584	1.21	2.37	4.11	6.25	7.81	9.35	11.3	12.8
4	0.207	0.297	0.484	0.711	1.06	1.92	3.36	5.39	7.78	9.49	11.1	13.3	14.9
5	0.412	0.554	0.831	1.15	1.61	2.67	4.35	6.63	9.24	11.1	12.8	15.1	16.7
6	0.676	0.872	1.24	1.64	2.20	3.45	5.35	7.84	10.6	12.6	14.4	16.8	18.5
7	0.989	1.24	1.69	2.17	2.83	4.25	6.35	9.04	12.0	14.1	16.0	18.5	20.3
8	1.34	1.65	2.18	2.73	3.49	5.07	7.34	10.2	13.4	15.5	17.5	20.1	22.0
9	1.73	2.09	2.70	3.33	4.17	5.90	8.34	11.4	14.7	16.9	19.0	21.7	23.6
10	2.16	2.56	3.25	3.94	4.87	6.74	9.34	12.5	16.0	18.3	20.5	23.2	25.2
11	2.60	3.05	3.82	4.57	5.58	7.58	10.3	13.7	17.3	19.7	21.9	24.7	26.8
12	3.07	3.57	4.40	5.23	6.30	8.44	11.3	14.8	18.5	21.0	23.3	26.2	28.3
13	3.57	4.11	5.01	5.89	7.04	9.30	12.3	16.0	19.8	22.4	24.7	27.7	29.8
14	4.07	4.66	5.63	6.57	7.79	10.2	13.3	17.1	21.1	23.7	26.1	29.1	31.3
15	4.60	5.23	6.26	7.26	8.55	11.0	14.3	18.2	22.3	25.0	27.5	30.6	32.8
16	5.14	5.81	6.91	7.96	9.31	11.9	15.3	19.4	23.5	26.3	28.8	32.0	34.3
17	5.70	6.41	7.56	8.67	10.1	12.8	16.3	20.5	24.8	27.6	30.2	33.4	35.7
18	6.26	7.01	8.23	9.39	10.9	13.7	17.3	21.6	26.0	28.9	31.5	34.8	37.2
19	6.84	7.63	8.91	10.1	11.7	14.6	18.3	22.7	27.2	30.1	32.9	36.2	38.6
20	7.43	8.26	9.59	10.9	12.4	15.5	19.3	23.8	28.4	31.4	34.2	37.6	40.0
21	8.03	8.90	10.3	11.6	13.2	16.3	20.3	24.9	29.6	32.7	35.5	38.9	41.4
22	8.64	9.54	11.0	12.3	14.0	17.2	21.3	26.0	30.8	33.9	36.8	40.3	42.8
23	9.26	10.2	11.7	13.1	14.8	18.1	22.3	27.1	32.0	35.2	38.1	41.6	44.2
24	9.89	10.9	12.4	13.8	15.7	19.0	23.3	28.2	33.2	36.4	39.4	43.0	45.6
25	10.5	11.5	13.1	14.6	16.5	19.9	24.3	29.3	34.4	37.7	40.6	44.3	46.9
26	11.2	12.2	13.8	15.4	17.3	20.8	25.3	30.4	35.6	38.9	41.9	45.6	48.3
27	11.8	12.9	14.6	16.2	18.1	21.7	26.3	31.5	36.7	40.1	43.2	47.0	49.6
28	12.5	13.6	15.3	16.9	18.9	22.7	27.3	32.6	37.9	41.3	44.5	48.3	51.0
29	13.1	14.3	16.0	17.7	19.8	23.6	28.3	33.7	39.1	42.6	45.7	49.6	52.3
30	13.8	15.0	16.8	18.5	20.6	24.5	29.3	34.8	40.3	43.8	47.0	50.9	53.7
40	20.7	22.2	24.4	26.5	29.1	33.7	39.3	45.6	51.8	55.8	59.3	63.7	66.8
50	28.0	29.7	32.4	34.8	37.7	42.9	49.3	56.3	63.2	67.5	71.4	76.2	79.5
60	35.5	37.5	40.5	43.2	46.5	52.3	59.3	67.0	74.4	79.1	83.3	88.4	92.0

七、相关系数显著性检验表

$n-2$	α		$n-2$	α	
	0.05	0.01		0.05	0.01
1	0.997	1.000	21	0.413	0.526
2	0.950	0.990	22	0.404	0.515
3	0.878	0.959	23	0.396	0.505
4	0.811	0.917	24	0.388	0.496
5	0.754	0.874	25	0.381	0.487
6	0.707	0.834	26	0.374	0.478
7	0.666	0.798	27	0.367	0.470
8	0.632	0.765	28	0.361	0.463
9	0.602	0.735	29	0.355	0.456
10	0.576	0.708	30	0.349	0.449
11	0.553	0.684	35	0.325	0.418
12	0.532	0.661	40	0.304	0.393
13	0.514	0.641	45	0.288	0.372
14	0.497	0.623	50	0.273	0.354
15	0.482	0.606	60	0.250	0.325
16	0.468	0.590	70	0.232	0.302
17	0.456	0.575	80	0.217	0.283
18	0.444	0.561	90	0.205	0.267
19	0.433	0.549	100	0.195	0.254
20	0.423	0.537	200	0.138	0.181

八、从相关系数 r 变换成 Z 表

r	Z	r	Z	r	Z	r	Z
0	0	0.25	0.255 4	0.50	0.549 3	0.75	0.973 1
0.01	0.010 0	0.26	0.266 1	0.51	0.562 7	0.76	0.996 2
0.02	0.020 0	0.27	0.276 8	0.52	0.576 3	0.77	1.020 2
0.03	0.030 0	0.28	0.287 7	0.53	0.590 1	0.78	1.045 4
0.04	0.040 0	0.29	0.298 6	0.54	0.604 2	0.79	1.071 4
0.05	0.050 0	0.30	0.309 6	0.55	0.618 4	0.80	1.098 6
0.06	0.060 1	0.31	0.320 6	0.56	0.632 9	0.81	1.127 1
0.07	0.070 1	0.32	0.331 7	0.57	0.647 5	0.82	1.156 9
0.08	0.080 2	0.33	0.342 8	0.58	0.662 4	0.83	1.188 1
0.09	0.090 2	0.34	0.354 1	0.59	0.677 7	0.84	1.221 0
0.10	0.100 3	0.35	0.365 5	0.60	0.693 1	0.85	1.256 1
0.11	0.110 4	0.36	0.376 9	0.61	0.708 9	0.86	1.293 5
0.12	0.120 5	0.37	0.388 4	0.62	0.725 0	0.87	1.333 2
0.13	0.130 7	0.38	0.400 0	0.63	0.741 5	0.88	1.375 7
0.14	0.140 9	0.39	0.411 8	0.64	0.758 1	0.89	1.421 9
0.15	0.151 1	0.40	0.423 7	0.65	0.775 3	0.90	1.472 1
0.16	0.161 3	0.41	0.435 7	0.66	0.792 9	0.91	1.527 6
0.17	0.171 6	0.42	0.447 7	0.67	0.810 7	0.92	1.589 3
0.18	0.181 9	0.43	0.459 9	0.68	0.829 1	0.93	1.658 5
0.19	0.192 3	0.44	0.472 3	0.69	0.847 9	0.94	1.738 2
0.20	0.202 7	0.45	0.484 8	0.70	0.867 3	0.95	1.831 8
0.21	0.213 2	0.46	0.497 3	0.71	0.887 2	0.96	1.945 9
0.22	0.223 7	0.47	0.510 1	0.72	0.907 7	0.97	2.092 4
0.23	0.234 2	0.48	0.523 0	0.73	0.928 7	0.98	2.297 5
0.24	0.244 8	0.49	0.536 1	0.74	0.950 4	0.99	2.646 5

九、随机数表

03 47 43 73 86	36 96 47 36 61	46 98 63 71 62	33 26 16 80 45	60 11 14 10 95
97 74 24 67 62	42 81 14 57 20	42 53 32 37 32	27 07 36 07 51	24 51 79 89 73
16 76 62 27 66	56 50 26 71 07	32 90 79 78 53	13 55 38 58 59	88 97 54 14 10
12 56 85 99 26	96 96 68 27 31	05 03 72 93 15	57 12 10 14 21	88 26 49 81 76
55 59 56 35 64	38 54 82 46 22	31 62 43 09 90	06 18 44 32 53	23 83 01 30 30
16 22 77 94 39	49 54 43 54 82	17 37 93 23 78	87 35 20 96 43	84 26 34 91 64
84 42 17 53 31	57 24 55 06 88	77 04 74 47 67	21 76 33 50 25	83 92 12 06 76
63 01 63 78 59	16 95 55 67 19	98 10 50 71 75	12 86 73 58 07	44 39 52 38 79
33 21 12 34 29	78 64 56 07 82	52 42 07 44 38	15 51 00 13 42	99 66 02 79 54
57 60 86 32 44	09 47 27 96 54	49 17 46 09 62	90 52 84 77 27	08 02 73 43 28
18 18 07 92 46	44 17 16 58 09	79 83 86 19 62	06 76 50 03 10	55 23 64 05 05
26 62 38 97 75	84 16 07 44 99	83 11 46 32 24	20 14 85 88 45	10 93 72 88 71
23 42 40 64 74	82 97 77 77 81	07 45 32 14 08	32 98 94 07 72	93 85 79 10 75
52 36 28 19 95	50 92 26 11 97	00 56 76 31 38	80 22 02 53 53	86 60 42 04 53
37 85 94 35 12	83 39 50 08 30	42 34 07 96 88	54 42 06 87 98	35 85 29 48 39
70 29 17 12 13	40 33 20 38 26	13 89 51 03 74	17 76 37 13 04	07 74 21 19 30
56 62 18 37 35	96 83 50 87 75	97 12 25 93 47	70 33 24 03 54	97 77 46 44 80
99 49 57 22 77	88 42 95 45 72	16 64 36 16 00	04 43 18 66 79	94 77 24 21 90
16 08 15 04 72	33 27 14 34 09	45 59 34 68 49	12 72 07 34 45	99 27 72 95 14
31 16 93 32 43	50 27 89 87 19	20 15 37 00 49	52 85 66 60 44	38 68 88 11 80
68 34 30 13 70	55 74 30 77 40	44 22 78 84 26	04 33 46 09 52	68 07 97 06 57
74 57 25 65 76	59 29 97 68 60	71 91 38 67 54	13 58 18 24 76	15 54 55 95 52
27 42 37 86 53	48 55 90 65 72	96 57 69 36 10	96 46 92 42 45	97 60 49 04 91
00 39 68 29 61	66 37 32 20 30	77 84 57 03 29	10 45 65 04 26	11 04 96 67 24
29 94 98 94 24	68 49 69 10 82	53 75 91 93 30	34 25 20 57 27	40 48 73 51 92

续表

16 90 82 66 59	83 62 64 11 12	67 19 00 71 74	60 47 21 29 68	02 02 37 03 31
11 27 94 75 06	06 09 19 74 66	02 94 37 34 02	76 70 90 30 86	38 45 94 30 38
35 24 10 16 20	33 32 51 26 38	79 78 45 04 91	16 92 53 56 16	02 75 50 95 98
38 23 16 86 38	42 38 97 01 50	87 75 66 81 41	40 01 74 91 62	48 51 84 08 32
31 96 25 91 47	96 44 33 49 13	34 86 82 53 91	00 52 43 48 85	27 55 26 89 62
66 67 40 67 14	64 05 71 95 86	11 05 65 09 68	76 83 20 37 90	57 16 00 11 66
14 90 84 45 11	75 73 88 05 90	52 27 41 14 86	22 98 12 22 08	07 52 74 95 80
68 05 51 18 00	33 96 02 75 19	07 60 62 93 55	59 33 82 43 90	49 37 38 44 59
20 46 78 73 90	97 51 40 14 02	04 02 33 31 08	39 54 16 49 36	47 95 93 13 30
64 19 58 97 79	15 06 15 93 20	01 90 10 75 06	40 78 73 89 62	02 67 74 17 33
05 26 93 70 60	22 35 85 15 13	92 03 51 59 77	59 56 78 06 83	52 91 05 70 74
07 97 10 88 23	09 98 42 99 64	61 71 62 99 15	06 51 29 16 93	58 05 77 09 51
68 71 86 85 85	54 87 66 47 54	73 32 08 11 12	44 95 92 63 16	29 56 24 29 48
26 99 61 65 53	58 37 78 80 70	42 10 50 67 42	32 17 55 85 74	94 44 67 16 94
14 65 52 68 75	87 59 36 22 41	26 78 63 06 55	13 08 27 01 50	15 29 39 39 43
17 53 77 58 71	71 41 61 50 72	12 41 94 96 26	44 95 27 36 99	02 96 74 30 83
90 26 59 21 19	23 52 23 33 12	96 93 02 18 39	07 02 18 36 07	25 99 32 70 23
41 23 52 55 99	31 04 49 69 96	10 47 48 45 88	13 41 43 89 20	97 17 14 49 17
60 20 50 81 69	31 99 73 68 68	35 81 33 03 76	24 30 12 48 60	18 99 10 72 34
91 25 38 05 90	94 58 28 41 36	45 37 59 03 09	90 35 57 29 12	82 62 54 65 60
34 50 57 74 37	98 80 33 00 91	09 77 93 19 82	74 94 80 04 04	45 07 31 66 49
85 22 04 39 43	73 81 53 94 79	33 62 46 86 28	08 31 54 46 31	53 94 13 38 47
09 79 13 77 48	73 82 97 22 21	05 03 27 24 83	72 89 44 05 60	35 80 39 94 88
88 75 80 18 14	22 95 75 42 49	39 32 82 22 49	02 48 07 70 37	16 04 61 67 37
90 96 23 70 00	39 00 03 06 90	55 85 78 38 36	94 37 30 69 32	90 89 00 76 33

53 74 23 99 67	61 32 28 69 84	94 62 67 86 24	98 33 41 19 95	47 53 53 38 09
63 38 06 86 54	99 00 65 26 94	02 82 90 23 07	79 62 67 80 60	75 91 12 81 19
35 30 58 21 46	06 72 17 10 94	25 21 31 75 96	49 28 24 00 49	55 65 79 78 07
63 43 36 82 69	65 51 18 37 88	61 38 44 12 45	32 92 85 88 65	54 34 81 85 35
98 25 37 55 26	01 91 82 81 46	74 71 12 94 97	24 02 71 37 07	03 92 18 66 75
62 63 21 17 69	71 50 80 89 56	38 15 70 11 48	43 40 45 86 98	00 83 26 91 03
64 55 22 21 82	48 22 28 06 00	61 54 13 43 91	82 78 12 23 29	06 66 24 12 27
85 07 26 13 89	01 10 07 82 04	59 63 69 36 03	69 11 15 83 80	13 29 54 19 28
58 54 16 24 15	51 54 44 82 00	62 61 65 04 69	38 18 65 18 97	85 72 13 49 21
34 85 27 84 87	61 48 64 56 26	90 18 48 13 26	37 70 15 42 57	65 65 80 39 07
03 92 18 27 46	57 99 16 96 56	30 33 72 85 22	84 64 38 56 98	99 01 30 98 64
62 95 30 27 59	37 75 41 66 48	86 97 80 61 45	23 53 04 01 63	45 76 08 64 27
08 45 93 15 22	60 21 75 46 91	98 77 27 85 42	28 88 61 08 84	69 62 03 42 73
07 08 55 18 40	45 44 75 13 90	24 94 96 61 02	57 55 66 83 15	73 42 37 11 61
01 85 89 95 66	51 10 19 34 88	15 84 97 19 75	12 76 39 43 78	64 63 91 08 25
72 84 71 14 35	19 11 58 49 26	50 11 17 17 76	86 31 57 20 18	95 60 78 46 75
88 78 28 16 84	13 52 53 94 53	75 45 69 30 96	73 89 65 70 31	99 17 43 48 76
45 17 75 65 57	28 40 19 72 12	25 12 74 75 67	60 40 60 81 19	24 62 01 61 16
96 76 28 12 54	22 01 11 94 25	71 96 16 16 88	68 64 36 74 45	19 59 60 88 92
43 31 67 72 30	24 02 94 08 63	38 32 36 66 02	69 36 38 25 39	48 03 45 15 22
50 44 66 44 21	66 06 58 05 62	63 15 54 35 02	42 35 48 96 32	14 52 41 52 48
22 66 22 15 86	26 63 75 41 99	58 42 36 72 24	58 37 52 18 51	03 37 18 39 11
96 24 40 14 51	23 22 30 88 57	95 67 47 29 83	94 69 40 06 07	18 16 36 78 86
31 73 91 61 19	60 20 72 93 48	98 57 07 23 69	65 95 39 69 58	56 80 30 19 44
78 60 73 99 84	43 89 94 36 45	56 69 47 07 41	90 22 91 07 12	78 35 34 08 72

续表

84 37 90 61 56	70 10 23 98 05	85 11 34 76 60	76 48 45 34 60	01 64 18 39 96
36 67 10 08 23	98 93 35 08 86	99 29 76 29 81	33 34 91 58 93	63 14 52 32 52
07 28 59 07 48	89 64 58 89 75	83 85 62 27 89	30 14 78 56 27	86 63 59 80 02
10 15 83 87 60	79 24 31 66 56	21 48 24 06 93	91 98 94 05 49	01 47 59 38 00
55 19 68 97 65	03 73 52 16 56	00 53 55 90 27	33 42 29 38 87	22 13 88 83 34
53 81 29 13 39	35 01 20 71 34	62 33 74 82 14	53 73 19 09 03	56 54 29 56 93
51 86 32 68 92	33 98 74 66 99	40 14 71 94 58	45 94 19 38 81	14 44 99 81 07
35 91 70 29 13	80 03 54 07 27	96 94 78 32 66	50 95 52 74 33	13 80 55 62 54
37 71 67 95 13	20 02 44 95 94	64 85 04 05 72	01 32 90 76 14	53 89 74 60 41
93 66 13 83 27	92 79 64 64 72	28 54 96 53 84	48 14 52 98 94	56 07 93 89 30
02 96 08 45 65	13 05 00 41 84	93 07 54 72 59	21 45 57 09 77	19 48 56 27 44
49 83 43 48 35	82 88 33 69 96	72 36 04 19 76	47 45 15 18 60	82 11 08 95 97
84 60 71 62 46	40 80 81 30 37	34 39 23 05 38	25 15 35 71 30	88 12 57 21 77
18 17 30 88 71	44 91 14 88 47	89 23 30 63 15	56 34 20 47 89	99 82 93 24 98
79 69 10 61 78	71 32 76 95 62	87 00 22 58 40	92 54 01 75 25	43 11 71 99 31
75 93 36 57 33	56 20 14 82 11	74 21 97 90 65	96 42 68 63 86	74 54 13 26 91
38 30 92 29 03	06 28 81 39 38	62 25 06 84 63	61 29 08 93 67	04 32 92 08 09
51 29 50 10 34	31 57 75 95 80	51 97 02 74 77	76 15 48 49 44	18 55 63 77 09
21 31 38 86 24	37 79 81 53 74	73 24 16 10 33	52 83 90 94 76	70 47 14 54 36
29 01 23 87 88	58 02 39 37 67	42 10 14 20 92	16 55 23 42 45	54 96 09 11 06
95 33 95 22 00	18 74 72 00 18	38 79 58 69 32	81 76 80 26 92	82 80 84 25 39
90 84 60 79 80	24 36 59 87 38	82 07 53 89 35	96 35 23 79 18	05 98 90 07 35
46 40 62 98 82	54 97 20 56 95	15 74 30 08 32	16 46 70 50 80	67 72 16 42 79
20 31 89 03 43	38 46 82 68 72	32 14 82 99 70	80 60 47 18 97	63 49 30 21 30
71 59 73 05 50	08 22 23 71 77	91 01 93 20 49	32 96 59 26 94	66 39 67 98 60

主要参考文献

艾宾浩斯. (1965). *记忆*(曹日昌 译). 北京：科学出版社.

《半个世纪的心理学生涯》编委会. (编). (2003). *半个世纪的心理学生涯——沈德立论文选粹*. 北京：中国社会科学出版社.

波林. (1981). *实验心理学史*(高觉敷 译). 北京：商务印书馆.

波佩尔 (又译珀佩尔). (2000). *意识的限度——关于时间与意识的新见解*(李百涵，韩力 译). 北京：北京大学出版社.

布洛克，尤克尔. (1992). *奇妙的视错觉——欣赏与应用*(初景利，吴冬曼 译). 北京：世界图书出版公司.

蔡华俭. (2003). Greenwald提出的内隐联想测验介绍. *心理科学进展*，*11*(3)，339-344.

曹日昌. (1963). *普通心理学*(上册). 北京：人民教育出版社.

曹日昌. (1987). *普通心理学*(合订本). 北京：人民教育出版社.

陈立，汪安圣. (1965). 色、形爱好的差异. *心理学报*，(3)，265-269.

陈兴时，张明岛. (1991). 精神分裂症患者脑电地形图初步研究. *自然杂志*，(1)，80.

董奇，申继亮. (2003). *心理与教育研究法*. 台北：东华书局.

方芸秋，荆其诚. (1963). *双眼辐合对大小—距离判断的影响*. *心理学报*，(4)，251-258.

高觉敷. (主编). (1982). *西方近代心理学史*. 北京：人民教育出版社.

高觉敷. (主编). (1985). *中国心理学史*. 北京：人民教育出版社.

高尚仁. (1986). *书法心理学*. 台北：东大图书股份有限公司.

郭秀艳. (2003). *内隐学习*. 上海：华东师范大学出版社.

郭秀艳，贡晔，薛庆国，袁小芸. (2000). 遮挡范式下对碰撞时间的估计. *心理科学*，*23*(1)，34-37.

郭秀艳，黄希庭. (2004). 时序知觉中意识与无意识的贡献. *西南师范大学学报*（*自*

然科学版)，*29*(1)，134-137.

郭秀艳，李林，薛庆国，陈云儿. (1999). 短时作业中警戒绩效影响因素的实验研究——兼用信号检测论分析. *心理科学*，*22*(5)，439-442.

郭秀艳，聂晶. (2003). 大学生实时距、空时距估计的比较研究. *心理发展与教育*，(3)，58-62.

郭秀艳，杨治良. (2002). 内隐学习与外显学习的相互关系. *心理学报*，*34*(4)，351-356.

郭秀艳，周楚，周梅花. (2004). 错误记忆影响因素的实验研究. *应用心理学*，*10*(1)，3-8.

郭志刚. (主编). (1999). *社会统计分析方法——SPSS软件应用*. 北京：中国人民大学出版社.

赫葆源，张厚粲，陈舒永. (1983). *实验心理学*. 北京：北京大学出版社.

黄希庭. (1991). *心理学导论*. 北京：人民教育出版社.

黄希庭，徐光国. (1997). 对变化/分割模型的检验（Ⅰ）. *心理学报*，*29*(3)，326-334.

黄希庭，张志杰. (2001). 时距估计干扰效应的研究与思考. *西南师范大学学报（人文社会科学版）*，*27*(4)，84-88.

黄希庭，郑云. (1993). 时间判断的视听通道效应的实验研究. *心理学报*，*25*(3)，225-232.

姜涛，方格. (1997). 小学儿童对习俗时间的时距判断. *心理学报*，*29*(2)，152-159.

李红，林崇德. (2001). 个体解决三项系列问题的心理模型. *心理学报*，*33*(6)，518-525.

李鑫，郑美红. (2016). 时距呈现阶段的时间压力对时距知觉的影响. *科学通报*，*61*(30)，3258-3267.

梁宁建. (2003). *当代认知心理学*. 上海：上海教育出版社.

梁宁建，吴明证，高旭辰. (2003). 基于反应时范式的内隐社会认知研究方法. *心理科学*，*26*(2)，208-211.

林仲贤，刘颂. (1991). 影响时间知觉差异性的一些因素实验研究. *心理科学*，*14*(2)，7-12.

林仲贤，孙秀如.（1986）. 正视及斜视条件下的深度觉及距离判断. *心理学报*，（3），256-263.

林仲贤，孙秀如.（1987）. *视觉及测色应用*. 北京：科学出版社.

刘金花.（主编）.（1997）. *儿童发展心理学*. 上海：华东师范大学出版社.

刘永芳.（1998）. *归因理论及其应用*. 济南：山东人民出版社.

卢家楣，刘伟，贺雯，卢盛华.（2002）. 情绪状态对学生创造性的影响. *心理学报*，*34*(4)，381-386.

孟昭兰.（1994）. *普通心理学*. 北京：北京大学出版社.

孟昭兰，阎军，孟宪东.（1985）. 确定婴儿面部表情模式的初步尝试. *心理学报*，*17*（1），57-61.

莫雷.（1986）. 短时记忆编码方式的实验研究. *心理学报*，（2），201-205.

聂晶，郭秀艳.（2004）. 内隐学习和无觉察知觉辨析. *心理科学*，*27*(1)，130-133.

沈德立，杨治良.（主编）.（2002）. *基础心理学*. 北京：高等教育出版社.

沈德立，阴国恩，林镜秋，刘景全.（1985）. 中小学生对于系列材料的长时与短时记忆的实验研究. *心理发展与教育*，*2*，24-29.

沈政，林庶芝.（1993）. *生理心理学*. 北京：北京大学出版社.

舒尔茨.（1981）. *现代心理学史*(杨立能等 译). 北京：人民教育出版社.

斯托曼.（1986）. *情绪心理学*(张燕云 译). 沈阳：辽宁人民出版社.

汤慈美，林文娟，孙丽华，丁雪琴.（1985）. 体操运动员比赛时尿内儿茶酚胺的排出量. *心理学报*，（1），96-100.

唐征宇.（1998）. 启动效应和技能学习相互关系的实验研究. *心理科学*，*21*(6)，502-505.

王甦，汪安圣.（1992）. *认知心理学*. 北京：北京大学出版社.

王振勇，黄希庭.（1997）. 时序信息的加工：自动还是控制. *心理科学*，*20*(1)，23-25，30.

王重鸣.（1990）. *心理学研究方法*. 北京：人民教育出版社.

吴振云，许淑莲，孙长华，阎希威，杜天龙，杨治良.（1984）. 两例先天性无痛症患者的心理生理特点研究　Ⅱ. 对致痛性强刺激的知觉和反应. *心理学报*，（3），298-306.

熊哲宏.（2002）. *认知科学导论*. 武汉：华中师范大学出版社.

徐青，魏琳.(2002). 时间知觉与估计的认知理论综述. *应用心理学*，*8*(2)，58-64.

许淑莲，汤慈美，宋维真，孙长华，项曼君，张树勋，等. (1979). 入手术室时的情绪状态和某些心理、生理机能的联系及其和针麻效果的关系. *心理学报*，*11*(1)，80-90.

杨博民. (1989). *心理实验纲要*. 北京：北京大学出版社.

杨玉芳. (1996). 语句重音分布模式知觉. *心理学报*，*28*(3)，225-231.

杨治良. (1979). 几种简易心理学电子仪器. *心理学报*，*11*(2)，249-251.

杨治良. (1983). 心理实验教学内容更新的初步尝试——介绍三个教学实验. *心理科学*，(3)，39-47.

杨治良. (1986a). 储存负荷量对短时记忆效果的影响——一个心理学工作者的自身实验. *心理科学通讯*，*44*(6)，27-31.

杨治良. (1986b). 概念形成渐进—突变过程的实验性探索. *心理学报*，(4)，380-387.

杨治良. (1987). *心理物理学*. 兰州：甘肃人民出版社.

杨治良.(主编).(1988). *基础实验心理学*. 兰州：甘肃人民出版社.

杨治良. (1988). 仪器在心理学研究中的作用——兼评美国心理学仪器. *心理科学通讯*，*7*(2)，58-60.

杨治良. (1989). *服装心理学*. 兰州：甘肃人民出版社.

杨治良. (1990). *实验心理学*. 上海：华东师范大学出版社.

杨治良.(主编).(1991). 内隐记忆的初步实验研究. *心理学报*，*23*(2)，3-9.

杨治良. (1998). *实验心理学*. 杭州：浙江教育出版社.

杨治良，杜建政. (2000). FOK：是线索熟悉，还是目标提取? *心理学报*，*32*(3)，241-246.

杨治良，郭力平.(2001). 认知风格的研究进展. *心理科学*，*24*(3)，326-329.

杨治良，郭力平，王沛，陈宁.(1999). *记忆心理学*. 上海：华东师范大学出版社.

杨治良，李朝旭.(2004). 局中人和局外人的决策差异研究. *心理科学*，*27*(6)，1282-1287.

杨治良，邵志芳，傅言.(1989). *有趣的心理学实验*. 上海：上海教育出版社.

杨治良，蒋弢，孙荣根.(1988). 成人个人空间圈的实验研究. *心理科学通讯*，(2)，24-28.

杨治良，叶阁蔚. (1993). 内隐学习“三高”特征的实验研究. *心理科学*，*16*(3)，138-144，161.

杨治良，叶阁蔚，王新发. (1994). 汉字内隐记忆的实验研究——内隐记忆存在的条件. *心理学报*，*26*(1)，1-7.

叶浩生. (1994). *现代西方心理学流派*. 南京：江苏教育出版社.

叶奕乾，何存道，梁宁建. (1997). *普通心理学*. 上海：华东师范大学出版社.

游旭群，杨治良. (2002). 视觉空间关系识别中的认知加工特性. *心理学报*，*34*(4)，14-20.

俞国良，王青兰，杨治良. (2000). *环境心理学*. 北京：人民教育出版社.

詹美莎. (1987). 北京市道路交通标志的心理学评价. *心理学报*，*19*(2)，57-65.

张春兴. (2002). *心理学思想的流变——心理学名人传*. 上海：上海教育出版社.

张厚粲. (主编). (1993). *心理与教育统计学*. 北京：北京师范大学出版社.

张厚粲，孟庆茂，郑日昌. (1981). 关于认知方式的实验研究——场依存性特征对学习图形后效的影响. *心理学报*，*19*(3)，199-204.

张厚粲，彭聃龄，孟庆茂. (1980). 主观轮廓和深度线索. *心理学报*，*12*(1)，65-69.

张厚粲，舒华. (1989). 汉字读音中的音似与形似启动效应. *心理学报*，*21*(3)，62-67.

张力，朱滢. (1998). 关联性记忆错觉的产生与保持. *心理学报*，*30*(4)，374-380.

张人骏，朱永新. (主编). (1986). *心理学人物辞典*. 天津：天津人民出版社.

张述祖，沈德立. (1987). *基础心理学*. 北京：教育科学出版社.

郑希付. (2003). 不同情绪模式的图片刺激启动效应. *心理学报*，*36*(3)，352-357.

中国心理学会. (编). (2001). *当代中国心理学*. 北京：人民教育出版社.

中国心理学会. (编). (2002). *心理学论文写作规范*. 北京：科学出版社.

周爱保. (2000). *实验心理学纲要*. 兰州：甘肃人民出版社.

周国梅，荆其诚. (2003). 心理学家 Daniel Kahneman 获 2002 年诺贝尔经济学奖. *心理科学进展*，*11*(1)，1-5.

朱滢. (主编). (2000). *实验心理学*. 北京：北京大学出版社.

朱滢，王宏斌，范津，周爱宝. (1991). 加工水平、回想策略与不自觉记忆. *心理学报*，*23*(3)，42-49.

朱智贤.（1980）. *儿童心理学*. 北京：人民教育出版社.

庄锦英.（2003）. *情绪影响决策内隐认知机制的实验研究*. 博士学位论文. 华东师范大学.

俎栋林，高家红.（2014）. *核磁共振成像——物理原理和方法*. 北京：北京大学出版社.

Abelson, R. P. (1981). Psychological status of the script concept. *American Psychologist*, *36*(7), 715-729.

Adams, J. A. (1956). Vigilance in the detection of low-intensity visual stimuli. *Journal of Experimental Psychology*, *52*(3), 204-208.

Adamson, R. E. (1952). Functional fixedness as related to problem solving: A repetition of three experiments. *Journal of Experimental Psychology*, *44*(4), 288-291.

Ahsan, D. A. (2014). Does natural disaster influence people's risk prefe-rence and trust? An experiment from cyclone prone coast of Bangladesh. *International Journal of Disaster Risk Reduction*, *9*, 48-57.

Alderman, N., & Burgess, P. (1994). A comparison of treatment methods for behaviour disorder following herpes simplex encephalitis. *Neuropsychological Rehabilitation*, *4*(1), 31-48.

Almås, I., Cappelen, A. W., Sørensen, E. Ø., & Tungodden, B. (2010). Fairness and the development of inequality acceptance. *Science*, *328*(5982), 1176-1178.

Amengual, J. L., Rojo, N., Veciana de las Heras, M., Marcopallarés, J., Grausánchez, J., Schneider, S., et al. (2013). Sensorimotor plasticity after music-supported therapy in chronic stroke patients revealed by transcranial magnetic stimulation. *Plos One*, *8*(4), e61883.

American Psychological Association. (2001). *Publication manual of the American Psychological Association* (5th ed.). Washington, DC: American Psychological Association.

Ammons, R. B., Farr, R. G., Bloch, E., Neumann, E., Dey, M., Marion, M., & Ammons, C. H. (1958). Long-term retention of perceptual-motor skills. *Journal of Experimental Psychology*, *55*, 318-328.

Amsel, A., & Roussel, J. (1952). Motivational properties of frustration: I. Effect on a running response of the addition of frustration to the motivational complex. *Journal of Experimental Psychology*, *43*(5), 363-368.

Asch, S. E. (1946). Forming impressions of personality. *Journal of Abnormal Psychology*, *41*, 258-290.

Atkinson, R. C., & Shiffrin, R. M. (1968a). Human memory: A proposed system and its control processes. In K. W. Spence & J. T. Spence (Eds.), *The psychology of learning and motivation: Advances in research and theory* (Vol. 2). New York: Academic Press.

Atkinson, R. C., & Shiffrin, R. M. (1968b). *Some speculations on storage and retrieval processes in long-term memory*. Technical Report 127, Institute for Mathematical Studies in the Social Sciences, Stanford University.

Azrin, N. H., & Hake, D. F. (1969). Positive conditioned suppression: Conditioned suppression using positive reinforcers as the unconditioned stimuli. *Journal of Experimental Psychology: Animal Behavior Processes*, *12*, 167-240.

Baddeley, A. D., & Colquhoun, W. P. (1969). Signal probability and vigilance: A reappraisal of the "signal-rate" effect. *British Journal of Psychology*, *60*(2), 169-178.

Baddeley, A. D., & Warrington, E. K. (1970). Amnesia and the distinction between long- and short-term memory. *Journal of Verbal Learning and Verbal Behavior*, *9*(2), 176-189.

Baker, C. H. (1963). Signal duration as a factor in vigilance tasks. *Science*, *141*(3586), 1196-1197.

Baker, K. E., & Dudek, F. J. (1957). Scaling line-lengths with a modification of the constant-sum method. *American Journal of Psychology*, *70*(1), 81-86.

Bard, P. (1928). A diencephalic mechanism for the expression of rage with special reference to the sympathetic nervous system. *American Journal of Physiology*, *84*, 490-516.

Barker, R. G. (1968). *Ecological psychology: Concepts and methods for studying *the environment of human behavior*. Stanford, CA: Stanford University Press.

Barker, R. G., & Wright, H. F. (1951). *One boy's day: A specimen record of behavior*. Oxford, England: Harper.

Barnard, C., & Simon, H. A. (1947). *Administrative behavior: A study of decision-making processes in administrative organization*. New York: Free Press.

Bartlett, E. S., & Izard, C. E. (1972). A dimensional and discrete emotions investigation of the subjective experience of emotion. In C. E. Izard (Ed.), *Patterns of emotions: A new analysis of anxiety and depression*. New York: Academic Press.

Bartlett, F. C. (1932). *Remembering: A study in experimental and social psychology*. Cambridge, UK: Cambridge University Press.

Bartlett, S. F. (1951). Planned seeing: Some psychological experiments. *Operational Research Quarterly*, *2*(3), 48.

Bechara, A., Damasio, A. R., Damasio, H., & Anderson, S. W. (1994). Insensitivity to future consequences following damage to human prefrontal cortex. *Cognition*, *50*(1), 7-15.

Bechara, A., Damasio, H., Damasio, A. R., & Lee, G. P. (1999). Different contributions of the human amygdala and ventromedial prefrontal cortex to decision-making. *The Journal of Neuroscience*, *19*(13), 5473-5481.

Bechara, A., Damasio, H., Tranel, D., & Damasio, A. R. (1997). Deciding advantageously before knowing the advantageous strategy. *Science*, *275*(5304), 1293-1295.

Bechara, A., Tranel, D., &Damasio, H. (2000). Characterization of the decision-making deficit of patients with ventromedial prefrontal cortex lesions. *Brain*, *123*(11), 2189-2202.

Berk, J. B., Green, R. C., & Naik, V. (1999). Optimal investment, growth options, and security returns. *The Journal of Finance*, *54*(5), 1553-1607.

Bernoulli, D. (1738). Evolution and economics under risk. *Journal of Biosciences*, *25*(3), 221-228.

Berry, D. C., & Broadbent, D. E. (1984). On the relationship between task performance and associated verbalizable knowledge. *Quarterly Journal of Experimental Psy-*

chology, *36*(2), 209-231.

Berry, D. C., & Dienes, Z. (1993). *Implicit learning: Theoretical and emprical issues*. Hillsdale: Lawrence Erlbaum Associaties.

Bialystok, E. (1979). An analytical view of second language competence: A model and some evidence. *Modern Language Journal*, *63*, 257-262.

Bigand, E., & Pineau, M. (1997). Global context effects on musical expectancy. *Perception & Psychophysics*, *59*, 1098-1107.

Bisiach, E., Bulgarelli, C., Sterzi, R., & Vallar, G. (1983). Line bisection and cognitive plasticity of unilateral neglect of space. *Brain Cognition*, *2*(1), 32-38.

Blakely, W. A. (1933). *The discrimination of short empty temporal intervals*. Unpublished Doctorial Dissertation, University of Illinois at Urbana-Champaign.

Blaxton, T. A. (1989). Investigating dissociations among memory measures: Support for a transfer-appropriate processing framework. *Journal of Experimental Psychology: Learning, Memory, and Cognition*, *15*(4), 657-668.

Boles, T. L., Croson, R. T. A., & Murnighan, J. K. (2000). Deception and retribution in repeated ultimatum bargaining. *Organizational Behavior and Human Decision Processes*, *83*, 235-259.

Botella, C., Breton-López, J., Quero, S., Baños, R. M., García-Palacios, A., Zaragoza, I., et al. (2011). Treating cockroach phobia using a serious game on a mobile phone and augmented reality exposure: A single case study. *Computers in Human Behavior*, *27*(1), 217-227.

Bouthilet, L. (1948). *The measurement of intuitive thinking*. Unpublished Doctoral Dissertation, University of Chicago.

Bower, G. (1961). A contrast effect in differential conditioning. *Journal of Experimental Psychology*, *62*, 196-199.

Bowers, K. S., Regehr, G., Balthazard, D. G., & Parker, K. (1990). Intuition in the context of discovery. *Cognitive Psychology*, *22*, 72-110.

Brandstätter, H. (1983). Emotional responses to other persons in everyday life situations. *Journal of Personality and Social Psychology*, *45*, 871-883.

Brandstätter, H., & Eliasz, A. (2001). *Persons, situations, and emotions*. Oxford: Oxford University Press.

Brandstätter, H., & Gaubatz, S. (1997). Das Befindenstagebuch am neuen Arbeitsplatz in differential psychologischer Sicht. *Zeitschrift für Arbeits-und Organisationspsychologie*, *41*(1), 18-29.

Brendl, C. M., Markman, A. B., & Messner, C. (2001). How do indirect measures of evaluation work? Evaluating the inference of prejudice in the Implicit Association Test. *Journal of Personality and Social Psychology*, *81*(5), 760-773.

Bridgman, G. B. (1972). *The human machine: The anatomical structure & mechanism of the human body*. New York: Dover Publications.

Brinley, J. F. (1965). Cognitive sets, speed and accuracy of performance in the elderly. In A. T. Welford & J. E. Birren (Eds.), *Behavior, aging and the nervous system* (pp. 114-129). Springfield, IL: Charles C. Thomas.

Broadbent, D. E. (1954). The role of auditory localization in attention and memory span. *Journal of Experimental Psychology*, *47*(3), 191-196.

Broadbent, D. E. (1957). A mechanical model for human attention and immediate memory. *Psychological Review*, *64*(3), 205-215.

Broadbent, D. E. (1958). *Perception and communication*. New York: Oxford University Press.

Broadbent, D. E. (1977). Levels, hierarchies, and the locus of control. *The Quarterly Journal of Experimental Psychology*, *29*(2), 181-201.

Broadbent, D. E., & Broadbent, M. H. P. (1987). From detection to identification: Response to multiple targets in rapid serial visual presentation. *Perception & Psychophysics*, *42*, 105-113.

Broeren, J., Rydmark, M., & Sunnerhagen, K. S. (2004). Virtual reality and haptics as a training device for movement rehabilitation after stroke: A single-case study. *Archives of Physical Medicine & Rehabilitation*, *85*(8), 1247-1250.

Bruner, J. S. (1957). On perceptual readiness. *Psychological Review*, *64*(2), 123-152.

Bruner, J. S., Goodnow, J. J., & Austin, G. A. (1956). A study of thinking. *Philosophy & Phenomenological Research*, *7*(1), 215-221.

Burgess, P. W., & Shallice, T. (1997). The relationship between prospective and retrospective memory: Neuropsychological evidence. In S. Gathercole & M. Conway (Eds.), *Cognitive models of memory*. London, UK: Psychology Press.

Burle, B., & Casini, L. (2001). Dissociation between activation and attention effects in time estimation: Implications for internal clock models. *Journal of Experimental Psychology: Human Perception and Performance*, *27*(1), 195-205.

Calkins, M. (1894). Association. *Psychological Review*, *1*, 476-483.

Camerer, C., & Thaler, R. H. (1995). Anomalies: Ultimatums, dictators and manners. *The Journal of Economic Perspectives*, *9*, 209-219.

Cardinal, R. N., Parkinson, J. A., Lachenal, G., Halkerston, K. M., Rudarakanchana, N., Hall, J., & Everitt, B. J. (2002). Effects of selective excitotoxic lesions of the nucleus accumbens core, anterior cingulate cortex, and central nucleus of the amygdala on autoshaping performance in rats. *Behavioral Neuroscience*, *116*(4), 553-567.

Carroll, J. S, Bazerman, M. H., & Maury, R. (1988). Negotiator cognitions: A descriptive approach to negotiators' understanding of their opponents. *Organizational Behavior and Human Decision Processes*, *41*(3), 352-370.

Chapanis, A., & McCleary, R. A. (1953). Interposition as a cue for the perception of relative distance. *Journal of General Psychology*, *48*(2), 113-132.

Cheesman, J., & Merikle, P. M. (1984). Priming with and without awareness. *Perception & Psychophysics*, *36*, 387-395.

Cheesman, J., & Merikle, P. M. (1986). Distinguishing conscious from unconscious perception. *Canadian Journal of Psychology*, *40*, 343-367.

Chen, Z., & Siegler, R. S. (2013). Young children's analogical problem solving: Gaining insights from video displays. *Journal of Experimental Child Psychology*, *116*(4), 904-913.

Cherry, E. C. (1953). Some experiments on the recognition of speech, with one and with two ears. *Journal of the Acoustical Society of America*, *25*(5), 975-979.

Church, R. M., & Deluty, M. Z. (1977). Bisection of temporal internals. *Journal of Experimental Psychology: Animal Behavior Processes*, *3*, 216-228.

Church, R. M., & Gibbson, J. (1982). Temporal generalization. *Journal of Experimental Psychology: Animal Behavior Processes*, *8*, 165-186.

Clark, W. C. (1969). Sensory-decision theory analysis of the placebo effect on the criterion for pain and thermal sensitivity (d'). *Journal of Abnormal Psychology*, *74*, 363-371.

Clark, W. C., & Yang, J. C. (1974). Acupunctural analgesia? Evaluation by signal detection theory. *Science*, *184*(4141), 1096-1098.

Cleeremans, A., & McClelland, J. L. (1991). Learning the structure of event sequences. *Journal of Experimental Psychology*, *120*, 235-253.

Cockburn, J. (1995). Task interruption in prospective memory: A frontal lobe function? *Cortex*, *31*(1), 87-97.

Cohen, J. (1969). *Eyewitness series in psychology*. Chicago: Rand McNally.

Cohen, J. (1969). *Sensation and perception: II Audition and the minor senses*. Chicago: Rand McNally.

Cohen, M. A., Grossberg, S., & Wyse, L. L. (1995). A spectral network model of pitch perception. *Journal of the Acoustical Society of America*, *98*, 148-154.

Cohen, T. R., Gunia, B. C., Kim-Jun, S. Y., & Murnighan, J. K. (2009). Do groups lie more than individuals? Honesty and deception as a function of strategic self-interest. *Journal of Experimental Social Psychology*, *6*, 1321-1324.

Conrad, R. (1963). Acoustic confusions and memory span for words. *Nature*, *197*(4871), 1029-1030.

Conrad, R. (1964). Acoustic confusions in immediate memory. *British Journal of Psychology*, *55*(1), 75-84.

Cooper, L. A., & Shepard, R. N. (1973). Chronometric studies of the rotation of mental images. In W. G. Chase (Ed.), *Visual information processing*. New York: Academic Press.

Corso, J. F. (1956). The neural quantum theory of sensory discrimination. *Psycho-*

logical Bulletin, *53*(5), 371-393.

Crowder, R. G., & Greene, R. L. (1987). On the remembrance of times past: The irregular list technique. *Journal of Experimental Psychology: General*, *116*, 265-278.

Crowder, R. G., & Morton, J. (1969). Precategorical acoustic storage (PAS). *Perception & Psychophysics*, *5*, 365-377.

Dagenbach, D., Carr, T., & Wilhelmsen, A. (1989). Task induced strategies and near threshold priming: Conscious influences on unconscious perception. *Journal of Memory and Language*, *28*, 412-443.

Damarin, F. L., & Cattell, R. B. (1968). Personality factors in early childhood and their relation to intelligence. *Monographs of the Society for Research in Child Development*, *33*, 1-95.

Davis, M. H. (1983). Measuring individual differences in empathy: Evidence for a multidimensional approach. *Journal of Personality and Social Psychology*, *44*(1), 113-126.

De Houwer, J., Geldof, T., & De Bruycker, E. (2005). The implicit association test as a general measure of similarity. *Canadian Journal of Experimental Psychology/Revue Canadienne de Psychologie Expérimentale*, *59*(4), 228-239.

De Vignemont, F., & Singer, T. (2006). The empathic brain: How, when and why? *Trends in Cognitive Sciences*, *10*(10), 435-441.

Deese, J., & Kaufman, R. A. (1957). Serial effects in recall of unorganized and sequentially organized verbal material. *Journal of Experimental Psychology*, *54*(3), 180-187.

Denny, E. B., & Hunt, R. R. (1992). Affective valence and memory in depression: Dissociation of recall and fragment completion. *Journal of Abnormal Psychology*, *101*(3), 575-580.

Deutsch, J. A., & Deutsch, D. (1963). Attention: Some theoretical considerations. *Psychological Review*, *70*(1), 80-90.

Dienes, Z., Altmann, G. T. M., Kwan, L., & Goode, A. (1995). Unconscious knowledge of artificial grammars is applied strategically. *Journal of Experimental Psy-*

chology: *Learning*, *Memory*, *and Cognition*, *21*(5), 1322-1338.

Dienes, Z., & Berry, D. (1997). Implicit learning: Below the subjective threshold. *Psychonomic Bulletin & Review*, *4*(1), 3-23.

Duncker, K. (1945). On problem solving. *Psychological Monographs*, *58*, 1-113.

Dunlap, K. (1917). The Johns Hopkins chronoscope. *Journal of Experimental Psychology*, *2*(3), 249-252.

Durup, G., & Piéron, H. (1933). Recherches au sujet de l'interprétation du phénomène de Purkinje par des différences dans les courbes de sensation des récepteurs chromatiques. *L'Année Psychologique*, *33*(1), 57-83.

Duval, T. S., & Silvia, P. J. (2002). Self-awareness, probability of improvement, and the self-serving bias. *Journal of Personality and Social Psychology*, *82*(1), 49-61.

Ebbinghaus, H. (1885/1974). *Memory*: *A contribution to experimental psychology*. New York: Dover.

Egeth, H. E., Virzi, R. A., & Garvart, H. (1984). Searching for conjunctively defined targets. *Journal of Experimental Psychology*: *Human Perception and Performance*, *10*, 32-39.

Einstein, G. O., & Mcdaniel, M. A. (1990). Normal aging and prospective memory. *Journal of Experimental Psychology*: *Learning*, *Memory*, *and Cognition*, *16*(4), 717-726.

Ekman, G. (1956). Discriminal sensitivity on the subjective continuum. *Nordisk Psykologi*, *8*(5), 153-163.

Ekman, G. (1959). Weber's law and related functions. *The Journal of Psychology*, *47*(2), 343-352.

Eron, L. D., Husemann, L. R., Lefkowitz, M. M., & Walder, L. O. (1972). Does television violence cause aggression? *American Psychologist*, *27*, 253-263.

Evans, J. S., Barston, J. L., & Pollard, P. (1983). On the conflict between logic and belief in syllogistic reasoning. *Memory & Cognition*, *11*(3), 295-306.

Faust, M. E., Balota, D. A., Spieler, D. H., & Ferraro, F. R. (1999). Individual differences in information-processing rate and amount: Implications for group differences in response latency. *Psychological Bulletin*, *125*(6), 777-799.

Fazio, R. H., Sanbonmatsu, D. M., Powell, M. C., & Kardes, F. R. (1986). On the automatic activation of attitudes. *Journal of Personality and Social Psychology*, *50*(2), 229-238.

Fenz, W. D. (1964). Conflict and stress as related to physiological activation and sensory, perceptual, and cognitive functioning. *Psychological Monographs: General and Applied*, *78*(8), 1-33.

Festinger, L., & Carlsmith, J. M. (1959). Cognitive consequences of forced compliance. *Journal of Abnormal Psychology*, *58*(2), 203-210.

Feustel, T. C., Shiffrin, R. M., & Salasoo, A. (1983). Episodic and lexical contributions to the repetition effect in word identification. *Journal of Experimental Psychology: General*, *112*(3), 309-346.

Fiez, J. A., Petersen, S. E., Cheney, M. K., & Raichle, M. E. (1992). Impaired non-motor learning and error detection associated with cerebellar damage: A single case study. *Brain*, *115*(1), 155-178.

Fisher, S. K., & Ebenholtz, S. M. (1986). Does perceptual adaptation to telestereoscopically enhanced depth depend on the recalibration of binocular disparity? *Perception & Psychophysics*, *40*, 101-109.

Fiske, S. T., & Taylor, S. E. (2013). *Social cognition: From brains to culture*. Thousand Oaks, CA: Sage.

Fletcher, H., (1953). *Speech and hearing in communication*. New York: Van Nostrand.

Fossey, D. (1972). *Living with mountain gorillas*. In T. B. Allen (Ed.), *The marvels of animal behavior*. Washington, DC: National Geographic Society.

Fox, P. T., Raichle, M. E., Mintun, M. A., & Dence, C. (1988). Nonoxidative glucose consumption during focal physiologic neural activity. *Science*, *241*(4864), 462-464.

Fraisse, P. (1984). Perception and estimation of time. *Annual Review of Psychology*, *35*, 1-36.

Frankenhaeuser, M., Fröberg, J., Hagdahl, R., Rissler, A., Björkvall, C., & Wolff, B. (1967). Physiological, behavioral, and subjective indices of habituation to psychological stress. *Physiology & Behavior*, *2*(2), 229-237.

Frost, R., Katz, L., & Bentin, S. (1987). Strategies for visual word recognition and orthographical depth: A multilingual comparison. *Journal of Experimental Psychology: Human Perception and Performance*, *13*, 104-115.

Fu, X. (1995). Problem representation and solution strategies in solitaire chess. *European Journal of Cognitive Psychology*, *7*(3), 261-281.

Gabrenya, W. K., Latané, B., & Wang, Y. (1983). Social loafing in cross-cultural perspective: Chinese on Taiwan. *Journal of Cross-Cultural Psychology*, *14*, 368-384.

Gagné, R. M., & Fleishman, E. A. (1959). *Psychology and human performance*. New York: Holt, Rinehart, and Winston.

Garner, W. R., & Miller, G. A. (1947). The masked threshold of pure tones as a function of duration. *Journal of Experimental Psychology*, *37*(4), 293-303.

Gaspar, P., Duyckaerts, C., Febvret, A., Benoit, R., Beck, B., & Berger, B. (1989). Subpopulations of somatostatin 28-immunoreactive neurons display different vulnerability in senile dementia of the Alzheimer type. *Brain Research*, *490*(1), 1-13.

Gescheider, G. A., Wright, J. H., Weber, B. J., & Barton, W. G. (1971). Absolute thresholds in vibrotactile signal detection. *Attention Perception & Psychophysics*, *10*(6), 413-417.

Gibson, E. J., & Walk, R. D. (1960). The "visual cliff". *Scientific American*, *202*, 67-71.

Gibson, J. J. (1950). *The perception of the visual world*. Oxford, England: Houghton Mifflin.

Gibson, J. J. (1966). *The senses considered as perceptual systems*. Oxford, England: Houghton Mifflin.

Gibson, J. J. (1979). *The ecological approach to perception*. Boston: Houghton Mifflin.

Gick, M. L., & Holyoak, K. J. (1980). Analogical problem solving. *Cognitive*

Psychology, *12*, 306-355.

Glaser, M. O., & Glaser, W. R. (1982). Time course analysis of the Stroop phenomenon. *Journal of Experimental Psychology: Human Perception and Performance*, *8*, 875-894.

Glenberg, A. M., & Fernandez, A. (1986). Evidence for auditory temporal distinctiveness: Modality effects in order and frequency judgement. *Journal of Experimental Psychology: Learning, Memory, and Cognition*, *14*, 729-739.

Glenberg, A. M., & Swanson, N. G. (1986). A temporal distinctiveness theory of recency and modality effects. *Journal of Experimental Psychology: Learning, Memory, and Cognition*, *12*, 3-15.

Gneezy, U. (2005). Deception: The role of consequences. *The American Economic Review*, *95*(1), 384-394.

Goldstein, J. L. (1973). An optimum processor theory for the central formation of the pitch of complex tones. *Journal of the Acoustical Society of America*, *54*, 1496-1516.

Gong, X., Huang, Y. X., Wang, Y., & Luo, Y. J. (2011). Revision of the chinese facial affective picture system. *Chinese Mental Health Journal*, *25*, 40-46.

Gottheil, E., & Bitterman, M. E. (1951). The measurement of shape-constancy. *American Journal of Psychology*, *64*(3), 406-408.

Graf, P., & Schacter, D. (1985). Implicit and explicit memory for new associations in normal and amnesic subjects. *Journal of Experimental Psychology: Learning, Memory, and Cognition*, *15*, 930-940.

Graf, P., Shimamura, A. P., & Squire, L. R. (1985). Priming across modalities and priming across category levels: Extending the domain of preserved function in amnesia. *Journal of Experimental Psychology: Learning, Memory, and Cognition*, *11*(2), 386-396.

Graf, P., Squire, L. R., & Mandler, G. (1984). The information that amnesic patients do not forget. *Journal of Experimental Psychology: Learning, Memory, and Cognition*, *10*(1), 164-178.

Graham, M., & Rogers, B. (1982). Simultaneous and successive contrast effects in the perception of depth from motion-parallax and stereoscopic information. *Perception*, *11* (3), 247-262.

Graham, S. (1988). Children's developing understanding of the motivational role of affect: An attributional analysis. *Cognitive Development*, *3*(1), 71-88.

Grammer, K., Schiefenhövel, W., Schleidt, M., Lorenz, B., & Eibl-Eibesfeldt, I. (1988). Patterns on the face: The eyebrow flash in crosscultural comparison. *Ethology*, *77*(4), 279-299.

Gray, J. A., & Wedderburn, A. A. I. (1960). Shorter articles and notes grouping strategies with simultaneous stimuli. *Quarterly Journal of Experimental Psychology*, *12* (3), 180-184.

Green, L., & Myerson, J. (2004). A discounting framework for choice with delayed and probabilistic rewards. *Psychological Bulletin*, *130*(5), 769-792.

Greenwald, A. G., & Farhan, S. D. (2000). Using the implicit association test to measure self-esteem and self-concept. *Journal of Personality and Social Psychology*, *79*(6), 1022-1038.

Greenwald, A. G., & Nosek, B. A. (2003). Understanding and using the implicit association test: An improved scoring algorithm. *Journal of Personality and Social Psychology*, *85*(2), 197-216.

Greenwald, A. G., McGhee, E., & Schwartz, J. L. K. (1998). Measuring individual differences in implicit cognition: The implicit association test. *Journal of Personality and Social Psychology*, *75*(5), 181-198.

Gregory, R. L. (1970). *The intelligent eye*. London: Weidenfeld and Nicolson.

Grier, J. B. (1971). Nonparametric indexes for sensitivity and bias: Computing formulas. *Psychological Bulletin*, *75*, 424-429.

Guo, X., Li, Z., Lei, Z., Li, J., Wang, Q., Dienes, Z., et al. (2013). Increased neural responses to unfairness in a loss context. *Neuroimage*, *77*(16), 246-253.

Güth, R., & Selten, W. (1982). Game theoretical analysis of wage bargaining in a simple business cycle model. *Journal of Mathematical Economics*, *10*, 177-195.

Güth, W., Schmittberger, R., & Schwarze, B. (1982). An experimental analysis of ultimatum bargaining. *Journal of Economic Behavior & Organization*, *3*(4), 367-388.

Guyer, M., & Rapoport, A. (1966). A taxonomy of 2×2 games. *General Systems*, *11*, 203-214.

Haberlandt K. (1997). *Cognitive psychology*. Boston: Allyn & Bacon.

Halevy, N., Chou, E. Y., & Murnighan, J. K. (2012). Mind games: The mental representation of conflict. *Journal of Personality and Social Psychology*, *102*(1), 132-148.

Halevy, N., Weisel, O., & Bornstein, G. (2012). "In-group love" and "out-group hate" in repeated interaction between groups. *Journal of Behavioral Decision Making*, *25*(2), 188-195.

Hamilton, A. C., & Martin, R. C. (2005). Dissociations among tasks involving inhibition: A single-case study. *Cognitive Affective*, *& Behavioral Neuroscience*, *5*(1), 1-13.

Hanson, N. R., & Humphreys, W. C. (1969). *Perception and discovery*. San Francisco: Freeman, Cooper & Company.

Harlow, H. F. (1958). The nature of love. *American Psychologist*, *13*, 673-685.

Hart, B. M., Allen, K. E., Buell, J. S., Harris, F. R., & Wolf, M. M. (1964). Effects of social reinforcement on operant crying. *Journal of Experimental Child Psychology*, *1*(2), 145-153.

Hasher, L., & Zacks, R. T. (1979). Automatic and effortful processes in memory. *Journal of Experimental Psychology General*, *108*(3), 356-388.

Hecht, S., Haig, C., & Chase, A. M. (1937). The influence of light adaptation on subsequent dark adaptation of the eye. *The Journal of General Physiology*, *20*(6), 831-850.

Hellman, R. P., & Zwislocki, J. (1963). Monaural loudness function at 1000 cps and interaural summation. *Journal of the Acoustical Society of America*, *35*(6), 856-865.

Hershberger, S. L., Wallace, D. D., Green, S. B., & Marquis, J. G. (1999). Meta-analysis of single-case designs. In R. H. Hoyle (Ed.), *Statistical strategies for small sample research* (pp. 109–132). Newbury Park, CA: Sage.

Hertel, P. T., & Hardin, T. S. (1990). Remembering with and without awareness in a depressed mood: evidence of deficits in initiative. *Journal of Experimental Psychology: General*, *119*(1), 45–59.

Heuer, H., Spijkers, W., Kiesswetter, E., & Schmidtke, V. (1998). Effects of sleep loss, time of day, and extended mental work on implicit and explicit learning of sequences. *Journal of Experimental Psychology: Applied*, *4*(2), 139–162.

Higginson, G. D., & Allgaier, E. (1935). A non-moving sound cage for auditory studies. *Journal of Psychology*, *1*, 313.

Hillyard, S. A., Vogel, E. K., & Luck, S. J. (1998). Sensory gain control (amplification) as a mechanism of selective attention: Electrophysiological and neuroimaging evidence. *Philosophical Transactions of the Royal Society B*, *353*(1373), 1257–1270.

Hirsch, S., Pabst, H., & Bresslau, H. (1862). *Jahrbücher des deutschen Reichs unter Heinrich II* (Vol. 1). Berlin: Duncker und Humblot.

Hock, R. R. (2002). *Forty studies that change psychology*. New Jersey: Pearson Education, Inc.

Hockey, R., MacLean, A., & Hamilton, P. (1981). State changes and the temporal patterning of component resources. In J. Long & A. D. Baddeley (Eds.), *Attention and performance* (Vol. 9). Hillsdale, NJ: Erlbaum.

Hodos, W. (1970). A nonparametric index of response bias for use in detection and recognition experiments. *Psychological Bulletin*, *74*, 351–354.

Hoffman, C., Mischel, W., & Mazze, K. (1981). The role of purpose in the organization of information about behavior: Trait-based versus goal-based categories in person cognition. *Journal of Personality & Social Psychology*, *40*(2), 211–225.

Holmes, T. H., & Rahe, R. H. (1967). The social readjustment rating scale. *Journal of Psychosomatic Research*, *11*(2), 213–218.

Holway, A. H., & Boring, E. G. (1940). The moon illusion and the angle of regard. *American Journal of Psychology*, *53*(1), 109–116.

Houtsma, A. J. M., & Goldstein, J. L. (1972). The central origin of the pitch of complex tones: Evidence from musical interval recognition. *Journal of the Acoustical Society of Japan*, *4*, 83-95.

Houwer, J. D. (2003). The extrinsic affective Simon task. *Experimental Psychology*, *50*(2), 77-85.

Hovland, C. I. (1936). The influence of adaptation illumination upon visual reaction time. *The Journal of General Psychology*, *14*(2), 346-359.

Hudson, W. (1960). Pictorial depth perception in sub-cultural groups in Africa. *The Journal of Social Psychology*, *52*, 183-208.

Hunt, R. H., & Aslin, R. N. (2001). Statistical learning in a serial reaction time task access to separable statistical cues by individual learners. *Journal of Experimental Psychology: General*, *130*, 658-680.

Izard, C. (1979). *The maximally discrimination facial movement coding system*. Newark: Instructional Resources Center, University of Delaware.

Izard, C. E., Huebner, R. R., Risser, D., & Dougherty, L. (1980). The young infant's ability to produce discrete emotion expressions. *Developmental Psychology*, *16*(2), 132-140.

Izard, C. E. (1977). *Human emotions*. New York: Plenum

Jacoby, L. L. (1983). Remembering the data: Analyzing interactive processes in reading. *Journal of Verbal Learning and Verbal Behavior*, *22*(5), 485-508.

Jacoby, L. L. (1991). A process dissociation framework: Separating automatic from intentional uses of memory. *Journal of Memory and Language*, *30*(5), 513-541.

Jacoby, L. L., & Hayman, C. A. (1987). Specific visual transfer in word identification. *Journal of Experimental Psychology: Learning, Memory, and Cognition*, *13*(13), 456-463.

Jacoby, L. L., & Dallas, M. (1981). On the relationship between autobiographical memory and perceptual learning. *Journal of Experimental Psychology: General*, *110*(3), 306-340.

Jameson, D., & Hurvich, L. M. (1959). Note on factors influencing the relation between stereoscopic acuity and observation distance. *Journal of the Optical Society of*

America, *49*(6), 639.

Janis, I. (1958). *Psychological stress: Psychological and behavioral studies of surgical patients*. New York: Wiley.

Jenkins, J. J. (1979). Four points to remember: A tetrahedral model of memory experiments. In L. S. Cermak & F. I. M. Craik (Eds.), *Levels of processing in human memory* (pp. 429–446). Hillsdale, NJ: Erlbaum.

Johanson, A. M. (1922). The influence of incentive and punishment upon reaction-time. In R. S. Woodworth (Ed.), *Archives of psychology* (No. 54). London: Forgotten Books.

Johnston, W. A., & Heinz, S. P. (1979). Depth of nontarget processing in an attention task. *Journal of Experimental Psychology: Human Perception and Performance*, *5* (1), 168–175.

Jonides, J., Reuter-Lorenz, P. A., Smith, E. E., Awh, E., Barnes, L. L., Drain, M., et al. (1996). Verbal and spatial working memory in humans. *Psychology of Learning & Motivation*, *35*(8), 43–88.

Kahneman, D. (1973). *Attention and effort* (Vol. 1063). Englewood Cliffs, NJ: Prentice-Hall.

Kahneman, D., Knetsch, J. L., & Thaler, R. H. (1990). Experimental tests of the endowment effect and the Coase theorem. *Journal of Political Economy*, *98* (6), 1325–1348.

Kahneman, D., & Tversky, A. (1973). On the psychology of prediction. *Psychological Review*, *80*, 273–291.

Kahneman, D., & Tversky, A. (1979). Prospect theory: An analysis of decision under risk. *Econometrica*, *47*, 263–292.

Kanizsa, G. (1976). Subjective contours. *Scientific American*, *234*(4), 48–52.

Kantowitz, B. H. (1995). Simulator evaluation of heavy-vehicle driver workload. *Human Factors & Ergonomics Society Annual Meeting Proceedings*, *39*(17), 1107–1111.

Kantowitz, B. H., & Sorkin, R. D. (1983). *Human factors: Understanding people-system relationships*. New York: Wiley.

Kantowitz, B. H., Hart, S. G., & Bortolussi, M. R. (1983). Measuring pilot workload in a moving-base simulator: I. Asynchronous secondary choice-reaction task. In *Proceedings of the Human Factors Society Annual Meeting* (Vol. 27, No. 4, pp. 319-322). Los Angeles, CA: Sage Publications.

Kantowitz, B. H., Roediger, H. L., & Elmes, D. G. (1997). *Experimental psychology: Understanding psychological research*. St. Paul, MN: West Publishing Company.

Kaufman, L., & Rock, I. (1962). The moon illusion, I: Explanation of this phenomenon through the use of artificial moons seen on the sky. *Science*, *136*, 953-961.

Kirby, K. N., Petry, N. M., & Bickel, W. K. (1999). Heroin addicts have higher discount rates for delayed rewards than non-drug-using controls. *Journal of Experimental Psychology: General*, *128*(1), 78-87.

Knight, J. L., & Kantowitz, B. H. (1974). Speed-accuracy trade-off in double stimulation: Effects on the first response. *Memory & Cognition*, *2*, 522-532.

Kopp, B., Rist, F., & Mattler, U. (1996). N200 in the flanker task as a neurobehavioral tool for investigating executive control. *Psychological Bulletin*, *33*, 282-294.

Kouider, S., De Gardelle, V., Dehaene, S., Dupoux, E., & Pallier, C. (2010). Cerebral bases of subliminal speech priming. *Neuroimage*, *49*(1), 922-929.

Krekling, S., & Blika, S. (1983). Development of titled vertical horopter. *Perception & Psychophysics*, *34*, 491-493.

Krumhansl, C. L., & Kesser, E. J. (1982). Tracing the dynamic changes in perceived tonal organization in a spatial representation of musical keys. *Psychological Review*, *89*, 334-368.

Krumhansl, C. L., & Shepard, R. N. (1979). Quantification of the hierarchy of tonal functions within a diatonic context. *Journal of Experimental Psychology: Human Perception and Performance*, *5*, 579-594.

Kushner, M., Cleeremans, A., & Reber, A. (1991). Implicit detection of event interdependencies and a PDP model of the process. In *Proceedings of the Thirteenth Annual Conference of the Cognitive Science Society* (pp. 215-220). Hillsdale, NJ: Lawrence Erlbaum Associates.

Kutas, M., & Hillyard, S. A. (1984). Brain potentials during reading reflect word expectancy and semantic association. *Nature*, *307*(5947), 161-163.

Kvavilashvili, L. (1987). Remembering intention as a distinct form of memory. *British Journal of Psychology*, *78*(4), 507-518.

Lackner, J. R., & Teuber, H. L. (1973). Alterations in auditory fusion thresholds after cerebral injury in man. *Neuropsychologia*, *11*(4), 409-415.

Lamb, M. R., & Robertson, L. C. (1990). The effect of visual angel on global and local reaction times depends on the set of visual angels presented. *Perception & Psychophysics*, *47*, 489-496.

Langer, E. J., & Rodin, J. (1976). The effects of choice and enhanced personal responsibility for the aged: A field experiment in an institutional setting. *Journal of Personality and Social Psychology*, *34*, 191-198.

Latané, B., & Nida, S. (1981). Ten years of research on group size and helping. *Psychological Bulletin*, *89*(2), 308-324.

Latané, B., Williams, K., & Harkins, S. (1979). Many hands make light the work: Causes and consequence of social loafing. *Journal of Personality and Social Psychology*, *37*, 822-832.

Lavie, N. (1995). Perceptual load as a necessary condition for selective attention. *Journal of Experimental Psychology: Human Perception and Performance*, *21*(3), 451-468.

Lazerson, A. (1975). *Psychology today: An introduction*. New York: Random House Inc.

Leibowitz, H., & Toffey, S. (1967). The effect of rotation and tilt on the magnitude of the Poggendorff illusion. *Vision Research*, *6*, 101-103.

Lester, B. M., Als, H., & Brazelton, T. B. (1982). Regional obstetric anesthesia and newborn behavior: A reanalysis toward synergistic effects. *Child Development*, *53*, 687-692.

Levy, N., & Seward, J. P. (1969). Frustration and homogeneity of rewards in the double runway. *Journal of Experimental Psychology*, *81*(3), 460-463.

Lewicki, P., Czyzewska, M., & Hoffman, H. (1987). Unconscious acquisition of complex procedural knowledge. *Journal of Experimental Psychology: Learning, Memory, and Cognition*, *13*(4), 523-530.

Li, F., Guo, X., Zhu, L., Yang, Z., & Dienes, Z. (2013). Implicit learning of mappings between forms and metaphorical meanings. *Consciousness & Cognition*, *22*, 174-183.

Li, Z., Wang, Q., Cheng, X., Lin, L., Yang, G., Sun, L., et al. (2015). Perceived reputation of others modulates empathic neural responses. *Experimental Brain Research*, *234*(1), 1-8.

Light, L. L., & Singh, A. (1987). Implicit and explicit memory in young and older adults. *Journal of Experimental Psychology: Learning, Memory, and Cognition*, *13*(4), 531-541.

Lindsay, P. H., & Norman, D. A. (1977). *Human information processing: An introduction to psychology*. New York: Academic Press.

Lipmann, O. (1904). Die Wirkung der einzelnen Wiederholungen auf verschieden starke und verschieden alte Assoziationen. *Zeitschrift für Psychologie und Physiologie der Sinnesorgane*, *35*, 195-233.

Loftus, E. F. (1971). Memory for intentions: The effect of presence of a cue and interpolated activity. *Psychonomic Science*, *23*(4), 315-316.

Loomes, G., & Sugden, R. (1986). Disappointment and dynamics consisitency in choice under uncertainty. *Review of Ecnomic Studies*, *53*, 271-282.

Lorig, T. S., & Schwartz, G. E. (1989). Factor analysis of the EEG indicates inconsistencies in traditional frequency bands. *Journal of Psychophysiology*, *3*(4), 369-375.

Lorig, T. S., Huffman, E., DeMartino, A., & DeMarco, J. (1991). The effects of low concentration odors on EEG activity and behavior. *Journal of Psychophysiology*, *5*(1), 69-77.

Lovelace, E. A., & Twohig, P. T. (1990). Healthy older adult's perception of their memory function and use of mnemonics. *Bulletin of the Psychonomic Society*, *28*, 115-118.

Lowe, D. G., & Mitterer, J. O. (1982). Selective and divided attention in a Stroop task. *Canadian Journal of Psychology*, *36*, 684-700.

Lu, Y., Rosenfeld, J. P., Deng, X., Zhang, E., Zheng, H., Yan, G., et al. (2017). Inferior detection of information from collaborative versus individual crimes based on a P300 concealed information test. *Psychophysiology*, *55* (*4*), e13021.

Luck, S. J., & Hillyard, S. A. (1990). Electrophysiological evidence for parallel and serial processing during visual search. *Perception & Psychophysics*, *48*, 603-617.

Lupker, S. J., & Theios, J. (1975). Tests of two classes of models for choice reaction times. *Journal of Experimental Psychology*: *Human Perception and Performance*, *104*(2), 137-146.

Macar, F., Poulhas, V., & Friedman, W. J. (1992). *Time*, *action and cognition*: *Towards bridging the gap*. Dordrecht: Kluwer Academic.

Mackworth, N. H. (1950). *Researches on the measurement of human performance* (Medical Research Council Special Report No. 268). London: His Majesty's Stationery Office.

Macmillan, N. A., & Creelman, C. D. (2005). *Detection theory*: *A user's guide*. Mahwah, NJ: Lawrence Erlbaum.

Maecel, A. (1983). Conscious and unconscious perception: An approach to the relation between phenomenal experience and perceptual processes. *Cognitive Psychology*, *15*, 283-300.

Magill, R. A., & Clark, R. (1997). *Implicit versus explicit learning of pursuit-tacking patterns*. Paper presented at the annual meeting of the North American Society for the Psychology of Sport and Physical Activity, Denver, CO.

Maier, N. R. (1931). Reasoning in humans. II. The solution of a problem and its appearance in consciousness. *Journal of Comparative Psychology*, *12*(2), 181-194.

Mangun, G. R. (1995). Neural mechanisms of visual selective attention. *Psychophysiology*, *32*(1), 4-18.

Mao, Y., Li, Z., Li, Y., & He, W. (2018). Emotion-based diversity crowd behavior simulation in public emergency. *Visual Computer*, (2), 1-15.

Marcel, A. J. (1983). Conscious and unconscious perception: Experiments on visual masking and word recognition. *Cognitive Psychology*, *15*(2), 197-237.

March, J. G., & Simon, H. A. (1958). *Organizations*. New York: Wiley.

Markowitz, H. (1952). Portfolio selection. *The Journal of Finance*, *7*(1), 77-91.

Marriott, R. (1949). Size of working group and output. *Occupational Psychology*, *23*, 47-57.

Marshall, J. C., & Halligan, P. W. (1988). Blindsight and insight in visuo-spatial neglect. *Nature*, *336*(6201), 766-767.

Masters, R. S. W. (1992). Knowledge, knerves and know-how: The role of explicit versus implicit knowledge in the breakdown of a complex motor skill under pressure. *British Journal of Psychology*, *83*(3), 343-358.

Mathews, R. C., Buss, R. R., Stanley, W. B., Blanchard-Fields, F., Cho, J. R., & Druhan, B. (1989). Role of implicit and explicit processes in learning from examples: A synergistic effect. *Journal of Experimental Psychology: Learning, Memory, and Cognition*, *15*(6), 1083-1110.

May, C. P., Kane, M. J., & Hasher, L. (1995). Determinants of negative priming. *Psychological Bulletin*, *118*(1), 35-54.

Maylor, E. A. (1990). Age and prospective memory. *Quarterly Journal of Experimental Psychology*, *42*(3), 471-493.

McCloskey, D. N. (1985). The loss function has been mislaid: The rhetoric of significance tests. *American Economic Review*, *75*(2), 201-205.

McCrary, J. W., & Hunter, W. S. (1953). Serial position curves in verbal learning. *Science*, *117*, 131-134.

McEvoy, C. L., Nelson, D. L., & Komatsu, T. (1999). What is the connection between true and false memories? The differential roles of interitem associations in recall and recognition *Journal of Experimental Psychology: Learning, Memory, and Cognition*, *25*(5), 1177-1194.

McGeorge, P., & Burton, A. M. (1989). The effects of concurrent verbalization on performance in a dynamic systems task. *British Journal of Psychology*, *80*, 455-465.

McIntosh, R. D., Rossetti, Y., & Milner, A. D. (2002). Prism adaptation improves chronic visual and haptic neglect: A single case study. *Cortex*, *38*(3), 309-320.

Meacham, J. A., & Leiman, B. (1982). Remembering to perform future actions. In U. Neisser (Ed.), *Memory observed: Remembering in natural contexts*. San Francisco: Freeman.

Medin, D. L., & Ross, B. H. (1992). *Cognitive psychology*. New York: Harcourt Brace Jovanovich College Publisher.

Meehl, P. E. (1967). Theory-testing in psychology and physics: A methodological paradox. *Philosophy of Science*, *34*(2), 103-115.

Mehrabian, A. (1997). Relations among personality scales of aggression, violence, and empathy: Validational evidence bearing on the risk of eruptive violence scale. *Aggressive Behavior*, *23*(6), 433-445.

Mellers, B. A. (2000). Choice and the relative pleasure of consequences. *Psychological Bulletin*, *26*(6), 910-924.

Mellers, B. A., Schwartz, A., & Ritov, I. (1999). Emotion-based choice. *Journal of Experimental Psychology: General*, *128*, 332-345.

Meneghini, K. A., & Leibowitz, H. W. (1967). Effect of stimulus distance and age on shape constancy. *Journal of Experimental Psychology*, *74*, 241-248.

Merikle, P. M., & Reingold, E. (1990). Recognition and lexical decision without detection: Unconscious perception? *Journal of Experimental Psychology: Human Perception and Performance*, *16*, 574-583.

Merkel, J. (1885). Die zeitliche Verhältnisse der Willenstätigkeit. *Philosophische Studien*, *2*, 73-127.

Metcalfe, J. (1986). Feeling of knowing in memory and problem solving. *Journal of Experimental Psychology: Learning, Memory, and Cognition*, *12*(2), 288-294.

Metzger, K. R., Warm, J. S., & Senter, R. J. (1974). Effects of background event rate and critical signal amplitude on vigilance performance. *Perceptual and Motor*

Skills, *38*(Suppl. 3), 1175-1181.

Meyer, P. A., & Mchose, J. H. (1968). Facilitative effects of reward increase: An apparent "elation effect". *Psychonomic Science*, *13*(3), 165-166.

Michas, I. C., & Berry, D. C. (1944). Implicit and explicit processes in a second-language learning task. *Journal of Cognitive Psychology*, *6*, 357-381.

Mierke, J., & Klauer, K. C. (2001). Implicit association measurement with the IAT: Evidence for effects of executive control processes. *Zeitschrift für Experimentelle Psychologie*, *48*(2), 107-122.

Miller, A. R., Baratta, C., Wynveen, C., & Rosenfeld, J. P. (2001). P300 latency, but not amplitude or topography, distinguishes between true and false recognition. *Journal of Experimental Psychology: Learning, Memory, and Cognition*, *27*(2), 354-361.

Milner, B., Corkin, S., & Teuber, H. L. (1968). Further analysis of the hippocampal amnesic syndrome: 14-year follow-up study of HM. *Neuropsychologia*, *6*(3), 215-234.

Mook, D. G. (1983). In defense of external invalidity. *American Psychologist*, *38*, 379-387.

Moray, N. (1959). Attention in dichotic listening: Affective cues and the influence of instructions. *Quarterly Journal of Experimental Psychology*, *11*(1), 56-60.

Müller, G. E., & Schumann, F. (1894). Experimentelle beiträge zur untersuchung des gedächtnisses. *Zeitschrift für Psychologie*, *6*, 81-190.

Mulligan, N. W., & Hartman, M. (1996). Divided attention and indirect memory tests. *Memory & Cognition*, *24*(4), 453-465.

Munsell, A. E., Sloan, L. L., & Godlove, I. H. (1933). Neutral Value Scales. I. Munsell Neutral Valuel Scale. *Journal of the Optical Society of America*, *23*(11), 394-411.

Murphy, S. T., & Zajonc, R. B. (1993). Affect, cognition, and awareness: Affective priming with optimal and suboptimal stimulus exposures. *Journal of Personality and Social Psychology*, *64*(5), 723-739.

Musen, G., & Squire, L. R. (1993). Implicit learning of color-word associations using a Stroop paradigm. *Journal of Experimental Psychology: Learning, Memory, and Cognition*, *19*(4), 789-798.

Näätänen, R. (1982). Processing negativity: An evoked-potential reflection. *Psychological Bulletin*, *92*(3), 605-640.

Navon, D. (1977). Forest before trees: The precedence of global features in visual perception. *Cognitive Psychology*, *9*(3), 353-383.

Navon, D., & Gopher, D. (1979). On the economy of the human-processing system. *Psychological Review*, *86*(3), 214-255.

Neath, I., & Crowder, R. G. (1990). Schedules of presentation and temporal distinctiveness in human memory. *Journal of Experimental Psychology: Learning, Memory, and Cognition*, *16*(2), 316-327.

Neisser, U. (1967). *Cognitive psychology*. New York: Appleton-Century-Crofts.

Nel, E., Helmreich, R., & Aronson, E. (1969). Opinion change in the advocate as a function of the persuasibility of his audience: A clarification of the meaning of dissonance. *Journal of Personality and Social Psychology*, *12*(2), 117-124.

Nelson, T. O., & Narens, L. (1990). Metamemory: A theoretical framework and new findings. In G. Bower (Ed.), *The psychology of learning and motivation: Advances in research and theory* (Vol. 26, pp. 125-127). New York: Academic Press.

Newell, A., & Simon, H. (1956). The logic theory machine: A complex information processing system. *IRE Transactions on Information Theory*, *2*(3), 61-79.

Newell, A., & Simon, H. A. (1972). *Human problem solving* (Vol. 104, No. 9). Englewood Cliffs, NJ: Prentice-Hall.

Newell, A., Shaw, J. C., & Simon, H. A. (1959). Report on a general problem-solving program. *Communications of the Acm*, *2*(7), 256-264.

Nisbett, R. E., & Wilson, T. D. (1970). Telling more than we can know: Verbal reports on mental processes. *Psychological Review*, *84*, 231-259.

Nisbett, R. E., & Wilson, T. D. (1977). Telling more than we can know: Verbal reports on mental processes. *Psychological Review*, *84*(3), 231-259.

Nissen, M. J., & Bullemer, P. (1987). Attentional requirements of learning: Evidence from performance measures. *Cognitive Psychology*, *19*, 1-32.

Norman, D. A. (1968). Toward a theory of memory and attention. *Psychological Review*, *75*(6), 522-536.

Norman, D. A. (1981). Categorization of action slips. *Psychological Review*, *88*, 1-15.

Norman, D. A., & Bobrow, D. G. (1975). On data-limited and resource-limited processes. *Cognitive Psychology*, *7*(1), 44-64.

Norman, D. A., & Bobrow, D. G. (1976). On the analysis of performance operating characteristics. *Psychological Review*, *83*(6), 508-510.

Nosek, B. A., & Banaji, M. R. (2001). The go/no-go association task. *Social Cognition*, *19*(6), 625-666.

Notterman, J. M., & Mintz, D. E. (1965). *Dynamics of response*. New York: Wiley.

Ogawa, S., Lee, T. M., Kay, A. R., & Tank, D. W. (1990). Brain magnetic resonance imaging with contrast dependent on blood oxygenation. *Proceedings of the National Academy of Sciences*, *87*(24), 9868-9872.

Olson, I. R., & Chun, M. M. (2001). Temporal contextual cuing of visual attention. *Journal of Experimental Psychology: Learning, Memory, and Cognition*, *27*(5), 1299-1313.

Orne, M. T. (1962). On the social psychology of the psychological experiment: With particular reference to demand characteristics and their implications. *American Psychologist*, *17*, 776-783.

Osterhout, L., & Holcomb, P. J. (1992). Event-related brain potentials elicited by syntactic anomaly. *Journal of Memory and Language*, *31*(6), 785-806.

Pachella, R. G. (1974). The interpretation of reaction time in human information processing research. In B. H. Kantowitz (Ed.), *Human information processing: Tutorials in performance and cognition* (pp. 41-82). New York: Lawrence Erlbaum Associates.

Pacton, S., Perruchet, P., Fayol, M., & Cleeremans, A. (2001). Implicit learning out of the lab: The case of orthographic regularities. *Journal of Experimental Psychology: General*, *130*(3), 401-426.

Paillard, J., Michel, F., & Stelmach, G. (1983). Localization without content. *Archives of Neurology*, *40*, 548-551.

Paivio, A. (1975). Imagery and synchronic thinking. *Canadian Psychological Review/Psychologie Canadienne*, *16*(3), 147-163.

Paivio, A. (1975). Perceptual comparisons through the mind's eye. *Memory & Cognition*, *3*(6), 635-647.

Parkin, A. J., & Russo, R. (1990). Implicit and explicit memory and the automatic/effortful distinction. *European Journal of Cognitive Psychology*, *2*(1), 71-80.

Patterson, R. D. (1973). The effects of relative phase and the number of components on residue pitch. *Journal of the Acoustical Society of America*, *53*, 1565-1572.

Pauling, L., & Coryell, C. D. (1936). The magnetic properties and structure of hemoglobin, oxyhemoglobin and carbonmonoxyhemoglobin. *Proceedings of the National Academy of Sciences of the United States of America*, *22*(4), 210-216.

Peirce, C. S. (1877). The fixation of belief. *Popular Science Monthly*, *12*, 1-15.

Penney, C. G. (1989). Modality effects and the structure of short-term verbal memory. *Memory & Cognition*, *17*(4), 398-422.

Platman, S. R. (1969). Emotion profiles associated with mania and depression. *Archives of General Psychiatry*, *20*(2), 210-214.

Plutchik, R. (1980). *Emotion: A psychoevolutionary synthesis*. New York: Harper & Row.

Pollack, I., & Norman, D. A. (1964). A non-parametric analysis of recognition experiments. *Psychonomic Science*, *1*, 125-126.

Pöppel, E. (1985). *Grenzen des Bewusstseins: Über Wirklichkeit und Welterfahrung*. Stuttgart: Deutsche Verlags-Anstalt.

Posner, M. I. (1973). *Cognition: An introduction*. Oxford, England: Scott, Foresman.

Posner, M. I., Boies, S. J., Eichelman, W. H., & Taylor, R. L. (1969). Retention of visual and name codes of single letters. *Journal of Experimental Psychology Monograph*, *79*(1), 1-16.

Rachlin, H., Raineri, A., & Cross, D. (1991). Subjective probability and delay. *Journal of the Experimental Analysis of Behavior*, *55*(2), 233-244.

Rahe, R. H., Romo, M., Bennett, L., & Siltanen, P. (1974). Recent life changes, myocardial infarction, and abrupt coronary death: Studies in Helsinki. *Archives of Internal Medicine*, *133*(2), 221-228.

Ratcliff, R., Spieler, D., & Mckoon, G. (2000). Explicitly modeling the effects of aging on response time. *Psychonomic Bulletin & Review*, *7*(1), 1-25.

Raymond, J. E., Shapiro, K. L., & Arnell, K. M. (1992). Temporary suppression of visual processing in an RSVP task: An attentional blink? *Journal of Experimental Psychology: Human Perception & Performance*, *18*, 849-860.

Reber, A. S. (1967). Implicit learning of artificial grammars. *Journal of Verbal Learning and Verbal Behavior*, *6*(6), 855-863.

Reber, A. S. (1969). Transfer of syntactic structure in synthetic languages. *Journal of Experimental Psychology*, *81*, 115-119.

Reber, A. S. (1976). Implicit learning of synthetic languages: The role of instructional set. *Journal of Experimental Psychology: Human Learning and Memory*, *2*(1), 88-94.

Reber, A. S. (1993). *Implicit learning and tacit knowledge: An essay on the cognitive unconscious*. New York: Oxford University Press

Reber, A. S., Kassin, S. M., Lewis, S., & Cantor, G. (1980). On the relationship between implicit and explicit modes in the learning of a complex rule structure. *Journal of Experimental Psychology: Human Learning and Memory*, *6*(5), 492-502.

Reber, P. J., & Squire, L. R. (1994). Parallel brain systems for learning with and without awareness. *Learning & Memory*, *1*(4), 217-229.

Reber, P. J., Kotovsky, K. (1997). Implicit learning in problem solving: The role of working memory capacity. *Journal of Experimental Psychology: General*, *126*(2), 178-203.

Reder, L. M. (1988). Strategic control of retrieval strategies. In G. Bower (Ed.), The *psychology of learning and motivation* (Vol. 22, pp. 227-259). San Diego, CA: Academic Press.

Rees, G., Frith, C. D., & Lavie, N. (1997). Modulating irrelevant motion perception by varying attentional load in an unrelated task. *Science*, *278*(5343), 1616-1619.

Reingold, E. M., & Merikle, P. M. (1988). Using direct and indirect measures to study perception without awareness. *Perception & Psychophysics*, *44*(6), 563-575.

Reyna, V. F., & Brainerd, C. J. (1995). Fuzzy-trace theory: An interim synthesis. *Learning and Individual Differences*, *7*(1), 1-75.

Richardson, L. F., & Ross, J. S. (1930). Loudness and telephone current. *The Journal of General Psychology*, *3*(2), 288-306.

Riesz, R. R. (1928). Differential intensity sensitivity of the ear for pure tones. *Physical Review*, *31*(5), 867-875.

Riggs, L. (1965) Visual acuity. In C. H. Graham (Ed.), *Vision and visual perception* (pp. 321-349). New York: Wiley.

Roberts, S. (1981). Isolation of an internal clock. *Journal of Experimental Psychology: Animal Behavior Processes*, *7*, 242-268.

Roberts, S. (1982). Cross-modal use of an internal clock. *Journal of Experimental Psychology: Animal Behavior Processes*, *8*, 2-22.

Robertson, L., Treisman, A., Friedman-Hill, S., & Grabowecky, M. (1997). The interaction of spatial and object pathways: Evidence from Balint's syndrome. *Journal of Cognitive Neuroscience*, *9*, 295-317.

Robinson, D. W., & Dadson, R. S. (1956). A re-determination of the equal-loudness relations for pure tones. *British Journal of Applied Physics*, *7*(5), 166-181.

Roediger, H. L. (1990). Implicit memory. retention without remembering. *American Psychologist*, *45*(9), 1043-56.

Roediger, H. L., & Crowder, R. G. (1976). A serial position effect in recall of United States presidents. *Bulletin of the Psychonomic Society*, *8*(4), 275-278.

Rogers, B. J., & Graham, M. E. (1979). Motion parallax as an independent cue for depth perception. *Perception*, *8*, 125–134.

Rosch, E. (1975). Cognitive representations of semantic categories. *Journal of Experimental Psychology: General*, *104*, 192–232.

Rosenthal, R., & Fode, K. (1963). The effects of experimenter bias on the performance of the albino rat. *Behavioral Science*, *8*, 183–189.

Rottenstreich, Y., & Hsee, C. K. (2001). Money, kisses, and electric shocks: On the affective psychology of risk. *Psychological Science*, *12*(3), 185–190.

Sagan, C. (1979). *Broca's brain: Reflections on the romance of science*. New York: Random House.

Sanfey, A. G., Rilling, J. K., Aronson, J. A., Nystrom, L. E., & Cohen, J. D. (2003). The neural basis of economic decision-making in the ultimatum game. *Science*, *300*(5626), 1755–1758.

Sanford, E. C. (1888). Personal equation. *American Journal of Psychology*, *2*(1), 3–38.

Savage, L. J. (1954). *The foundation of statistics*. New York: Wiley.

Scarborough, D. L., Gerard, L., & Cortese, C. (1979). Accessing lexical memory: The transfer of word repetition effects across task and modality. *Memory & Cognition*, *7*(1), 3–12.

Schachter, S., & Singer, J. (1962). Cognitive, social, and physiological determinants of emotional state. *Psychological Review*, 69 (5), 379–399.

Schacter, D. L., & Church, B. A. (1992). Auditory priming: Implicit and explicit memory for words and voices. *Journal of Experimental Psychology: Learning, Memory, and Cognition*, *18*(5), 915–930.

Schacter, D. L., Alpert, N. M., Savage, C. R., Rauch, S. L., & Albert, M. S. (1996). Conscious recollection and the human hippocampal formation: Evidence from positron emission tomography. *Proceedings of the National Academy of Sciences*, *93*(1), 321–325.

Schacter, D. L., Buckner, R. L., Koutstaal, W., Dale, A. M., & Rosen, B. R. (1997). Late onset of anterior prefrontal activity during true and false recognition: An event-related fMRI study. *Neuroimage*, *6*(4), 259-269.

Schank, R. C. (1982). *Dynamic memory: A theory of reminding and learning in computers and people* (Vol. 240). Cambridge: Cambridge University Press.

Schlosberg, H. (1952). The description of facial expressions in terms of two dimensions. *Journal of Experimental Psychology*, *44*(4), 229-237.

Scott, J. C. (1930). Systolic blood-pressure fluctuations with sex, anger and fear. *Journal of Comparative Psychology*, *10*(2), 97-114.

Searle, J. R. (1980). Minds, brains, and programs. *Behavioral and Brain Sciences*, *3*, 417-458.

Seashore, C. E. (1919). *The psychology of musical talent*. Boston: Silver Burdett Company.

Seger, C. A., Desmond, J. E., Glover, G. H., & Gabrieli, J. D. (2000). Functional magnetic resonance imaging evidence for right-hemisphere involvement in processing unusual semantic relationships. *Neuropsychology*, *14*(3), 361-369.

Seligman, M. E. P., & Maier, S. F. (1967). Failure to escape traumatic shock. *Journal of Experimental Psychology*, *74*, 1-9.

Sellin, T., & Wolfgang, M. E. (1964). *The measurement of delinquency*. Oxford, England: Wiley.

Shaffer, L. H., & Hardwick, J. (1969). Monitoring simultaneous auditory messages. *Perception & Psychophysics*, *6*(6), 401-404.

Shallice, T., & Burgess, A. P. (1991). Deficits in strategy application following frontal lobe damage in man. *Brain*, *114*(2), 727-741.

Shepard, R. N., & Metzler, J. (1971). Mental rotation of three-dimensional objects. *Science*, *171*, 701-703.

Shiffrin, R. M., & Grantham, D. W. (1974). Can attention be allocated to sensory modalities? *Perception & Psychophysics*, *15*(3), 460-474.

Shum, D., Sweeper, S., & Murray, R. (1996). Performance on verbal implicit and explicit memory tasks following traumatic brain injury. *Journal of Head Trauma Rehabilitation*, *11*(2), 43-53.

Sidman, M. (1960). *Tactics of scientific research*. New York: Basic Books.

Singer, T., Seymour, B., O'Doherty, J., Kaube, H., Dolan, R. J. & Frith, C. D. (2004). Empathy for pain involves the affective but not sensory components of pain. *Science*, *303*(5661), 1157-1162.

Singer, T., Seymour, B., O'Doherty, J. P., Stephan, K. E., Dolan, R. J., & Frith, C. D. (2006). Empathic neural responses are modulated by the perceived fairness of others. *Nature*, *439*, 466-469.

Singer, T., Seymour, B., O'Doherty, J., Kaube, H., Dolan, R. J., & Frith, C. D. (2004). Empathy for pain involves the affective but not sensory components of pain. *Science*, *303*(5661), 1157-1162.

Smith, E. E., Jonides, J., Koeppe, R. A., Awh, E., Schumacher, E. H., & Minoshima, S. (1995). Spatial versus object working memory: PET investigations. *Journal of Cognitive Neuroscience*, *7*(3), 337-356.

Snodgrass, J. G., & Corwin, J. (1988). Pragmatics of measuring recognition memory: Applications to dementia and amnesia. *Journal of Experimental Psychology: General*, *117*(1), 34-50.

Soane, E., & Chmiel, N. (2005). Are risk preferences consistent? The influence of decision domain and personality. *Personality and Individual Differences*, *38*(8), 1781-1791.

Soininen, H., Partanen, J., Laulumaa, V., Pääkkönen, A., Helkala, E. L., & Riekkinen, P. J. (1991). Serial EEG in Alzheimer's disease: 3 year follow-up and clinical outcome. *Electroencephalography and Clinical Neurophysiology*, *79*(5), 342-348.

Sperling, G. (1960). Negative afterimage without prior positive image. *Science*, *131*(3413), 1613-1614.

Sroufe, A. (1985). Attachment classification from the perspective of the infant-caregiver relationships and infant temperament. *Child Development*, *56*, 1-14.

Stadler, M. A. (1992). Statistical structure and implicit serial learning. *Journal of Experimental Psychology: Learning, Memory, and Cognition*, *18*(2), 318-327.

Stadler, M. A. (1997). Distinguishing implicit and explicit learning. *Psychonomic*

Bulletin & Review, *4*(1), 56-62.

Stalder, T., Hucklebridge, F., Evans, P., & Clow, A. (2009). Use of a single case study design to examine state variation in the cortisol awakening response: Relationship with time of awakening. *Psychoneuroendocrinology*, *34*(4), 607-614.

Steinel, W., & De Dreu, C. K. W. (2004). Social motives and strategic misrepresentation in social decision making. *Journal of Personality and Social Psychology*, *86*, 419-434.

Sternberg, S. (1969). Memory-scanning: Mental processes revealed by reaction-time experiments. *American Scientist*, *57*(4), 421-457.

Stevens, J. C., & Marks, L. E. (1971). Spatial summation and the dynamics of warmth sensation. *Perception & Psychophysics*, *9*(5), 391-398.

Stevens, S. S. (1935). The relation of pitch to intensity. *Journal of the Acoustical Society of America*, *6*(3), 150-154.

Stevens, S. S. (1936). A scale for the measurement of a psychological magnitude: Loudness. *Psychological Review*, *43*(5), 405-416.

Stevens, S. S. (1953). On the brightness of lights and loudness of sounds. *Science*, *118*, 576.

Stevens, S. S. (1957). On the psychophysical law. *Psychological Review*, *64*(3), 153-181.

Stevens, S. S. (1958). Problems and methods of psychophysics. *Psychological Bulletin*, *55*(4), 177-196.

Stevens, S. S. (1961). To honor fechner and repeal his law. *Science*, *133*(3446), 80-86.

Stevens, S. S. (1975). *Psychophysics: Introduction to its perceptual, neural and social prospects*. New York: Willy.

Stevens, S. S., & Davis, H. (1936). Psychophysiological acoustics: Pitch and loudness. *Journal of the Acoustical Society of America*, *8*(1), 1-13.

Stevens, S. S., & Guirao, M. (1962). Loudness, reciprocality, and partition scales. *Journal of the Acoustical Society of America*, *34*, *1466-1471*.

Stevens, S. S., & Volkmann, J. (*1940*). The relation of pitch to frequency: A revised scale. *American Journal of Psychology*, *53*(3), 329-353.

Stevens, S. S., Morgan, C. T., & Volkmann, J. (1941). Theory of the neural quantum in the discrimination of loudness and pitch. *American Journal of Psychology*, *54*(3), 315-335.

Stevenson, R. J., & Over, D. E. (1995). Deduction from uncertain premises. *Quarterly Journal of Experimental Psychology A*, *48*(3), 613-643.

Stott, L. H. (1935). Time-order errors in the discrimination of short tonal durations. *Journal of Experimental Psychology*, *18*(6), 741-766.

Syz, H. C. (1926). Observations on the unreliability of subjective reports of emotional reactions. *British Journal of Psychology*, *17*, 119-127.

Tanner, W. P., & Swets, J. A. (1954). A decision-making theory of visual detection. *Psychological Review*, *61*(6), 401-409.

Taylor, S. E., & Brown, J. D. (1988). Illusion and well-being: A social psychological perspective on mental health. *Psychological Bulletin*, *103*, 193-210.

Terhardt, E. (1974). Pitch, consonance, and harmony. *Journal of the Acoustical Society of America*, *55*, 1061-1069.

Terry, W. S. (2000). *Learning and Memory: Basic principles, processes, and procedures*. New Jersey: Pearson Education Inc.

Theios, J. (1973). Reaction time measurements in the study of memory processes: Theory and data. In G. H. Bower (Ed.), *The psychology of learning and motivation* (Vol. 7). New York: Academic Press.

Thorndike, E. L. (1898). Animal intelligence: An experimental study of the associative processes in animals. *Psychological Monographs: General and Applied*, *2*(4), i-109.

Thouless, R. H. (1931). Phenomenal regression to the real object. *British Journal of Psychology*, *21*(4), 339-359.

Treisman, A. M. (1964). Verbal cues, language, and meaning in selective attention. *American Journal of Psychology*, *77*(2), 206-219.

Treisman, A., & Gelade, G. (1980). A feature integration theory of attention. *Cognitive Psychology*, *12*, 97-136.

Treisman, A., & Schmidt, H. (1982). Illusory conjunctions in the perception of objects. *Cognitive Psychology*, *14*(1), 107-141.

Treisman, A., Sykes, M., & Gelade, G. (1977). Selective attention and stimulus integration. In S. Dornic (Ed.), *Attention and performance VI*. Hillsdale, NJ: Lawrence Erlbaum Associates.

Tulving, E. (1972) Episodic and semantic memory. In E. Tulving & W. Donaldson (Eds.), *Organization of memory* (pp. 381-403). New York: Academic Press.

Tulving, E. (1985). How many memory systems are there? *American Psychologist*, *40*, 385-398.

Tulving, E., & Schacter, D. L. (1990). Priming and human memory systems. *Science*, *247*(4940), 301-306.

Turing, A. M. (1950). Computing machinery and intelligence. *Mind*, *59*, 433-460.

Tversky, A., & Kahneman, D. (1973). Availability: A heuristic for judging frequency and probability. *Cognitive Psychology*, *5*(2), 207-232.

Tversky, A., & Kahneman, D. (1974). Judgment under uncertainty: Heuristics and biases. *Science*, *185*(4157), 1124-1131.

Tversky, A., & Kahneman, D. (1981). The framing of decisions and the psychology of choice. *Science*, *211*(4481), 453-458.

Tversky, A., & Kahneman, D. (1992). Advances in prospect theory: cumulative representation of uncertainty. *Journal of Risk and Uncertainty*, *5*(4), 297-323.

Tyler, C. W., & Cavanagh, P. (1991). Purely chromatic perception of motion in depth: Two eyes as sensitive as one. *Perception & Psychophysics*, *49*, 53-61.

Ulehla, Z. J., & Adams, D. K. (1973). Detection theory and expectations for social reinforcers: An application to aggression. *Psychological Review*, *80*(6), 439-445.

Underwood, B. J. (1965). False recognition produced by implicit verbal responses. *Journal of Experimental Psychology*, *70*(1), 122-129.

Underwood, B. J., & Schulz, R. W. (1960). *Meaningfulness and verbal learning*.

Oxford, England: J. B. Lippincott.

Upton, G. J. G. (1978). *The analysis of cross-tabulated data*. Chichester, England: Wiley.

Velten, E., Jr. (1968). A laboratory task for induction of mood states. *Behaviour Research and Therapy*, *6*(4), 473-482.

Vierordt, K. (1868). *Der zeitsinn nach versuchen*. Tübingen: Laupp.

Vierordt, K. V. (1870). Die Abhangigkeit der Ausbildung des Raumsinnes der Haut von den Beweglichkeit der Kerpertheile. *Zeitschrift fur Biologie*, *6*, 53-72.

Visser, T. A. W., Bischof, W. F., & Di Lollo, V. (1999). Attentional switching in spatial and nonspatial domains: Evidence from the attentional blink. *Psychological Bulletin*, *125*, 458-469.

Vogel, E. K. (2000). *Selective storage in visual working memory: Distinguishing between perceptual-level and working memory-level mechanisms*. Doctoral Dissertation, The University of lowa.

Von Neumann, J., & Morgenstern, O. (1947). *Theory of games and economic behavior*. Princeton, NJ: Princeton University Press.

Wallach, H., & Halperin, P. (1977). Eye muscle potentiation does not account for adaptation in distance perception based on oculomotor cues. *Perception & Psychophysics*, *22*, 427-430.

Wallach, H., Moore, M. E., & Davidson, L. (1963). Modification of stereoscopic depth perception. *American Journal of Psychology*, *76*, 191-204.

Warm, J. S., Parasuraman, R., & Matthews, G. (2008). Vigilance requires hard mental work and is stressful. *Human Factors*, *50*(3), 433-441.

Warrington, E. K., & Weiskrantz, L. (1968). A study of learning and retention in amnesic patients. *Neuropsychologia*, *6*(3), 283-291.

Warrington, E. K., & Weiskrantz, L. (1970). Amnesic syndrome: Consolidation or retrieval? *Nature*, *228*, 628-630.

Warrington, E. K., & Weiskrantz, L. (1974). The effect of prior learning on subsequent retention in amnesic patients. *Neuropsychologia*, *12*, 419-428.

Warrington, E. K., & Weiskrantz, L. (1978). Further analysis of the prior learning effect in amnesic patients. *Neuropsychologia*, *16*(2), 169-177.

Wason, P. C., & Johnson-Laird, P. N. (1972). *Psychology of reasoning: Structure and content* (Vol. 86). Oxford: Harvard University Press.

Wason. P. C. (1960). On the failure to eliminate hypotheses in a conceptual task. *Quarterly Journal of Experimental Psychology*, *12*(3), 129-140.

Watkins, M. J., Lecompte, D. C., Elliott, M. N., & Fish, S. B. (1992). Mood-congruent memory in depression: Emotional priming or elaboration? *Journal of Abnormal Psychology*, *101*(3), 581-586.

Watkins, O. C., & Watkins, M. J. (1980). The modality effect and echoic persistence. *Journal of Experimental Psychology: General*, *109*, 251-277.

Watson, J. B., & Rayner, R. (1920). Conditioned emotional reactions. *Journal of Experimental Psychology*, *3*, 1-14.

Webb, E. J., Campbell, D. T., Schwartz, R. D., & Sechrest, L. (1966). *Unobtrusive measures: Nonreactive research in the social sciences* (Vol. 111). Chicago: Rand McNally.

Weiner, B. (1982). An attributionally based theory of motivation and emotion: Focus, range and issues. In N. T. Feather (Ed.), *Expectation and action*. Hillsdale, NJ: Erlbaum.

Weiner, B., & Handel, S. J. (1985). A cognition-emotion-action sequence: Anticipated emotional consequences of causal attributions and reported communication strategy. *Developmental Psychology*, *21*(1), 102-107.

Weiner, B., Russell, D., & Lerman, D. (1978). Affective consequences of causal ascriptions. *New Directions in Attribution Research*, *2*, 59-90.

Weiner, B., Russell, D., & Lerman, D. (1979). The cognition-emotion process in achievement-related contexts. *Journal of Personality and Social Psychology*, *37*(7), 1211-1220.

Weiskrantz, L. (1986). *Blindsight: A case study and implications*. Oxford: Clarendon.

Weldon, M. S., & Coyote, K. C. (1996). Failure to find the picture superiority effect in implicit conceptual memory tests. *Journal of Experimental Psychology: Learning, Memory, and Cognition*, *22*(3), 670-686.

Welford, A. T. (1959). Evidence of a single-channel decision mechanism limiting performance in a serial reaction task. *Quarterly Journal of Experimental Psychology*, *11*(4), 193-210.

Wilkinson, R. T., & Lee, M. V. (1972). Auditory evoked potentials and selective attention. *Electroencephalography and Clinical Neurophysiology*, *33*, 411-418.

Williams, K., Harkins, S., & Latané, B. (1981). Identifiability as a deterrent to social loafing: Two cheering experiments. *Journal of Personality and Social Psychology*, *40*, 303-311.

Willingham, D. B., & Goedert-Eschmann, K. (1999). The relation between implicit and explicit learning: Evidence for parallel development. *Psychological Science*, *10*(6), 531-534.

Willingham, D. B., Greeley, T., & Bardone, A. M. (1993). Dissociation in a serial response time task using a recognition measure: Comment on Perruchet and Amorim (1992). *Journal of Experimental Psychology: Learning, Memory, and Cognition*, *19*(6), 1424-1430.

Willingham, D. B., Greenberg, A. R., & Thomas, R. C. (1997). Response-to-stimulus interval does not affect implicit motor sequence learning, but does affect performance. *Memory & Cognition*, *25*(4), 534-542.

Willingham, D. B., Nissen, M. J., & Bullemer, P. (1989). On the development of procedural knowledge. *Journal of Experimental Psychology: Learning, Memory, and Cognition*, *15*, 1047-1060.

Wilson, K. W. R., & Zajonc, R. B. (1980). Affective discrimination of stimuli that cannot be recognized. *Science*, *207*, 557-558.

Wilson, T. D., & Schooler, J. W. (1991). Thinking too much: Introspection can reduce the quality of preferences and decisions. *Journal of Personality and Social Psychology*, *60*(2), 181-192.

Witherspoon, D., & Moscovitch, M. (1989). Stochastic independence between two implicit memory tasks. *Journal of Experimental Psychology: Learning, Memory, and Cognition*, *15*(1), 22-30.

Wolach, A. H., Mchale, M. A., & Tarlea, A. (2004). Numerical Stroop effect. *Perceptual and Motor Skills*, *98*(1), 67-77.

Woodworth, R. S., & Schlosberg, H. (1954). *Experimental psychology*. New York: Holt.

Woodworth, R. S., & Schlosberg, H. (1972). *Experimental psychology* (3rd ed.). New York: Holt.

Woodworth, R. S., & Sells, S. B. (1935). An atmosphere effect in formal syllogistic reasoning. *Journal of Experimental Psychology*, *18*(18), 451-460.

Wookey, P. E., & Strongman, K. T. (2011). Qualitative reward shift in the double runway. *British Journal of Psychology*, *63*(3), 401-405.

Yerkes, R. M. (1921). *Psychological examining in the United States army* (Vol. 15). US Government Printing Office.

Yerkes, R. M., & Dodson, J. D. (1908). The relation of strength of stimulus to rapidity of habit-formation. *Journal of Comparative Neurology and Psychology*, *18*, 459-482.

Yi, R., Gatchalian, K. M., & Bickel, W. K. (2006). Discounting of past outcomes. *Experimental and Clinical Psychopharmacology*, *14*(3), 311-317.

Young, A. W., & Deregowski, J. B. (1981). Learning to see the impossible. *Perception*, *10*, 91-105.

Zanforlin, M. (1982). Figural organization and binocular interaction. In J. Beck (Ed.), *Organization and representation in perception* (pp. 251-267). New York: Erlbaum.

Zhou, X., & Wu, Y. (2011). Sharing losses and sharing gains: Increased demand for fairness under adversity. *Journal of Experimental Social Psychology*, *47*(3), 582-588.

后　记

记得十多年前，在准备本书第一版书稿时，国内外心理学界正津津乐道于心理学家卡内曼因其对人类非理性决策行为的研究而获得2002年诺贝尔经济学奖。卡内曼获奖让我们这些心理学工作者备受激励！看到心理学家有能力通过精巧的实验设计揭示人类最基本的心理机制，继而服务于广阔的社会生活领域，我们这些心理学工作者深受鼓舞。

或许是有趣的巧合，当人民教育出版社曾红梅编审与我商议本书第二版事宜时，2014年诺贝尔生理学与医学奖又花落认知神经科学这一与心理学密切相关的研究领域，英国伦敦大学教授约翰·奥基夫（John O' Keefe）与挪威科学家梅-布里特·莫泽（May-Britt Moser）和爱德华·莫泽（Edvard I. Moser）夫妇因为发现了“认知地图”的大脑机制而获此殊荣。为什么我们会知道自己身处何地？为什么我们能找到“来时的道路”？这类关于人类自身定位奥秘的问题也是心理学研究者长期关注的基本科学问题，“认知地图”大脑机制的解密将激励心理学工作者更加信心百倍地奋勇向前，继续为探索人类自身的奥秘而钻研不息！

从2002年到2014年，与心理学相关的诺贝尔奖获得者的研究工作，似乎也无形中对应着整个心理学科学研究在最近十余年间的发展变迁：传统的行为学实验研究继续担当着心理学研究基石的重任，认知模型仍然是理解人类心理与行为规律的有效工具；与此同时，心理学家也越来越多地将心理学实验任务与认知神经科学研究技术相结合，探究人类复杂心理背后的脑机制，基于人工神经网络模拟的研究结果也时常启发研究者对新的科学问题的探索思路。本书第二版书稿就是在这样一个大背景下酝酿、准备和完成的。

实验心理学是科学心理学研究最重要的基础之一，长久以来，众多前辈已经为实验心理学勾勒出一幅确切的图景——从实验设计、变量控制、数据采集，直到适用于各个专门研究主题的众多实验范式和实验任务。本书第一版书稿就是在前辈经验的基础上，在国内外多方面人士的支持和帮助下，历经两年多审慎不懈的努力完成的。此次的任务是在第一版的基础上推陈出新、与时俱进。我们必须审慎地筛选、保留那些出现在第一版中，经过多年实践验证，确实最有助于学生搭建科学心理学实验研究知识体系的内容——包括对实验设计思想的介绍、对信号检测论等实验方法背后逻辑的分析、对各类经典实验范式的对照比较等。同时，我们也必须仔细地遴选、增加那些能够反映最近十年科学心理学研究重点发展变迁轨迹的主题，并深入浅出地剖析这些研究背后的实验思想、实验任务、实验设计。

终于，经历许多个日夜的不懈努力，在大家的帮助下，本书第二版书稿出炉了。我深切地期望这一版教材能够跟上当代实验心理学快速发展的步调，在为高校心理学教学服务的过程中为心理学的科学研究力量的储备微尽绵薄之力。

最后，感谢本书的编辑和审校专家认真负责的工作，感谢多位同行，特别是我们团队的优秀青年教师李林和郑丽对本书所提的宝贵建议，感谢我的博士生、硕士生们为本书收集资料，感谢所有为本书的问世付出辛勤汗水和无私帮助的人！

郭秀艳

2019 年 5 月